Telefonia Celular Digital

Seja Nosso Parceiro no Combate à Cópia Ilegal

A cópia ilegal é crime. Ao efetuá-la, o infrator estará cometendo um grave erro, que é inibir a produção de obras literárias, prejudicando profissionais que serão atingidos pelo crime praticado.

Junte-se a nós nesta corrente contra a pirataria. Diga não à cópia ilegal.

Seu Cadastro É Muito Importante para Nós

Ao preencher e remeter a ficha de cadastro constante no final desta publicação, você passará a receber informações sobre nossos lançamentos em sua área de preferência.

Conhecendo melhor nossos leitores e suas preferências, vamos produzir títulos que atendam suas necessidades.

Obrigado pela sua escolha.

Fale Conosco!

Eventuais problemas referentes ao conteúdo deste livro serão encaminhados ao(s) respectivo(s) autor(es) para esclarecimento, excetuando-se as dúvidas que dizem respeito a pacotes de softwares, as quais sugerimos que sejam encaminhadas aos distribuidores e revendedores desses produtos, que estão habilitados a prestar todos os esclarecimentos.

Os problemas só podem ser enviados por:

1. E-mail: producao@erica.com.br
2. Fax: (11) 6197.4060
3. Carta: Rua São Gil, 159 - Tatuapé - CEP 03401-030 - São Paulo - SP

Marcelo Sampaio de Alencar
Colaboradores: Francisco Madeiro Bernardino Jr.
Sérgio Gonçalves Donato Barbosa
Valdemar Cardoso da Rocha Jr.
Wamberto José Lira de Queiroz
Waslon Terllizzie Araújo Lopes

Telefonia Celular Digital

2ª Edição

São Paulo
2007 - Editora Érica Ltda.

Dados Internacionais de Catalogação na Publicação (CIP)
(Câmara Brasileira do Livro, SP, Brasil)

Alencar, Marcelo Sampaio de
Telefonia Celular Digital / Marcelo Sampaio de Alencar. -- 2. ed. -- São Paulo: Érica, 2007.

Vários colaboradores
Bibliografia.
ISBN 978-85-365-0017-1

1. Telefonia Celular. 2. Telefonia digital. I. Título.

07-0647 CDD-621.38456

Índices para catálogo sistemático
1. Telefonia Celular Digital: Tecnologia 621.38456

Editora Érica Ltda.
Rua São Gil, 159 - Tatuapé
CEP: 03401-030 - São Paulo - SP
Fone: (11) 2295-3066 - Fax: (11) 6197-4060
www.editoraerica.com.br

Dedicatória

Este livro é dedicado aos nossos alunos.

Agradecimentos

A publicação deste livro é fruto do trabalho de muitos anos no Departamento de Engenharia Elétrica da Universidade Federal de Campina Grande. Parte deste trabalho também foi desenvolvida em cursos que o autor tem ministrado no Departamento de Eletrônica e Sistemas da Universidade Federal de Pernambuco. Este livro completa uma trilogia sobre comunicações, juntamente com os livros *Telefonia Digital* e *Sistemas de Comunicações*, também publicados pela Editora Érica.

O autor registra o privilégio de ter cooperado com a Empresa Brasileira de Telecomunicações (Embratel) para a execução do primeiro curso de Comunicações Móveis Celulares, em 1994, além do oferecimento de diversos programas de treinamento, palestras, consultorias e realização de projetos por meio da Universidade Federal da Paraíba, Universidade Federal de Campina Grande, Universidade Federal de Pernambuco, Instituto de Estudos Avançados em Comunicações (Iecom) e da Associação Técnico-Científica Ernesto Luiz de Oliveira Júnior (Atecel).

Também registra as parcerias com a Empresa Brasileira de Correios e Telégrafos (Correios do Brasil), a Telecomunicações do Rio Grande do Norte (Telern), a Companhia Hidroelétrica do São Francisco (Chesf), a Telecomunicações da Paraíba (Telpa), a Telecomunicações de Pernambuco (Telpe), a Tele Nordeste Celular (TIM), a Agência Nacional de Telecomunicações (Anatel), a Siemens, a Oi e a Telecomunicações Brasileiras S.A. (Telebrás), em diversos projetos, consultorias, programas de treinamento e orientação de engenheiros. O autor também agradece à Siemens e à Andrew pelas imagens cedidas. A experiência que este livro procura passar aos leitores é fruto dessa cooperação mútua.

O autor agradece o apoio de seus alunos: Juraci Ferreira Galdino, com quem trabalhou em detecção e equalização para comunicações móveis; Katyusco de Farias Santos, com quem trabalhou em gerência de centrais telefônicas; Daniella Silvana Accioly Pontes, com quem trabalhou no tópico de mobilidade de usuários do sistema móvel celular; Aleksander Souza Oliveira, Alexandre Marcio Nóbrega Gomes, José Nilson Cordeiro de Oliveira, João Renato Aguiar Soares e Paulo Ricardo Lopes de Navarro Coutinho com os quais trabalhou em modelos de propagação para canais móveis; Edmar Candeia Gurjão, com quem trabalhou em múltiplo acesso; Rossini Trindade Costa, Marcos Antonio Montenegro Júnior, Wilkley Bezerra Correia e Andrei Amador de Moura, com os quais trabalhou em simulação de sistemas de comunicações; José Valentim dos Santos Filho, Eloi José de Oliveira Lima e Rômulo Diniz Araújo com os quais trabalhou em espalhamento espectral; Thiago Tavares de Alencar, com quem trabalhou no capítulo de história das comunicações no Brasil; Fabricio Gerônimo Simões Silva, com quem trabalhou em antenas para comunicações móveis; Victor Vermehren Valenzuela, com quem trabalhou em compressão de imagens para transmissão; José Josemar de Oliveira, com quem trabalhou em planejamento celular; Ricardo Gouveia do Monte e Hallysson Luiz de Morais Melo, com os quais trabalhou em CDMA; Mohit Gheyi, Anna Karina Ribeiro Lopes Lino, Rosalina Jenner Rosas, Schubert Luigi Costa Rodrigues, Dagjane Martins Frazão, Danielson Vieira de Araújo, Danilo César de Azevedo Dantas, Almir Rogério da Silva, Monica Carvalho, Marcella Alves de Farias, Viviane Bandeira de Carvalho, Aline de Araújo Cavalcante, Isabele Andrade Campos de Araújo, Talita Renata de Medeiros Araújo, Jerônimo Silva Rocha, Paulo Ribeiro Lins Júnior, com os quais trabalhou no projeto de efeitos da radiação; os técnicos Walter Luiz Oliveira do Vale, que produziu diversas figuras do livro, e Antônio Paulino Pereira Filho, responsável pelo biotério da UFCG. A colaboração de seus alunos da disciplina Comunicações Móveis Celulares, da Universidade Federal de Campina Grande e dos alunos da Universidade Federal de Pernambuco, na identificação de erros em notas de aulas que serviram de base para a elaboração deste livro foi essencial.

Também agradece ao professor Valdemar Cardoso da Rocha Jr., que preparou o capítulo sobre Codificação de Canal, aos professores Waslon Terllizzie Araújo Lopes e Francisco Madeiro Bernardino Júnior, que elaboraram os capítulos sobre Codificação de Voz e Modulação Digital, a Wamberto José Lira de Queiroz, que planejou o capítulo sobre Antenas para Comunicações Móveis, e a Sérgio Gonçalves Donato Barbosa, que preparou o capítulo sobre o Padrão GSM.

O professor Francisco Madeiro expressa seus agradecimentos à Universidade Católica de Pernambuco pelo apoio dado às atividades de pesquisa e por proporcionar condições favoráveis ao desenvolvimento de projetos voltados para o ensino de qualidade.

O professor Waslon Terllizzie agradece à Faculdade ÁREA1 pelo apoio recebido em todas as suas atividades acadêmicas, inclusive na co-autoria de dois capítulos deste livro.

Finalmente, agradece o apoio de Carlos Sampaio de Alencar na preparação da primeira versão do material sobre telefonia móvel celular e a revisão geral do texto, realizada pela Editora Érica. Quaisquer erros, porventura encontrados no texto, são de responsabilidade exclusiva do autor.

A compreensão e o amor de Silvana, Thiago, Raphael e Marcella permitiram que a autor desenvolvesse este livro a partir de notas de aulas ministradas em cursos de especialização, graduação e pós-graduação desde a década de 1990.

E-mail: malencar@dee.ufcg.edu.br

Sobre o Autor

Marcelo Sampaio de Alencar nasceu em Serrita, Pernambuco, em 1957. É casado com Silvana e tem três filhos, Thiago, Raphael e Marcella. Formou-se em Engenharia Elétrica pela Universidade Federal de Pernambuco, em 1980, recebeu o título de mestre em Engenharia Elétrica pela Universidade Federal da Paraíba, em 1988 e o de Ph.D. em Engenharia Elétrica pela University of Waterloo, Canadá, em 1993. Durante o período de 1982 a 1984 trabalhou na Faculdade de Engenharia da Universidade para o Desenvolvimento do Estado de Santa Catarina, onde foi membro titular do Conselho Universitário e vice-presidente da Associação dos Professores.

Entre 1984 e 2001, trabalhou no Departamento de Engenharia Elétrica da Universidade Federal da Paraíba (UFPB). Atualmente trabalha no Departamento de Engenharia Elétrica da Universidade Federal de Campina Grande (UFCG), onde exerce o cargo de professor titular.

Exerceu os cargos de vice-coordenador do curso de Engenharia Elétrica, assessor de extensão do Centro de Ciências e Tecnologia, presidente da comissão de Extensão do Centro de Ciências e Tecnologia da UFPB e foi membro nato do Comitê Assessor de Extensão da Universidade Federal da Paraíba. Atualmente exerce a Coordenação do Grupo de Comunicações do Departamento, com cadastro no CNPq.

Professor do Programa de Pós-graduação da Universidade Federal de Pernambuco (UFPE); foi professor do Programa de Pós-graduação Lato Sensu da Universidade Federal do Maranhão (UFMA). Fundador do Laboratório de Comunicações (LABCOM) do Departamento de Engenharia Elétrica da UFPB. Realizou estágio no Departamento de Planejamento da empresa Bell Mobility, em Toronto, Canadá, no período de julho a agosto de 1997.

Trabalhou como consultor da Empresa Brasileira de Telecomunicações (Embratel), da Empresa de Telecomunicações do Rio Grande do Norte (Telern), da Telecomunicações Brasileiras S.A. (Telebrás), da Companhia Hidroelétrica do São Francisco (Chesf), Tele Nordeste Celular Participações S.A. (TIM), Conselho Nacional de Desenvolvimento Científico e Tecnológico (CNPq) e da Financiadora de Estudos e Projetos (Finep) em diversos projetos, além de ser coordenador dos convênios que a UFCG mantém com a Embratel, Telern, Chesf, Siemens e Atecel.

Em 1989, trabalhou na Divisão Regional de Engenharia da Embratel, em Recife. Foi diretor da Sociedade Brasileira de Telecomunicações (SBrT), membro do Conselho Deliberativo e, atualmente, é vice-presidente para Relações Externas. Membro da Sociedade Brasileira de Microondas (SBMO), da Sociedade Brasileira de Engenharia Biomédica (SBEB), da Associação Brasileira de Jornalismo Científico (ABJC) e do Instituto dos Engenheiros Eletricistas e Eletrônicos (IEEE).

Foi professor visitante no Departamento de Engenharia Elétrica e de Computação, Universidade de Toronto, entre julho e agosto de 1997 e em abril de 2003. Revisor da revista IEEE Transactions on Communications; da Revista Brasileira de Telecomunicações, da Sociedade Brasileira de Telecomunicações; da revista IEEE Transactions on Vehicular Technology;da revista IEEE Transactions on Wireless Communications; da revista Wireless Personal Communications, da Kluwer Academic Publishers.

Tem sido, por muitos anos, membro do Comitê Técnico ou revisor da IEEE Globecom, da IEEE ICC, da IEEE WCNC, da IEEE PIMRC, IEEE WPMC, SBMO, IMOC, IEEE WSSPAWC, IEEE/IFIP ICT, IWT e do Simpósio Brasileiro de Telecomunicações. Foi membro do International Advisory Committee do International Symposium on Personal, Indoor and Mobile Radio Communications (PIMRC'95). Foi Coordenador Adjunto do XV Simpósio Brasileiro de Telecomunicações, em 1997. Foi Coordenador Técnico do International Telecommunications Symposium, em 2002. Foi membro da Comissão Organizadora do VI Simpósio Brasileiro de Telecomunicações, em 1988.

Marcelo S. Alencar é membro da Comissão Brasileira de Comunicações 2 da Anatel, Ministério das Comunicações. Membro da Câmara Técnica Setorial de Desenvolvimento Tecnológico das

Telecomunicações, da Finep. Presidente do Instituto de Estudos Avançados em Comunicações (Iecom). Coordenador Geral do Grupo de Telecomunicações (Camada Física) do SBTVD.

Áreas de interesse em pesquisa: Processamento de Sinais, Comunicações Ópticas, Comunicações Móveis, Teoria da Comunicação e Informação, Antenas e Propagação, Efeitos Biológicos da Radiação, áreas em que tem mais de 150 artigos publicados. Publicou mais de 130 artigos e entrevistas de divulgação científica. Línguas em que tem proficiência em níveis variados: português, inglês, francês, alemão e espanhol.

Tem sua biografia incluída nas publicações Who's Who in the World, Who's Who in Science and Engineering, publicado por Marquis Who's Who, New Providence, EUA, e Outstanding People of the 21st Century, publicado pelo International Biographical Centre, Cambridge, Inglaterra, e recebeu um patrocínio (Grant) da Fundação IEEE. Foi um dos agraciados com a homenagem pelos 20 anos da SBrT. Recebeu o II Prêmio da Conceição, na categoria Destaque Projeto de Pesquisa, Curso de Medicina da Universidade Federal de Campina Grande, em 2 de abril de 2004.

Marcelo S. Alencar é autor dos livros Telefonia Digital (Quarta Edição) e Sistemas de Comunicações, publicados pela Editora Érica, autor do livro Princípios de Comunicações, pela Editora Universitária, UFPB, autor do ensaio *Historical Evolution of Telecommunications in Brazil*, pela IEEE Foundation, um dos autores do livro Communications, Information and Network Security, pela Kluwer Academic Publishers, e articulista do Jornal do Commercio On Line, de Recife. Assina a coluna Difusão, de divulgação científica, desde abril de 2000.

Prefácio

A Telefonia Celular fez uma revolução nos costumes, dinamizou um segmento importante da economia e criou novos hábitos de consumo para a população nas últimas décadas. O telefone celular faz parte de uma estrutura complexa, o sistema de comunicações móveis celulares. Essa estrutura, formada por diversas redes, demanda planejamento, especificação, regulamentação, modelagem, implantação, manutenção e administração. Para essas atividades as empresas precisam de técnicos e engenheiros com formação específica na área.

Telefonia Celular é uma disciplina essencial para a formação do engenheiro eletricista, eletrônico ou de telecomunicações, a qual tem sido introduzida em praticamente todos os currículos de graduação ou pós-graduação do País.

Organização do Texto

Este livro tem como objetivo apresentar os conceitos de Telefonia Celular para estudantes de engenharia ou profissionais de empresas que pertencem à área.

Os Capítulos 1 e 2 apresentam uma revisão dos conceitos de análise de Fourier e o embasamento teórico necessário à análise de sinais determinísticos e aleatórios. O Capítulo 3 trata da codificação de voz, envolvendo os aspectos de amostragem, quantização e codificação dos sinais. O Capítulo 4 discute os esquemas de modulação com sinais aleatórios, usando uma abordagem atual para o tema. A modulação com sinais digitais é apresentada no Capítulo 5.

A teoria dos códigos corretores de erros utilizados em comunicações móveis é assunto do Capítulo 6. O Capítulo 7 apresenta propriedades de canais de comunicações típicos. As antenas usadas na telefonia celular atual e as propostas para novos sistemas são vistas no Capítulo 8. O Capítulo 9 analisa as comunicações móveis, com uma discussão sobre sistemas móveis analógicos e digitais. O Capítulo 10 descreve as principais partes do padrão IS-54/136. O conceito de espalhamento espectral e as principais características do padrão IS-95 são apresentados no Capítulo 11. No Capítulo 12 são descritas as principais partes do padrão GSM. As redes de comunicações sem fio são apresentadas no Capítulo 13. O Capítulo 14 aborda uma introdução ao planejamento celular, tópico essencial para operadoras do sistema móvel celular.

Possui três apêndices. O Apêndice A apresenta as séries e a transformada de Fourier, incluindo tabelas com transformadas mais utilizadas. O Apêndice B contém diversas fórmulas utilizadas no texto e nos exercícios. O apêndice C mostra um panorama resumido da evolução das comunicações móveis, desde as invenções do padre Landell de Moura até os dias atuais.

Numerosos exercícios são incluídos para a fixação dos conteúdos e o índice remissivo apresentado, facilita a busca de informações no texto. Numerosas referências bibliográficas são apresentadas, para aqueles que pretendem se especializar na área. Em função da ementa, o texto pode ser utilizado em cursos de graduação de um semestre sobre Comunicações Móveis ou Telefonia Celular, ou em cursos de treinamento de engenheiros de empresas de telecomunicações.

Prefácio

Índice Analítico

Lista de Figuras

Lista de Tabelas

Capítulo 1

Análise de Sinais

1.1 Introdução

Este capítulo tem como objetivo fornecer a base matemática necessária para entender os esquemas de modulação utilizados em Telefonia Celular. O leitor vai entrar em contato com os conceitos e as equações que envolvem a série de Fourier, que tem uma importância histórica para a Teoria das Comunicações. Também vão ser apresentadas a teoria e as propriedades da transformada de Fourier, que constituem poderosas ferramentas de análise de sistemas de comunicações no domínio da freqüência.

1.2 Análise de Fourier

A teoria de Fourier estabelece os fundamentos para a representação de sinais periódicos como uma soma de sinais senoidais. Na verdade este é apenas um caso da representação geral de Fourier, em que um sinal periódico $f(t)$ pode ser visto por um conjunto completo de funções ortogonais entre si. Entende-se por completo o fato de não haver outra função ortogonal diferente daquelas já consideradas no conjunto. Essa representação vai ter um erro tão menor quanto maior for o número de termos da série. Sendo assim o sinal $f(t)$ pode ser dado por

$$f(t) = a_0 + \sum_{n=1}^{\infty}[a_n \cos(n\omega_0 t) + b_n \text{sen}\,(n\omega_0 t)] \tag{1.1}$$

em que o termo a_0 (valor médio da função) indica se o sinal tem uma componente constante (DC) e os termos a_n e b_n são denominados coeficientes da série de Fourier. O sinal de igualdade é válido apenas quando o sinal $f(t)$ é periódico. No entanto, a representação em série de Fourier é útil para qualquer tipo de sinal, desde que se queira a sua representação apenas no intervalo $[0, T]$. Fora desse intervalo a representação em série de Fourier do sinal é sempre periódica, mesmo que o sinal não o seja (Knopp, 1990).

O fato de o sinal $f(t)$ ser periódico e expandido em termos de senos e cossenos, que são funções ortogonais, torna imprescindível a análise de dois conceitos importantes:

1. Periodicidade;

2. Ortogonalidade.

O primeiro é o caráter repetitivo da função. Diz-se que uma função $f(t)$ é *periódica* se o seu domínio contiver $t + T$ sempre que ele contiver t e se $f(t + T) = f(t)$. Segue-se imediatamente da definição que, se T é um período de $f(t)$, então $2T$ também vai ser um período e, de fato, a função vai se repetir para qualquer múltiplo inteiro de T (Wozencraft e Jacobs, 1965a).

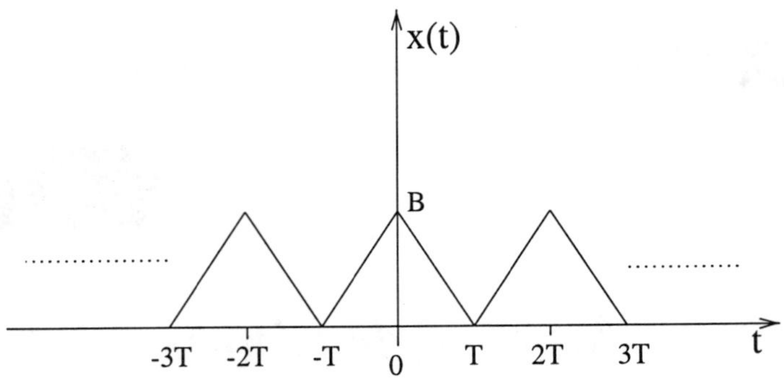

Figura 1.1: Sinal periódico qualquer.

Se $f(t)$ e $g(t)$ forem duas funções periódicas com período comum T, então a soma $f(t) + g(t)$ também será periódica com período T. Pode-se mostrar isso fazendo $h(t) = f(t) + g(t)$. Assim, $h(t+T) = f(t+T) + g(t+T) = f(t) + g(t) = h(t)$.

Outro conceito importante a ser estudado é o de *ortogonalidade*. O critério de ortogonalidade propicia a criação de uma base (conjunto mínimo de funções) para gerar outras funções. Porém, apenas a ortogonalidade não garante que todo o espaço vetorial seja criado.

Diz-se que duas funções reais $u(t)$ e $v(t)$ no intervalo $\alpha \leq t \leq \beta$ são ortogonais se o seu produto interno é nulo, ou seja

$$(u(t), v(t)) = \int_{\alpha}^{\beta} u(t)v(t)dt = 0. \tag{1.2}$$

O conjunto de funções $f_n(t)$, como ilustrado na Figura 1.2, pode ser utilizado para a representação de sinais no tempo. Este conjunto de funções forma um conjunto ortogonal no intervalo (0,1).

As funções seno e cosseno são ortogonais porque elas satisfazem as seguintes equações, denominadas relações de ortogonalidade:

$$\int_0^T \cos n\omega_o t \operatorname{sen} m\omega_o t dt = 0, \text{ para todo } n, m, \tag{1.3}$$

$$\int_0^T \cos n\omega_o t \cos m\omega_o t dt = \begin{cases} 0 & \text{se } n \neq m \\ \frac{T}{2} & \text{se } n = m \end{cases} \tag{1.4}$$

$$\int_0^T \operatorname{sen} n\omega_o t \operatorname{sen} m\omega_o t dt = \begin{cases} 0 & \text{se } n \neq m \\ \frac{T}{2} & \text{se } n = m \end{cases} \tag{1.5}$$

em que

$$\omega_0 = \frac{2\pi}{T}.$$

Como conseqüência das condições de ortogonalidade, é possível calcular os coeficientes a_n e b_n da série de Fourier. Integrando ambos os lados da Fórmula 1.1 no intervalo de 0 a T, obtém-se (Oberhettinger, 1990)

$$\int_0^T f(t)dt = \int_0^T a_o dt + \sum_{n=1}^{\infty} \int_0^T a_n \cos n\omega_o t dt + \sum_{n=1}^{\infty} \int_0^T b_n \operatorname{sen} n\omega_o t dt$$

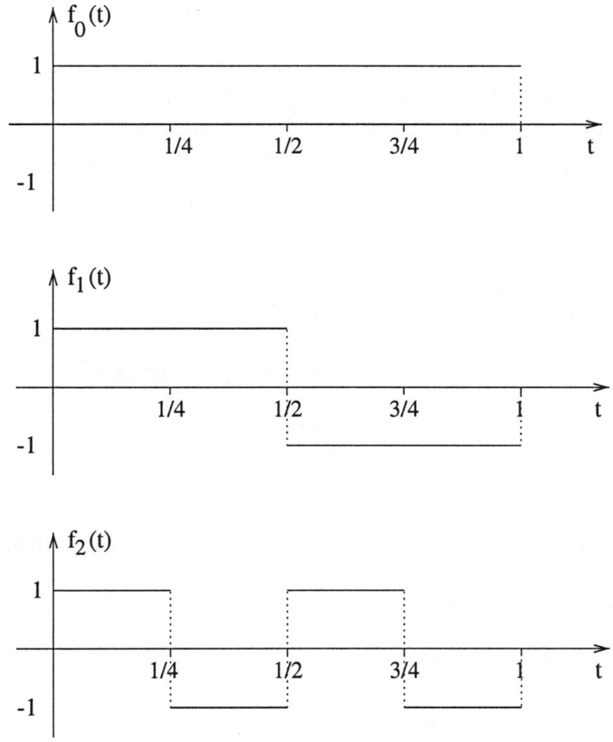

Figura 1.2: Conjunto de funções ortogonais.

e como

$$\int_0^T a_n \cos n\omega_o t dt = \int_0^T b_n \text{sen}\, n\omega_o t dt = 0,$$

chega-se a

$$a_o = \frac{1}{T}\int_0^T f(t)dt. \tag{1.6}$$

Agora, multiplicando todos os termos da Fórmula 1.1 por $\cos m\omega_o t$, vem

$$\begin{aligned}\int_0^T f(t)\cos m\omega_o t dt &= \int_0^T a_o \cos m\omega_o t dt + \sum_{n=1}^{\infty}\int_o^T a_n \cos n\omega_o t \cos m\omega_o t dt \\ &+ \sum_{n=1}^{\infty}\int_o^T b_n \cos m\omega_0 t \text{sen}\, n\omega_o t dt, \end{aligned} \tag{1.7}$$

obtendo

$$a_n = \frac{2}{T}\int_0^T f(t)\cos n\omega_o t dt, \text{ para } n = 1, 2, 3, \ldots \tag{1.8}$$

De forma análoga, b_n é encontrado multiplicando $f(t)$ por sen $n\omega_o t$ e integrando de 0 a T

$$b_n = \frac{2}{T}\int_0^T f(t)\text{sen}\, n\omega_o t dt, \text{ para } n = 1, 2, 3, \ldots \tag{1.9}$$

1.3 Funções Pares e Ímpares

Uma função é ímpar se for anti-simétrica em relação ao eixo das ordenadas, ou seja, $f(-t) = -f(t)$, em que $-t$ e t pertencem ao domínio da função. Exemplos: t, t^3, $\operatorname{sen} t$ e $t^{|2n+1|}$, para n inteiro.

Do mesmo modo, uma função é considerada par se ela for simétrica em relação à origem, ou seja, $f(-t) = f(t)$, em que t e $-t$ pertencem ao domínio da função. Exemplos: 1, t^2, $\cos t$, $|t|$, $\exp(-|t|)$, $t^{|2n|}$, para n inteiro.

1.3.1 Propriedades Elementares

1. A soma (diferença) e o produto (quociente) de duas funções pares são pares.
2. A soma (diferença) de duas funções ímpares é ímpar.
3. O produto (quociente) de duas funções ímpares é par.
4. A soma (diferença) de uma função par e uma ímpar não é nem par nem ímpar.
5. O produto (quociente) entre uma função par e outra ímpar é ímpar.

Duas outras propriedades importantes das funções são:

1. Se $f(t)$ for uma função par e periódica de período T, então

$$\int_{-T/2}^{T/2} f(t)dt = 2\int_{0}^{T/2} f(t)dt. \tag{1.10}$$

2. Se $f(t)$ for uma função ímpar periódica de período T, então

$$\int_{-T/2}^{T/2} f(t)dt = 0. \tag{1.11}$$

Com essas propriedades observa-se uma importante conseqüência no cálculo dos coeficientes da série de Fourier:

- Se $f(t)$ for par, então $b_n = 0$, resultando em

$$a_n = \frac{2}{T}\int_{T/2}^{T/2} f(t)\cos n\omega_o t dt \text{ para } n = 1,2,3,\dots . \tag{1.12}$$

- Se $f(t)$ for ímpar, então $a_n = 0$, portanto

$$b_n = \frac{2}{T}\int_{T/2}^{T/2} f(t)\operatorname{sen} n\omega_o t dt, \text{ para } n = 1,2,3,\dots . \tag{1.13}$$

Exemplo: Encontre os coeficientes da série de Fourier da forma de onda $f(t) = A[u(t+\tau) - u(t-\tau)]$, que se repete com período T, sabendo que $u(t)$ é o sinal degrau unitário.

Solução: Como o sinal é simétrico em relação ao eixo das ordenadas, $f(t) = f(-t)$ e a função é par. Portanto, $b_n = 0$; então só resta calcular a_o e a_n. O termo para o valor médio é dado por

$$a_o = \frac{1}{T}\int_{-\frac{T}{2}}^{\frac{T}{2}} f(t)dt = \frac{1}{T}\int_{-\tau}^{\tau} A dt = \frac{2A\tau}{T}. \tag{1.14}$$

Na equação anterior o valor máximo de τ é $\frac{T}{2}$. Os coeficientes restantes são calculados como:

$$a_n = \frac{2}{T}\int_0^T f(t)\cos n\omega_o t dt = \frac{2}{T}\int_{-\tau}^{\tau} A\cos n\omega_o t dt, \tag{1.15}$$

$$a_n = \frac{4A}{T}\int_0^{\tau} \cos n\omega_o t dt = \frac{4A}{Tn\omega_o}\text{sen } n\omega_o t|_0^{\tau} == \frac{4A\text{sen } n\omega_o\tau}{Tn\omega_o}. \tag{1.16}$$

O sinal $f(t)$ é então representado pela série

$$f(t) = \frac{2A\tau}{T} + \sum_{n=1}^{\infty} \frac{4A}{Tn\omega_o}\text{sen } n\omega_o\tau \cos n\omega_o t. \tag{1.17}$$

Forma Compacta para a Série de Fourier

Há ainda uma forma mais compacta para a série de Fourier

$$f(t) = C_O + \sum_{n=1}^{\infty} C_n \cos(n\omega_o t + \theta_n). \tag{1.18}$$

Expandindo $C_n\cos(n\omega_o t + \theta_n)$ em $C_n \cos n\omega_o t \cos\theta_n - C_n\text{sen } n\omega_o t\text{sen }\theta_n$ e comparando com 1.1, é possível concluir que $a_o = C_o$, $a_n = C_n\cos\theta_n$ e $b_n = -C_n\text{sen}\theta_n$. Pode-se calcular C_n em função de a_n e b_n. Para tanto, basta elevar a_n e b_n ao quadrado e efetuar a soma

$$a_n^2 + b_n^2 = C_n^2\cos^2\theta_n + C_n^2\text{sen}^2\theta_n = C_n^2. \tag{1.19}$$

Essa última equação pode ser escrita como

$$C_n = \sqrt{a_n^2 + b_n^2}. \tag{1.20}$$

Para determinar θ_n, basta dividir b_n por a_n

$$\frac{b_n}{a_n} = -\frac{\text{sen }\theta_n}{\cos\theta_n}. \tag{1.21}$$

Solucionando para θ_n, obtém-se

$$\theta_n = -\arctan\left(\frac{b_n}{a_n}\right). \tag{1.22}$$

1.4 Série Exponencial ou Complexa de Fourier

Como o conjunto de funções exponenciais, $e^{jn\omega_o t}$ ($n = 0, \pm1, \pm2, \dots$), é ortogonal e completo em um intervalo T, em que $T = \frac{2\pi}{\omega_o}$, então é possível representar uma função arbitrária $f(t)$ por uma combinação linear de funções exponenciais em um intervalo T

$$f(t) = \sum_{-\infty}^{\infty} F_n e^{jn\omega_o t}, \tag{1.23}$$

em que

$$F_n = \frac{1}{T}\int_{\frac{-T}{2}}^{\frac{T}{2}} f(t)e^{-jn\omega_0 t}dt. \quad (1.24)$$

Pode-se mostrar que a fórmula anterior é apenas outra maneira de se expressar a série de Fourier dada pela Fórmula 1.1. Substituindo $e^{jn\omega_0 t}$ por $\cos n\omega_o t + j\text{sen}\, n\omega_0 t$ (identidade de Euler),

$$f(t) = F_o + \sum_{n=-\infty}^{-1} F_n[\cos n\omega_o t + j\text{sen}\, n\omega_o t] + \sum_{n=1}^{\infty} F_n[\cos n\omega_o t + j\text{sen} n\omega_o t],$$

ou

$$f(t) = F_o + \sum_{n=1}^{\infty} F_n[\cos n\omega_o t + j\text{sen}\, n\omega_o t] + F_{-n}[\cos n\omega_o t - j\text{sen}\, n\omega_o t].$$

Agrupando os coeficientes, obtém-se

$$f(t) = F_o + \sum_{n=1}^{\infty}(F_n + F_{-n})\cos n\omega_o t + j(F_n - F_{-n})\text{sen}\, n\omega_o t. \quad (1.25)$$

Comparando essa expressão com 1.1, tem-se que

$$a_o = F_o,\ a_n = (F_n + F_{-n}) \text{ e } b_n = j(F_n - F_{-n}), \quad (1.26)$$

então

$$F_o = a_o, \quad (1.27)$$

$$F_n = \frac{a_n - jb_n}{2}, \quad (1.28)$$

e

$$F_{-n} = \frac{a_n + jb_n}{2}. \quad (1.29)$$

Caso a função seja par, implica dizer que $b_n = 0$, então

$$a_o = F_o,\ F_n = \frac{a_n}{2} \text{ e } F_{-n} = \frac{a_n}{2}. \quad (1.30)$$

Exemplo: Calcule a série exponencial de Fourier do trem de impulsos

$$\delta_T(t) = \sum_{n=-\infty}^{\infty} \delta(t - nT).$$

Solução: Os coeficientes complexos são dados por

$$F_n = \frac{1}{T}\int_{\frac{-T}{2}}^{\frac{T}{2}} \delta_T(t)e^{-jn\omega_o t}dt = \frac{1}{T}. \quad (1.31)$$

Pois

$$\int_{-\infty}^{\infty} \delta(t - t_o) f(t) dt = f(t_o), \text{ (Teorema da filtragem)}. \tag{1.32}$$

Então $f(t)$ pode ser expressa por

$$f(t) = \frac{1}{T} \sum_{n=-\infty}^{\infty} e^{jn\omega_o t}. \tag{1.33}$$

Na prática, para se conseguir um trem de impulsos, basta fazer com que um sinal digital passe por um circuito diferenciador e em seguida por um retificador de meia onda.

A expansão em série de Fourier de uma função periódica é equivalente à decomposição em termos de suas componentes discriminadas de freqüência. Uma função periódica com periodo T tem componentes nas freqüências $0, \pm\omega_o, \pm 2\omega_o, \pm 3\omega_o, \ldots, \pm n\omega_o$, em que $\omega_o = \frac{2\pi}{T}$ é a freqüência fundamental. Observe que o espectro existe apenas para valores discretos de ω e suas componentes espectrais estão distanciadas por ω_o, no mínimo.

1.5 Transformadas de Fourier

Foi visto que uma função arbitrária pode ser representada em termos da série exponencial (ou trigonométrica) em um intervalo finito. Se a função for periódica, a representação pode ser estendida para todo o intervalo $(-\infty, \infty)$. Entretanto, é interessante observar o comportamento espectral de uma função qualquer, periódica ou não, em todo o intervalo $(-\infty, \infty)$. Para isso, trunca-se a função $f(t)$ no intervalo $[-\frac{T}{2}, \frac{T}{2}]$, obtendo-se $f_T(t)$. É possível então representar essa função como uma soma de funções exponenciais em todo o intervalo $(-\infty, \infty)$, fazendo T tender ao infinito. Em outras palavras,

$$\lim_{T \to \infty} f_T(t) = f(t).$$

O sinal $f_T(t)$ pode ser representado por

$$f_T(t) = \sum_{n=-\infty}^{\infty} F_n e^{jn\omega_o t}, \tag{1.34}$$

em que $\omega_o = \frac{2\pi}{T}$ e

$$F_n = \frac{1}{T} \int_{-\frac{T}{2}}^{\frac{T}{2}} f_T(t) e^{-jn\omega_o t} dt. \tag{1.35}$$

O termo F_n representa a amplitude espectral associada a cada componente de freqüência $n\omega_o$. À medida que T cresce, as amplitudes diminuem, mas a forma do espectro não é alterada. Esse aumento de T faz com que ω_o diminua e o espectro torne-se mais denso. No limite, quando $T \to \infty$, ω_o torna-se infinitesimalmente pequena, podendo ser representada por $d\omega$. Em compensação agora existem infinitas componentes espectrais e o espectro deixa de ser discreto e passa a ser contínuo.

Por conveniência, faz-se $TF_n = F(\omega)$, ou seja, o produto TF_n se torna uma função da variável ω, visto que $n\omega_o \to \omega$. Substituindo F_n por $\frac{F(\omega)}{T}$ em 1.34, chega-se a

$$f_T(t) = \frac{1}{T} \sum_{n=-\infty}^{\infty} F(\omega) e^{j\omega t}. \tag{1.36}$$

Substituindo $\frac{1}{T}$ por $\frac{\omega_0}{2\pi}$

$$f_T(t) = \frac{1}{2\pi} \sum_{n=-\infty}^{\infty} F(\omega) e^{j\omega t} \omega_0. \tag{1.37}$$

No limite quando T tende para o infinito, obtém-se

$$f(t) = \frac{1}{2\pi} \int_{-\infty}^{\infty} F(\omega) e^{j\omega t} d\omega, \tag{1.38}$$

que é a transformada inversa de Fourier.

De maneira similar, chega-se a

$$F(\omega) = \int_{-\infty}^{\infty} f(t) e^{-j\omega t} dt. \tag{1.39}$$

que é a transformada direta de Fourier, às vezes representada como $F(\omega) = \mathcal{F}[f(t)]$.

A seguir serão apresentadas algumas das mais importantes transformadas de Fourier (Haykin, 1988).

Sinal Exponencial Bilateral ou Função de Laplace

Se $f(t) = e^{-a|t|}$, então, partindo da definição, tem-se

$$F(\omega) = \int_{-\infty}^{\infty} e^{-a|t|} e^{-j\omega t} dt \tag{1.40}$$

$$= \int_{-\infty}^{0} e^{at} e^{-j\omega t} dt + \int_{0}^{\infty} e^{-at} e^{-j\omega t} dt$$

$$= \frac{1}{a - j\omega} + \frac{1}{a + j\omega},$$

$$F(\omega) = \frac{2a}{a^2 + \omega^2}. \tag{1.41}$$

Função Porta

A função porta é dada por $p_T(t) = A[u(t + T/2) - u(t - T/2)]$, ou

$$p_T(t) = \begin{cases} A & \text{se } |t| \leq \frac{T}{2} \\ 0 & \text{se } |t| > \frac{T}{2}, \end{cases} \tag{1.42}$$

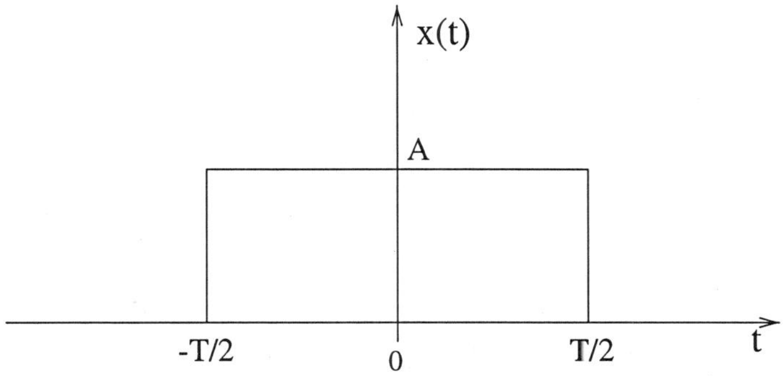

Figura 1.3: Função Porta.

em que $u(t)$ é a função degrau unitário, dada por

$$u(t) = \begin{cases} 1 & \text{se } t \geq 0 \\ 0 & \text{se } t < 0\,. \end{cases} \tag{1.43}$$

A função porta está ilustrada na Figura 1.3. A função degrau pode também ser representada por

$$u(t) = \frac{1}{\pi} \int_0^{\infty} \frac{\operatorname{sen} \omega t}{\omega} d\omega. \tag{1.44}$$

Mostra-se que $u(t) * u(t) = r(t)$, em que $u(t)$ representa a função degrau e $r(t)$ a rampa. A transformada da função porta é calculada a seguir.

$$X(\omega) = \int_{-\frac{T}{2}}^{\frac{T}{2}} Ae^{-j\omega t} dt \tag{1.45}$$

$$= \frac{A}{j\omega}(e^{j\omega\frac{T}{2}} - e^{-j\omega\frac{T}{2}})$$

$$= \frac{A}{j\omega} 2j\text{sen}\frac{\omega T}{2},$$

que pode ser escrita como

$$X(\omega) = AT\frac{\text{sen}(\omega \text{T}/2)}{(\omega T/2)},$$

e finalmente

$$X(\omega) = AT\text{Sa}\,(\frac{\omega T}{2}), \tag{1.46}$$

em que $\text{Sa}\,(x) = \frac{\text{sen}x}{x}$. A última função é conhecida como função amostragem ou *sampling*, que é de grande importância na teoria de comunicações e cujo módulo está ilustrado na Figura 1.4.

A função *sampling* obedece a uma importante relação:

$$\int_{-\infty}^{\infty} \frac{k}{\pi} \text{Sa}\,(kt) dt = 1. \tag{1.47}$$

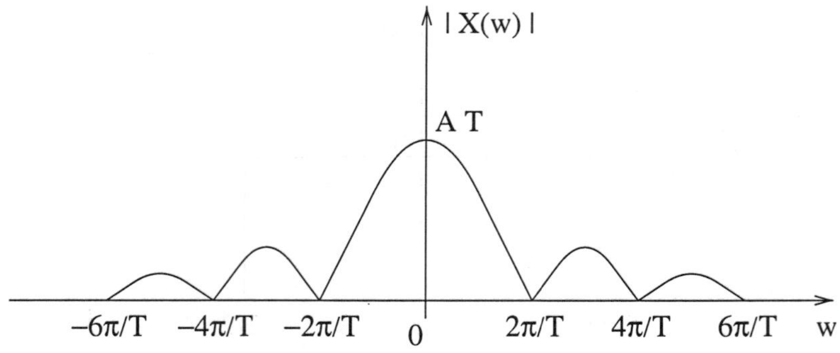

Figura 1.4: Transformada da função Porta.

A área líquida sob a curva é unitária. À medida que k aumenta, a amplitude da *sampling* aumenta, o seu período diminui e a função tende a se concentrar na origem. Quando $k \longrightarrow \infty$, a função tende a um impulso na origem. É possível usar essa propriedade para definir a função impulso

$$\delta(t) = \lim_{k \to \infty} \frac{k}{\pi} \mathrm{Sa}\,(kt). \tag{1.48}$$

Dessa forma, no limite verifica-se que $\int_{-\infty}^{\infty} \delta(t)dt = 1$. Como a função está concentrada na origem, $\delta(t) = 0$ para $t \neq 0$. Logo,

$$\int_{-\infty}^{\infty} f(t)\delta(t)dt = f(0) \int_{-\infty}^{\infty} \delta(t)dt = f(0). \tag{1.49}$$

Generalizando,

$$\int_{-\infty}^{\infty} f(t)\delta(t - t_o) = f(t_o). \tag{1.50}$$

Esta importante relação, citada anteriormente, é conhecida como propriedade da filtragem da função impulso.

Impulso ou Delta de Dirac

Substituindo $f(t) = \delta(t)$ na fórmula para a transformada de Fourier, obtém-se

$$F(\omega) = \int_{-\infty}^{\infty} \delta(t)e^{-j\omega t}dt. \tag{1.51}$$

Usando a propriedade da filtragem, conclui-se que $F(\omega) = 1$. Logo, a função impulso contém todas as componentes espectrais, com amplitude constante.

A função impulso pode também ser escrita como

$$\delta(t) = \frac{1}{\pi} \int_{0}^{\infty} \cos \omega t d\omega.$$

Função Constante

Se $f(t)$ é uma função constante, então a sua transformada de Fourier, a rigor, não existe, visto que ela não satisfaz a condição de integrabilidade absoluta. Como $F(\omega)$ é a transformada de Fourier de $f(t)$, espera-se que ela seja uma grandeza finita, logo

$$|F(\omega)| \leq \int_{-\infty}^{\infty} |f(t)||e^{-j\omega t}|dt < \infty, \tag{1.52}$$

como $|e^{-j\omega t}| = 1$, então

$$\int_{-\infty}^{\infty} |f(t)|dt < \infty. \tag{1.53}$$

No entanto, a condição é suficiente mas não necessária para a existência da transformada de Fourier, pois existem funções que não satisfazem essa condição; entretanto elas têm transformadas de Fourier no limite (Carlson, 1975). Esta é uma observação muito importante, pois é usada no cálculo de transformadas de Fourier de várias funções.

Voltando à constante, essa função pode ser aproximada por uma função porta de amplitude A e largura τ segundos. Fazendo com que τ tenda para um valor muito grande,

$$\mathcal{F}[A] = \lim_{\tau\to\infty} A\tau \mathrm{Sa}\,(\frac{\omega\tau}{2}) \tag{1.54}$$

$$= 2\pi A \lim_{\tau\to\infty} \frac{\tau}{2\pi}\mathrm{Sa}\,(\frac{\omega\tau}{2})$$

$$\mathcal{F}[A] = 2\pi A\delta(\omega). \tag{1.55}$$

O resultado é muito interessante e bastante lógico, visto que uma função constante representa um sinal DC e como era de se esperar não tem outra componente de freqüência a não ser em $\omega = 0$.

Transformada de Fourier do Seno e do Cosseno

Por serem sinais periódicos, o seno e o cosseno não satisfazem a condição de integrabilidade absoluta. Ainda assim, as suas transformadas de Fourier podem ser encontradas no limite quando τ tende para o infinito. Assumindo que a função exista apenas no intervalo de $\frac{-\tau}{2}$ a $\frac{\tau}{2}$ e que ela se anule fora desse intervalo e considerando o limite quando τ for para o infinito,

$$\mathcal{F}(\mathrm{sen}\,\omega_0 t) = \lim_{\tau\to\infty} \int_{\frac{-\tau}{2}}^{\frac{\tau}{2}} \mathrm{sen}\,\omega_0 t\; e^{-j\omega t}dt \tag{1.56}$$

$$= \lim_{\tau\to\infty} \int_{\frac{-\tau}{2}}^{\frac{\tau}{2}} \left[\frac{e^{-j(\omega-\omega_0)t}}{2j} - \frac{e^{-j(\omega+\omega_0)t}}{2j}\right] dt$$

$$= \lim_{\tau\to\infty} \left[\frac{j\tau \mathrm{sen}\,(\omega+\omega_0)\frac{\tau}{2}}{2(\omega+\omega_0)\frac{\tau}{2}} - \frac{j\tau \mathrm{sen}\,(\omega-\omega_0)\frac{\tau}{2}}{2(\omega-\omega_0)\frac{\tau}{2}}\right]$$

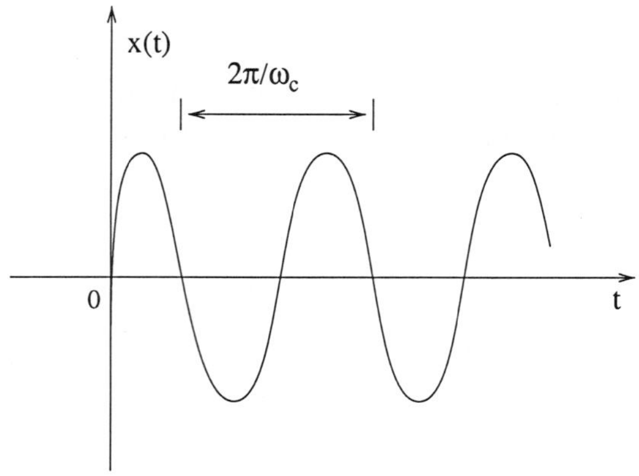

Figura 1.5: A função senoidal.

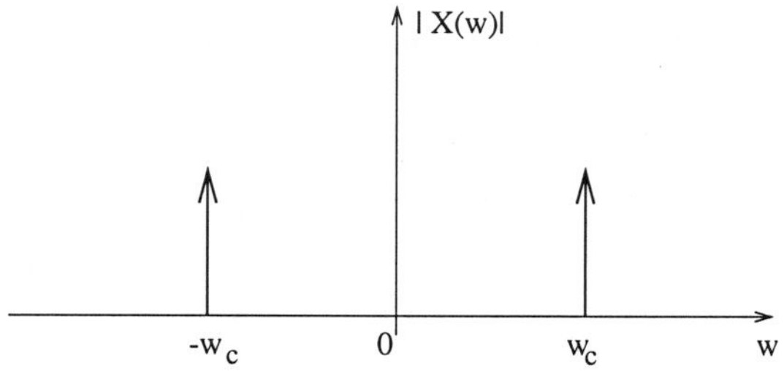

Figura 1.6: O módulo da transformada da função senoidal.

$$= \lim_{\tau\to\infty}\left\{j\frac{\tau}{2}\text{Sa}\left[\frac{(\omega+\omega_0)}{2}\right]-j\frac{\tau}{2}\text{Sa}\left[\frac{\tau(\omega-\omega_0)}{2}\right]\right\}.$$

Portanto,

$$\mathcal{F}(\text{sen}\omega_0 t) = j\pi[\delta(\omega+\omega_0)-\delta(\omega-\omega_0)].$$

Utilizando um raciocínio análogo, pode-se mostrar que

$$\mathcal{F}(\cos\omega_0 t) = \pi[\delta(\omega-\omega_0)+\delta(\omega+\omega_0)]. \tag{1.57}$$

Transformada de $e^{j\omega_0 t}$

Usando a identidade de Euler, $e^{j\omega_0 t} = \cos\omega_0 t + j\text{sen}\omega_0 t$; então,

$$\mathcal{F}[e^{j\omega_0 t}] = \mathcal{F}[\cos\omega_0 t + j\text{sen}\omega_0 t]. \tag{1.58}$$

Substituindo as equações para as transformadas do seno e cosseno, obtém-se

$$\mathcal{F}[e^{j\omega_0 t}] = 2\pi\delta(\omega-\omega_0). \tag{1.59}$$

Transformada de Fourier de uma Função Periódica

Considere que a função periódica $f_T(t)$ pode ser representada em série de Fourier

$$f_T(t) = \sum_{n=-\infty}^{\infty} F_n e^{jn\omega_0 t}. \tag{1.60}$$

Aplicando a transformada de Fourier a ambos os lados da equação, tem-se

$$\mathcal{F}[f_T(t)] = \mathcal{F}\left[\sum_{n=-\infty}^{\infty} F_n e^{jn\omega_0 t}\right] \tag{1.61}$$

$$= \sum_{n=-\infty}^{\infty} F_n \mathcal{F}[e^{jn\omega_0 t}]. \tag{1.62}$$

Substituindo a Equação 1.59, chega-se finalmente a

$$F(\omega) = 2\pi \sum_{n=-\infty}^{\infty} F_n \delta(\omega - n\omega_0). \tag{1.63}$$

1.6 Propriedades das Transformadas de Fourier

Linearidade

É uma propriedade importante dos sistemas de comunicações e pode ser verificada por meio das propriedades de homogeneidade e aditividade seguintes:

1. Homogeneidade – se a aplicação do sinal $x(t)$ ao sistema resulta em $y(t)$, a aplicação de $\alpha x(t)$, em que α é uma constante, resulta em $\alpha y(t)$;

2. Aditividade – se a aplicação dos sinais $x_1(t)$ e $x_2(t)$ ao sistema resulta, respectivamente, em $y_1(t)$ e $y_2(t)$, a aplicação de $x_1(t) + x_2(t)$ resulta em $y_1(t) + y_2(t)$.

É possível verificar, aplicando as propriedades de homogeneidade e aditividade, que o processo que gera o sinal $s(t) = A\cos(\omega_c t + \Delta m(t) + \theta)$ a partir do sinal $m(t)$ de entrada não é linear. Aplicando o mesmo teste para o sinal $s(t) = m(t)\cos(\omega_c t + \theta)$, mostra-se que o processo é linear.

A transformada de Fourier é um operador linear, ou seja, se uma função pode ser escrita como combinação linear de outras funções, a transformada dessa função também é uma combinação linear das transformadas de cada uma das funções envolvidas (Gagliardi, 1988).

Se $f(t) \leftrightarrow F(\omega)$ e $g(t) \leftrightarrow G(\omega)$, então

$$\alpha f(t) + \beta g(t) \leftrightarrow \alpha F(\omega) + \beta G(\omega). \tag{1.64}$$

Demonstração

$$h(t) = \alpha f(t) + \beta g(t) \rightarrow H(\omega) = \int_{-\infty}^{\infty} h(t) e^{-j\omega t} dt,$$

$$H(\omega) = \alpha \int_{-\infty}^{\infty} f(t)e^{-j\omega t}dt + \beta \int_{-\infty}^{\infty} g(t)e^{-j\omega t}dt,$$

$$H(\omega) = \alpha F(\omega) + \beta G(\omega). \quad (1.65)$$

Escalonamento

$$\mathcal{F}[f(at)] = \int_{-\infty}^{\infty} f(at)e^{-j\omega t}dt. \quad (1.66)$$

Inicialmente, considere $a > 0$. Fazendo $u = at$, tem-se $dt = \frac{du}{a}$. Substituindo na integral anterior, obtém-se

$$\mathcal{F}[f(at)] = \int_{-\infty}^{\infty} \frac{f(u)}{a} e^{-j\frac{\omega}{a}u}du.$$

Resultando em

$$\mathcal{F}[f(at)] = \frac{1}{a}F(\frac{\omega}{a}).$$

Considerando agora $a < 0$, por um raciocínio análogo, chega-se a

$$\mathcal{F}[f(at)] = -\frac{1}{a}F(\frac{\omega}{a}).$$

Portanto,

$$\mathcal{F}[f(at)] = \frac{1}{|a|}F(\frac{\omega}{a}). \quad (1.67)$$

O resultado demonstra que, se uma função é comprimida no tempo por um fator a, sua representação em freqüência é expandida pelo mesmo fator.

Simetria

Esta é uma interessante propriedade, que pode ser observada nas funções pares. Para

$$f(t) \leftrightarrow F(\omega), \quad (1.68)$$

tem-se que

$$F(t) \leftrightarrow 2\pi f(-\omega). \quad (1.69)$$

Demonstração

$$f(t) = \frac{1}{2\pi} \int_{-\infty}^{+\infty} F(\omega)e^{j\omega t}d\omega,$$

cuja multiplicação por 2π leva a

$$2\pi f(t) = \int_{-\infty}^{+\infty} F(\omega)e^{j\omega t}d\omega.$$

Fazendo $u = -t$, tem-se

$$2\pi f(-u) = \int_{-\infty}^{+\infty} F(\omega)e^{-j\omega u}d\omega.$$

Agora, substituindo $t = \omega$, chega-se a

$$2\pi f(-u) = \int_{-\infty}^{+\infty} F(t)e^{-jtu}dt.$$

Por fim, com a substituição $u = \omega$, obtém-se

$$2\pi f(-\omega) = \int_{-\infty}^{+\infty} F(t)e^{-j\omega t}dt. \tag{1.70}$$

Exemplo: A transformada da função constante pode ser facilmente obtida com o uso da propriedade de simetria.

$$\delta(t) \leftrightarrow 1,$$

logo

$$1 \leftrightarrow 2\pi\delta(-\omega) = 2\pi\delta(\omega).$$

Deslocamento no Tempo

Dado que $f(t) \leftrightarrow F(\omega)$, então $f(t - t_0) \leftrightarrow F(\omega)e^{-j\omega t_0}$. Considere $g(t) = f(t - t_0)$. Neste caso,

$$G(\omega) = \mathcal{F}[g(t)] = \int_{-\infty}^{\infty} f(t - t_0)e^{-j\omega t}dt. \tag{1.71}$$

Fazendo $\tau = t - t_0$, obtém-se

$$G(\omega) = \int_{-\infty}^{\infty} f(\tau)e^{-j\omega(\tau+t_0)}d\tau \tag{1.72}$$

$$= \int_{-\infty}^{\infty} f(\tau)e^{-j\omega\tau}e^{-j\omega t_0}d\tau \tag{1.73}$$

e, finalmente,

$$G(\omega) = e^{-j\omega t_0}F(\omega). \tag{1.74}$$

O resultado mostra que, quando uma função sofre um deslocamento no tempo, nenhuma alteração é percebida no seu espectro de amplitude. Já sua função de fase sofre uma rotação proporcional a t_0.

Deslocamento em Freqüência

Para $f(t) \leftrightarrow F(\omega)$, tem-se $f(t)e^{j\omega_0 t} \leftrightarrow F(\omega-\omega_0)$.

$$\mathcal{F}[f(t)e^{j\omega_0 t}] = \int_{-\infty}^{\infty} f(t)e^{j\omega_0 t}e^{-j\omega t}dt \tag{1.75}$$

$$= \int_{-\infty}^{\infty} f(t)e^{-j(\omega-\omega_0)t}dt,$$

$$\mathcal{F}[f(t)e^{j\omega_0 t}] = F(\omega-\omega_0). \tag{1.76}$$

Diferenciação no Tempo

Para

$$f(t) \leftrightarrow F(\omega), \tag{1.77}$$

tem-se que

$$\frac{df(t)}{dt} \leftrightarrow j\omega F(\omega). \tag{1.78}$$

Demonstração

$$f(t) = \frac{1}{2\pi}\int_{-\infty}^{\infty} F(\omega)e^{j\omega t}d\omega \tag{1.79}$$

Diferenciando no tempo,

$$\frac{df(t)}{dt} = \frac{1}{2\pi}\frac{d}{dt}\int_{-\infty}^{\infty} F(\omega)e^{j\omega t}d\omega. \tag{1.80}$$

$$= \frac{1}{2\pi}\int_{-\infty}^{\infty} F(\omega)\frac{d}{dt}e^{j\omega t}d\omega \tag{1.81}$$

$$= \frac{1}{2\pi}\int_{-\infty}^{\infty} j\omega F(\omega)e^{j\omega t}d\omega, \tag{1.82}$$

então,

$$\frac{df(t)}{dt} \leftrightarrow j\omega F(\omega). \tag{1.83}$$

Generalizando,

$$\frac{d^n f(t)}{dt} \leftrightarrow (j\omega)^n f(\omega). \tag{1.84}$$

Aplicação: Calculando a transformada de Fourier do sinal $f(t) = \delta(t) - \alpha e^{-\alpha t}u(t)$ é possível mostrar, utilizando a propriedade de derivação no tempo, que esse sinal é a derivada do sinal $g(t) = e^{-\alpha t}u(t)$.

Aplicação: Ainda utilizando propriedades da transformada de Fourier, mostra-se que a derivada do sinal $h(t) = f(t) * g(t)$ pode ser dada por

$$h'(t) = f'(t) * g(t), \quad \text{ou} \quad h'(t) = f(t) * g'(t).$$

Integração no Tempo

Considere que o sinal $f(t)$ tem média nula, ou seja, $\int_{-\infty}^{\infty} f(t)dt = 0$. Definindo

$$g(t) = \int_{-\infty}^{t} f(\tau)d\tau, \tag{1.85}$$

tem-se

$$\frac{dg(t)}{dt} = f(t).$$

Como

$$g(t) \leftrightarrow G(\omega), \tag{1.86}$$

então

$$f(t) \leftrightarrow j\omega G(\omega).$$

Logo

$$G(\omega) = \frac{F(\omega)}{j\omega}. \tag{1.87}$$

Dessa forma conclui-se que, para um sinal de média zero,

$$f(t) \leftrightarrow F(\omega)$$

$$\int_{-\infty}^{t} f(\tau)d\tau \leftrightarrow \frac{F(\omega)}{j\omega}. \tag{1.88}$$

Generalizando, para o caso do sinal $f(t)$ com média não-nula, tem-se

$$\int_{-\infty}^{t} f(\tau)d\tau \leftrightarrow \frac{F(\omega)}{j\omega} + \pi\delta(\omega)F(0). \tag{1.89}$$

Teorema da Convolução

O teorema da convolução é um método poderoso de análise em freqüência, pois permite a obtenção de muitos resultados importantes. Um exemplo de fundamental importância para a Teoria das Comunicações é o teorema da amostragem, abordado na próxima seção.

A convolução entre duas funções $f(t)$ e $g(t)$ é dada pela integral

$$\int_{-\infty}^{\infty} f(\tau)g(t-\tau)d\tau, \tag{1.90}$$

podendo ser representada por $f(t) * g(t)$.

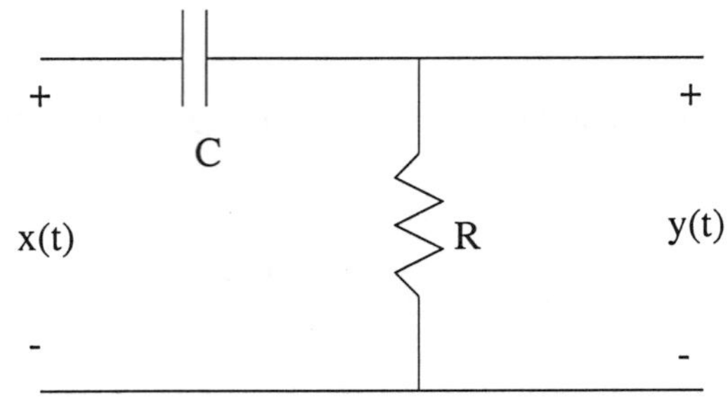

Figura 1.7: Circuito RC.

Defina $h(t) = f(t) * g(t)$ e $h(t) \leftrightarrow H(\omega)$. Então,

$$H(\omega) = \int_{-\infty}^{\infty} h(t)e^{-j\omega t}dt = \int_{-\infty}^{\infty}\int_{-\infty}^{\infty} f(\tau)g(t-\tau)e^{-j\omega t}dtd\tau. \quad (1.91)$$

$$H(\omega) = \int_{-\infty}^{\infty} f(\tau)\int_{-\infty}^{\infty} g(t-\tau)e^{-j\omega t}dtd\tau, \quad (1.92)$$

$$H(\omega) = \int_{-\infty}^{\infty} f(\tau)G(\omega)e^{-j\omega\tau}d\tau \quad (1.93)$$

e, finalmente,

$$H(\omega) = G(\omega)F(\omega). \quad (1.94)$$

Ou seja, a convolução de duas funções no tempo é equivalente ao produto de suas transformadas em freqüência. Para o caso de $h(t) = f(t) \cdot g(t)$, de maneira análoga, pode-se obter

$$H(\omega) = \frac{1}{2\pi}[F(\omega) * G(\omega)]. \quad (1.95)$$

Ou seja, o produto de duas funções no tempo é equivalente a convolução de suas transformadas em freqüência. A operação de convolução é muito utilizada para o cálculo da resposta de um circuito, dada sua função de transferência, a um sinal de entrada.

Exemplo: O circuito da Figura 1.7 tem função de transferência $h(t)$ dada por

$$h(t) = \frac{1}{RC}e^{-\frac{t}{RC}}u(t).$$

A aplicação de um impulso a sua entrada, $x(t) = \delta(t)$, provoca uma saída dada por $y(t) = h(t) * x(t)$. Em freqüência, pela propriedade da convolução, resulta em $Y(\omega) = H(\omega)X(\omega) = H(\omega)$. Ou seja, a resposta ao impulso de um sistema é sua própria função de transferência.

Aplicação: Utilizando a propriedade da convolução em freqüência ainda pode-se mostrar que

$$\cos(\omega_c t)u(t) \leftrightarrow \frac{\pi}{2}[\delta(\omega+\omega_c) + \delta(\omega-\omega_c)] + j\frac{\omega}{\omega_c^2 - \omega^2}.$$

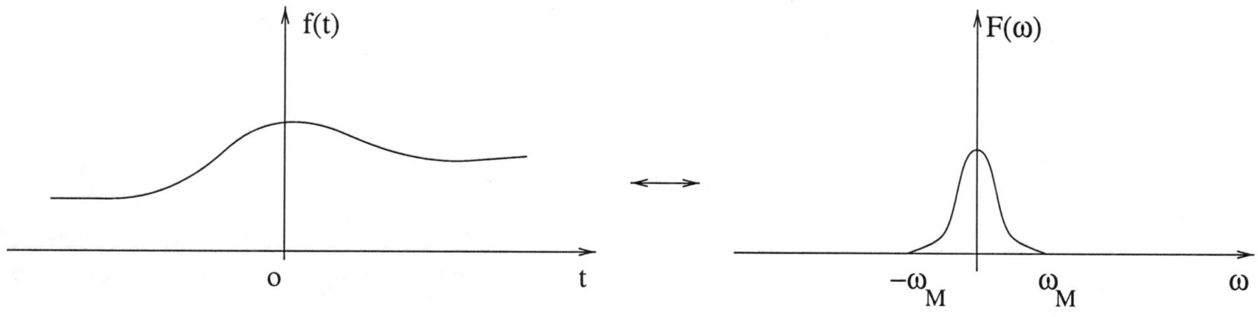

Figura 1.8: Sinal limitado em faixa.

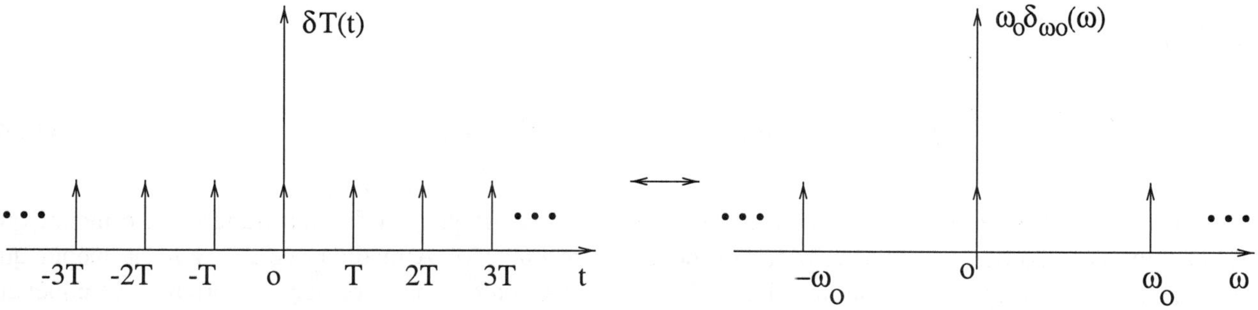

Figura 1.9: Trem de impulsos utilizados na amostragem.

1.7 Teorema da Amostragem

Um sinal $f(t)$ limitado em faixa, que não tem componentes de freqüência acima de ω_M, pode ser amostrado em intervalos uniformes, com um período de amostragem $T_a \leq \frac{T_M}{2}$, em que T_M é o período correspondente à freqüência máxima f_M.

Entende-se por sinal limitado em faixa que a restrição $\omega > \omega_M$ implica $F(\omega) = 0$. Nyquist concluiu que toda informação sobre $f(t)$, ilustrada na Figura 1.8, está contida nas amostras desse sinal, tomadas a intervalos regulares T_A. Dessa forma, o sinal pode ser completamente recuperado a partir das amostras obtidas. Para um sinal $f(t)$ limitado em faixa, ou seja, $F(\omega) = 0$ para $|\omega| > \omega_M$, tem-se

$$f(t) * \frac{\text{sen}\, at}{\pi t} = f(t), \text{ se } a > \omega_M.$$

A função $f(t)$ é amostrada uma vez a cada T_a segundos ou com uma freqüência de amostragem $f_A \geq 2f_M$. Considere o sinal $f_s(t) = f(t)\delta_T(t)$, em que

$$\delta_T(t) = \sum_{n=-\infty}^{\infty} \delta(t - nT) \leftrightarrow \omega_o \delta_{\omega_o}(\omega) = \omega_o \sum_{n=-\infty}^{\infty} \delta(\omega - n\omega_o). \tag{1.96}$$

O sinal $\delta_T(t)$ está ilustrado na Figura 1.9. O sinal $f_s(t)$ representa $f(t)$ amostrado a intervalos uniformes de T_A segundos. Do teorema da convolução em freqüência verifica-se que o produto de duas funções no tempo é equivalente à convolução das respectivas transformadas, em freqüência. Dessa maneira,

$$f_s(t) \leftrightarrow \frac{1}{2\pi}[F(\omega) * \omega_0 \delta_{\omega_0}(\omega)]. \tag{1.97}$$

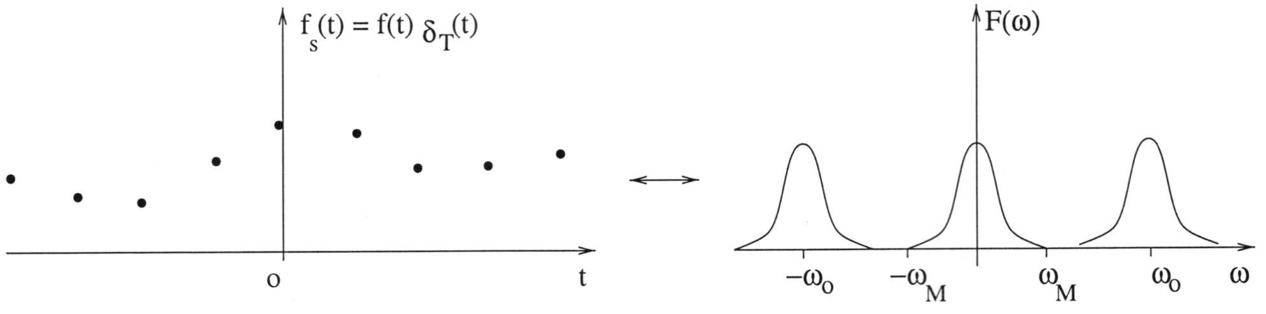

Figura 1.10: Sinal amostrado.

E, portanto,

$$f_s(t) \leftrightarrow \frac{1}{T}[F(\omega) * \delta_{\omega_0}(\omega)] = \frac{1}{T}\sum_{n=-\infty}^{\infty} F(\omega - n\omega_o). \tag{1.98}$$

A partir da análise da Figura 1.10 pode-se perceber que se a freqüência de amostragem ω_A é menor que $2\omega_M$ há superposição dos espectros e, portanto, perda de informação. À medida que ω_A se torna menor que $2\omega_M$, a taxa de amostragem torna-se mais baixa, havendo perda parcial de informação. Portanto, a freqüência ótima de amostragem $\omega_A = 2\omega_M$ é conhecida como freqüência de amostragem de Nyquist. Para recuperar o espectro $F(\omega)$ original, basta fazer com que o sinal amostrado passe por um filtro passa-baixas com uma freqüência de corte ω_M.

1.8 Teorema de Parseval

Para um sinal de energia $f(t)$ real, a energia associada a $f(t)$ é dada por

$$E = \int_{-\infty}^{\infty} f^2(t)dt$$

e pode ser calculada por meio da fórmula

$$E = \frac{1}{2\pi}\int_{-\infty}^{\infty} |F(\omega)|^2 d\omega.$$

Essa relação é conhecida como teorema de Parseval. Para um sinal real $x(t)$ pode-se demonstrar, usando a identidade de Parseval, que os sinais $x(t)$ e $y(t) = x(t - \tau)$ têm mesma energia E.

Uma outra forma da identidade de Parseval é dada a seguir

$$\int_{-\infty}^{\infty} f(x)G(x)dx = \int_{-\infty}^{\infty} F(x)g(x)dx.$$

1.9 Média, Potência e Autocorrelação

Como foi visto antes, a média de um sinal real $x(t)$ é

$$\overline{x}(t) = \lim_{T\to\infty} \frac{1}{T}\int_{\frac{-T}{2}}^{\frac{T}{2}} x(t)dt. \tag{1.99}$$

Se o sinal $x(t)$ existir sobre todo o intervalo $(-\infty, +\infty)$, define-se a potência total, $\overline{P}_X$, de um sinal real $x(t)$, a potência dissipada em um resistor de 1 ohm, quando uma tensão $x(t)$ é aplicada a ele (ou uma corrente $x(t)$ o atravessa) (Lathi, 1989). Assim,

$$\overline{P}_X = \lim_{T\to\infty} \frac{1}{T} \int_{\frac{-T}{2}}^{\frac{T}{2}} x^2(t)dt. \qquad (1.100)$$

A partir da definição anterior, $\overline{P}_X$ tem unidades correspondentes ao quadrado das unidades do sinal $x(t)$ (volt^2, ampère^2). Essas unidades somente são convertidas em unidades de potência (watts) se forem normalizadas por unidades de impedância (ohm). É freqüente a utilização da potência em *decibéis* (dB), que é dada por (Gagliardi, 1988)

$$(\overline{P}_X)_{dB} = 10 \log \overline{P}_X. \qquad (1.101)$$

A potência $(\overline{P}_X)$ é formada por duas componentes: uma componente DC, devido ao valor não-nulo da média do sinal $x(t)$ (definida como $\overline{P}_{DC}$) e uma componente AC (escrita como $\overline{P}_{AC}$). A potência DC do sinal é dada por

$$\overline{P}_{DC} = [\overline{x}(t)]^2. \qquad (1.102)$$

Segue-se então que a potência AC do sinal pode ser calculada extraindo da potência total a componente DC, ou seja,

$$\overline{P}_{AC} = \overline{P}_X - \overline{P}_{DC}. \qquad (1.103)$$

Autocorrelação temporal de sinais

A função autocorrelação temporal média, ou simplesmente autocorrelação, de um sinal real $x(t)$ é definida como

$$\overline{R}_X(\tau) = \lim_{T\to\infty} \frac{1}{T} \int_{\frac{-T}{2}}^{\frac{T}{2}} x(t)x(t+\tau)dt. \qquad (1.104)$$

A mudança de variável $y = t + \tau$ permite escrever a Equação 1.104 como

$$\overline{R}_X(\tau) = \lim_{T\to\infty} \frac{1}{T} \int_{\frac{-T}{2}}^{\frac{T}{2}} x(t)x(t-\tau)dt. \qquad (1.105)$$

A partir das Equações 1.104 e 1.105, observa-se que $\overline{R}_X(\tau)$ é uma função par de τ, logo (Lathi, 1989)

$$\overline{R}_X(-\tau) = \overline{R}_X(\tau). \qquad (1.106)$$

Considerando as definições de autocorrelação e potência pode-se concluir que

$$\overline{P}_X = \overline{R}_X(0) \qquad (1.107)$$

e

$$\overline{P}_{DC} = \overline{R}_X(\infty), \qquad (1.108)$$

ou seja, pode-se obter informações sobre a potência de um sinal a partir da função autocorrelação. A função autocorrelação pode ser tratada também no domínio da freqüência, bastando aplicar a transformada de Fourier à função $\overline{R}_X(\tau)$.

$$\mathcal{F}\{\overline{R}_X(\tau)\} = \int_{-\infty}^{+\infty} \lim_{T\to\infty} \frac{1}{T} \int_{\frac{-T}{2}}^{\frac{T}{2}} x(t)x(t+\tau)e^{-j\omega\tau} dt\, d\tau = \tag{1.109}$$

$$= \lim_{T\to\infty} \frac{1}{T} \int_{\frac{-T}{2}}^{\frac{T}{2}} x(t) \int_{-\infty}^{+\infty} x(t+\tau)e^{-j\omega\tau} d\tau dt$$

$$= \lim_{T\to\infty} \frac{1}{T} \int_{\frac{-T}{2}}^{\frac{T}{2}} x(t)X(\omega)e^{j\omega t} dt$$

$$= X(\omega) \lim_{T\to\infty} \frac{1}{T} \int_{\frac{-T}{2}}^{\frac{T}{2}} x(t)e^{j\omega t} dt$$

$$= \lim_{T\to\infty} \frac{X(\omega)X(-\omega)}{T}$$

$$= \lim_{T\to\infty} \frac{|X(\omega)|^2}{T}. \tag{1.110}$$

A densidade espectral de potência é definida como a transformada de Fourier da função autocorrelação, ou seja,

$$\overline{S}_X(\omega) = \int_{-\infty}^{\infty} \overline{R}_X(\tau)e^{-j\omega\tau} d\tau. \tag{1.111}$$

Exemplo: Encontre a densidade espectral de potência de um sinal senoidal (Figura 1.11a).

$$x(t) = A\cos(\omega_0 t + \theta)$$

Solução:

$$\overline{R}_X(\tau) = \lim_{T\to\infty} \frac{1}{T} \int_{\frac{-T}{2}}^{\frac{T}{2}} A^2 \cos(\omega_0 t + \theta) \cos\left[\omega_0(t+\tau) + \theta\right] dt$$

$$= \frac{A^2}{2} \lim_{T\to\infty} \frac{1}{T} \left[\int_{\frac{-T}{2}}^{\frac{T}{2}} \cos\omega_0\tau dt + \int_{\frac{-T}{2}}^{\frac{T}{2}} \cos\left(2\omega_0 t + \omega_0\tau + 2\theta\right) dt \right]$$

$$= \frac{A^2}{2} \cos\omega_0\tau.$$

Observe que a função autocorrelação (Figura 1.11b) é independente da fase θ. A densidade espectral de potência (Figura 1.11c) é

$$\overline{S}_X(\omega) = \mathcal{F}\left[R_X(\tau)\right]$$

$$\overline{S}_X(\omega) = \frac{\pi A^2}{2} \left[\delta(\omega+\omega_0) + \delta(\omega-\omega_0)\right]$$

A potência, ou valor médio quadrático de $x(t)$, é, então,

$$\overline{P}_X = \overline{R}_X(0) = \frac{A^2}{2}$$

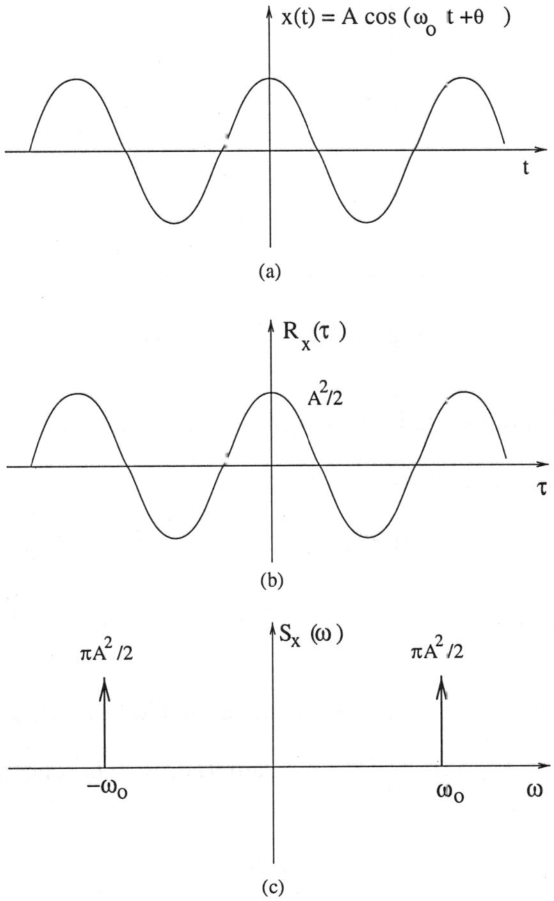

Figura 1.11: Sinal senoidal, sua autocorrelação e densidade espectral de potência.

1.10 Exercícios

1. Considere o sinal

$$x(t) = 1,\ 0 \leq t < \pi \text{ e } x(t) = -1,\ \pi \leq t \leq 2\pi$$

que é aproximado por $\tilde{x}(t) = \frac{4}{\pi}\text{sen}(t)$, no intervalo considerado.

   (a) Mostre que o erro é ortogonal à função $\tilde{x}(t)$.

   (b) Mostre que a energia de $x(t)$ é a soma da energia do sinal de erro com a do sinal $\tilde{x}(t)$.

2. Determine as potências instantânea e média dos seguintes sinais:

   (a) $x(t) = \cos 2\pi t$

   (b) $y(t) = \text{sen}\, 2\pi t$

   (c) $z(t) = x(t) + y(t)$

3. Determine a constante A tal que $f_1(t)$ e $f_2(t)$ sejam ortogonais para todo t, em que: $f_1(t) = e^{-|t|}$ e $f_2(t) = 1 - Ae^{-2|t|}$.

4. Calcule a série de Fourier para a função $f(t) = \text{sen}^3\, \omega t$.

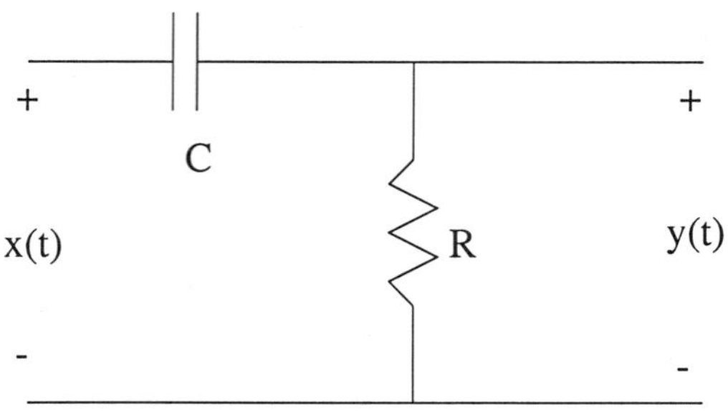

Figura 1.12: Circuito RC.

5. Calcule a transformada de Fourier da função impulso a partir da transformada da função degrau.

6. Calcule a transformada inversa de Fourier da função

$$F(\omega) = A[u(\omega + \omega_0) - u(\omega - \omega_0)].$$

7. Calcule a transformada da função $f(t) = Ae^{-\alpha t}u(t)$, esboçando em seguida os gráficos de módulo e fase da função obtida.

8. Trace os gráficos de módulo e fase da transformada da função $\delta(t + t_0)$.

9. Para o circuito da Figura 1.12, com função de tranferência $h(t)$, encontre a resposta à excitação $x(t)$ dada.

$$x(t) = te^{-\frac{t}{RC}}u(t),$$

em que

$$h(t) = \frac{1}{RC}e^{-\frac{t}{RC}}u(t)$$

10. Encontre a transformada da função $g(t) = f(t)\cos\omega_c t$, dada a transformada de $f(t)$.

11. Mostre que, para uma função $f(t)$ qualquer:

$$\int_{-\infty}^{t} f(t)dt \leftrightarrow \frac{F(\omega)}{j\omega} + \pi F(0)\delta(\omega).$$

12. Demonstre que, para um sinal de energia $f(t)$ real, a energia associada a $f(t)$,

$$\int_{-\infty}^{\infty} f^2(t)dt$$

pode ser calculada por meio da fórmula

$$\frac{1}{2\pi}\int_{-\infty}^{\infty} |F(\omega)|^2 d\omega.$$

13. Utilize a propriedade da convolução em freqüência para mostrar que

$$\cos(\omega_c t)u(t) \leftrightarrow \frac{\pi}{2}[\delta(\omega + \omega_c) + \delta(\omega - \omega_c)] + j\frac{\omega}{\omega_c^2 - \omega^2}.$$

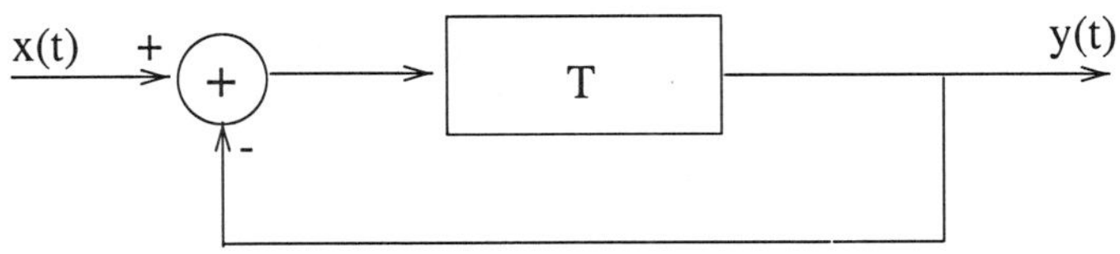

Figura 1.13: Sistema com realimentação.

14. Um sinal $x(t)$ tem expansão em série exponencial de Fourier dada a seguir. Ache a sua representação em série de cossenos.

$$x(t) = -\frac{2A}{\pi} \sum_{n=-\infty}^{\infty} \frac{1}{4n^2 - 1} e^{j2\pi nt}.$$

15. Calcule a resposta em freqüência do sistema seguinte com função de transferência ao pulso $x(t) = A[u(t + T/2) - u(t - T/2)]$. Esboce os gráficos de módulo e fase da resposta.

$$H(\omega) = ju(-\omega) - ju(\omega).$$

16. Um sinal $x(t)$ é dado pela expressão que segue. Determine a freqüência de Nyquist para sua amostragem.

$$x(t) = \frac{\text{sen } At}{\pi t}.$$

17. Qual a menor taxa de amostragem necessária para se amostrar o sinal $f(t) = \text{sen}^3\ (\omega_0 t)$? Mostre graficamente o efeito provocado pela redução na taxa de amostragem, abaixo da taxa de Nyquist.

18. Calcule a transformada de Fourier do sinal $g(t)$ seguinte, para aplicar a propriedade de integração no tempo e obter a transformada de $f(t)$.

$$g(t) = Ae^{-t}u(t) \qquad f(t) = A(1 - e^{-t})u(t).$$

19. Determine as funções de módulo e fase do sinal $f(t) = te^{-at}u(t)$.

20. Um sinal de tensão $v_0(t) = V_0 + \sum_{n=1}^{\infty} V_n \cos(n\omega_0 t + \theta_n)$ é aplicado a um circuito, obtendo-se uma corrente $i_0(t) = I_0 + \sum_{m=1}^{\infty} I_m \cos(m\omega_0 t + \phi_m)$. Com o conceito de ortogonalidade, calcule a potência (P) absorvida pelo circuito, considerando

$$P = \frac{1}{T} \int_{-T/2}^{T/2} v(t)i(t)dt.$$

Quanto vale a potência (P) para o caso $\theta_n = \phi_n$?

21. Dado o sistema linear da Figura 1.13, em que T representa um atraso constante, determine:

    (a) a função de transferência $H(\omega)$ do sistema;

    (b) a resposta ao impulso $h(t)$ do sistema.

22. Verifique, aplicando as propriedades de homogeneidade e aditividade, se o processo que gera o sinal $s(t) = A\cos(\omega_c t + \Delta m(t) + \theta)$ a partir do sinal $m(t)$ de entrada é linear. Faça o mesmo teste para o sinal $s(t) = m(t)\cos(\omega_c t + \theta)$.

23. Um sistema tem a seguinte função de transferência $h(t) = 2[u(t) - u(t - T)]$. Usando convolução, determine a resposta do sistema ao sinal aplicado $x(t) = u(t) - u(t - T)$.

24. Um sinal digital $x(t)$ tem a autocorrelação seguinte: $\bar{R}_X(\tau) = A^2[1 - \frac{|\tau|}{T_b}][u(\tau + T_b) - u(\tau - T_b)]$, em que T_b é o período do bit. Determine a potência total, a potência AC e a potência DC do sinal. Calcule a densidade espectral de potência do sinal. Trace os gráficos.

25. Dado que um sinal $x(t)$ é periódico, podendo ser expresso pela fórmula seguinte, calcule sua transformada de Fourier.

$$x(t) = \sum_{-\infty}^{\infty} F_n e^{jn\omega_0 t}.$$

26. Demonstre a seguinte propriedade da transformada de Fourier:

$$x(\alpha t) \leftrightarrow \frac{1}{|\alpha|} X(\frac{\omega}{\alpha}).$$

27. Calcule o valor médio e a potência do seguinte sinal:

$$x(t) = V u(\cos t).$$

28. Para um sinal real $x(t)$, demonstre a seguinte identidade de Parseval. Considere os sinais $x(t)$ e $y(t) = x(t - \tau)$. Mostre, utilizando a identidade de Parseval, que os dois sinais têm mesma energia E, dada por

$$E = \int_{-\infty}^{\infty} x^2(t)dt = \frac{1}{2\pi} \int_{-\infty}^{\infty} |X(\omega)|^2 d\omega$$

29. Um determinado sinal é dado pela fórmula que segue, em que o sinal $x(t)$ tem transformada $X(\omega)$. Utilizando propriedades da transformada de Fourier, determine a transformada de $y(t)$, definida como

$$y(t) = \frac{1}{\pi} \int_{-\infty}^{\infty} \frac{x(\tau)}{t - \tau} d\tau.$$

30. Dado que a transformada de Fourier do sinal $f(t) = \cos(\omega_o t)$ é $F(\omega) = \pi[\delta(w + \omega_o) + \delta(w - \omega_o)]$, determine a transformada de Fourier do sinal $g(t) = \text{sen}\,(\omega_o t - \phi)$, em que ϕ é uma fase constante. Esboce os gráficos de amplitude e fase da transformada do sinal.

31. Calcule a tranformada de Fourier do pulso de radiofreqüência

$$f(t) = \cos(\omega_o t)[u(t + T) - u(t - T)],$$

considerando que $\omega_o \gg \frac{2\pi}{T}$. Esboce o gráfico de amplitude da transformada.

32. Calcule a transformada de Fourier do sinal $f(t) = \delta(t) - \alpha e^{-\alpha t} u(t)$ e mostre, utilizando a propriedade de derivação no tempo, que esse sinal é a derivada do sinal $g(t) = e^{-\alpha t} u(t)$. Esboce os gráficos dos sinais no tempo e freqüência, com os traçados de amplitude e fase da transformada.

33. Utilizando propriedades da transformada de Fourier, mostre que a derivada do sinal $h(t) = f(t) * g(t)$ pode ser dada por

$$h'(t) = f'(t) * g(t), \quad \text{ou} \quad h'(t) = f(t) * g'(t).$$

34. Usando a transformada de Fourier, mostre que a função impulso pode ser escrita como

$$\frac{1}{\pi}\int_{0}^{\infty}\cos\omega t d\omega.$$

35. Utilizando as propriedades da transformada de Fourier, calcule a transformada da função $|t|$. Esboce os gráficos de amplitude e fase da transformada da função dada.

36. Mostre que $u(t) * u(t) = r(t)$, em que $u(t)$ representa a função degrau e $r(t)$ a rampa.

37. Calcule a transformada de Fourier do sinal que representa a potência instantânea sobre um resistor de $1\ \Omega$, $p(t) = v^2(t)$, em função da transformada do sinal aplicado $V(\omega)$. Com o uso da fórmula anterior, esboce o espectro da potência instantânea para um sinal senoidal $v(t) = A\cos\omega_o t$.

38. Mostre que a função degrau pode ser representada por

$$\frac{1}{\pi}\int_{0}^{\infty}\frac{\operatorname{sen}\omega t}{\omega}d\omega.$$

39. Encontre a série complexa de Fourier para o sinal

$$f(t) = \cos\omega_o t + \operatorname{sen}^2\omega_o t.$$

40. Encontre a tranformada de Fourier para o sinal anterior e esboce seu gráfico de amplitude.

41. Mostre que se $x(t)$ for limitado em faixa, ou seja, $X(\omega) = 0$ para $|\omega| > \omega_M$, então

$$x(t) * \frac{\operatorname{sen} at}{\pi t} = x(t), \text{ se } a > \omega_M.$$

Faça os gráficos para ilustrar a demonstração.

42. Demonstre a equação de Parseval que segue,

$$\int_{-\infty}^{\infty} f(x)G(x)dx = \int_{-\infty}^{\infty} F(x)g(x)dx.$$

43. A densidade espectral de potência para sinais determinísticos é dada pela fórmula seguinte

$$\bar{S}_X(\omega) = \lim_{T\to\infty}\frac{1}{T}|X(\omega)|^2,$$

na qual se entende que a transformada de Fourier é calculada para um intervalo de tempo T. Calcule a densidade espectral de potência do pulso de radiofreqüência seguinte e analise o que ocorre quando o intervalo tende ao infinito. Faça os gráficos no tempo e em freqüência.

$$x(t) = \cos\omega_c t[u(t + T/2) - u(t - T/2)].$$

44. Um sistema de comunicações tem a resposta ao impulso $h(t) = f(t) * g(t)$, para o qual

$$f(t) = \alpha e^{-\alpha t}u(t) \text{ e } g(t) = \delta'(t).$$

Um sinal $x(t) = [1 - e^{-\alpha t}]u(t)$ é aplicado à entrada do sistema. Qual o sinal de saída? Qual seu espectro de Fourier? Esboce os sinais de entrada e de saída.

45. Um sinal periódico é dado pela equação $x(t) = \cos(\pi t/T)u[\cos(\pi t/T)]$. Determine os coeficientes a_n e b_n da série de Fourier. Faça um esboço do sinal e da aproximação obtida com a série. Considere que $u[f(t)] = 1$, para $f(t) \geq 0$ e zero para outros valores de $f(t)$.

46. Um sinal tem o formato descrito pela equação seguinte. Desenhe o sinal no tempo. Calcule seu espectro, usando propriedades da transformada de Fourier. Esboce o espectro.

$$x(t) = u(t + T) - 2u(t) + u(t - T).$$

47. A autocorrelação temporal é dada pela fórmula seguinte

$$\bar{R}_X(\tau) = \lim_{T\to\infty} \frac{1}{T} \int_{-T/2}^{T/2} x(t)x(t + \tau)dt.$$

Assuma que o sinal é aleatório e estacionário e calcule o valor esperado da autocorrelação anterior. Projete um analisador de espectro que forneça a densidade espectral de potência, incluindo no equipamento o cálculo de $\bar{R}_X(\tau)$.

Capítulo 2

Sinais Aleatórios

2.1 Introdução

Este capítulo resume as definições básicas da teoria de probabilidades, variáveis aleatórias e processos aleatórios. A teoria também é utilizada nos capítulos subseqüentes.

A teoria de probabilidades é geralmente apresentada a partir de três enfoques: a abordagem clássica, o enfoque por freqüência relativa e a abordagem axiomática. Tendo em vista os problemas apresentados pelas duas teorias mais antigas, com relação à definição cíclica do conceito de probabilidade para a primeira e o problema de convergência na série de experimentos para a segunda, apenas a abordagem axiomática é tratada. Os leitores interessados na abordagem clássica ou por freqüência relativa podem consultar as referências bibliográficas relacionadas ao final do livro.

Os axiomas da probabilidade estabelecidos por Andrei Kolmogorov permitem o desenvolvimento de toda a teoria e resumem-se a apenas três (Papoulis, 1983a):

1. $P(\Omega) = 1$, em que Ω representa o espaço amostral ou conjunto universo e $P(\cdot)$ a probabilidade associada.
2. $P(A) \geq 0$, em que A representa um evento do conjunto universo.
3. $P(A \cup B) = P(A) + P(B)$, em que A e B são eventos mutuamente exclusivos e $A \cup B$ representa a união dos eventos A e B.

2.2 Variáveis Aleatórias

A idéia de variável aleatória tem o objetivo de transpor eventos do espaço amostral para segmentos de retas nos reais. Na realidade, o que se chama de variável aleatória não é uma variável, no sentido estrito da palavra, porque é uma função dos eventos aleatórios. Também não é aleatória, porque é uma função bem definida e determinística nesse domínio. O mapeamento $X : \Omega \rightarrow R$ é completamente determinístico. Dessa forma, $X = f(\omega)$, em que $\omega \in \Omega$.

Exemplo: O experimento "jogar uma moeda e observar o resultado" pode ser mapeado no conjunto R da seguinte forma, como ilustrado na Figura 2.1,

$$\begin{cases} C_a \rightarrow -1 \\ C_0 \rightarrow +1 \end{cases} \qquad \begin{cases} x(\omega_1) \rightarrow -1 \\ x(\omega_2) \rightarrow +1 \end{cases}$$

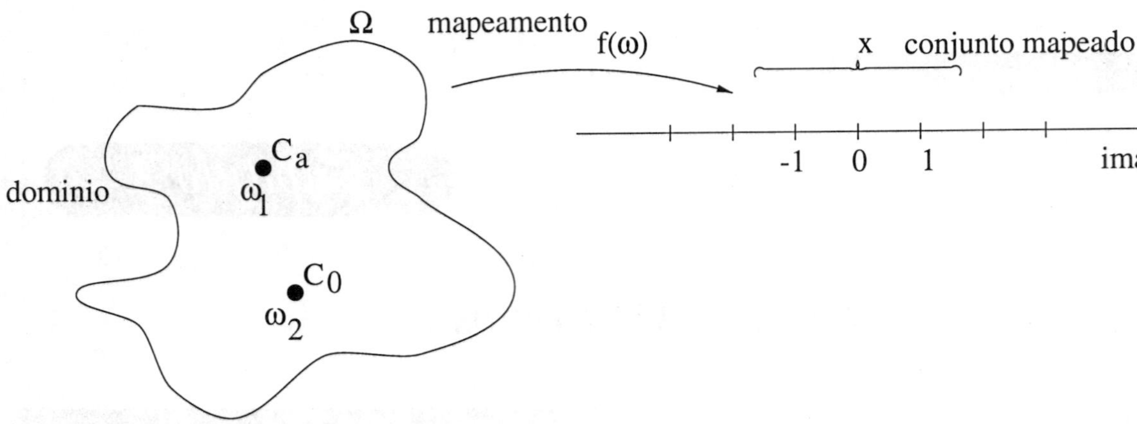

Figura 2.1: Mapeamento executado pela variável aleatória.

2.3 Função Cumulativa de Probabilidade (FCP)

A função cumulativa de probabilidade (FCP), representada na Figura 2.2, é uma aplicação da medida de probabilidade a um conjunto específico, isto é, $P_X(x) = P\{X \leq x\}$. Isso faz com que se obtenha uma função nos reais, em vez de uma operação entre conjuntos, o que torna o procedimento de medir a probabilidade mais operacional.

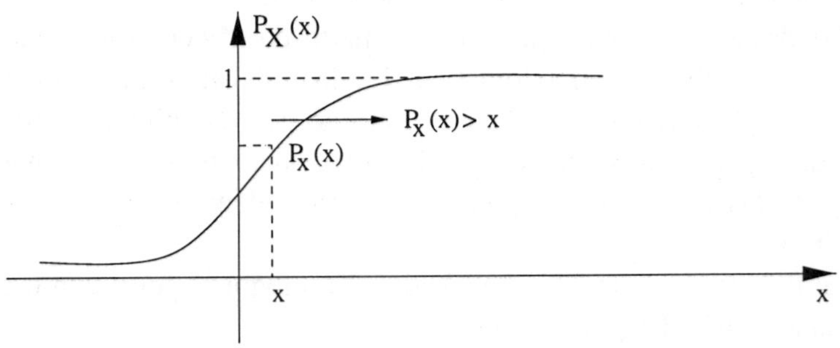

Figura 2.2: A função cumulativa de probabilidade.

A função cumulativa de probabilidade goza das seguintes propriedades, que podem ser facilmente verificadas:

1. $P_X(\infty) = P\{X < \infty\} = 1$ (todas as probabilidades exauridas);

2. $P_X(-\infty) = P\{X = -\infty\} = 0$ (probabilidade de um ponto);

3. Como $\{X > x\} \cup \{X \leq x\} = S$ (segmentos disjuntos de Borel), então $P\{X > x\} + P\{X \leq x\} = 1 \Rightarrow P\{X > x\} = 1 - P_X(x)$;

4. $P\{a < X \leq b\} = P_X(b) - P_X(a) = P\{X \leq b\} - P\{X \leq a\}$.

$P_X(x)$ pode ser escrita como a primitiva de uma função, ou seja

$$P_X(x) = \int_{-\infty}^{x} p_X(t)dt.$$

Pelo teorema principal do cálculo: $p_X(x) = \frac{d}{dx}P_X(x)$, em que $p_X(x)$ é conhecida como função densidade de probabilidade (fdp), ilustrada na Figura 2.3. Observação: A FCP fornece uma medida de probabilidade, portanto é adimensional. Mas a função densidade de probabilidade tem dimensão.

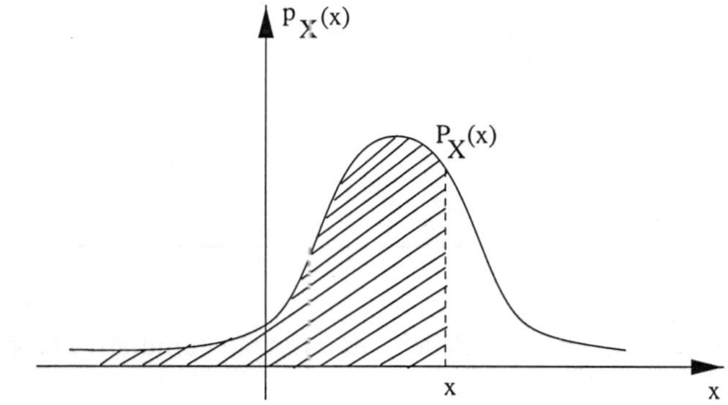

Figura 2.3: A função densidade de probabilidade.

Algumas relações importantes:

$$P\{X > x\} = 1 - \int_{-\infty}^{x} p_X(\alpha)\, d\alpha = \int_{-\infty}^{\infty} p_X(\alpha)\, d\alpha - \int_{-\infty}^{x} p_X(\alpha)\, d\alpha = \int_{x}^{\infty} p_X(\alpha)\, d\alpha$$

$$P\{a < X \leq b\} = P_X(b) - P_X(a) = \int_{-\infty}^{b} p_X(x)\, dx - \int_{-\infty}^{a} p_X(x)\, dx = \int_{a}^{b} p_X(x)\, dx$$

As Figuras 2.4 e 2.5 ilustram as relações estabelecidas.

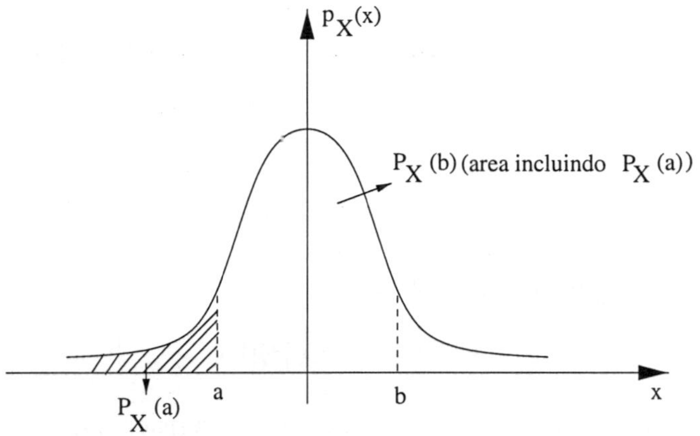

Figura 2.4: A área sob a função densidade de probabilidade.

Exemplo: Um sinal de voz pode ser modelado por meio da distribuição de Laplace seguinte, para a qual a propriedade de área unitária pode ser verificada imediatamente

$$p_X(x) = \frac{\alpha}{2} e^{-\alpha|x|}.$$

A função cumulativa de probabilidade é dada por

$$P_X(x) = \int_{-\infty}^{x} p_X(t)dt = \int_{-\infty}^{x} \frac{\alpha}{2} e^{-\alpha|t|} dt,$$

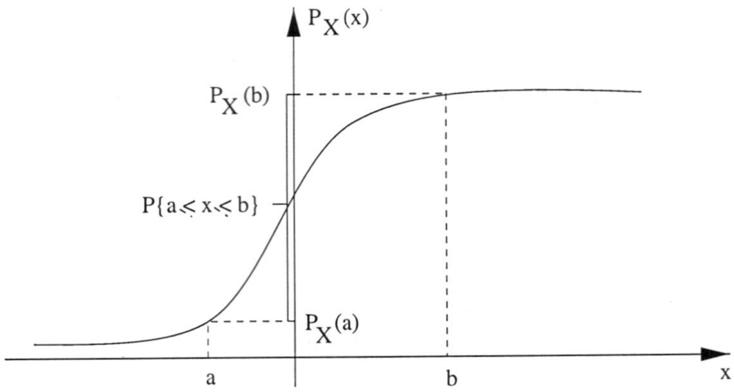

Figura 2.5: A medição da probabilidade com a função cumulativa de probabilidade.

que fornece como resultado

$$P_X(x) = \frac{1}{2}e^{\alpha x}u(-x) + [\frac{1}{2} - \frac{1}{2}e^{-\alpha x}]u(x).$$

2.3.1 Valor Esperado

Seja $f(X)$ uma função de variável aleatória. O valor esperado em relação a X da função $f(X)$ é determinado por

$$E[f(X)] = \int_{-\infty}^{+\infty} f(x)p_X(x)dx. \tag{2.1}$$

O operador valor esperado, ou esperança matemática, tem as seguintes propriedades

$$E[\alpha X] = \alpha E[X], \tag{2.2}$$

$$E[X + Y] = E[X] + E[Y]. \tag{2.3}$$

Se X e Y são variáveis aleatórias independentes,

$$E[XY] = E[X]E[Y]. \tag{2.4}$$

Vários momentos de X têm especial importância e interpretação física. De maneira geral são definidos pela fórmula

$$m_i = E[X^i] = \int_{-\infty}^{+\infty} x^i p_X(x)dx. \tag{2.5}$$

Os primeiros momentos são os mais importantes sendo usualmente relacionados com médias e medidas físicas. Assim,

- $m_1 = E[X]$ — média aritmética, valor médio, tensão média, média estatística;
- $m_2 = E[X^2]$ — média quadrática, potência total;

- $m_3 = E[X^3]$ — medida de assimetria da função densidade de probabilidade;
- $m_4 = E[X^4]$ — medida de achatamento da função densidade de probabilidade.

Também importante em Teoria de Comunicações, a variância, ou potência AC, de X é definida como segue

$$\sigma_X^2 = E[(X - m_1)^2] = m_2 - m_1^2, \tag{2.6}$$

em que o desvio padrão σ_X é definido como a raiz quadrada da variância.

A função característica, $P_X(\omega)$, ou função geratriz de momentos, é definida a partir da transformada de Fourier da função densidade de probabilidade (fdp), ou seja, faz-se $f(x) = e^{-j\omega x}$ na Equação 2.1. Logo,

$$P_X(\omega) = E[e^{-j\omega x}] = \int_{-\infty}^{+\infty} e^{-j\omega x} p_X(x)dx, \; j = \sqrt{-1}. \tag{2.7}$$

Os momentos da variável aleatória X podem ser obtidos diretamente a partir da função característica usando a expressão

$$m_i = \frac{1}{(-j)^i} \frac{\partial^i P_X(\omega)}{\partial \omega^i}\bigg|_{w=0}. \tag{2.8}$$

Se X é uma variável aleatória, então $Y = f(X)$ também é uma variável aleatória, obtida por meio da aplicação da função $f(\cdot)$ à variável X. A densidade de probabilidade de Y é relacionada àquela de X pela fórmula (Blake, 1987)

$$p_Y(y) = \frac{p_X(x)}{|dy/dx|}\bigg|_{x=f^{-1}(y)}. \tag{2.9}$$

em que $f^{-1}(\cdot)$ é a inversa da função $f(\cdot)$. Foi considerado, na fórmula anterior, a existência da inversa de $f(\cdot)$ em todos os pontos, assim como sua derivada.

Exemplo: Uma variável aleatória X é amplificada, com um ganho A, ou seja

$$y = Ax.$$

Obter a função densidade de probabilidade de Y, sabendo que

$$p_X(x) = \alpha \mathrm{e}^{-\alpha x}\,\mathrm{u}(x).$$

Solução: O ganho diferencial do circuito amplificador é calculado, fornecendo

$$g(x) = \frac{dy}{dx} = A.$$

A função admite uma inversa, dada por

$$x = \frac{y}{A}.$$

Utilizando a Expressão 2.9, chega-se a

$$p_Y(y) = \frac{\alpha \mathrm{e}^{-\alpha \frac{y}{A}}\mathrm{u}(y/A)}{A}$$

Assim,

$$p_Y(y) = \frac{\alpha}{A}\mathrm{e}^{-\frac{\alpha y}{A}}\mathrm{u}(y).$$

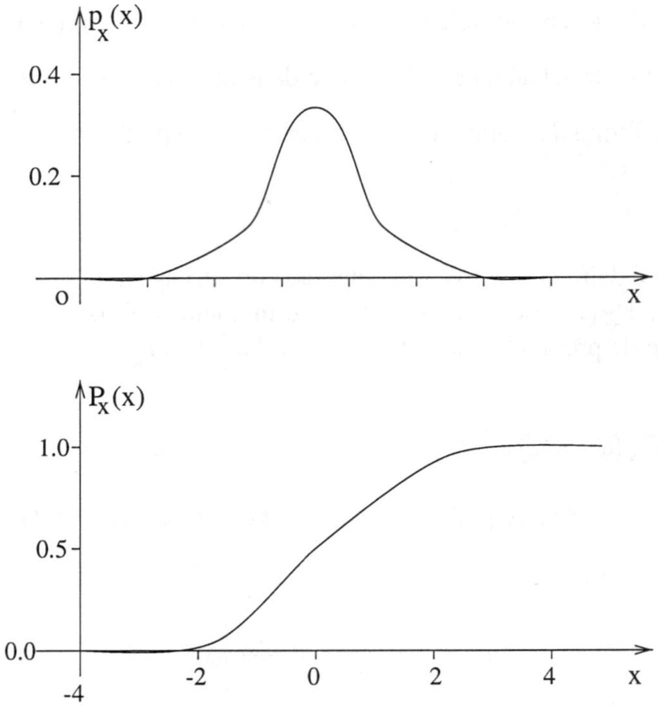

Figura 2.6: Função densidade de probabilidade e função cumulativa gaussiana.

A fórmula geral para o cálculo da transformação de fdp, que inclui os casos em que a função apresenta inversa apenas por partes ou não apresenta inversa em todo o intervalo, pode ser obtida com o auxílio da função impulso. Considere que a função apresenta inversas apenas nos intervalos i, dadas por $f_i^{-1}(y)$, e fica constante nos intervalos j, para os quais a saída apresenta impulsos localizados nos pontos y_j, com áreas a_j. Então, a fdp da resposta do sistema é dada por

$$p_Y(y) = \sum_i \left. \frac{p_X(x_i)}{|dy/dx_i|} \right|_{x_i = f_i^{-1}(y)} + \sum_j a_j \delta(y - y_j). \tag{2.10}$$

A variável aleatória com fdp de Gauss (ou normal), como expressa como segue, tem um papel extremamente importante em engenharia, tendo em vista que os processos mais conhecidos podem ser descritos ou aproximados pela função densidade de probabilidade. O ruído presente em sistemas de comunicações analógicos ou digitais é usualmente considerado gaussiano, por ser o resultado de múltiplos fatores (Leon-Garcia, 1989).

$$p_X(x) = \frac{1}{\sigma_X \sqrt{2\pi}} e^{-\frac{(x - m_X)^2}{2\sigma_X^2}}. \tag{2.11}$$

Na expressão anterior, m_X representa o valor médio e σ_X^2 a variância da fdp. A Figura 2.6 ilustra a função densidade de probabilidade e sua função cumulativa correspondente.

Um tom senoidal, com amplitude V, tem fdp dada por

$$p_X(x) = \frac{1}{\pi\sqrt{V^2 - x^2}}, \ |x| < V. \tag{2.12}$$

Sua função densidade de probabilidade e função cumulativa estão dadas na Figura 2.7.

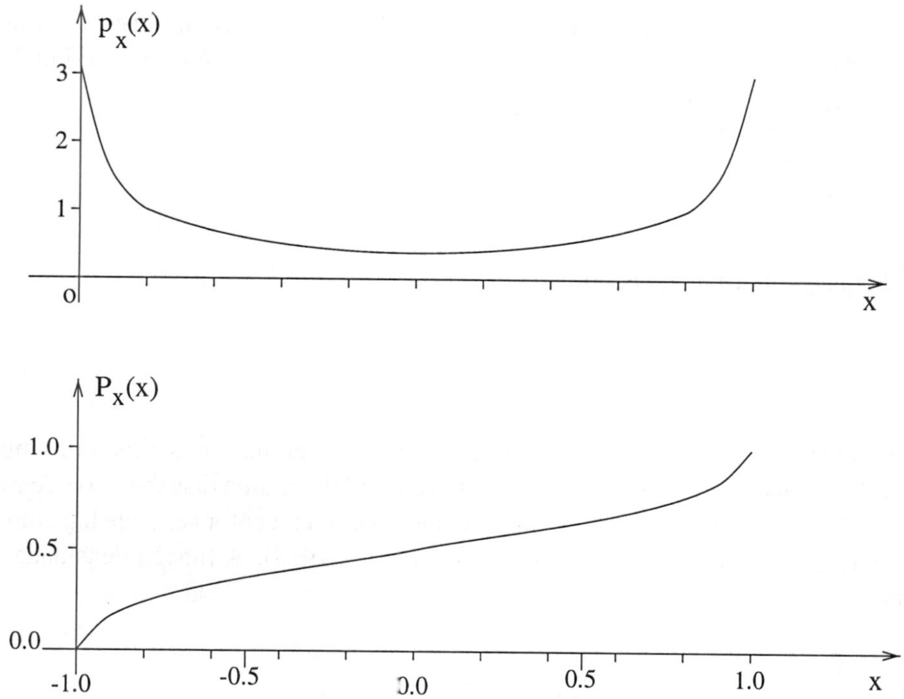

Figura 2.7: Função densidade de probabilidade e função cumulativa senoidal.

O sinal de voz pode ser modelado por meio de uma distribuição de Laplace, com a seguinte fdp

$$p_V(v) = \frac{\alpha}{2} e^{-\alpha|v|}. \tag{2.13}$$

Exemplo: Calcule a probabilidade de que o sinal de voz esteja acima de zero. Calcule a média e a potência do sinal.

Solução:

A probabilidade de que o sinal esteja no intervalo $(a, b]$ é dada pela integral

$$\mathrm{P}(a < x \leq b) = \int_a^b p_X(x)dx.$$

Então

$$\mathrm{P}(0 < v < \infty) = \int_0^\infty \frac{\alpha}{2} e^{-\alpha v} dv.$$

Resolvendo a integral, encontra-se

$$\mathrm{P}(0 < v < \infty) = \frac{1}{2}.$$

O valor médio é dado por

$$E[V] = \int_{-\infty}^{\infty} v \frac{\alpha}{2} e^{-\alpha|v|} dv.$$

Usando as propriedades elementares das funções pares e ímpares, conclui-se que o nível médio $E[V] = 0$. Portanto, o sinal não tem potência DC. Sendo assim, a potência AC é igual à potência total e pode ser calculada fazendo

$$P_V = E[V^2] = \int_{-\infty}^{\infty} v^2 \frac{\alpha}{2} e^{-\alpha|v|} dv.$$

Integrando a equação por partes, obtém-se

$$P_V = \frac{2}{\alpha^2}.$$

Um modelo bastante aceito para modelar as estatísticas de amplitude de sinais, em ambientes sujeitos a desvanecimento, utiliza a distribuição de Rayleigh (Kennedy, 1969). É uma distribuição que representa o efeito de múltiplos sinais, refletidos ou refratados, que são captados por um receptor sem que haja uma componente ou direção principal entre o transmissor e o receptor (Lecours *et al.*, 1988). A função densidade de probabilidade Rayleigh é dada por (Proakis, 1990)

$$p_X(x) = \frac{x}{\sigma^2} e^{-\frac{x^2}{2\sigma^2}} u(x), \tag{2.14}$$

com média $E[X] = \sigma\sqrt{\pi/2}$ e variância $V[X] = (2 - \pi)\frac{\sigma^2}{2}$.

Quando há uma forte componente direta no sinal recebido, em adição às componentes de multipercurso, a distribuição de Rice pode ser utilizada para descrever as variações rápidas na envoltória do sinal.

$$p_X(x) = \frac{x}{\sigma^2} e^{-\frac{x^2+A^2}{2\sigma^2}} I_0\left(\frac{xA}{\sigma^2}\right) u(x) \tag{2.15}$$

em que $I_0(\cdot)$ é a função de Bessel modificada de ordem zero e A é a amplitude do sinal.

A distribuição lognormal é utilizada para modelar ambientes muito congestionados e obstruídos (Hashemi, 1991) (Rappaport, 1989). A distribuição lognormal representada por

$$p_R(r) = \frac{1}{\sigma r\sqrt{2\pi}} e^{-\frac{(\log r - m)^2}{2\sigma^2}} u(r) \tag{2.16}$$

tem valor médio $E[X] = e^{\sigma^4/2+m}$ e variância $V[X] = e^{\sigma^4+m}(e^{\sigma^4} - 1)$. Ela pode ser obtida diretamente da distribuição gaussiana, por meio de uma transformação adequada.

2.4 Variáveis Aleatórias Conjuntas

Considerando que X e Y representam um par de variáveis aleatórias reais, com fdp conjunta $p_{XY}(x, y)$, como mostrado na Figura 2.8, então a probabilidade de x e y se encontrarem ao mesmo tempo na região definida pelo polígono [abcd] é dada pela equação

$$\text{Prob}(a < x \leq b, c < y \leq d) = \int_a^b \int_c^d p_{XY}(x, y) dx dy. \tag{2.17}$$

As densidades individuais, ou marginais, de X e Y podem ser obtidas pela integração da densidade conjunta de probabilidade

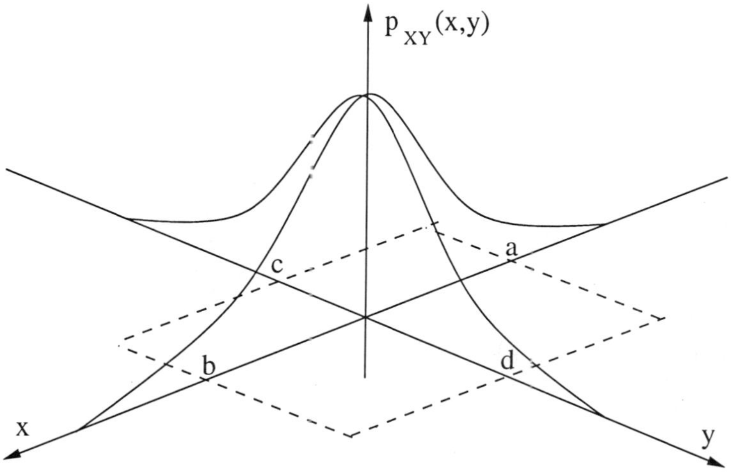

Figura 2.8: Função densidade de probabilidade conjunta.

$$p_X(x) = \int_{-\infty}^{+\infty} p_{XY}(x, y)dy \tag{2.18}$$

e

$$p_Y(y) = \int_{-\infty}^{+\infty} p_{XY}(x, y)dx. \tag{2.19}$$

A média conjunta é calculada pela expressão

$$E[f(X, Y)] = \int_{-\infty}^{+\infty} \int_{-\infty}^{+\infty} f(x, y)p_{XY}(x, y)dxdy, \tag{2.20}$$

para qualquer função de X e Y.

Os momentos conjuntos, de ordem ik, são dados por

$$m_{ik} = E[X^i, Y^k] = \int_{-\infty}^{+\infty} \int_{-\infty}^{+\infty} x^i y^k p_{XY}(x, y)dxdy. \tag{2.21}$$

E a função característica bidimensional é definida como a transformada bidimensional da densidade conjunta $p_{XY}(x, y)$

$$P_{XY}(\omega, \nu) = E[e^{-j\omega X - j\nu Y}]. \tag{2.22}$$

Em se tratando de uma soma de variáveis aleatórias independentes, $Z = X + Y$, nota-se que a função característica de Z torna-se

$$P_Z(\omega) = E[e^{-j\omega Z}] = E[e^{-j\omega(X+Y)}] = P_X(\omega) \cdot P_Y(\omega). \tag{2.23}$$

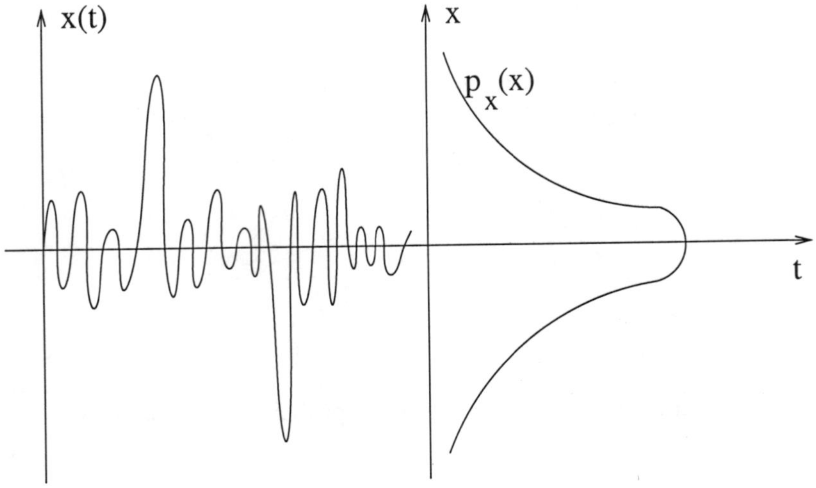

Figura 2.9: Exemplo de processo aleatório e sua correspondente função densidade de probabilidade.

No que diz respeito à fdp resultante, pode-se afirmar que

$$p_Z(z) = \int_{-\infty}^{\infty} p_X(\rho)p_Y(z-\rho)d\rho, \tag{2.24}$$

ou

$$p_Z(z) = \int_{-\infty}^{\infty} p_X(z-\rho)p_Y(\rho)d\rho. \tag{2.25}$$

Ou seja, a soma de variáveis aleatórias independentes implica a convolução de suas respectivas densidades de probabilidades.

As variáveis X e Y são ditas não correlacionadas se $E[XY] = E[X]E[Y]$. O critério de independência, que é muito mais forte, é satisfeito se $p_{XY}(x,y) = p_X(x).p_Y(y)$.

2.5 Processos Aleatórios

Processo aleatório, ou estocástico, é uma extensão do conceito de variável aleatória, compreendendo o espaço amostral, o conjunto de sinais e as funções densidade de probabilidade associadas. A Figura 2.9 ilustra um sinal aleatório e sua função densidade de probabilidade associada.

Um processo aleatório (ou processo estocástico) $X(t)$ define uma variável aleatória para cada ponto no eixo dos tempos. Um processo estocástico é dito estacionário se as densidades de probabilidades associadas ao processo são independentes do tempo.

Um importante momento conjunto do processo $X(t)$ é a sua função de autocorrelação

$$R_X(\xi,\eta) = E[X(\xi)X(\eta)], \tag{2.26}$$

em que

$$E[X(\xi)X(\eta)] = \int_{-\infty}^{+\infty}\int_{-\infty}^{+\infty} x(\xi)x(\eta)p_{X(\xi),X(\eta)}(x(\xi),x(\eta))dx(\xi)dy(\eta) \tag{2.27}$$

representa o momento conjunto da variável aleatória $X(\xi)$ em $t=\xi$ e $X(\eta)$ em $t=\eta$.

Considerando o caso em que a autocorrelação depende apenas do intervalo de separação entre $X(\xi)$ e $X(\eta)$, $\tau=\xi-\eta$, o processo é dito estacionário no sentido amplo. A Equação 2.26 pode então ser escrita como

$$R_X(\tau) = E[X(t)X(t+\tau)]. \tag{2.28}$$

Um processo estritamente estacionário tem fdps conjuntas de todas as ordens independentes da posição no tempo. O processo estacionário de segunda ordem tem todas as médias constantes e a função de autocorrelação dependente apenas do intervalo de medição.

Um processo é ergódico quando suas médias estatísticas, que são funções do tempo, podem ser aproximadas pelas médias temporais, que são processos aleatórios, com um desvio padrão próximo a zero. A ergodicidade pode se manifestar apenas no valor médio do processo, sendo o processo então considerado ergódico na média.

A autocorrelação apresenta as seguintes propriedades:

- A função é par, ou seja, simétrica em relação ao eixo do tempo

$$R_X(-\tau) = R_X(\tau). \tag{2.29}$$

- O máximo ocorre na origem

$$|R_X(\tau)| \leq R_X(0). \tag{2.30}$$

- A potência total é dada por

$$P_X = R_X(0). \tag{2.31}$$

- A potência DC, ou média, é dada por

$$P_{DC} = \lim_{\tau\to\infty} R_X(\tau). \tag{2.32}$$

  quando a convergência ocorre.

- Para o sinal estacionário no sentido amplo, a potência AC pode ser calculada por meio da fórmula seguinte, em que $V[X(t)]$ representa a variância do processo estocástico $X(t)$

$$P_{AC} = V[X(t)] = R_X(0) - \lim_{\tau\to\infty} R_X(\tau). \tag{2.33}$$

- A covariância do processo aleatório pode ser definida em função da autocorrelação

$$C[X(t)] = C_X(\xi,\eta) = R_X(\xi,\eta) - E[X(\xi)]E[X(\eta)]. \tag{2.34}$$

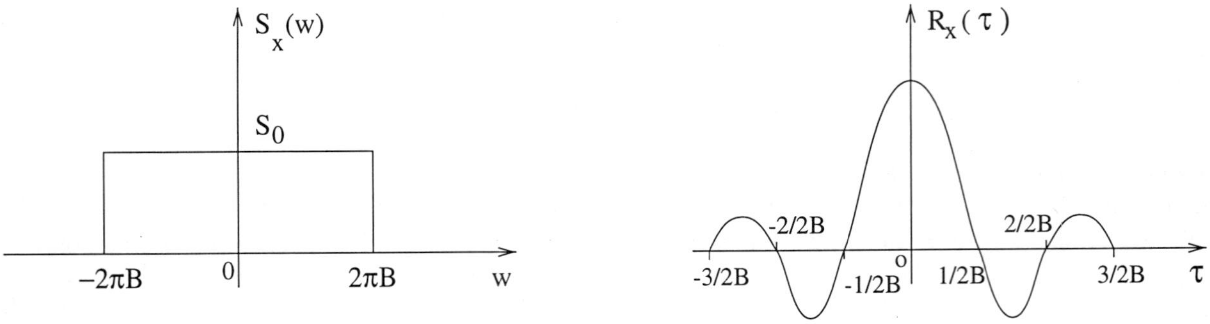

Figura 2.10: Função densidade espectral de potência e a autocorrelação para um sinal limitado em faixa.

- Para processos estacionários no sentido amplo

$$C[X(t)] = C_X(\tau) = R_X(\tau) - E^2[X(t)]. \tag{2.35}$$

- A covariância tende à variância na origem

$$\lim_{\tau \to 0} C_X(\tau) = R_X(0) - E^2[X] = V[X(t)]. \tag{2.36}$$

Exemplo: Um sinal digital $X(t)$, com níveis equiprováveis A e $-A$, tem a autocorrelação seguinte

$$R_X(\tau) = A^2 \left[1 - \frac{|\tau|}{T_b}\right] [u(\tau + T_b) - u(\tau - T_b)],$$

em que T_b é o período do bit.

Pode-se definir com o auxílio da função de autocorrelação o seguinte par de transformadas, conhecido como o teorema de Wiener-Khintchine

$$S_X(w) = \int_{-\infty}^{+\infty} R_X(\tau) e^{-jw\tau} d\tau, \tag{2.37}$$

$$R_X(\tau) = \frac{1}{2\pi} \int_{-\infty}^{+\infty} S_X(w) e^{jw\tau} dw. \tag{2.38}$$

A função $S_X(w)$ é definida como a densidade espectral de potência (DEP) do processo aleatório. A Figura 2.10 ilustra a função densidade espectral de potência e autocorrelação para um sinal limitado em faixa.

A Figura 2.11 ilustra a densidade espectral de potência e a correspondente função de autocorrelação para um ruído branco. Nota-se que $S_X(\omega) = S_0$, o que indica uma distribuição uniforme da densidade de potência ao longo do espectro, e $R_X(\tau) = S_0\delta(\tau)$, que mostra o ruído branco como o mais descorrelacionado, ou aleatório, dos sinais. A correlação ocorre apenas para $\tau = 0$.

Por outro lado, a Figura 2.12 ilustra a densidade espectral de potência para um sinal constante, com autocorrelação $R_S(\tau) = R_0$. Esse, sem dúvida, é o sinal mais previsível.

A função $S_X(w)$ apresenta as seguintes propriedades:

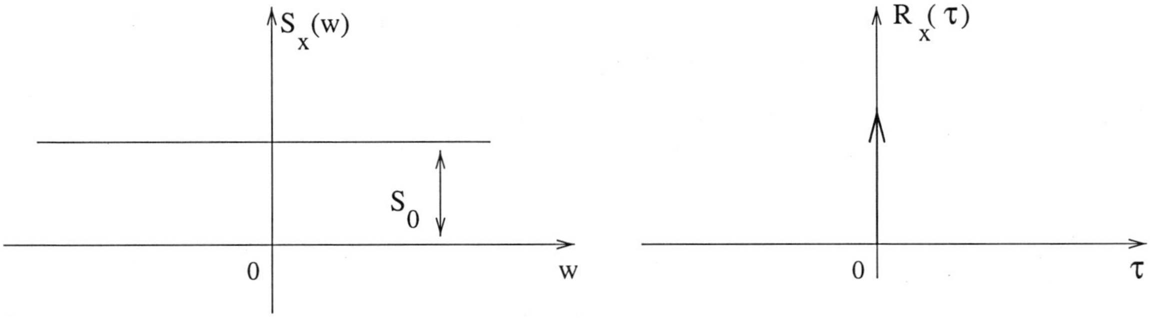

Figura 2.11: A função densidade espectral de potência e a autocorrelação para o ruído branco.

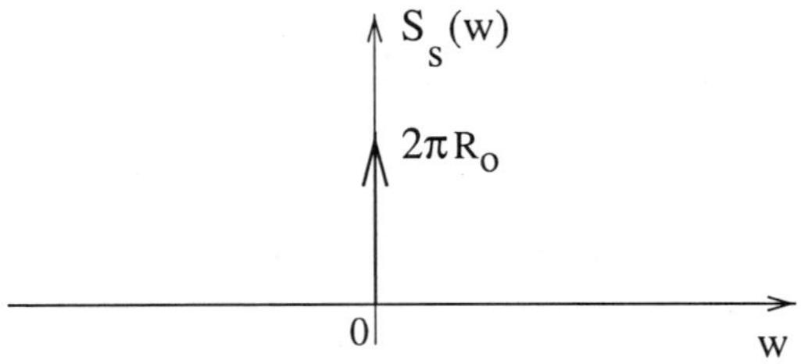

Figura 2.12: Densidade espectral de potência para o sinal constante.

- A área sob a curva da densidade espectral de potência fornece a potência total do processo

$$P_X = \frac{1}{2\pi}\int_{-\infty}^{+\infty} S_X(w)dw. \tag{2.39}$$

- As seguintes identidades se verificam

$$\int_{-\infty}^{+\infty} R_X(\tau)R_Y(\tau)d\tau = \frac{1}{2\pi}\int_{-\infty}^{+\infty} S_X(w)S_Y(w)dw, \tag{2.40}$$

$$\int_{-\infty}^{+\infty} R_X^2(\tau)d\tau = \frac{1}{2\pi}\int_{-\infty}^{+\infty} S_X^2(w)dw. \tag{2.41}$$

Finalmente, pode-se definir a correlação cruzada entre dois processos, $X(t)$ e $Y(t)$, por meio da fórmula seguinte

$$R_{XY}(\tau) = E[X(t)Y(t+\tau)], \tag{2.42}$$

que leva à definição da densidade espectral cruzada

$$S_{XY}(\omega) = \int_{-\infty}^{+\infty} R_{XY}(\tau)e^{-j\omega\tau}d\tau. \tag{2.43}$$

Exemplo: Sabendo que $\hat{m}(t) = \frac{1}{\pi t} * m(t)$ é a transformada de Hilbert de $m(t)$ e utilizando as propriedades da autocorrelação e correlação cruzada, mostra-se que

$$E[m(t)^2] = E[\hat{m}(t)^2]$$

e

$$E[m(t)\hat{m}(t)] = 0.$$

Se dois processos estacionários $X(t)$ e $Y(t)$ são somados para formar um novo processo $Z(t) = X(t) + Y(t)$, então a função de correlação do novo processo é

$$R_Z(\tau) = E[Z(t)Z(t+\tau)],$$

ou

$$R_Z(\tau) = E[(x(t) + y(t))(x(t+\tau) + y(t+\tau))],$$

que resulta em

$$R_Z(\tau) = E[x(t)x(t+\tau) + y(t)y(t+\tau) + x(t)y(t+\tau) + x(t+\tau)y(t)].$$

Utilizando as propriedades do operador valor esperado, obtém-se

$$R_Z(\tau) = R_X(\tau) + R_Y(\tau) + R_{XY}(\tau) + R_{YX}(\tau). \tag{2.44}$$

Se os processos $X(t)$ e $Y(t)$ são descorrelacionados, então $R_{XY}(\tau) = R_{YX}(\tau) = 0$. Portanto, $R_Z(\tau)$ é dada por

$$R_Z(\tau) = R_X(\tau) + R_Y(\tau), \tag{2.45}$$

e a potência

$$P_Z = R_Z(0) = P_X + P_Y.$$

A densidade espectral de potência é, então,

$$S_Z(\omega) = S_X(\omega) + S_Y(\omega).$$

2.6 Sistemas Lineares

Esta seção trata da resposta de sistemas lineares a uma excitação aleatória $x(t)$. A resposta $y(t)$ de um sistema linear com função de transferência temporal $h(t)$ a um sinal $x(t)$ é dada por

$$y(t) = x(t) * h(t) = \int_{-\infty}^{\infty} h(t-\rho)x(\rho)d\rho. \tag{2.46}$$

A saída é um processo aleatório, quando o sinal de entrada é aleatório. A autocorrelação do sinal de saída $y(t)$ pode ser obtida fazendo

$$R_Y(\tau) = E[Y(t)Y(t+\tau)], \tag{2.47}$$

ou seja

$$R_Y(\tau) = E\left[\int_{-\infty}^{\infty} x(t-\rho)h(\rho)d\rho \int_{-\infty}^{\infty} x(t+\tau-\alpha)h(\alpha)d\alpha\right], \tag{2.48}$$

que resulta em

$$R_Y(\tau) = \int_{-\infty}^{\infty}\int_{-\infty}^{\infty} E[x(t-\rho)x(t+\tau-\alpha)]h(\rho)h(\alpha)d\alpha d\rho. \tag{2.49}$$

Como

$$E[x(t-\rho)x(t+\tau-\alpha)] = R_X(\tau+\rho-\alpha), \tag{2.50}$$

vem

$$R_Y(\tau) = \int_{-\infty}^{\infty}\int_{-\infty}^{\infty} R_X(\tau+\rho-\alpha)h(\rho)h(\alpha)d\alpha d\rho. \tag{2.51}$$

A densidade espectral de potência é dada por

$$S_Y(\omega) = \mathcal{F}[R_Y(\tau)] = \int_{-\infty}^{\infty} R_Y(\tau)e^{-j\omega\tau}d\tau. \tag{2.52}$$

Calculando,

$$S_Y(\omega) = \int_{-\infty}^{\infty}\int_{-\infty}^{\infty}\int_{-\infty}^{\infty} R_X(\tau+\rho-\alpha)h(\rho)h(\alpha)e^{-j\omega\tau}d\alpha\, d\rho\, d\tau. \tag{2.53}$$

Mudando a ordem de integração, resulta

$$S_Y(\omega) = \int_{-\infty}^{\infty} h(\rho)d\rho \int_{-\infty}^{\infty} h(\alpha)d\alpha \int_{-\infty}^{\infty} R_X(\tau+\rho-\alpha)e^{j\omega\tau}d\tau, \tag{2.54}$$

ou

$$S_Y(\omega) = S_X(\omega)\int_{-\infty}^{\infty} h(\rho)e^{j\omega\rho}d\rho \int_{-\infty}^{\infty} h(\alpha)e^{-j\omega\alpha}d\alpha, \tag{2.55}$$

ou seja,

$$S_Y(\omega) = H(-\omega)H(\omega)S_X(\omega). \tag{2.56}$$

Para uma função $h(t)$ real,

$$H(\omega)H(-\omega) = |H(\omega)|^2. \tag{2.57}$$

Logo,

$$S_Y(\omega) = |H(\omega)|^2 S_X(\omega). \tag{2.58}$$

O resultado anterior é importante e indica que a densidade espectral de potência do sinal de saída de um sistema linear pode ser obtida a partir da densidade espectral de potência do sinal de entrada, multiplicada pelo quadrado do módulo da função de transferência do sistema.

2.7 Análise do Sinal Digital Aleatório

Esta seção apresenta uma análise do sinal digital aleatório, incluindo o cálculo de sua autocorrelação e densidade espectral de potência.

O sinal digital, que vai ser utilizado em capítulos subseqüentes, pode ser expresso da seguinte forma

$$m(t) = \sum_{k=-\infty}^{\infty} m_k p(t - kT_b), \tag{2.59}$$

em que m_k representa o k-ésimo símbolo gerado, aleatoriamente, a partir de um alfabeto discreto, $p(t)$ é o pulso que dá conformação ao sinal digital transmitido e T_b é o intervalo de bit.

2.7.1 Autocorrelação para o Sinal Digital

A autocorrelação do sinal $m(t)$, não necessariamente estacionário, é dada pela fórmula

$$R_M(\tau, t) = E[m(t)m(t + \tau)]. \tag{2.60}$$

Substituindo $m(t)$ na Fórmula 2.60, vem

$$R_M(\tau, t) = E\left[\sum_{k=-\infty}^{\infty}\sum_{i=-\infty}^{\infty} m_k p(t - kT_b) m_i p(t + \tau - iT_b)\right]. \tag{2.61}$$

O operador valor esperado aplica-se diretamente sobre os sinais aleatórios, em função da propriedade de linearidade vista no Apêndice B, produzindo

$$R_M(\tau, t) = \sum_{k=-\infty}^{\infty}\sum_{i=-\infty}^{\infty} E\left[m_k m_i\right] p(t - kT_b)p(t + \tau - iT_b). \tag{2.62}$$

Para eliminar a dependência da autocorrelação em relação ao tempo absoluto, pode-se tomar a média temporal da Equação 2.62 e obter

$$R_M(\tau) = \frac{1}{T_b}\int_0^{T_b} R_M(\tau, t)dt, \tag{2.63}$$

resultando em

$$R_M(\tau) = \frac{1}{T_b}\int_0^{T_b} \sum_{k=-\infty}^{\infty}\sum_{i=-\infty}^{\infty} E\left[m_k m_i\right] p(t - kT_b)p(t + \tau - iT_b)dt. \tag{2.64}$$

Alternando a integral com os somatórios, em virtude da linearidade da operação, chega-se a

$$R_M(\tau) = \frac{1}{T_b}\sum_{k=-\infty}^{\infty}\sum_{i=-\infty}^{\infty} E\left[m_k m_i\right] \int_0^{T_b} p(t - kT_b)p(t + \tau - iT_b)dt. \tag{2.65}$$

Entretanto, por definição, a autocorrelação discreta é dada por

$$R(k-i) = E\left[m_k m_i\right], \tag{2.66}$$

de forma que a autocorrelação do sinal discreto pode ser escrita como

$$R_M(\tau) = \frac{1}{T_b} \sum_{k=-\infty}^{\infty} \sum_{i=-\infty}^{\infty} R(k-i) \int_0^{T_b} p(t-kT_b)p(t+\tau-iT_b)dt. \tag{2.67}$$

Para um pulso retangular, com símbolos equiprováveis e independentes, a função de autocorrelação é dada por

$$R_M(\tau) = A^2 \left[1 - \frac{|\tau|}{T_b}\right] \left[u(\tau+T_b) - u(\tau-T_b)\right], \tag{2.68}$$

em que T_b é o intervalo do bit e A representa a amplitude do pulso. É uma função que tem o formato triangular, com o ponto de máximo (a potência do sinal) igual a A^2. A correlação cai linearmente com o intervalo de tempo, até atingir zero no tempo T_b. A função está ilustrada na Figura 2.13.

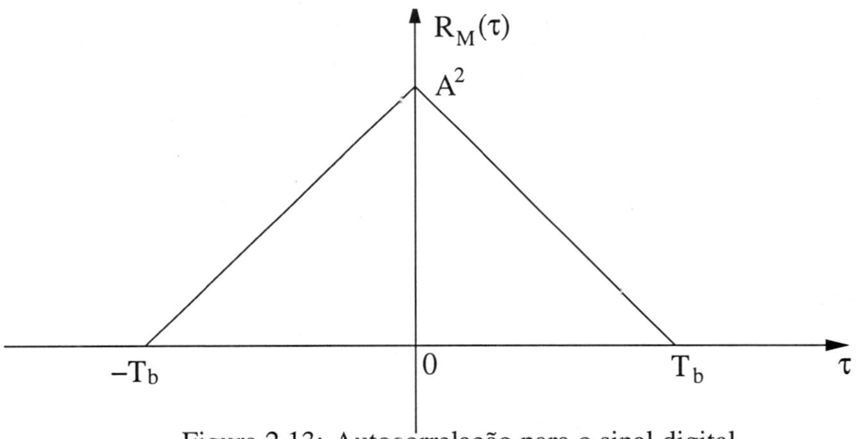

Figura 2.13: Autocorrelação para o sinal digital.

2.7.2 Densidade Espectral de Potência para o Sinal Digital

A densidade espectral de potência do sinal digital pode ser obtida a partir da transformada de Fourier da autocorrelação expressa na Equação 2.67 (teorema de Wiener-Khintchine)

$$S_M(\omega) = \int_{-\infty}^{\infty} R_M(\tau) e^{-j\omega\tau} d\tau, \tag{2.69}$$

ou seja

$$S_M(\omega) = \frac{1}{T_b} \sum_{k=-\infty}^{\infty} \sum_{i=-\infty}^{\infty} R(k-i) \int_{-\infty}^{\infty} \int_0^{T_b} p(t-kT_b)p(t+\tau-iT_b) e^{-j\omega\tau} dt d\tau. \tag{2.70}$$

Mudando a ordem das integrais, pode-se calcular a integral de Fourier do pulso deslocado de τ, produzindo

$$S_M(\omega) = \frac{1}{T_b} \sum_{k=-\infty}^{\infty} \sum_{i=-\infty}^{\infty} R(k-i) \int_0^{T_b} p(t-kT_b)P(\omega)e^{-j\omega(iT_b-t)}dt. \tag{2.71}$$

O termo $P(\omega)e^{-j\omega iT_b}$, que é independente do tempo, pode ser retirado da integral remanescente e a expressão fica

$$S_M(\omega) = \frac{1}{T_b} \sum_{k=-\infty}^{\infty} \sum_{i=-\infty}^{\infty} R(k-i)P(\omega)e^{-j\omega iT_b} \int_0^{T_b} p(t-kT_b)e^{j\omega t}dt. \tag{2.72}$$

O cálculo da integral leva a

$$S_M(\omega) = \frac{1}{T_b} \sum_{k=-\infty}^{\infty} \sum_{i=-\infty}^{\infty} R(k-i)P(\omega)P(-\omega)e^{-j\omega(i-k)T_b}. \tag{2.73}$$

Como é possível observar na equação anterior, o formato do espectro do sinal digital aleatório depende da forma do pulso, definida por $P(\omega)$, e da maneira como os símbolos se relacionam, especificada pela função de autocorrelação $R(k-i)$. Dessa forma, o projeto de esquemas para conformação de pulsos envolve a indução de correlação entre os símbolos a serem transmitidos, por meio de métodos de processamento digital de sinais.

Considerando que o pulso é real, pode-se escrever $P(-\omega) = P^*(\omega)$, de forma que a densidade espectral passa a ser expressa como

$$S_M(\omega) = \frac{|P(\omega)|^2}{T_b} \sum_{k=-\infty}^{\infty} \sum_{i=-\infty}^{\infty} R(i-k)e^{-j\omega(k-j)T_b}, \tag{2.74}$$

que pode ser simplificada para

$$S_M(\omega) = \frac{|P(\omega)|^2}{T_b} S(\omega), \tag{2.75}$$

visto que, fazendo $l = k - i$, os somatórios podem ser simplificados e a densidade espectral correspondente à sequência discreta, $S(\omega)$, pode ser escrita como

$$S(\omega) = \sum_{l=-\infty}^{\infty} R(l)e^{-j\omega lT_b}. \tag{2.76}$$

Para o exemplo dado pela Equação 2.68, a correspondente densidade espectral de potência é

$$S_M(\omega) = A^2 T_b \frac{\text{sen}^2(\omega T_b)}{(\omega T_b)^2}, \tag{2.77}$$

que representa a função amostragem elevada ao quadrado e mostra que o sinal digital aleatório utilizado tem um espectro de freqüências contínuo, ocupando uma faixa relativamente larga. A função está ilustrada na Figura 2.14. Observe que o primeiro nulo, normalmente usado como banda passante, é dado por $\omega_M = \pi/T_b$.

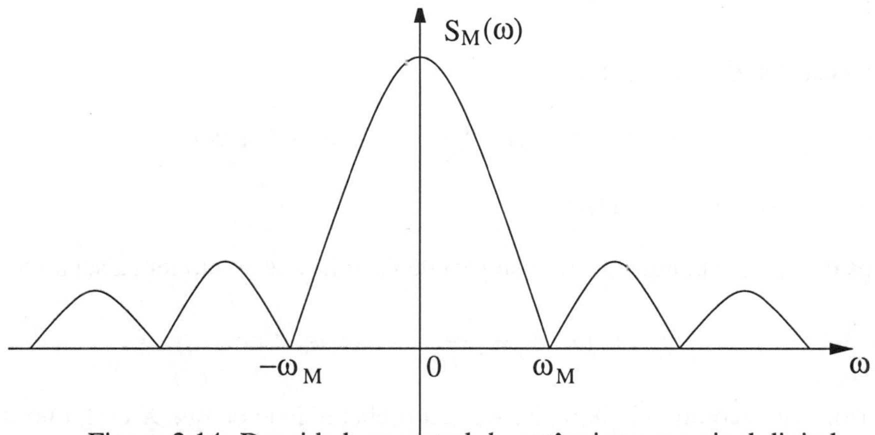

Figura 2.14: Densidade espectral de potência para o sinal digital.

2.8 Banda Passante

A banda passante de sinais digitais, ou analógicos, pode ser definida de diversas maneiras. A mais usual é conhecida como banda passante a três decibéis ou banda a meia potência (ω_{3dB}). Para obtê-la, basta tomar o valor máximo da densidade espectral de potência, dividi-lo por dois e marcar a freqüência para a qual o valor ocorre.

A banda passante eficaz é calculada pelo desvio em freqüência em torno da portadora, se o sinal for modulado, ou em torno de zero, para sinais de banda básica. O desvio em freqüência, ou banda passante eficaz (RMS), para um sinal de baixa freqüência, é dado pela fórmula

$$\omega_{RMS} = \frac{\int_{-\infty}^{\infty} \omega^2 S_M(\omega) d\omega}{\int_{-\infty}^{\infty} S_M(\omega) d\omega}. \tag{2.78}$$

A fórmula anterior é equivalente a

$$\omega_{RMS} = \frac{-R''_M(0)}{R_M(0)}. \tag{2.79}$$

Pode-se ainda definir a banda passante de ruído branco obtida igualando-se o valor da densidade espectral de potência de um suposto ruído branco, S_N ou N_o, ao máximo valor da densidade espectral de potência do sinal, $S_N = \max S_M(\omega)$. Feito isso, basta igualar as potências dos dois sinais e tirar o valor da banda do ruído, ω_N. A potência do ruído é simplesmente $P_N = 2\omega_N S_N$ e a do sinal é P_M, dada pela fórmula

$$P_M = R_M(0) = \frac{1}{2\pi} \int_{-\infty}^{\infty} S_M(\omega) d\omega. \tag{2.80}$$

A banda passante eficaz, para sinais modulados em freqüência, com faixa larga, é calculada usando o valor eficaz do sinal, ou desvio padrão. Basta multiplicar o valor eficaz pelo índice de desvio em freqüência e por dois, para incluir as duas bandas laterais. Há sinais que exibem uma banda passante real, quando o espectro se anula a partir de determinada freqüência. Finalmente, a banda passante percentual, por exemplo, a 90%, é calculada achando a freqüência que garanta conter 90% da potência do sinal.

2.9 Exercícios

1. Para a variável aleatória X é dado que

$$P\{X > t\} = e^{-\mu t}(\mu t + 1),\ \mu > 0,\ t > 0.$$

Encontre $P_X(x), p_X(x)$ e $P\{X > 1/\mu\}$.

2. A razão entre os desvios no comprimento e largura de pastilhas de silício tem a seguinte fdp

$$p_X(x) = \frac{a}{1+x^2},\ -\infty < x < \infty.$$

Calcule o valor de a e encontre a FCP de X. Ache a probabilidade de que X esteja no intervalo (-1,1) e investigue os momentos de X.

3. A variável aleatória X é uniformemente distribuída no intervalo (a, b). Encontre uma expressão para os n-ésimos momentos $E[X^n]$ e $E[(X - m_X)^n]$, em que $m_X = E[X]$.

4. Para uma variável de Poisson com parâmetro X, mostre que $P\{X \text{ par}\} = \frac{1}{2}(1 + e^{-2\lambda})$.

5. Considerando uma variável aleatória com média m_X e variância σ_X^2, calcule a expressão do momento $E[(X - C)^2]$, para uma constante arbitrária C. Qual valor de C minimiza o momento $E[(X - C)^2]$?

6. Uma variável aleatória exponencial X, com parâmentro α, tem $P\{X \geq x\} = e^{-\alpha x}$. Mostre que $P\{X > t + s|X > t\} = P\{X > s\}$.

7. Calcule a probabilidade, para uma distribuição exponencial com parâmetro α, de que a variável aleatória tenha valores superiores a $2/\alpha$. Estime essa probabilidade usando a desigualdade de Tchebychev.

8. Calcule todos os momentos da distribuição de Gauss.

9. Mostre, para a distribuição binomial seguinte, que sua função característica é dada por

$$P_X(\omega) = [1 - p + pe^{j\omega}]^N$$

em que

$$p_X(x) = \sum_{k=0}^{\infty} \binom{N}{k} p^k(1-p)^{N-k}\delta(x - k).$$

10. A distribuição de Erlang tem função característica dada por

$$P_X(\omega) = \left[\frac{a}{a + j\omega}\right]^N,\ a > 0,\ N = 1,\ 2,\ \ldots.$$

Mostre que $E[X] = N/a$, $E[X^2] = N(N + 1)/a^2$ e $\sigma_X^2 = N/a^2$.

11. A distribuição de Weibull é definida como

$$p_X(x) = abx^{b-1}e^{-ax^b}u(x).$$

Para esta distribuição calcule a média, o segundo momento e a variância.

12. Para a distribuição de Poisson seguinte, calcule a função cumulativa de probabilidade, $P_X(x)$, e mostre que

$$P_X(\omega) = e^{-b(1-e^{j\omega})}$$

com

$$p_X(x) = e^{-b}\sum_{k=0}^{\infty}\frac{b^k}{k!}\delta(x-k).$$

13. Calcule a média estatística e o segundo momento da distribuição de Maxwell

$$p_Y(y) = \sqrt{\frac{2}{\pi}}\frac{y^2}{\sigma^3}e^{-\frac{y^2}{2\sigma^2}}u(y),$$

em que se pode fazer uso da relação entre a distribuição de Gauss e sua função característica:

$$p_X(x) = \frac{1}{\sqrt{2\pi}\sigma}e^{-\frac{x^2}{2\sigma^2}}$$

$$P_X(\omega) = e^{-\frac{\sigma^2\omega^2}{2}}.$$

14. Mostre que, para uma variável aleatória X não-negativa, é possível calcular seu valor médio por meio da fórmula seguinte. Utilizando a fórmula, calcule a média da distribuição exponencial.

$$E[X] = \int_0^{\infty}(1 - P_X(x))dx.$$

15. A faixa dinâmica de um sinal discreto no tempo $X(n)$ é definida por $W = X_{\text{max}} - X_{\text{min}}$. Assumindo que as amostras do sinal $X(n)$, $n = 1, 2, \cdots, N$, são identicamente distribuídas, calcule a distribuição de probabilidade de W.

16. Para a distribuição conjunta que segue, calcule as distribuições marginais, $p_X(x)$ e $p_Y(y)$, e mostre que a função densidade de probabilidade condicional é dada por

$$p_Y(y|x) = u(x)u(y)xe^{-xy}$$

para

$$p_{XY}(x,y) = u(x)u(y)xe^{-x(y+1)}$$

17. Defina as variáveis aleatórias $V = X + aY$ e $W = X - aY$, em termos das variáveis aleatórias X e Y, em que a é real. Determine a em termos de momentos de X e Y, de sorte que V e W sejam ortogonais.

18. Mostre que $E[E[Y|X]] = E[Y]$, em que

$$E[E[Y|X]] = \int_{-\infty}^{\infty} E[Y|x]p_X(x)dx.$$

19. Ache a distribuição da variável aleatória $Z = X/Y$, considerando que X e Y são variáveis aleatórias independentes com distribuição exponencial e parâmetro unitário. Utilize a fórmula

$$p_Z(z) = \int_{-\infty}^{\infty}|y|p_{XY}(yz,y)dy.$$

20. Uma variável aleatória é dada pela equação $Y = X + \beta$, em que X é uma variável aleatória com distribuição qualquer e β é uma constante. Determine o valor de β que minimiza $E[X^2]$. Utilize este valor, e a expressão de $E[(X \pm Y)^2]$, para determinar um limite superior e outro inferior para $E[XY]$.

21. Duas variáveis aleatórias, X e Y, têm as seguintes funções características. Calcule a média estatística de sua soma.

$$P_X(\omega) = \frac{\alpha}{\alpha + j\omega} \text{ e } P_Y(\omega) = \frac{\beta}{\beta + j\omega}.$$

22. Determine a função densidade de probabilidade de $Z = X/Y$. Dado que X e Y são variáveis aleatórias, com distribuição gaussiana e média zero, mostre que a distribuição de Z é de Cauchy.

23. Determine a função densidade de probabilidade de $Z = XY$. Considere que X é uma variável aleatória, com distribuição gaussiana e média zero, e Y tem a distribuição seguinte

$$p_Y(y) = \frac{1}{2}[\delta(y+1) + \delta(y-1)].$$

24. Sejam X e Y variáveis aleatórias independentes, com distribuição exponencial de parâmetro $\alpha = 1$. Demonstre que $Z = X + Y$ e $W = X/Y$ são independentes e encontre suas funções densidades e cumulativas de probabilidade.

25. Mostre que, se X e Y são independentes, então

$$P(X < Y) = \int_{\infty}^{\infty} (1 - P_Y(x))p_X(x)dx.$$

Sugestão: desenhe a região $\{X < Y\}$.

26. Mostre, utilizando a desigualdade de Cauchy-Schwartz, que

$$P_{XY}(x, y) \leq \sqrt{P_X(x)P_Y(y)}.$$

27. Dada a distribuição conjunta seguinte, em que as variáveis aleatórias são não-negativas, determine k, $p_X(x)$, $p_Y(x)$, $p_X(x|y)$, $p_Y(y|x)$ e o primeiro e segundo momentos da distribuição.

$$p_{XY}(x, y) = kxye^{-x^2-y^2}.$$

28. Determine a relação entre a correlação cruzada e as médias de dois processos descorrelacionados.

29. Um sinal digital tem distribuição de probabilidade $p_X(x) = p\delta(x) + q\delta(x - A) + r\delta(x + A)$, com $p + q + r = 1$. Determine a função característica do sinal. Calcule seu valor médio e sua potência total. Faça os gráficos.

30. Projeta-se um circuito descrito pela função $y = r^2(x)$, em que $r(x)$ representa a função rampa, para processar um sinal com distribuição uniforme no intervalo [-A,A]. Determine a função densidade de probabilidade do sinal à saída do circuito. Faça os gráficos.

31. O sinal com a seguinte autocorrelação é injetado em um sistema com função de transferência $h(t) = \delta'(t)$. Calcule as potências AC e DC do sinal. Determine a densidade espectral de potência do sinal de saída. Faça os gráficos.

$$R_X(\tau) = \frac{V^2}{2}\left[\frac{\text{sen}\,(\omega_o\tau)}{\omega_o\tau} + 1\right].$$

32. Para o sistema modelado pela função de transferência seguinte, alimentado com ruído branco, calcule a correlação entre a entrada e a saída e o defasamento provocado pelo canal. Faça os gráficos.

$$h(t) = e^{-\alpha t}u(t).$$

33. Projete um equipamento para medir a correlação cruzada entre dois sinais, utilizando módulos de atraso, multiplicadores e integradores.

34. Para um processo aleatório complexo definido como segue, mostre que

$$R_X(\tau) = E[X^*(t)X(t+\tau)] = e^{j\omega_o\tau}\sum_{n=1}^{N} E[A_n^2].$$

em que

$$X(t) = \sum_{n=1}^{N} A_n e^{j\omega_o t + j\theta_n}$$

para A_n e θ_n, variáveis aleatórias independentes, com θ_n tendo distribuição uniforme em $[0, 2\pi]$ para $n = 1,\ 2, \ldots, N$.

35. O processo $X(t)$ é estacionário, com autocorrelação $R_X(\tau)$. Defina

$$Y = \int_a^{a-T} X(t)dt, T > 0,\ a \text{ real}.$$

Mostre então que

$$E[|Y|^2] = \int_{-T}^{T} (T - |\tau|)R_X(\tau)d\tau.$$

36. Os processos $X(t)$ e $Y(t)$ são conjuntamente estacionários no sentido amplo. Defina

$$Z(t) = X(t)\cos w_c t + Y(t) \text{ sen } w_c t.$$

Quais as condições, em termos das médias e funções de correlação de $X(t)$ e $Y(t)$, para que $Z(t)$ seja estacionário em sentido amplo? Com as condições precedentes encontre a densidade espectral do processo $Z(t)$. Qual o espectro para o caso de $X(t)$ e $Y(t)$ serem descorrelacionados?

37. Para um processo aleatório complexo $Z(t) = X(t) + jY(t)$, mostre que

$$E[|Z(t)|^2] = R_X(0) + R_Y(0).$$

38. Levando-se em conta que a média geométrica de dois números positivos não pode exceder a média aritmética e que $E[(Y(t+\tau) + \alpha X(t))^2] \geq 0$, mostre que

$$|R_{XY}(\tau)| \leq \frac{1}{2}[R_X(0) + R_Y(0)].$$

39. Assuma que $X(t)$ é um processo aleatório estacionário no sentido amplo, com valor médio $E[X(t)] \neq 0$. Mostre que

$$S_X(\omega) = 2\pi E^2[X(t)]\delta(\omega) + \int_{-\infty}^{\infty} C_X(\tau)e^{-j\omega\tau}d\tau$$

em que $C_X(\tau)$ é a função de autocovariância de $X(t)$.

40. A autocorrelação $R_X(\tau)$ pode ser visualizada como uma medida de similaridade entre $X(t)$ e $X(t+\tau)$. Para ilustrar esse ponto, forme o processo $Y(t) = X(t) - \rho X(t+\tau)$ e determine o valor de ρ que minimiza o valor médio quadrático de $Y(t)$.

41. Calcule a correlação cruzada entre os processos $U(t) = X(t) + Y(t)$ e $V(t) = X(t) - Y(t)$, dado que $X(t)$ e $Y(t)$ têm média zero e são estatisticamente independentes.

42. Determine a função distribuição de probabilidade (fdp) do processo estocástico $X(t) = e^{At}$, em que A é uma variável aleatória com distribuição uniforme, no intervalo $[-1, 1]$. Analise se o processo é estacionário e calcule a sua autocorrelação. Esboce algumas representações típicas do processo $X(t)$, para diversos valores de A, e também a fdp resultante.

Capítulo 3

Codificação de Voz

Francisco Madeiro, Waslon Terllizzie Araújo Lopes

3.1 Introdução

A compressão de sinais, cujo objetivo fundamental é reduzir o número de bits necessários para representar adequadamente os sinais (voz, imagem, áudio, vídeo), desempenha um papel importante em aplicações que necessitam minimização dos requisitos de largura de faixa e/ou de capacidade de armazenamento, tais como: sistemas multimídia, redes digitais de serviços integrados, videoconferência, sistemas de resposta vocal, correio de voz (*voicemail*), difusão de música, fac-símile de alta resolução, televisão de alta definição (HDTV, *high definition television*), telefonia móvel, sistemas de armazenamento de imagens médicas e de impressões digitais e transmissão de imagens de sensoriamento remoto obtidas por satélites.

Apesar de alguns sistemas não apresentarem grandes limitações de largura de faixa, como é o caso das redes de comunicações por fibra óptica, e embora a evolução tecnológica esteja continuamente contribuindo para o surgimento de memórias com grande capacidade de armazenamento, a compressão de sinais desempenha um papel importante, devido a uma série de fatores, tais como (Jayant e Noll, 1984; Gersho e Gray, 1992):

- A grande utilização dos sistemas multimídia tem levado ao aumento da demanda no tocante ao armazenamento de voz, música, imagens, vídeo e dados em forma comprimida.
- Um maior número de canais de comunicação pode ser multiplexado em sistemas de faixa larga, por meio do uso de técnicas de compressão para reduzir os requisitos de largura de faixa de cada sinal a ser multiplexado.
- Nos sistemas de reconhecimento de fala e nos sistemas de resposta vocal, vocabulários maiores podem ser armazenados por meio da redução dos requisitos de memória necessários para cada padrão de voz.
- Nas redes digitais de serviços integrados (ISDN, *integrated services digital networks*), as técnicas de compressão permitem uma integração eficiente de sinais e dados.
- Em telefonia móvel celular, a largura de faixa é severamente limitada, o que tem motivado muitos estudos em compressão de voz.

A Figura 3.1 ilustra o princípio básico da compressão de sinais. A informação dos sinais tem as seguintes partes (Jayant e Noll, 1984):

- componente relevante.
- componente irrelevante, que corresponde à parcela supérflua da informação, de que o destinatário não necessita.

- componente não-redundante.
- componente redundante, que não necessita ser transmitida, uma vez que o receptor tem condições de reconstituí-la automaticamente.

O objetivo é reduzir as componentes redundante e irrelevante da informação, transmitindo apenas o que é imprescindível para o receptor, ou seja, a parte essencial da informação.

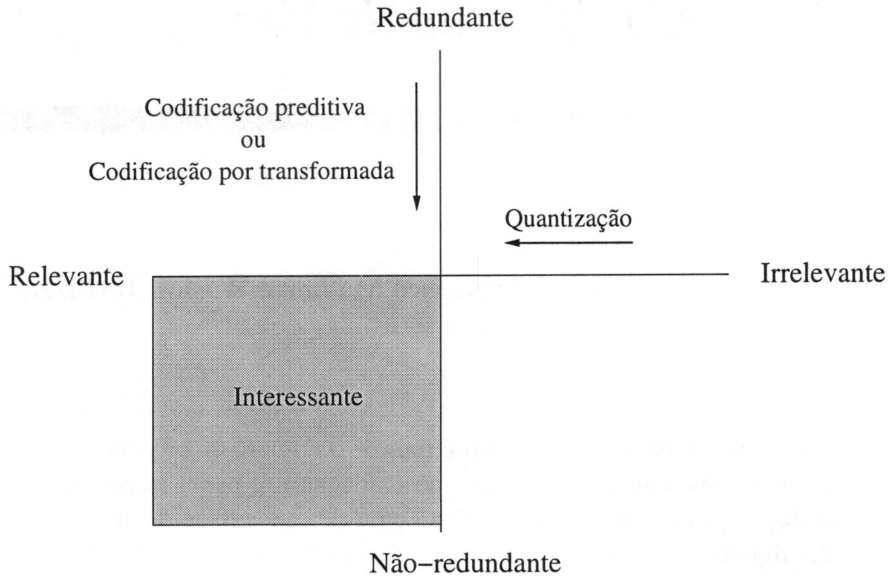

Figura 3.1: Princípio da compressão de sinais.

A parcela irrelevante da informação é reduzida por meio do processo de quantização, que introduz perda de caráter irreversível. A parcela redundante da informação é reduzida por meio de técnicas de predição e de transformação do sinal, que apresentam caráter reversível.

3.2 Codificação de Sinal – Preliminares

Codificação de sinal é o processo de representar um sinal de informação de maneira a atingir um objetivo de comunicação desejado, tal como conversão analógico-digital, transmissão a baixas taxas de bits ou criptografia de mensagens. Na literatura, os termos codificação de fonte, codificação digital, compressão de dados, compressão de largura de faixa e compressão de sinal são todos utilizados para referir-se a técnicas usadas para obter uma representação digital compacta de um sinal. Uma questão importante em se tratando de compressão de sinais é a preocupação com o receptor humano ao final do processo de comunicação (Figura 3.2) (Jayant, 1992; Jayant *et al.*, 1993).

A Figura 3.3 apresenta um sistema de comunicação digital. Enquanto o codificador de fonte visa minimizar a taxa de bits necessária para representação adequada de um sinal de entrada, o *mo*dulador-*dem*odulador (*modem*) procura maximizar a taxa de bits que pode ser sustentada em um dado canal ou meio de armazenamento sem causar um nível inaceitável de probabilidade de erro de bit. Na codificação de fonte, a taxa de bits é medida em bits por amostra ou bits por segundo (usualmente denotada por b/s ou ainda por bps). Na modulação, é medida em bits por segundo por hertz ($b/s/\text{Hz}$). Os blocos de codificação de canal adicionam redundância à seqüência de bits visando proteção contra erros. Nos sistemas de modulação codificada, as operações de codificação de canal e modulação são integradas para o propósito de maior eficiência geral. Os processos de codificação de fonte e de codificação de canal também podem ser integrados.

Ao longo deste capítulo, o termo codificação de voz é exaustivamente utilizado, referindo-se especificamente à codificação de fonte.

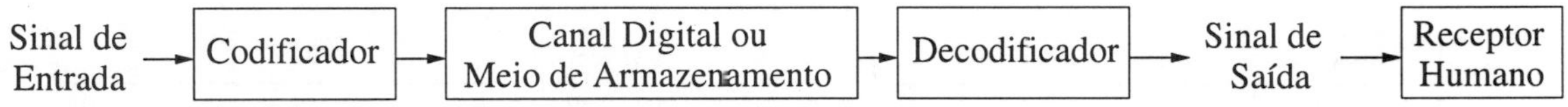

Figura 3.2: Codificação digital para compressão de sinais.

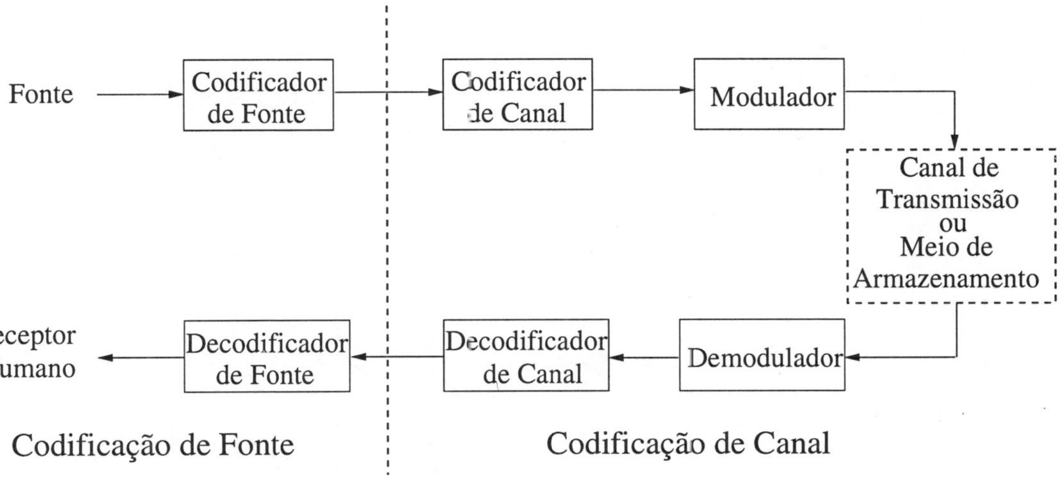

Figura 3.3: Diagrama de blocos de um sistema de comunicação digital.

3.3 Amostragem

No processo de amostragem um sinal contínuo no tempo é transformado em um sinal discreto no tempo. A taxa de amostragem deve ser suficientemente alta para que o sinal contínuo no tempo possa ser reconstruído a partir de suas amostras com precisão adequada. O Teorema da Amostragem, de Nyquist, que é a base para determinar a taxa de amostragem adequada para um dado sinal, é abordado a seguir.

3.3.1 Teorema da Amostragem

Um sinal $f(t)$ limitado em faixa em B Hz (ou seja, $F(w) = 0$ para $|w| > 2\pi B$) pode ser reconstruído exatamente (sem erro) a partir de suas amostras tomadas a uma taxa $R_S > 2B$ Hz (amostras por segundo). Em outras palavras, a freqüência de amostragem mínima é $f_S = 2B$ Hz (Lathi, 1988).

Considerações

Seja um sinal $f(t)$ (Figura 3.4) cujo espectro é limitado em faixa em B Hz. A amostragem do sinal $f(t)$ pode ser realizada multiplicando $f(t)$ por um trem de impulsos, $\delta_{T_S}(t)$, que se repetem a cada T_S segundos, em que $T_S = 1/f_S$. Isso leva ao sinal amostrado $\hat{f}(t)$, apresentado na Figura 3.4, dado por

$$\hat{f}(t) = f(t)\delta_{T_S}(t) = \sum_n f(nT_S)\delta(t - nT_S). \tag{3.1}$$

Como o trem de impulsos $\delta_{T_S}(t)$ é um sinal periódico de período T_S, ele pode ser expresso por meio de série de Fourier, da forma

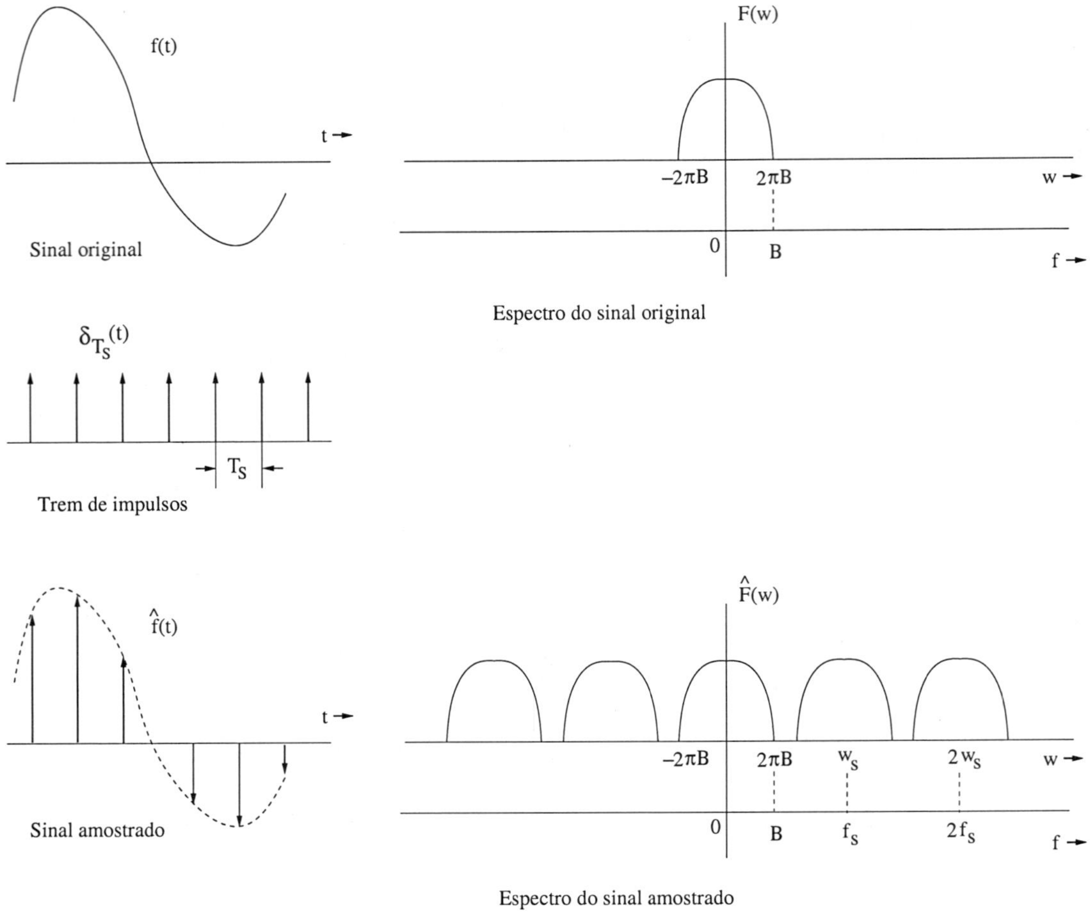

Figura 3.4: Sinais original e reconstruído, com os espectros correspondentes.

$$\delta_{T_S}(t) = \frac{1}{T_S}[1 + 2\cos w_S t + 2\cos 2w_S t + 2\cos 3w_S t + \cdots], \tag{3.2}$$

com $w_S = \frac{2\pi}{T_S} = 2\pi f_S$.

Portanto,

$$\hat{f}(t) = \frac{1}{T_S}[f(t) + 2f(t)\cos w_S t + 2f(t)\cos 2w_S t + 2f(t)\cos 3w_S t + \cdots]. \tag{3.3}$$

Dessa forma, $\hat{F}(w)$, a transformada de Fourier de $\hat{f}(t)$, é dada por

$$\hat{F}(w) = \frac{1}{T_S}\sum_{n=-\infty}^{\infty} F(w - nw_S). \tag{3.4}$$

O espectro $\hat{F}(w)$ consiste em $F(w)$ repetindo-se periodicamente com período $w_S = 2\pi/T_S$ rad/s, ou $f_S = 1/T_S$ Hz, como mostra a Figura 3.4.

Se desejamos recuperar $f(t)$ a partir de $\hat{f}(t)$, devemos ser capazes de recuperar $F(w)$ a partir de $\hat{F}(w)$. Isso é possível se não houver sobreposição entre ciclos sucessivos de $\hat{F}(w)$. A Figura 3.4 mostra que a condição para isso é

$$f_S > 2B. \tag{3.5}$$

O intervalo de amostragem é $T_S = 1/f_S$. Portanto,

$$T_S < \frac{1}{2B}. \tag{3.6}$$

Dessa forma, com uma freqüência de amostragem f_S maior que duas vezes a largura de faixa B (em hertz), $\hat{F}(w)$ consiste em repetições de $F(w)$ que não se sobrepõem. Assim, $f(t)$ pode ser recuperado a partir de suas amostras, passando o sinal amostrado $\hat{f}(t)$ por um filtro passa-baixa ideal com largura de faixa B Hz. A taxa de amostragem mínima, $f_S = 2B$, requerida para recuperar $f(t)$ a partir de suas amostras é denominada taxa de Nyquist ou freqüência de Nyquist para $f(t)$, e o intervalo de amostragem correspondente, $T_S = 1/2B$, é chamado intervalo de Nyquist para $f(t)$ (Lathi, 1988).

Para aplicações em telefonia, a freqüência de amostragem adotada internacionalmente é $f_S = 8$ mil amostras por segundo, abreviada para 8 k amostras/s. O sinal de voz é então quantizado, como é visto posteriormente, para 256 níveis distintos. Cada nível corresponde a um código de 8 bits ($2^8 = 256$). Após a codificação, o sinal é transmitido a uma taxa de 8 k amostras/s × 8 bits/amostra = 64 kbits/s e ocupa uma banda passante de aproximadamente 64 kHz.

Se a freqüência de amostragem w_S é menor que $2\pi B$ há superposição dos espectros e, portanto, perda de informação. À medida que w_S torna-se menor que $2\pi B$, a taxa de amostragem torna-se mais baixa, havendo perda parcial de informação. Portanto, a freqüência ótima de amostragem é $w_S = 2\pi B$, conhecida como freqüência de amostragem de Nyquist.

Caso a freqüência de amostragem seja inferior à freqüência de Nyquist, o sinal não pode ser recuperado completamente, pois há superposição espectral, resultando em distorção nas freqüências mais altas. Esse fenômeno é conhecido como *aliasing*. Por outro lado, um aumento na freqüência de amostragem, além da freqüência de Nyquist, implica separação entre os espectros superior à necessária para a recuperação do sinal.

3.4 O Desempenho de um Sistema de Compressão de Sinais

O problema geral em compressão de sinal é minimizar a taxa de bits na representação digital do sinal, mantendo os níveis requeridos de qualidade do sinal, complexidade de implementação e retardo de comunicação. Cada um desses aspectos é abordado a seguir.

3.4.1 Qualidade de Sinais Reconstruídos

Um dos grandes desafios em codificação digital de sinais é a concepção e o desenvolvimento de metodologias de avaliação de qualidade de sinais reconstruídos (obtidos com a aplicação de técnicas de compressão). De forma geral, as medidas utilizadas para avaliação da qualidade de sinais enquadram-se em duas classes: medidas de qualidade subjetivas e medidas de qualidade objetivas. As primeiras baseiam-se em comparações (realizadas por meio de testes de escuta ou de visualização), entre o sinal original e o sinal processado, realizadas por um grupo de pessoas, que subjetivamente classificam a qualidade do sinal processado segundo uma escala predeterminada. As medidas objetivas baseiam-se numa comparação matemática direta entre os sinais original e processado (Deller Jr. *et al.*, 1993).

Para serem úteis, as medidas de qualidade objetivas devem apresentar no mínimo duas características. Primeiramente, devem ter significado subjetivo, no sentido de que pequenas e grandes variações das medidas objetivas devem significar pequenas e grandes variações da qualidade subjetiva dos sinais reconstruídos, respectivamente – devem apresentar, portanto, uma correlação forte, positiva ou negativa, com resultados de avaliação subjetiva. Segundo, devem ser matematicamente tratáveis e facilmente implementáveis.

Medidas de qualidade subjetivas são utilizadas para avaliar de forma plena, definitiva, a qualidade de algoritmos/técnicas de codificação de sinais. Os testes subjetivos, contudo, são de difícil realização, uma vez que requerem a disponibilidade de um grande número de avaliadores (entre leigos, especialistas e possíveis usuários do sistema de codificação de sinais), envolvem grande volume de sinal processado e necessitam da disponibilidade de laboratórios com condições adequadas ao desenvolvimento das avaliações subjetivas, enfim, são bastante dispendiosos de tempo, implicando custo elevado de realização. Devido a esses problemas, as medidas de qualidade objetivas, por serem pouco dispendiosas de tempo, desempenham um papel importante no processo de avaliação de qualidade de sinais reconstruídos e constituem ferramenta valiosa no processo de ajuste de parâmetros de algoritmos/técnicas de compressão.

A avaliação de qualidade de sinais de voz e imagem tem sido objeto de estudo de diversas pesquisas, tendo sido abordada sucinta ou profundamente em diversos trabalhos (Eskicioglu e Fischer, 1995; Dimolitsas, 1991).

A seguir são abordadas algumas medidas de qualidade utilizadas para a avaliação de técnicas de compressão de sinais de voz e imagem. São descritos o escore médio de opinião (MOS, *mean opinion score*) e os testes de preferência, que constituem alternativas para avaliação de qualidade subjetiva. Também são apresentadas a relação sinal-ruído (SNR, *signal-to-noise ratio*), a relação sinal-ruído segmental (SNRseg, *segmental signal-to-noise ratio*) e a distorção espectral (SD, *spectral distortion*), que são medidas de qualidade objetivas utilizadas para avaliação de qualidade dos sinais de voz. Por fim, é abordada a relação sinal-ruído de pico (PSNR, *peak signal-to-noise ratio*), que constitui uma das medidas objetivas mais utilizadas para avaliação da qualidade de imagens reconstruídas.

Escore Médio de Opinião

Uma medida subjetiva bastante utilizada para avaliação de desempenho de sistemas de compressão de voz e imagem denomina-se escore médio de opinião (MOS). No teste MOS, cada avaliador atribui um escore de qualidade ao sinal reconstruído, segundo a escala graduada apresentada na Tabela 3.1 (Jayant e Noll, 1984; Deller Jr. *et al.*, 1993). É calculada a média aritmética dos escores obtidos e determinado o valor final da avaliação, ou seja,

$$MOS = \frac{1}{L}\sum_{l=1}^{L} s_l, \tag{3.7}$$

em que L é o número de avaliadores utilizados no teste e s_l é o escore atribuído pelo l-ésimo avaliador.

Escore (s)	Qualidade
5	Excelente
4	Boa
3	Razoável
2	Pobre
1	Ruim

Tabela 3.1: Escala para o teste MOS.

Testes de Preferência

Os testes de preferência são realizados por comparação entre pares de sinais. Uma forma de realização desse tipo de avaliação subjetiva consiste em atribuir um conceito de acordo com três possíveis resultados de comparação, ou seja (Aguiar Neto, 1995):

- Conceito A - A qualidade do primeiro sinal é melhor do que a do segundo.

- Conceito B - A qualidade do segundo sinal é melhor do que a do primeiro.
- Conceito C - A qualidade de ambos os sinais não se distingue.

Outra forma de realização de testes de preferência, muito comum para a avaliação de imagens, consiste em proceder à comparação com relação a uma imagem de referência, utilizando uma escala de graduação com valores que variam de um a cinco, na qual cada valor corresponde a um conceito obtido do processo de comparação (Aguiar Neto, 1995):

- Conceito 5 - A imagem sob teste tem qualidade muito superior à apresentada pela imagem de referência.
- Conceito 4 - A imagem sob teste tem qualidade um pouco superior à apresentada pela imagem de referência.
- Conceito 3 - A imagem sob teste tem a mesma qualidade da apresentada pela imagem de referência.
- Conceito 2 - A imagem sob teste tem qualidade um pouco inferior à apresentada pela imagem de referência.
- Conceito 1 - A imagem sob teste tem qualidade muito inferior à apresentada pela imagem de referência.

Em se tratando de codificação de voz, avaliações por meio de MOS são bem aceitas e algumas vezes complementadas com medidas de inteligibilidade, como, por exemplo, MRT (*modified rhyme test*) e DRT (*diagnostic rhyme test*) (Deller Jr. *et al.*, 1993). Existem outras medidas de qualidade subjetiva de voz, como IAJ (*isometric absolute judgment*), QUART (*quality acceptance rating test*) e DAM (*diagnostic acceptability measure*) (Deller Jr. *et al.*, 1993).

O diagnóstico chamado teste de verso (DRT) (Bellamy, 1991) é uma maneira de determinar a inteligibilidade de um sistema de voz por meio de uma porcentagem de palavras corretas, reconhecidas de uma lista de pares de palavras padronizadas. O teste DRT com interferência mede a porcentagem de reconhecimento de palavras quando um ruído de acompanhamento é adicionado ao teste de palavras antes da codificação. O diagnóstico de medição de aceitabilidade (DAM) (Bellamy, 1991) considera a inteligibilidade e a aceitabilidade subjetiva, usando procedimentos que eliminam grande parte da dependência da preferência pessoal dos ouvintes. As contagens são normalizadas de 0 a 100.

Relação Sinal-Ruído (SNR)

Sejam $x(n)$ o sinal original, $y(n)$ o sinal processado e $e(n) = x(n) - y(n)$ o sinal erro no instante de tempo n.

A energia contida no sinal original é

$$E_x = \sum_n x^2(n). \tag{3.8}$$

A energia contida no sinal erro é

$$E_e = \sum_n e^2(n) = \sum_n [x(n) - y(n)]^2. \tag{3.9}$$

A medida SNR resultante, expressa em dB, é dada por

$$\text{SNR} = 10 \log_{10} \frac{E_x}{E_e} = 10 \log_{10} \frac{\sum_n x^2(n)}{\sum_n [x(n) - y(n)]^2}. \tag{3.10}$$

Relação Sinal-Ruído Segmental (SNRseg)

Apesar da simplicidade matemática, a medida SNR apresenta uma limitação incômoda: a igual ponderação de todos os erros no domínio do tempo. Por essa razão, um indesejável valor elevado de SNR pode ser obtido se uma seqüência de fala apresentar alta concentração de segmentos vocais, sonoros, de alta energia, uma vez que o efeito do ruído é maior nos segmentos de baixa energia, como, por exemplo, os sons fricativos surdos.

Uma medida de qualidade mais refinada pode ser obtida se for tomada a média da relação sinal-ruído medida em curtos intervalos de tempo. É definida, então, a relação sinal-ruído segmental (ou razão sinal-ruído segmentar):

$$\text{SNRseg} = E[\text{SNR}(j)], \tag{3.11}$$

em que $\text{SNR}(j)$ denota a relação sinal-ruído (SNR) convencional para o j-ésimo segmento (janela de tempo) do sinal.

A medida SNRseg é formulada como

$$\text{SNRseg} = \frac{1}{J}\sum_{j=0}^{J-1} 10\log_{10}\left[\frac{\sum\limits_{n=m_j-N_A-1}^{m_j} x^2(n)}{\sum\limits_{n=m_j-N_A-1}^{m_j} [x(n)-y(n)]^2}\right], \tag{3.12}$$

em que $m_0, m_1, ..., m_{J-1}$ são os instantes finais para as J janelas de tempo, de N_A amostras, de comprimento típico de 15 a 25 ms (Deller Jr. *et al.*, 1993; Aguiar Neto, 1995).

Segundo Voran (Voran, 1999), as medidas SNR e SNRseg podem fornecer uma indicação de qualidade subjetiva em alguns codificadores de voz que têm por objetivo a representação da forma de onda. Contudo, quando utilizadas em sistemas de codificação e transmissão mais gerais, SNR e SNRseg apresentam pouca correlação com resultados de avaliação subjetiva da qualidade de voz. Voran (Voran, 1999) atribui a popularidade de SNR e SNRseg a razões históricas (trata-se de medidas clássicas, utilizadas há bastante tempo), à simplicidade dessas medidas, e ao fato de inexistirem medidas objetivas que tenham sido amplamente testadas e aceitas, de tal maneira que possam substituir SNR e SNRseg.

Como outras medidas de avaliação de qualidade objetiva de voz, podem ser citadas a LAR (*log-area ratio*), a medida *log-likelihood* de Itakura (Deller Jr. *et al.*, 1993) e a distorção espectral, descrita a seguir.

Distorção Espectral

Para aplicações que requisitam codificação de voz a baixas taxas (como é o caso de sistemas de comunicações móveis), é imprescindível quantizar precisa e adequadamente os parâmetros LSF (*line spectral frequencies*), utilizando o menor número de bits possível. O desenvolvimento de métodos de codificação LSF tem sido objeto de interesse de muitos pesquisadores (Paliwal e Atal, 1993; LeBlanc *et al.*, 1993; Eriksson *et al.*, 1999).

A qualidade da quantização dos parâmetros LSF é avaliada por meio da distorção espectral (SD), definida como

$$\text{SD} = \left[\frac{1}{F_S}\int_0^{F_S} [10\log_{10} S(f) - 10\log_{10}\hat{S}(f)]^2 df\right]^{1/2}, \tag{3.13}$$

em que $S(f)$ e $\hat{S}(f)$ denotam, respectivamente, a envoltória espectral original e quantizada.

Relação Sinal-Ruído de Pico (PSNR)

Dentre as diversas medidas objetivas utilizadas para avaliação de qualidade de imagens (Eskicioglu e Fischer, 1995), a relação sinal-ruído de pico (ou razão pico-ruído) apresenta-se como a opção mais utilizada, apesar de serem freqüentemente registradas críticas, como relata por exemplo (Kubrick e Ellis, 1990), no que diz respeito à correlação de PSNR com resultados de avaliações subjetivas.

A relação sinal-ruído de pico é definida como dez vezes o logaritmo na base 10 da razão entre o quadrado do valor de pico da amplitude do sinal de entrada, v_p^2, e o erro médio quadrático (MSE, *mean square error*):

$$\text{PSNR} = 10 \log_{10} \left[\frac{v_p^2}{\text{MSE}} \right]. \tag{3.14}$$

Para o caso de uma imagem original codificada a 8,0 bpp (256 níveis de cinza),

$$\text{PSNR} = 10 \log_{10} \left[\frac{255^2}{\text{MSE}} \right], \tag{3.15}$$

em que o erro médio quadrático entre as imagens original e reconstruída é definido como

$$\text{MSE} = \frac{1}{L \cdot C} \sum_{l=1}^{L} \sum_{c=1}^{C} [F(l,c) - \widehat{F}(l,c)]^2, \tag{3.16}$$

em que $F(l,c)$ e $\widehat{F}(l,c)$ representam os valores de pixels das imagens original e reconstruída, l designa a l-ésima linha e c denota a c-ésima coluna de uma imagem (matriz) $L \times C$.

3.4.2 Taxa de Bits

A taxa de bits de uma representação digital pode ser medida em bits por amostra, bits por pixel (bpp), bits por segundo, dependendo do contexto. A taxa de bits por segundo é simplesmente o produto da taxa de amostragem e do número de bits por amostra. A taxa de amostragem é, geralmente, ligeiramente superior a duas vezes a largura de faixa do sinal, conforme estabelecido pelo Teorema da Amostragem de Nyquist (Jayant e Noll, 1984; Lathi, 1988).

A Tabela 3.2 ilustra alguns formatos comumente utilizados para áudio (Jayant, 1992; Jayant *et al.*, 1993). São utilizadas taxas de amostragem típicas de 8 kHz para voz telefônica, 16 kHz para áudio AM, 32 kHz para áudio FM, e 44,1 kHz ou 48 kHz para CD (*compact disc*) ou áudio DAT (*digital audio tape*), sendo ambos sinais de largura de faixa de 20 kHz. Observe que as larguras de faixa respectivas são menores que metade da taxa de amostragem correspondente, seguindo o princípio da amostragem de Nyquist. Cumpre mencionar que um sinal PCM tem sua banda limitada por um filtro passa-baixa. A banda de telefonia normalmente transmitida é de 300 Hz a 3.400 Hz na Europa e América Latina e de 200 Hz a 3.400 Hz nos Estados Unidos e Japão.

Formato	Amostragem (kHz)	Largura de Faixa (kHz)	Faixa
Telefonia	8	3,2	200-3.400 Hz
Teleconferência	16	7	50-7.000 Hz
Compact Disc (CD)	44,1	20	20-20.000 Hz
Digital Audio Tape (DAT)	48	20	20-20.000 Hz

Tabela 3.2: Formatos de áudio digital.

3.4.3 Complexidade

A complexidade de um algoritmo de codificação está relacionada ao esforço computacional requerido para implementar os processos de codificação e decodificação. Diz respeito, portanto, à capacidade aritmética e aos requisitos de memória. A complexidade é comumente medida em MIPS (milhões de instruções por segundo) (Aguiar Neto, 1995). Outras medidas relacionadas à complexidade são o tamanho físico do codificador, decodificador ou *codec* (*co*dificador mais *dec*odificador), seu custo e o consumo de potência (medida, por exemplo, em miliwatt, mW), sendo este um critério particularmente importante para sistemas portáteis (Jayant, 1992; Jayant *et al.*, 1993)

3.4.4 Retardo de Comunicação

O aumento de complexidade em um algoritmo de codificação é geralmente associado a um aumento de atraso de processamento no codificador e decodificador. A importância do retardo em um sistema de comunicação depende da aplicação. Dependendo do ambiente de comunicação, o atraso total tem que ser mantido em um limite severo, como no caso da utilização em redes telefônicas (Jayant, 1992; Jayant *et al.*, 1993). Assim, o retardo produzido por um *codec* impõe certas restrições práticas quanto à utilização em sistemas de comunicações, tendo em vista que o retardo não deve ultrapassar um determinado limite. No entanto, o retardo de comunicação pode ser visto como irrelevante em aplicações que envolvem comunicação unidirecional, a exemplo de sistemas de difusão de TV, ou armazenamento e envio de mensagens, como é o caso do correio de voz (Aguiar Neto, 1995).

3.4.5 Codificação e Comunicação Digital

A Figura 3.5 (Jayant, 1992; Jayant *et al.*, 1993) descreve os critérios de desempenho em comunicação digital, que se aplicam não só à codificação de fonte, mas também à codificação de canal e à modulação, nas quais as unidades de qualidade e taxa de bits são diferentes. Na Figura 3.5, no eixo de qualidade do sinal, MOS diz respeito à codificação de fonte, ao passo que p_e, probabilidade de erro, diz respeito à codificação de canal e modulação. No eixo de eficiência, bps diz respeito à codificação de fonte, e bps/Hz diz respeito à codificação de canal e modulação. As unidades para atraso e complexidade são as mesmas, embora esses parâmetros estejam em contextos diferentes em se tratando de codificação de fonte e codificação de canal. O atraso de processamento é usado em codificação de fonte para remover a redundância do sinal. Em codificação de canal, pode ser usado, por exemplo, para adicionar bits de proteção de erros e para procedimentos com propósito de assegurar "aleatoriedade" nos erros em surto, como é o caso do entrelaçamento (*interleaving*).

O desempenho de um sistema de codificação pode ser avaliado levando em consideração os quatro parâmetros previamente mencionados. Se ignorarmos por um momento a complexidade e o retardo de comunicação, os ganhos de desempenho de um codificador de fonte podem ser avaliados de duas formas: medindo os ganhos de qualidade do sinal reconstruído a uma taxa de bits especificada ou atingindo um nível de qualidade de sinal reconstruído a uma taxa de bits mais baixa. Dependendo da aplicação, uma dessas abordagens é mais relevante que a outra. Por exemplo, em problemas de codificação de voz telefônica a 16 kbps (quilobits por segundo) e HDTV a 15-20 Mbps, as taxas de bits são definidas pelas aplicações ou pelos padrões e o alvo da pesquisa em codificação é melhorar a qualidade do sinal a essas taxas. Por outro lado, no campo de difusão de áudio digital, em que a qualidade do sinal deve ser transparente (elevada) com relação ao algoritmo de codificação, o alvo é obter a qualidade requerida a taxas cada vez mais baixas.

A seção a seguir apresenta algumas características dos sinais de voz. Vale salientar que o estudo da produção e da percepção de voz pelos seres humanos trouxe grandes benefícios para o desenvolvimento de técnicas de compressão de voz.

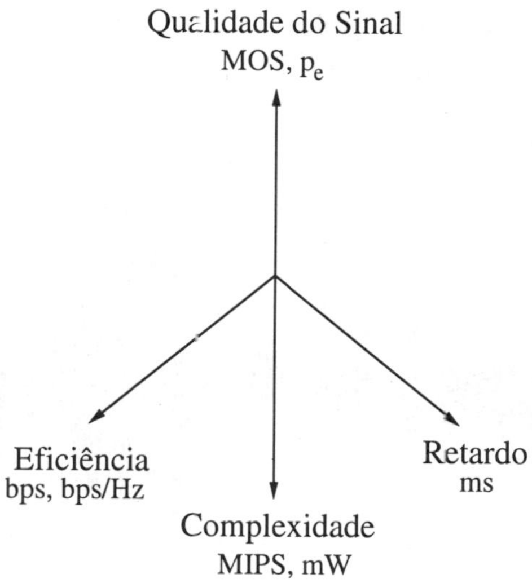

Figura 3.5: Parâmetros de desempenho de um codificador.

3.5 Caracterização dos Sinais de Voz

O conhecimento das características dos sinais de voz tem sido utilizado eficientemente em técnicas de codificação de voz, de síntese de voz, bem com em sistemas de reconhecimento de fala e de locutor.

O mecanismo de produção de voz humana, como ocorre em qualquer sistema físico, apresenta resposta em freqüência limitada. O limite varia de pessoa para pessoa, situando-se, em média, em torno de 10 kHz (Aguiar Neto, 1995). Nos sistemas telefônicos, entretanto, limita-se o sinal de voz na faixa de 200-3.400 Hz, sem grandes prejuízos em termos de qualidade. Em outras aplicações, como teleconferência, limita-se o sinal de voz em 7 kHz, o que caracteriza a transmissão de voz em faixa larga.

Os sons da voz humana podem ser classificados em três classes distintas, como sonoros (tais como /a/ e /i/), surdos (como /sh/) ou explosivos (como /p/, /t/ e /k/) (Rabiner e Schafer, 1978; Aguiar Neto, 1995). Os sinais de voz classificados como sonoros são quase periódicos no domínio do tempo e harmonicamente estruturados no domínio da freqüência, enquanto os sons surdos têm uma natureza aleatória e uma faixa larga. Além disso, a energia dos segmentos sonoros em geral é maior que a energia dos segmentos surdos. Os sons sonoros, portanto, dizem respeito a ondas de pressão quase periódicas excitando o trato vocal, que, atuando como um ressonador, produz freqüências de ressonância denominadas formantes, que caracterizam os diferentes sons sonoros. Portanto, o envelope espectral que se ajusta ao espectro de curto prazo da voz sonora é caracterizado por um conjunto de picos, denominados formantes. Em geral há de três a cinco formantes abaixo de 5 kHz.

As amplitudes e as localizações dos primeiros três formantes são muito importantes para a síntese e a percepção de voz (Spanias, 1994). A freqüência fundamental dos sons sonoros fica entre 80 Hz (para homens) e 350 Hz (para crianças), sendo 240 Hz um valor típico para mulheres (Aguiar Neto, 1995). Na geração dos sons explosivos, o ar é totalmente dirigido à boca, estando esta completamente fechada. Com o aumento da pressão, a oclusão é rompida bruscamente. Há ainda os sons com excitação mista – como os sons fricativos sonoros (como /j/, /v/ e /z/), que são produzidos combinando a vibração das cordas vocais e a excitação turbulenta, e os sons oclusivos (ou explosivos) sonoros (como /d/ e /b/).

Os sinais de voz são não-estacionários. Entretanto, podem ser considerados como quase estacionários em curtos segmentos (curtos intervalos de tempo), tipicamente 5-20 ms (Spanias, 1994). Os sinais de voz, assim, podem ser considerados ergódicos (médias estatísticas e médias temporais são idênticas) (Aguiar Neto, 1995). As propriedades estatísticas e espectrais da voz são definidas, portanto, em curtos intervalos de tempo.

A descrição mais simples de alguma forma de onda é feita por meio do gráfico amplitude *versus* tempo, como ilustrado na Figura 3.6. Na forma de onda, podem ser identificados segmentos de voz de alta energia, de baixa energia e segmentos de pausas intersilábicas. Os últimos e os segmentos de pausa entre palavras corrrespondem a cerca de 50 a 60 % do tempo do sinal (Aguiar Neto, 1995).

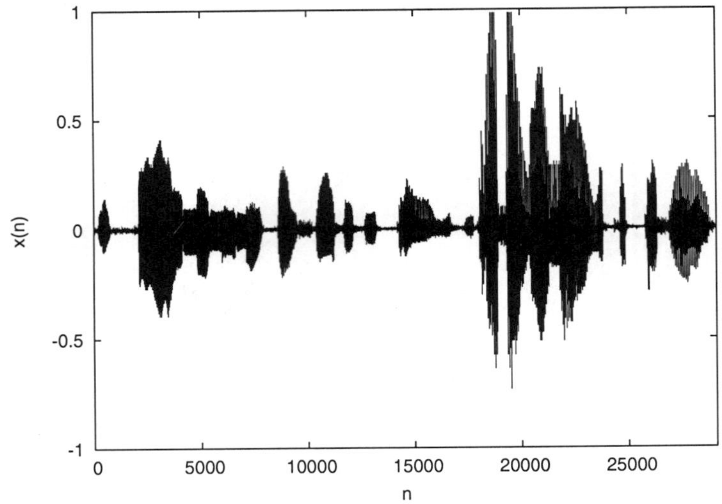

Figura 3.6: Forma de onda do sinal de voz correspondente à sentença *"O sol ilumina a fachada de tarde. Trabalhou mais do que podia."*, correspondente a 29.120 amostras, que equivalem a 3,64 s, tendo sido o sinal amostrado a 8 kHz.

Os sinais de voz apresentam uma variação bastante grande de amplitudes, como mostra a Figura 3.7. A variação de amplitude do sinal, que corresponde a cerca de 50 dB, é denominada faixa dinâmica do sinal. Vale mencionar que a aquisição (resolução 8,0 bit/amostra e taxa de amostragem 8 kHz) dos sinais de voz utilizados nas Figuras 3.6 e 3.7, bem como nas Figuras 3.8 e 3.9, foi realizada usando uma estação de trabalho Sun®, instalada com utilitários de processamento de áudio.

No que diz respeito à função densidade de probabilidades (fdp) para as amplitudes dos sinais de voz, podem ser utilizadas aproximações seguindo os modelos exponencial *two-sided* ou laplaciano, Gamma e gaussiano (Aguiar Neto, 1995).

Quanto à energia do sinal de voz, concentra-se na região de freqüências mais baixas do espectro, notadamente na faixa de 500 a 800 Hz. No entanto, mesmo contendo baixos valores de energia, as componentes de freqüências mais altas são importantes pois determinam, em grande parte, a inteligibilidade da voz. O espectro decai cerca de 8-10 dB por oitava. As freqüências abaixo de 500 Hz contribuem muito pouco para a compreensão da fala, mas têm um papel importante no tocante à naturalidade da voz reproduzida (Aguiar Neto, 1995).

A Figura 3.8 representa, no espaço de padrões euclidiano bidimensional, um sinal de voz (cujo histograma é apresentado na Figura 3.9) correspondente a dez frases foneticamente balanceadas (extraídas de (Alcaim *et al.*, 1992) e pronunciadas por dez locutores diferentes, sendo cinco masculinos e cinco femininos). Algumas características típicas dos sinais de voz podem ser observadas nas Figuras 3.8 e 3.9, tais como predominância de amostras de baixa amplitude e correlação entre amostras consecutivas (os vetores de voz concentram-se próximo à direção correspondente à componente principal do sinal de voz, em que $x_2 = x_1$.).

As seções a seguir abordam o processo de quantização. São enfocadas a quantização escalar e a quantização vetorial.

3.6 Quantização Escalar

O processo de quantização pode ser visualizado como o mapeamento do sinal, a partir do domínio contínuo, para um número contável de possíveis níveis de saída. A necessidade de representar sinais com um número

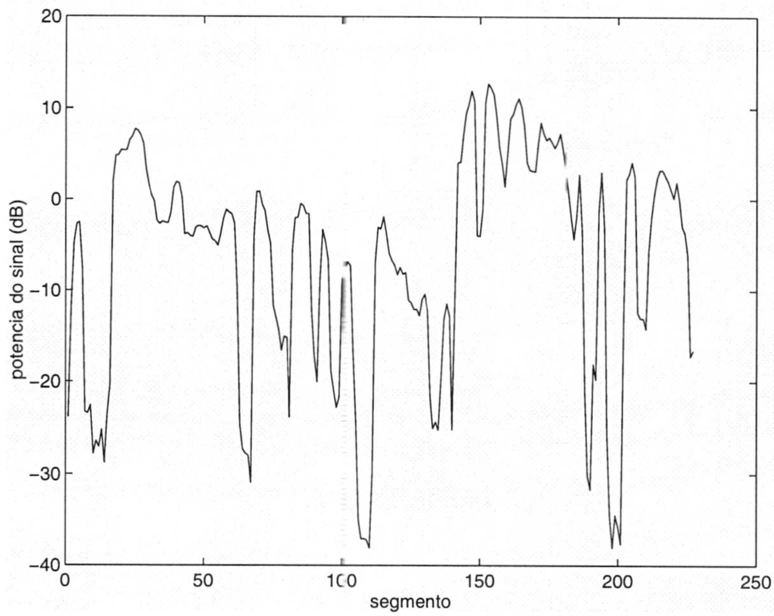

Figura 3.7: Faixa dinâmica do sinal de voz "*O sol ilumina a fachada de tarde. Trabalhou mais do que podia.*", correspondente a 29.120 amostras, que equivalem a 3,64 s, tendo sido o sinal amostrado a 8 kHz (Madeiro, 1998).

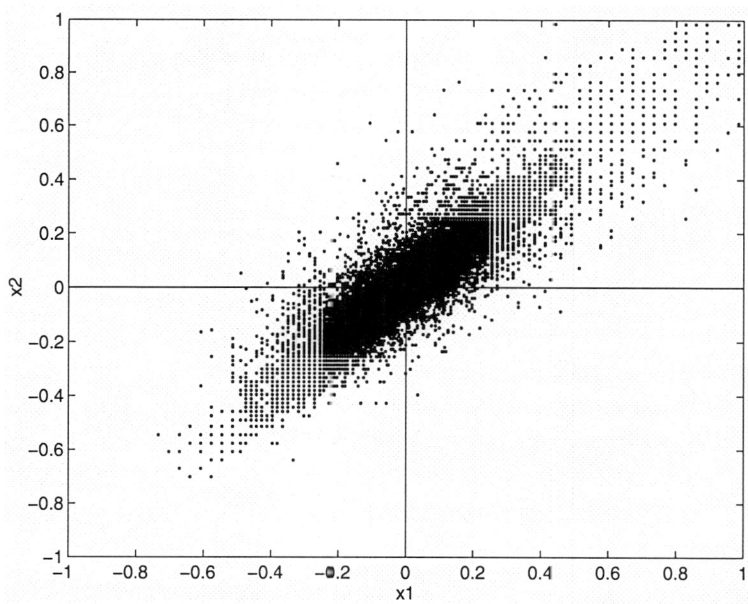

Figura 3.8: Sinal de voz composto de dez frases foneticamente balanceadas (18,76 s, 75.040 vetores). As coordenadas x_1 e x_2 representam a primeira e a segunda componentes dos vetores de voz $\boldsymbol{x} \in R^2$ respectivamente.

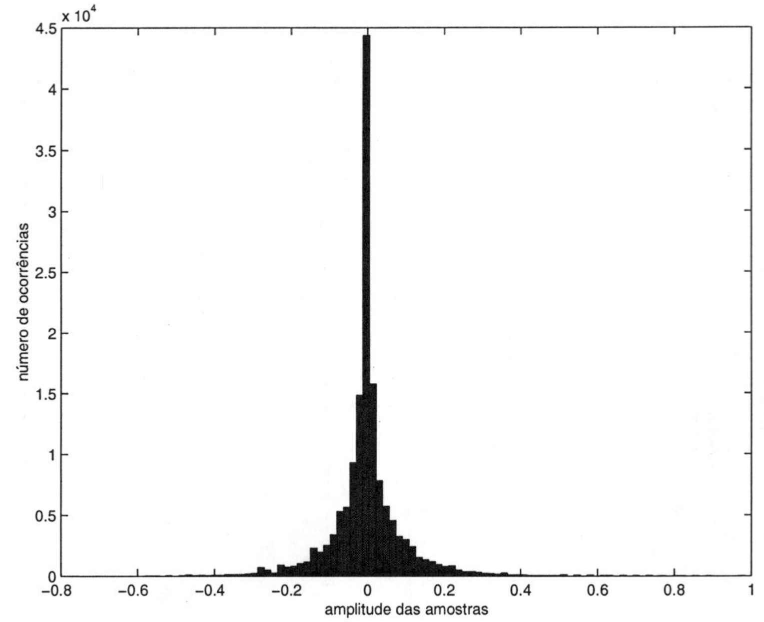

Figura 3.9: Histograma de um sinal de voz.

finito de bits faz com que o ruído de quantização esteja presente em quase todos os sistemas de processamento digital de sinais. Isso implica que o erro de quantização é intrínseco ao processo de conversão analógico-digital (Sripad e Snyder, 1977).

Apesar de bastante simples em sua descrição e construção, o quantizador uniforme, mostrado na Figura 3.10, tem provado ser surpreendentemente difícil de analisar, precisamente em função de sua inerente não-linearidade. Como estimar o espectro do ruído de quantização e recuperar o máximo de sinal, dado que esse erro está presente, é um dos objetivos da pesquisa na área.

A Figura 3.10 ilustra o esquema de quantização para um quantizador uniforme com passo de quantização d. É válido mencionar que a relação sinal-ruído de quantização cai com o inverso da amplitude do sinal. Em suma, valores menores de amplitude sofrem mais com o ruído de quantização.

3.6.1 O Ruído de Quantização

O erro, ou ruído, de quantização consiste na diferença entre o sinal na entrada do quantizador e o sinal na saída, $n = x - y$, no qual $y = q(x)$ e $q(\cdot)$ representa a função de quantização. O desempenho de sistemas de codificação ou processamento de sinais está limitado pelo nível do ruído de quantização. A própria capacidade do canal se limita em função desse ruído. Por conseguinte, a figura de mérito mais utilizada em análises comparativas é a SQNR (*signal to quantization noise ratio* – SQNR)[1](Paez e Glisson, 1972). O erro médio quadrático, para um quantizador uniforme, é dado aproximadamente por $d^2/12$ (Bennett, 1948), supondo-se uma distribuição uniforme para o ruído de quantização, em que d representa o passo de quantização. Esse resultado é mostrado a seguir.

Assumindo uma distribuição de probabilidades do tipo uniforme para o ruído, no intervalo $[-d/2, d/2]$,

$$p_N(n) = \frac{1}{d}, \tag{3.17}$$

[1]Ao longo do capítulo também se utiliza a notação SNR para denotar a relação sinal-ruído de quantização.

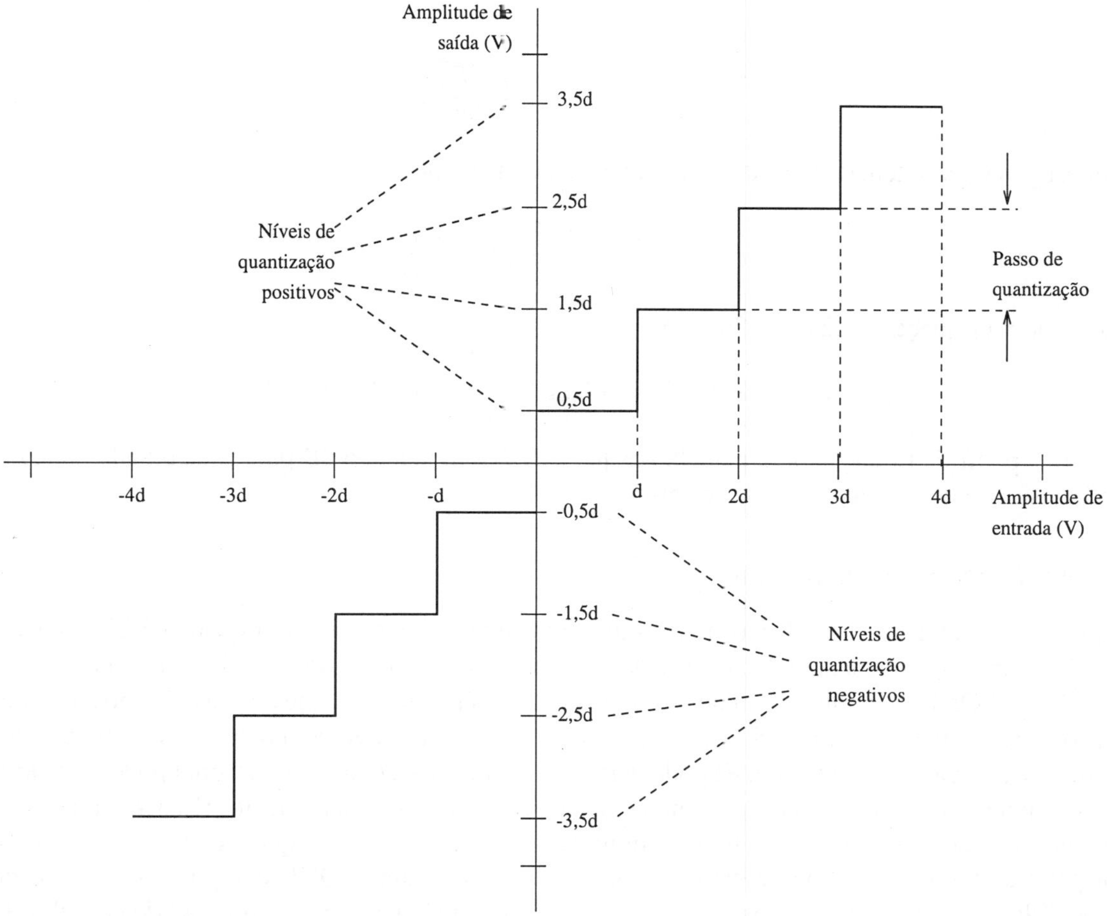

Figura 3.10: Esquema de quantização.

a potência do ruído de quantização é calculada pela fórmula

$$P_N = \int_{-\infty}^{\infty} n^2 p_N(n) dn. \tag{3.18}$$

Substituindo a distribuição assumida, obtém-se

$$P_N = \frac{1}{d} \int_{-d/2}^{d/2} n^2 dn = \frac{1}{d} \frac{d^3}{12} = \frac{d^2}{12}. \tag{3.19}$$

Este resultado foi primeiramente desenvolvido por Claude E. Shannon, em 1948 (Shannon, 1948c).

Com esse valor para a potência do ruído de quantização, pode-se calcular o efeito de aumento na SQNR como sendo de 6 dB para cada bit adicional, conforme mostrado a seguir.

A SQNR é dada por

$$\text{SQNR} = 10 \log \frac{P_X}{P_N}, \tag{3.20}$$

em que P_X representa a potência do sinal a ser quantizado e $P_N = d^2/12$ a potência do ruído de quantização.

Para um sinal com faixa dinâmica, isto é, intervalo de variação das amplitudes do sinal, igual a $2\sqrt{P_X}$ e $N = 2^m$ níveis de quantização, em que m representa o número de bits de codificação, o passo de quantização é dado por

$$d = \frac{2\sqrt{P_X}}{N} = \frac{2\sqrt{P_X}}{2^m}. \tag{3.21}$$

Por conseguinte, a potência do ruído de quantização é dada por

$$P_N = \frac{d^2}{12} = \frac{4P_X}{12N^2} = \frac{P_X}{3 \cdot 4^m}. \tag{3.22}$$

Substituindo a Equação 3.22 em 3.20, vem

$$\text{SQNR} = 10 \log 3 \cdot 4^m = 10 \log 3 + 10m \log 4 \approx 5 + 6m \text{ dB}. \tag{3.23}$$

Portanto, a partir da Equação 3.23 percebe-se que a SQNR aumenta 6 dB para cada bit adicional do código utilizado, considerando um quantizador uniforme.

3.6.2 Quantização Não-Uniforme

Na quantização uniforme, a relação sinal-ruído de quantização é dada pela Equação 3.20, com a potência do ruído de quantização dependendo apenas da largura d dos degraus do quantizador, conforme mostra a Equação 3.19. A SQNR, portanto, depende diretamente da potência do sinal de entrada. Como a faixa dinâmica dos sinais de voz é cerca de 50 dB, a SQNR varia bastante, enfraquecendo com o decréscimo da potência do sinal de entrada. Isso significa que a SQNR pode variar amplamente. A qualidade do sinal pode se deteriorar, por exemplo, nos intervalos de tempo em que uma pessoa conversa muito brandamente. Estatisticamente, observa-se uma predominância das amostras de baixas amplitudes nos sinais de voz, o que significa que a SQNR é baixa na maior parte do tempo. Idealmente, no entanto, deseja-se obter uma SQNR que possa ser a mais constante (mesma qualidade) possível para todos os valores de potência do sinal mensagem (sinal de entrada). O uso de um quantizador não-uniforme procura assegurar essa constância de SQNR: nesse caso, o passo de quantização não é constante, mas é função do valor da amplitude do sinal. Para níveis mais baixos do sinal mensagem, o passo ou degrau de quantização é menor. Aumenta-se logaritmicamente a largura do degrau de quantização à medida que o nível do sinal mensagem aumenta.

O método de codificação de forma de onda PCM está definido na CCITT G.711, e AT&T 43801. Basicamente, o sinal é amostrado a uma taxa de 8.000 vezes por segundo. Em se tratando de quantização não-uniforme, a expressão compansão foi cunhada para designar os processos de compressão e expansão do sinal a ser codificado. A compressão é necessária para elevar os níveis mais débeis do sinal, em comparação com os níveis elevados, e com isso tornar o codificador mais robusto. A expansão é realizada no receptor, como uma função inversa da compressão.

As duas leis de compressão recomendadas pelo antigo CCITT (atual ITU-T) são a Lei μ e a Lei A, dadas pelas equações seguintes

Lei μ

$$y = C(x) = \frac{V \ln(1 + \mu x/V)}{\ln(1 + \mu)}, \text{ se } x > 0 \tag{3.24}$$

ou

$$y = -C(-x), \text{ se } x \leq 0 \tag{3.25}$$

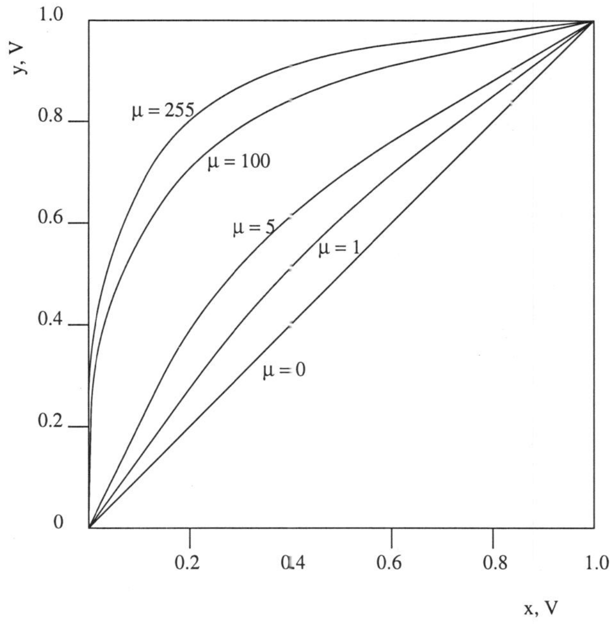

Figura 3.11: Curvas de compressão para a Lei μ.

Lei A

$$y = C(x) = \frac{Ax}{1 + \ln A}, \; 0 \leq x \leq V/A \tag{3.26}$$

e

$$y = C(x) = \frac{V\,(1 - \ln(Ax/V))}{1 + \ln A}, \; V/A \leq x \leq V \tag{3.27}$$

ou ainda

$$y = -C(-x), \text{ se } x \leq 0. \tag{3.28}$$

As curvas de compressão correspondentes são ilustradas respectivamente nas Figuras 3.11 e 3.12. A Lei A foi adotada inicialmente na Europa e também no Brasil. A Lei μ foi originalmente desenvolvida nos Estados Unidos e depois adotada como padrão pelo CCITT.

As curvas ilustram o efeito causado pela variação dos parâmetros μ e A. Um aumento no respectivo parâmetro implica aumentar a não-linearidade da curva para os dois quantizadores. Para $A = 1$ e $\mu = 0$, as curvas de compressão respectivas ficam lineares. Os valores normalmente utilizados, obtidos a partir de testes subjetivos de voz (*Mean Opinion Square* – MOS), são: $\mu = 255$ e A = 87,6. O padrão G.711 PCM Lei A ou Lei μ tem um MOS em torno de 4,2.

A curva de relação sinal-ruído de quantização, em função do inverso da amplitude do sinal, para quantizadores não-uniformes fica mais plana. Dessa forma, os níveis mais baixos do sinal são preservados.

3.7 Quantização Vetorial

A quantização vetorial (Gersho e Gray, 1992; Gray, 1984), que pode ser vista como uma extensão da quantização escalar em um espaço multidimensional, encontra-se fundamentada na Teoria da Distorção *Versus*

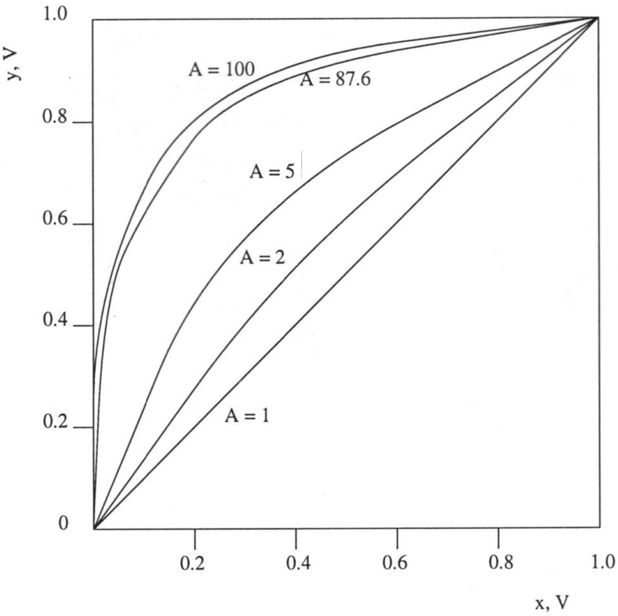

Figura 3.12: Curvas de compressão para a Lei A.

Taxa, formulada por Shannon, segundo a qual um melhor desempenho é obtido codificando blocos de amostras (isto é, vetores) em vez de amostras individuais (isto é, escalares). Em outras palavras, essa teoria ressalta a superioridade da quantização vetorial sobre a quantização escalar. Matematicamente, a quantização vetorial pode ser definida como um mapeamento Q de um vetor $\boldsymbol{x}$ pertencente ao espaço euclidiano K-dimensional, $\mathbb{R}^K$, em um vetor pertencente a um subconjunto finito W de $\mathbb{R}^K$, ou seja,

$$Q : \mathbb{R}^K \rightarrow W. \tag{3.29}$$

O dicionário $W = \{\boldsymbol{w}_i;\ i = 1,\ 2,\ \ldots\ ,\ N\}$ é o conjunto de vetores-código K-dimensionais, também denominados vetores de reconstrução. O índice associado ao vetor-código $\boldsymbol{w}_i$ é denotado por $\boldsymbol{i}$. Assim, cada índice $\boldsymbol{i} \in \{0, 1\}^b$ representa uma palavra binária de b bits. A taxa de codificação do quantizador vetorial, que mede o número de bits por componente do vetor, é $R = \frac{1}{K} \log_2 N = \frac{b}{K}$. Em codificação de forma de onda de voz, R é expressa em bits/amostra. Em se tratando de codificação de imagens, R é expressa em bits por pixel (bpp).

Em um sistema de codificação de sinais baseado em quantização vetorial, conforme apresenta a Figura 3.13, o codificador e o decodificador funcionam como descrito a seguir. Dado um vetor $\boldsymbol{x} \in \mathbb{R}^K$ do sinal a ser codificado, o codificador determina a distorção $d(\boldsymbol{x}, \boldsymbol{w}_i)$ entre esse vetor e cada vetor-código $\boldsymbol{w}_i$, $i = 1,\ 2,\ \ldots\ ,\ N$ do dicionário W. A regra ótima de codificação é a do vizinho mais próximo, na qual a palavra binária $\boldsymbol{i}$ é transmitida ao decodificador se o vetor-código $\boldsymbol{w}_i$ corresponder à distorção mínima, isto é, se $\boldsymbol{w}_i$ for o vetor que apresenta a maior similaridade com $\boldsymbol{x}$ dentre todos os vetores-código do dicionário. Em outras palavras, o codificador usa a regra de codificação $C(\boldsymbol{x}) = \boldsymbol{i}$ se $d(\boldsymbol{x}, \boldsymbol{w}_i) < d(\boldsymbol{x}, \boldsymbol{w}_j)$, $\forall j \neq i$. A tarefa do decodificador é muito simples: ao receber o índice $\boldsymbol{i}$ de b bits, o decodificador simplesmente procura o vetor $\boldsymbol{w}_i$ em sua cópia do dicionário W e produz $\boldsymbol{w}_i$ como a reprodução (reconstrução) de $\boldsymbol{x}$. Ele segue, portanto, a regra de decodificação $D(\boldsymbol{i}) = \boldsymbol{w}_i$. O mapeamento de $\boldsymbol{x}$ em $\boldsymbol{w}_i$ é geralmente expresso como $\boldsymbol{w}_i = Q(\boldsymbol{x})$.

No cenário de codificação digital de sinais, a quantização vetorial, portanto, constitui uma técnica de compressão com perdas, visto que o sinal reconstruído é uma versão degradada do sinal original. O erro de quantização, introduzido ao se representar o sinal de entrada por sua versão quantizada, é chamado distorção do quantizador. Uma das questões principais no projeto de quantizadores vetoriais é o compromisso entre taxa e distorção. O alvo a ser perseguido é a obtenção de um dicionário ótimo, que minimize, para uma determinada

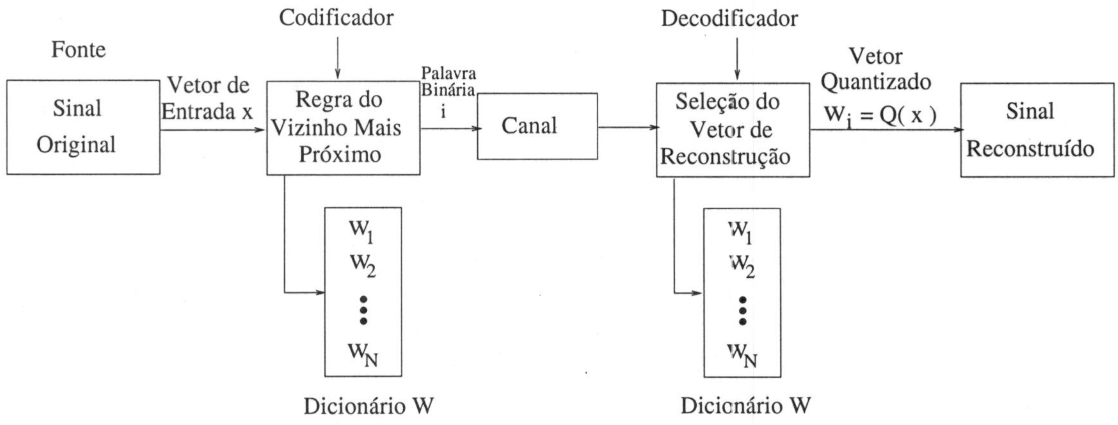

Figura 3.13: Sistema de codificação baseado em quantização vetorial.

taxa de codificação, a distorção média introduzida pela aproximação dos vetores de entrada por seus correspondentes vetores-código. Dentre as diversas técnicas para projeto de dicionários, o algoritmo LBG (Linde-Buzo-Gray) (Linde *et al.*, 1980) destaca-se por sua ampla utilização. Outras abordagens têm sido utilizadas em projeto de dicionários, como, por exemplo: algoritmo de Kohonen (Kohonen, 1990) e outros algoritmos não-supervisionados (Krishnamurthy *et al.*, 1990; Chen *et al.*, 1994); relaxação estocástica (Zeger *et al.*, 1992); algoritmos *fuzzy* (Karayiannis e Pai, 1995) e algoritmo genético (Pan *et al.*, 1995).

O projeto de dicionários tem um papel importante para o bom desempenho de sistemas de processamento de sinais baseados em quantização vetorial (QV) (Gray, 1984; Gersho e Gray, 1992). Em codificação de voz e imagem baseada em QV (Abut *et al.*, 1982; Ramamurthi e Gersho, 1986), a qualidade dos sinais reconstruídos depende dos dicionários projetados. Em sistemas de identificação de locutor que utilizam QV paramétrica (Soong *et al.*, 1987; Fechine, 2000), as taxas de identificação dependem dos dicionários de padrões acústicos de referência projetados para cada locutor cadastrado pelo sistema.

O mapeamento Q leva a um particionamento de $\mathbb{R}^K$ em N subespaços (células, denominadas regiões de Voronoi) S_i, $i = 1,\ 2,\ \dots\ ,\ N$, para os quais

$$\bigcup_{i=1}^{N} S_i = \mathbb{R}^K \text{ e } S_i \cap S_j = \emptyset \text{ se } i \neq j, \tag{3.30}$$

em que cada célula ou região S_i é definida como

$$S_i = \{\boldsymbol{x} : Q(\boldsymbol{x}) = \boldsymbol{w}_i\} = \{\boldsymbol{x} : C(\boldsymbol{x}) = \boldsymbol{i}\}. \tag{3.31}$$

O vetor-código $\boldsymbol{w}_i$ constitui o representativo de todos os vetores de entrada pertencentes à célula S_i, conforme ilustra a Figura 3.14. Como a quantização vetorial realiza um mapeamento de padrões de entrada (vetores de entrada $\boldsymbol{x}$) semelhantes em padrões de saída (vetores-código $\boldsymbol{w}_i$) semelhantes, ela pode ser vista como uma forma de reconhecimento de padrões, em que um padrão de entrada é "aproximado" por um padrão de referência, pertencente a um conjunto predeterminado (dicionário) de padrões (vetores-código) de referência (Gersho e Gray, 1992; Kosko, 1992).

3.7.1 Algoritmo LBG

Seja a iteração do algoritmo LBG denotada por n. Dados K, N e um limiar de distorção $\epsilon \geq 0$, o algoritmo LBG (Linde *et al.*, 1980) consiste na próxima seqüência de passos:

- *Passo (1)* inicialização: dados um dicionário inicial W_0 e um conjunto de treino definido como $\boldsymbol{X} = \{\boldsymbol{x}_m;\ m = 1,\ 2,\ \dots\ ,\ M\}$, faça $n = 0$ e $D_{-1} = \infty$.

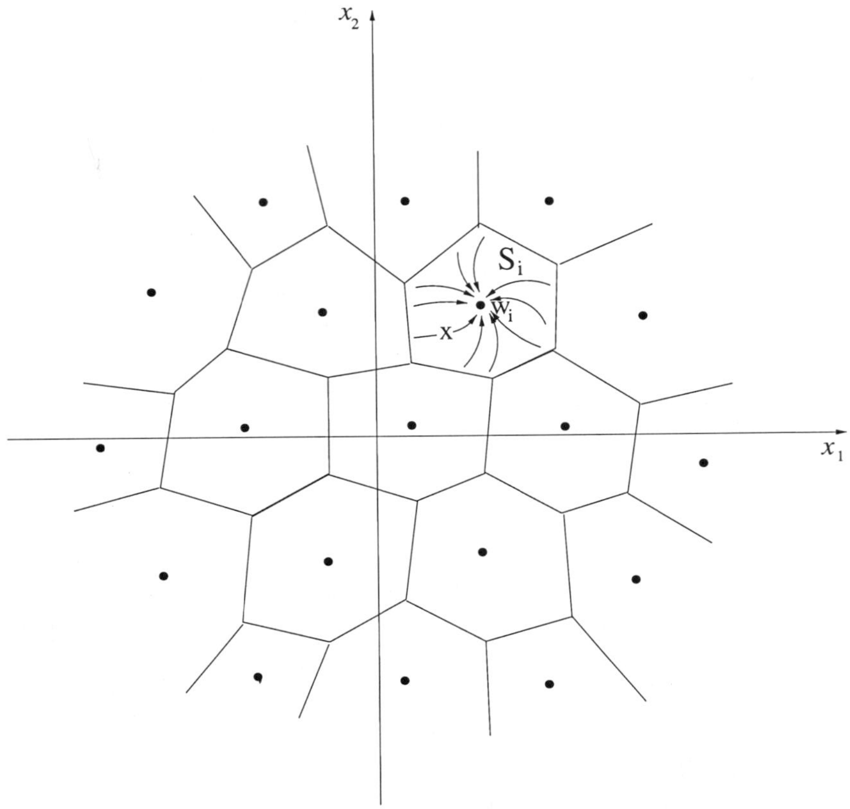

Figura 3.14: Partição do espaço euclidiano bidimensional, $\mathbb{R}^2$, introduzido pelo mapeamento dos vetores de entrada $\boldsymbol{x}$ nos vetores-código $\boldsymbol{w}_i$. As coordenadas x_1 e x_2 representam a primeira e a segunda componentes do vetor $\boldsymbol{x} \in \mathbb{R}^2$, respectivamente.

- *Passo (2)* particionamento: dado W_n (dicionário na n-ésima iteração), aloque cada vetor de treino (vetor de entrada) na respectiva classe (célula de Voronoi) segundo o critério do vetor-código mais próximo; calcule a distorção

$$D_n = \sum_{i=1}^{N} \sum_{\boldsymbol{x}_m \in S_i} d(\boldsymbol{x}_m, \boldsymbol{w}_i). \tag{3.32}$$

- *Passo (3)* teste de convergência (critério de parada): se $(D_{n-1} - D_n)/D_n \leq \epsilon$ pare, com W_n representando o dicionário final (dicionário projetado); caso contrário, continue.

- *Passo (4)* atualização do dicionário: compute os novos vetores-código como os centróides das classes de vetores; faça $W_{n+1} \leftarrow W_n$; faça $n \leftarrow n + 1$ e retorne ao *Passo 2*.

No algoritmo LBG a função distorção decresce monotonicamente, uma vez que o dicionário é iterativamente atualizado visando satisfazer as condições de centróide e de vizinho mais próximo. No algoritmo LBG, a distorção introduzida ao se representarem os vetores do conjunto de treinamento pelos correspondentes vetores-código (centróides) é monitorada a cada iteração. A regra de parada (teste de convergência) do algoritmo baseia-se nessa distorção monitorada – o treinamento do dicionário é encerrado quando $(D_{n-1} - D_n)/D_n \leq \epsilon$. Existem alguns problemas apresentados pelo algoritmo LBG, comumente relatados: alguns vetores-código podem ser subutilizados e, em casos extremos, até mesmo nunca ser utilizados, ou seja, o projeto do dicionário pode resultar em células de Voronoi pequenas ou até mesmo vazias; a velocidade de convergência e o desempenho do dicionário final dependem do dicionário inicial.

3.8 Parâmetros LPC

A maioria dos algoritmos de codificação de voz atuais faz uso do modelo fonte-filtro da produção de voz humana, no qual a voz é modelada como a resposta de um filtro de síntese linar variante no tempo a um sinal de entrada chamado excitação. Exemplos de codificadores de voz baseados nesse modelo incluem as numerosas variações do *vocoder* LPC (*linear predictive coding*) e a ampla família de codificadores de análise por síntese baseados em predição linear (LPAS, *linear-prediction-based analysis-by-synthesis*) – incluindo o CELP (*code-excited linar prediction*). O filtro de síntese determina o envelope espectral de curto prazo (*short-term*) da voz sintetizada e é caracterizado pelos coeficientes de predição linear, obtidos a partir da análise LP (*linear prediction*) no sinal de voz de entrada. Esses coeficientes são comumente denominados *coeficientes LPC*, que podem referir-se genericamente a qualquer um dos vários conjuntos diferentes (porém, equivalentes) de parâmetros que especificam o filtro de síntese.

Ao longo dos anos, têm sido intensas as atividades de pesquisa em quantização LPC (Paliwal e Atal, 1993; Kleijn e Paliwal, 1995; Atal *et al.*, 1993). O principal objetivo da quantização LPC para codificação de voz é evitar a introdução de qualquer distorção perceptível na voz codificada, mantendo a codificação dos parâmetros à menor taxa possível. Se o objetivo é alcançado, diz-se atingir a chamada *qualidade transparente* ou *quantização transparente*. Devido ao custo e à dificuldade de realizar testes de qualidade subjetivos, os pesquisadores têm utilizado medidas objetivas para avaliar a distorção no envelope espectral causada pela quantização LPC. Especificamente, a distorção espectral ou distância espectral tem sido um critério de desempenho padrão. Associado a essa medida, há um critério objetivo para quantização LPC transparente, proposto por Paliwal e Atal (Paliwal e Atal, 1993), baseado no papel dos *outliers*.

O primeiro estudo de quantização vetorial aplicada a parâmetros LPC se deve a Buzo *et al.* em 1980 (Buzo *et al.*, 1980). Recentemente, vários artigos envolvendo esquemas sofisticados de quantização vetorial têm sido apresentados. O trabalho de Paliwal e Atal (Paliwal e Atal, 1993) empregou eficientemente a técnica de split VQ (*split vector quantization*) para obter qualidade transparente à taxa de 24 bits por quadro. Esse trabalho tem sido uma referência freqüentemente utilizada como um *benchmark* para comparar outros resultados. Diversos outros pesquisadores têm obtido resultados similares ou melhores.

3.8.1 Quantização LPC

Em um codificador de voz baseado no modelo fonte-filtro, os coeficientes LPC $\{a_i\}$ são obtidos realizando análise preditiva linear (Markel e Gray, 1976) em cada quadro de voz. Os coeficientes são usados para formar um filtro de síntese dado por $H(z) = 1/A(z)$, em que $A(z)$ é o filtro inverso, expresso por

$$A(z) = 1 + a_1 z^{-1} + \cdots + a_M z^{-M} \qquad (3.33)$$

e M é tipicamente um número entre 10 e 16 denominado ordem do preditor. Devido à natureza quase estacionária da voz, esse filtro é atualizado a cada quadro de voz, sendo 20 ms um tamanho típico de quadro, o que resulta em uma taxa de 50 quadros por segundo. Uma descrição desse filtro de síntese deve ser comunicada ao receptor a cada quadro. O processo de quantização dos filtros a um número finito de bits por quadro é conhecido como quantização do espectro LPC.

O objetivo da quantização LPC é codificar eficientemente os parâmetros LPC sem introduzir distorção audível na voz codificada. Conforme mencionado anteriormente, as dificuldades associadas aos testes de avaliação subjetiva levaram os pesquisadores a avaliar o desempenho de seus esquemas de quantização utilizando a distorção espectral, SD, que é expressa em dB e calculada para um quadro de voz de acordo com

$$\mathrm{SD}^2 = \frac{2}{F_S}\int_0^{F_S} \{20\log_{10}|H(e^{j\pi f/F_S})| - 20\log_{10}|\hat{H}(e^{j\pi f/F_S})|\}^2 df, \qquad (3.34)$$

em que F_S é a freqüência de amostragem e $\hat{H}(z)$ é a função de transferência do filtro de síntese quantizada. Portanto, SD^2 é o erro médio quadrático entre as log-magnitudes das respostas em freqüência do filtro de síntese não-quantizada e quantizada, considerando a média tomada na freqüência. Para avaliar o desempenho de um esquema de quantização LPC, é determinada a distorção espectral média (valor médio de SD considerando todos os quadros de voz) e é avaliada a percentagem de *outliers*, que são quadros cuja SD excede um determinado valor limiar. Se uma quantização muito ruim ocorre em um quadro particular, ela causa uma distorção muito incômoda, que provoca uma correspondente percepção duradoura no ouvido, e a qualidade perceptual do sinal é prejudicada por um longo período de tempo, mesmo se os parâmetros LPC dos quadros subseqüentes forem quantizados adequadamente. Em (Paliwal e Atal, 1993) foram estabelecidas três condições baseadas em SD para quantização transparente, descritas a seguir:

1. A distorção espectral média é inferior a 1 dB.

2. Não há *outliers* com SD superior a 4 dB.

3. A percentagem de *outliers* com SD na faixa 2-4 dB é abaixo de 2 %.

Para quantização dos parâmetros LPC, os coeficientes de predição $\{a_i\}$ são mapeados em uma representação equivalente, que tem boas propriedades de quantização em termos de distribuição, estabilidade e sensibilidade espectral. Representações como *log-area ratios*, *arcsines of reflection coefficients* e *line spectrum frequencies* (também denominados *line spectrum pairs*, LSPs) foram estudadas para esse propósito, fornecendo melhores eficiência de quantização e propriedades de estabilidade que os coeficientes LPC propriamente ditos. Desde a década de 1980, a representação LSF tem sido a forma dominante para o propósito de quantização do espectro LPC. Segundo (Soong e Juang, 1993), o resultado formal de uma avaliação DRT de um *vocoder* LSP a 800 bps é 87, o que é apenas 1,4 pontos inferior ao apresentado pelo *vocoder* LPC padrão 2.400 bps. A 4.800 bps, o escore DRT do *vocoder* LSP é apenas 0,7 ponto pior que o *vocoder* LPC *residual excited* a 9.600 bps.

É válido mencionar que em algoritmos de codificação preditiva linear de voz a transmissão dos parâmetros LPC, em geral transformados para a representação LSF, consome grande parte da taxa total de bits do codificador.

Para definir os parâmetros LSF, o polinômio do filtro inverso é usado para construir dois polinômios:

$$P(z) = A(z) + z^{-(M+1)}A(z^{-1}) \tag{3.35}$$

e

$$Q(z) = A(z) - z^{-(M+1)}A(z^{-1}). \tag{3.36}$$

As raízes dos polinômios $P(z)$ e $Q(z)$ são chamadas LSFs. Os polinômios $P(z)$ e $Q(z)$ têm as seguintes propriedades: 1) todos os zeros de $P(z)$ e $Q(z)$ estão no círculo unitário e 2) zeros de $P(z)$ e $Q(z)$ encontram-se entrelaçados, isto é, os LSFs w_i encontram-se em ordem ascendente em $(0, \pi)$, da forma (Kim e Oh, 1999)

$$0 < w_1 < w_2 < \ldots < w_p < \pi. \tag{3.37}$$

Uma questão importante na codificação dos parâmetros LSF é que a relação de ordenamento é requerida para assegurar a estabilidade do filtro de síntese (Sugamura e Farvardin, 1988). As propriedades 1) e 2) previamente apresentadas ajudam na determinação dos parâmetros LSF a partir de $P(z)$ e $Q(z)$.

Até cerca de 1990, quase todos os esquemas de codificação utilizavam quantização escalar de alguma maneira (Eriksson *et al.*, 1999). Questões de complexidade (número de operações realizadas para comparar um vetor de entrada com cada vetor-código do dicionário) e de requisitos de memória limitavam o uso da quantização vetorial. Tanto a complexidade quanto os requisitos de memória aumentam com o tamanho do dicionário. O primeiro trabalho a incorporar QV foi descrito em (Buzo *et al.*, 1980), mas um desempenho longe do aceitável foi obtido com QV a 10 bits por quadro. Assim, tendo em vista o tamanho proibitivo do conjunto de treino, o elevado custo computacional do treinamento de um dicionário e os requisitos computacionais proibitivos para quantização vetorial convencional (*full search vector quantization*), têm sido investigados esquemas híbridos de quantização (escalar e vetorial) (Grass e Kabal, 1991; Laroia *et al.*, 1991), esquemas para reduzir a complexidade da QV às expensas de uma perda de desempenho, como, por exemplo, o esquema proposto por Paliwal e Atal em (Paliwal e Atal, 1993), no qual o vetor de parâmetros LSF é dividido em dois vetores, sendo cada um quantizado por um dicionário distinto (esse procedimento é conhecido como *split VQ*), bem como o esquema de quantização vetorial multiestágio (MSVQ) (LeBlanc *et al.*, 1993).

Na quantização sem memória, cada vetor de parâmetros LSF é quantizado independentemente de vetores LSF passados. Esse, contudo, não é o modo mais eficiente de codificar vetores LSF, os quais apresentam uma significativa correlação *interquadro* (correlação entre quadros sucessivos). Conseqüentemente, é possível obter ganhos de desempenho de codificação com a exploração da correlação interquadros, o que tem sido feito em alguns trabalhos, dentre os quais citam-se as técnicas de quantização vetorial preditiva (Shoham, 1987) e FSVQ (*finite-state vector quantization*).

Além do tipo de quantização (escalar, vetorial, híbrida) e da inclusão ou exclusão de memória no processo de quantização, diversos aspectos, em geral inter-relacionados, afetam o desempenho de um quantizador LSF, tais como (Ramachandran *et al.*, 1995): a medida de distorção usada no projeto do quantizador, o projeto do dicionário, a complexidade da busca, o número de bits, os requisitos de memória para armazenar o dicionário e a robustez aos erros de canal.

CELP (*code excited linear prediction*) (Schoroeder e Atal, 1985) é uma classe de codificadores de voz que apresenta uma boa estratégia para transmissão digital de voz com alta qualidade a baixas taxas. Uma técnica importante dentro dessa classe de codificadores é o VSELP (*vector sum excited linear prediction*) (Electronic Industries Association (EIA), 1989).

3.9 Visão Geral da Codificação de Voz

A compressão de voz na largura de faixa de telefonia tem sido uma intensa área de pesquisa há décadas. Ainda assim, nos últimos anos tem havido um crescimento de interesse e atividade nessa área, com numerosas aplicações em telecomunicações e armazenamento, e muitos padrões estabelecidos.

Praticamente todos os trabalhos em compressão de voz envolvem compressão com perdas, em que a representação numérica das amostras do sinal nunca é recuperada exatamente após a decodificação. Existe uma ampla faixa de compromissos entre a taxa de bits e a qualidade do sinal reconstruído que é de interesse prático na codificação de voz telefônica, em que os usuários estão acostumados a tolerar níveis variados de degradação do sinal.

Os algoritmos de codificação de voz podem ser divididos em duas categorias principais (Gersho, 1994): *codificadores de forma de onda* e *vocoders*. O termo *vocoder* historicamente se originou da contração de *voice* e *coder*. Em codificadores de forma de onda, os dados transmitidos do codificador para o decodificador especificam uma representação da voz original como uma forma de onda de amplitude *versus* tempo, de modo que o sinal reproduzido aproxima-se da forma de onda original e, conseqüentemente, fornece uma recriação aproximada do som original. Por outro lado, *vocoders* não produzem uma aproximação da forma de onda original: ao contrário, parâmetros que caracterizam segmentos de som individuais são especificados e transmitidos para o decodificador, que reconstrói uma forma de onda nova e diferente, com um som similar. *Vocoders* são também chamados de codificadores paramétricos por motivos óbvios. Freqüentemente esses parâmetros caracterizam o espectro de curto prazo de um som.

Alternativamente, os parâmetros especificam o modelo matemático da produção de voz humana adequado para um som particular. Em todo caso, os parâmetros não fornecem informação suficiente para gerar uma boa aproximação da forma de onda original, mas a informação é suficiente para o decodificador sintetizar um som perceptualmente similar à voz. *Vocoders* operam a taxas de bits inferiores às dos codificadores de forma de onda, mas a qualidade da voz reconstruída, apesar de inteligível, sofre por causa de uma perda de naturalidade e algumas características únicas que identificam um determinado locutor podem ser comprometidas. Portanto, nos codificadores de forma de onda a quantização se realiza diretamente na forma de onda do sinal, ao passo que nos codificadores paramétricos a quantização é realizada nos parâmetros do modelo em consideração. Os codificadores híbridos baseiam-se nos modelos de produção de voz, mas utilizam uma excitação para o sintetizador mais apurada que a excitação utilizada nos codificadores paramétricos (surdo/sonoro) (Aguiar Neto, 1995).

Numerosos trabalhos em codificação de voz são baseados em voz em largura de faixa de telefonia, nominalmente limitada a 3,2 kHz (correspondente à faixa de 200 Hz a 3,4 kHz), amostrada à taxa de 8 kHz. Codificação de voz em banda larga tem tido um interesse crescente e se refere a sinais de 7 kHz, amostrados a 16 kHz.

Grande parte dos trabalhos em codificação de forma de onda de voz diz respeito a modificações e melhoramentos de métodos gerais bem estabelecidos.

Uma técnica de codificação notável e muito popular é o CELP. Como métodos de codificação, podem ser citados: ADM (*adaptive delta modulation*), ADPCM (*adaptive differential pulse code modulation*), APC (*adaptive predictive coding*), MP-LPC (*multipulse linear predictive coding*) e RPE (*regular pulse excitation*). Os codificadores MP-LPC, RPE e CELP pertencem à família dos algoritmos de análise por síntese, que podem ser vistos como codificadores híbridos, por combinarem algumas características de *vocoders* e de codificadores de forma de onda. O codificador de voz de análise por síntese mais usado e conhecido é provavelmente o GSM de taxa completa RPE-LTP 13 kbps, padronizado pelo ETSI em 1988 para o sistema móvel digital celular (Hersent *et al.*, 2002).

Muito embora muitos *vocoders* sejam estudados há décadas, o sobrevivente mais importante é o *vocoder* LPC (*linear predictive coding*), muito usado em voz telefônica segura, constituindo também o ponto de partida de pesquisas em andamento. Outra abordagem de *vocoder* que não pode deixar de ser mencionada é a codificação senoidal (*sinusoidal coding*), cujas versões STC (*sinusoidal transform coding*) e MBE (*multiband excitation*) têm sido estudadas.

Nas seções a seguir são abordadas algumas técnicas utilizadas nos codificadores de forma de onda e nos codificadores paramétricos e híbridos.

3.10 Codificação de Forma de Onda

Os codificadores de forma de onda fazem a quantização diretamente sobre a forma de onda do sinal de voz. Têm como objetivo reproduzir a forma de onda, amostra por amostra, da maneira mais eficiente possível. São codificadores de pequena complexidade de implementação. Geralmente possuem um baixo retardo de voz e são muito apropriados para utilização em redes telefônicas em taxas de bits $R \geq 16$ kbit/s. Em relação à complexidade, geralmente podem ser classificados como de baixa, média e até alta complexidade. Os codificadores de forma de onda de baixa complexidade têm boa qualidade de voz em taxas de, no mínimo, 56 kbit/s. Taxas menores, de até 32 kbit/s, são obtidas com codificadores de média complexidade, e taxas menores, de até 16 kbit/s, com os codificadores de alta complexidade.

3.10.1 PCM Diferencial

A codificação diferencial explora o fato de que o sinal de voz apresenta correlação significativa entre amostras sucessivas. Isso implica que o sinal de voz é muito redundante. O objetivo da técnica DPCM (*differential pulse code modulation*) é a redução na redundância do sinal de voz, que é obtida quantizando a diferença de amplitude entre amostras adjacentes. Como essa diferença apresenta uma menor variação que a apresentada pelo sinal original, pode-se utilizar um menor número de bits para representá-la.

Com o sistema DPCM é possível reduzir a taxa de transmissão para 56 kbps com a mesma qualidade de um PCM, o que significa uma economia de 1 bit por amostra codificada (Aguiar Neto, 1995).

3.10.2 PCM Diferencial Adaptativo

Os codificadores DPCM podem ter um ganho de desempenho se o processo de quantização e/ou predição for realizado de forma adaptativa. Nesse caso o codificador é denominado ADPCM (*adaptive differential pulse code modulation*). A quantização adaptativa consiste em regular a largura dos degraus de quantização em função do nível do sinal: é realizada uma quantização não-uniforme na qual as larguras dos degraus de quantização não são preestabelecidas (Aguiar Neto, 1995). A predição adaptativa consiste no ajuste dinâmico dos coeficientes do preditor, de acordo com as variações do sinal de voz. Codificadores ADPCM apresentam boa qualidade de voz para taxas entre 24 e 48 kbit/s.

3.10.3 Modulação Delta

A modulação Delta é um caso especial do DPCM, no qual a variação de amplitude de amostra a amostra é quantizada, usando-se apenas dois níveis de quantização. A saída do quantizador de dois níveis é relacionada com a entrada pela expressão $y = 2du(x) - d$, em que $u(\cdot)$ é a função degrau e d representa o passo de quantização (Alencar, 1998).

Os resultados obtidos indicam que, para o quantizador utilizado no modulador Delta, o sinal de saída retém 64 % da potência total de entrada. O ruído de quantização contribui com aproximadamente 36 % da potência do sinal quantizado. Para um sinal gaussiano isso implica, para o pior caso, uma SQNR de 2,44 dB (Alencar e Tong, 1993).

As vantagens práticas de utilizar um pequeno número de níveis de quantização, incluindo a quantização com apenas um bit, têm sido indicadas pela popularidade de esquemas de codificação do tipo *sigma-delta* ($\Sigma - \Delta$). Esses esquemas têm ampla aceitação em virtude de serem robustos contra imperfeições dos circuitos e apropriados para implementação em VLSI (*very large scale integration*) (Gray, 1987; Zamir e Feder, 1995).

O ruído de quantização, provocado pelo estágio de quantização do modulador $\Sigma - \Delta$, tem sido analisado por diversas técnicas (Gray, 1989; Galton, 1993). A utilização do ruído pseudo-aleatório (*dither*) e a amostragem a taxas elevadas têm sido objeto de estudos recentes, que demonstram a viabilidade de recuperar um sinal quantizado com dois níveis (Chou e Gray, 1991; Shamai, 1994).

3.11 Codificação Paramétrica e Híbrida

Os codificadores paramétricos, ou *vocoders*, são baseados no modelo de produção da voz. Esse modelo é representado por um conjunto de parâmetros que tem atualização periódica. Para a determinação desses parâmetros, o sinal é segmentado a intervalos periódicos chamados quadros. Os parâmetros são usualmente atualizados a cada quadro. A taxa requerida pelos *vocoders* é baixa (menor que 4,8 kbit/s), mas o atraso e a complexidade são elevados e a voz soa sintética.

Nesse tipo de codificador, ao contrário dos codificadores de forma de onda, o processo de quantização é realizado sobre os parâmetros do modelo de produção de voz que são utilizados para a sintetização do sinal de voz. Os parâmetros do modelo de voz são determinados em curtos intervalos de tempo, nos quais o sinal de voz pode ser considerado estacionário, e são então transmitidos para o sintetizador no receptor. Esses codificadores não fornecem a qualidade de voz requerida para a rede telefônica. São mais utilizados em aplicações com fins militares.

Codificadores híbridos combinam a qualidade dos codificadores de forma de onda com a eficiência dos codificadores paramétricos. Os codificadores híbridos, mais elaborados que os *vocoders*, são baseados nos modelos de produção de voz e utilizam uma excitação mais apurada para o sintetizador. A melhoria da excitação é responsável pelo melhoramento da qualidade da voz sintetizada, tornando-a mais inteligível que nos *vocoders* convencionais. O melhoramento deve-se tanto à quantização e codificação dos parâmetros que definem a excitação quanto aos parâmetros do filtro de síntese. Um processo conhecido como análise por síntese é o responsável pela obtenção dos parâmetros utilizados em curtos intervalos de tempo. Os codificadores híbridos são geralmente complexos e fornecem, para taxas de 4 a 16 kbit/s, uma qualidade superior à obtida com os codificadores de forma de onda, com taxas mais elevadas (Alencar, 1998).

3.11.1 *Vocoder* de Canal

Os *vocoders* de canal foram desenvolvidos em 1928, por Homer Dudley (Dudley, 1993). A implementação original de Dudley comprimia as formas de onda em sinais analógicos com uma banda passante total de 300 Hz. Baseados no conceito original, *vocoders* de canal digital têm sido desenvolvidos operando em uma taxa de 1 a 2 kbit/s. A maior parte dos processos de codificação dos codificadores de canal envolve a determinação do espectro do sinal de voz amostrado como uma função do tempo. No *vocoder* de canal, um banco de filtros passa-faixas é usado para separar a energia do sinal de voz em sub-bandas, que são completamente retificadas e filtradas para determinar os níveis de potência relativos. Os níveis de potência individuais são codificados e transmitidos para o devido destino.

Em adição à medição do espectro do sinal, os *vocoders* de canal modernos também determinam a natureza da excitação da voz e contam as freqüências do som da voz. As medidas de excitação são usadas para sintetizar o sinal de voz no decodificador e são feitas pela passagem de uma fonte apropriada de sinal de um extremo a outro no domínio de freqüência da função de transferência do canal. A excitação da voz é simulada por um gerador de pulso usando uma taxa de repetição igual à taxa de medição da excitação. Devido à natureza sintetizada da excitação, essa forma de *vocoder* é denominada *vocoder* excitado por pulsos.

Muitas variações do *vocoder* de canal básico têm sido desenvolvidas, envolvendo a natureza da excitação do sinal de voz e os meios de codificação dos níveis de potência do sinal a ser codificado. Recentes avanços na tecnologia digital têm introduzido o uso de processamento digital de sinais, para determinar o espectro de entrada por meio de transformada de Fourier. Todas as formas de *vocoders* de canal que medem a densidade espectral de potência são referidas como *vocoders* de canal espectral para distingui-los dos *vocoders* de canal no domínio do tempo, tão bons quanto o *vocoder* preditivo linear, a ser discutido posteriormente.

A maior parte das dificuldades encontradas na grande maioria das implementações dos *vocoders* está na determinação dos harmônicos da voz, pois certos harmônicos não são claramente classificáveis como puramente vocais. Desse modo, uma ampliação mais desejável do *vocoder* básico envolve uma caracterização mais acurada da excitação. Destituída da informação de excitação acurada, a qualidade da saída do codificador é pobre e muitas vezes depende da pessoa que está falando e dos sons particulares a cada voz. Alguns dos mais avançados *vocoders* de canal têm produzido alta inteligibilidade, apesar de produzirem na saída um som sintético, em conversas a uma taxa de 2,4 kbit/s (Bayless *et al.*, 1973).

3.11.2 *Vocoder* de Formante

Como se sabe, os pulsos da densidade espectral da voz são distribuídos espaçadamente sobre toda a faixa de voz (300 Hz a 3.400 Hz). Desse modo, a energia da voz tende a se concentrar em três ou quatro picos chamados *formantes*. Um *vocoder* de formante determina a localização e a amplitude dos picos e transmite essa informação em vez de todo o envelope espectral. Portanto, o *vocoder* de formante produz baixa taxa de bits somente pela codificação dos pulsos mais importantes do espectro da voz (Alencar, 1998).

O requisito mais importante para obter na saída de um *vocoder* de formante envolve um rastreamento acurado dos formantes. Uma vez que o requisito é satisfeito, um *vocoder* de formante pode prover inteligibilidade de voz a uma taxa menor que 1 kbit/s (Flanagan *et al.*, 1979).

3.11.3 Codificador Preditivo Linear

O codificador preditivo linear (LPC) é um *vocoder* muito utilizado – extrai características perceptivelmente importantes do sinal de voz diretamente da forma de onda no tempo. O efeito é melhor que o obtido a partir do espectro de freqüência, como no caso do *vocoder* de canal e do *vocoder* de formante. Fundamentalmente, um LPC analisa a forma de onda da voz para produzir um modelo do trato vocal variante no tempo e para produzir a função de transferência do modelo vocal. Um sintetizador, no terminal de recepção, recria o sinal de voz pela passagem da excitação especificada por um modelo matemático do trato vocal. Pela atualização periódica dos parâmetros do modelo e das especificações de excitação, o sintetizador se adapta às mudanças feitas. A Figura 3.15 apresenta o modelo básico de geração de voz da codificação preditiva linear. Essa figura é também um modelo de um codificador/sintetizador LPC.

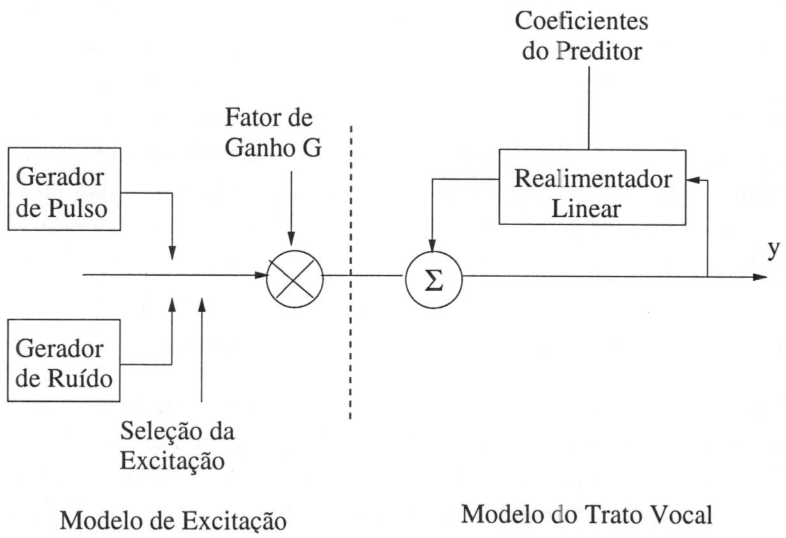

Figura 3.15: Modelo de geração de voz da codificação preditiva linear.

A equação do modelo do trato vocal é definida a seguir:

$$y(n) = \sum_{k=1}^{p} a_k y(n-k) + Gx(n), \tag{3.38}$$

em que $y(n) = n$-ésima amostra de saída, $a_k = k$-ésimo coeficiente do preditor, $G =$ fator de ganho, $x(n) =$ entrada amostrada em um tempo n e $p =$ ordem do modelo.

A saída de voz na Equação 3.38 é representada como a entrada atual do sistema, somada a uma combinação linear da saída predita do trato vocal. O modelo é adaptativo e o codificador determina, periodicamente, o novo conjunto de parâmetros correspondentes aos segmentos sucessivos de voz. Um LPC básico não faz a medição e codificação da diferença de formas de onda. Em vez disso, os sinais de erro são minimizados em uma média quadrática, quando os coeficientes do preditor são determinados (Alencar, 1998).

A informação que o codificador/analisador LPC determina e transmite para o decodificador/sintetizador consiste em:

1. Natureza da excitação, se a partir de voz ou não.

2. Contagem do período para a excitação da voz.

3. Fator de ganho.

4. Coeficientes do preditor, ou seja, parâmetros do modelo do trato vocal.

A natureza da excitação (segundo a qual é utilizado um gerador de pulso ou um gerador de ruído) é determinada pela verificação de componentes mais intensos da forma de onda. A contagem dos componentes é determinada pela medição de sua periodicidade, quando ela existe. Em adição a essa medição, feita com técnicas similares às usadas por outros *vocoders*, um codificador/analisador LPC tem propriedades particulares que auxiliam na determinação dos componentes mais fortes da forma de onda (Rabiner e Schafer, 1978).

Os coeficientes do preditor podem ser determinados por vários procedimentos computacionais existentes. Todos os procedimentos usam amostras da forma de onda atual, como a saída desejada do sintetizador. Usando os valores amostrados, um sistema linear de p equações e p incógnitas é produzido. Desse modo os coeficientes são obtidos pela inversão de uma matriz $p \times p$. Desde que a ordem da matriz pode variar de 6 a 12, dependendo da qualidade desejada da voz, a inversão da matriz pode levar a um grande dispêndio computacional. Dependendo das considerações específicas feitas para o modelo do trato vocal, as matrizes podem adquirir propriedades especiais que podem simplificar muito a solução das equações (Rabiner e Schafer, 1978).

Embora os codificadores preditivos lineares preservem a representação do sinal de voz no domínio do tempo, sua operação é tão boa que eles provêem boas estimativas dos picos do espectro do sinal de voz (Alencar, 1998). Além do mais, um codificador LPC é capaz de realizar, efetivamente, mudanças graduais na envoltória espectral. O resultado final é que os LPCs produzem uma representação mais natural da voz que os *vocoders* baseados puramente no domínio da freqüência (Bayless *et al.*, 1973). A maior parte dos LPCs tem concentrado a codificação de voz no intervalo de 1,4 a 2,4 kbit/s.

3.11.4 Codificação Preditiva Linear com Excitação Aumentada

O algoritmo LPC básico sintetiza a voz no decodificador usando um modelo de excitação muito simples, que requer somente 10 % da taxa de dados agregada (Alencar, 1998). A simplicidade do modelo, inevitavelmente, produz uma sonorização sintética da voz. Para superar essa falha, várias técnicas têm sido desenvolvidas para aumentar a excitação. Três dos algoritmos de excitação mais utilizados são: o LPC por excitação multipulso (MLPC), LPC por excitação residual (RELP) e LPC excitado por código (CELP).

Codificação Multipulso

A codificação por excitação multipulso é uma extensão conceitualmente simples do LPC convencional, que usa erro de predição para determinar o período de repetição do sinal de voz. Um MLPC usa a predição residual para determinar uma seqüência de pulsos de excitação que forneça o menor erro possível, obtido pela comparação do sinal original com um sinal sintético no codificador utilizando essa seqüência. O caso mais simples de MLPC usa um número fixo de pulsos em um trem de pulsos e determina somente a fase inicial do trem de pulsos e as amplitudes e polaridades de cada pulso em relação à posição e amplitude dos pulsos. Em geral, a procura pelas posições e amplitudes dos pulsos é realizada a cada 5 ms. Uma característica favorável ao MLPC é que ele não precisa identificar onde um segmento de fala é iniciado; ele determina somente o período de repetição do sinal de voz (*pitch*). Em cada segmento de análise, a codificação multipulso se adapta, automaticamente, à natureza do sinal de excitação atual (Alencar, 1998).

Codificação por Excitação Residual Preditiva Linear

O termo codificador por excitação residual ou RELP se refere a sua estrutura, que é idêntica à de um codificador preditivo adaptativo mas difere na maneira como o erro de predição é codificado. Um RELP não codifica o erro de predição diretamente, mas processa o erro em uma predição que permita uma baixa taxa de dados. A propriedade fundamental desse processamento é que o erro de predição consiste em uma componente fundamental e múltiplos harmônicos. Desse modo, um RELP codifica e decodifica somente as componentes fundamentais. O decodificador reconstrói o erro de predição pela decodificação da componente fundamental e pela adição dos harmônicos.

A codificação por excitação residual preditiva linear baseia-se na produção da voz por excitação do filtro de síntese, presente no decodificador, por meio de um sinal chamado resíduo do filtro de análise. O princípio básico de um codificador RELP é mostrado na Figura 3.16.

O sinal de resíduo é obtido por análise LPC do sinal original e representa a saída do filtro de predição como definido pela Equação 3.39.

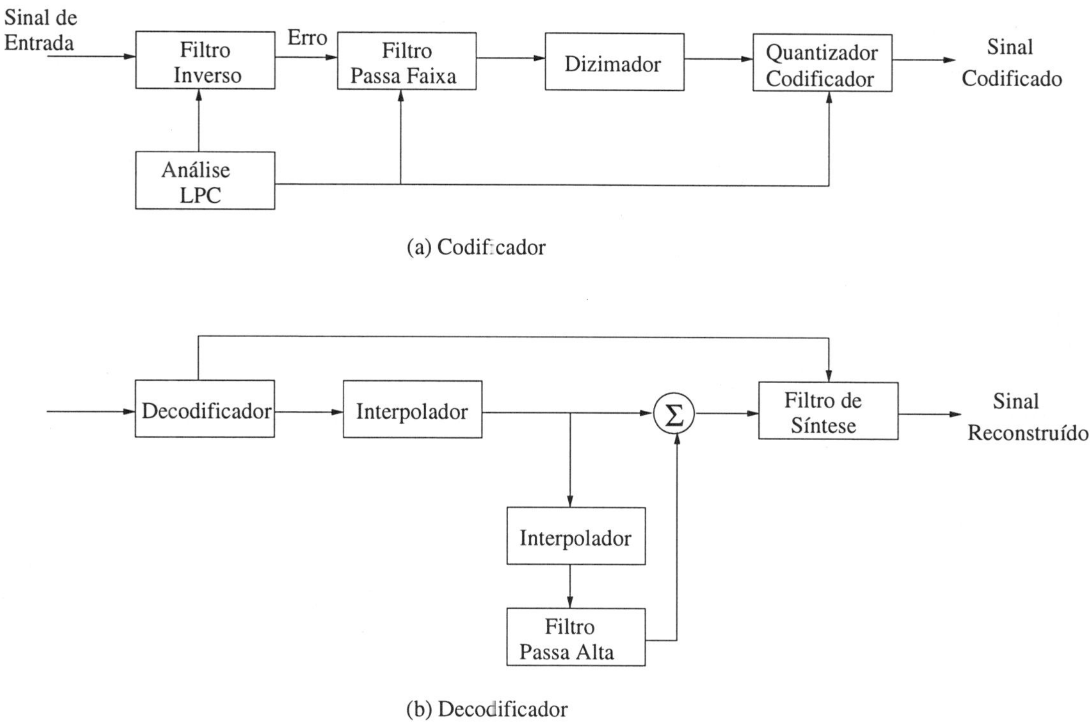

Figura 3.16: Sistema de codificação e decodificação RELP.

$$P(z) = 1 - H(z) = 1 - \sum_{k=1}^{p} a_k z^{-k}, \tag{3.39}$$

em que $H(z)$ representa a função de transferência, no domínio da transformada Z, de um filtro inverso para o sistema representado por $P(z)$.

Tanto no filtro de análise quanto no filtro de síntese, os coeficientes são calculados a cada 20 ms. Antes de ser quantizado e codificado para ser transmitido, o sinal de resíduo ou erro de predição é primeiramente filtrado de maneira a limitar o espectro do sinal em 1 kHz, pois nessa faixa de freqüência estão as componentes mais importantes do sinal. É feita em seguida uma subamostragem pelo processo de decimação com o intuito de minimizar a redundância (Alencar, 1998).

No decodificador de um sistema RELP o sinal recebido passa por um interpolador, seguido por um retificador e por um filtro passa-altas para regenerar as componentes de alta freqüência do sinal de erro de predição. A saída do interpolador é então somada à saída do filtro passa-altas para fazer a reconstituição do sinal de resíduo que é utilizado como excitação do filtro de síntese.

3.11.5 Codificação por Excitação Linear Preditiva – CELP

Os codificadores CELP são parecidos com os codificadores de multipulso. O filtro de síntese e os preditores são os mesmos. A diferença entre eles é que nos codificadores CELP a seqüência de pulsos de excitação é selecionada de um conjunto de vetores aleatórios, previamente armazenados, formando uma espécie de dicionário (*codebook*), conforme mostra a Figura 3.17. Os vetores armazenados no dicionário possuem distribuição gaussiana e média zero, com o intuito de aproximar as características estatísticas desses vetores com as características do sinal de voz de curto prazo (Aguiar Neto, 1995).

A escolha da seqüência ideal a ser utilizada como excitação do filtro de síntese no decodificador é feita por um processo de busca em um dicionário, utilizando a técnica de análise por síntese. De forma parecida com

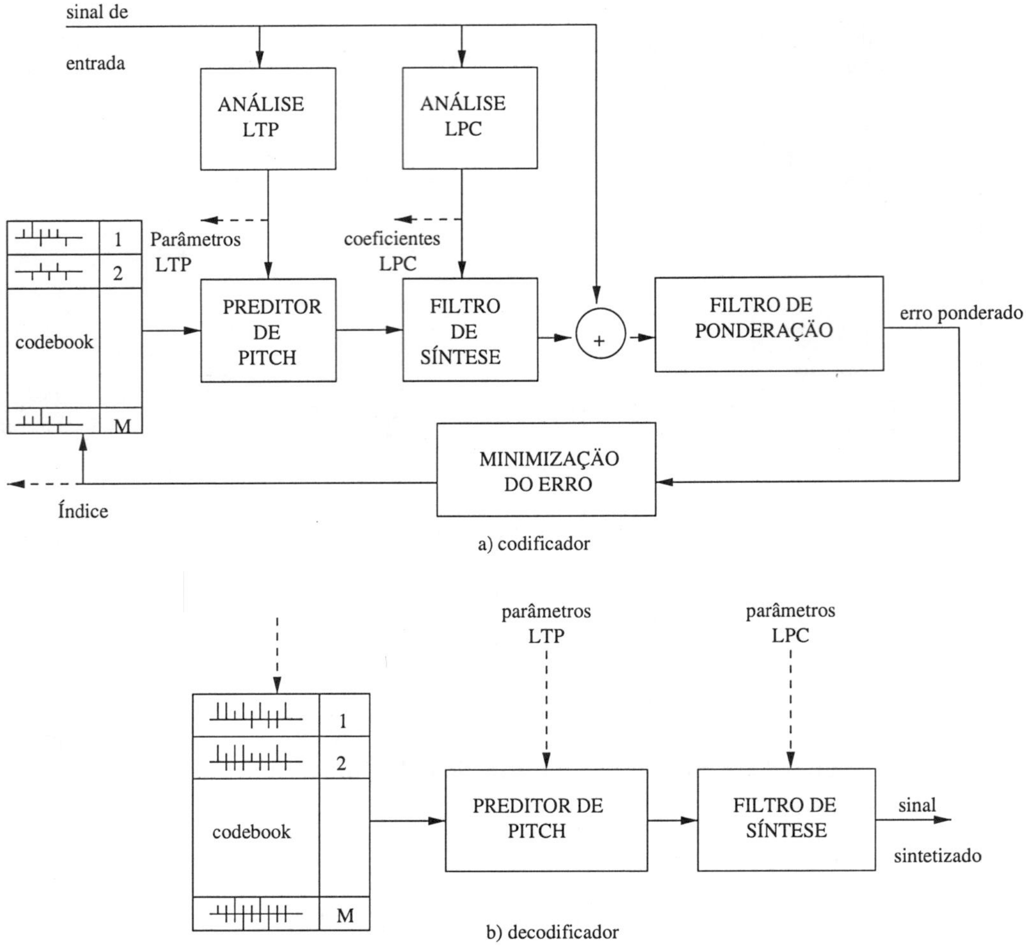

Figura 3.17: Sistema CELP de codificação.

o sistema MLPC, é feita uma análise de correlação do sinal de voz de curto prazo (LPC) e de correlação de longo prazo que geram, respectivamente, a envoltória espectral (formantes) e a periodicidade de *pitch* do sinal de voz. Com esses parâmetros, o sinal de voz é sintetizado no codificador, de forma a compará-lo com o sinal original correspondente. A seqüência extraída do dicionário que proporcionar o menor valor de energia do sinal de erro do processo de comparação é então escolhida como a ideal. O endereço dessa seqüência no dicionário é transmitido para o decodificador, que, utilizando um dicionário idêntico ao do decodificador, fornece a seqüência escolhida para a excitação do filtro de síntese do decodificador (Keiser e Strange, 1995).

O filtro de síntese possui de 10 a 12 parâmetros que são atualizados a cada 20 ms e os coeficientes do preditor de *pitch* são atualizados a cada 5 ms. No mesmo intervalo de tempo, é selecionada a seqüência de excitação ideal. Supondo uma freqüência de amostragem de 8 kHz, tem-se para cada intervalo de 5 ms um total de 40 amostras do sinal. Isso sugere vetores no dicionário com 40 amostras cada. Um valor razoável para o dicionário que produz uma boa qualidade de voz é de 1.024 vetores, que requer palavras-código de 10 bits para a codificação de cada vetor do dicionário (Aguiar Neto, 1995).

Os codificadores CELP fornecem uma boa qualidade de voz para taxas de 4,8 kbit/s a 16 kbit/s (possuem excelência nesta faixa), apresentando um desempenho melhor em relação à qualidade *versus* taxa de bits, quando comparados com outros codificadores, como mostra a Figura 3.18. A codificação CELP, no entanto, demanda um esforço computacional muito grande. Durante muito tempo, isso constituiu um obstáculo à implementação prática em tempo real. Simplificações introduzidas em sua estrutura básica (métodos de busca eficientes em dicionários ou uso de dicionários algébricos) e o surgimento de DSPs modernos, com o aumento de MIPS, operacionalizaram o método de codificação. Vale mencionar que o decodificador é muito mais simples que o codificador (tendo em vista que não há procedimento de busca de análise por síntese), podendo incluir uma filtragem posterior opcional (Hersent *et al.*, 2002).

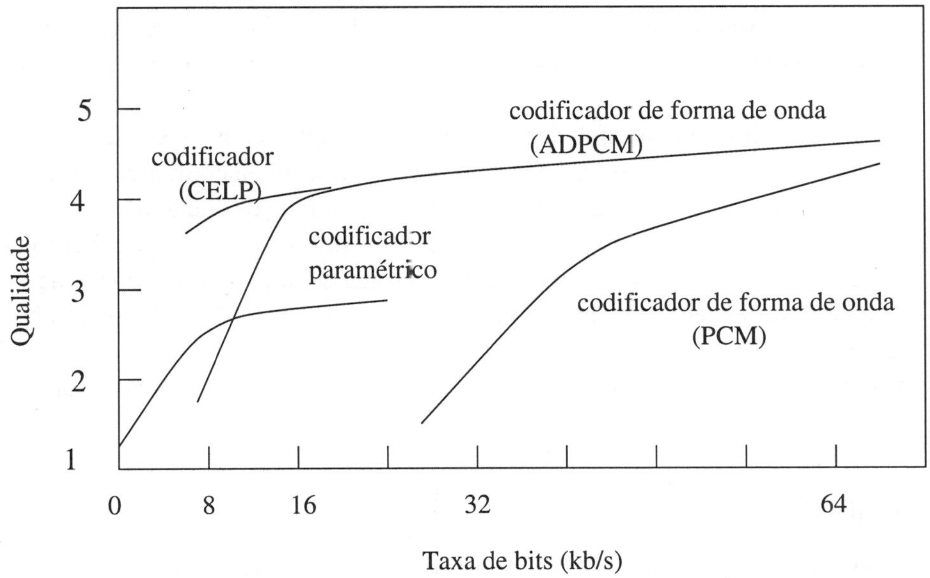

Figura 3.18: Comparação entre codificadores com relação à taxa de bits e qualidade da voz.

Uma modificação realizada no codificador CELP, de forma a reduzir o atraso de cerca de 20 a 40 ms para algo em torno de 2 ms, deu origem ao algoritmo conhecido como LD-CELP (CELP com baixo atraso). Nesse codificador, os vetores de excitação têm um tamanho de apenas cinco amostras, que correspondem a uma seqüência de excitação de 0,625 ms de duração a uma freqüência de amostragem de 8 kHz.

Muitos dos padrões internacionais na faixa de 4,8 kbps a 16 kbps são codificadores de voz CELP ou derivados do CELP, tais como: ITU-T G.729, padrão multimídia ITU-T G.723.1, codificador de voz avançado com taxa completa GSM ETSI e codificador de voz com meia taxa GSM.

3.12 Padrões em Codificação de Voz

Nas últimas duas décadas, o grande número de padrões de codificação de voz que têm sido estabelecidos reflete a maturidade da tecnologia de codificação de voz e a necessidade de satisfazer a crescente demanda por novas tecnologias de comunicação de voz. Esta seção apresenta alguns padrões de codificação de voz.

Uma diversidade de organizações de padronização tem sido responsável pela definição de novos padrões. A ITU (*International Telecommunications Union*) é uma parte da UNESCO (*United Nations Economic, Scientific and Cultural Organization*) e é responsável por estabelecer padrões globais de telecomunicações. Originalmente, o ITU era composto pelo CCITT e pelo CCIR. O CCITT estabelecia padrões de telecomunicações, incluindo padrões de codificação de voz, e o CCIR estabelecia padrões de rádio. Em 1993 o ITU foi reorganizado e as organizações CCITT tornaram-se parte do ITU-T (ITU *Telecommunications Standards Sector*). No ITU-T, o SG15 (*Study Group* 15) é responsável por formular padrões de codificação de voz. O SG12 é responsável por avaliar e caracterizar seu desempenho na rede e trabalha com o SG15 para testar os codificadores. Outros grupos de estudo no âmbito do ITU-T e do ITU-R (ITU *Radio Standardization Sector*), que era originalmente o CCIR, estabelecem requisitos para que os padrões de codificação de voz atendam suas aplicações (Cox, 1995).

Padrões de telefonia celular digital são estabelecidos por organizações de padronização regionais. Essas organizações são responsáveis pela definição do sistema celular completo, do qual o codificador de voz é uma parte vital, contudo, pequena. Na Europa, o TCH-HS, que é parte do ETSI (*European Telecommunications Standards Institute* ou Instituto Europeu de Padronizações em Telecomunicações), é responsável por estabelecer padrões para o celular digital. Na América do Norte, a função é desempenhada pela TIA (*Telecommunications Industry Association* ou Associação das Indústrias de Telecomunicações). No Japão, o RCR (*Research and Development Center for Radio Systems*) organiza esses padrões. Os diversos países em outras áreas do mundo têm padronizado sua tecnologia de acordo com os padrões estabelecidos por uma dessas organizações regionais (Cox, 1995).

Outras organizações também podem estabelecer padrões para aplicações específicas. Por exemplo, a empresa Inmarsat (*International Maritime Satellite Corporation*), que regula a comunicação satélite geossíncrona para o mundo, tem estabelecido uma série de padrões para várias aplicações de telefonia baseadas em satélite. Além disso, alguns governos podem criar padrões dentro de seus próprios países. O governo dos Estados Unidos, por exemplo, padronizou a codificação de voz para telefonia segura. Outras organizações internacionais também podem formular padrões para seus países membros, a exemplo da NATO, que também criou padrões para telefonia segura (Cox, 1995).

A seguir, são discutidos alguns atributos dos codificadores de voz, importantes no cenário da padronização dos codificadores de voz.

3.12.1 Atributos do Codificador de Voz

Os codificadores de voz têm atributos que podem ser dispostos em quatro grupos: taxa de bits, qualidade, complexidade e atraso. Para uma determinada aplicação, alguns atributos são predeterminados, sendo permitidos compromissos entre os demais. Por exemplo, o canal de comunicação pode impor um limite na taxa de bits; considerações de custo podem limitar a complexidade. A qualidade geralmente pode ser aumentada com o aumento da taxa de bits ou da complexidade, e às vezes com o aumento do atraso. Devem ser estabelecidos requisitos para todos esses atributos. Para o propósito da padronização, dois atributos adicionais são: o método de especificação e validação da conformidade; o cronograma no qual o plano vai ser executado (Cox, 1995).

Taxa de bits

Os sinais de voz na largura de faixa de telefonia têm uma largura de faixa de 300-3.400 Hz. Os codificadores de voz que têm sido padronizados nos últimos anos têm uma taxa de bits de 800 bps a 16 kbps (Cox, 1995). Alguns desses codificadores, notadamente os que foram padronizados para telefonia celular, também têm um codificador de canal a eles associado. Nesse caso, a taxa de bits aumenta (até, por exemplo, 22,8 kbps). As taxas mais baixas estão associadas principalmente à telefonia segura. Há algum tempo tem se observado uma sobreposição nessa área com aplicações de telefonia baseadas em satélite. As taxas de codificação de voz em telefonia celular cobrem a faixa de 3,3 a 13 kbps.

Sinais de voz de banda larga têm uma largura de faixa de 50-7.000 Hz, sendo amostrados a 16 kHz. A largura de faixa mais ampla melhora a naturalidade e a inteligibilidade da voz e também contribui para diminuir a fadiga do ouvinte durante conversações longas. Dentre os padrões para telefonia em banda larga (7 kHz), pode ser citado o G.722, com taxas de 64, 56 e 48 kbps.

Atraso

Codificadores de voz de baixa taxa podem ser considerados codificadores de bloco. Eles codificam um bloco de voz, também denominado de um quadro, por vez. Dependendo da aplicação, o atraso total do sistema referente à codificação de voz é um múltiplo do tamanho do quadro. O atraso mínimo do sistema está geralmente entre três a quatro vezes o tamanho do quadro (Cox, 1995). Por exemplo, muitos codificadores de baixa taxa têm tamanho de quadro de 20 ms, resultando um atraso de 60 a 80 ms. Para os propósitos de padronização, o atraso é um fator importante em sistemas conversacionais em tempo real.

Complexidade

A maioria dos codificadores de voz é implementada primeiramente em *chips* DSP (*digital signal processor*) e pode posteriormente ser implementada em dispositivos VLSI de propósito especial. Velocidade e uso de RAM (*random access memory*) são os fatores que mais contribuem para a complexidade. Quanto mais rápido o chip ou quanto maior o tamanho do chip, maior o custo. Esses mesmos atributos também influenciam no consumo de potência, que constitui um atributo crítico em aplicações portáteis. A complexidade, portanto, é uma questão importante para o custo e para o consumo de potência.

Sob a perspectiva dos padrões de codificação de voz, a complexidade é determinada pela aplicação. Ao se criar um padrão, o grupo de especialistas deve determinar o nível máximo de complexidade aceitável.

Velocidade é comumente medida pelo número de instruções por segundo (MIPS, *millions of instructions per second*) necessárias para implementação em tempo real do algoritmo de codificação de voz. A complexidade é geralmente especificada em termos de MIPS e de número de palavras de RAM necessárias para uma implementação, bem como ROM (*read-only memory*). Codificadores de voz requerendo menos que 15 MIPS são considerados de baixa complexidade. Aqueles que requerem 30 MIPS ou mais são considerados de alta complexidade (Rao *et al.*, 2002). Do ponto de vista do projetista de sistema, mais complexidade resulta custos mais elevados e mais gasto de potência. Para aplicações portáteis, mais dispêndio de potência significa tempo reduzido entre recargas de bateria ou utilização de baterias maiores, o que implica maiores custo e peso.

Qualidade

O SQEG (*Speech Quality Experts Group*) do ITU tem uma visão muito precisa do que constitui qualidade de voz para telefonia (*network toll quality*). O primeiro padrão de codificação de voz digital foi a recomendação CCITT G.711 para voz PCM a 64 kbps. A distorção introduzida por um *codec* G.711 é considerada uma QDU (*quantization distortion unit*). O SQEG usa a QDU para os propósitos de planejamento de rede.

O segundo padrão de codificação de voz digital foi o G.721, ADPCM a 32 kbps. Esse codificador foi padronizado para ser usado em combinação com um *codec* G.711 em sua entrada e saída. Considera-se que essa combinação tem uma distorção de 3,5 QDU (Cox, 1995). As diretrizes para o planejamento de rede do SQEG apontam para um máximo de 14 QDU para uma conexão internacional e de menos de 4 QDU para uma conexão doméstica (Cox, 1995). Considera-se que o codificador G.728 LD-CELP 16 kbps tem a mesma QDU que o G.721. Esses são codificadores ITU que apresentam *toll quality*.

Codificadores de voz a taxas mais baixas podem levar a uma voz inteligível, mas levam a uma distorção suficiente para causar fadiga nos ouvintes durante uma conversação prolongada. A qualidade de voz mais baixa para aplicações a baixas taxas também pode ser medida pelos resultados de testes subjetivos.

O desempenho dos codificadores de voz a baixas taxas pode ser comprometido quando a entrada contém outros sinais além de voz, tais como ruído ambiental ou música. Codificadores de voz a baixas taxas alcançam sua compressão utilizando modelos de produção de voz. Esses modelos tipicamente não se ajustam ao modelamento de voz com um outro sinal. Como conseqüência, o codificador de voz transforma o outro sinal em algo que soa "artificial". Podem ser ouvidos rangidos, grasnidos, estampidos ou outros efeitos estranhos. Esses artefatos podem não ter sérias conseqüências para o codificador, mas podem em alguns casos inviabilizar o uso do codificador.

Há outras vertentes da qualidade. A sensibilidade aos erros de canal também pode ser considerada um aspecto da qualidade. No caso dos padrões de celular digital, são usados bits adicionais para codificação de canal, para proteger os bits de informação. Nem todos os bits de um codificador de voz têm a mesma sensibilidade aos erros de canal. É comum haver duas ou três classes de bits mais sensíveis, às quais se dá uma maior proteção contra erros de canal, enquanto às classes de bit menos sensíveis aos erros de canal não se dá proteção.

Para os propósitos de preservação de largura de faixa, detetores de atividade de voz são às vezes utilizados com os codificadores de voz. Durante os intervalos sem voz, há uma descontinuidade do *bit stream*. No receptor, é adicionado um "ruído de conforto" para simular o ruído acústico ambiental no codificador. Esse método é utilizado por alguns sistemas celulares e também em sistemas DSI (*digital speech interpolation*) para aumentar o número efetivo de canais ou circuitos (Cox, 1995). Muitas chamadas internacionais que utilizam cabos submarinos ou satélites utilizam sistemas DSI.

3.12.2 Organismos de Padronização

Esta seção apresenta uma breve descrição de vários organismos de padronização: ITU-T, TIA e T1A1 na América do Norte, ETSI na Europa e RCR no Japão.

ITU

O ITU-T (*Telecommunications Standardization Sector of the International Telecommunications Union*) é responsável por criar padrões de codificação de voz para telefonia de rede. Isso inclui as redes com e sem fio. No ITU os padrões são referidos formalmente como recomendações. O ITU-T é organizado em grupos de estudo (*study groups*) relacionados a diferentes áreas. O SG15 (*Study Group* 15) tem a responsabilidade de criar recomendações de codificação de voz. No entanto, outros grupos de estudo do ITU ou organizações nacionais podem requisitar que uma recomendação seja criada para uma aplicação particular (Cox, 1995). Por exemplo, o *Study Group* 14, que tem a responsabilidade pelas recomendações de *modem*, já requisitou que uma recomendação fosse criada para um codificador de voz para uso em aplicações com voz e dados simultâneos. O Grupo de Estudos 15 também pode se propor a criar um recomendação por si só.

No ITU, primeiramente um documento formal é criado, denominado "Termos de Referência" (ToR, *Terms of Reference*). O documento lista as aplicações pretendidas para a nova recomendação. Essas aplicações determinam os requisitos para o codificador. Além dos requisitos também pode haver objetivos. Trata-se de objetivos desejáveis, mas não mandatórios. Finalmente, o ToR inclui um plano de trabalho com uma agenda. Com base nos requisitos e objetivos, um plano de teste pode ser formulado. Esse plano geralmente contém os testes subjetivos para medir a qualidade da voz e as medidas objetivas para outros atributos (Cox, 1995).

Enquanto o SG15 tem a responsabilidade geral pela criação do ToR, o SQEG (*Speech Quality Experts Group*) do SG12 ajuda a estabelecer os alvos concernentes à qualidade de voz e é responsável por construir e conduzir o programa de testes que determina se os codificadores candidatos atendem os requisitos. Busca-se sempre realizar testes em pelo menos três línguas diferentes para que haja variabilidade suficiente no material de teste. Tanto a criação do plano de teste quanto o teste subseqüente são feitos à base de voluntariado. Assim, leva-se algum tempo até encontrar um número suficiente de laboratórios que prestem seus serviços voluntários.

Organizações de Padronização Norte-Americanas

O ANSI (*American National Standards Institute*) tem a responsabilidade norte-americana por todos os padrões. No âmbito do ANSI estão duas organizações que promulgam padrões de codificação de voz para aplicações específicas: a T1A1, que faz padrões para as telecomunicações norte-americanas, e a TIA (*Telecommunications Industry Association*), que faz padrões para telefonia celular e outras aplicações.

A TIA organiza seus comitês por aplicação. O Comitê TR-45 é responsável pelos padrões da telefonia digital celular norte-americana. O Subcomitê TR-45.3 é responsável pelos padrões de TDMA (*time division multiple access*), ao passo que o Subcomitê TR-45.5 é responsável pelos padrões de CDMA (*code division multiple access*). O Comitê TR-30 é responsável por padrões de *modems* e voz e dados simultâneos.

ETSI

O ETSI (*European Telecommunications Institute*) é o equivalente do ANSI, com a ressalva de que seus associados incluem países e companhias européias. O ETSI é um desdobramento da CEPT (*Conference of European Posts and Telephones*). O ETSI é fundamentalmente uma organização de fabricantes de equipamentos, enquanto a CEPT é atualmente apenas uma organização de provedores de serviços. O ETSI patrocina organizações de padronização específica como também organizações de pesquisa para as futuras necessidades de telecomunicações.

O principal exemplo de organização de padronização dentro da ETSI que teve um grande impacto na codificação de voz é o TCH-HS. Originalmente conhecido como GSM (*Groupe Speciale Mobile*), ele criou o padrão celular digital pan-europeu TDMA em 1987. Vale mencionar que o GSM foi formado antes de o ETSI surgir da CEPT.

O ETSI é organizado por aplicação. Os documentos do ETSI não são considerados públicos até e a menos que o ETSI os libere. Membros do ETSI não são livres para compartilhar os documentos do ETSI com não-membros.

RCR

Os padrões de celular digital do Japão são criados pelo RCR (*Researh and Development Center for Radio Systems*), que constitui um corpo muito fechado.

3.12.3 Padrões de Codificação

Nesta seção são apresentados padrões de codificação de voz e algumas características dos codificadores de voz destacados.

G.711 64 kbps PCM

O CCITT padronizou o codificador PCM (com compansão) a 64 kbps. Na realidade, o CCITT padronizou dois codificadores. No Japão e Estados Unidos, o PCM com lei μ é utilizado. No resto do mundo, o PCM com lei A é utilizado. Ambos os codificadores utilizam 8 bits para representar o sinal e têm uma relação sinal-ruído efetiva de 35 dB.

G.721, G.723, G.726 e G.727 ADPCM

O CCITT padronizou inicialmente o G.711 32 kbps ADPCM em 1984, tendo dois propósitos. Primeiro, foi pretendido para uso em DCME (*digital circuit multiplication equipment* ou equipamento de multiplexação de circuitos digitais). Isso representava um aumento de capacidade de $2 : 1$ em tais sistemas. Quando combinado com DSI (*digital signal interpolation*), que assegura uma vantagem de $2,5 : 1$, podia ser usado para aumentar a capacidade de cabos submarinos e *links* satélite por um fator de 5. A segunda razão para sua criação foi que os *links* freqüentemente encontravam o problema de ter o PCM lei μ em um ponto e lei A em outro. O G.721 foi criado para aceitar tanto PCM com lei μ quanto PCM com lei A como entradas. É interessante o fato de que não tenha sido criado para aceitar PCM linear como entrada. O G.721 teve de ser repadronizado em 1986 em virtude de pequenos problemas da versão inicial. O G.721 32 kbps ADPCM foi selecionado para uso em padrões DECT (*digital european cordless telephone*) e CT2 (*cordless telephone* II), que utilizam formas de TDMA como esquemas de acesso.

O G.723 foi padronizado em 1988. Foi pretendido apenas para aplicações DCME e é mais uma padronização de ADPCM, para duas taxas de bit adicionais: 24 e 40 kbps.

O G.726 representa uma unificação do G.721 e do G.723. Trata-se do codificador com base em forma de onda padronizado mais comum, excetuando o PCM Lei-A ou Lei-μ ITU-T G.711. O codificador e o decodificador G.726 executam por volta de 4 MIPS em um DSP de ponto fixo de 16 bits (Hersent *et al.*, 2002). Uma taxa de bits adicional, de 16 kbps, foi incluída, tendo mais uma vez DCME como principal aplicação. Os codificadores de 16 e 24 kbps não são de *toll quality*. No entanto, se eles são usados apenas de forma esparsa durante curtos períodos de sobrecarga, a qualidade geral da voz DCME ainda é *toll quality*. Com a adoção do G.726, as recomendações G.721 e G.723 foram tecnicamente removidas da lista dos padrões ITU correntes.

Uma característica interessante do codificador ADPCM é sua relativa insensibilidade a erros de bit quando comparado ao PCM (Hersent *et al.*, 2002).

O G.727 inclui as mesmas taxas do G.726, mas todos os quantizadores têm um número par de níveis.

G.728 16 kbps LD-CELP

O programa de trabalho do G.728 foi iniciado pelo CCITT em 1998. Pretendia-se na ocasião criar um padrão universal de codificação de voz a 16 kbps com *toll quality*. Entendia-se por *toll quality* que o padrão deveria atingir ou ultrapassar o desempenho do G.721 ADPCM 32 kbps. Entendia-se por universal que deveria ser usado em qualquer lugar. Mais tarde o CCITT restringiu seu uso na rede telefônica com cobrança (*toll network*). A primeira aplicação do G.728 foram os videofones H.320 de baixa taxa de bit.

O desempenho do G.728 foi amplamente avaliado pelo SQEG. Observou-se que o padrão fornece um desempenho robusto a sinais com ruído de fundo ou música. O padrão é muito robusto a erros de bit aleatórios, mais que os padrões CCITT antecedentes G.711 e G.721.

O sistema G.728 tem um MOS em torno de 4. É usado no sistema H.320 de videoconferência, para substituir o G.711 64 kbps e possibilitar uma videoconferência que utiliza um só canal ISDN do tipo B (64 kbps), deixando praticamente 48 kbps para vídeo (Hersent *et al.*, 2002).

Padrões ITU-T de Codificação de Voz para Multimídia

O ITU-T padronizou três codificadores de voz que se aplicam a comunicações multimídia a baixas taxas (Rao *et al.*, 2002). A recomendação ITU G.729 8 kbps CS-ACELP (*conjugate-structure* ACELP, ou ACELP de estrutura conjugada) foi originalmente projetada para aplicações sem fio, mas também se aplica a comunicações multimídia. O termo "estrutura conjugada" deve-se ao fato de que, para a codificação, o resíduo de predição linear é quantizado por meio de quantização vetorial de dois estágios (estrutura conjugada) (Hersent *et al.*, 2002). O Anexo A da recomendação G.729 é uma versão de complexidade reduzida (10 MIPS para o codificador, inferior aos 18 MIPS do G.729) do codificador CS-ACELP. Foi projetada explicitamente para aplicações de voz e dados simultâneos (DSVD, *Digital Simultaneous Voice and Data*) que prevalecem em comunicações multimídia à baixa taxa de bits. A recomendação ITU G.723.1 com codificador de voz a 6,3 e 5,3 kbps (cuja complexidade em ponto fixo está em torno de 16 MIPS) para comunicações multimídia foi projetada originalmente para videofones à baixa taxa de bits. O G.723.1 foi selecionado para se tornar o codificador de voz padrão para voz sobre IP pela IMTC. O G.723.1 utiliza detecção de atividade de voz (VAD, *voice activity detection*), transmissão descontínua (DTX, *discontinuous transmission*) e geração de ruído confortável (CNG, *comfort noise generator*) (Hersent *et al.*, 2002).

A seguir são apresentados alguns requisitos para o G.729. Qualidade (sem erros de bit): não inferior à apresentada pelo G.726 32 kbps. Erros de bit aleatórios (taxa de erro de bit menor que 10^{-3}): desempenho não inferior ao apresentado pelo G.726. Dependência do falante: desempenho não inferior ao apresentado pelo G.726 32 kbps. Quanto aos objetivos, exemplificam-se os seguintes. Capacidade de transmitir música: nenhum efeito incômodo gerado. Capacidade de transmitir tons de sinalização/informação: distorção a menor possível.

Quanto ao requisito, relatado no parágrafo anterior, de qualidade não inferior à apresentada pelo G.726, testes separados realizados com os codificadores G.729, G.723.1 e a versão DSVD do G.729 mostraram que os três codificadores satisfazem-no. Em se tratando de testes DCR (*degradation category rating*), o G.729 recebeu escores menores que o G.726. Entretanto, o MOS do G.729 nunca foi significativamente inferior ao do G.726, sendo às vezes até melhor. Todos os três codificadores codificam sinais de música, mas a qualidade da música é pobre. O desempenho global dos três codificadores foi semelhante. Os codificadores G.723.1 e G.729A (versão DSVD do G.729) parecem ser levemente menos robustos a ruído de fundo (Rao *et al.*, 2002).

A especificação G.729 também é recomendada para uso em voz sobre um sistema *frame relay*. A versão de baixa complexidade, G.729A (8 kbps, 10 MIPS), às vezes é usada em sistema VoIP (*voice over IP* ou voz sobre IP) (Hersent *et al.*, 2002).

Codificação de Voz de Banda Larga

O codificador de voz em banda larga CCITT G.722 7 kHz é usado principalmente em teleconferência e videoteleconferência (Cox, 1995), em conjunto com a recomendação H.320. As pessoas tendem a achar a largura de faixa 50-7.000 Hz menos cansativa que a largura de faixa de telefonia, 200-3.400 Hz. A largura de faixa mais ampla aumenta a inteligibilidade da voz, especificamente para sons fricativos como o /f/ e o /s/, que são difíceis de distinguir na largura de faixa de telefonia. O codificador G.722, que data de 1988, utiliza codificação de sub-bandas, com taxas de bit de 64, 56 e 48 kbps, tem um atraso de 1,5 ms, complexidade de 10 MIPS e 1K RAM.

O G.722, assim como qualquer outro codificador ADPCM, é pouco sensível a erros de transmissão de bits e mais robusto que as seqüências PCM. Sua maior vantagem em relação aos codificadores modernos existentes é seu baixo atraso (Hersent *et al.*, 2002).

O codificador de voz 7 kHz ITU-T teve como aplicações pretendidas: telefonia em banda larga ISDN, videotelefonia ISDN e videoconferência em taxas de acesso básicas, aplicações de pacotes em redes de faixa larga ISDN ou ATM, multiplex de circuito digital, aplicações PSTN (*public switched telephone network*) via *modem*, e envio de mensagens (*messaging*). Esse padrão data de 1998, tem dois modos (A e B, o último constituindo uma opção de menor complexidade) e operando a taxas de 24 kbps e 16 kbps tem, respectivamente, o desempenho do G.722 56 kbps e do G.722 48 kbps.

Codificadores de Voz de Telefonia Digital Celular na Europa

O codificador GSM 13 kbps RPE-LTP (*Regular Pulse Excitation with Long-Term Prediction*) foi padronizado pelo *Groupe Special Mobile* (GSM) do CEPT em 1987 para a telefonia digital celular pan-européia. Esse sistema de codificação usa um pulso de excitação regular (RPE, *Regular Pulse Excitation*) com uma predição de longo prazo (LTP, *Long-Term Prediction*). O uso de RPE para codificar o sinal residual leva a uma implementação de baixa complexidade comparada a alguns sistemas de busca multipulso. O RPE-LTP é apropriado para sistemas de comunicações móveis em virtude de sua elevada robustez a erros de transmissão (Hersent *et al.*, 2002). A taxa total é de 22,8 kbps: os 9,8 kbps adicionais são utilizados para codificação de canal, para proteger o codificador dos erros de bit no canal rádio. Além da telefonia celular, esse codificador tem sido usado para outras aplicações, como envio de mensagens, em virtude de sua baixa complexidade, de 4,5 MIPS e 1K RAM. O MOS do padrão RPE-LTP é em torno de 3,8.

Tendo em vista que o padrão GSM RPE-LTP é dirigido principalmente a aplicações móveis, utilizam-se detecção de atividade de voz (VAD), transmissão descontínua (DTX) e geração de ruído confortável (CNG) para economizar energia no terminal (Hersent *et al.*, 2002).

O codificador de voz GSM de meia taxa foi padronizado pelo TCH-HS (o sucessor do GSM) com o objetivo de duplicar a capacidade do sistema celular GSM. Trata-se de um codificador VSELP 5,6 kbps. Um maior percentual de bits é utilizado para proteção uma vez que o canal de meia taxa tem menos diversidade que a usada no sistema com taxa total. O desempenho geral é similar ao do RPE-LTP, exceto para alguns sinais com ruído de fundo (Cox, 1995). Data de 1994 e tem uma complexidade de 30 MIPS e 4K RAM.

Codificadores de Voz de Celular Digital Norte-Americanos

O codificador IS54 7,95 kbps VSELP foi padronizado pela TIA para telefonia celular digital TDMA. Datado de 1989 e submetido pela Motorola, ele é uma parte do padrão IS54 (*Interim Standard 54*) e tem uma complexidade de 20 MIPS e 2K RAM.

O codificador IS96 8,5 kbps QCELP foi padronizado pela TIA para telefonia celular digital CDMA. É uma parte do IS96 e usado no sistema especificado pelo IS95. A capacidade do sistema CDMA é sua característica mais atrativa. Para alcançar essa capacidade, quando não há voz a taxa dos canais é reduzida. O IS96 QCELP é um codificador de taxa variável que usa interpolação de sinal digital (DSI) para alcançar redução de taxa. Vale mencionar que o uso de DSI em celular diminui a qualidade de voz, especialmente em condições de elevado ruído de fundo. As taxas correspondem a 8,5, 4, 2 e 0,8 kbps. Na maior parte dos períodos com voz, o codificador opera a 8,5 kbps. Quando não há voz no canal, a taxa cai para 0,8 kbps. A essa taxa, o codificador apenas fornece estatísticas a respeito do ruído de fundo. Essas taxas são as mais freqüentemente utilizadas durante a operação do IS96. Ele data de 1993, tem uma qualidade inferior à do IS54, com uma complexidade de 20 MIPS e 2K RAM.

Codificadores de Voz de Telefonia Celular Digital no Japão

Abordemos inicialmente o padrão celular digital japonês VSELP, que foi padronizado pelo RCR para o serviço de telefonia celular digital TDMA no Japão como padrão RCR STD-27B. O codificador foi submetido pela Motorola e é semelhante ao IS54 VSELP. Data de 1990, opera a 6,7 kbps e tem uma complexidade de 20 MIPS e 2K RAM.

O codificador JDC de meia taxa 3,45 kbps PSI-CELP foi padronizado pelo RCR para duplicar a capacidade do sistema PDC (*Personal Digital Cellular*) TDMA japonês. O codificador PSI-CELP (*Pitch Synchronous Innovation* CELP) foi padronizado em 1993. Tem a mesma qualidade do RCR PDC de taxa total. Sua complexidade, no entanto, é maior.

Codificador Inmarsat 4,15 kbps IMBE

Foi padronizado pela *International Maritime Satellite Corporation* (Inmarsat) em 1990 para comunicações mundiais navio-costa via satélite (Inmarsat-M). É também utilizado para telefonia móvel via satélite. A taxa total de bits é 6,4 kbps, em virtude da codificação de canal. Codificador IMBE (*Improved Multi-band Excitation*), ele é paramétrico ou baseado em modelo: baseia-se na classificação das faixas de freqüência em vozeadas (sonoras, *voiced*) ou não-vozeadas (surdas, *unvoiced*). Vale mencionar que, quando o modelo no qual a IMBE baseia-se não mais adere ao sinal de entrada, a qualidade de voz resultante é bastante reduzida. Em particular, isso ocorre quando há música ou ruído misturado com o sinal de voz. Seu padrão de qualidade é inferior do GSM. A complexidade é de 7 MIPS.

3.13 Exercícios

1. Fale sobre compressão de sinais, destacando sua importância e seus objetivos e apontando suas principais aplicações.

2. Apresente uma breve abordagem de um sistema de comunicação digital, destacando a função da codificação de fonte, da codificação de canal e da modulação.

3. Enuncie o Teorema da Amostragem, apresentando uma breve análise matemática do processo de amostragem. Comente o seguinte: se a freqüência de amostragem é inferior à freqüência de Nyquist, o sinal não pode ser recuperado completamente.

4. Discuta os aspectos utilizados para avaliar o desempenho de um sistema de compressão de sinais.

5. Apresente as principais características dos sinais de voz. Algumas dessas características são exploradas eficientemente nos sistemas de codificação de voz? Explique.

6. A modulação por codificação de pulsos (PCM) transforma um sinal analógico em uma série de pulsos binários. Qual a mínima freqüência de amostragem para um sinal com 3,4 kHz de banda?

7. O erro médio quadrático de um quantizador escalar uniforme é dado aproximadamente por $d^2/12$. Quais as justificativas usadas para se chegar a esse resultado?

8. O erro, ou ruído, de quantização escalar provoca perda na qualidade do sinal. Qual a melhoria, em termos de relação sinal/ruído de quantização (SQNR), que se obtém com a utilização de 2 bits adicionais no processo de codificação? Explique.

9. Defina matematicamente a quantização vetorial. Discuta sua importância no cenário da codificação de sinais.

10. Em se tratando de quantização LPC, o que se entende por quantização transparente?

11. Como você compararia os codificadores de forma de onda de voz com os codificadores paramétricos e híbridos sob o ponto de vista de qualidade do sinal reconstruído *versus* taxa de bits?

12. A modulação por codificação de pulsos (PCM) transforma um sinal analógico em uma série de pulsos binários. Explique o processo e mostre por que as etapas de amostragem e codificação não introduzem distorção apreciável no sinal.

13. Analise o funcionamento do ADPCM e explique por que esse esquema permite uma redução substancial na taxa de transmissão da fonte.

14. Fale sobre modulação Delta.

15. Fale, resumidamente, sobre os codificadores paramétricos. Qual a diferença básica desses para os codificadores de forma de onda?

16. Explique por que os sistemas de telefonia móvel celular necessitam de codificadores mais eficientes que os sistemas fixos.

17. Discuta os seguintes atributos dos codificadores de voz: taxa de bits, atraso, complexidade e qualidade.

18. Fale sobre as principais organizações para padronização dos codificadores de voz.

19. Quais os padrões de codificação de voz que você conhece? Apresente as principais características de cada um.

Anotações

Capítulo 4

Modulação Analógica

4.1 Introdução

Um ponto comum a todos os sistemas, incluindo radiodifusão, televisão, telefonia, comunicações por satélite e comunicações móveis celulares, é a transmissão da informação de um lugar para outro, por meio de sinais, usando um meio de propagação. A Figura 4.1 representa um modelo genérico para o sistema de comunicações e foi popularizado por Claude E. Shannon a partir de 1948 (Shannon, 1948a). O meio de propagação pode ser não-guiado como a atmosfera para a transmissão de comunicações móveis, por exemplo, ou guiado como as linhas telefônicas. Para que a energia do sinal passe convenientemente do transmissor ao meio de propagação e deste ao receptor são necessários elementos de transição, que funcionem como radiadores ou captadores de energia. Muitas vezes as características do sistema são impostas pela realizabilidade de tais elementos (Schwartz, 1970).

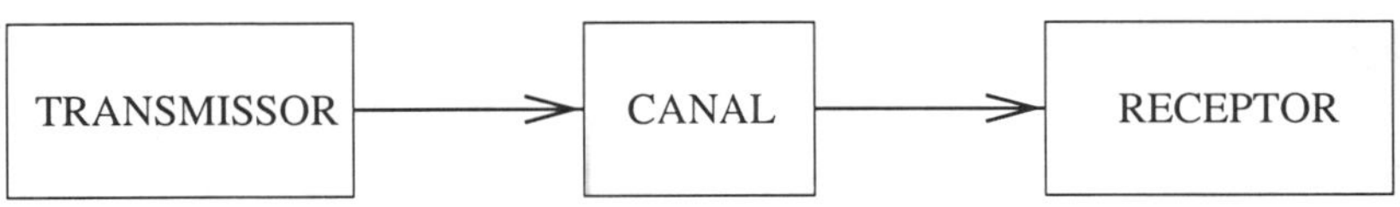

Figura 4.1: Modelo do sistema de transmissão.

Por exemplo, no caso acústico o elemento radiador é o alto-falante, cujas dimensões físicas dependem da freqüência e da quantidade de energia a ser transferida. No caso de radiotransmissores seria impraticável a transmissão de sinais na freqüência da voz humana, pois, a partir da teoria de ondas eletromagnéticas, pode-se demonstrar que um sinal só é irradiado com eficácia se a antena irradiadora tiver dimensões da ordem de um décimo ou mais do comprimento da onda correspondente às freqüências dos sinais a serem transmitidos. Desta forma as antenas necessitariam de dimensões da ordem de centenas de quilômetros para irradiar com eficiência na freqüência da voz.

Para que seja possível irradiar eficientemente nas transmissões radioelétricas, são utilizadas ondas portadoras, cujos parâmetros são compatíveis com as dimensões do elemento irradiador e com as características do meio. Estas ondas servem como um suporte para levar a informação, também chamada sinal modulante ou modulador. A Figura 4.2 apresenta o espectro eletromagnético disponível para a transmissão de sinais, com as seguintes designações: R.F. (radiofreqüência), M.O. (microondas), O.M. (ondas médias), I.V. (infravermelho) e U.V. (ultravioleta).

A modulação consiste na variação de uma característica, ou parâmetro, da onda portadora, em função de um sinal modulante. A onda senoidal é usada tradicionalmente como portadora, com a modulação podendo se processar geralmente de três maneiras:

- Modulação em Amplitude (AM), quando o parâmetro da portadora a ser variado é a amplitude;

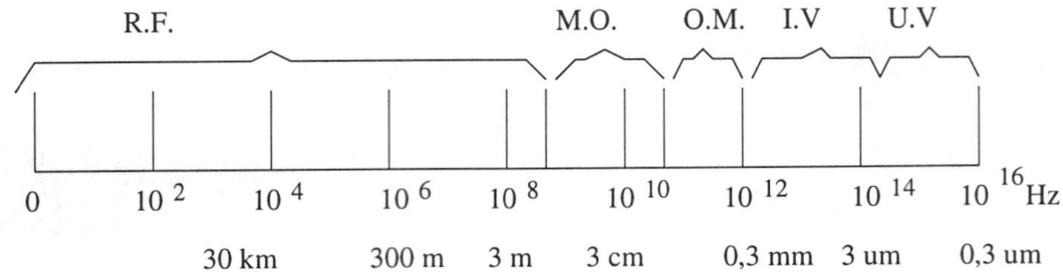

Figura 4.2: Espectro eletromagnético.

- Modulação em Ângulo, quando o parâmetro da portadora a ser variado é a sua fase (PM), ou freqüência (FM);
- Modulação em Quadratura (QUAM), quando são variados os parâmetros de amplitude e ângulo ao mesmo tempo.

Este capítulo trata desses esquemas de modulação, com uma abordagem moderna, que inclui a teoria de sinais aleatórios desenvolvida no Capítulo 2. Há várias vantagens nesta metodologia em relação à tradicional, que usa sinais determinísticos. Em primeiro lugar, os sinais reais, que são efetivamente transmitidos, são aleatórios por natureza. Não há informação em sinais determinísticos (Shannon, 1948a).

Os resultados obtidos com o uso de processos aleatórios são elegantes e têm caráter mais geral que aqueles obtidos com sinais determinísticos. O cálculo da autocorrelação é essencial para o projeto de novos esquemas de codificação e modulação, além de facilitar o cálculo da potência transmitida pelos moduladores. O uso da função densidade espectral de potência aproxima os resultados teóricos das medições práticas, visto que os equipamentos de laboratório, como o analisador de espectro, medem a densidade de potência e não o espectro de Fourier do sinal.

4.2 Modulação em Amplitude

O sistema AM comum, AM-SC, ou AM-DSB como é também conhecido, devido à terminologia em inglês, (*Amplitude Modulation-Supressed Carrier*, *Amplitude Modulation-Double Side Band*), é o de mais larga utilização, sendo adotado na radiofusão comercial. Isso se deve às facilidades que oferece, tais como: economia, simplicidade no projeto do receptor e facilidade de manutenção. No sistema AM a portadora tem a sua amplitude instantânea variada proporcionalmente ao sinal modulador.

A portadora é do tipo

$$c(t) = A\cos(\omega_c t + \phi), \tag{4.1}$$

em que A é a amplitude da portadora, ω_c é a freqüência espectral em radianos por segundo (rd/s) e ϕ representa a fase aleatória da portadora. A Figura 4.3 ilustra o modulador AM.

O sinal mensagem, ou modulante, que se designa genericamente $m(t)$, deve ser tal que a sua máxima freqüência seja bem menor que ω_c. Usualmente a banda passante útil, devido a restrições na região de operação linear do equipamento transmissor, fica entre $0,1\%$ e 1% da freqüência da portadora (Gagliardi, 1978). O processo de modulação está esquematizado na Figura 4.4

Variando a amplitude da portadora proporcionalmente a $m(t)$, tem-se a amplitude instantânea do sinal modulante dada por

$$a(t) = A + Bm(t) = A[1 + \Delta_{AM} m(t)], \tag{4.2}$$

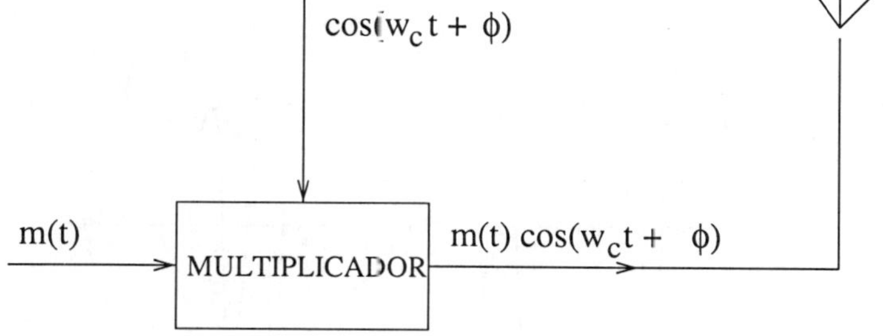

Figura 4.3: Modulador AM.

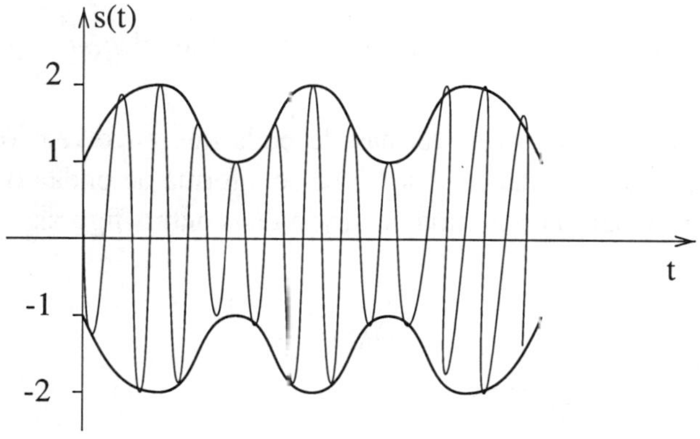

Figura 4.4: Modulação em amplitude.

em que $\Delta_{AM} = B/A$ representa o índice de modulação em amplitude. A amplitude instantânea dá origem à onda modulada

$$s(t) = a(t)\cos(\omega_c t + \phi), \tag{4.3}$$

ou

$$s(t) = A[1 + \Delta_{AM} m(t)]\cos(\omega_c t + \phi). \tag{4.4}$$

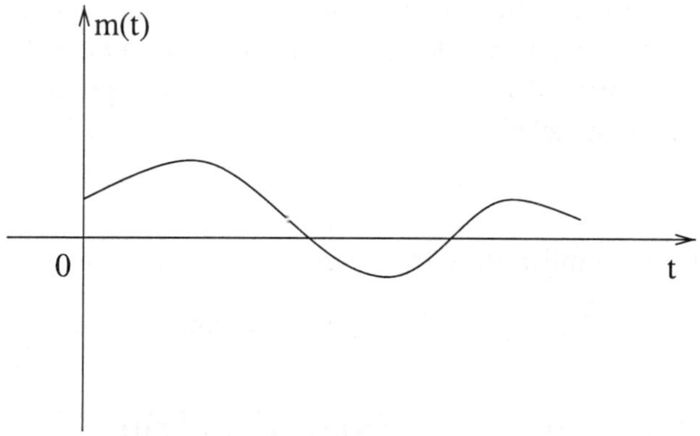

Figura 4.5: Sinal modulante $m(t)$.

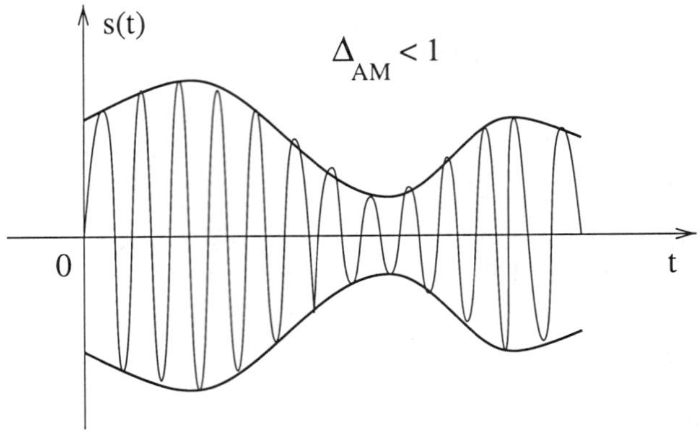

Figura 4.6: Efeito da variação no índice de modulação: $\Delta_{AM} < 1$.

As Figuras 4.5, 4.6, 4.7 e 4.8 ilustram as formas de onda que envolvem o processo de modulação em amplitude, para diversos índices de modulação. Na 4.5 vê-se a forma de onda do sinal modulante, que altera a amplitude da portadora, para produzir a onda modulada vista nas outras figuras.

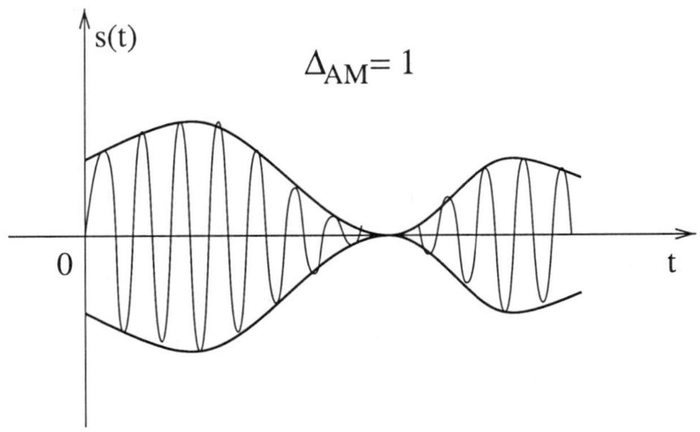

Figura 4.7: Efeito da variação no índice de modulação: $\Delta_{AM} = 1$.

Nota-se na 4.6 que a onda modulada tem a envoltória com o mesmo formato do sinal modulador. Isso acontece pelo fato de $A + Bm(t) > 0$. Na 4.7 o índice de modulação é unitário, usualmente referido como 100% de modulação. Na 4.8 o índice de modulação é maior que um, o que acarreta a inversão, ou rotação, de fase do sinal modulado.

O índice de modulação indica o aprofundamento que o sinal modulador imprime à portadora. O índice não deve ser maior que 100%, para evitar problemas de distorção no momento da recuperação do sinal modulador por um detector de envoltória. Para o caso de modulação com portadora, pode-se fazer as seguintes considerações sobre o índice de modulação:

- $\Delta_{AM} = 1$, 100% de modulação;
- $\Delta_{AM} > 1$, sobremodulação, implica rotação de fase;
- $\Delta_{AM} < 1$, submodulação, há desperdício de potência transmitida.

4.3 Modulação em Amplitude com Sinal Aleatório

O tratamento matemático desta seção envolve o conceito de processo ou sinal aleatório desenvolvido anteriormente. Os resultados obtidos com esse tipo de análise compensam em muito o esforço extra empreendido

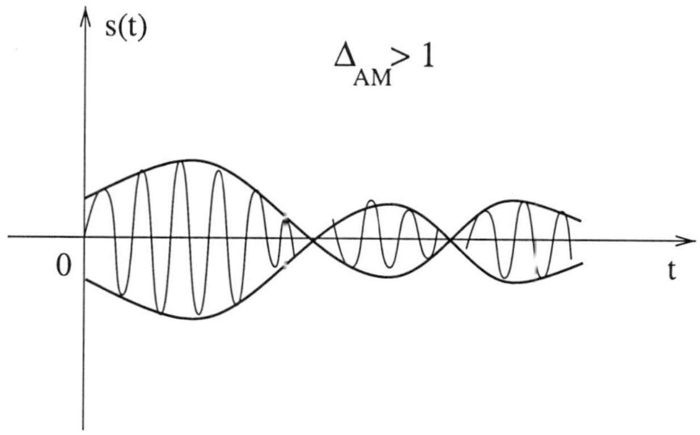

Figura 4.8: Efeito da variação no índice de modulação: $\Delta_{AM} > 1$.

para entender a teoria de processos estocásticos. A teoria que segue, além de ser mais elegante que o procedimento convencional de análise determinística, aproxima-se mais da realidade, na qual os sinais são realmente aleatórios.

Considere a portadora modulada obtida da Equação 4.5

$$s(t) = a(t)\cos(\omega_c t + \phi), \tag{4.5}$$

em que $a(t) = A[1 + \Delta_{AM} m(t)]$. Considera-se que a fase da portadora ϕ é uma variável aleatória com distribuição uniforme no intervalo $(0, 2\pi]$. O sinal $m(t)$ é um processo aleatório estacionário com média nula e independente de ϕ.

A portadora modulada é um processo aleatório por possuir uma fase aleatória e ter sido modulada por um processo estocástico. A estacionaridade da portadora modulada é garantida pela estacionaridade do sinal modulante. A autocorrelação de um processo aleatório estacionário foi discutida em capítulo anterior, sendo dada por

$$R_S(\tau) = E[s(t)s(t + \tau)]. \tag{4.6}$$

Substituindo a Fórmula 4.5 na Equação anterior obtém-se

$$R_S(\tau) = E\left[(a(t)\cos(\omega_c t + \phi))(a(t + \tau)\cos(\omega_c(t + \tau) + \phi))\right], \tag{4.7}$$

ou

$$R_S(\tau) = E\left[a(t)a(t + \tau)\cos(\omega_c t + \phi)\cos(\omega_c(t + \tau) + \phi)\right], \tag{4.8}$$

substituindo-se o produto de cossenos pela soma de cossenos tem-se

$$R_S(\tau) = \frac{1}{2}E\left[a(t)a(t + \tau)\left(\cos(\omega_c\tau) + \cos(2\omega_c t + \omega_c\tau + 2\phi)\right)\right]. \tag{4.9}$$

Aplicando propriedades do valor esperado, considerando que $a(t)$ e ϕ são independentes e que o valor médio da portadora é nulo, chega-se a

$$R_S(\tau) = \frac{1}{2} R_A(\tau) \cos(\omega_c \tau), \tag{4.10}$$

em que a autocorrelação do sinal modulante $R_A(\tau)$ é definida como

$$R_A(\tau) = E[a(t)a(t+\tau)]. \tag{4.11}$$

Substituindo a expressão para $a(t)$, vem

$$R_A(\tau) = E\left[A(1 + \Delta_{AM} m(t)) A(1 + \Delta_{AM} m(t+\tau))\right] \tag{4.12}$$

$$= A^2 E\left[1 + \Delta_{AM} m(t) + \Delta_{AM} m(t+\tau) + \Delta_{AM}{}^2 m(t) m(t+\tau)\right]. \tag{4.13}$$

Novamente aplicando propriedades do valor esperado e lembrando que $m(t)$ é estacionário e tem média nula ($E[m(t)] = E[m(t+\tau)] = 0$), obtém-se

$$R_A(\tau) = A^2[1 + \Delta_{AM}^2 R_M(\tau)], \tag{4.14}$$

em que $R_M = E[m(t)m(t+\tau)]$ representa a autocorrelação do sinal mensagem.

Finalmente, a autocorrelação da portadora modulada em amplitude é dada por

$$R_S(\tau) = \frac{A^2}{2}[1 + \Delta_{AM}^2 R_M(\tau)] \cos \omega_c \tau. \tag{4.15}$$

4.3.1 Potência Total da Portadora AM

A potência total da portadora modulada em amplitude é dada pelo valor de sua autocorrelação para $\tau = 0$, logo

$$P_S = R_S(0) = \frac{A^2}{2}(1 + \Delta_{AM}^2 P_M), \tag{4.16}$$

em que $P_M = R_M(0)$ representa a potência do sinal mensagem $m(t)$.

A potência da portadora é dada por $\frac{A^2}{2}$, como pode ser facilmente verificado, e pode representar uma elevada parcela da potência total transmitida.

4.3.2 Densidade Espectral de Potência

A densidade espectral de potência da portadora modulada é obtida a partir da transformada de Fourier da função de autocorrelação, o conhecido teorema de Wiener-Khintchine, visto anteriormente,

$$S_S(\omega) = \mathcal{F}[R_S(\tau)], \tag{4.17}$$

em que $R_S(\tau) = \frac{1}{2} R_A(\tau) \cos(\omega_c \tau)$.

A função $R_S(\tau)$ pode ser vista como o produto de duas funções: $\frac{1}{2}R_A(\tau)$ e $\cos(\omega_c\tau)$. Utilizando este raciocínio, a transformada de Fourier de $R_s(\tau)$ pode ser calculada aplicando o Teorema da Convolução, ou seja,

$$S_S(\omega) = \mathcal{F}[R_S(\tau)] = \frac{1}{2\pi}\left(\mathcal{F}\left[\frac{1}{2}R_A(\tau)\right] * \mathcal{F}[\cos(\omega_c\tau)]\right) \tag{4.18}$$

$$= \frac{1}{2\pi}\left[\frac{1}{2}S_A(\omega) * (\pi\delta(\omega+\omega_c) + \pi\delta(\omega-\omega_c))\right]. \tag{4.19}$$

Utilizando o Teorema da Filtragem, chega-se a

$$S_S(\omega) = \frac{1}{4}\left[S_A(\omega+\omega_c) + S_A(\omega-\omega_c)\right], \tag{4.20}$$

em que $S_A(\omega) = \mathcal{F}[R_A(\tau)]$.

A densidade espectral de potência do sinal modulante pode ser obtida escrevendo a expressão para $R_A(\tau)$ e calculando a sua transformada. Assim,

$$S_A(\omega) = \mathcal{F}[A^2(1 + {\Delta_{AM}}^2 R_M(\tau)], \tag{4.21}$$

$$S_A(\omega) = A^2[2\pi\delta(\omega) + {\Delta_{AM}}^2 S_M(\omega)], \tag{4.22}$$

em que $S_M(\omega)$ é a densidade espectral de potência do sinal mensagem.

Finalmente, a densidade espectral de potência da portadora modulada é

$$S_S(\omega) = \frac{A^2}{4}\left[2\pi(\delta(\omega+\omega_c) + \delta(\omega-\omega_c)) + {\Delta_{AM}}^2(S_M(\omega+\omega_c) + S_M(\omega-\omega_c))\right]. \tag{4.23}$$

A densidade espectral de potência de um sinal mensagem, a do sinal modulante e a da portadora modulada encontram-se ilustradas na Figura 4.9.

A largura de faixa de transmissão necessária à transmissão de um sinal AM é exatamente duas vezes a do sinal mensagem. Em radiofusão a máxima freqüência permissível por norma para o sinal mensagem é 5 kHz, portanto a largura de faixa liberada para radiofusão comercial AM é 10 kHz. No Brasil, o rádio AM comercial ocupa a faixa de 550 kHz a 1.650 kHz.

4.4 Modulação em Amplitude sem Portadora

Considere $s(t) = m(t)\cos(\omega_c t + \phi)$, em que $m(t)$ é um processo aleatório estacionário com média nula, ϕ é uma variável aleatória uniformemente distribuída no intervalo $(0, 2\pi]$ e independente de $m(t)$. Nesse caso, o sinal modulado não tem portadora e sua autocorrelação é dada por

$$R_S(\tau) = E[s(t)s(t+\tau)]. \tag{4.24}$$

Substituindo a fórmula para $s(t)$, tem-se

$$R_S(\tau) = E[m(t)m(t+\tau)\cos(\omega_c t + \phi)\cos(\omega_c(t+\tau) + \phi)]. \tag{4.25}$$

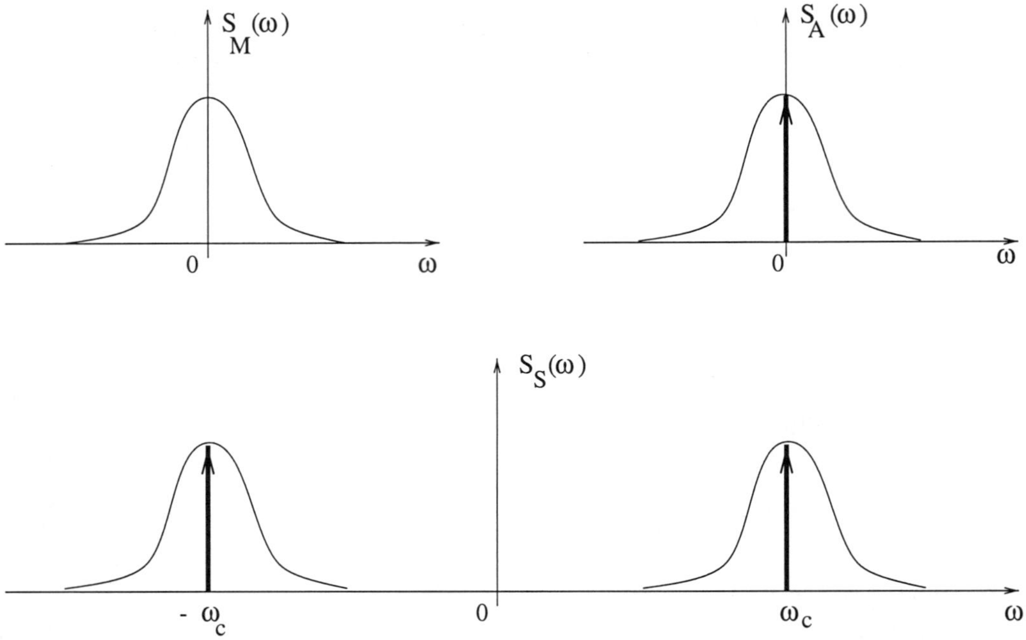

Figura 4.9: Densidade espectral de potência de um sinal AM.

Como o sinal mensagem $m(t)$ é independente da fase da portadora (seria estranho se houvesse alguma dependência), pode-se separar os valores esperados

$$R_S(\tau) = E[m(t)m(t+\tau)] \cdot E[\frac{1}{2}(\cos\omega_c\tau) + \cos(\omega_c\tau + 2\omega_c t + 2\phi)]. \tag{4.26}$$

O último termo da expressão tem média nula, ou seja

$$R_S(\tau) = E[m(t)m(t+\tau)]\,(\frac{1}{2}\cos\omega_c\tau). \tag{4.27}$$

Finalmente,

$$R_S(\tau) = \frac{1}{2}R_M(\tau)\cos\omega_c(\tau). \tag{4.28}$$

A potência do sinal AM-SC pode ser calculada tomando a autocorrelação do sinal modulado na origem

$$P_S = R_S(0) = \frac{1}{2}P_M. \tag{4.29}$$

No caso da modulação sem portadora, a potência da portadora modulada é metade da potência do sinal mensagem.

4.4.1 Densidade Espectral de Potência

A densidade espectral de potência é obtida por meio da transformada de Fourier da autocorrelação, como segue

$$S_S(\omega) = \int_{-\infty}^{\infty} R_S(\tau)e^{-j\omega\tau}d\tau. \tag{4.30}$$

O cálculo da integral pode ser feito da maneira usual, resultando em

$$S_S(\omega) = \frac{1}{4} S_M(\omega) * \delta[(\omega + \omega_c) + \delta(\omega - \omega_c)], \tag{4.31}$$

a qual simplifica para

$$S_S(\omega) = \frac{1}{4}[S_M(\omega + \omega_c) + S_M(\omega - \omega_c)]. \tag{4.32}$$

4.5 Modulação em Quadratura

O esquema de modulação em quadratura (QUAM) utiliza as propriedades de ortogonalidade dos sinais seno e cosseno, para permitir a transmissão de dois sinais diferentes na mesma portadora, ocupando uma banda passante equivalente à do esquema AM. Em relação à notação, é comum se usar a sigla QUAM para designar a modulação em quadratura de forma genérica e a sigla QAM para o caso digital.

O modulador em quadratura pode ser montado com dois moduladores AM-SC, por exemplo. Na modulação em quadratura a informação é veiculada tanto na variação de fase quanto na variação de amplitude. O sinal $s(t)$ transmitido consiste na soma das saídas de dois moduladores, que operam defasados de 90°.

O sinal $s(t)$ modulado em quadratura é dado pela fórmula

$$s(t) = b(t)\cos(\omega_c t + \phi) + d(t)\,\text{sen}\,(\omega_c t + \phi)., \tag{4.33}$$

em que os sinais aleatórios $b(t)$ e $d(t)$ podem ser correlacionados ou não. O sinal modulado também pode ser escrito como

$$s(t) = \sqrt{b^2(t) + d^2(t)}\cos\left(\omega_c t - \tan^{-1}\frac{d(t)}{b(t)} + \phi\right). \tag{4.34}$$

A sua função de autocorrelação pode ser encontrada a partir da definição

$$R_S(\tau) = E[s(t) \cdot s(t+\tau)]. \tag{4.35}$$

Substituindo a Equação 4.33 em 4.35, obtém-se

$$\begin{aligned} R_S(\tau) &= E\left[(b(t)\cos(\omega_c t + \phi) + d(t)\text{sen}\,(\omega_c t + \phi))\right. \\ &\quad \left.(b(t+\tau)\cos(\omega_c(t+\tau) + \phi) + d(t+\tau)\text{sen}\,(\omega_c(t+\tau) + \phi))\right]. \end{aligned} \tag{4.36}$$

Expandindo o produto, obtém-se

$$\begin{aligned} R_S(\tau) &= E\left[b(t)b(t+\tau)\cos(\omega_c t + \phi)\cos(\omega_c(t+\tau) + \phi)\right. \\ &+ d(t)d(t+\tau)\text{sen}(\omega_c t + \phi)\text{sen}(\omega_c(t+\tau) + \phi) \\ &+ b(t)d(t+\tau)\cos(\omega_c t + \phi)\text{sen}(\omega_c(t+\tau) + \phi) \\ &+ \left. b(t+\tau)d(t)\cos(\omega_c(t+\tau) + \phi)\text{sen}(\omega_c t + \phi)\right]. \end{aligned} \tag{4.37}$$

Efetuando os cálculos e identificando as correlações e autocorrelações na expressão, chega-se a

$$R_S(\tau) = \frac{R_B(\tau) + R_D(\tau)}{2}\cos\omega_c\tau + \frac{R_{DB}(\tau) - R_{BD}(\tau)}{2}\text{sen}\,\omega_c\tau. \tag{4.38}$$

Considerando os sinais descorrelacionados e de média zero, obtém-se $R_{BD}(\tau) = E[b(t)d(t+\tau)] = 0$ e $R_{DB}(\tau) = E[b(t+\tau)d(t)] = 0$. A autocorrelação resultante é dada por

$$R_S(\tau) = \frac{R_B(\tau)}{2} \cos \omega_c \tau + \frac{R_D(\tau)}{2} \cos \omega_c(\tau). \tag{4.39}$$

A potência é dada pela fórmula seguinte

$$P_S = R_S(0) = \frac{P_B + P_D}{2}. \tag{4.40}$$

e a densidade espectral de potência é obtida aplicando a transformada de Fourier à função autocorrelação; é dada por

$$S_S(\omega) = \frac{1}{4} \left(S_B(\omega + \omega_c) + S_B(\omega - \omega_c) + S_D(\omega + \omega_c) + S_D(\omega - \omega_c) \right). \tag{4.41}$$

O esquema de modulação em quadratura é mostrado na Figura 4.10.

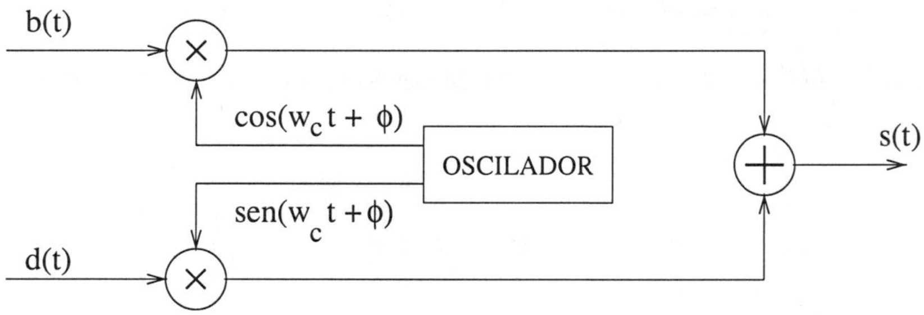

Figura 4.10: Diagrama de blocos do modulador em quadratura.

4.6 Modulação em Amplitude com Faixa Lateral Única

A modulação em amplitude com faixa lateral única, ou AM-SSB (*Amplitude Modulation-Single Side Band*), utiliza para a transmissão dos sinais somente a faixa lateral superior ou inferior do sistema AM. A obtenção do AM-SSB é feita por meio da eliminação de uma das faixas do AM-SC.

Na realidade, a modulação SSB é, a rigor, em quadratura, mas há um costume de chamá-la de modulação em amplitude. A vantagem que se obtém com esse sistema em relação aos anteriores é a economia de faixa (Carlson, 1975). Para o entendimento do processo de geração do sinal SSB faz-se necessário o estudo da transformada de Hilbert e suas propriedades, que são apresentadas na seção seguinte.

4.7 A Transformada de Hilbert

A transformada de Hilbert de um sinal $f(t)$ é denotada por $\hat{f}(t)$ e é definida como (Alencar, 2001c)

$$\hat{f}(t) = \frac{1}{\pi} \int_{-\infty}^{\infty} \frac{f(\tau)}{t - \tau} d\tau. \tag{4.42}$$

A transformada de Hilbert é uma operação linear, cujas propriedades são apresentadas no Apêndice A, e sua transformada inversa é dada por

$$f(t) = -\frac{1}{\pi}\int_{-\infty}^{\infty}\frac{\hat{f}(\tau)}{t-\tau}d\tau. \tag{4.43}$$

As funções $f(t)$ e $\hat{f}(t)$ constituem o par de transformadas de Hilbert. A função da transformada de Hilbert é deslocar de 90° a fase de cada componente espectral de $f(t)$. Desse modo, a transformada da transformada forneceria $-f(t)$. As amplitudes espectrais não são afetadas.

Da definição, $\hat{f}(t)$ pode ser interpretada como a convolução de $f(t)$ com a função $\frac{1}{\pi t}$. Como foi visto anteriormente, a convolução de duas funções no tempo tem por transformada de Fourier o produto de suas respectivas transformadas em freqüência. Assim,

$$G(\omega) = \mathcal{F}\left[f(t) * \frac{1}{\pi t}\right] = \mathcal{F}[f(t)] \cdot \mathcal{F}\left[\frac{1}{\pi t}\right]. \tag{4.44}$$

A transformada de Fourier de $1/\pi t$

Para se obter a transformada de Fourier de $\frac{1}{\pi t}$ pode-se utilizar o raciocínio seguinte:

- Considere a função sinal apresentada na Figura 4.11.

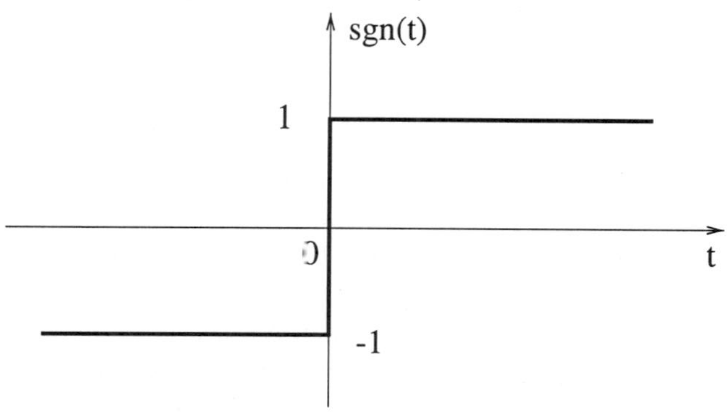

Figura 4.11: Função sinal.

- A derivada de tal função é um impulso centrado na origem de área total igual a 2, a transformada de Fourier do impulso é 2.

- Como o impulso foi obtido a partir da derivada da função sinal, sua transformada é obtida dividindo o resultado anterior por $j\omega$. Logo

$$u(t) - u(-t) \leftrightarrow \frac{2}{j\omega}.$$

- Por fim, utilizando a propriedade de simetria, chega-se a

$$\frac{1}{\pi t} \leftrightarrow j(u(-\omega) - u(\omega)).$$

Então, a resposta em freqüência do filtro de Hilbert a um sinal de entrada é dada por

$$G(\omega) = j[u(-\omega) - u(\omega)] \cdot F(\omega). \tag{4.45}$$

4.7.1 Propriedades das Transformada de Hilbert

- O sinal $f(t)$ e sua transformada $\hat{f}(t)$ têm a mesma densidade espectral de potência.
- O sinal $f(t)$ e a sua transformada $\hat{f}(t)$ têm a mesma função de autocorrelação.
- O sinal $f(t)$ e sua transformada $\hat{f}(t)$ são ortogonais.
- Se $\hat{f}(t)$ é a transformada de Hilbert de $f(t)$, então a transformada de Hilbert de $\hat{f}(t)$ é $-f(t)$.

4.7.2 Processo de Obtenção do AM-SSB

O processo mais comum de obtenção do AM-SSB é por filtragem de uma das faixas laterais do AM-SC. Outra maneira de obtenção do AM-SSB recebe o nome de método de defasagem, que utiliza a transformada de Hilbert discutida na seção precedente. Considere um sinal senoidal $m(t) = \cos(\omega_M t)$, em que $S_M(\omega)$ é representado por dois impulsos em $\pm\omega_M$.

O sinal modulado com a portadora é dado por $\cos(\omega_M t)\cos(\omega_c t)$ e tem o espectro dado por $S_M(\omega)$ deslocado para $\pm\omega_c$. O espectro SSB é dado por dois impulsos em $\omega_c - \omega_M$ e $-\omega_c + \omega_M$; logo o sinal correspondente a esse espectro SSB é dado por $\cos(\omega_c - \omega_M)t$. Portanto, a geração de um sinal SSB para o caso especial de $m(t) = \cos(\omega_M t)$ é equivalente à geração do sinal $\cos(\omega_c - \omega_M)t$.

Usando uma das identidades trigonométricas, tem-se

$$\cos(\omega_c - \omega_M)t = \cos\omega_M t\cos\omega_c t + \operatorname{sen}\omega_M t \operatorname{sen}\omega_c t. \tag{4.46}$$

Assim, o sinal SSB desejado pode ser produzido somando $\cos\omega_M t\cos\omega_c t$ e $\operatorname{sen}\omega_M t\operatorname{sen}\omega_c t$. O sinal $\cos\omega_M t\cos\omega_c t$ pode ser produzido por um modulador balanceado. O sinal $\operatorname{sen}\omega_M t\operatorname{sen}\omega_c t$ pode ser expresso como $\cos(\omega_M t - \frac{\pi}{2})\cos(\omega_c t - \frac{\pi}{2})$. Logo, pode ser produzido por um modulador balanceado, desde que tanto o sinal $\cos\omega_M t$ quanto o da portadora $\cos\omega_c t$ sejam defasados de $\frac{\pi}{2}$. Embora o resultado tenha sido deduzido para o caso especial em que $m(t) = \cos\omega_M t$, ele é válido para qualquer forma de onda. Isso se deve ao fato de que todas as formas de onda podem ser expressas como a soma de sinais senoidais. Por isso, o sinal SSB correspondente a $m(t)$ é dado por

$$s_{SSB}(t) = m(t)\cos(\omega_c t + \phi) + \hat{m}(t)\operatorname{sen}(\omega_c t + \phi), \tag{4.47}$$

em que $\hat{m}(t)$ é o sinal obtido pela defasagem de cada componente de freqüência de $m(t)$ por $\frac{\pi}{2}$. O diagrama esquemático desse arranjo é mostrado na Figura 4.12.

4.7.3 SSB com Faixa Lateral Inferior e Sinal Modulante Aleatório

O sinal modulado SSB é dado por

$$s_{SSB}(t) = m(t)\cos(\omega_c t + \phi) + \hat{m}(t)\operatorname{sen}(\omega_c t + \phi). \tag{4.48}$$

A autocorrelação é calculada, como usual, pela seguinte fórmula

$$R_S(\tau) = E[s(t)s(t+\tau)]. \tag{4.49}$$

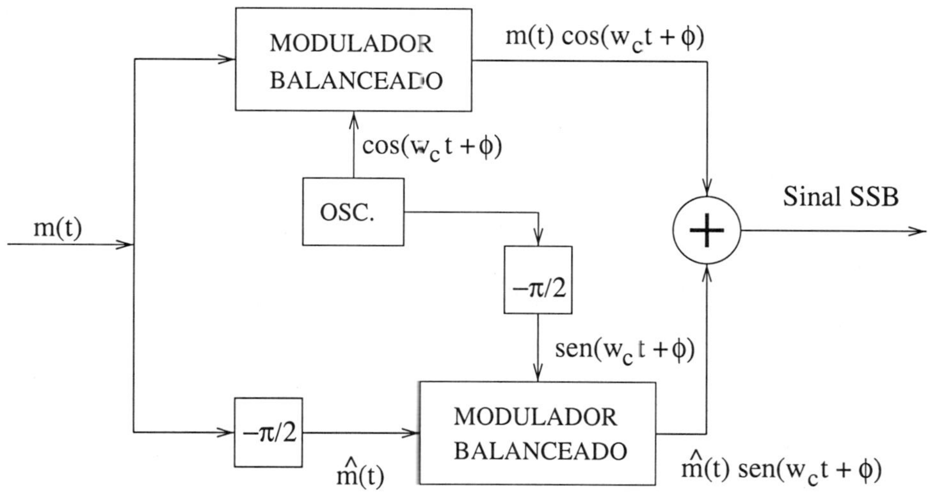

Figura 4.12: Modulador SSB.

Fazendo a subsituição de $s(t)$, dada pela Equação 4.48

$$\begin{aligned} R_S(\tau) &= E\left[(m(t)\cos(\omega_c t+\phi) + \hat{m}(t)\text{sen}\,(\omega_c t+\phi))\cdot \right.\\ &\quad \left.(m(t+\tau)\cos(\omega_c(t+\tau)+\phi) + \hat{m}(t+\tau)\text{sen}\,(\omega_c(t+\tau)+\phi))\right]. \end{aligned} \quad (4.50)$$

Multiplicando e rearrumando os termos da expressão, obtém-se

$$\begin{aligned} R_S(\tau) &= E\left[m(t)m(t+\tau)\cos(\omega_c t+\phi)\cos(\omega_c(t+\tau)+\phi)\right]\\ &+ E\left[m(t)\hat{m}(t+\tau)\cos(\omega_c t+\phi)\text{sen}\,(\omega_c(t+\tau)+\phi)\right]\\ &+ E\left[\hat{m}(t)m(t+\tau)\text{sen}\,(\omega_c t+\phi)\cos(\omega_c(t+\tau)+\phi)\right]\\ &+ E\left[\hat{m}(t)\hat{m}(t+\tau)\text{sen}\,(\omega_c t+\phi)\text{sen}\,(\omega_c(t+\tau)+\phi)\right]. \end{aligned} \quad (4.51)$$

Após as simplificações correspondentes, chega-se a

$$\begin{aligned} R_S(\tau) &= \frac{1}{2}R_{MM}(\tau)\cos\omega_c\tau + \frac{1}{2}R_{M\hat{M}}(\tau)\text{sen}\,\omega_c\tau\\ &- \frac{1}{2}R_{\hat{M}M}(\tau)\text{sen}\,\omega_c\tau + \frac{1}{2}R_{\hat{M}\hat{M}}(\tau)\cos\omega_c\tau. \end{aligned} \quad (4.52)$$

Sabe-se que $R_{MM}(\tau) = R_{\hat{M}\hat{M}}(\tau)$ e $R_{M\hat{M}}(\tau) = -R_{\hat{M}M}(\tau)$. Calcula-se finalmente a densidade espectral, $S_S(\omega) = \mathcal{F}[R_S(\tau)]$, aplicando as relações anteriores e a equação para o filtro de Hilbert

$$H(\omega) = \begin{cases} -j & \text{se } \omega \geq 0 \\ +j & \text{se } \omega < 0 \end{cases} \quad (4.53)$$

que leva a

$$S_{\hat{M}\hat{M}}(\omega) = S_{MM}(\omega) \quad (4.54)$$

$$S_{M\hat{M}}(\omega) = j[u(-\omega) - u(\omega)]\cdot S_{MM}(\omega) \quad (4.55)$$

$$S_{\hat{M}M}(\omega) = j[u(\omega) - u(-\omega)]\cdot S_{MM}(\omega), \quad (4.56)$$

como pode ser observado na Figura 4.13.

Obtém-se então, para qualquer freqüência, a seguinte fórmula final

$$S(\omega)_{SSB} = S_M(\omega-\omega_c)u(-\omega+\omega_c) + S_M(\omega+\omega_c)u(\omega+\omega_c), \quad (4.57)$$

que é a expressão do espectro do sinal modulado em SSB com faixa inferior, obtido a partir do espectro do sinal original $S_M(\omega)$.

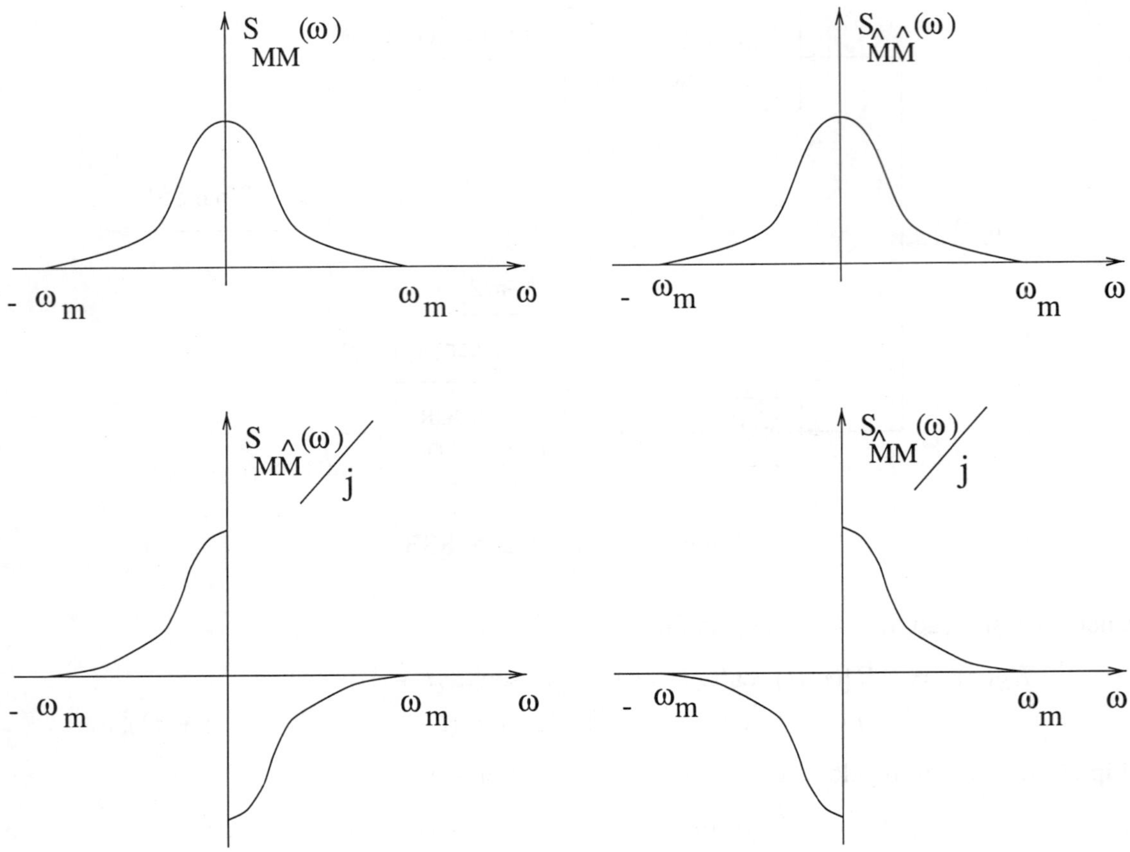

Figura 4.13: Modulação SSB.

Exemplo: Para o esquema de modulação SSB seguinte, determine a potência da portadora modulada, considerando que o sinal modulante $m(t)$ tem a autocorrelação dada.

$$s(t) = [1 + m(t)]\cos(\omega_c t + \phi) - \hat{m}(t)\text{sen}(\omega_c t + \phi). \tag{4.58}$$

$$R_M(\tau) = e^{-\tau^2}. \tag{4.59}$$

Solução: A potência pode ser calculada fazendo

$$P_S = \frac{P_A}{2}, \tag{4.60}$$

em que $P_A = E[a^2(t)]$ e

$$a(t) = \sqrt{(1 + m(t))^2 + \hat{m}^2(t)}$$

Considerando que $m(t)$ tem nível médio nulo e que $P_M = P_{\hat{M}}$, encontra-se

$$P_A = \frac{1 + 2P_M}{2}$$

Como $P_M = R_M(0) = e^{-0^2} = 1$. Então

$$P_A = \frac{1 + 2.1}{2} = \frac{3}{2}W \tag{4.61}$$

e

$$P_S = \frac{P_A}{2} = \frac{3}{4}W. \tag{4.62}$$

4.8 Modulação em ISB

O processo de modulação em ISB (*Independent Side Band*) consiste em enviar duas informações distintas, uma em cada banda lateral. O sinal ISB pode ser obtido somando dois sinais SSB, como mostra a Figura 4.14. A expressão para o sinal modulado em ISB é dada por

$$s(t) = s_L(t) + s_R(t), \tag{4.63}$$

em que os sinais modulados para produzir a banda lateral superior e inferior são, respectivamente, dados por

$$s_L(t) = l(t)\cos(\omega_c t + \phi) - \hat{l}(t)\text{sen}(\omega_c t + \phi), \tag{4.64}$$

e

$$s_R(t) = r(t)\cos(\omega_c t + \phi) + \hat{r}(t)\text{sen}(\omega_c t + \phi). \tag{4.65}$$

A portadora modulada fica então dada por

$$s(t) = [l(t) + r(t)]\cos(\omega_c t + \phi) + [\hat{r}(t) - \hat{l}(t)]\text{sen}(\omega_c t + \phi). \tag{4.66}$$

A partir da fórmula anterior, é possível montar um modulador ISB com apenas um equipamento SSB, desde que se disponha de uma matriz que produza a soma e diferença dos sinais modulantes. O espectro de um sinal modulado em ISB pode ser observado na Figura 4.14.

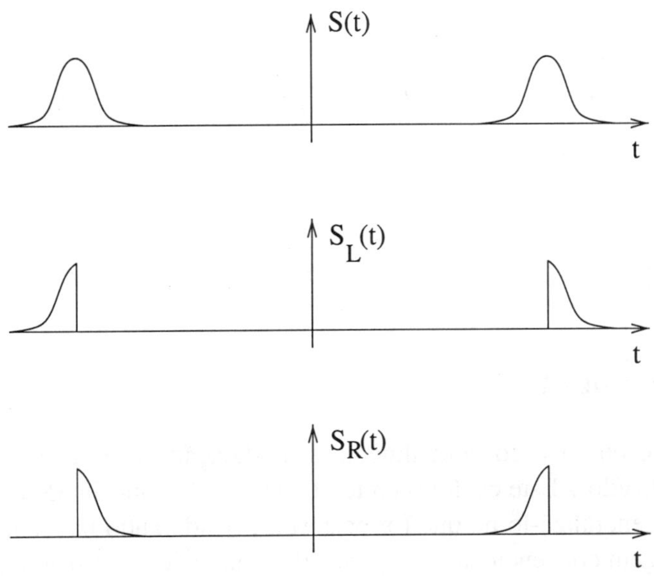

Figura 4.14: Obtenção do sinal ISB.

Exemplo: Calcule o espectro e a potência da portadora modulada em ISB, assumindo que os sinais modulantes têm as densidades espectrais seguintes

$$S_L(\omega) = S_0[u(\omega + \omega_M) - u(\omega - \omega_M)] \tag{4.67}$$

$$S_R(\omega) = S_0(1 - \frac{|\omega|}{\omega_M})[u(\omega + \omega_M) - u(\omega - \omega_M)]. \tag{4.68}$$

Solução: A potência do sinal modulado pode ser calculada fazendo

$$P_S = P_L + P_R, \tag{4.69}$$

em que

$$P_L = \frac{1}{2\pi}\int_{-\infty}^{\infty} S_L(\omega)d\omega \tag{4.70}$$

e

$$P_R = \frac{1}{2\pi}\int_{-\infty}^{\infty} S_R(\omega)d\omega. \tag{4.71}$$

Vale salientar que a potência pode ser calculada encontrando a área sob a curva da densidade espectral de potência. Portanto,

$$P_L = \frac{\omega_M S_0}{\pi} \tag{4.72}$$

e

$$P_R = \frac{\omega_M S_0}{2\pi}. \tag{4.73}$$

Logo,

$$P_S = \frac{3}{2}\frac{\omega_M S_0}{\pi} W. \tag{4.74}$$

4.9 Modulação em Ângulo

A modulação em ângulo engloba conceitualmente a modulação em freqüência e a modulação em fase, termos mais usualmente utilizados. Este capítulo pretende revisitar o conceito de modulação em ângulo e suas características, procurando generalizá-lo no que for possível, considerando na análise a modulação com sinais aleatórios em vez da abordagem convencional com sinais determinísticos. O sistema de telefonia móvel celular adotado no Brasil, AMPS, utiliza a modulação em freqüência para o canal de voz (Alencar, 2002). Os padrões de comunicações móveis celulares digitais e os esquemas de transmissão digital via satélite, por exemplo, utilizam a modulação em fase.

4.10 Modulação em Freqüência com Sinal Aleatório

Esta seção discute a modulação em freqüência de uma portadora senoidal por um processo aleatório estacionário $m(t)$, com autocorrelação $R_M(\tau)$. De modo geral, os processos aleatórios ou estocásticos são mais difíceis de identificar e modelar que os sinais determinísticos, tendo em conta que a análise estatística pode envolver processos estacionários ou não-estacionários, ergódicos ou não-ergódicos.

Entretanto, a análise de sistemas submetidos a sinais estocásticos permite a obtenção de resultados mais genéricos, além de se revelar um procedimento mais elegante do ponto de vista matemático. A abordagem que segue procura estabelecer um procedimento genérico de análise, a partir do qual podem ser estudados os diversos casos e obtidos os respectivos espectros de freqüências.

4.10.1 Modelagem Matemática

No modelo considerado, o sinal modulado $s(t)$ é obtido a partir das equações que seguem:

$$s(t) = A\cos(w_c t + \theta(t) + \phi), \tag{4.75}$$

$$\theta(t) = \Delta_{FM} \cdot \int_{-\infty}^{t} m(t)dt, \tag{4.76}$$

em que A, que representa a amplitude da portadora, w_c a freqüência (rd/s) e Δ_{FM} o índice de desvio em freqüência, são parâmetros constantes.

O sinal mensagem é representado por $m(t)$, considerado um processo aleatório estacionário, com média nula. A fase da portadora também é considerada aleatória, com distribuição uniforme sobre o intervalo $(0, 2\pi]$, e independente do sinal modulante. O sinal modulante $\theta(t)$ representa a alteração no ângulo da portadora em função do sinal mensagem.

Nesse caso, como usualmente se faz, pode-se obter a função de autocorrelação do sinal $s(t)$ definido em 4.75 a partir da Equação 4.77, em que $E[\cdot]$ representa o operador valor esperado

$$R_S(\tau) = E[s(t)s(t+\tau)] \tag{4.77}$$

ou seja,

$$R_S(\tau) = \frac{A^2}{2}E[\cos(w_c\tau - \theta(t) + \theta(t+\tau))]. \tag{4.78}$$

Pode-se então dividir o problema do cálculo da densidade espectral de potência (DEP) do sinal modulado em ângulo em três casos, discutidos como segue (Alencar, 1988b).

4.10.2 Caso I – Modulação com baixo índice, $\beta < 0,5$

Neste caso, pode-se obter a função de autocorrelação do sinal $s(t)$ a partir da Equação 4.78, expandindo a expressão do cosseno da soma

$$\begin{aligned} R_S(\tau) &= \frac{A^2}{2}\cos(w_c\tau)E[\cos(-\theta(t) + \theta(t+\tau))] \\ &- \frac{A^2}{2}\text{sen}\,(w_c\tau)E[\text{sen}\,(-\theta(t) + \theta(t+\tau))]. \end{aligned} \tag{4.79}$$

Como o índice de modulação é pequeno ($\beta < 0,5$), pode-se expandir o seno e o cosseno da Equação 4.79 em séries de Taylor, desprezando os termos de mais alta ordem para obter

$$\begin{aligned} R_S(\tau) &= \frac{A^2}{2}\cos(w_c\tau)E\left[1-\frac{(-\theta(t)+\theta(t+\tau))^2}{2}\right] \\ &- \frac{A^2}{2}\text{sen}\,(w_c\tau)E\left[-\theta(t)+\theta(t+\tau)\right]. \end{aligned} \tag{4.80}$$

Tendo em vista que o processo $m(t)$ é estacionário com média nula, obtém-se,

$$R_S(\tau) = \frac{A^2}{2}\cos(w_c\tau)[1 - R_\Theta(0) + R_\Theta(\tau)], \tag{4.81}$$

com

$$R_\Theta(\tau) = E[\theta(t)\theta(t+\tau)] \tag{4.82}$$

e $R_\Theta(0) = P_\Theta$, potência do sinal $\theta(t)$.

A densidade espectral de potência do sinal $s(t)$ é dada pela transformada de Fourier da Equação 4.81 (Alencar, 1988a)

$$\begin{aligned} S_S(w) &= \frac{\pi A^2(1-P_\Theta)}{2}[\delta(\omega+\omega_c)+\delta(\omega-\omega_c)] \\ &+ \frac{\Delta_{FM}A^2}{4}\left[\frac{S_M(w+w_c)}{(w+w_c)^2}+\frac{S_M(w-w_c)}{(w-w_c)^2}\right], \end{aligned} \tag{4.83}$$

em que $S_M(w)$ representa a DEP do sinal modulante $m(t)$.

Pode-se notar na Equação 4.83 que o espectro do sinal FM tem o formato da DEP do sinal modulante (e mesma banda passante), multiplicado por uma função hiperbólica quadrática. O espectro do sinal $m(t)$ utilizado é plano dentro da faixa de freqüências considerada, para os exemplos apresentados nas seções seguintes.

4.10.3 Caso II – Índice de modulação mediano, $0,5 \leq \beta \leq 5$

A expressão em série de Taylor da Equação 4.79 deve considerar agora os termos de ordem superior. É possível mostrar que os termos da expansão do seno, por serem momentos conjuntos de ordem ímpar, se anulam para um sinal gaussiano (Papoulis, 1983a), logo

$$R_S(\tau) = \frac{A^2}{2}\cos(w_c\tau)E[1 - \frac{(-\theta(t)+\theta(t+\tau))^2}{2} + \frac{(-\theta(t)+\theta(t+\tau))^4}{4!} + \ldots]. \tag{4.84}$$

Considerando que a banda passante do sinal modulado não exceda o quádruplo da banda do sinal modulante $m(t)$, pode-se, sem perda de generalidade, desprezar os termos além daquele de ordem quatro em 4.84, obtendo

$$\begin{aligned} R_S(\tau) &= \frac{A^2}{2}\cos(w_c\tau)[1 - R_\Theta(0) + R_\Theta(\tau)] \\ &+ \frac{A^2}{48}\cos(w_c\tau)\left(2E[\theta^4(t)] + 6E[\theta^2(t)\theta^2(t+\tau)] - 24P_\Theta R_\Theta(\tau)\right). \end{aligned} \tag{4.85}$$

Pode-se ver que a contribuição do segundo termo de 4.85 é menos significativa que a do primeiro em virtude do fatorial no denominador.

A equação anterior pode ser simplificada para um sinal modulante gaussiano, com a utilização do Teorema de Price que segue (Price, 1958) (McMahon, 1964),

$$E[X^kY^r] = kr\int_0^c E[X^{k-1}Y^{r-1}]dc + E[X^k]E[Y^r], \tag{4.86}$$

em que

$$c = E[XY] - E[X]E[Y]. \tag{4.87}$$

Aplicando 4.86 e 4.87 em 4.85 obtém-se

$$\begin{aligned} R_S(\tau) &= \frac{A^2}{2}\cos(w_c\tau)[1 - R_\Theta(0) + R_\Theta(\tau)] \\ &+ \frac{A^2}{48}\cos(w_c\tau)\left(12P_\Theta^2 + 12R_\Theta^2 - 24P_\Theta R_\Theta(\tau)\right). \end{aligned} \tag{4.88}$$

Transformando a equação anterior, obtém-se, finalmente

$$\begin{aligned} S_S(w) &= \frac{\pi A^2}{2}(1 - P_\Theta + \frac{P_\Theta^2}{2})[\delta(w + w_c) - \delta(w - w_c)] \\ &+ \frac{\Delta_{FM}^2 A^2}{4}(1 - P_\Theta)\left[\frac{S_M(w + w_c)}{(w + w_c)^2} + \frac{S_M(w - w_c)}{(w - w_c)^2}\right] \\ &+ \frac{\Delta_{FM}^4 A^2}{16\pi}\left[\frac{S_M(w \pm w_c)}{(w \pm w_c)^2} * \frac{S_M(w \pm w_c)}{(w \pm w_c)^2}\right]. \end{aligned} \tag{4.89}$$

A convolução dos espectros e sua posterior adição fazem com que a faixa ocupada praticamente dobre, como era de se esperar a partir da observação do terceiro termo da Equação 4.89.

A aplicação reiterada da fórmula anterior e a adição de mais termos à série permitem obter o espectro de densidade de potência para qualquer valor do índice de modulação.

A Figura 4.15 ilustra o espectro FM para um sinal modulante senoidal, com índice de modulação mediano.

4.10.4 Caso III – Índice de modulação elevado, $\beta > 5$

Um grande índice de modulação provoca um alargamento no espectro do sinal modulado, fazendo com que este ocupe uma faixa bem superior à do sinal de banda básica. Além disso, a DEP da portadora modulada toma o formato da função densidade de probabilidade do sinal de banda básica. Esse é o resultado do teorema de Woodward demonstrado a seguir (Woodward, 1952) (Blachman e McAlpine, 1969).

O sistema de telefonia móvel celular analógico, ainda em uso no Brasil, por exemplo, utiliza uma banda passante de 30 kHz para um sinal de voz modulante com faixa limitada a 3.400 Hz (Lee, 1989). Portanto, excluindo outros fatores, pode-se considerar que a modulação neste caso tem índice elevado.

Para um índice de modulação elevado ($\beta > 5$), não há sentido em desprezar os termos da expansão da Equação 4.78, portanto pode-se optar pela fórmula exponencial do cosseno. A Equação 4.78 pode ser reescrita com o uso da identidade de Euler como,

$$\begin{aligned} R_S(\tau) &= \frac{A^2}{4}e^{jw_c\tau}E[e^{j(-\theta(t)+\theta(t+\tau))}] \\ &+ \frac{A^2}{4}e^{-jw_c\tau}E[e^{j(\theta(t)-\theta(t+\tau))}]. \end{aligned} \tag{4.90}$$

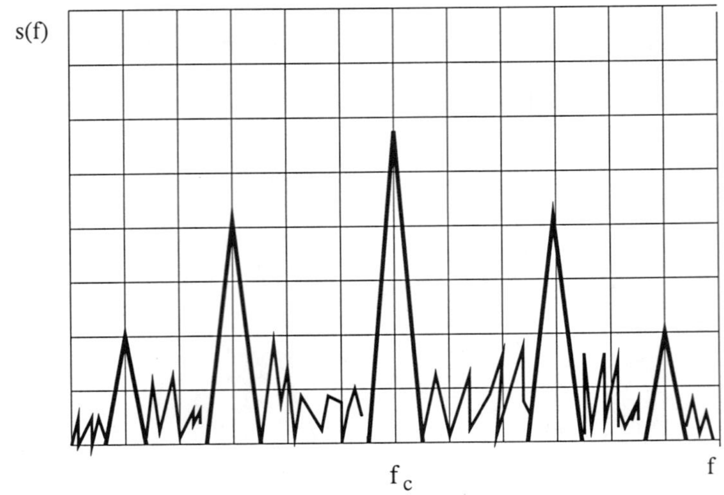

Figura 4.15: Espectro FM para um sinal modulante senoidal, com índice de modulação mediano.

A utilização de um estimador linear de média quadrática na expressão 4.90 permite escrever para um elevado índice de desvio em freqüência (Alencar, 1989) (Papoulis, 1983b)

$$\begin{aligned} \hat{R}_S(\tau) &= \frac{A^2}{4} e^{jw_c\tau} E[e^{j\tau\theta'(t)}] \\ &+ \frac{A^2}{4} e^{-jw_c\tau} E[e^{-j\tau\theta'(t)}]. \end{aligned} \tag{4.91}$$

Contudo, $\theta'(t) = d\theta(t)/dt = z$, em que z é o desvio na freqüência instantânea da portadora $s(t)$, logo

$$\begin{aligned} \hat{R}_S(\tau) &= \frac{A^2}{4} e^{jw_c\tau} E[e^{j\tau z}] \\ &+ \frac{A^2}{4} e^{-jw_c\tau} E[e^{-j\tau z}]. \end{aligned} \tag{4.92}$$

Tendo em conta que

$$E[e^{j\tau z}] = \int_{-\infty}^{\infty} p_Z(z) e^{j\tau z} dz \tag{4.93}$$

representa a função característica do processo $z = \theta(t)'$ e $p_Z(z)$ é a sua função densidade de probabilidade, aqui considerada simétrica. Pode-se calcular a transformada de Fourier da Equação 4.92, obtendo-se

$$\hat{S}_S(w) = \frac{\pi A^2}{2}[p_Z(w + w_c) + p_Z(w - w_c)]. \tag{4.94}$$

Levando a definição de z à Equação 4.76, percebe-se que $z = \Delta_{FM}.m(t)$; portanto, aplicando a transformação de função densidade de probabilidade, obtém-se

$$p_Z(z) = \frac{1}{\Delta_{FM}} p_M(\frac{m}{\Delta_{FM}}), \tag{4.95}$$

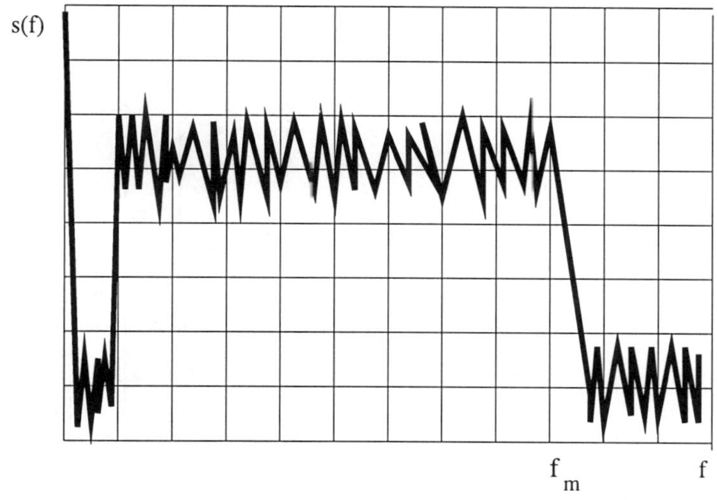

Figura 4.16: Espectro do sinal modulante gaussiano.

em que $p_M(\cdot)$ é a fdp do processo $m(t)$.

A substituição de 4.95 em 4.94 leva finalmente à equação da densidade espectral da potência do sinal faixa larga (Alencar e Neto, 1991b),

$$\hat{S}_S(w) = \frac{\pi A^2}{2\Delta_{FM}}[p_M(\frac{w + w_c}{\Delta_{FM}}) + p_M(\frac{w - w_c}{\Delta_{FM}})]. \tag{4.96}$$

Exemplo: Considerando, como ilustração, um sinal com fdp gaussiana, pode-se escrever

$$p_M(m) = \frac{1}{\sqrt{2\pi P_M}} e^{-\frac{m^2}{2P_M}}, \tag{4.97}$$

com $P_M = R_M(0)$ = potência do sinal $m(t)$, fica

$$p_M(m) = \frac{1}{\sqrt{2\pi R_M(0)}} e^{-\frac{m^2}{2R_M(0)}}. \tag{4.98}$$

As Figuras 4.17, 4.18, 4.19 e 4.20 ilustram uma seqüência interessante, em que o índice de modulação vai sendo elevado paulatinamente, para um sinal modulante gaussiano. A densidade espectral de potência do sinal modulante utilizado está indicada na Figura 4.16. O sinal foi obtido a partir de um gerador de ruído.

Nota-se para este último caso, quando o índice de modulação é alto, que o desvio eficaz em freqüência é dado por $\Delta_{FM}\sqrt{P_M}$ e a banda passante aproximada por $2\Delta_{FM}\sqrt{P_M}$.

Pode-se notar ainda, que o formato da DEP do sinal modulado não depende da DEP do sinal modulante, mas apenas de sua fdp, quando o índice de modulação é elevado. O último resultado fornece o fundamento para a estimação da função densidade de probabilidade, por meio da análise espectral. Pode-se, a partir desse resultado, utilizar a DEP do sinal modulado em freqüência como estimativa da fdp do sinal modulante, com um erro de estimação pequeno (Alencar e Neto, 1991a).

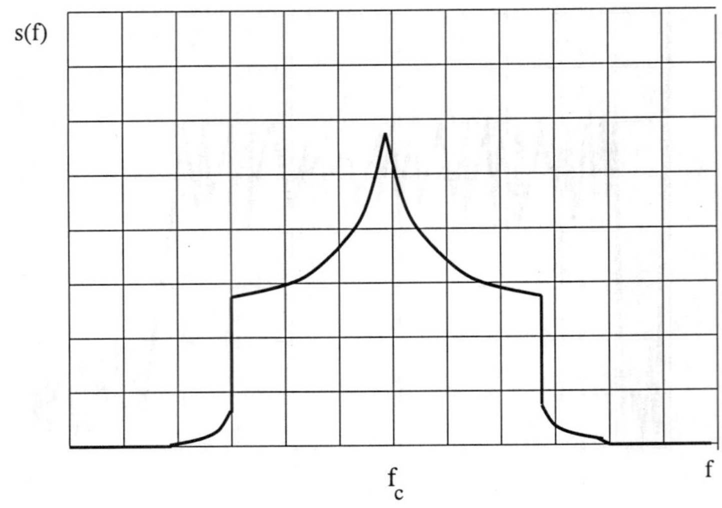

Figura 4.17: Espectro FM para um sinal modulante gaussiano, com baixo índice de modulação.

Exemplo: Um tom senoidal tem fdp dada a seguir,

$$p_M(m) = \frac{1}{\pi\sqrt{V^2 - m^2}}, |m| < V. \tag{4.99}$$

Conseqüentemente, a modulação em faixa larga com um tom senoidal leva à DEP seguinte,

$$\hat{S}_S(w) = \frac{1}{2\sqrt{V^2 {\Delta_{PM}}^2 - (w \pm w_c)^2}}, |w - w_c| < \Delta_{PM} V. \tag{4.100}$$

O sinal modulado ocupa, nesse caso, uma banda passante aproximadamente igual a $2\Delta_{PM} D$. Sua DEP está ilustrada na Figura 4.21.

Exemplo: Para um sinal de voz, com distribuição Gama (Paez e Glisson, 1972), a fdp é dada por

$$p_M(m) = \frac{\sqrt{k}}{2\sqrt{\pi}} \frac{e^{-k|m|}}{\sqrt{|m|}}. \tag{4.101}$$

Logo, o espectro do sinal modulado é dado pela expressão seguinte, com uma banda passante igual a $\frac{2\Delta_{PM}\sqrt{0.75}}{k}$

$$\hat{S}_S(w) = \frac{A^2\sqrt{\pi k}}{4\sqrt{\Delta_{PM}}} \frac{e^{-\frac{k}{D}|w \pm w_c|}}{\sqrt{|w \pm w_c|}}. \tag{4.102}$$

Exemplo: Finalmente, o modelo de um sinal de voz retificado em onda completa pode utilizar a distribuição exponencial a seguir

$$p_M(m) = \alpha e^{-\alpha m} u(m), \tag{4.103}$$

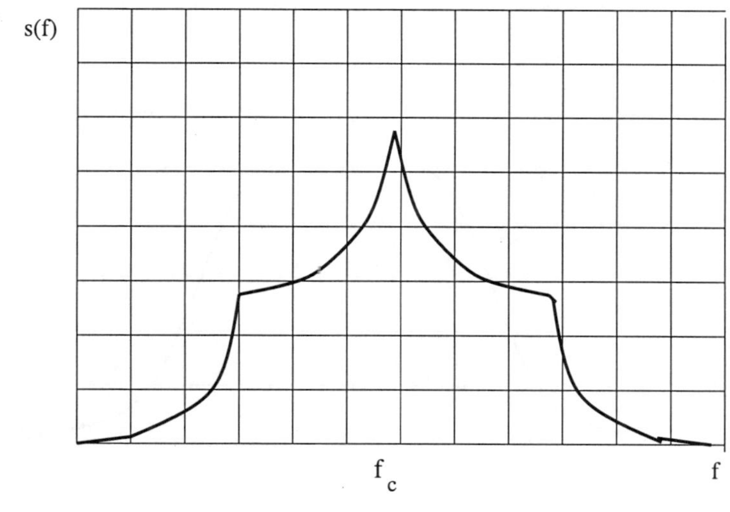

Figura 4.18: Espectro FM para um sinal modulante gaussiano, com índice de modulação um pouco maior.

que leva ao expectro seguinte, com uma banda passante dada por $\frac{\Delta_{PM}}{\sqrt{2\alpha}}$

$$S_S(w) = \frac{\alpha A^2}{2\Delta_{PM}} \left[e^{\alpha(\omega+\omega_c)} u(-\omega + \omega_c) + e^{-\alpha(\omega-\omega_c)} u(\omega - \omega_c) \right]. \tag{4.104}$$

Seguindo uma linha de raciocínio similar, pode-se deduzir a densidade espectral de potência para o sinal modulado em fase (PM). Basta lembrar que, neste caso, a freqüência instantânea é dada por

$$\omega(t) = \frac{\theta(t)}{dt} = \Delta_{PM} m(t). \tag{4.105}$$

Portanto,

$$S_S(w) = \frac{\pi A^2}{2\Delta_{PM}} \left[p_{M'}(\frac{w + w_c}{\Delta_{PM}}) + p_{M'}(\frac{w - w_c}{\Delta_{PM}}) \right], \tag{4.106}$$

em que $p_{M'}(\cdot)$ é a função densidade de probabilidade da derivada do sinal mensagem.

4.11 Exercícios

1. Um sinal modulante tem autocorrelação dada por $R_A(\tau) = A^2[1 + e^{-|\tau|}]$. Calcule a autocorrelação e a densidade espectral de potência da portadora modulada em amplitude com o sinal precedente. Trace o gráfico da autocorrelação do sinal modulado, calcule a potência total, a potência DC e a potência AC do sinal modulado. Indique os valores no gráfico.

2. Um sinal mensagem $m(t)$, com autocorrelação qualquer, modula uma portadora $c(t) = A\cos(\omega_c t + \phi)$ em AM-SC. O sinal é transmitido por meio de um canal de comunicações que introduz uma variação de fase aleatória $\Delta\phi = \{0, \pi/2\}$ na portadora, em que as duas fases têm idêntica probabilidade de ocorrência. Analise se é viável a recuperação completa do sinal mensagem com um detector síncrono.

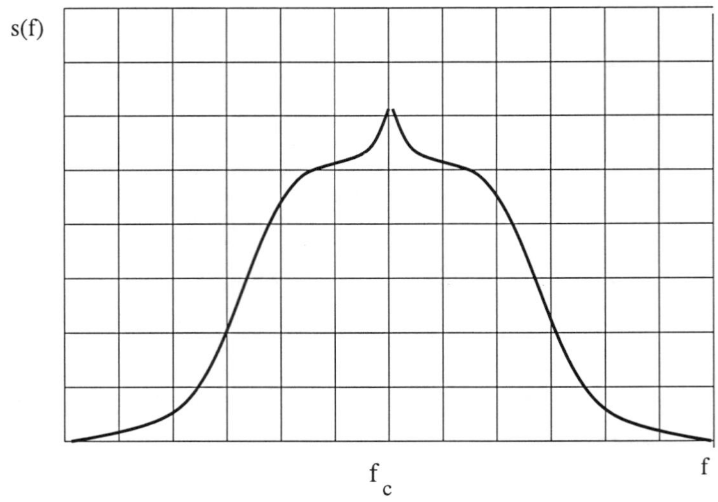

Figura 4.19: Espectro FM para um sinal modulante gaussiano, com índice de modulação mediano.

3. Um sinal $m(t)$ de freqüência máxima ω_M é modulado em amplitude e transmitido. A portadora modulada é recebida e demodulada por um sistema que apresenta um deslocamento de ω_M na freqüência da portadora local, em relação àquela da portadora transmitida. Na recepção, o sinal demodulado passa por um filtro $H(\omega) = [u(\omega + \omega_M) - u(\omega - \omega_M)]$. Determine e esboce a densidade espectral de potência do sinal à saída do filtro. Explique o que ocorreu com o sinal. Mostre como é possível recuperar o sinal original.

4. Calcule o valor médio, a autocorrelação e a potência do sinal modulado em amplitude

$$s(t) = [1 + \Delta_B(l(t) + r(t))]\text{sen}\,(\omega_c t + \theta),$$

em que $l(t)$ e $r(t)$ são estacionários, têm média nula, são descorrelacionados e θ é uma variável aleatória, com distribuição uniforme no intervalo $[0, 2\pi]$.

5. Um sinal modulante tem a seguinte função de autocorrelação

$$R_A(\tau) = A\frac{\text{sen}^2\,\omega_M\tau}{(\omega_M\tau)^2} + B.$$

O sinal modula uma portadora em amplitude. Determine a potência do sinal modulado. Calcule a densidade espectral de potência da portadora modulada. Faça os gráficos da autocorrelação e da densidade espectral de potência da portadora modulada.

6. Um sinal modulado em amplitude sem portadora, $s(t) = m(t)\cos(\omega_c t + \phi)$, é transmitido por meio de um canal de comunicações que apresenta o sinal $r(t) = \alpha s(t) - \beta s(t - \sigma)$ na recepção. O espectro do sinal modulante é dado por $S_M(\omega) = S_M$, para $-\omega_M \leq \omega \leq \omega_M$ e nulo fora do intervalo. Determine a densidade espectral de potência do sinal recebido, em função da densidade do sinal transmitido. Calcule as freqüências para as quais a recepção do sinal é máxima (ache uma relação entre ω_c e σ), assumindo que a banda passante do sinal é menor que a largura do pico da assinatura do canal. Projete um demodulador para o sinal transmitido, com um filtro que equalize os efeitos do canal.

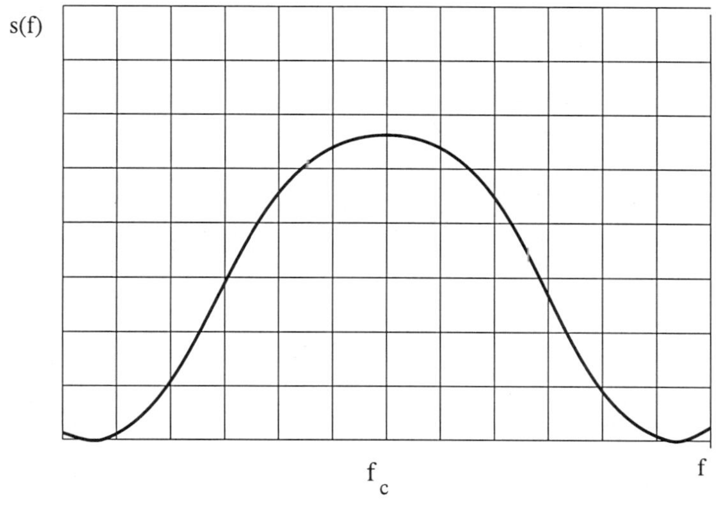

Figura 4.20: Espectro FM para um sinal modulante gaussiano, com alto índice de modulação.

7. Um sinal AM, $s(t) = a(t)\cos(\omega_c t+\phi)$, com $S_A(\omega) = S_A[1-\frac{|\omega|}{\omega_M}]$, para $-\omega_M \leq \omega \leq \omega_M$, é transmitido por meio de um canal com ruído aditivo gaussiano e branco, com $S_N(\omega) = S_0$. O filtro do demodulador tem a mesma faixa do sinal transmitido. Calcule a relação sinal-ruído (SNR) para o sinal recebido. Faça os gráficos.

8. Calcule a potência da portadora modulada a seguir, em que $l(t)$ e $r(t)$ são sinais aleatórios descorrelacionados de média zero.

$$s(t)_{QUAM-EST} = \text{sen}\,(\omega_c t + \phi) + [l(t) + r(t)]\cos(\omega_c t + \phi) + [l(t) - r(t)]\text{sen}\,(\omega_c t + \phi).$$

9. Determine e esboce a autocorrelação para a portadora modulada seguinte, considerando que $R_B(\tau) = \cos\omega_M\tau$ e $R_D(\tau) = \cos\omega_N\tau$. Qual a potência da portadora modulada?

$$s(t)_{QUAM} = b(t)\cos(\omega_c t + \phi) + d(t)\text{sen}\,(\omega_c t + \phi).$$

10. Para o esquema de modulação SSB seguinte, determine a potência da portadora modulada, considerando que o sinal modulante $m(t)$ tem a autocorrelação dada.

$$s(t) = [1 + m(t)]\cos(\omega_c t + \phi) - \hat{m}(t)\,\text{sen}\,(\omega_c t + \phi)$$

$$R_M(\tau) = e^{-\tau^2}$$

11. Esboce o espectro e calcule a potência da portadora modulada em ISB, assumindo que os sinais modulantes têm as densidades espectrais seguintes.

$$S_L(\omega) = S_o[u(\omega + \omega_M) - u(\omega - \omega_M)], \quad S_R(\omega) = S_o\left(1 - \frac{|\omega|}{\omega_M}\right)[u(\omega + \omega_M) - u(\omega - \omega_M)]$$

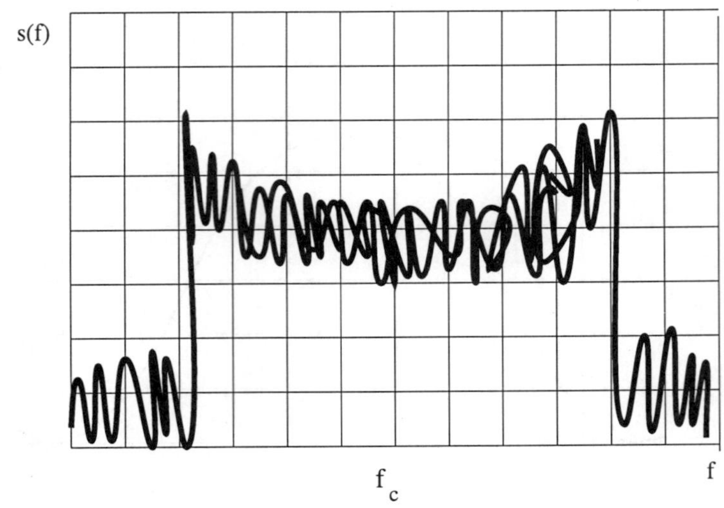

Figura 4.21: Espectro FM para um sinal modulante senoidal, com índice de modulação alto.

12. Para o esquema de modulação SSB seguinte, determine a potência da portadora modulada, considerando que o sinal modulante $m(t)$ tem a autocorrelação dada. Esboce o espectro da portadora modulada.

$$s(t) = m(t)\cos(\omega_c t + \phi) + \hat{m}(t)\,\text{sen}\,(\omega_c t + \phi)$$

$$R_M(\tau) = \cos(\omega_M \tau)$$

13. A fórmula simplificada para o esquema de modulação C-QUAM é dada como segue. Calcule a potência da portadora modulada. Considere os sinais $l(t)$ e $r(t)$ descorrelacionados, com potências respectivas P_L e P_R.

$$s(t) = [1 + l(t) + r(t)]\cos\left[\omega_c t + \tan^{-1}\left(\frac{l(t) - r(t)}{l(t) + r(t)}\right) + \phi\right].$$

14. Dado o sinal seguinte, modulado em SSB com banda lateral inferior, escreva a expressão para as resultantes de amplitude e fase do sinal modulado. Calcule a potência do sinal modulado.

$$s(t) = m(t)\cos(w_c t + \phi) + \hat{m}(t)\,\text{sen}\,(w_c t + \phi).$$

15. Dado que $l(t)$ e $r(t)$ são sinais descorrelacionados de média zero com potências P_L e P_R, respectivamente, calcule a potência do seguinte sinal modulado:

$$s(t) = [1 + l(t) + r(t)]\cos(w_c t + \theta) + [l(t) - r(t)]\,\text{sen}(w_c t + \theta),$$

16. Considerando o sinal seguinte, modulado em SSB com banda lateral superior, escreva a expressão para o sinal ISB que ocupa as duas bandas laterais. Calcule a potência do sinal ISB.

$$s(t) = m(t)\cos(w_c t + \phi) - \hat{m}(t)\,\text{sen}\,(w_c t + \phi).$$

17. Considerando o sinal seguinte, modulado em QUAM, escreva a expressão para a sua autocorrelação. Calcule a potência do sinal modulado.

$$s(t) = b(t)\cos(\omega_c t + \phi) + d(t)\,\text{sen}\,(\omega_c t + \phi).$$

18. Os sinais $b(t)$ e $d(t)$ têm as autocorrelações seguintes:

$$R_B(\tau) = \frac{A^2}{2}e^{-\alpha|\tau|}$$

e

$$R_D(\tau) = A^2[1 - \frac{|\tau|}{T_b}][u(\tau + T_b) - u(\tau - T_b)].$$

Determine a potência do sinal $s(t)$ modulado em QUAM com os sinais precedentes. Calcule a densidade espectral de potência do sinal modulado. Trace os gráficos.

19. Os sinais mensagem $b(t)$ e $d(t)$, com com as seguintes autocorrelações, modulam uma portadora em quadratura (QUAM). Supondo que os sinais são descorrelacionados, determine a autocorrelação da portadora modulada e sua densidade espectral de potência. Faça os gráficos correspondentes, considerando $\omega_B = 2\omega_D$.

$$R_B(\tau) = \frac{\omega_B S_0}{\pi}\frac{\text{sen}\,(\omega_B\tau)}{\omega_B\tau}$$

e

$$R_D(\tau) = \frac{\omega_D S_0}{\pi}\frac{\text{sen}\,(\omega_D\tau)}{\omega_D\tau}.$$

20. Um sinal aleatório $m(t)$, com autocorrelação $R_M(\tau) = \frac{1}{1+\tau^2}$, é aplicado à entrada de um modulador SSB. Calcule a autocorrelação do sinal modulado $s(t)$. Calcule a densidade espectral de potência de $s(t)$ a partir da autocorrelação. Faça os gráficos da autocorrelação e da densidade espectral de potência.

21. Um determinado fabricante estuda o lançamento de um sistema de modulação estéreo que produz a seguinte portadora modulada,

$$s(t)_{EST} = b(t)\cos(\omega_c t + \phi) + d(t)\text{sen}\,(\omega_c t + \phi),$$

em que $b(t) = l(t)\cdot r(t)$ e $d(t) = l(t)/r(t)$, em que $l(t)$ e $r(t)$ são independentes. Calcule a potência da portadora modulada. Projete um demodulador completo para recuperar os sinais $l(t)$ e $r(t)$. O sistema proposto é linear?

22. Calcule o valor médio e a potência total do sinal

$$s(t) = [1 + \Delta_B(l(t) + r(t))]\text{sen}\,(\omega_c t + \theta) - [1 + \Delta_D(l(t) - r(t))]\cos(\omega_c t + \theta),$$

em que $l(t)$ e $r(t)$ são estacionários, têm média nula, são descorrelacionados e θ é uma variável aleatória, com distribuição uniforme no intervalo $[0, 2\pi]$.

23. O sinal SSB seguinte é demodulado por meio da multiplicação por uma portadora local $c(t) = \cos(\omega_c t + \theta)$ e filtragem dos termos de alta freqüência. Escreva a expessão para o sinal demodulado em termos de $\alpha = \phi - \theta$. Explique o efeito do defasamento α na recepção do sinal. Determine o valor médio do sinal demodulado. Calcule a potência do sinal demodulado e mostre que ela é independente do defasamento α. Considere $R_{M\hat{M}}(0) = R_{\hat{M}M}(0) = 0$.

$$s(t) = m(t)\cos(\omega_c t + \phi) + \hat{m}(t)\text{sen}\,(\omega_c t + \phi).$$

24. Mostre que a soma de dois sinais SSB distintos e não relacionados, com mesma banda lateral suprimida, produz um sinal SSB. Calcule a potência do sinal produzido em função das potências dos sinais originais.

25. Mostre que a correlação entre os sinais $m(t)$ e $\hat{m}(t)$ não influencia o cálculo da potência do sinal modulado em SSB. Calcule essa potência a partir da autocorrelação do sinal modulado.

26. Um sinal QUAM, $s(t) = b(t)\cos(\omega_c t + \phi) + d(t)\text{sen}\,(\omega_c t + \phi)$, com $S_B(\omega) = S_B \cdot [1 - \frac{|\omega|}{\omega_M}]$, para $-\omega_M \leq \omega \leq \omega_M$, e $S_D(\omega) = S_D \cdot [u(\omega - \omega_D) - u(\omega - \omega_D)]$, para $\omega_D < \omega_M$, é transmitido por meio de um canal com ruído aditivo gaussiano e branco, com $S_N(\omega) = S_0$. O filtro do demodulador tem a mesma faixa do sinal transmitido. Calcule a relação sinal-ruído (SNR) para cada um dos sinais recebidos. Faça o gráfico da DEP do sinal QUAM.

27. Um sinal, com a seguinte função densidade de probabilidade dada, modula uma portadora em freqüência, com um índice de modulação elevado. Determine o espectro da portadora modulada. Calcule a banda passante real e a banda passante efetiva do sinal modulado.

$$p_M(m) = \frac{1}{2D}[u(m + D) - u(m - D)]$$

28. Calcule a potência da portadora modulada em freqüência, com faixa larga, a partir da fórmula para a densidade espectral de potência seguinte.

$$\text{WBFM}: \quad S_S(\omega) = \frac{\pi A^2}{2\Delta_{FM}}\left[p_M\left(\frac{\omega + \omega_c}{\Delta_{FM}}\right) + p_M\left(\frac{\omega - \omega_c}{\Delta_{FM}}\right)\right]$$

29. O sinal $m(t) = V\cos(\omega_M t + \varphi)$ modula duas portadoras, uma FM e outra PM, em faixa larga. Calcule a relação entre os respectivos índices de desvio para que a banda passante seja a mesma em ambos os casos.

$$\text{WBPM}: \quad S_S(\omega) = \frac{\pi A^2}{2\Delta_{PM}}\left[p_{M'}\left(\frac{\omega + \omega_c}{\Delta_{PM}}\right) + p_{M'}\left(\frac{\omega - \omega_c}{\Delta_{PM}}\right)\right]$$

em que $p_{M'}(\cdot)$ é a fdp da derivada do sinal modulante $m(t)$.

30. Um sinal $m(t)$, com densidade espectral de potência dada, modula uma portadora em freqüência, com um índice de modulação baixo. Determine e esboce o espectro da portadora modulada. Calcule a banda passante do sinal modulado.

$$S_M(\omega) = [u(\omega + \omega_M) - u(\omega - \omega_M)]$$

31. Um sinal, com a seguinte autocorrelação, modula uma portadora em fase com faixa estreita. Calcule a densidade espectral de potência do sinal modulado e a banda passante resultante.

$$R_M(\tau) = A^2[1 + e^{-|\tau|}].$$

32. Um sinal, com função densidade de probabilidade dada em seguida, modula uma portadora em freqüência com faixa larga. Determine a função densidade espectral de potência do sinal modulado. Calcule a banda passante do sinal modulado em função do parâmetro V.

$$p_M(m) = \frac{1}{\pi\sqrt{V^2 - m^2}}$$

33. Utilizando o sinal da questão anterior, determine o espectro e a banda passante, para uma portadora modulada em fase com faixa larga.

34. Um sinal, com função densidade de probabilidade laplaciana dada em seguida, modula uma portadora em freqüência com faixa larga. Determine a função densidade espectral de potência do sinal modulado. Calcule a banda passante do sinal modulado em função do parâmetro α.

$$p_M(m) = \frac{\alpha}{2}e^{-\alpha|m|}.$$

35. Um sinal gaussiano, com autocorrelação dada em seguida, modula uma portadora em fase com faixa estreita e com faixa larga. Calcule a banda passante resultante em cada um dos casos.

$$R_M(\tau) = \frac{\omega_M S_0}{\pi} \frac{\text{sen}\,(\omega_M \tau)}{\omega_M \tau}.$$

36. Um sinal, com função densidade de probabilidade uniforme dada em seguida, modula uma portadora em freqüência com faixa larga. Calcule a função densidade espectral de potência do sinal modulado. Um experimento é realizado para determinar o valor de pico do sinal modulante (a), em função do índice de modulação β, do índice de desvio em freqüência Δ_{FM} e da freqüência máxima do sinal modulante ω_M. Determine esse valor.

$$p_M(m) = \frac{1}{2a}[u(m+a) - u(m-a)].$$

37. O sinal $m(t)$ em seguida modula uma portadora em fase, com faixa larga. Calcule a densidade espectral de potência do sinal modulado e determine a sua banda passante, considerando que os níveis do sinal modulante são equiprováveis.

$$m(t) = \sum_{j=-\infty}^{\infty} m_j q(t - jT), \text{ em que } q(t) = (1 - \frac{2|t|}{T}) \text{ e } m_j = \{A, -A\}.$$

38. Um sinal modulado em freqüência $s(t)$ é transmitido por meio de um canal com ruído aditivo $n(t)$, com densidade espectral de potência $S_N(\omega) = N_C$. O sinal recebido, $r(t) = s(t) + n(t)$, é demodulado. Qual a relação entre a potência do sinal modulante $m(t)$ e a potência do ruído resultante da demodulação.

$$s(t) = A\cos[\omega_c t + \theta(t) + \phi], \ \theta(t) = \Delta_{FM} \int_{-\infty}^{t} m(t)dt,$$

$$S_M(\omega) = M_0, \text{para } |\omega| \leq \omega_M.$$

39. Um sinal mensagem $m(t)$, com função densidade de probabilidade $p_M(m) = \frac{\alpha}{2}e^{-\alpha|m|}$, modula uma portadora em freqüência, com faixa larga. Calcule a densidade espectral de potência e a autocorrelação do sinal modulado.

40. Um sinal, com distribuição de probabilidade dada em seguida, modula uma portadora em freqüência, com faixa larga. Calcule a densidade espectral de potência, a autocorrelação e a banda passante da portadora modulada. Trace os gráficos da densidade espectral de potência e da autocorrelação da portadora modulada.

$$p_M(m) = \frac{1}{b}[1 - \frac{|m|}{b}], \ |m| \leq b.$$

41. Um sinal, com função densidade de probabilidade dada em seguida, modula uma portadora em fase, com elevado índice de desvio em fase. Calcule densidade espectral de potência do sinal modulado. Faça o gráfico da densidade espectral de potência. Explique o resultado.

$$p_M(m) = \frac{1}{\sigma_M\sqrt{2\pi}} e^{-\frac{(m-\eta)^2}{2\sigma_M^2}},$$

em que η representa o valor médio do sinal modulante e σ_M seu valor eficaz.

42. Um sinal, com distribuição de probabilidade dada em seguida, modula uma portadora em freqüência, com faixa larga. Calcule a densidade espectral de potência e a banda passante da portadora modulada. Trace o gráfico da densidade espectral de potência da portadora modulada. Analise o espectro resultante. O valor médio do sinal mensagem é α e sua variância é dada por $\frac{2}{\beta^2}$.

$$p_M(m) = \frac{\beta}{2} e^{-\beta|m-\alpha|}.$$

43. Um sinal, com autocorrelação dada em seguida, modula uma portadora em fase com faixa estreita. Calcule a autocorrelação e a densidade espectral de potência da portadora modulada. Calcule a banda passante do sinal modulado.

$$R_M(\tau) = [1 - \frac{|\tau|}{T}] \cos \omega_M \tau, \; |\tau| \leq T, \; \omega_M \geq \frac{2\pi}{T}.$$

44. Um sinal, com função característica dada em seguida, modula uma portadora em freqüência, com índice de modulação alto. Calcule a autocorrelação e a densidade espectral de potência do sinal modulado. Faça o gráfico da densidade espectral de potência e analise o que ocorre com o espectro se o parâmetro a for alterado.

$$P_M(\omega) = \frac{\operatorname{sen} \omega a}{\omega a}.$$

45. Um sinal, com densidade espectral de potência $S_M(\omega) = S_M \omega^2$, para $-\omega_M \leq \omega \leq \omega_M$, modula uma portadora em freqüência com faixa estreita, resultando na autocorrelação seguinte

$$R_S(\tau) = \frac{A^2}{2} \cos(\omega_c \tau)[1 - R_\Theta(0) + R_\Theta(\tau)].$$

Determine a potência contida na raia espectral da portadora. Calcule a potência contida no espectro restante. Faça os gráficos das densidades espectrais de potência do sinal modulante e do sinal modulado.

46. A fórmula geral para a autocorrelação de um sinal modulado em ângulo é dada pela expressão seguinte

$$R_S(\tau) = \frac{A^2}{2} P_\Omega(\tau) \cos \omega_c \tau.$$

Para uma função característica $P_\Omega(\tau) = \cos a\tau$, calcule a densidade espectral de potência do sinal modulado. Faça o gráfico. Determine a banda passante do sinal.

Capítulo 5

Modulação Digital

Waslon Terllizzie Araújo Lopes, Francisco Madeiro

5.1 Introdução

Os avanços observados nas três últimas décadas em *hardware* e em processamento digital de sinais tornaram os sistemas de comunicações digitais mais baratos, mais rápidos e mais eficientes, quanto ao consumo de potência, que os sistemas de comunicações analógicos. A modulação digital apresenta uma série de vantagens sobre a modulação analógica, dentre as quais: maiores taxas de dados, poderosas técnicas de correção de erros, resistência a imperfeições do canal, estratégias de acesso múltiplo mais eficientes e maiores segurança e privacidade. Avanços em codificação e modulação codificada aplicadas à sinalização digital tornam o sinal muito menos suscetível ao ruído e ao desvanecimento, podendo ser utilizada equalização para remover imperfeições multipercurso. Técnicas de espalhamento espectral aplicadas à modulação digital podem ser usadas para remover ou combinar multipercurso, reduzir a interferência e detectar usuários múltiplos simultaneamente. Finalmente, a modulação digital é mais adequada à criptografia, resultando um nível mais alto de segurança e privacidade. Por todas essas razões, os sistemas atualmente propostos ou em desenvolvimento para aplicações que envolvem comunicações pessoais e sem fio são todos digitais.

A modulação digital consiste em mapear símbolos em formas de onda para transmissão por um dado canal. As principais considerações usadas na escolha de uma determinada técnica de modulação digital são:

- alta taxa de dados;
- elevada eficiência espectral (mínima ocupação de largura de faixa);
- elevada eficiência de potência (mínima potência de transmissão requerida);
- robustez a imperfeições do canal;
- robustez a imperfeições de *hardware*;
- baixo custo de implementação.

Freqüentemente, os tópicos citados configuram de requisitos conflitantes, sendo a escolha da modulação baseada na determinação da técnica a que alcança o melhor compromisso entre esses requisitos.

Basicamente, a modulação digital pode ser classificada em três categorias: modulação em amplitude, modulação em quadratura e modulação em ângulo. As técnicas de modulação em amplitude e em quadratura têm melhores propriedades espectrais do que as técnicas de modulação em ângulo, uma vez que levam a um alargamento espectral. No entanto, a maioria das técnicas de modulação em quadradura e em amplitude não tem uma envoltória de sinal constante. A modulação com uma envoltória não-constante é mais suscetível a variações de amplitude decorrentes de desvanecimento e interferência. Além disso, é preferível usar amplificadores não-lineares, visto que são baratos e fáceis de construir. Entretanto, tais amplificadores não são eficientes para modulação com a envoltória não-constante, tendo em vista que o ponto de operação do amplificador deve ser significativamente mais baixo que a região em que o amplificador se torna não-linear; caso contrário, a amplitude é distorcida pela não-linearidade do amplificador.

Portanto, o compromisso geral entre modulação em amplitude e em quadratura *versus* modulação em ângulo diz respeito à melhor eficiência espectral para o primeiro caso e à melhor eficiência de potência para o segundo. Uma vez determinada a técnica de modulação, a dimensão da constelação deve ser escolhida. Esquemas de modulação com constelações maiores têm maiores taxas de dados, mas são mais suscetíveis a ruído, desvanecimento e imperfeições de *hardware*.

5.2 Análise no Espaço de Sinais

A modulação digital codifica uma seqüência de bits de comprimento finito em um dentre vários possíveis sinais transmitidos. Intuitivamente, o receptor minimiza a probabilidade de erro de bit decodificando o sinal recebido como o sinal no conjunto de possíveis sinais transmitidos que é mais próximo ao sinal recebido.

A determinação da distância entre os sinais transmitido e recebido requer uma métrica para o espaço de sinais. Representando os sinais como projeções em um conjunto de funções de base, obtém-se uma correspondência um a um entre o conjunto de sinais transmitidos e suas representações vetoriais. Portanto, é possível analisar sinais em um espaço vetorial de dimensão finita em vez de em um espaço vetorial de dimensão infinita, usando as noções clássicas de distância para espaços vetoriais. Esta seção mostra como sinais modulados digitalmente podem ser representados como vetores em um espaço vetorial apropriadamente definido, e como métodos de demodulação ótima podem ser obtidos a partir dessa representação no espaço vetorial. Essa análise geral é aplicada posteriormente a técnicas de modulação específicas.

Modelo do Sistema

Considere o sistema de comunicações mostrado na Figura 5.1. Considere o modelo de canal AWGN (*additive white Gaussian noise*), de modo que o canal tem resposta ao impulso $h(t) = \delta(t)$ e que ruído branco estacionário com média zero e densidade espectral de potência $N_0/2$ é adicionado ao sinal transmitido para formar o sinal que chega ao receptor. A cada T segundos, o sistema seleciona uma mensagem m_i de um conjunto $\mathcal{M} = \{m_1, \cdots, m_M\}$ que é posteriormente transmitida pelo canal. As mensagens têm probabilidade p_i de serem selecionadas para transmissão, com $\sum_i p_i = 1$. Como existem M mensagens diferentes em $\mathcal{M}$, cada mensagem transmitida transporta $\log_2 M$ bits de informação. Portanto, o transmissor envia $\log_2 M$ bits pelo canal a cada T segundos, levando a uma taxa de dados de $R = \log_2 M/T$ bits por segundo (bps). Os $\log_2 M$ bits correspondentes à mensagem m_i são codificados em um sinal analógico $s_i(t) \in \mathcal{S} = \{s_1(t), \cdots, s_M(t)\}$ com energia

$$E_i = \int_T {s_i}^2(t)dt, \quad i = 1, \cdots, M. \tag{5.1}$$

Portanto, o sinal transmitido é dado por $\sum_k s_i(t - kT)$, em que $s_i(t)$ é o sinal analógico correspondente ao sinal mensagem m_i no intervalo de transmissão $[kT, (k+1)T]$.

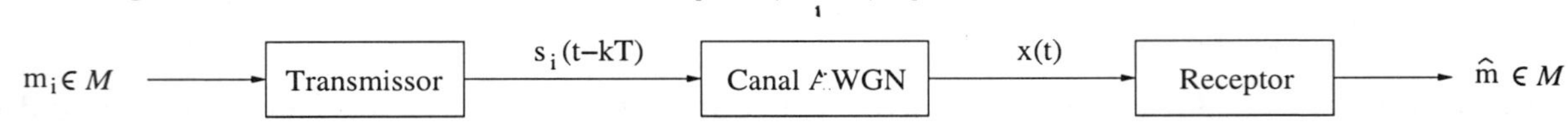

Figura 5.1: Modelo do sistema de comunicações.

O sinal recebido correspondente ao sinal mensagem m_i no intervalo $[kT, (k+1)T]$ é $x(t) = s_i(t - kT) + n(t)$. Para cada sinal transmitido $s_i(t - kT)$, o receptor deve determinar a melhor estimativa de que $s_i(t) \in \mathcal{S}$ foi transmitido (de forma equivalente, que $m_i \in \mathcal{M}$ foi transmitido) dado o sinal recebido $x(t)$. Especificamente, o receptor deve minimizar a probabilidade de erro de símbolo

$$P_e = \sum_{i=1}^{M} p_i F(\hat{m} \neq m_i | m_i \text{ enviado}), \tag{5.2}$$

em cada intervalo de tempo $[kT, (k+1)T]$.

Representando os sinais $\{s_i(t)\}$ geometricamente, é possível solucionar o problema de determinação do receptor ótimo em AWGN baseado em um critério de distância mínima.

5.2.1 Representação por Funções Básicas

A premissa básica por trás da representação no espaço de sinais é a noção de conjunto de funções básicas, ou de base. Especificamente, usando um procedimento de ortogonalização de Gram-Schmidt (Wozencraft e Jacobs, 1965b), é possível mostrar que qualquer conjunto com M sinais de energia reais $\mathcal{S} = (s_1(t), \cdots, s_M(t))$ definido em $[0, T]$ pode ser representado como uma combinação linear de $N \leq M$ funções de base ortonormais $\{\phi_1(t), \cdots, \phi_N(t)\}$. Portanto, é possível escrever cada $s_i(t) \in \mathcal{S}$ como

$$s_i(t) = \sum_{i=1}^{N} s_{ij}\phi_j(t), \; 0 \leq t < T, \tag{5.3}$$

em que

$$s_{ij} = \int_0^T s_i(t)\phi_j(t)dt \tag{5.4}$$

é um coeficiente real que representa a projeção de $s_i(t)$ sobre a função de base $\phi_j(t)$ e

$$\int_0^T \phi_i(t)\phi_j(t)dt = \begin{cases} 1, i = j \\ 0, i \neq j. \end{cases} \tag{5.5}$$

Se as funções $\{s_i(t)\}$ são linearmente independentes, então $N = M$; caso contrário, $N < M$. Para a maioria das técnicas de modulação utilizadas na prática, o conjunto de base consiste em duas funções ($N = 2$), correspondentes às dimensões em fase e em quadratura do sinal transmitido.

Denotam-se os coeficientes $\{s_{ij}\}$ no formato de vetor, como $\mathbf{s}_i = (s_{i1}, \cdots, s_{iN})$. Dadas as funções de base $\{\phi_1(t), \cdots, \phi_N(t)\}$, existe uma correspondência um a um entre o sinal $s_i(t)$ e sua representação vetorial $\mathbf{s}_i$. Especificamente, $s_i(t)$ pode ser obtido a partir de $\mathbf{s}_i$ pela Equação 5.3 e $\mathbf{s}_i$ pode ser obtido a partir de $s_i(t)$ pela Equação 5.4. Note que $\mathbf{s}_i \in \mathbb{R}^N$, sendo $\mathbb{R}^N$ chamado de espaço de sinais, com o i-ésimo eixo de $\mathbb{R}^N$ correspondendo à função de base $\phi_i(t)$. O vetor $\mathbf{s}_i$ é chamado de constelação de sinal correspondente à mensagem m_i. Constelações de sinal para técnicas de modulação comuns como M-PSK e M-QAM são bidimensionais (correspondendo às funções de base em fase e quadratura). Como há uma correspondência um a um entre $s_i(t)$ e $\mathbf{s}_i$, é possível caracterizar e analisar sinais e ruído em um espaço vetorial de dimensão finita em vez de em um espaço vetorial de dimensão infinita. Isso simplifica bastante a análise de desempenho do sistema, bem como a derivação do receptor ótimo.

Antes de converter o modelo do sistema da Figura 5.1 no modelo vetorial, convém apresentar algumas definições para caracterização de vetor no espaço de sinais $\mathbb{R}^N$. O comprimento de um vetor no espaço de sinais é definido como

$$||\mathbf{s}_i||^2 = \mathbf{s}_i^T \mathbf{s}_i = \sum_{k=1}^{N} s_{ik}^2. \tag{5.6}$$

A raiz quadrada desse comprimento, $||\boldsymbol{s}_i||$, é denominada norma do vetor. A distância entre dois vetores $\boldsymbol{s}_i$ e $\boldsymbol{s}_j$ é

$$||\boldsymbol{s}_i - \boldsymbol{s}_j||^2 = \sum_{k=1}^{N}(s_{ik} - s_{jk})^2 = \int_0^T (s_i(t) - s_j(t))^2 dt, \tag{5.7}$$

em que a segunda igualdade é obtida escrevendo $s_i(t)$ e $s_j(t)$ em suas representações de base na Equação 5.3 e usando a propriedade de ortonormalidade das funções de base. Finalmente, define-se o produto interno $< s_i(t), s_j(t) >$ entre dois sinais reais $s_i(t)$ e $s_j(t)$ no intervalo $[0, T]$ como

$$< s_i(t), s_j(t) > = \int_0^T s_i(t)s_j(t)dt. \tag{5.8}$$

De forma semelhante, define-se o produto interno $< \boldsymbol{s}_i, \boldsymbol{s}_j >$ entre dois vetores reais como

$$< \boldsymbol{s}_i, \boldsymbol{s}_j > = \boldsymbol{s}_i^T \boldsymbol{s}_j = \int_0^T s_i(t)s_j(t)dt = < s_i(t), s_j(t) >, \tag{5.9}$$

em que a igualdade entre o produto interno de vetores e o produto interno de sinais é decorrente da representação em base dos sinais da Equação 5.3 e da propriedade de ortonormalidade das funções de base da Equação 5.5 . Diz-se que dois sinais são ortogonais se seu produto interno é zero. Portanto, pela Equação 5.5, as funções de base são funções ortogonais.

5.2.2 Projeto do Receptor e Estatística Suficiente

Dada a saída do canal $x(t) = s_i(t) + n(t)$, $0 \leq t < T$, investiga-se agora o projeto do receptor para determinar qual m_i (de forma equivalente, qual $s_i(t)$) foi enviado no intervalo de tempo $[0, T]$. Um procedimento similar é seguido para cada intervalo de tempo $[kT, (k+1)T]$.

Considere a estrutura do receptor mostrada na Figura 5.2, em que

$$s_{ij} = \int_0^T s_i(t)\phi_j(t)dt \tag{5.10}$$

e

$$n_j = \int_0^T n(t)\phi_j(t)dt. \tag{5.11}$$

Pode-se reescrever $x(t)$ como

$$\sum_{j=1}^{N}(s_{ij} + n_j)\phi_j(t) + n_r(t) = \sum_{j=1}^{N} x_j\phi_j(t) + n_r(t), \tag{5.12}$$

em que $x_j = s_{ij} + n_j$ e $n_r(t) = n(t) - \sum_{j=1}^{N} n_j\phi_j(t)$ denota o ruído remanescente. O receptor faz sua estimativa $\hat{m}$ da mensagem transmitida m_i em função de $x_1, \cdots, x_N$. Portanto, o receptor descarta qualquer informação no termo de ruído remanescente $n_r(t)$, que é a componente do ruído ortogonal ao espaço de sinais, espaço gerado pelo conjunto de base $(\phi_1(t), \cdots, \phi_N(t))$. Se for possível mostrar que $n_r(t)$ não é útil para detectar que $s_i(t)$ foi enviado, então faz-se necessário apenas determinar o receptor ótimo para $(x_1, \cdots, x_N)$, uma vez que isso contém toda a informação necessária para detecção ótima de $s_i(t)$ dado $x(t)$. Em outras palavras, $(x_1, \cdots, x_N)$ constituiria uma estatística suficiente para detectar $s_i(t)$.

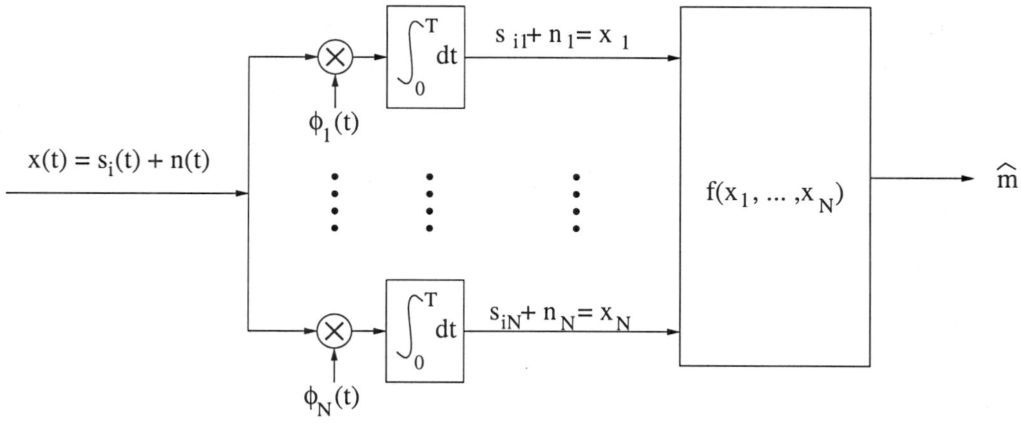

Figura 5.2: Estrutura do receptor para detecção de sinal em AWGN.

Como $n(t)$ é um processo aleatório gaussiano, a saída do canal $x(t) = s_i(t) + n(t)$ é também um processo aleatório gaussiano e o vetor $(x_1, \cdots, x_N)$ é um vetor aleatório gaussiano. Lembre-se de que $x_j = s_{ij} + n_j$. Portanto, a média de x_j é dada por

$$\mu_{x_j} = E[x_j] = E[s_{ij} + n_j] = s_{ij}, \tag{5.13}$$

uma vez que $n(t)$ tem média zero, e variância igual a

$$\sigma_{x_j} = E[x_j - \mu_{x_j}]^2 = E[s_{ij} + n_j - s_{ij}]^2 = E[n_j^2]. \tag{5.14}$$

Tem-se

$$\begin{aligned} \text{Cov}[x_j x_k] &= E[(x_j - \mu_{x_j})(x_k - \mu_{x_k})] = E[n_j n_k] \\ &= E\left[\int_0^T n(t)\phi_j(t)dt \int_0^T n(\tau)\phi_k(\tau)d\tau\right] = \int_0^T \int_0^T E[n(t)n(\tau)]\phi_j(t)\phi_k(\tau)dtd\tau \\ &= \int_0^T \int_0^T \frac{N_0}{2}\delta(t-\tau)\phi_j(t)\phi_k(\tau)dtd\tau = \frac{N_0}{2}\int_0^T \phi_j(t)\phi_k(\tau)dt \\ &= \begin{cases} N_0/2, i = j \\ 0, i \neq j \end{cases} \end{aligned} \tag{5.15}$$

em que a última igualdade decorre da ortogonalidade das funções de base. Portanto, os termos x_i são descorrelacionados e, em virtude de serem gaussianos, também são independentes (Papoulis, 1984). Além do mais, $E[n_j^2] = N_0/2$.

Se for definido o vetor aleatório correspondente às saídas do correlator como $\boldsymbol{x} = [x_1, \cdots, x_N]$, dado que a mensagem m_i é transmitida, tem-se x_i com distribuição gaussiana com média s_{ij} e variância $N_0/2$. Portanto, pela independência dos termos x_i,

$$p(\boldsymbol{x}|m_i) = \prod_{j=1}^{N} p(x_j|m_i) = \frac{1}{(\pi N_0)^{N/2}} \exp\left[-\frac{1}{N_0}\sum_{j=1}^{N}(x_j - s_{ij})^2\right]. \tag{5.16}$$

Pode-se mostrar que $E[x_j n_r(t_k)] = 0$ para qualquer $t_k : 0 \leq t_k < T$. Como qualquer processo aleatório é completamente caracterizado por seu conjunto completo de amostras temporais, temos que x_j é independente de qualquer função do processo ruidoso remanescente $n_r(t)$. Além disso, como o sinal transmitido é independente do ruído, s_{ij} é independente do processo $n_r(t)$.

O objetivo do projeto do receptor é minimizar a probabilidade de erro na detecção da mensagem transmitida m_i dado o sinal recebido $x(t)$. Para minimizar $P_e = p(\hat{m} \neq m_i|x(t)) = 1 - p(\hat{m} = m_i|x(t))$ pode-se maximizar $p(\hat{m} = m_i|x(t))$. Portanto, a saída do receptor $\hat{m}$ dado o sinal recebido $x(t)$ deve corresponder à mensagem m_i que maximiza $p(m_i \text{ enviado}|x(t))$. Lembrando que $x(t)$ é completamente descrito por $\boldsymbol{x} = (x_1, \cdots, x_N)$ e $n_r(t)$, e que a decisão de que mensagem foi transmitida deve ser uma função $f[n_r(t)]$ do processo ruidoso remanescente, temos

$$\begin{aligned} p(m_i \text{ enviado}|x(t)) &= p((s_{i1}, \cdots, s_{iN}) \text{ enviado}|(x_1, \cdots, x_N, f[n_r(t)])) \\ &= \frac{p((s_{i1}, \cdots, s_{iN}) \text{ enviado}, (x_1, \cdots, x_N), f[n_r(t)]}{p((x_1, \cdots, x_N), f[n_r(t)])} \\ &= \frac{p((s_{i1}, \cdots, s_{iN}) \text{ enviado}, (x_1, \cdots, x_N))p(f[n_r(t)])}{p((x_1, \cdots, x_N))p(f[n_r(t)])} \\ &= p((s_{i1}, \cdots, s_{iN}) \text{ enviado}|(x_1, \cdots, x_N)), \end{aligned} \tag{5.17}$$

em que a terceira igualdade decorre do fato de que qualquer função do processo ruidoso remanescente é independente de $(x_1, \cdots, x_N)$ e $(s_{i1}, \cdots, s_{iN})$. A análise mostra que $(x_1, \cdots, x_N)$ é uma estatística suficiente para $x(t)$ na detecção de m_i, no sentido de que por meio dela a probabilidade de erro de detecção é minimizada.

5.2.3 Critério de Decisão por Máxima Verossimilhança

Foi visto na subseção anterior que a probabilidade de erro de detecção é minimizada se a saída do detector $\hat{m}$ é selecionada para maximizar $1 - P_e = p(\hat{m} \text{ enviado}|\boldsymbol{x})$. Pela regra de Bayes,

$$p(\hat{m} \text{ enviado}|\boldsymbol{x}) = \frac{p(\boldsymbol{x}|\hat{m} \text{ enviado})p(\hat{m} \text{ enviado})}{p(\boldsymbol{x})}. \tag{5.18}$$

Assumindo mensagens equiprováveis ($p(m_i) = 1/M$), $\hat{m}$ é escolhido como o argumento que maximiza $p(\boldsymbol{x}|\hat{m})$:

$$\hat{m} = \arg\max_{m_i} p(\boldsymbol{x}|m_i), i = 1, \cdots, M. \tag{5.19}$$

Define-se a função de verossimilhança associada ao receptor como

$$L(m_i) = p(\boldsymbol{x}|m_i \text{ enviado}). \tag{5.20}$$

Em um receptor de máxima verossimilhança, $\hat{m}$ é escolhido como o argumento que maximiza $L(m_i)$. Como a função logarítmica é crescente, maximizar $L(m_i)$ é equivalente a maximizar a função logarítmica de verossimilhança, definida como

$$l(m_i) = \log L(m_i) = -\frac{1}{N_0} \sum_{j=1}^{N} (x_j - s_{ij})^2, \tag{5.21}$$

em que a segunda igualdade segue pela substituição de $L(m_i)$ na Equação 5.16. Note que a função logarítmica de verossimilhança depende apenas da distância entre o vetor recebido $\boldsymbol{x}$ e o conjunto de pontos da constelação do sinal transmitido, $\boldsymbol{s}_i, i = 1, \cdots, M$.

Portanto, o receptor de máxima verossimilhança calcula $\boldsymbol{x}$ a partir de $x(t)$ usando a estrutura apresentada na Figura 5.2 e então decodifica

$$\hat{m} = \arg\max_{m_i} l(m_i). \tag{5.22}$$

De forma equivalente, podemos encontrar a constelação de sinais correspondente à maximização do sinal mensagem m_i na Equação 5.22 como

$$\arg\max_{\boldsymbol{s}_i}\left(-\frac{1}{N_0}\sum_{j=1}^{N}(x_j - s_{ij})^2\right) = \arg\max_{\boldsymbol{s}_i}\left(-\frac{1}{N_0}||\boldsymbol{x} - \boldsymbol{s}_i||^2\right). \tag{5.23}$$

A maximização do argumento é o ponto da constelação de sinais, $\boldsymbol{s}_i$, que está mais próximo do vetor recebido $\boldsymbol{x}$. A estrutura do receptor de máxima verossimilhança é muito simples de implementar visto que o critério de decisão depende apenas de distâncias entre vetores no espaço de sinais. Essa estrutura também minimiza a probabilidade de erro quando as mensagens transmitidas são equiprováveis. Para mensagens que não são equiprováveis, o critério de decodificação por distância mínima não é suficiente para minimizar a probabilidade de erro, uma vez que as probabilidades de mensagens *a priori* influenciam essa probabilidade, como indicado na Equação 5.18.

O receptor de máxima verossimilhança decodifica a mensagem m_i correspondente à constelação de sinais, $\boldsymbol{s}_i$, $i = 1, \cdots, M$, como aquela mais próxima ao vetor recebido $\boldsymbol{x}$. Pode-se dividir o espaço de sinais em M regiões de decisão

$$Z_i = (\boldsymbol{x} : ||\boldsymbol{x} - \boldsymbol{s}_i|| < ||\boldsymbol{x} - \boldsymbol{s}_j||, \forall j = 1, \cdots, M, j \neq i) \quad i = 1, \cdots, M. \tag{5.24}$$

Então a decodificação ML (*maximum likelihood* ou de máxima verossimilhança) implica apenas determinação da região de decisão Z_i em que o vetor recebido $\boldsymbol{x}$ se encontra, isto é, $\boldsymbol{x} \in Z_i \rightarrow \hat{m} = m_i$. Portanto, a função $f(\boldsymbol{x}) = f(x_1, \cdots, x_N)$ na Figura 5.2 é dada por $\hat{m} = m_i : \boldsymbol{x} \in Z_i$. Mostra-se que a Figura 5.2 é equivalente ao filtro casado da Figura 5.3.

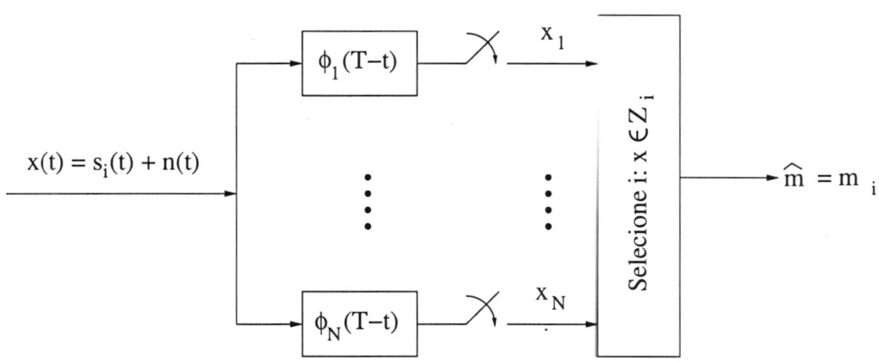

Figura 5.3: Estrutura do filtro casado.

5.2.4 Probabilidade de Erro e o Limitante de União

Considere a probabilidade de erro associada à estrutura do receptor ML. Para mensagens equiprováveis, $p(m_i \text{ enviado}) = 1/M$, tem-se

$$\begin{aligned} P_e &= \sum_{i=1}^{M} p(\boldsymbol{x} \notin Z_i | m_i \text{ enviado}) p(m_i \text{ enviado}) \\ &= \frac{1}{M} \sum_{i=1}^{M} p(\boldsymbol{x} \notin Z_i | m_i \text{ enviado}) \\ &= 1 - \frac{1}{M} \sum_{i=1}^{M} p(\boldsymbol{x} \in Z_i | m_i \text{ enviado}) \\ &= 1 - \frac{1}{M} \sum_{i=1}^{M} \int_{Z_i} p(\boldsymbol{x} | m_i) d\boldsymbol{x} \\ &= 1 - \frac{1}{M} \sum_{i=1}^{M} \int_{Z_i} p(\boldsymbol{x} = \boldsymbol{s}_i + \boldsymbol{n} | \boldsymbol{s}_i) d\boldsymbol{n} \\ &= 1 - \frac{1}{M} \sum_{i=1}^{M} \int_{Z_i - \boldsymbol{s}_i} p(\boldsymbol{n}) d\boldsymbol{n}. \end{aligned} \tag{5.25}$$

As integrais da Expressão 5.25 estão definidas no subconjunto N-dimensional $Z_i \subset \mathbb{R}^N$. Ilustramos esse cálculo da probabilidade de erro na Figura 5.4, na qual os pontos da constelação $s_1, \cdots, s_8$ são igualmente espaçados ao redor de um círculo com separação mínima d_{min}. A probabilidade de recepção correta admitindo que o primeiro símbolo é enviado, $p(\boldsymbol{x} \in Z_1 | m_1 \text{ enviado})$, corresponde à probabilidade $p(\boldsymbol{x} = \boldsymbol{s}_1 + \boldsymbol{n} | \boldsymbol{s}_1)$ de que, quando ruído é adicionado ao sinal transmitido $\boldsymbol{s}_1$, o vetor resultante $\boldsymbol{x} = \boldsymbol{s}_1 + \boldsymbol{n}$ permanece na região Z_1 mostrada pela região sombreada.

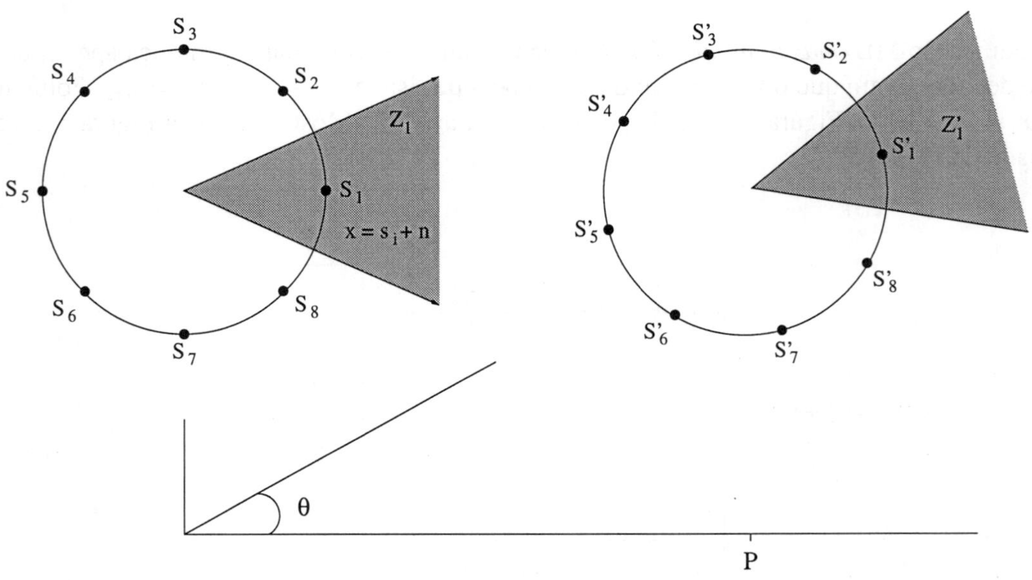

Figura 5.4: Invariância da probabilidade de erro à rotação/translação.

A Figura 5.4 também indica que a probabilidade de erro é invariante à rotação ou translação da constelação de sinais. O lado direito da figura indica uma rotação de fase de θ e uma translação P com relação à constelação no lado esquerdo. Portanto, $s'_i = s_i e^{j\theta} + P$. A invariância à rotação ocorre porque o vetor ruído $\boldsymbol{n} = (n_1, \cdots, n_N)$ tem componentes que são variáveis aleatórias gaussianas i.i.d. com média zero. Portanto, a representação polar $\boldsymbol{n} = \boldsymbol{r}e^{j\theta}$ é uniformemente distribuída em θ, de modo que a estatística do ruído é invariante à rotação de fase. A invariância à translação vem do fato de que se a constelação é deslocada por algum valor $P \in \mathbb{R}^N$, as regiões de decisão definidas pela Equação 5.24 também são transladadas por P. Seja $(\boldsymbol{s}_i, Z_i)$ um ponto da constelação e a correspondente região de decisão antes da translação e $(\boldsymbol{s}'_i, Z'_i)$ o ponto da constelação e a região de decisão correspondente após a translação. Mostra-se que $p(\boldsymbol{x} = \boldsymbol{s}_i + \boldsymbol{n} \in Z_i|\boldsymbol{s}_i) = p(\boldsymbol{x}' = \boldsymbol{s}'_i + \boldsymbol{n} \in Z'_i|\boldsymbol{s}'_i)$. Portanto, a probabilidade de erro após um deslocamento de eixo dos pontos da constelação permanece inalterada.

Enquanto a Expressão 5.25 fornece uma solução exata para a probabilidade de erro, não se pode determinar essa probabilidade como uma expressão fechada. Por isso, será analisado o limitante de união para o cálculo da probabilidade de erro, que fornece uma expressão fechada, a qual é uma função da distância entre os pontos da constelação de sinais. Seja A_{ik} o evento $||\boldsymbol{x} - \boldsymbol{s}_k|| < ||\boldsymbol{x} - \boldsymbol{s}_i|$, dado que o ponto da constelação $\boldsymbol{s}_i$ foi enviado. Se o evento A_{ik} ocorre, então a constelação será decodificada com erro uma vez que a constelação transmitida $\boldsymbol{s}_i$ não é o ponto da constelação mais próximo ao vetor recebido $\boldsymbol{x}$. No entanto, o evento A_{ik} não necessariamente implica que $\boldsymbol{s}_k$ é decodificado em vez de $\boldsymbol{s}_i$, uma vez que pode haver um outro ponto de constelação $\boldsymbol{s}_j$ com $||\boldsymbol{x} - \boldsymbol{s}_j|| < ||\boldsymbol{x} - \boldsymbol{s}_k|| < ||\boldsymbol{x} - \boldsymbol{s}_i||$. A constelação é decodificada corretamente se $||\boldsymbol{x} - \boldsymbol{s}_i|| < ||\boldsymbol{x} - \boldsymbol{s}_k|| \; \forall k \neq i$. Portanto,

$$P_e(m_i \text{ enviado}) = p\left(\bigcup_{\substack{k=1\\k\neq i}}^{M} A_{ik}\right) \leq \sum_{k=1}^{M} p(A_{ik}), \tag{5.26}$$

em que a desigualdade segue do limitante de união na probabilidade.

Consideremos $p(A_{ik})$ mais detalhadamente. Temos

$$\begin{aligned} p(A_{ik}) =& p(||\boldsymbol{s}_k - \boldsymbol{x}|| < ||\boldsymbol{s}_i - \boldsymbol{x}|| \; |\boldsymbol{s}_i \text{ enviado}) \\ =& p(||\boldsymbol{s}_k - (\boldsymbol{s}_i + \boldsymbol{n})|| < ||\boldsymbol{s}_i - (\boldsymbol{s}_i + \boldsymbol{n})|| \\ &+ p(||\boldsymbol{n} + \boldsymbol{s}_i - \boldsymbol{s}_k|| < ||\boldsymbol{n}||), \end{aligned} \tag{5.27}$$

isto é, a probabilidade de erro é igual à probabilidade de que o ruído $\boldsymbol{n}$ seja mais próximo do vetor $\boldsymbol{s}_i - \boldsymbol{s}_k$ do que da origem. Lembre-se de que o ruído tem média zero, de modo que está em geral próximo da origem. A probabilidade não depende da componente de ruído $\boldsymbol{n}$ como um todo: depende apenas da projeção de $\boldsymbol{n}$ na linha que conecta a origem e o ponto $\boldsymbol{s}_i - \boldsymbol{s}_k$, conforme mostra a Figura 5.5. Dadas as propriedades de $\boldsymbol{n}$, a projeção de $\boldsymbol{n}$ nessa linha unidimensional é uma variável aleatória gaussiana unidimensional n com média zero e variância $N_0/2$. O evento A_{ik} ocorre se n é mais próximo de $\boldsymbol{s}_i - \boldsymbol{s}_k$ que de zero, isto é, se $n > d_{ik}/2$, em que $d_{ik} = ||\boldsymbol{s}_i - \boldsymbol{s}_k||$ é a distância entre os pontos de constelação $\boldsymbol{s}_i$ e $\boldsymbol{s}_k$. Portanto,

$$p(A_{ik}) = p(n > d_{ik}/2) = \int_{d_{ik}/2}^{\infty} \frac{1}{\sqrt{\pi N_0}} \exp\left[\frac{-v^2}{N_0}\right] dv = Q\left(\frac{d_{ik}}{\sqrt{2N_0}}\right). \tag{5.28}$$

Substituindo na Equação 5.26, temos

$$P_e(m_i \text{ enviado}) \leq \sum_{\substack{k=1\\k\neq i}}^{M} Q\left(\frac{d_{ik}}{\sqrt{2N_0}}\right). \tag{5.29}$$

Somando em relação a todas as mensagens possíveis, temos

$$P_e = \sum_{i=1}^{M} p(m_i) P_e(m_i \text{ enviado}) \leq \frac{1}{M} \sum_{i=1}^{M} \sum_{\substack{k=1\\k\neq i}}^{M} Q\left(\frac{d_{ik}}{\sqrt{2N_0}}\right). \tag{5.30}$$

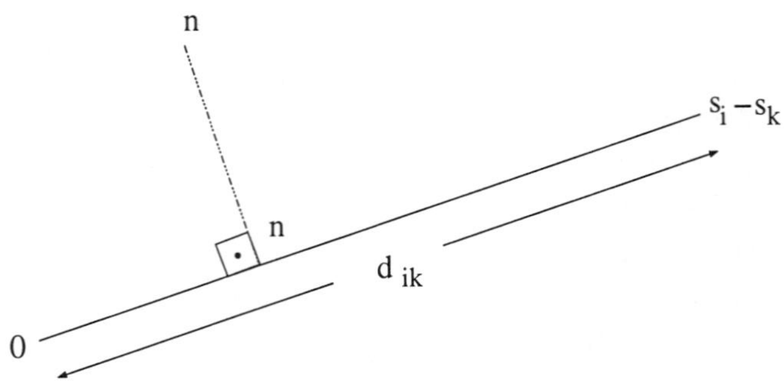

Figura 5.5: Projeção do ruído.

Definindo a distância mínima da constelação como $d_{\min} = \min_{i,k} d_{ik}$, podemos simplificar a Expressão 5.30 com o limitante

$$P_e \leq (M-1)Q\left(\frac{d_{\min}}{\sqrt{2N_0}}\right). \tag{5.31}$$

Usando um limitante bem conhecido $Q(x) \leq \frac{1}{2}e^{-x^2/2}$, obtém-se o limitante numa fórmula fechada

$$P_e \leq \frac{M-1}{\sqrt{\pi}} \exp\left[\frac{-d_{\min}^2}{N_0}\right]. \tag{5.32}$$

Note que para modulação binária em que $M = 2$ existe uma única forma de cometer um erro e $d_{\min}$ é a distância entre os dois pontos da constelação de sinais, de modo que o limitante da Expressão 5.31 é exato:

$$P_b = Q\left(\frac{d_{\min}}{\sqrt{2N_0}}\right). \tag{5.33}$$

A distância mínima que aparece na raiz quadrada nas Expressões 5.32 e 5.33 é geralmente proporcional à SNR do sinal recebido. Portanto, a probabilidade de erro é reduzida com o aumento da potência do sinal recebido.

Note que P_e é a probabilidade de erro de símbolo (mensagem): $P_e = p(\hat{m} \neq m_i | m_i \text{ enviado})$, em que m_i corresponde à mensagem com $\log_2 M$ bits. Contudo, projetistas de sistemas estão tipicamente interessados mais na probabilidade de erro de bit do que na probabilidade de erro de símbolo, uma vez que os erros de bit determinam os protocolos de rede, das camadas mais altas, e o desempenho ponto a ponto (*end-to-end*). Projetando o mapeamento das $\log_2 M$ seqüências de bits em mensagens m_i, $i = 1, \cdots, M$, de modo que um erro de símbolo corresponde a apenas um erro de bit com alta probabilidade, podemos fazer a seguinte aproximação:

$$P_b \approx \frac{P_e}{\log_2 M}. \tag{5.34}$$

A forma mais comum de mapeamento com essa propriedade é o código de Gray (Lee, 1986).

Os conceitos de espaço de sinais se aplicam a qualquer modulação em que os bits são codificados como um de vários possíveis sinais analógicos. Isso é verdade para técnicas de modulação em amplitude e em quadratura, mas em geral não é válido para técnicas de modulação em ângulo.

5.3 Princípios de Modulação Passa-Faixa

O princípio básico da modulação digital passa-faixa é codificar uma seqüência de bits de informação em uma portadora que será transmitida pelo canal de comunicações. A demodulação é o processo de extração da seqüência de bits de informação do sinal recebido. A degradação do sinal transmitido pelo canal pode levar a erros de bit no processo de demodulação. O objetivo da modulação é enviar bits a uma elevada taxa de dados minimizando a probabilidade da degradação de dados.

Em geral, os sinais modulantes codificam a informação na amplitude $A(t)$, freqüência $f(t)$ ou fase $\theta(t)$ de um sinal de portadora. Portanto, o sinal modulado pode ser representado como

$$s(t) = A(t)\cos[2\pi(f_c + f(t))t + \theta(t)] = A(t)\cos(2\pi f_c t + \phi(t)), \tag{5.35}$$

em que $\phi(t) = 2\pi f(t)t + \theta(t)$, que combina modulação em freqüência e em fase na modulação angular.

Podemos reescrever o lado direito da Expressão 5.35 em termos de suas componentes em fase e quadratura como

$$s(t) = A(t)\cos\phi(t)\cos(2\pi f_c t) - A(t)\text{sen}\,\phi(t)\text{sen}(2\pi f_c t) = s_I(t)\cos(2\pi f_c t) - s_Q\text{sen}(2\pi f_c t), \tag{5.36}$$

em que $s_I(t) = A(t)\cos\phi(t)$ é chamada de componente em fase de $s(t)$ e $s_Q(t) = A(t)\text{sen}\,\phi(t)$ é chamada de sua componente em quadratura. As componentes do sinal em fase e quadratura são sinais em banda básica com largura de faixa B: o sinal transmitido correspondente $s(t)$ é um passa-faixa em freqüência central f_c e largura de faixa passa-faixa $2B$. Podemos também escrever $s(t)$ como

$$s(t) = \mathbb{R}\{u(t)e^{j2\pi f_c t}\}, \tag{5.37}$$

em que $u(t) = s_I(t) - js_Q(t)$. Essas representações diferentes são úteis na discussão de técnicas de modulação em quadratura, em que as componentes de sinal em fase e quadratura são em geral processadas separadamente.

5.4 Esquemas de Modulação Digitais

Nos esquemas de modulação digitais, os bits de informação são utilizados para selecionar a amplitude e/ou fase do sinal transmitido. Existem três tipos principais de modulação digital:

- Modulação por amplitude de pulsos (M-PAM): a informação modula somente a amplitude da portadora;
- Modulação com chaveamento por deslocamento de fase (M-PSK): a informação modula somente a fase da portadora;
- Modulação em quadratura (M-QAM): a informação modula tanto a amplitude quanto a fase da portadora.

Sendo $s(t) = \Re\{u(t)e^{j2\pi f_c t}\}$ o sinal transmitido, então para todos os esquemas de modulação em amplitude tem-se

$$u(t) = \sum_n s_n g(t - nT_s), \qquad s_n = a_n + jb_n, \tag{5.38}$$

em que $T_s \gg 1/f_c$ é o período do símbolo, n é o índice do intervalo de sinalização, $g(t)$ é o formato do pulso e s_n é um número complexo representando $K = \log_2 M$ bits de informação, sendo constante no período de símbolo T_s. Os possíveis valores de s_n, multiplicados por uma constante proporcional à energia do pulso, fazem com que a constelação bidimensional de sinais corresponda às componentes em fase e em quadratura do sinal. A taxa de bits é K bits por símbolo ou $R = K/T_s$ bits por segundo. Como $s_n = a_n + jb_n$ pertence a um conjunto de números complexos, a envoltória do sinal normalmente não é constante. O mapeamento da informação no número complexo s_n e a escolha do formato do pulso $g(t)$ especificam a técnica de modulação digital. Dessa forma, o sinal transmitido é dado por

$$s(t) = \left[\sum_n a_n g(t - nT_s)\right]\cos(2\pi f_c t) - \left[\sum_n b_n g(t - nT_s)\right]\text{sen}(2\pi f_c t), \tag{5.39}$$

em que o primeiro termo entre colchetes é a componente em fase, $s_I(t)$, e o segundo termo entre colchetes é a componente em quadratura, $s_Q(t)$. Observe que as propriedades espectrais de $s(t)$ e de $u(t)$ são completamente determinadas pelas características espectrais de $g(t)$. Em particular, a largura de faixa do sinal em banda básica é igual à largura de faixa do pulso $g(t)$. Além disso, a largura de faixa do sinal transmitido é duas vezes maior do que a largura de faixa do sinal em banda básica. Logo, a minimizaçao da largura de faixa do lóbulo principal de $g(t)$ leva a uma melhor eficiência espectral e a minimizaçao da amplitude dos lóbulos de $g(t)$ diminui a interferência entre canais adjacentes. Esses critérios de projeto são usados na escolha do formato do pulso $g(t)$, que é discutido na Seção 5.7.

Os esquemas de modulação citados anteriormente podem ser generalizados a partir do modulador cuja estrutura é apresentada na Figura 5.6.

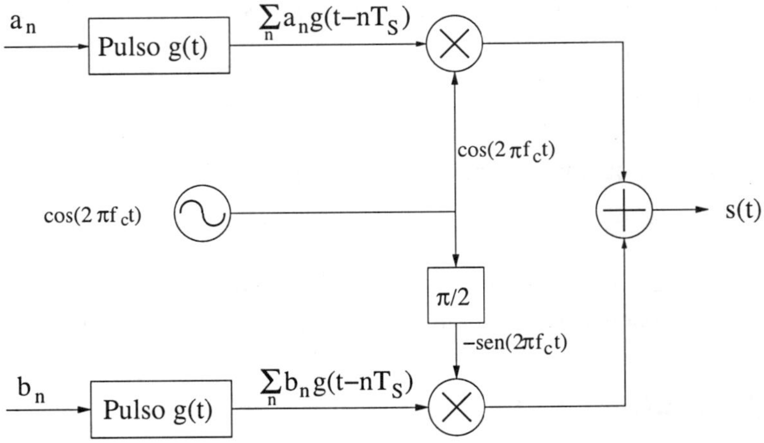

Figura 5.6: Estrutura básica de um modulador digital.

5.4.1 Modulação por Amplitude de Pulsos (M-PAM)

O tipo de modulação mais simples, o M-PAM, não apresenta a componente em quadratura ($b_n = 0$). Nesse esquema, toda informação é codificada na amplitude A_m do sinal a ser transmitido, ou seja,

$$s_m(t) = \Re\left\{A_m g(t) e^{j2\pi f_c t}\right\} = A_m g(t)\cos(2\pi f_c t), \qquad 1 \le t \le T_s, \tag{5.40}$$

sendo $A_m = (2m - 1 - M)d$, $m = 1, 2, \ldots, M$. Assim, a amplitude do sinal transmitido é obtida de um conjunto de $M = 2^K$ valores distintos, o que faz com que cada pulso corresponda a $\log_2 M = K$ bits por intervalo de sinalização T_s. O formato do pulso $g(t)$ é projetado para melhorar a eficiência espectral e combater a interferência intersimbólica (ISI) e é discutido na Seção 5.7.

Em um intervalo de sinalização $[0, T_s)$, o sinal M-PAM tem energia

$$E_{s_m} = \int_0^{T_s} s_m^2(t)dt = \int_0^{T_s} A_m^2 g^2(t)\cdot\frac{1}{2}[1+\cos(4\pi f_c t)]dt \approx \frac{1}{2}A_m^2\int_0^{T_s} g^2(t)dt = \frac{1}{2}A_m^2 E_g, \tag{5.41}$$

em que E_g é a energia do pulso. Esta é uma boa aproximação quando $f_c T_s \gg 1$, pois $g(t)$ é aproximadamente constante em um ciclo $T_c = 1/f_c$. A distância entre dois símbolos (que representam diferentes seqüências de informação) é dada por

$$d_{mn} = ||s_m(t) - s_n(t)|| = \sqrt{\int_0^{T_s} |s_m(t) - s_n(t)|^2 dt} \approx \sqrt{0,5E_g}|A_m - A_n| \ge d\sqrt{2E_g} = d_{\min}, \tag{5.42}$$

em que $d_{\min}$ é a menor distância entre dois símbolos da constelação.

Normalmente usa-se o código Gray para associar os bits aos símbolos da constelação. Nesse tipo de mapeamento, símbolos adjacentes são associados a conjuntos de bits que diferem um do outro em apenas um bit, como ilustrado na Figura 5.7. Com esse método de codificação, se o ruído provocar um erro de demodulação de um símbolo para outro símbolo adjacente (tipo de erro mais provável), então somente um bit em uma seqüência de K bits é decodificado erroneamente.

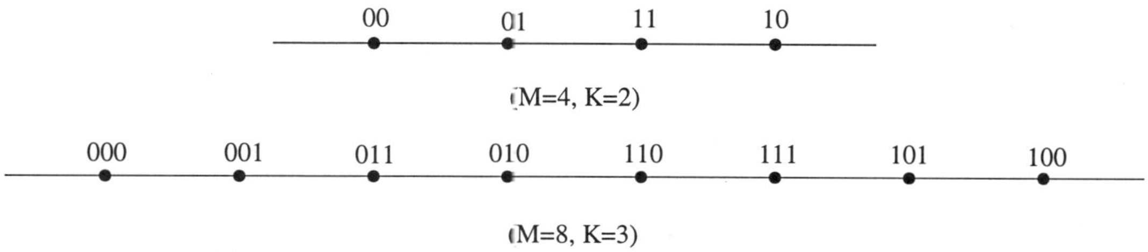

Figura 5.7: Mapeamento Gray para o esquema de modulação M-PAM.

5.4.2 Modulação com Chaveamento por Deslocamento de Fase (M-PSK)

No esquema M-PSK, a informação é codificada na fase do sinal transmitido, ou seja,

$$
\begin{aligned}
s_m(t) &= \Re\{g(t)e^{j2\pi(m-1)/M}e^{j2\pi f_c t}\}, \qquad 0 \le t \le T_s, && (5.43)\\
&= g(t)\cos\left[2\pi f_c t + \frac{2\pi}{M}(m-1)\right] && (5.44)\\
&= g(t)\cos\left[\frac{2\pi}{M}(m-1)\right]\cos(2\pi f_c t) - g(t)\text{sen}\left[\frac{2\pi}{M}(m-1)\right]\text{sen}(2\pi f_c t). && (5.45)
\end{aligned}
$$

Assim, para $s_n = a_n + jb_n$, as constantes a_n e b_n são dadas por $\cos\left[\frac{2\pi}{M}(m-1)\right]$ e $\text{sen}\left[\frac{2\pi}{M}(m-1)\right]$ respectivamente. Como no caso do M-PAM, $g(t)$ é o formato do pulso e $\theta_m = \frac{2\pi}{M}(m-1)$, $m = 1, 2, \ldots, M$ são as possíveis fases da portadora que contém os bits de informação.

Todos os sinais possíveis têm a mesma energia

$$
E_{s_m} = \int_0^{T_s} s_m^2(t)dt \approx \frac{1}{2}\int_0^{T_s} g^2(t)dt = \frac{1}{2}E_g. \qquad (5.46)
$$

Observe que para $g(t) = 1$, isto é, pulso retangular, o sinal transmitido tem envoltória constante, diferentemente dos esquemas de modulação M-PAM e M-QAM. Contudo, pulsos retangulares são espectralmente pouco eficientes. A distância entre dois símbolos da constelação M-PSK é dada por

$$
d_{mn} = \sqrt{E_g\left(1 - \cos\left(\frac{2\pi}{M}(m-1)\right)\right)} \ge \sqrt{E_g(1 - \cos(2\pi/M)} = d_{\min}. \qquad (5.47)
$$

Como no caso do M-PAM, utiliza-se normalmente o código Gray, no qual fases adjacentes diferem em apenas um único bit, como ilustrado na Figura 5.8.

5.4.3 Modulação em Quadratura (M-QAM)

No esquema M-QAM, os bits de informação são utilizados para modular a fase e a amplitude do sinal transmitido. Assim, enquanto os esquemas M-PAM e M-PSK têm um grau de liberdade para codificar os bits de informação (amplitude ou fase respectivamente), o esquema M-QAM tem dois graus de liberdade. Como

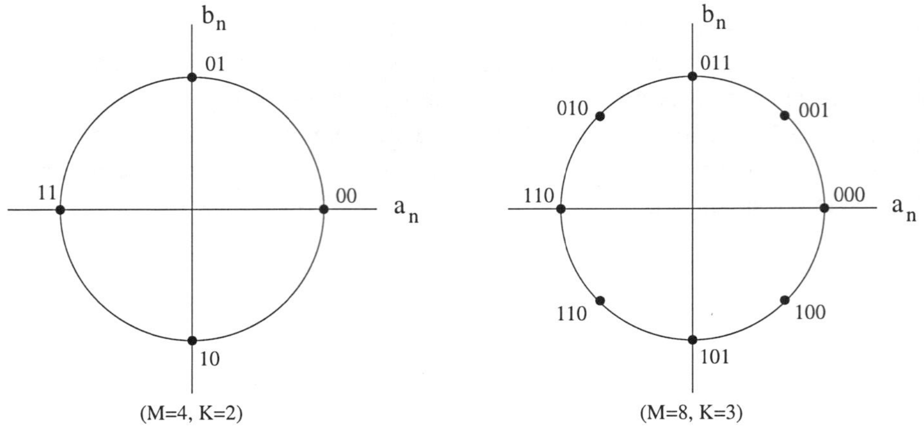

Figura 5.8: Mapeamento Gray para o esquema de modulação QPSK e 8-PSK.

resultado, o M-QAM tem melhor eficiência espectral do que os esquemas M-PAM e M-PSK, ou seja, para uma dada largura de faixa e uma dada potência média, o esquema M-QAM consegue codificar um número maior de bits por símbolo.

O sinal transmitido é dado por

$$s_m(t) = \Re\{A_m e^{j\theta_m} g(t) e^{j2\pi f_c t}\} = A_m g(t)\cos(2\pi f_c t + \theta_m), \qquad 0 \leq t \leq T_s. \tag{5.48}$$

A energia de $s_m(t)$ é

$$E_{s_m} = \int_0^{T_s} s_m^2(t)dt \approx \frac{1}{2}A_m^2 E_g, \tag{5.49}$$

que é o mesmo resultado do esquema M-PAM. A distância entre dois símbolos da constelação M-QAM é dada por

$$d_{mn} = \sqrt{\frac{1}{2}E_g[(a_m - a_n)^2 + (b_m - b_n)^2]}, \tag{5.50}$$

em que $a_k = A_k \cos\theta_k$ e $b_k = A_k \text{sen}\,\theta_k$ para $k = m, n$.

Considerando constelações M-QAM quadradas, nas quais a_n e b_n assumem valores iguais a $(2m - 1 - L)d$ para $m = 1, 2, \ldots, L = 2^l$, a menor distância entre dois símbolos é $d_{\text{min}} = d\sqrt{2E_g}$. A distância corresponde ao mesmo valor obtido para a constelação M-PAM. O número total de símbolos nas constelações QAM quadradas é $M = d^{2l}$. São transmitidos $2l$ bits/símbolo, ou seja, l bits por dimensão. As constelações mais comuns são 4-QAM e a 16-QAM, ilustradas na Figura 5.9.

5.5 Codificação Diferencial

Nos esquemas M-PSK e M-QAM, a informação modula a fase da portadora. Logo, as técnicas de modulação requerem demodulação coerente, isto é, a fase da portadora deve ser conhecida pelo receptor. Essa fase pode ser recuperada por meio do uso de sinais piloto ou elos travados em fase (PLL – *Phase-Locked Loop*) (Koufalas, 1996). Contudo, as implementacões aumentam a complexidade e o custo do receptor e são mais susceptíveis aos desvios de fase da portadora. Além disso, a obtenção da referência de fase pode ser muito difícil em canais com desvanecimento rápido. Logo, esquemas de modulação diferencial, que não requerem referência de fase, são geralmente preferidas em aplicações sem fio.

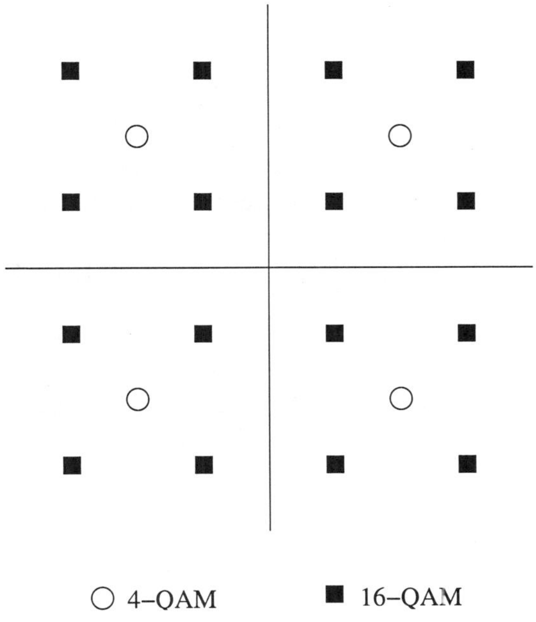

Figura 5.9: Constelações 4-QAM e 16-QAM.

As técnicas de modulação diferencial pertencem a uma classe mais geral de modulação, chamada de modulação com memória, na qual o símbolo transmitido no instante tempo n depende dos bits de informação atuais e do símbolo transmitido no instante de tempo $n - 1$. A modulação diferencial pode ser usada para adequar o formato do espectro do sinal transmitido de acordo com as características espectrais do canal, como no caso da codificação NRZ (*Non-Return to Zero*) e NRZI (*Non-Return to Zero Inverted*).

A principal vantagem da modulação diferencial é evitar a necessidade de referência de fase para demodulação coerente. O princípio básico nesse caso é usar o símbolo previamente enviado como referência de fase para o símbolo atual. Assim, os bits de informação codificam a diferença de fase entre o símbolo atual e o símbolo anterior. Por exemplo, considere a modulação 4-PSK com codificação diferencial, representada pelas siglas D-4PSK ou DQPSK. Suponha que o símbolo transmitido no instante de tempo $n - 1$ tem fase $\theta(n-1) = e^{j\theta_m}$. Então, se no instante de tempo n os bits de informação são 00, o símbolo do instante $n - 1$ tem fase $\theta(n) = e^{j\theta_m}$, isto é, para codificar os bits 00 o símbolo do instante $n - 1$ é repetido no instante n. Se no instante de tempo n os bits a serem transmitidos são 01, então o símbolo no instante de tempo n tem fase $\theta(n) = e^{j(\theta_m + \pi/2)}$.

De forma similar, para os bits de informação 10 o símbolo tem fase $\theta(n) = e^{j(\theta_m + 3\pi/2)}$ e para os bits 11 o símbolo tem fase $\theta(n) = e^{j(\theta_m + \pi)}$. Em todos os casos, a fase do símbolo no instante n depende dos bits de informação atuais e da fase θ_m do instante de tempo anterior. A codificação diferencial é mais comum para sinais M-PSK, pois o mapeamento diferencial é relativamente simples. A codificação diferencial também pode ser utilizada em constelações M-QAM por meio de um mapeamento diferencial um pouco mais complexo. A codificação diferencial para M-PSK é denotada por D-MPSK. As versões diferenciais do BPSK e do QPSK são DPSK e DQPSK respectivamente.

A codificação diferencial é menos sensível aos deslocamentos aleatórios de fase da portadora. Contudo, se o canal tem freqüência Doppler diferente de zero, as fases do canal em intervalos de símbolo distintos podem ser descorrelacionadas, fazendo com que o símbolo anterior seja uma referência de fase bastante ruidosa. A descorrelação faz com que a modulação diferencial tenha uma probabilidade de erro irredutível em canais sem fio.

5.6 Modulação em Fase com *Offset*

Todo sinal modulado em fase por um símbolo em banda básica $s_n = a_n + jb_n$ assume uma fase em um dos quatro quadrantes do plano complexo. No instante de tempo nT_s a transição para um novo símbolo pode provocar uma mudança de fase de até 180 graus. Isso faz com que a amplitude do sinal passe por zero: as transições de fase abruptas e a grande variação na amplitude do sinal podem ser distorcidas por amplificadores e filtros. As transições são evitadas pela introdução de um *offset* no pulso em quadratura, o que é realizado introduzindo um atraso de meio período de símbolo, como mostra a Figura 5.10. O *offset* torna o sinal menos sensível à distorção no ponto de transição.

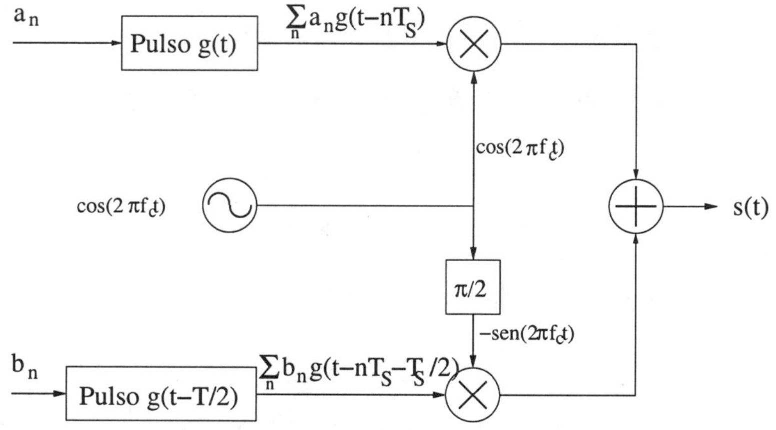

Figura 5.10: Modulador de fase com *offset*.

A modulação em fase com *offset* de fase é normalmente denotada por O-MPSK. Por exemplo, o esquema de modulação QPSK com *offset* é denotado por OQPSK. O esquema OQPSK tem as mesmas propriedades espectrais do QPSK considerando amplificação linear, mas tem alta eficiência para amplificação não-linear, uma vez que a máxima transição de fase do sinal é 90 graus. Outra técnica usada para combater as flutuações de fase provocadas pelo deslocamento de fase igual a 180 graus, usada no padrão IS-54 de telefonia móvel celular digital, é a $\pi/4$-QPSK, que permite uma transição máxima de fase igual a 135 graus. As transições de fase são iguais a 90 graus e 180 graus para o OQPSK e QPSK respectivamente. Assim, o $\pi/4$-QPSK não apresenta as boas propriedades espectrais quando comparado ao OQPSK considerando amplificação não-linear. Contudo, o esquema $\pi/4$ pode ser codificado diferencialmente, eliminando a necessidade da referência de fase, o que é uma vantagem significante. Usando codificação diferencial, o $\pi/4$-QPSK é chamado de $\pi/4$-DQPSK.

A modulação $\pi/4$-DQPSK funciona da seguinte forma: os bits de informação são inicialmente codificados diferencialmente como no DQPSK, selecionando um dos quatro pontos da constelação QPSK. Então, todos os outros símbolos transmitidos são defasados de $\pi/4$. O deslocamento de fase periódico tem um efeito similar ao efeito do *offset* temporal no OQPSK: reduz as flutuações de amplitude nas transições de símbolo, fazendo com que o sinal seja mais robusto ao ruído e ao desvanecimento.

5.7 O Pulso de Transmissão

Para o esquema M-PSK, se $g(t)$ é um pulso retangular de largura T, a envoltória do sinal é constante. Contudo, pulsos retangulares têm lóbulos laterais com alta energia espectral, o que significa que os sinais devem usar uma largura de faixa razoável para eliminar a interferência entre canais adjacentes. O formato do pulso pode ser modificado para reduzir a energia dos lóbulos laterais em relação ao pulso retangular, contudo isso deve ser feito sem que seja introduzida interferência intersimbólica (ISI – *InterSymbol Interference*). Assim, o formato do pulso $g(t)$ deve satisfazer o critério de Nyquist (Haykin, 1989), o qual estabelece que a ISI deve ser nula no instante de amostragem ideal. Os seguintes pulsos satisfazem o critério de Nyquist:

1. Pulso retangular: $g(t) = 1$, $0 \leq t \leq T_s$. Esse formato de pulso produz envoltória constante para sinais M-PSK, mas apresenta péssimas propriedades espectrais devido à alta energia dos lóbulos laterais.

2. Pulso cossenoidal: $g(t) = \text{sen}(\pi t/T_s)$, $0 \leq t \leq T_s$. Esse pulso é freqüentemente utilizado na modulação MSK, em que o ramo em quadratura tem seu pulso deslocado de $T_s/2$. Isso produz uma modulação com amplitude constante e lóbulos laterais com energia 10 dB abaixo daquela do pulso retangular. A modulação GMSK (Gaussian MSK) usa o mesmo deslocamento temporal da componente em quadratura usando um pulso com formato da função de Gauss em vez da do cosseno. A modulação GMSK tem lóbulos laterais com baixa energia e lóbulo principal estreito, quando comparada à modulação MSK. Devido às suas boas características espectrais, a modulação GMSK foi escolhida no padrão digital europeu de telefonia celular (GSM).

3. Pulso cosseno levantado: é projetado no domínio da freqüência para conseguir as propriedades espectrais desejadas. Assim, o pulso $g(t)$ é especificado em função da sua transformada de Fourier:

$$G(f) = \begin{cases} T_s, & 0 \leq |f| \leq (1-\beta)/2T_s, \\ \frac{T_s}{2}\left[1 - \text{sen}\left(\frac{\pi T_s}{\beta} \cdot \left(f - \frac{1}{2T_s}\right)\right)\right], & (1-\beta)/2T_s < |f| \leq (1+\beta)2T_s, \end{cases}$$

em que β é definido como fator de excesso de faixa (*rolloff factor*), que determina a proporção em que o espectro do pulso é espalhado, como mostra a Figura 5.11. Para $\beta = 0$ tem-se o pulso retangular. O pulso $g(t)$ no domínio do tempo correspondente a $G(f)$ é

$$g(t) = \frac{\text{sen}(\pi t/T_s)}{\pi t/T_s} \frac{\cos(\beta \pi t/T_s)}{1 - 4\beta^2 t^2/T_s^2}.$$

A Figura 5.11 apresenta o pulso cosseno levantado no domínio do tempo e da freqüência para alguns valores de β. O decaimento desse pulso no domínio do tempo é proporcional a $1/t^3$ (ou seja, mais rápido do que os pulsos anteriores).

5.8 Modulação com Envoltória Constante

Neste tipo de modulação, em virtude da envoltória do sinal transmitido, amplificadores não-lineares podem ser utilizados com elevada eficiência. Além disso, o sinal modulado é menos sensível às distorções em amplitude provocadas pelo canal ou pelo *hardware*. O preço pago pela robustez é a baixa eficiência espectral, pois os esquemas de modulação com envoltória constante tendem a ocupar uma largura de faixa maior do que a ocupada pelos esquemas de modulação em que a envoltória não é constante.

Para manter a envoltória do sinal constante, os bits de informação são tipicamente codificados na freqüência do sinal transmitido, sendo esse caso de modulação chamado de chaveamento por deslocamento de freqüência (M-FSK — *frequency shift keying*). A seguir, são descritos os princípios básicos da modulação M-FSK e de suas variações MSK e GMSK.

Na modulação M-FSK o sinal modulado é dado por

$$s_m(t) = A\cos(2\pi f_c t + 2\pi \alpha_m \Delta f_c t), \qquad 0 \leq t \leq T_s, \tag{5.51}$$

em que $\alpha_m = (2m - 1 - M)$, $m = 1, 2, \ldots, M = 2^K$. Dessa forma, a menor distância em freqüência entre diferentes símbolos é $2\Delta f_c$.

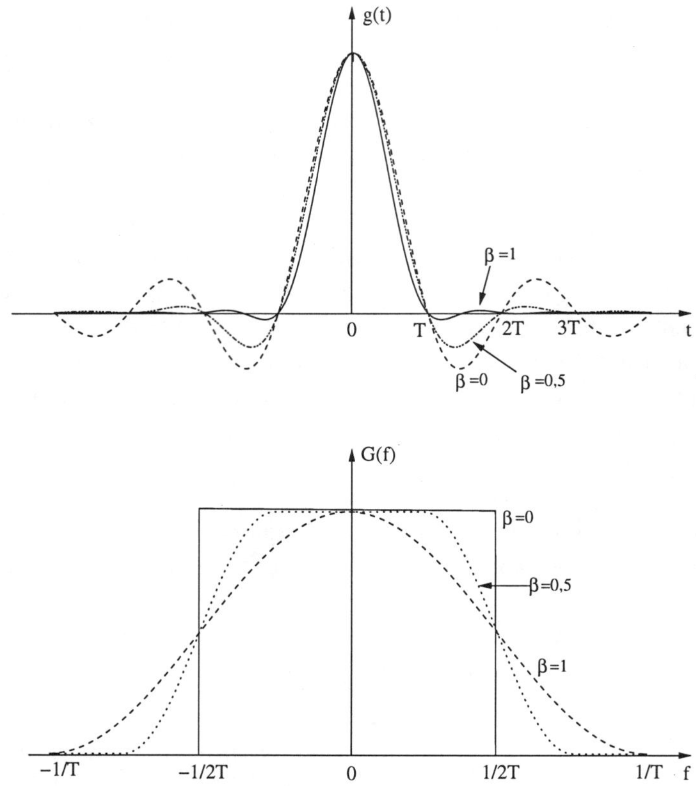

Figura 5.11: Pulso cosseno levantado no domínio do tempo e da freqüência.

Uma maneira simples para gerar o sinal M-FSK é ter M osciladores operando em diferentes freqüências $f_c + \alpha_m \Delta f_c$, em que o modulador faz um chaveamento entre os osciladores para cada intervalo de símbolo T_s. Contudo, a implementação faz com que haja transições de fase descontínuas nos instantes de chaveamento, devido às diferenças de fase entre os diferentes osciladores. Essa descontinuidade provoca um espalhamento espectral indesejável.

Uma melhor forma para gerar o sinal M-FSK sem o problema da descontinuidade de fase é modular em freqüência uma única portadora, como no caso do FM analógico. Nesse caso o sinal modulado é dado por

$$s_m(t) = A\cos\left(2\pi f_c t + 2\pi\beta \int_{-\infty}^{t} u(\tau)d\tau\right) = A\cos(2\pi f_c t + \theta(t)), \qquad (5.52)$$

em que $u(t) = \sum_n a_n g(t - nT_S)$ é um sinal M-PAM modulado pelos bits de informação, como descrito na Seção 5.4.1. A fase $\theta(t)$ é contínua com essa implementação. Essa forma de M-FSK é chamada de FSK com fase contínua (CPFSK – *Continuos Phase Frequency Shift Keying*).

Usando a regra de Carson, para pequenos valores de β a largura de faixa de $s(t)$ é aproximadamente igual a

$$B_s \approx M\Delta f_c + 2B, \qquad (5.53)$$

em que $B = B_g$ é a largura de faixa do sinal M-PAM $u(t)$. Dessa forma, a largura de faixa do sinal modulado pode ser aproximada por $B_s \approx 2B_g$. Assim, o esquema de modulação CPFSK ocupa o dobro do espectro daquele referente aos esquemas de modulação M-PAM e a eficiência espectral diminui quando o número de bits por símbolo $K = \log_2 M$ aumenta.

A modulação MSK é um caso especial do FSK em que a separação em freqüência é $\Delta f_c = 0,5/T_s$. Note que essa é a menor separação em freqüência para a qual o produto interno $< s_m(t), s_n(t) >$ é nulo em um intervalo de símbolo, para $m \neq n$. Como a ortogonalidade é necessária para demodulação, $\Delta f_c = 0,5/T_s$ é a menor separação em freqüência no FSK, ocupando, dessa forma, a menor largura de faixa.

Como o FSK e o MSK são técnicas não-lineares, elas têm uma largura de faixa maior do que os esquemas de modulação lineares para a mesma eficiência espectral. A largura de faixa pode ser reduzida por meio de uma seleção adequada do formato do pulso de transmissão do sinal PAM apresentado na Equação 5.52. O formato de pulso mais comumente utilizado para melhorar a eficiência espectral da modulação MSK é o pulso gaussiano, definido como

$$g(t) = \frac{\sqrt{\pi}}{\alpha} e^{-\pi^2 t^2/\alpha^2}, \tag{5.54}$$

em que α é um parâmetro relacionado com a eficiência espectral do sistema. O espectro de $g(t)$, que determina o espectro do sinal GMSK, é dado por

$$G(f) = e^{-\alpha^2 f^2}. \tag{5.55}$$

O parâmetro α está relacionado com a largura de faixa de 3 dB, B_g, do pulso $g(t)$ pela seguinte expressão

$$\alpha = \frac{\sqrt{-\ln\sqrt{1/2}}}{B_g}. \tag{5.56}$$

Observa-se então que aumentando o valor de α, melhora-se a eficiência espectral do sinal GMSK.

As boas características dos sinais GMSK (como, por exemplo: alta eficiência espectral e amplitude constante) fizeram com que esse tipo de modulação fosse adotado pelo padrão de telefonia celular digital europeu (GSM). É uma boa escolha para transmissão de voz, embora não seja necessariamente uma boa escolha para transmissão de dados. Os pulsos gaussianos não satisfazem o critério de Nyquist e, por isso, há a introdução de interferência intersimbólica (ISI) quando α aumenta. Dessa forma, a melhoria da eficiência espectral por meio do aumento de α leva a altos níveis de ISI, o que leva, por conseguinte, ao aparecimento de um patamar de erro irredutível (*error floor*). Como a taxa de erro de bit para transmissão de voz é relativamente alta, $P_b \approx 10^{-3}$, a ISI pode ser mantida relativamente alta e mesmo assim atender a essa probabilidade de erro máxima.

De fato, uma regra prática é usar $B_g T_s = 0,5$ na transmissão de voz, pois a ISI introduzida mantém-se dentro de níveis aceitáveis. Contudo, considerando a transmissão de dados, em que a probabilidade de erro de bit deve ser mais baixa, restringe-se a escolha de altos valores de α (o que corresponde a pequenos valores para B_g), diminuindo a eficiência espectral do GMSK para transmissão de dados.

5.9 Cálculo da Probabilidade de Erro para Sistemas de Comunicações sem Fio

A obtenção de taxas de transmissão elevadas, com confiabilidade, sujeitas à restrição de disponibilidade de um canal com largura de faixa muito limitada, constitui um dos grandes desafios em sistemas de comunicações sem fio. O canal móvel, por exemplo, apresenta eficiência espectral inferior ao seu limite teórico. O esquema QAM é uma técnica de modulação atraente no que diz respeito à eficiência em termos de largura de faixa. Estudos (e.g. (Lu *et al.*, 1999; Yang e Hanzo, 2000; Fortune *et al.*, 1992; Shayesteh e Aghamohammadi, 1995; Hanzo *et al.*, 1990; Aghamohammadi e Meyr, 1990)) têm sido desenvolvidos no sentido de avaliar o desempenho de esquemas de modulação QAM em termos de probabilidade de erro de bit.

Estudos relatados na literatura têm apresentado expressões para a probabilidade de erro de bit (BEP – *bit error probability*) de esquemas QAM em um canal com ruído aditivo gaussiano branco (AWGN, *additive white Gaussian noise*). Convencionalmente, aproximações para a BEP de esquemas de modulação QAM têm sido obtidas calculando a probabilidade de erro de símbolo ou simplesmente estimando-a com o uso de limites inferiores ou superiores (Proakis, 1995). Aproximações melhores para a BEP de esquemas QAM sujeitos a AWGN foram apresentadas recentemente em (Lu *et al.*, 1999; Yang e Hanzo, 2000). É importante mencionar que apesar de algumas expressões aproximadas apresentadas na literatura fornecerem valores com precisão ao ser considerada uma relação sinal-ruído (SNR, *signal-to-noise ratio*) elevada, a avaliação da BEP utilizando as expressões tende a se afastar dos valores exatos correspondentes ao ser considerada uma SNR baixa. Apesar de muita atenção ter sido dedicada à avaliação de desempenho de QAM em termos de probabilidade de erro de bit, só recentemente, em uma contribuição de Cho e Yoon (Cho e Yoon, 2002), foi obtida uma expressão exata, fechada, para a probabilidade de erro de bit do esquema QAM M-ário (M-QAM) em um canal AWGN quando se usa um mapeamento de Gray.

Em se tratando da avaliação de desempenho de esquemas QAM em um canal com desvanecimento Rayleigh (Lopes *et al.*, 2004), a probabilidade de erro de bit tem sido objeto de interesse em alguns trabalhos, podendo ser citadas as contribuições de Fortune *et al.* (Fortune *et al.*, 1992; Hanzo *et al.*, 1990), Shayesteh e Aghamohammadi (Shayesteh e Aghamohammadi, 1995) e Vitthaladevuni e Alouini (Vitthaladevuni e Alouini, 2001). Em (Fortune *et al.*, 1992), a expressão para a probabilidade de erro de bit de 16-QAM e 64-QAM envolve o cálculo de uma integral definida, cujo integrando é o produto da função-Q e uma função exponencial. Em (Shayesteh e Aghamohammadi, 1995), os autores usam o fato de que um sinal recebido em um canal com desvanecimento é sujeito a uma distorção multiplicativa (DM) e ao ruído aditivo usual – assim, após a compensação da DM, o sinal na entrada do detetor pode ser visto como um sinal que apresenta um único termo de distorção aditiva, que compreende os efeitos do ruído aditivo original, da DM, e do erro na compensação da DM.

Em (Shayesteh e Aghamohammadi, 1995), a função densidade de probabilidade do termo de distorção aditiva é obtida e usada para determinar a probabilidade de erro de esquemas de modulação. Uma expressão fechada para a BEP do esquema 16-QAM é apresentada em (Shayesteh e Aghamohammadi, 1995). Baseando-se em (Cho e Yoon, 2002), Vitthaladevuni e Alouini apresentaram em (Vitthaladevuni e Alouini, 2001) expressões genéricas para a BEP de constelações hierárquicas.

Em (Dong *et al.*, 1999), o método de Craig (Craig, 1991) é estendido para determinar a probabilidade de erro de símbolo de esquemas M-ários bidimensionais em canais com desvanecimento – Dong *et al.* determinam em (Dong *et al.*, 1999) a probabilidade de erro de símbolo média, exata, para a constelação 16-QAM em estrela em canais com desvanecimento.

Em um artigo recente (Lopes e Alencar, 2002), mostrou-se que o canal com desvanecimento Rayleigh pode ser visto como um canal sujeito a ruído aditivo. O ruído é modelado como a razão entre uma variável aleatória (v.a.) gaussiana e uma v.a. Rayleigh. A função cumulativa de probabilidade (FCP) unidimensional desse ruído aditivo foi obtida em (Lopes e Alencar, 2002). Nesta seção é apresentado um método (Lopes *et al.*, 2003), baseado nessa FCP, para obter expressões fechadas para a BEP de esquemas de modulação em canais com desvanecimento Rayleigh.

5.9.1 Modelo do Sistema

Considere o sistema de comunicações sem fio ilustrado na Figura 5.12.

Admitindo que o canal de comunicações é afetado por um desvanecimento lento não-seletivo em freqüência, o sinal recebido $\boldsymbol{r}_c(t)$ pode ser expresso como

$$\boldsymbol{r}_c(t) = \alpha e^{-j\phi}\boldsymbol{s}(t) + \boldsymbol{z}(t), \quad 0 \leq t \leq T, \tag{5.57}$$

em que $\boldsymbol{s}(t)$ representa o sinal transmitido, α denota a amplitude do desvanecimento, ϕ representa o desvio de fase devido ao canal, $\boldsymbol{z}(t)$ denota o ruído aditivo gaussiano branco (AWGN) e T corresponde ao intervalo de sinalização. Usando a representação em passa-baixas, $\boldsymbol{r}_c(t)$, $\boldsymbol{s}(t)$ e $\boldsymbol{z}(t)$ são processos estocásticos complexos. Além disso, a condição de desvanecimento lento implica que o parâmetro multiplicativo pode ser considerado constante pelo menos durante um intervalo de sinalização.

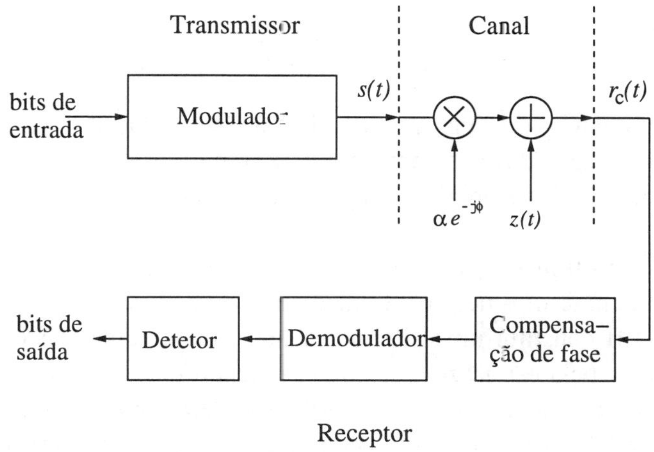

Figura 5.12: Diagrama de blocos de um sistema de comunicações sem fio. O sinal transmitido é afetado pelo desvanecimento e pelo ruído aditivo.

A amplitude do desvanecimento α é modelada por uma variável aleatória (v.a.) do tipo Rayleigh, cuja função densidade de probabilidade (fdp) é dada por

$$p_\alpha(\alpha) = 2\alpha e^{-\alpha^2} u(\alpha), \tag{5.58}$$

em que $u(\cdot)$ representa a função degrau unitário. O ruído aditivo $\boldsymbol{z}(t)$ é um processo estocástico complexo com média nula e densidade espectral de potência $N_0/2$ por dimensão. Considere, sem perda da generalidade, o desvanecimento normalizado, isto é, $E[\alpha^2] = 1$, em que $E[\cdot]$ é o operador valor esperado.

Supondo que o desvanecimento que afeta o canal é suficientemente lento, o desvio de fase ϕ pode ser estimado sem erro a partir do sinal recebido. Nesse caso, o receptor pode compensar o desvio de fase provocado pelo canal (multiplicação de $\boldsymbol{r}_c(t)$ por $e^{j\phi}$). Então, o sinal recebido resultante $\boldsymbol{r}(t)$ pode ser expresso como

$$\begin{aligned} \boldsymbol{r}(t) &= \boldsymbol{r}_c(t) \cdot e^{j\phi} = \alpha \boldsymbol{s}(t) + \boldsymbol{z}(t) \cdot e^{j\phi} \\ &= \alpha \boldsymbol{s}(t) + \boldsymbol{n}(t). \end{aligned} \tag{5.59}$$

É importante notar que o ruído aditivo $\boldsymbol{n}(t) = \boldsymbol{z}(t) \cdot e^{j\phi}$ é também um processo estocástico complexo com média nula e densidade espectral de potência $N_0/2$ em suas partes real e imaginária. Isso ocorre porque a distribuição de probabilidade bidimensional $p_N(n)$ não é afetada pela compensação de fase, visto que a distribuição é esfericamente simétrica (Wozencraft e Jacobs, 1965b, pp. 247).

A partir de agora, é adotada a notação da representação vetorial dos sinais. Nessa representação, cada sinal $\boldsymbol{s}(t)$ é completamente determinado por um vetor $\boldsymbol{s}$, cujas componentes representam a decomposição do sinal em um conjunto de funções ortonormais escolhido de forma conveniente (Wozencraft e Jacobs, 1965b).

O critério de máxima probabilidade *a posteriori* (Proakis, 1995) estabelece que o detetor ótimo, a partir da observação de $\boldsymbol{r}$, seleciona $\tilde{\boldsymbol{s}} = \boldsymbol{s}_k$ como o símbolo demodulado quando a função de decisão

$$P(\boldsymbol{s}_i) p_r(\boldsymbol{r}|\boldsymbol{s} = \boldsymbol{s}_i), \quad i = 0,\ 1,\ 2,\ \ldots M-1,$$

é máxima para $i = k$.

Baseando-se no critério de máxima probabilidade *a posteriori* e considerando que os símbolos da constelação são equiprováveis, o receptor pode utilizar duas estratégias diferentes para determinar o símbolo transmitido mais provável a partir da observação ruidosa $\boldsymbol{r}$:

- Estratégia I (EI): amplificar o sinal recebido para normalizar o ganho do canal, de modo que as regiões de decisão no receptor correspondam às regiões de decisão da constelação dos sinais transmitidos, ou seja, deve-se comparar r com todos os símbolos da constelação (multiplicados por α) e escolher como símbolo demodulado o mais próximo a r, isto é, o símbolo que minimiza a métrica $|r - \alpha s_i|$.

- Estratégia II (EII): usar o ganho do canal para amplificar a constelação dos sinais e determinar as regiões de decisão do receptor, ou seja, deve-se comparar r/α com todos os símbolos da constelação e escolher como símbolo demodulado o mais próximo a r/α, isto é, o símbolo que minimiza a métrica $|r/\alpha - s_i|$.

Em se tratando de QPSK, mostrou-se em (Lopes e Alencar, 2002) que ambas as estratégias (EI e EII) apresentam o mesmo desempenho em termos de probabilidade de erro de bit. No que diz respeito à complexidade, mostrou-se que a estratégia EII constitui uma alternativa mais interessante, visto que requer um número de operações inferior ao requerido pela estratégia EI. Em se tratando da estratégia EII, o canal com desvanecimento Rayleigh, após compensação de desvanecimento (divisão de r por α), funciona como um canal sujeito a ruído aditivo – esse ruído é modelado como a razão entre uma variável aleatória (v.a.) de Gauss e uma v.a. com distribuição Rayleigh. A função cumulativa unidimensional de probabilidade da v.a. referente ao ruído aditivo (que corresponde a n/α), obtida em (Lopes e Alencar, 2002), pode ser usada na determinação de expressões exatas para a probabilidade de erro de bit dos esquemas de modulação em um canal com desvanecimeto Rayleigh.

5.9.2 Demodulação em um Canal com Desvanecimento Rayleigh

Nesta seção é abordada a demodulação considerando a estratégia EII, cuja regra de decisão é

$$\tilde{s} = \arg\min_{s_i} \left(\left| \frac{r}{\alpha} - s_i \right| \right) \quad i = 0,\, 1,\, 2, \cdots, M-1. \tag{5.60}$$

Na expressão anterior, a função $\arg\min_{s_i}(\cdot)$ retorna o símbolo s_i, que minimiza o seu argumento.

Nesse esquema, após a compensação do desvanecimento (divisão de r por α), o canal pode ser interpretado como sujeito a ruído aditivo porque

$$\tilde{s} = \arg\min_{s_i} \left(\left| \frac{\alpha s + n}{\alpha} - s_i \right| \right) = \arg\min_{s_i} \left(\left| s + \frac{n}{\alpha} - s_i \right| \right) = \arg\min_{s_i} \left(|s + m - s_i| \right), \tag{5.61}$$

em que $m = n/\alpha$ é o ruído aditivo, o qual é modelado como uma v.a. correspondente ao quociente entre uma v.a. gaussiana e uma v.a. com distribuição Rayleigh.

A Função Densidade de Probabilidade e a Função Cumulativa de Probabilidade do Ruído m

Esta seção apresenta a função densidade de probabilidade (fdp) e a função cumulativa de probabilidade (FCP) da variável aleatória (v.a.) obtida pela razão entre uma v.a. gaussiana e uma v.a. Rayleigh. Essa v.a. pode ser expressa como $\mathcal{M} = N/\alpha$, em que N denota uma v.a. gaussiana com média zero e variância $N_0/2$, ou seja,

$$p_N(n) = \frac{1}{\sqrt{\pi N_0}} e^{-n^2/N_0}. \tag{5.62}$$

No caso, α é uma v.a. com distribuição de Rayleigh dada pela Equação 5.58.

Sob essas condições, a fdp de $\mathcal{M}$ é dada por (Papoulis, 1984)

$$p_{\mathcal{M}}(m) = \int_{-\infty}^{\infty} |\alpha| p_{N\alpha}(m\alpha, \alpha) d\alpha, \tag{5.63}$$

em que $p_{N\alpha}(n, \alpha)$ é a função densidade de probabilidade conjunta de N e α, dada por

$$p_{N\alpha}(n, \alpha) = \frac{2}{\sqrt{\pi N_0}} \alpha e^{-(\alpha^2 + n^2/N_0)} u(\alpha). \tag{5.64}$$

Observe que na expressão anterior as variáveis N e α foram consideradas independentes.

Dessa forma, a fdp de $\mathcal{M}$ é dada por

$$p_{\mathcal{M}}(m) = \int_0^{\infty} \alpha \frac{2}{\sqrt{\pi N_0}} \alpha e^{-(\alpha^2 + m^2\alpha^2/N_0)} d\alpha = \frac{2}{\sqrt{\pi N_0}} \int_0^{\infty} \alpha^2 e^{-\alpha^2(1+m^2/N_0)} d\alpha. \tag{5.65}$$

Usando o fato de que (Poularikas, 1996, pp. 1030)

$$\int_0^{\infty} x^2 e^{-x^2} dx = \frac{\sqrt{\pi}}{4}, \tag{5.66}$$

pode-se mostrar que

$$\int_0^{\infty} x^2 e^{-\rho x^2} dx = \frac{1}{\rho^{3/2}} \cdot \frac{\sqrt{\pi}}{4}. \tag{5.67}$$

Então, a Equação 5.65 pode ser escrita como

$$p_{\mathcal{M}}(m) = \frac{2}{\sqrt{\pi N_0}} \cdot \frac{1}{(m^2/N_0 + 1)^{3/2}} \cdot \frac{\sqrt{\pi}}{4} = \frac{1}{2} \cdot \frac{N_0}{(m^2 + N_0)^{3/2}}. \tag{5.68}$$

Finalmente, a FCP de $\mathcal{M}$, $P_{\mathcal{M}}(m)$, é obtida integrando a expressão anterior, usando (Gradshteyn e Ryzhik, 1979, Equação 2.264). Assim, a FCP de $\mathcal{M}$ é dada por

$$P_{\mathcal{M}}(m) = \int_{-\infty}^{m} p_{\mathcal{M}}(x) dx = \frac{1}{2} \left(\frac{m}{\sqrt{m^2 + N_0}} + 1 \right). \tag{5.69}$$

O método utilizado nas próximas seções para obter expressões fechadas para a probabilidade de erro de bit de esquemas de modulação sujeitos ao desvanecimento Rayleigh consiste em usar a FCP de $\mathcal{M}$.

5.9.3 BEP para o Sistema 16-QAM em um Canal com Desvanecimento Rayleigh

No sistema 16-QAM, a informação a ser transmitida é mapeada em símbolos com 4 bits e cada símbolo é usado para definir uma única amplitude e uma única fase da portadora. A duração de cada símbolo determina a largura de faixa do sinal 16-QAM. A Figura 5.13 ilustra uma constelação com 16 níveis em que cada ponto corresponde a um símbolo 16-QAM.

Os símbolos da constelação 16-QAM podem ser vistos como dois sinais PAM (cada um com quatro níveis) que são transmitidos em fase e em quadratura na mesma freqüência (Proakis, 1995; Tang *et al.*, 1999; Hanzo *et al.*, 1990; Fortune *et al.*, 1992). Cada uma das portadoras PAM é transmitida com uma amplitude do conjunto $(-3d, -d, d, 3d)$, sendo $2d$ a distância entre os símbolos de acordo com a Figura 5.13. Um código Gray de 2 bits é usado para associar cada par de bits a uma amplitude da portadora PAM. Os bits 11, 10, 00 e 01 são associados aos níveis $-3d$, $-d$, d e $3d$ respectivamente. Os símbolos 16-QAM são obtidos a partir do entrelaçamento dos bits em quadratura e em fase. Um símbolo 16-QAM apresenta a forma $(i_1 q_1 i_2 q_2)$, em que $i_1 i_2$ representam os bits correspondentes à componente em fase e $q_1 q_2$ representam os bits correspondentes à componente em quadratura (Hanzo *et al.*, 1990).

A demodulação QAM é realizada demodulando independentemente as componentes Q e I usando as respectivas fronteiras de decisão ilustradas na Figura 5.13 (Fortune *et al.*, 1992; Hanzo *et al.*, 1990). A figura também mostra as regiões em que os bits são um, com, por exemplo, $q_2 = 1$ para $Q < -2d$ ou $Q > 2d$.

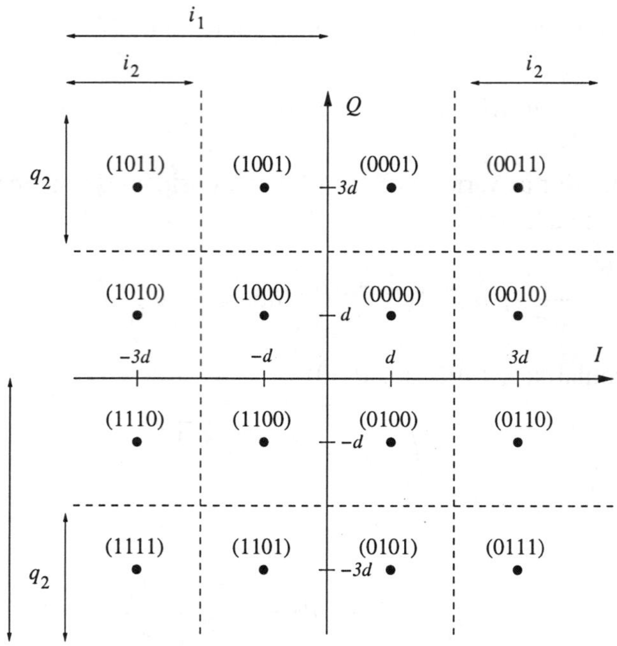

Figura 5.13: Constelação 16-QAM. As palavras binárias $i_1q_1i_2q_2$ para cada símbolo são apresentadas. As regiões em que cada bit (i_1, i_2, q_1 e q_2) é igual a um também estão indicadas.

Além disso, revela que em metade do tempo os bits i_1 e q_1 têm uma distância de proteção de ruído d de suas respectivas fronteiras de decisão, enquanto na metade do tempo essa distância é $3d$. Os bits i_2 e q_2 estão sempre a uma distância d das suas respectivas fronteiras de decisão, estando, portanto, mais propensos a erros quando comparados a i_1 e q_1. Devido a essa propriedade, o esquema 16-QAM pode ser considerado a combinação de dois subcanais com diferentes integridades, denominados subcanais classe 1 e classe 2 (C1 e C2). O processo de demodulação referente ao subcanal C1 é descrito analiticamente como segue (Fortune *et al.*, 1992; Hanzo *et al.*, 1990):

$$\begin{aligned} &\text{se} \quad I, Q \geq 0, \quad \text{então} \quad i_1, q_1 = 0, \\ &\text{se} \quad I, Q < 0, \quad \text{então} \quad i_1, q_1 = 1. \end{aligned} \tag{5.70}$$

Levando em consideração as fronteiras de decisão para o terceiro e o quarto bits, i_2 e q_2, conforme mostrado na Figura 5.13, tem-se:

$$\begin{aligned} &\text{se} \quad I, Q \geq 2d, \quad \text{então} \quad i_2, q_2 = 1, \\ &\text{se} \quad -2d \leq I, Q < 2d, \quad \text{então} \quad i_2, q_2 = 0, \\ &\text{se} \quad I, Q < -2d, \quad \text{então} \quad i_2, q_2 = 1. \end{aligned} \tag{5.71}$$

A probabilidade de erro de bit pode ser calculada considerando a transmissão independente das componentes em fase e em quadratura (I e Q) apresentadas na Figura 5.14. Logo, a probabilidade de erro de bit do esquema 16-QAM pode ser expressa como

$$P_{\text{16-QAM}} = \frac{P(E|11) + P(E|10) + P(E|00) + P(E|01)}{4}, \tag{5.72}$$

em que $P(E|b_1b_2)$ representa a probabilidade de erro de bit dado que os bits b_1b_2 foram transmitidos. A partir da simetria apresentada na Figura 5.14, conclui-se que $P(E|11) = P(E|01)$ e $P(E|10) = P(E|00)$. Dessa forma, a Equação 5.72 se reduz a

$$P_{\text{16-QAM}} = \frac{P(E|11) + P(E|10)}{2}. \tag{5.73}$$

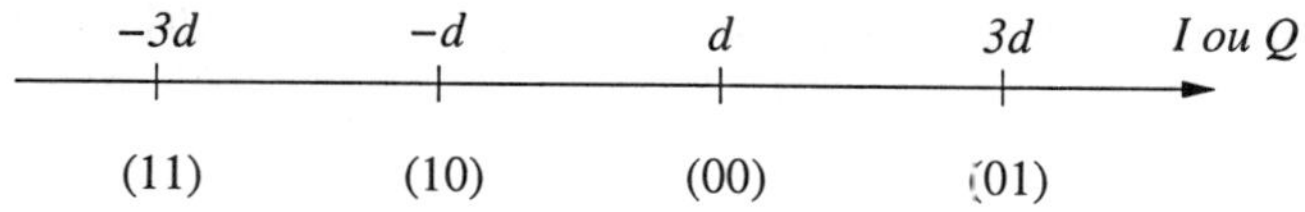

Figura 5.14: Componentes da constelação 16-QAM.

A probabilidade de erro de bit $P(E|11)$ pode ser calculada como

$$P(E|11) = \frac{1}{2}P(10|11) + \frac{2}{2}P(00|11) + \frac{1}{2}P(01|11), \tag{5.74}$$

em que $P(c_1c_2|b_1b_2)$ representa a probabilidade de recepção dos bits c_1c_2 dado que os bits b_1b_2 foram transmitidos.

A partir da Figura 5.14 pode-se escrever $P(E|11)$ em termos de probabilidades relacionadas à variável m, ou seja,

$$P(E|11) = \frac{1}{2}P(d \leq m < 3d) + \frac{2}{2}P(3d \leq m < 5d) + \frac{1}{2}P(m \geq 5d). \tag{5.75}$$

Usando a Equação 5.69, tem-se:

$$\begin{aligned} P(E|11) =& \frac{1}{2}\left[\frac{1}{2}\left(\frac{m}{\sqrt{m^2+N_0}}+1\right)\Bigg|_d^{3d}\right] + \frac{2}{2}\left[\frac{1}{2}\left(\frac{m}{\sqrt{m^2+N_0}}+1\right)\Bigg|_{3d}^{5d}\right] \\ &+ \frac{1}{2}\left[\frac{1}{2}\left(\frac{m}{\sqrt{m^2+N_0}}+1\right)\Bigg|_{5d}^{+\infty}\right] \\ =& \frac{1}{4}\left[1 - \frac{d}{\sqrt{d^2+N_0}} - \frac{3d}{\sqrt{9d^2+N_0}} + \frac{5d}{\sqrt{25d^2+N_0}}\right]. \end{aligned} \tag{5.76}$$

De forma análoga,

$$P(E|10) = \frac{3}{4} - \frac{1}{2}\frac{d}{\sqrt{d^2+N_0}} - \frac{1}{4}\frac{3d}{\sqrt{9d^2+N_0}}. \tag{5.77}$$

Substituindo as Equações 5.76 e 5.77 na Equação 5.73, a probabilidade de erro de bit para a constelação 16-QAM pode ser expressa como

$$P_{\text{16-QAM}} = \frac{1}{2} - \frac{3}{8}\frac{d}{\sqrt{d^2+N_0}} - \frac{1}{4}\frac{3d}{\sqrt{9d^2+N_0}} + \frac{1}{8}\frac{5d}{\sqrt{25d^2+N_0}}. \tag{5.78}$$

A partir da Figura 5.13, observa-se que a energia média por símbolo da constelação, E_S, é dada por

$$E_S = 10d^2. \tag{5.79}$$

Como no esquema 16-QAM cada conjunto de 4 bits é mapeado em um símbolo da constelação, a energia média por bit E_b é dada por

$$E_b = 2{,}5d^2. \tag{5.80}$$

Substituindo a Equação 5.80 na Equação 5.78 e definindo a seguinte função auxiliar

$$\Theta(E_b/N_0, a) \triangleq \sqrt{\frac{a \cdot E_b/N_0}{a \cdot E_b/N_0 - 1}}, \tag{5.81}$$

obtém-se que a expressão final para a BEP do sistema de modulação 16-QAM em função da relação sinal-ruído média, E_b/N_0, é dada por

$$P_{\text{16-QAM}} = \frac{1}{2} - \frac{3}{8}\Theta(E_b/N_0,\, 0,4) - \frac{1}{4}\Theta(E_b/N_0,\, 3,6) + \frac{1}{8}\Theta(E_b/N_0,\, 10). \tag{5.82}$$

Convém ressaltar que a abordagem apresentada nesta seção para a obtenção da BEP para 16-QAM difere da apresentada em (Shayesteh e Aghamohammadi, 1995) – no artigo de Shayesteh e Aghamohammadi não é considerada a demodulação independente das componentes em fase e em quadratura dos símbolos transmitidos. No método utilizado nesta seção, diferentemente, utiliza-se a fdp unidimensional do novo[1] ruído aditivo. Isso é possível devido ao mapeamento binário utilizado, que faz com que a componente em quadratura do ruído não tenha influência na probabilidade de erro dos bits da componente em fase e vice-versa[2]. A expressão obtida em (Shayesteh e Aghamohammadi, 1995) é dada por

$$\begin{aligned} P_{\text{16-QAM,Shay}} =& \frac{1}{2} - \frac{1}{4}\Theta(E_b/N_0,\, 0,4)\cdot\left\{1+\frac{1}{\pi}\tan^{-1}\left(3\,\Theta(E_b/N_0,\, 0,4)\right)\right\} \\ & - \frac{1}{4}\Theta(E_b/N_0,\, 3,6)\cdot\left\{1+\frac{1}{\pi}\tan^{-1}\left(\frac{1}{3}\Theta(E_b/N_0,\, 3,6)\right)\right\} + \frac{1}{8}\Theta(E_b/N_0,\, 10). \end{aligned} \tag{5.83}$$

Observa-se que a expressão 5.82 é mais compacta que a apresentada em (Shayesteh e Aghamohammadi, 1995). Além disso, a Expressão 5.82 não contém funções transcendentais (como $\tan^{-1}$), que ocorrem na Expressão 5.83.

A Figura 5.15 apresenta o gráfico da probabilidade de erro de bit do sistema 16-QAM em função da relação sinal-ruído, E_b/N_0, em dB. Nota-se, a partir da Expressão 5.82, que a probabilidade de erro de bit não apresenta um patamar de erro irredutível. Isso advém do fato de que

$$\lim_{E_b/N_0\to\infty} P_{\text{16-QAM}} = 0, \tag{5.84}$$

pois

$$\lim_{E_b/N_0\to\infty} \Theta(E_b/N_0,\, a) = 1. \tag{5.85}$$

Na Figura 5.15 também foram incluídos resultados considerando o canal AWGN (Cho e Yoon, 2002). Como era esperado, observa-se que o desvanecimento provoca um aumento na probabilidade de erro de bit.

5.9.4 Generalizações

Nesta seção, a função cumulativa de probabilidade da Equação 5.69 é usada para obter expressões fechadas para a BEP dos esquemas M-QAM (*M-ary quadrature amplitude modulation*), M-PAM (*M-ary pulse amplitude modulation*) e R-QAM (*rectangular*) QAM.

BEP para o Esquema M-QAM

No esquema M-QAM as formas de onda consistem em duas portadoras em quadratura moduladas em amplitude de forma independente, as quais podem ser expressas por

$$s(t) = A_I\cos(2\pi f_c t) - A_J\text{sen}(2\pi f_c t),\ 0 \le t < T, \tag{5.86}$$

[1]Resultante da divisão do ruído gaussiano (n) pelo desvanecimento (α).

[2]Cumpre mencionar que as componentes em quadratura do novo ruído aditivo são dependentes.

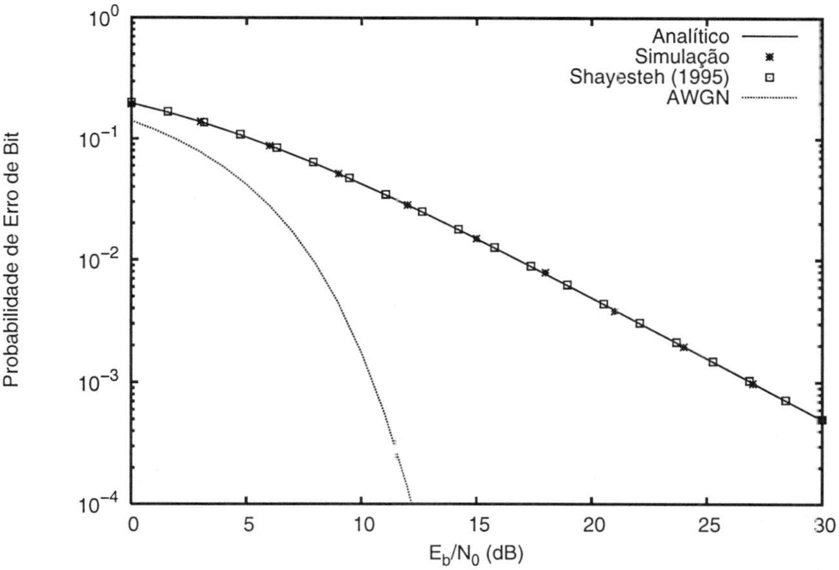

Figura 5.15: Probabilidade de erro de bit para a constelação 16-QAM em um canal com desvanecimento Rayleigh em função da relação sinal-ruído (E_b/N_0). A curva considerando o canal AWGN também foi incluída para fins de comparação.

em que A_I e A_J representam, respectivamente, as amplitudes das componentes em fase e quadratura do símbolo a ser transmitido, f_c é a freqüência da portadora e T é a duração do intervalo de símbolo. No esquema M-QAM, $\log_2 M$ bits de informação são mapeados em uma constelação bidimensional usando um código de Gray. Na Equação 5.86, A_I e A_J são selecionados de forma independente do conjunto $\{\pm d,\ \pm 3d,\ \ldots,\pm(\sqrt{M}-1)d\}$, em que $2d$ é a mínima distância euclidiana entre as componentes de dois símbolos distintos da constelação, dada por

$$d = \sqrt{\frac{3\log_2 M \cdot E_b}{2(M-1)}}, \tag{5.87}$$

em que E_b é a energia de bit. A demodulação do sinal QAM recebido é realizada por meio de duas demodulações PAM em quadratura.

Apesar de muitos trabalhos terem sido desenvolvidos com o propósito de avaliar o desempenho do esquema QAM em termos de probabilidade de erro de bit (BEP), só recentemente, em um artigo de Cho e Yoon (Cho e Yoon, 2002), foi apresentada uma expressão fechada para a BEP do esquema QAM com tamanho arbitrário de constelação (esquema M-QAM), considerando um canal com ruído aditivo gaussiano branco (AWGN, *additive white Gaussian noise*).

Nesta seção, os resultados apresentados por Cho e Yoon são usados para obter uma expressão fechada para a BEP do esquema M-QAM quadrado (*square* M-QAM) por um canal com desvanecimento Rayleigh quando o mapeamento de Gray é empregado. Essa expressão exata apresenta-se como uma forma conveniente de avaliar o desempenho do esquema QAM para vários casos de interesse prático.

Considere um AWGN com média zero e densidade espectral de potência $N_0/2$. Sejam P_b a probabilidade de erro de bit, E_b a energia de bit, M o número de símbolos da constelação QAM e $P_b(k)$ a taxa de erro de bit para o k-ésimo bit, com $k \in \{1, 2, \cdots, \log_2 M\}$.

Com base na consistência do mapeamento de bit de uma constelação submetida ao código de Gray (Lee, 1986), Cho e Yoon obtiveram uma expressão para a BEP do esquema M-QAM por um canal AWGN. Ela é dada por

$$P_b = \frac{1}{\log_2 \sqrt{M}} \sum_{k=1}^{\log_2 \sqrt{M}} P_b(k), \tag{5.88}$$

com

$$P_b(k) = \frac{1}{\sqrt{M}} \sum_{i=0}^{(1-2^{-k})\sqrt{M}-1} \left\{ w(i,k,M) \cdot \text{erfc}\left((2i+1)\sqrt{\frac{3\log_2 M \cdot \gamma}{2(M-1)}} \right) \right\}, \tag{5.89}$$

em que

$$w(i,k,M) = (-1)^{\lfloor \frac{i \cdot 2^{k-1}}{\sqrt{M}} \rfloor} \cdot \left(2^{k-1} - \left\lfloor \frac{i \cdot 2^{k-1}}{\sqrt{M}} + \frac{1}{2} \right\rfloor \right), \tag{5.90}$$

$\gamma = E_b/N_0$ denota a relação sinal-ruído (SNR) por bit, $\lfloor x \rfloor$ denota o maior inteiro menor que x, e $\text{erfc}(\cdot)$ denota a função erro complementar, dada por

$$\text{erfc}(x) = \frac{2}{\sqrt{\pi}} \int_x^\infty e^{-t^2} dt. \tag{5.91}$$

Uma contribuição relevante de Cho e Yoon (Cho e Yoon, 2002) foi exprimir a BEP do esquema M-QAM por um canal AWGN em termos da soma ponderada de funções erro complementar. Os pesos $w(i,k,M)$ incorporam o efeito, na BEP, da k-ésima posição de bit em um símbolo com $\log_2 M$ bits. Note que o termo $\text{erfc}\left((2i+1)\sqrt{\frac{3\log_2 M \cdot E_b}{2(M-1)}}\right)$ na Expressão 5.89 corresponde a duas vezes a probabilidade de que o ruído aditivo gaussiano exceda $(2i+1)\sqrt{\frac{3\log_2 M \cdot E_b}{2(M-1)}}$. Em canais aditivos não-gaussianos, os pesos da Equação 5.90 podem ser usados em conjunto com a função cumulativa de probabilidade (FCP) do ruído aditivo correspondente para determinar a BEP do esquema M-QAM.

Considerando o canal com desvanecimento Rayleigh, a FCP da v.a. que modela o ruído aditivo correspondente é dada pela Equação 5.69. Portanto, duas vezes a probabilidade de que o ruído aditivo $m(t)$ exceda $(2i+1)\sqrt{\frac{3\log_2 M \cdot E_b}{2(M-1)}}$ é dada por

$$\begin{aligned} 2 \times P\left(m \geq (2i+1)\sqrt{\frac{3\log_2 M \cdot E_b}{2(M-1)}} \right) &= 2 \times \int_{\sqrt{\frac{3(2i+1)^2 \log_2 M \cdot E_b}{2(M-1)}}}^{\infty} p_{\mathcal{M}}(m) dm = \\ &\left(1 - \frac{\sqrt{\frac{3(2i+1)^2 \log_2 M \cdot E_b}{2(M-1)N_0}}}{\sqrt{\frac{3(2i+1)^2 \log_2 M \cdot E_b}{2(M-1)N_0} + 1}} \right). \end{aligned} \tag{5.92}$$

Usando a Equação 5.92 e os pesos em da Equação 5.90, a expressão para a BEP do esquema M-QAM sujeito ao desvanecimento Rayleigh, $P_{\text{M-QAM,Ray}}$, é finalmente dada por

$$P_{\text{M-QAM,Ray}} = \frac{1}{\log_2 \sqrt{M}} \sum_{k=1}^{\log_2 \sqrt{M}} P_{\text{M-QAM,Ray}}(k), \tag{5.93}$$

com

$$P_{\text{M-QAM,Ray}}(k) = \frac{1}{\sqrt{M}} \sum_{i=0}^{(1-2^{-k})\sqrt{M}-1} \left\{ w(i,k,M) \cdot \left(1 - \frac{\sqrt{\frac{3(2i+1)^2 \log_2 M \cdot \gamma}{2(M-1)}}}{\sqrt{\frac{3(2i+1)^2 \log_2 M \cdot \gamma}{2(M-1)} + 1}} \right) \right\}. \tag{5.94}$$

Essa expressão é mais simples que a expressão obtenível a partir dos resultados apresentados por Yoon e Cho. O cálculo da BEP a partir dos resultados apresentados em (Yoon e Cho, 2002) envolve uma função hipergeométrica.

Alguns resultados numéricos obtidos a partir da expressão fechada para a BEP do esquema M-QAM sujeito ao desvanecimento Rayleigh são apresentados na Figura 5.16, que mostra a BEP em função da SNR por bit para $M = 4$, 16, 64 e 256. Conforme mostra a figura, os resultados numéricos, obtidos das Equações 5.93, 5.94 e 5.90, são corroborados pelos resultados de simulação de Monte Carlo. Observa-se na figura, por exemplo, que cerca de 3–4 dB de SNR devem ser investidos para transmitir um bit extra por componente (dois bits extras por símbolo) para manter a probabilidade de erro de bit média em 10^{-2}.

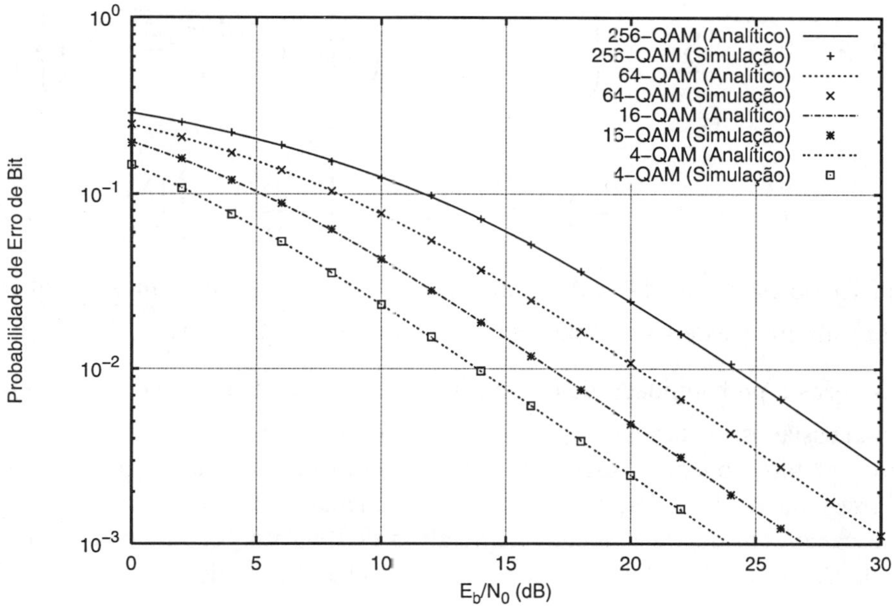

Figura 5.16: Probabilidade de erro de bit do esquema M-QAM em função da relação sinal-ruído por bit (E_b/N_0), considerando um canal com desvanecimento Rayleigh.

BEP para o Esquema M-PAM

As formas de onda do esquema de modulação unidimensional M-PAM podem ser expressas por

$$s(t) = A_I \cos(2\pi f_c t), \ 0 \leq t < T, \tag{5.95}$$

em que A_I é a amplitude da portadora, f_c é a freqüência da portadora e T é a duração do intervalo de símbolo. No esquema M-PAM, cada símbolo da constelação de sinais é mapeado em um conjunto de $\log_2 M$ bits e a amplitude A_I é selecionada do conjunto $\{\pm d, \ \pm 3d, \ \ldots, \pm(M-1)d\}$, em que $2d$ é a distância euclidiana entre símbolos adjacentes, dada por

$$d = \sqrt{\frac{3 \log_2 M \cdot E_b}{(M^2 - 1)}}, \tag{5.96}$$

em que E_b é a energia de bit. O sinal PAM recebido pode ser demodulado de forma coerente.

Recentemente, em (Cho e Yoon, 2002), foi obtida uma expressão fechada para a BEP do esquema M-PAM por um canal com ruído aditivo gaussiano branco (AWGN). Nesta seção, os resultados apresentados por Cho e

Yoon são usados para obter uma expressão fechada para a BEP do esquema M-PAM sujeito ao desvanecimento Rayleigh.

Com base na consistência do mapeamento de bit de uma constelação usando o código Gray (Lee, 1986), Cho e Yoon obtiveram uma expressão para a BEP do esquema M-PAM por um canal AWGN, dada por

$$P_b = \frac{1}{\log_2 M} \sum_{k=1}^{\log_2 M} P_b(k), \tag{5.97}$$

com

$$P_b(k) = \frac{1}{M} \sum_{i=0}^{(1-2^{-k})M-1} \left\{ w(i,k,M) \cdot \text{erfc}\left((2i+1)\sqrt{\frac{3\log_2 M \cdot \gamma}{M^2-1}} \right) \right\}, \tag{5.98}$$

em que

$$w(i,k,M) = (-1)^{\lfloor \frac{i \cdot 2^{k-1}}{M} \rfloor} \cdot \left(2^{k-1} - \left\lfloor \frac{i \cdot 2^{k-1}}{M} + \frac{1}{2} \right\rfloor \right). \tag{5.99}$$

Observe que a BEP do esquema M-PAM sujeito a AWGN é expressa em termos de uma soma ponderada, por pesos $w(i,k,M)$, de funções erro complementar. O termo erfc $\left((2i+1)\sqrt{\frac{3\log_2 M \cdot \gamma}{(M^2-1)}}\right)$ na Equação 5.98 corresponde a duas vezes a probabilidade de que o ruído aditivo gaussiano exceda $(2i+1)\sqrt{\frac{3\log_2 M \cdot \gamma}{(M^2-1)}}$. Em canais aditivos não-gaussianos, os pesos $w(i,k,M)$, que incorporam o efeito na BEP da posição dos bits em um símbolo com $\log_2 M$ bits, podem ser usados em conjunto com a função cumulativa de probabilidade (FCP) do ruído aditivo correspondente para determinar a BEP do esquema M-PAM.

Considerando o canal com desvanecimento Rayleigh, a FCP da v.a. que modela o ruído aditivo correspondente é dada pela Equação 5.69. Portanto, duas vezes a probabilidade de que o ruído aditivo $m(t)$ exceda $(2i+1)\sqrt{\frac{3\log_2 M \cdot \gamma}{(M^2-1)}}$ é dada por

$$\begin{aligned} 2 \times P\left(m \geq (2i+1)\sqrt{\frac{3\log_2 M \cdot \gamma}{(M^2-1)}} \right) &= 2 \times \int_{\sqrt{\frac{3(2i+1)^2 \log_2 M \cdot \gamma}{(M^2-1)}}}^{\infty} p_{\mathcal{M}}(m)dm = \\ &\left(1 - \frac{\sqrt{\frac{3(2i+1)^2 \log_2 M \cdot \gamma}{(M^2-1)N_0}}}{\sqrt{\frac{3(2i+1)^2 \log_2 M \cdot E_b}{(M^2-1)N_0} + 1}} \right). \end{aligned} \tag{5.100}$$

Usando a Equação 5.100 e os pesos da Equação 5.99, a expressão para a BEP do esquema M-PAM sujeito ao desvanecimento Rayleigh, $P_{\text{M-PAM,Ray}}$, é finalmente dada por

$$P_{\text{M-PAM,Ray}} = \frac{1}{\log_2 M} \sum_{k=1}^{\log_2 M} P_{\text{M-QAM,Ray}}(k), \tag{5.101}$$

com

$$P_{\text{M-PAM,Ray}}(k) = \frac{1}{M} \sum_{i=0}^{(1-2^{-k})M-1} \left\{ w(i,k,M) \cdot \left(1 - \frac{\sqrt{\frac{3(2i+1)^2 \log_2 M}{M^2-1} \cdot \gamma}}{\sqrt{\frac{3(2i+1)^2 \log_2 M}{M^2-1} \cdot \gamma + 1}} \right) \right\}. \tag{5.102}$$

Alguns resultados numéricos obtidos a partir da expressão fechada para a BEP do esquema M-PAM sujeito ao desvanecimento Rayleigh são apresentados na Figura 5.17, que mostra a BEP do esquema M-PAM em função da SNR por bit para $M = 2, 4, 8, 16, 32, 64$ e 128 por um canal com desvanecimento Rayleigh. Conforme mostra a Figura 5.17, os resultados de simulação de Monte Carlo corroboram os resultados numéricos obtidos de nas Equações 5.101, 5.102 e 5.99. Observa-se na Figura 5.17, por exemplo, que 3–4 dB de SNR por bit devem ser investidos para transmitir um bit extra, de modo a manter a probabilidade de erro de bit média em 2×10^{-2}.

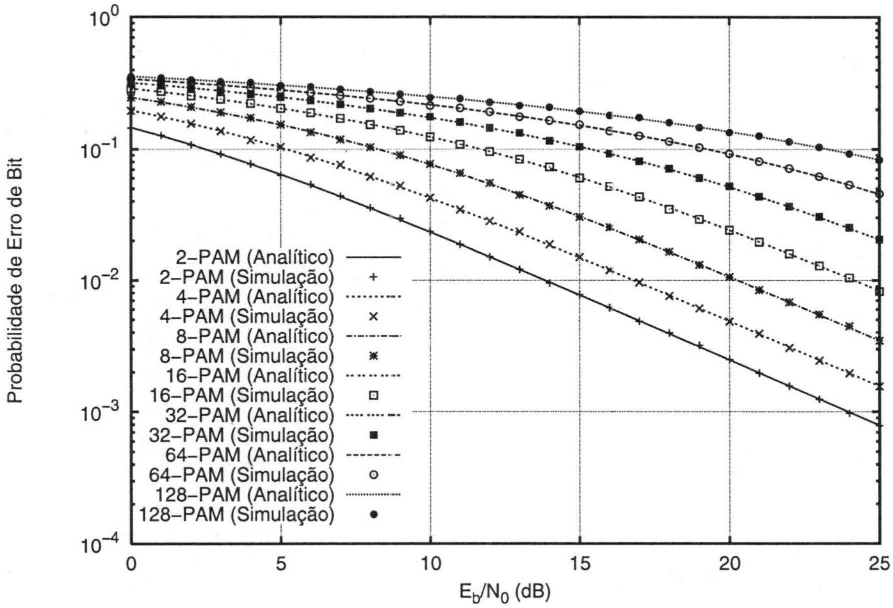

Figura 5.17: Probabilidade de erro de bit do esquema M-PAM em função da relação sinal-ruído por bit (E_b/N_0), considerando um canal com desvanecimento Rayleigh.

BEP para o Esquema R-QAM

No esquema R-QAM (*rectangular quadrature amplitude modulation*) arbitrário $I \times J$, as formas de onda consistem em duas portadoras moduladas em amplitude de forma independente, em quadratura, as quais podem ser expressas por

$$s(t) = A_I \cos(2\pi f_c t) - A_J \text{sen}(2\pi f_c t), \quad 0 \leq t < T, \tag{5.103}$$

em que A_I e A_J são as amplitudes das componentes em fase e quadratura dos símbolos da constelação, respectivamente, f_c é a freqüência da portadora e T é o intervalo de símbolo. No esquema R-QAM arbitrário $I \times J$, $\log_2(I \cdot J)$ bits de informação são mapeados em um símbolo da constelação bidimensional usando o código Gray. Para cada conjunto $\log_2(I \cdot J)$ bits de informação, $\log_2 I$ bits são mapeados na portadora em fase, cuja amplitude A_I é selecionada do conjunto $\{\pm d_I, \pm 3d_I, \ldots, \pm(I-1)d_I\}$, em que $2d_I$ é a distância euclidiana mínima entre as projeções dos símbolos no eixo em fase. De forma semelhante, $\log_2 J$ bits são mapeados na portadora em quadratura, cuja amplitude A_J é selecionada do conjunto $\{\pm d_J, \pm 3d_J, \ldots, \pm(I-1)d_J\}$, em que $2d_J$ é a distância euclidiana mínima entre as projeções dos símbolos no eixo em quadratura. Note que d_I e d_J podem ser diferentes sem perda de generalidade.

A demodulação do sinal R-QAM recebido pode ser feita com as componentes em fase e em quadratura separadamente, isto é, realizando duas demodulações PAM paralelas.

Nesta seção, os resultados apresentados para a BEP do esquema M-PAM são estendidos para obter uma expressão fechada para a BEP do esquema QAM retangular arbitrário $I \times J$, considerando um canal com desvanecimento Rayleigh.

A probabilidade de erro de bit para o k-ésimo bit, $P_{\text{M-PAM,Ray}}(k)$, com $k \in \{1, 2, \cdots, \log_2 M\}$ (sendo M o número de símbolos da constelação PAM) é dada pela Equação 5.102, com os pesos dados na Equação 5.99.

Assim, considerando o esquema QAM retangular $I \times J$, a probabilidade de erro para o k-ésimo bit da componente em fase e a probabilidade de erro para o l-ésimo bit da componente em quadratura são dadas, respectivamente, por

$$P_I(k) = \frac{1}{I} \sum_{i=0}^{(1-2^{-k})I-1} \left\{ w(i,k,I) \cdot \left(1 - \frac{\sqrt{\frac{3(2i+1)^2 \log_2(I \cdot J) \cdot \gamma}{I^2+J^2-2}}}{\sqrt{\frac{3(2i+1)^2 \log_2(I \cdot J) \cdot \gamma}{I^2+J^2-2} + 1}} \right) \right\} \tag{5.104}$$

e

$$P_J(l) = \frac{1}{J} \sum_{j=0}^{(1-2^{-l})J-1} \left\{ w(j,l,J) \cdot \left(1 - \frac{\sqrt{\frac{3(2j+1)^2 \log_2(I \cdot J) \cdot \gamma}{I^2+J^2-2}}}{\sqrt{\frac{3(2j+1)^2 \log_2(I \cdot J) \cdot \gamma}{I^2+J^2-2} + 1}} \right) \right\}, \tag{5.105}$$

com

$$w(i,k,I) = (-1)^{\left\lfloor \frac{i \cdot 2^{k-1}}{I} \right\rfloor} \cdot \left(2^{k-1} - \left\lfloor \frac{i \cdot 2^{k-1}}{I} + \frac{1}{2} \right\rfloor \right) \tag{5.106}$$

e

$$w(j,l,J) = (-1)^{\left\lfloor \frac{j \cdot 2^{l-1}}{J} \right\rfloor} \cdot \left(2^{l-1} - \left\lfloor \frac{j \cdot 2^{l-1}}{J} + \frac{1}{2} \right\rfloor \right). \tag{5.107}$$

Convém informar que no esquema R-QAM $I \times J$, a relação entre a energia de bit média, E_b, e as distâncias d_I e d_J é dada por

$$E_b = \frac{(I^2-1)d_I^2 + (J^2-1)d_J^2}{3 \cdot \log_2(I \cdot J)}. \tag{5.108}$$

Finalmente, a probabilidade de erro de bit para o esquema QAM retangular $I \times J$ para um canal com desvanecimento Rayleigh, $P_{\text{R-QAM,Ray}}$, pode ser obtida calculando a média das Expressões 5.104 e 5.105, isto é,

$$P_{\text{R-QAM,Ray}} = \frac{1}{\log_2(I \cdot J)} \left(\sum_{k=1}^{\log_2 I} P_I(k) + \sum_{l=1}^{\log_2 J} P_J(l) \right). \tag{5.109}$$

A Expressão 5.109 é mais compacta do que a apresentada em (Yoon e Cho, 2002), a qual envolve o cálculo de funções hipergeométrica e gamma.

A Figura 5.18 apresenta alguns resultados numéricos da expressão fechada para a BEP do esquema R-QAM sujeito ao desvanecimento Rayleigh. A figura mostra a BEP em função da relação sinal-ruído por bit para os esquemas 8×16 R-QAM e 16×32 R-QAM. Observa-se que os resultados numéricos são corroborados por resultados de simulação de Monte Carlo.

5.10 Diversidade em Modulação

O efeito do desvanecimento, provocado pelos múltiplos percursos de propagação dos sinais transmitidos em canais de comunicações móveis, pode degradar significativamente o desempenho de sistemas de comunicações digitais. Em razão disto, várias técnicas vêm sendo propostas para melhoria de desempenho desses sistemas. Dentre elas, podem ser citadas técnicas de diversidade (DaSilva e Sousa, 1997; Foschini e Gans, 1998; Tarokh

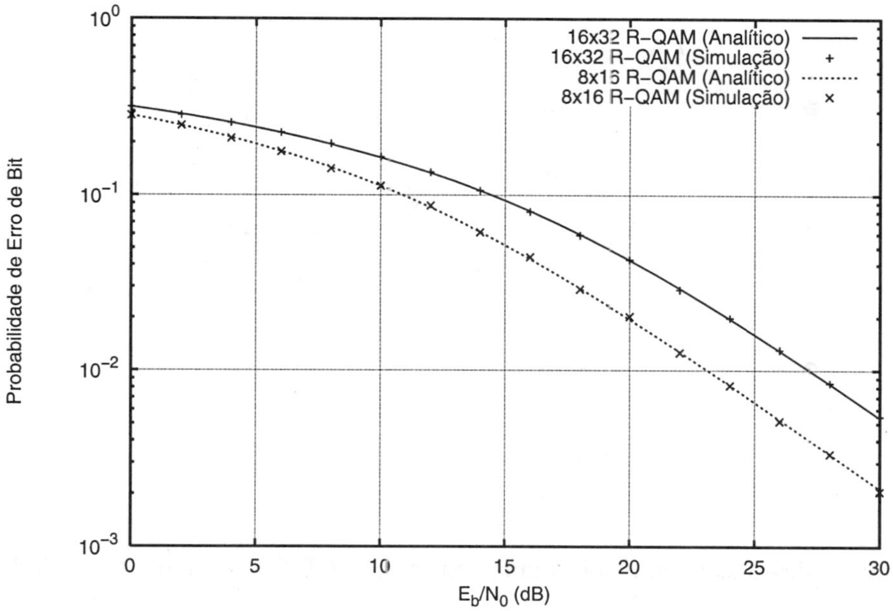

Figura 5.18: Probabilidade de erro de bit do esquema R-QAM em função da relação sinal-ruído por bit (E_b/N_0), considerando um canal com desvanecimento Rayleigh.

et al., 1998; Wittneben, 1993; Tarokh *et al.*, 1999; Winters e Gitlin, 1994), esquemas de modulação codificada (Seshadri e Sundberg, 1993; Wu e Lin, 1993), e uso da transformada *wavelet* na codificação (Tzannes e Tzannes, 1992).

Em particular, as técnicas de diversidade consistem, basicamente, em gerar redundância (réplicas) do sinal transmitido no receptor. Exemplos típicos de técnicas de diversidade são: diversidade temporal, diversidade em freqüência e diversidade espacial (Tarokh *et al.*, 1998; Tarokh *et al.*, 1999). Outro método de diversidade proposto recentemente consiste em introduzir redundância por meio de uma escolha criteriosa do ângulo de referência de uma constelação M-PSK combinada com o entrelaçamento independente das componentes dos símbolos a serem transmitidos (Kerpez, 1993; Slimane, 1998; Boutros e Viterbo, 1998; Jeličić e Roy, 1995; Divsalar e Simon, 1988; Lopes e Alencar, 2000). Essa técnica é denominada de *diversidade em modulação.*

A Figura 5.19 mostra como o desempenho de um sistema pode ser afetado pela escolha do ângulo de referência de uma constelação QPSK quando o canal de comunicações está sujeito aos efeitos do desvanecimento. Nesta figura os círculos cheios representam a constelação no transmissor, ao passo que os círculos vazios indicam a constelação na entrada do receptor. Como pode ser observado, apenas a componente em quadratura do símbolo transmitido é atingida por um pico de desvanecimento. Pode-se notar que a constelação "comprimida" apresentada na Figura 5.19(b) (círculos vazios) oferece mais proteção contra os efeitos do ruído do que a constelação apresentada na Figura 5.19(a), porque dois símbolos distintos não colidem pois apresentam projeções distintas nos eixos em fase (I) e em quadratura (Q) (Boutros e Viterbo, 1998).

Na realidade, o desvanecimento afeta aleatoriamente as componentes em fase e em quadratura dos sinais transmitidos e a situação apresentada na Figura 5.19 contempla apenas um caso particular. Contudo, verifica-se que a probabilidade de ocorrência conjunta de dois picos de desvanecimento é praticamente nula em canais independentes (Parsons, 1992). Sendo assim, admitindo que as componentes em fase e em quadratura são afetadas de forma independente, pode-se verificar que, na média, a constelação com diversidade é mais adequada para a transmissão nesse tipo de canal.

Na prática, para garantir a independência entre o desvanecimento sofrido pelas componentes em fase e em quadratura pode-se utilizar múltiplas antenas (DaSilva e Sousa, 1997) ou entrelaçamento independente de componentes (Slimane, 1998). A utilização de múltiplas antenas apresenta o inconveniente de não poder ser

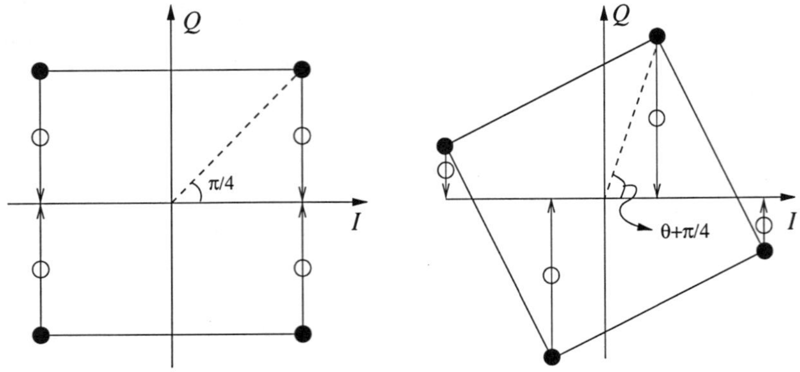

(a) Sem diversidade. (b) Com diversidade.

Figura 5.19: Efeito do desvanecimento sobre uma constelação QPSK: símbolos transmitidos (•) e símbolos recebidos (○).

utilizada de forma eficaz no terminal móvel. De fato, devido a limitações de dimensão no terminal móvel (proximidade entre as antenas) é difícil obter independência entre os percursos que chegam a cada antena. Por sua vez, o entrelaçamento independente de componentes apresenta a vantagem de poder ser utilizado tanto na estação radiobase quanto no terminal móvel. No entanto, a última abordagem apresenta a desvantagem de introduzir atraso no sistema.

Em (Lopes e Alencar, 2000), considerando-se canais sujeitos ao desvanecimento do tipo Rayleigh, mostrou-se que a diversidade em modulação leva a um ganho de desempenho do sistema, em termos da probabilidade de erro de bit, por meio da escolha criteriosa do ângulo de referência de uma constelação QPSK. No entanto, os resultados obtidos em (Lopes e Alencar, 2000) consideravam o canal descorrelacionado (freqüência Doppler infinita) e a ausência de erros de estimação de canal no receptor, que constitui uma suposição bastante restritiva na prática. O efeito dos erros de estimação da resposta impulsional (RI) do canal no desempenho de sistemas que empregam diversidade em modulação foi analisado em (Lopes e Alencar, 2001), no qual se utilizou o limitante de Cramér-Rao (Haykin, 1996a) na determinação da variância do erro de estimação. A análise apresentada, apesar de válida, não contemplou alguns aspectos importantes, como a propagação dos erros de decisão e a influência do efeito Doppler nos erros de estimação da RI do canal.

Nesta seção, a técnica de diversidade em modulação (Slimane, 1998) analisada leva em consideração a presença de erros de estimação da RI do canal. Mais especificamente, considera-se a aplicação do algoritmo LMS (*Least Mean Square*) e a utilização de um PLL (*Phase-Lock Loop*) de 1ª ordem para o acompanhamento do módulo e da fase do canal de comunicação, respectivamente.

5.10.1 Modelo do Sistema

A modulação QPSK pode ser vista como duas modulações PSK binárias em paralelo – uma em fase (I) e outra em quadratura (Q). Os dois sinais correspondentes são ortogonais e podem ser separados no receptor.

Neste esquema, o sinal transmitido é dado por

$$\begin{aligned} s(t) = A &\sum_{n=-\infty}^{+\infty} a_n p(t - nT_S)\cos(\omega_c t) \\ +A &\sum_{n=-\infty}^{+\infty} b_n p(t - nT_S)\text{sen}(\omega_c t), \end{aligned} \tag{5.110}$$

sendo

$$a_n, b_n = \pm 1 \quad \text{com mesma probabilidade,}$$

$$p(t) = \begin{cases} 1, & 0 \leq t \leq T_S \\ 0, & \text{caso contrário,} \end{cases}$$

em que ω_c e A são a freqüência e a amplitude da portadora respectivamente.

Pode ser observado, a partir da Equação 5.110, que a informação transmitida em uma componente é independente da informação transmitida na outra. Além do mais, a transmissão dos sinais em canais com desvanecimento independente pode introduzir um ganho de diversidade se houver redundância entre as duas componentes.

A introdução de redundância no esquema QPSK pode ser realizada combinando-se a escolha criteriosa do ângulo de referência da constelação de sinais por uma fase constante θ, como mostra a Figura 5.20, com o entrelaçamento independente das componentes (Slimane, 1998). Para essa constelação girada, o sinal transmitido pode ser escrito como

$$s(t) = A \sum_{n=-\infty}^{+\infty} x_n p(t - nT_S)\cos(\omega_c t) + A \sum_{n=-\infty}^{+\infty} y_{n-k} p(t - nT_S)\text{sen}(\omega_c t), \tag{5.111}$$

sendo k um inteiro representando o atraso (expresso em número de símbolos) introduzido pelo entrelaçamento entre as componentes I e Q. Além disso,

$$x_n = a_n \cos\theta - b_n \text{sen}\,\theta \tag{5.112a}$$

e

$$y_n = a_n \text{sen}\,\theta + b_n \cos\theta \tag{5.112b}$$

são os novos símbolos QPSK[3]. O diagrama de blocos do transmissor que implementa esse procedimento é apresentado na Figura 5.21.

O ganho de desempenho desta técnica fundamenta-se no raciocínio seguinte. Como os picos de desvanecimentos são profundos, mas de curta duração, eles podem degradar toda informação (componentes em fase e em quadratura de um símbolo) numa transmissão convencional. Isto dificilmente ocorrerá com a técnica de diversidade em modulação, pois as componentes de um símbolo são transmitidas em instantes de tempo distintos e existe redundância entre as componentes em fase e quadratura.

Uma característica interessante do esquema é que o valor de θ não influencia o desempenho do sistema quando os sinais transmitidos são afetados apenas pelo ruído gaussiano branco (canal AWGN), pois a distância euclidiana entre os símbolos da constelação não depende do ângulo θ. Observa-se também que a eficiência espectral do sistema é mantida porque a cada intervalo de sinalização 2 bits são transmitidos independentemente

[3] É importante observar que, na prática, os bits de entrada podem ser mapeados diretamente na constelação girada, sem a necessidade de implementar as expressões da Equação 5.112.

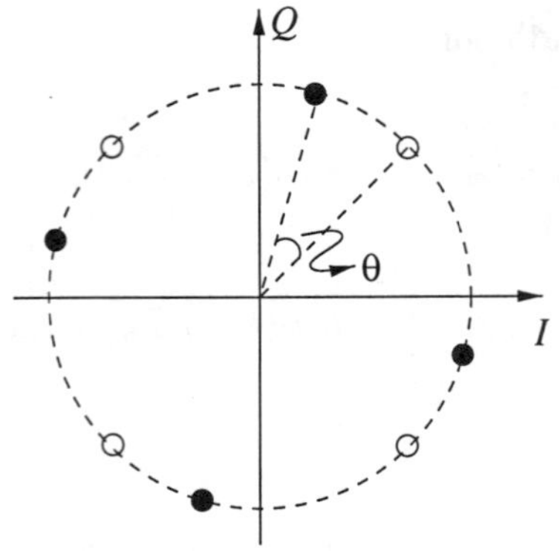

Figura 5.20: Constelação QPSK: referência (○) e girada por um ângulo θ (●).

do valor de θ. Além do mais, a complexidade do esquema é relativamente baixa, pois requer apenas a adição de entrelaçadores ao transmissor, uma vez que os bits de entrada podem ser mapeados diretamente na constelação desejada.

Assumindo que o canal de comunicações móveis é caracterizado por desvanecimento rápido e plano, o sinal recebido, aqui denotado por $r(t)$, é dado por

$$r(t) = \alpha(t)s(t) + \eta(t), \tag{5.113}$$

em que $\eta(t)$ representa o ruído aditivo modelado por um processo gaussiano branco, complexo, com média nula e variância $N_0/2$ por dimensão. Além disso, o fator multiplicativo $\alpha(t)$ é modelado por um processo gaussiano estacionário em sentido amplo com densidade espectral de potência (DEP) dada por

$$G(f) = \begin{cases} \frac{1}{\sqrt{1-\left(\frac{f}{f_D}\right)^2}}, & \text{se } |f| < f_D \\ 0, & \text{se } |f| \geq f_D, \end{cases} \tag{5.114}$$

em que f_D é o máximo desvio Doppler (Proakis, 1989).

A função de autocorrelação referente a esta DEP é dada por

$$R_{\boldsymbol{\alpha\alpha}}(T) = \frac{1}{2}E\{\boldsymbol{\alpha}^*(t)\boldsymbol{\alpha}(t+T)\} = J_0(2\pi f_D T), \tag{5.115}$$

em que $J_0(\cdot)$ é a função de Bessel de ordem zero e T é o tempo de separação entre as amostras. O gráfico dessa função de autocorrelação é mostrada na Figura 5.22 considerando uma freqüência de amostragem igual a 24,3 kbauds e f_D igual a 50 Hz, 100 Hz e 150 Hz.

No receptor (Figura 5.21), $r(t)$ é inicialmente convertido para banda básica. O sinal obtido $r_n(t)$ (equivalente passa-baixas) em um intervalo de sinalização é

$$r_n(t) = |\boldsymbol{\alpha}_n(t)|e^{j\phi_n(t)}s_n(t) + \eta_n(t), \quad nT_s \leq t \leq (n+1)T_s, \tag{5.116}$$

em que $\eta_n(t)$ representa o ruído gaussiano branco complexo, $|\boldsymbol{\alpha}_n(t)|$ denota a amplitude da resposta impulsional (RI) do canal no instante de tempo t, $\phi_n(t)$ representa o deslocamento de fase provocado pelo canal e $s_n(t)$ denota o equivalente passa-baixas do sinal transmitido $s(t)$.

Após a eliminação da fase do desvanecimento (multiplicação de $r_n(t)$ por $e^{-j\phi_n(t)}$), o vetor recebido, no n-ésimo intervalo de sinalização, aqui denotado por $\tilde{\boldsymbol{r}}_n$, é expresso como

$$\tilde{\boldsymbol{r}}_n = \boldsymbol{\alpha}_n\boldsymbol{s}_n + \boldsymbol{\eta}_n, \tag{5.117}$$

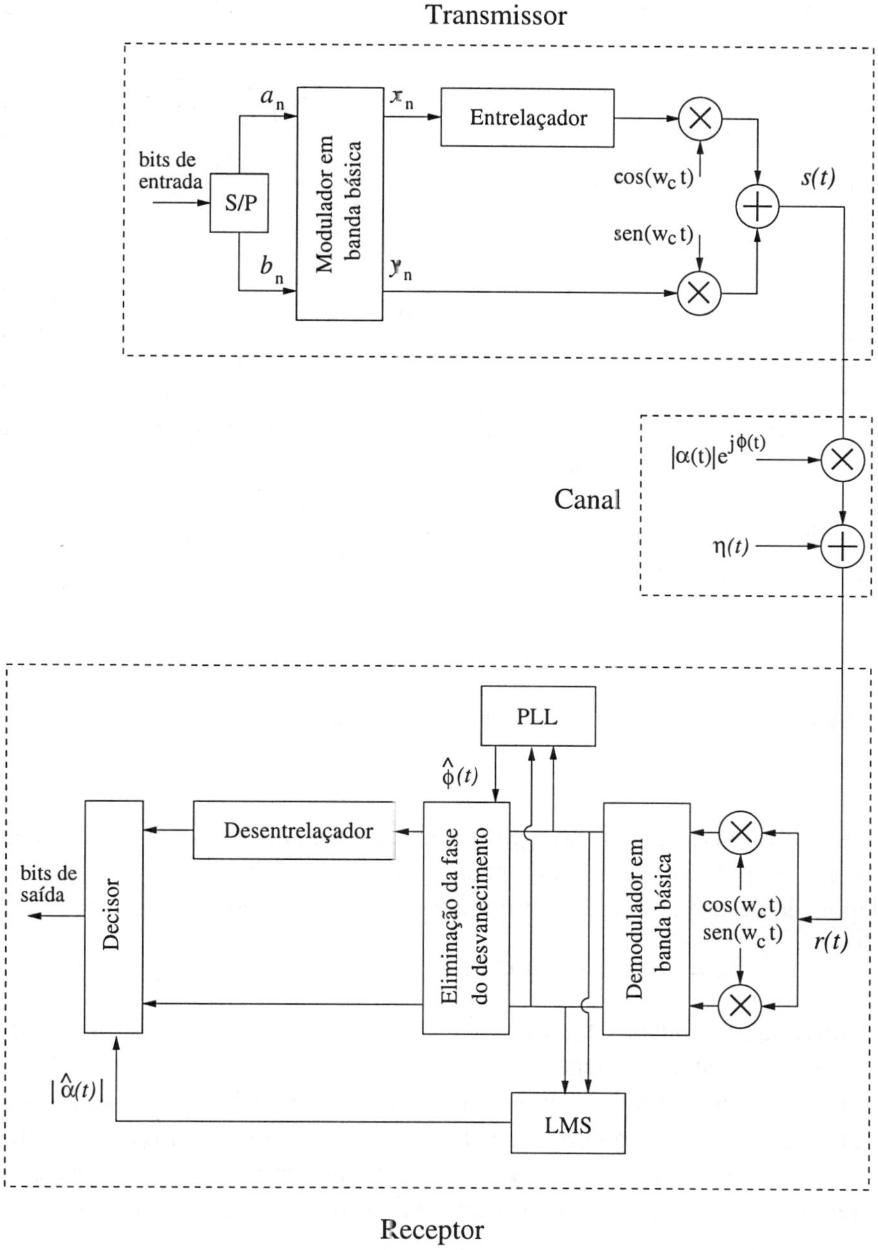

Figura 5.21: Diagrama de blocos do sistema de comunicações baseado na técnica de diversidade em modulação.

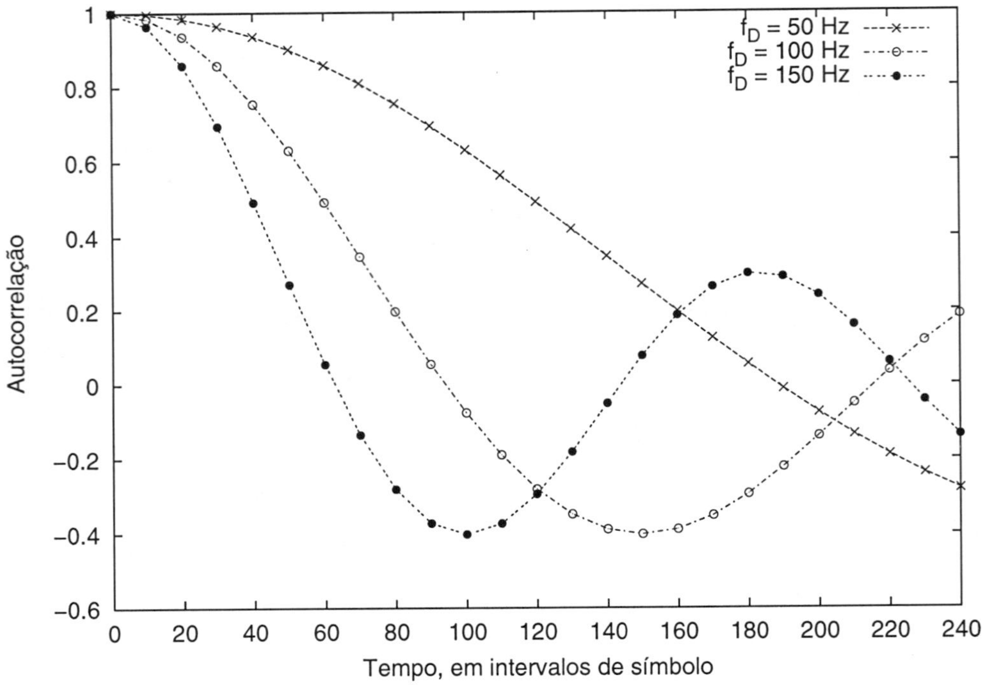

Figura 5.22: Função de autocorrelação do processo $\alpha(t)$ para uma freqüência de amostragem igual a 24,3 kbauds e alguns valores de freqüência Doppler (f_D).

sendo $\boldsymbol{s}_n$ a representação vetorial do sinal transmitido no intervalo de sinalização nT_s, dada por

$$\boldsymbol{s}_n = x_n + jy_{n-k}. \tag{5.118}$$

Além disso, os elementos do vetor complexo $\boldsymbol{\eta}_n$ são variáveis aleatórias gaussianas independentes e identicamente distribuídas (i.i.d.) com média nula e variância $N_0/2$.

No receptor, depois do desentrelaçamento (Figura 5.21) o vetor recebido torna-se

$$\boldsymbol{r}_n = [\alpha_n x_n + \text{Re}\{\boldsymbol{\eta}_n\}] + j[\alpha_{n+k} y_n + \text{Im}\{\boldsymbol{\eta}_{n+k}\}], \tag{5.119}$$

em que $\text{Re}\{\boldsymbol{\eta}_n\}$ e $\text{Im}\{\boldsymbol{\eta}_{n+k}\}$ indicam as partes real e imaginária do ruído complexo $\boldsymbol{\eta}$ nos intervalos de sinalização nT_s e $(n+k)T_s$, respectivamente.

Admitindo a transmissão de símbolos equiprováveis, o decisor ótimo, de posse das estimativas de $|\boldsymbol{\alpha}_n|$, calcula a distância euclidiana quadrática entre o sinal recebido $\boldsymbol{r}_n$ e cada um dos quatro vetores da constelação QPSK (multiplicados pelas estimativas $|\boldsymbol{\alpha}_n|$ e $|\boldsymbol{\alpha}_{n+k}|$), decidindo em favor do mais próximo a $\boldsymbol{r}_n$.

Considerando que o receptor seja capaz de estimar sem erro os valores de $|\boldsymbol{\alpha}(t)|$ e $\phi(t)$ e que haja descorrelação entre os valores de $\boldsymbol{\alpha}_n(t)$ e $\boldsymbol{\alpha}_{n+k}(t)$, mostrou-se em (Lopes e Alencar, 2000) que a probabilidade de erro de bit do sistema é minimizada para $\theta = 27°$. Admitindo correlação entre $\boldsymbol{\alpha}_n$ e $\boldsymbol{\alpha}_{n+k}$, pode-se obter, a partir da função de autocorrelação do canal (Figura 5.22), os pontos de correlação nula que correspondem às profundidades de entrelaçamento ideais para cada caso. Dessa forma, o desempenho apresentado em (Lopes e Alencar, 2000) é alcançado, caso o canal seja perfeitamente estimado.

5.10.2 Probabilidade de erro de bit

A Figura 5.23 apresenta o desempenho da diversidade em modulação ($\theta = 27°$) em termos da probabilidade de erro de bit. Também foram incluídas na figura as curvas relativas ao sistema QPSK convencional ($\theta = 0°$).

Para estimar o módulo do canal de comunicações foi utilizado o algoritmo LMS (*Least Mean Squares*) e para estimar a fase do canal foi utilizando um PLL (*Phase Locked Loop*) de primeira ordem. Para o sistema com diversidade em modulação os passos de atualização do LMS e do PLL foram 0,25 e 0,6, respectivamente enquanto que para o sistema QPSK convencional os passos do LMS e do PLL foram 0,5 e 0,8, respectivamente. É possível observar na figura o ganho de desempenho obtido com o uso de diversidade em modulação, em termos da redução da probabilidade de erro de bit. Por exemplo, para E_b/N_0 =16 dB e considerando a ocorrência de erros de estimação de canal (freqüência Doppler máxima considerada: 50 Hz), a diversidade em modulação leva a uma redução da probabilidade de erro de bit de $1,12 \times 10^{-2}$ para $2,55 \times 10^{-3}$.

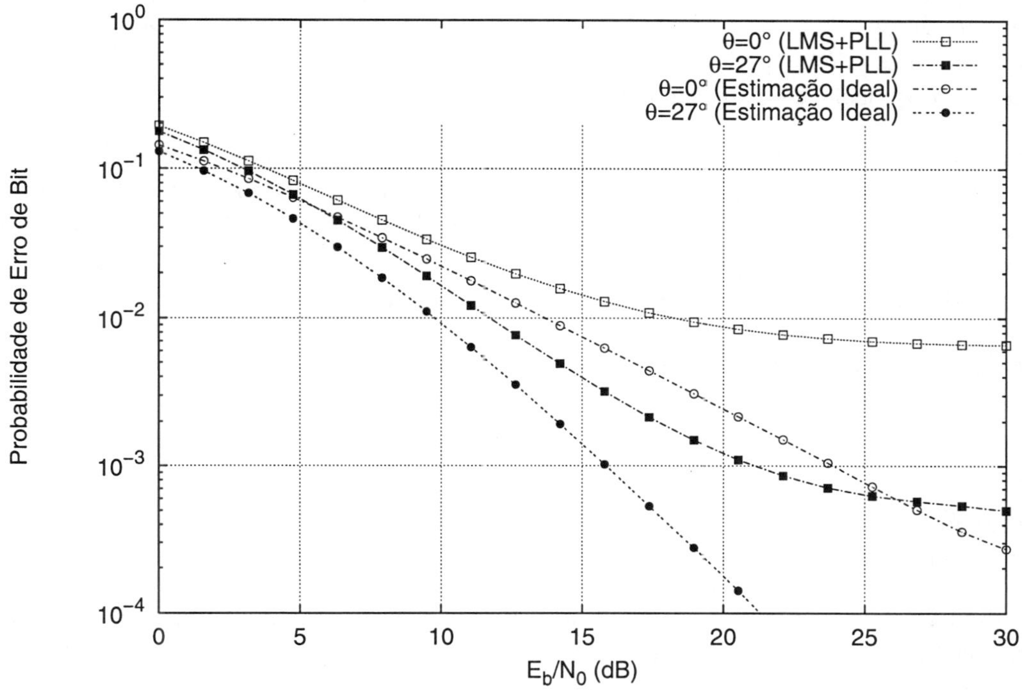

Figura 5.23: Probabilidade de erro de bit em função da relação sinal-ruído (E_b/N_0) do canal com desvanecimento.

5.11 Exercícios

1. O sinal ASK seguinte, com $s_n = \{-3, \ -1, \ 1, \ 3\}$, passa por um canal não-linear com resposta $r_n = -\sqrt{-s_n}u(-s_n) + \sqrt{s_n}u(s_n)$. Esboce o diagrama de constelação para $s(t)$ e $r(t)$. Comente o resultado do ponto de vista da imunidade dos símbolos ao ruído.

$$s(t)_{ASK} = \sum_{n=-\infty}^{\infty} s_n p(t - nT_b) \cdot \cos(\omega_c t + \phi).$$

2. O sinal mensagem digital $m(t)$ tem a seguinte autocorrelação

$$R_M(\tau) = A^2[1 - \frac{|\tau|}{T_b}][u(\tau + T_b) - u(\tau - T_b)],$$

em que T_b é o intervalo do bit. Determine e esboce a função de autocorrelação do sinal modulado em amplitude, com portadora suprimida (AM-SC). Calcule a potência transmitida. Calcule e esboce a densidade espectral de potência do sinal modulado. Esboce, no tempo, o sinal modulado e discuta a possibilidade de demodular esse sinal com um detector de envoltória.

3. Um sinal digital $x(t)$ com níveis A e $-A$ modula uma portadora em amplitude (ASK) e é transmitido por um sistema de comunicações com ruído branco aditivo gaussiano $n(t)$, com variância σ_N^2. Assumindo que as probabilidades associadas aos níveis transmitidos são idênticas, $P\{A\} = P\{-A\} = 0,5$, determine a probabilidade de erro do sinal recebido.

4. Um sinal digital, $a(t)$, com distribuição de probabilidade $p_A(a) = p\delta(a) + (1-p)\delta(a-V)$, modula uma portadora em amplitude (ASK). Calcule as potências AC (sinal mensagem) e DC do sinal modulante. Calcule o índice de modulação Δ_{AM}. Calcule a potência na saída do modulador. Faça um esboço do diagrama de constelação e do sinal modulado no tempo.

5. Um sinal digital tem distribuição de probabilidade $p_X(x) = p\delta(x + A) + q\delta(x - A)$, com $p + q = 1$. Esboce a autocorrelação do sinal, assumindo que os símbolos são independentes com intervalo de bit T_b, para $p = 1/2$ e $p = 1/3$. O sinal modula uma portadora em amplitude. Determine as fórmulas da autocorrelação e densidade espectral de potência (DEP) do sinal modulado. Faça um esboço da DEP, considerando os mesmos valores de probabilidade de símbolo.

6. O sinal digital $a(t)$, com a autocorrelação seguinte, modula uma portadora em amplitude.

$$R_A(\tau) = A^2[1 - \frac{|\tau|}{T_b}][u(\tau + T_b) - u(\tau - T_b)],$$

em que T_b é o intervalo do bit. Determine e esboce a função de autocorrelação do sinal modulado. Calcule e esboce a densidade espectral de potência do sinal.

7. O sinal digital seguinte, obtido à saída de um conversor série-paralelo, é utilizado para modular uma portadora em quadratura. Faça um diagrama, explique o funcionamento do modulador e desenhe o diagrama de constelação para o sinal 16-QAM resultante.

$$b(t) = \sum_{k=-\infty}^{\infty} b_k p(t - kT_b) \text{ e } d(t) = \sum_{k=-\infty}^{\infty} d_k p(t - kT_b),$$

em que $b_k = d_k = \{-3, -\sqrt{3}, \sqrt{3}, 3\}$ e T_b representa o período do bit. Calcule os valores das resultantes de amplitude e fase.

8. Uma operadora quer substituir o sistema com modulação ASK da Figura 5.24 por um sistema QAM com mesma taxa de erros. Qual é a potência transmitida no novo sistema? Desenhe o diagrama de constelação do QAM e compare os dois sistemas em relação à potência, banda passante e complexidade.

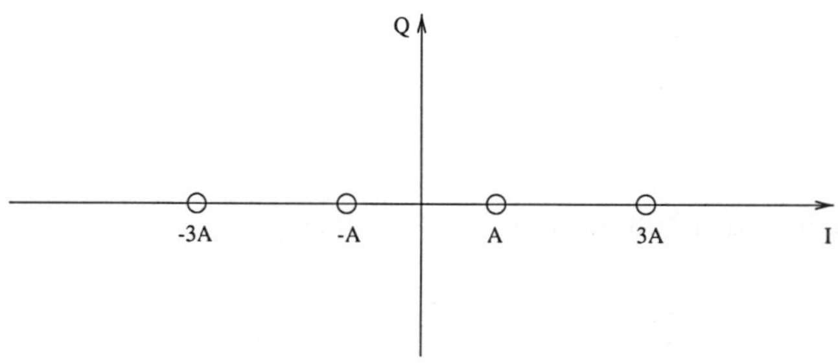

Figura 5.24: Constelação para o ASK.

9. Um sinal digital, $a(t)$, com distribuição de probabilidade $p_A(a) = p\delta(a+V) + (1-p)\delta(a-V)$, modula uma portadora em quadratura com oito símbolos (8 QAM). Faça o esquema do modulador e explique o processo de modulação. Calcule a potência na saída do modulador. Faça um esboço do diagrama de constelação.

10. Esboce o diagrama de constelação para o sinal QAM seguinte, em que $b(t) = \sum_{n=-\infty}^{\infty} b_n p(t - nT_b)$ e $d(t) = \sum_{n=-\infty}^{\infty} d_n p(t - nT_b)$, com $b_n = \pm\sqrt{2}$ e $d_n = \pm\sqrt{2}$. Calcule as resultantes de amplitude e fase.

$$s(t)_{QAM} = b(t)\cos(\omega_c t + \phi) + d(t)\text{sen}\,(\omega_c t + \phi).$$

11. Determinado fabricante de equipamentos de comunicações de dados precisa decidir entre dois esquemas de modulação, baseando-se em informações dos potenciais usuários. O primeiro esquema é o 4-ASK e o segundo é o 4-QAM. O mercado para o equipamento demanda taxas de transmissão medianas, mas uma taxa de erros de bit mínima. No entanto, a detecção coerente inviabiliza o custo do receptor. Explique a razão para sua escolha.

12. O esquema de modulação QAM seguinte usa os dados de entrada do modulador: $b_j = \{-3A, -A, A, 3A\}$ e $d_k = \{-A, A\}$. Ilustre todas as fases do processo de modulação, desenhando as formas de onda. Esboce o diagrama de constelação e explique as vantagens e desvantagens do esquema.

$$s(t) = b(t)\cos(\omega_c t + \phi) + d(t)\text{sen}\,(\omega_c t + \phi),$$

$$b(t) = \sum_j b_j p(t - jT_b) \text{ e } d(t) = \sum_k d_k p(t - kT_b).$$

13. Desenhe o diagrama de constelação de um esquema 8 QAM e ilustre os efeitos de perda de sincronismo de fase e amplificação não-linear. Faca o projeto do modulador e do demodulador e sugira métodos para corrigir os problemas apresentados.

14. Considerando $m(t)$ um sinal digital com níveis 0 e 1, mostre que modular em fase utilizando $\theta(t) = \pi m(t)$ é equivalente a modular em amplitude a mesma portadora com $a(t) = 1 - 2m(t)$.

15. Considerando que o sinal $m(t)$ seguinte modula uma portadora em fase com faixa estreita, calcule a densidade espectral de potência para a portadora modulada. Considere o sinal digital $m(t)$ com pulsos retagulares de largura T e amplitude $\pm A$, com autocorrelação dada por

$$R_M(\tau) = A^2[1 - \frac{|\tau|}{T}], \text{ para } |\tau| \leq T.$$

16. Mostre que o sinal 4PSK seguinte é equivalente ao 4-QAM, comparando as resultantes de amplitude e fase obtidas a partir de $b(t)$ e $d(t)$. Faça o diagrama de constelação e discorra a respeito das vantagens e desvantagens de um esquema em relação ao outro, para sistemas com maior múmero de níveis.

$$s_{PSK}(t) = A\cos(\omega_c t + \theta(t) + \phi) \text{ e } s_{QAM}(t) = b(t)\cos(\omega_c t + \phi) + d(t)\,\text{sen}\,(\omega_c t + \phi),$$

$$\theta(t) = \sum_{k=-\infty}^{\infty} \theta_k p(t - kT_b),$$

em que $\theta_k = \{-\pi/4, \pi/4, 3\pi/4, -3\pi/4\}$ e T_b representa o período do bit.

17. Um sinal digital $x(t)$ com níveis A e $-A$ modula uma portadora em fase (4PSK) e é transmitido por um sistema de comunicações com ruído branco aditivo gaussiano $n(t)$, com variância σ_N^2. Assumindo que as probabilidades associadas aos níveis transmitidos são idênticas, $P\{A\} = P\{-A\} = 0,5$, determine a probabilidade de erro do sinal recebido.

18. Um sinal com modulação FSK binária, usado em comunicações móveis e transmitido em faixa estreita, tem potência do sinal modulante $P_\Theta = \frac{V^2}{2}$. Desenhe a densidade espectral de potência do sinal modulado. Qual é o valor aproximando de V para que o sinal seja transmitido sem portadora?

19. O esquema de modulação PSK seguinte transmite o sinal digital $m_j \in \{0, 1, 2, 3, 4, 5, 6, 7\}$. Esboce um diagrama de constelação no qual os símbolos estejam distribuídos uniformemente e explique as vantagens e desvantagens do esquema. Qual o valor do índice de desvio em fase? Determine a distância entre os símbolos em função da amplitude da portadora e do índice de desvio em fase.

$$s(t) = A\cos(\omega_c t + \Delta_{PM} m(t) + \phi)$$

$$m(t) = \sum_j m_j p(t - jT_b)$$

20. Considerando o canal com desvanecimento Rayleigh, determine a probabilidade de erro de bit para o esquema 64-QAM utilizando o procedimento descrito na Seção 5.9.

21. Mostre que a probabilidade de erro de bit do esquema 256-QAM em canal com desvanecimento Rayleigh é dada por

$$\begin{aligned} P_{256\text{-QAM}} = & \frac{1}{64}\Big[32 - 15\,\Theta(E_b/N_0,\, 4/85) - 14\,\Theta(E_b/N_0,\, 36/85) + \Theta(E_b/N_0,\, 100/85) \\ & - 5\,\Theta(E_b/N_0,\, 324/85) - 4\,\Theta(E_b/N_0,\, 484/85) + 5\,\Theta(E_b/N_0,\, 676/85) \\ & + 4\,\Theta(E_b/N_0,\, 900/85) - 5\,\Theta(E_b/N_0,\, 1156/85) - 4\,\Theta(E_b/N_0,\, 1444/85) \\ & + 3\,\Theta(E_b/N_0,\, 1764/85) + 2\,\Theta(E_b/N_0,\, 2116/85) - \Theta(E_b/N_0,\, 2500/85) \\ & + \Theta(E_b/N_0,\, 3364/85)\Big], \end{aligned}$$

em que $\Theta(E_b/N_0, a) = \sqrt{\frac{a \cdot E_b/N_0}{a \cdot E_b/N_0 + 1}}$.

22. Qual é a relação sinal-ruído mínima necessária para transmissão de voz em canal com desvanecimento Rayleigh considerando a técnica de diversidade em modulação e os efeitos do erro de estimação de canal. Considere a constelação QPSK, freqüência *Doppler* igual a 50 Hz e utilização dos estimadores LMS e PLL.

Capítulo 6

Códigos Corretores de Erros

Valdemar Cardoso da Rocha Jr.

6.1 Introdução

A transmissão confiável de voz e dados em sistemas de comunicação móveis, em taxas cada vez maiores, tem representado um desafio constante para engenheiros e pesquisadores em telecomunicações. Os códigos corretores de erros (Lin e Jr., 1983), sem dúvida, têm contribuído de modo significativo para os avanços nesta área. Mais recentemente, problemas ligados ao armazenamento e recuperação de grandes volumes de dados, em memórias semicondutoras (Chen e Hsiao, 1984), também passaram a ser beneficiados pelas técnicas de códigos corretores de erros.

Um outro aspecto importante, ligado tanto à transmissão como ao armazenamento de dados, diz respeito ao sigilo, ou inviolabilidade. Este assunto está afeito ao domínio da criptologia (Konheim, 1981). A confiabilidade da transmissão referida diz respeito apenas à sua imunidade à ação do ruído e de outras interferências, não considerando o problema da interceptação das mensagens por terceiros.

Freqüentemente, no contexto de comunicações digitais, ocorrem problemas de detecção e de correção de erros, que por acaso tenham ocorrido durante uma transmissão, ou que tenham afetado dados armazenados. Situações do tipo ocorrem, por exemplo, numa rede de transmissão de dados bancários na qual, idealmente, não deveriam ocorrer erros.

Os sistemas de comunicações continuam mudando seu aspecto no que concerne a implementação de circuitos, em função de evoluções tecnológicas. Por exemplo, os sistemas telefônicos antigos evoluiram do relé eletromecânico para válvulas termoiônicas na comutação, mais tarde para transistores e hoje utilizam circuitos integrados em larga escala. Apesar disso, uma inspeção mais profunda revela que, de um modo geral, os sistemas podem ser representados como mostra a Figura 1, cujos blocos são a seguir definidos.

- **Fonte**: originador da informação a ser transmitida. São exemplos de fonte a saída de um terminal de computador, de um microfone ou de um sensor remoto em um sistema de telemetria. A fonte é comumente modelada por um sinal estocástico ou por um gerador de dados aleatórios a serem transmitidos.

- **Transmissor**: Converte a saída da fonte em formas de onda adequadas para transmissão no canal. A função do transmissor pode ser subdividida como indicado a seguir.

  1. **Codificador de fonte**: em muitos casos, consiste apenas em um conversor analógico/digital. Em aplicações mais sofisticadas, pode realizar a função de remover detalhes desnecessários da informação como, por exemplo, no tratamento de imagens.
  2. **Codificador de canal**: adiciona redundância controlada à saída do codificador de fonte, para combater os efeitos do ruído.

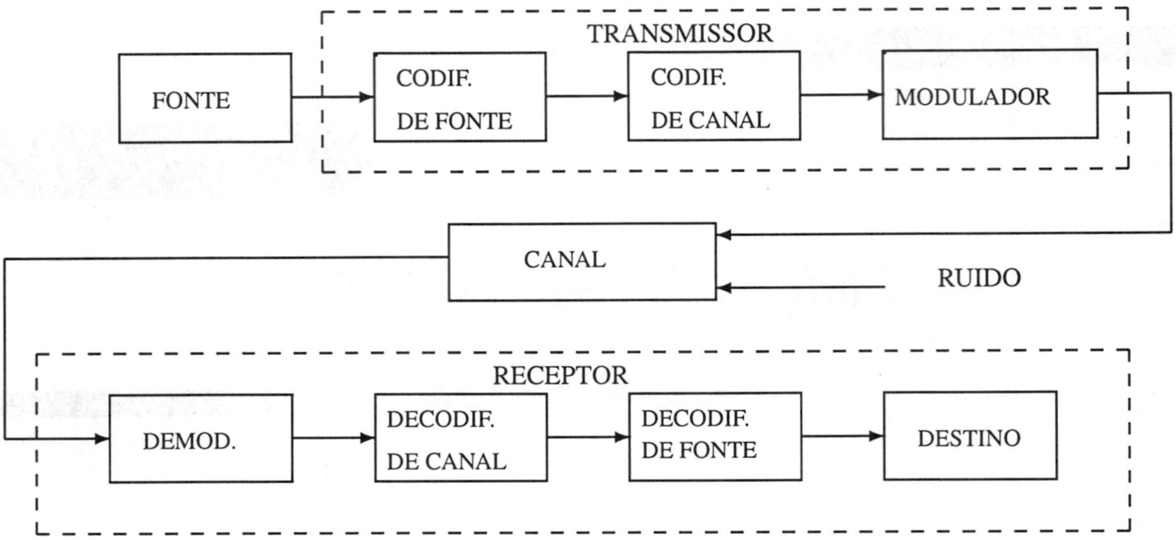

Figura 6.1: Sistema de comunicações genérico.

3. **Modulador**: translada a saída do codificador de canal para uma forma de onda adequada para transmissão por meio do canal.

- **Canal**: meio físico pelo qual a informação passa antes de alcançar o receptor. Um canal pode consistir em um par de fios ou um enlace de microondas, por exemplo. Ao ser conduzida pelo canal, a informação fica sujeita à ação do ruído, na forma de perturbações indesejáveis e, de certo modo, imprevisíveis. Como resultado da ação do ruído, parte da informação pode ficar bastante mutilada. A fim de estabelecer matematicamente o desempenho do sistema, faz-se necessária a caracterização do ruído por meio de um processo estocástico. Dito de outra forma, faz-se necessário modelar matematicamente o canal.

- **Receptor**: cabe ao receptor processar a saída ruidosa do canal, com a finalidade de determinar a forma de onda transmitida. Esta é normalmente a parte mais complexa de um sistema de comunicações e pode ser subdividida como indicado a seguir.

  1. **Demodulador**: a partir da forma de onda recebida do canal, o demodulador emite uma estimativa da forma de onda que foi enviada pelo transmissor e entrega na saída a versão digital correspondente. Devido ao ruído, essa versão nem sempre é a correta e, assim, estimativas contendo erros poderão ser passadas adiante, para o decodificador de canal.
  2. **Decodificador de canal**: aplicando técnicas de codificação aos dígitos fornecidos pelo demodulador, o decodificador de canal tenta corrigir possíveis erros e então produz sua estimativa dos dígitos de saída do codificador de fonte.
  3. **Decodificador de fonte**: processa a saída do decodificador de canal, repondo a redundância que foi removida no codificador de fonte, reconstituindo a mensagem a ser entregue ao destinatário.

- **Destinatário**: recebedor final da informação transmitida. O destinatário pode ser um ser humano, no extremo de uma linha telefônica, ou um computador, por exemplo.

Não importa quão bem projetado seja, qualquer sistema de comunicações é sempre perturbado pela ação do ruído, isto é, as mensagens na sua saída podem conter erros. Em algumas situações, é possível que decorra um longo tempo sem a ocorrência de erros, mas eventualmente podem acontecer alguns erros. Entretanto, o problema prático em *teoria da codificação* não é a provisão de comunicações livres de erro e sim um projeto de sistemas que tenham uma taxa de erros suficientemente baixa para o usuário. Por exemplo, uma taxa de erros de 10^{-4} para as letras de um livro é perfeitamente aceitável, mas para os dígitos de um computador, operando com transferência eletrônica de fundos seria desastrosa.

A potencialidade máxima dos códigos corretores de erros foi estabelecida em 1948, com o teorema da codificação de Shannon, para um canal ruidoso. Esse teorema pode ser assim enunciado (Viterbi e Omura, 1979).

> **Teorema**: para qualquer canal sem memória, cuja entrada é um alfabeto discreto, existem códigos com taxa de informação R (nats/símbolo), com palavras de comprimento n dígitos, para os quais a probabilidade de erro, com decodificação por máxima verossimilhança, é limitada por $P_e < e^{1-nE(R)}$, em que $E(R) > 0,\ 0 \leq R < C$, é uma função convexa-U, decrescente, especificada pelas probabilidades de transição do canal e C é a capacidade do canal (Viterbi e Omura, 1979).

O teorema da codificação prova a existência de códigos que podem tornar a probabilidade de decodificação errônea muito pequena, porém não fornece nenhuma indicação de como construir tais códigos. Entretanto, observa-se que P_e decresce exponecialmente quando n é aumentado, o que normalmente acarreta um aumento na complexidade do sistema.

Os objetivos da teoria de codificação são basicamente:

- Encontrar códigos longos e eficientes.
- Encontrar métodos práticos de codificação e de decodificação eficientes.

Os desenvolvimentos recentes na tecnologia do *hardware* digital tornaram possível o uso de procedimentos de codificação, cujos circuitos são bastante complexos e, na medida em que processadores mais complexos tornam-se disponíveis, graças à tecnologia da microeletrônica, as vantagens advindas do uso de códigos tornam-se ainda mais acessíveis.

6.1.1 Tipos de Erros

Devido à presença de ruído, como já mencionado, podem ocorrer erros durante uma transmissão. Os erros podem ser esporádicos e independentes, sendo chamados de **erros aleatórios**, ou podem ocorrer em surtos de vários erros de cada vez, chamados de **erros em surto**, quando então se diz que o canal tem memória.

6.1.2 Códigos Lineares e Não-Lineares

Códigos lineares têm seus dígitos redundantes calculados como combinações lineares dos dígitos de informação (reduzidas módulo a característica do corpo finito empregado), enquanto códigos não-lineares fazem uso de operações ou circuitos não-lineares, como portas E, OU, NÃO-OU, etc., no caso binário, para combinar os dígitos de informação. No que segue, apenas códigos lineares são abordados, devido à sua importância prática e porque a maioria das publicações versa sobre esses códigos.

6.1.3 Códigos de Bloco e Convolucionais

Dependendo da maneira como os dígitos de redundância são anexados aos dígitos de informação, dois tipos distintos de códigos resultam. Códigos para os quais a redundância em um bloco de dígitos verifica a ocorrência ou não de erros, apenas naquele bloco em particular, são chamados *códigos de bloco*. Códigos em que a redundância em um bloco verifica a existência ou não de erros, em mais de um bloco, são chamados de *códigos convolucionais*. Os códigos convolucionais são um caso especial dos códigos de árvore (Lin e Jr., 1983) e são tratados adiante. Códigos de bloco e convolucionais são competitivos em muitas situações práticas.

A escolha final de um deles depende de fatores como o formato dos dados, o retardo na decodificação e a complexidadade do sistema necessário para alcançar uma determinada taxa de erros. O leitor pode encontrar nas referências (Markman, 1987) e (da Rocha Jr. e Jr., 1987) o assunto de códigos tratado em nível introdutório.

6.2 Códigos de Bloco

Códigos de bloco podem ser facilmente caracterizados pelo seu processo de codificação. O processo de codificação, para estes códigos, consiste em segmentar a mensagem a ser transmitida em blocos de k dígitos e acrescentar, a cada bloco, $n - k$ dígitos redundantes. Os $n - k$ dígitos redundantes são determinados a partir dos k dígitos de mensagem e destinam-se à detecção simples, ou detecção e correção, de erros que porventura venham a atingir a transmissão.

Códigos de bloco podem ser lineares ou não-lineares. Nos códigos lineares, conforme mencionado anteriormente, os dígitos redundantes são calculados como combinações lineares dos dígitos de informação. Os códigos de bloco lineares representam, sem dúvida, a parte mais bem desenvolvida da teoria dos códigos corretores de erros. Pode-se dizer que isso se deve ao emprego de ferramentas matemáticas, como, por exemplo, a álgebra linear e a teoria de corpos finitos, ou *campos de Galois*. No que segue, devido à sua importância prática, consideraram-se apenas códigos de bloco lineares binários. Nestas condições, um código (n, k, d) é definido como sendo um conjunto de 2^k n-uplas binárias, chamadas palavras-código, as quais diferem entre si em pelo menos d posições, e formam um subespaço do espaço vetorial de todas as n-uplas. A seguir apresenta-se um exemplo, com o objetivo de esclarecer melhor os conceitos introduzidos.

Exemplo: Considere o código (7, 3, 4) cujas equações para cálculo dos dígitos redundantes, ou dígitos de verificação de paridade, são as seguintes:

$$\begin{aligned} c_1 &= k_1 \oplus k_2, & c_2 &= k_2 \oplus k_3, \\ c_3 &= k_1 \oplus k_3, & c_4 &= k_1 \oplus k_2 \oplus k_3. \end{aligned}$$

Cada bloco com três dígitos de informação é codificado em uma palavra-código de sete dígitos, dando origem ao seguinte conjunto de palavras código.

$$\begin{array}{c} \text{MENSAGENS} \\ \begin{bmatrix} 0 & 0 & 0 \\ 0 & 0 & 1 \\ 0 & 1 & 0 \\ 0 & 1 & 1 \\ 1 & 0 & 0 \\ 1 & 0 & 1 \\ 1 & 1 & 0 \\ 1 & 1 & 1 \\ k_1 & k_2 & k_3 \end{bmatrix} \end{array} \Rightarrow \begin{array}{c} \text{PALAVRAS CÓDIGO} \\ \begin{bmatrix} 0 & 0 & 0 & 0 & 0 & 0 & 0 \\ 0 & 0 & 1 & 0 & 1 & 1 & 1 \\ 0 & 1 & 0 & 1 & 1 & 0 & 1 \\ 0 & 1 & 1 & 1 & 0 & 1 & 0 \\ 1 & 0 & 0 & 1 & 0 & 1 & 1 \\ 1 & 0 & 1 & 1 & 1 & 0 & 0 \\ 1 & 1 & 0 & 0 & 1 & 1 & 0 \\ 1 & 1 & 1 & 0 & 0 & 0 & 1 \\ k_1 & k_2 & k_3 & c_1 & c_2 & c_3 & c_4 \end{bmatrix} \end{array}$$

6.2.1 Representação Matricial

As palavras de um código podem ser representadas por vetores com n componentes. Os componentes dos vetores são, em geral, elementos de um corpo finito com q elementos, representado por $GF(q)$, também chamado de *campo de Galois*. Muito freqüentemente é usado o campo binário, cujos elementos são representados por zero e 1, isto é, $GF(2)$. Como já mencionado, um código linear constitui um subespaço e, desse modo, qualquer palavra-código pode ser representada por uma combinação linear de vetores da base do subespaço, isto é, vetores linearmente independentes. Os vetores da base podem ser escritos como linhas de uma matriz, chamada de matriz geradora do código (Lin e Jr., 1983).

Dada a matriz geradora G de um código linear, com k linhas e n colunas, pode-se formar uma outra matriz H, com $n-k$ linhas e n colunas, tal que o espaço das linhas de G seja ortogonal a H, isto é, se v_i é um vetor no espaço das linhas de G então

$$v_i H^T = 0. \tag{6.1}$$

A matriz H é chamada de *matriz de verificação de paridade* do código, e pode ser representada como

$$H = [h : I_{n-k}],$$

em que h é uma matriz $(n-k) \times k$ e I_{n-k} é a matriz unitária $(n-k) \times (n-k)$. Mostra-se (Lin e Jr., 1983) que a matriz G pode ser escrita como $G = [I_k|g]$, em que g é uma matriz $k \times (n-k)$ e I_k é a matriz unitária $k \times k$. As matrizes g e h são relacionadas pela expressão $g^T = h$. Como as linhas de H são linearmente independentes, elas geram um código linear $(n, n-k, d')$ que é chamado o *código dual* do código (n, k, d) gerado por G. O código $(n, n-k, d')$ pode ser considerado o espaço dual do código (n, k, d) gerado por G.

Exemplo: A matriz geradora do código do exemplo anterior é a seguinte

$$G = \begin{bmatrix} 1 & 0 & 0 & 1 & 0 & 1 & 1 \\ 0 & 1 & 0 & 1 & 1 & 0 & 1 \\ 0 & 0 & 1 & 0 & 1 & 1 & 1 \\ k_1 & k_2 & k_3 & c_1 & c_2 & c_3 & c_4 \end{bmatrix}.$$

Portanto,

$$g = \begin{bmatrix} 1 & 0 & 1 & 1 \\ 1 & 1 & 0 & 1 \\ 0 & 1 & 1 & 1 \end{bmatrix}, \quad h = g^T = \begin{bmatrix} 1 & 1 & 0 \\ 0 & 1 & 1 \\ 1 & 0 & 1 \\ 1 & 1 & 1 \end{bmatrix}.$$

A matriz de verificação de paridade H toma a seguinte forma

$$\begin{bmatrix} 1 & 1 & 0 & 1 & 0 & 0 & 0 \\ 0 & 1 & 1 & 0 & 1 & 0 & 0 \\ 1 & 0 & 1 & 0 & 0 & 1 & 0 \\ 1 & 1 & 1 & 0 & 0 & 0 & 1 \\ k_1 & k_2 & k_3 & c_1 & c_2 & c_3 & c_4 \end{bmatrix}.$$

Fazendo uso da representação matricial, verifica-se que um codificador tem por função realizar o produto mG, de uma matriz linha m, com k elementos, que representam os dígitos de informação, pela matriz G. O resultado de tal operação é uma combinação linear das linhas de G e, portanto, uma palavra-código.

6.2.2 Distância Mínima

A capacidade de detecção simples, ou detecção e correção de erros, de um código, está diretamente ligada a uma quantidade, a seguir definida, que é a sua distância mínima. Antes porém são definidos peso de Hamming de um vetor e distância de Hamming entre dois vetores.

Definição – Peso de Hamming de um vetor é o número de posições não-nulas do vetor.

Definição – Distância de Hamming entre dois vetores, de mesmo número de componentes, é o número de posições em que os dois vetores diferem.

Observe que a distância de Hamming constitui uma métrica.

> **Exemplo:** Considere os vetores $v_1 = (0, 1, 0, 0, 2)$ e $v_2 = (1, 1, 0, 3, 2)$. Os pesos de Hamming de v_1 e de v_2 são, respectivamente, 2 e 4, e a distância de Hamming entre v_1 e v_2 é 2.

Definição – Distância mínima de um código é a menor distância de Hamming encontrada entre suas palavras.

Denote-se por q, $q = p^m$, a cardinalidade do alfabeto do código, em que p é um número primo e m é um inteiro positivo. Devido à propriedade da linearidade, a soma módulo-p de duas palavras quaisquer de um código linear dá como resultado uma palavra-código. Daí conclui-se que determinar a distância mínima de um código linear significa encontrar sua palavra de menor peso de Hamming, que não seja a palavra toda zero. Do ponto de vista computacional isso representa uma grande simplificação pois, caso o código tenha M palavras, em vez de efetuar C_M^2 operações de adição módulo-p e cálculo de pesos, é suficiente calcular o peso de Hamming de $M - 1$ palavras apenas. Em situações especiais em que o código, além de linear, tem uma estrutura matemática adicional, a determinação da distância mínima, ou de cotas superior e inferior a esta, pode ser ainda mais simplificada.

Em um código que tem distância mínima d, o menor número de mudanças necessárias para converter uma palavra-código em outra é pelo menos d. Portanto, a ocorrência de até $d - 1$ erros por palavra, durante uma transmissão, pode ser detectada, pois o resultado é uma n-upla que não pertence ao código. Com relação à correção de erros é importante observar que, após detectar a ocorrência desses, precisa-se decidir qual a palavra-código mais provável de ter sido a transmitida. Supondo que as palavras-código são equiprováveis, decide-se pela palavra-código mais próxima da n-upla recebida, em termos da distância de Hamming. Obviamente tal decisão é correta sempre que um padrão de erros, contendo até t erros por palavra, satisfaça a relação $2t+1 \leq d$.

6.2.3 Síndrome de Erros e Decodificação

Suponha que uma palavra de um código linear, com matriz geradora G e matriz de verificação de paridade H, é transmitida por meio de um canal ruidoso. No receptor, uma n-upla r é recebida, a qual pode diferir de v devido ao ruído adicionado durante a transmissão. A tarefa do decodificador é recuperar v, a partir de r. O primeiro passo na decodificação consiste em verificar se r é uma palavra-código. O processo pode ser representado pela seguinte equação

$$rH^T = s, \tag{6.2}$$

em que s é um vetor com $n - k$ componentes, chamado de *síndrome*. Se $s = 0$ (as $n - k$ componentes iguais a zero), supõe-se que não ocorreram erros, isto é, supõe-se $r = v$. No entanto se $s \neq 0$, r não corresponde a uma palavra do espaço das linhas de G e o decodificador usa esta síndrome de erros para fins de detecção, ou detecção e correção. A n-upla recebida r pode ser escrita como

$$r = v + e,$$

em que e é uma n-upla representando a configuração de erros.

O processo de decodificação envolve uma decisão sobre qual palavra-código foi transmitida. Uma maneira sistemática de implementar o processo de decisão consiste em distribuir as 2^n n-uplas em 2^{n-k} conjuntos disjuntos, de modo que cada um deles contenha apenas uma palavra-código. Dessa maneira a decodificação é feita corretamente se a n-upla recebida r estiver no subconjunto da palavra transmitida. As 2^k n-uplas do código são escritas em uma linha e, abaixo da n-upla toda zero coloca-se uma n-upla e_1 que não figure na primeira linha. Forma-se a segunda linha somando *módulo 2* os elementos da primeira a e_1, conforme mostrado a seguir.

$$\begin{array}{ccccc} 0 & v_1 & v_2 & \ldots\ldots\ldots\ldots & v_{2^k-1} \\ e_1 & e_1 \oplus v_1 & e_1 \oplus v_2 & \ldots\ldots\ldots\ldots & e_1 \oplus v_{2^k-1} \end{array}$$

As linhas subseqüentes são formadas de maneira análoga, e cada nova linha começa com um elemento não usado previamente. Resulta assim a seguinte tabela, denominada *arranjo padrão.*

$$\begin{array}{lllll} 0 & v_1 & v_2 & \ldots\ldots & v_{2^k-1} \\ e_1 & e_1 \oplus v_1 & e_1 \oplus v_2 & \ldots\ldots & e_1 \oplus v_{2^k-1} \\ e_2 & e_2 \oplus v_2 & e_2 \oplus v_2 & \ldots\ldots & e_2 \oplus v_{2^k-1} \\ \vdots & \vdots & \vdots & \ldots\ldots & \vdots \\ e_{2^k-1} & e_{2^k-1} \oplus v_1 & e_{2^k-1} \oplus v_2 & \ldots\ldots & e_{2^k-1} \oplus v_{2^k-1} \end{array}$$

As linhas obtidas são chamadas *classes laterais* e o elemento mais à esquerda em cada classe lateral é chamado de *líder.* O arranjo anteriormente construído é denominado *arranjo padrão* e o procedimento descrito é chamado de *decomposição do código em classes laterais.*

Para utilização do arranjo padrão é necessário encontrar a classe e, portanto, o líder associado, ao qual a énupla recebida pertence. Isto em geral não é fácil de implementar, de modo que o conceito de arranjo padrão é mais útil como uma maneira de compreender a estrutura de códigos lineares, do que como um algoritmo de decodificação prático. Métodos potencialmente práticos de decodificação de códigos lineares são apresentados a seguir.

Decodificação por máxima verossimilhança

Se as palavras de um código (n, k, d) são selecionadas independentemente e todas têm a mesma probabilidade de serem enviadas por meio de um canal, uma maneira ótima (num sentido que é explicado a seguir) de decodificá-las é a seguinte. Ao receber uma n-upla r, o decodificador compara-a com todas as possíveis palavras-código. No caso binário, significa comparar r com 2^k n-uplas distintas que formam o código. A palavra-código que ficar mais próxima de r, em termos de distância de Hamming, é selecionada, ou seja, é escolhida a palavra que diferir de r no menor número de posições. Esta é supostamente a palavra transmitida. Infelizmente o tempo necessário para decodificar uma n-upla recebida pode tornar-se proibitivamente longo, mesmo para valores moderados de k. Deve-se notar que o decodificador precisa comparar r com 2^k palavras, durante um intervalo de tempo que corresponde à duração de n dígitos no canal. Tal fato torna o processo de decodificação inadequado em muitos casos práticos.

Decodificação por busca sistemática

Um procedimento geral para decodificar códigos de bloco lineares consiste em associar a cada síndrome não-nula uma configuração corrigível de erros. Uma das propriedades do arranjo padrão é que todas as n-uplas, pertencentes a uma mesma classe lateral, têm a mesma síndrome. Outrossim, os líderes das classes laterais devem ser escolhidos como as configurações mais prováveis de erros, nas respectivas classes laterais. Com base nas propriedades citadas, é possível aplicar o seguinte procedimento para decodificação.

1. Calcular a síndrome para a n-upla recebida.
2. Por busca sistemática, achar o padrão de erros corrigíveis, isto é, o líder da classe lateral, associado à síndrome da n-upla recebida.
3. Subtrair, da n-upla recebida, a configuração de erros encontrada no passo anterior, a fim de corrigi-la.

Para implementar o procedimento é necessário gerar sucessivamente todas as configurações de erros corrigíveis e alimentá-las em um circuito combinacional, o qual apresenta na saída as respectivas síndromes. Usando uma porta lógica de múltiplas entradas, é possível detectar quando a síndrome gerada localmente coincide com a síndrome da n-upla recebida. Se o código (n, k, d) corrige t erros por bloco, o número de configurações distintas de erros corrigíveis, que é necessário gerar no processo de busca sistemática, é dado por

$$C_n^1 + C_n^2 + ... + C_n^t = \sum_{i=1}^{t} C_n^i \leq 2^{n-k} - 1. \tag{6.3}$$

É fácil de observar que na expressão o número de configurações distintas cresce rapidamente com n e t. Por esse motivo, a técnica de decodificação é de aplicabilidade limitada.

Decodificação Probabilística

Nos últimos anos, têm aparecido na literatura especializada vários algoritmos de decodificação de natureza probabilística. Hartmann e Rudolph (Hartmann e Rudolph, 1976) introduziram um algoritmo de decodificação que é ótimo, no sentido de que minimiza a probabilidade de erro por dígito, quando as palavras-código são equiprováveis e transmitidas em presença de ruído aditivo, em um canal sem memória. Esse algoritmo é exaustivo, na medida em que toda palavra do código dual é usada no processo de decodificação. Tal característica torna-o prático para uso entre códigos de alta eficiência, ao contrário do que acontece com as técnicas convencionais. Wolf (Wolf, 1978) introduziu um algoritmo que consiste numa regra para caminhar numa estrutura tipo treliça, que depende da matriz H do código. A n-upla recebida é usada para determinar o caminho mais provável, isto é, a palavra código transmitida. Mais adiante são tratados alguns desses procedimentos, com maior detalhe, conhecidos como técnicas de decisão suave.

6.2.4 Códigos Simples

A seguir são apresentados alguns códigos de estrutura relativamente simples, mas que vão permitir futuramente ao leitor compreender mecanismos mais elaborados.

Códigos de Repetição

Um código de repetição é caracterizado pelos seguintes parâmetros: $k = 1$, $c \geq 1$ e $n = k + c = 1 + c$. Como $k = 1$, o código tem apenas duas palavras, uma delas é uma seqüência de n zeros e a outra é uma seqüência de n números 1. Os dígitos de paridade são todos iguais e constituem uma repetição do dígito de informação. Uma regra simples de decodificação, nesse caso, consiste em declarar como dígito de informação transmitido o que ocorrer mais vezes na palavra recebida. Isso é sempre possível quando n é ímpar. Caso n seja par, e haja um empate na contagem da ocorrência de zeros e de números 1, apenas se detecta a presença de erros. A distância mínima dos códigos é $d = n$ e a eficiência é $R = 1/n$. Obviamente qualquer padrão com $t \leq \lfloor n/2 \rfloor$ erros é corrigível.

Códigos de Único Dígito de Paridade

Conforme indica o título, estes códigos têm um único dígito redundante por palavra. O dígito redundante é calculado de modo a tornar par o número de 1s na palavra-código. Isto é, faz-se uma contagem de quantas vezes o número 1 aparece na seção de informação e, caso o resultado seja ímpar, o dígito de paridade é tornado 1; caso contrário, ele é feito igual a zero. Os parâmetros dos códigos são: $k \geq 1$, $c = 1$ e $n = k + c = k + 1$.

A distância de Hamming e a eficiência dos códigos são respectivamente $d = 2$ e $R = k/n = k/(k+1)$.

A regra de decodificação empregada para os códigos consiste em contar o aparecimento de 1 na palavra recebida. Se a contagem resultante for par, o bloco recebido é suposto estar livre de erros e é entregue ao destinatário. Em caso contrário, o bloco recebido contém erros e o destinatário é então avisado sobre o fato. Esses códigos, embora permitam apenas detectar um número ímpar de erros, são eficazes quando empregados em sistemas que operam com um canal de retorno, para solicitar retransmissão de mensagens, ou quando decodificados com decisão suave.

Códigos de Hamming

Estes foram os primeiros códigos não-triviais propostos para corrigir erros. Os códigos de Hamming são lineares e corrigem um erro por palavra, isto é, têm distância mínima igual a 3. Eles têm comprimento de bloco $n \leq 2^c - 1$, em que c é o número de dígitos redundantes. Essa condição sobre n assegura a disponibilidade de redundância suficiente para verificar a ocorrência de um erro numa palavra, porque o número de síndromes não-nulas, $2^c - 1$, é sempre maior ou igual ao número de posições em que um erro pode estar.

Exemplo: Neste exemplo considera-se a construção do código $(7, 4, 3)$ de Hamming. No entanto, as idéias aqui descritas são facilmente generalizadas para qualquer código de Hamming $(n, k, 3)$. O número de dígitos de paridade do código $(7, 4, 3)$ é $c = 7 - 4 = 3$. Considere agora os números binários não-nulos, que podem ser escritos com $c = 3$ dígitos. Isto é,

$$\begin{array}{cccc}
0 & 0 & 1 & c_1 \\
0 & 1 & 0 & c_2 \\
0 & 1 & 1 & k_1 \\
1 & 0 & 0 & c_3 \\
1 & 0 & 1 & k_2 \\
1 & 1 & 0 & k_3 \\
1 & 1 & 1 & k_4
\end{array}$$

Hamming associou os números da forma 2^i, $i = 0, 1, 2, ...$ com posições de verificação de paridade. As outras posições foram associadas com dígitos de informação, conforme indicado na lista anterior. Agora, olhando as colunas da lista no sentido descendente, as equações de verificação de paridade são escritas como somas módulo-2 das posições de informação em que um 1 aparece na coluna particular considerada. Isto é,

$$c_1 = k_1 \oplus k_2 \oplus k_4$$

$$c_2 = k_1 \oplus k_3 \oplus k_4$$

$$c_3 = k_2 \oplus k_3 \oplus k_4$$

Ao receber uma palavra, o decodificador recalcula os dígitos de verificação de paridade e soma-os módulo-2 aos seus correspondentes, na palavra recebida, a fim de obter a síndrome. Se, por exemplo, um erro atingiu k_3, os dígitos da síndrome nas posições de c_2 e c_3 falham, enquanto o da posição de c_1 não falha porque c_1 não verifica k_3. A situação é representada como

$$(c_3, c_2, c_1) = (1, 1, 0).$$

Esse número binário corresponde à posição de k_3 na lista anterior. O erro está portanto localizado e pode ser então corrigido. Obviamente este procedimento pode ser aplicado para qualquer valor de n.

Os códigos de Hamming são especiais no sentido de que nenhuma outra classe de códigos não-triviais pode ser tão facilmente decodificada e também porque são perfeitos, conforme a definição a seguir.

Definição – Um código (n, k, d) sobre $GF(q)$, corretor de t erros, é perfeito se e somente se

$$\sum_{i=0}^{t}(q-1)^i C_n^i = q^{n-k}. \tag{6.4}$$

Na expressão anterior, q representa o número de níveis. Com a exceção dos códigos de Hamming e dos códigos de Golay $(23, 12, 7)$ binário e $(11, 6, 5)$ ternário, não existem outros códigos perfeitos não-triviais (Pless, 1982).

6.3 Códigos Cíclicos

Entre os códigos de bloco, os códigos cíclicos são os mais importantes do ponto de vista de aplicações em engenharia (Clark e Cain, 1981). Códigos cíclicos são usados em protocolos de comunicação, em CDs de música, em gravação magnética, etc.. Isso se deve a uma estrutura baseada em matemática discreta, que permite uma considerável simplificação na implementação de codificadores e decodificadores. O tratamento formal dos códigos é feito em termos de anéis de polinômios, modulo $x^n - 1$, com coeficientes pertencentes a um campo de Galois $GF(q)$, em que n é o comprimento do bloco (Berlekamp, 1968). Entretanto, uma maneira simples de defini-los é a seguinte.

Definição – Um código é cíclico quando uma permutação cíclica, aplicada a qualquer uma de suas palavras, dá como resultado uma palavra-código do mesmo código. Isto é, se $\mathbf{v} = (v_0, v_1, v_2, ..., v_{n-1})$ é uma palavra do código, então

$$\mathbf{v}^i = (v_{n-i}, v_{n-i+1}, ..., v_0, v_1, ..., v_{n-i-1})$$

também é uma palavra do código, considerando seus índices reduzidos módulo n.

Uma n-upla, como **v** anterior, pode ser representada por um polinômio, cujo grau é no máximo $n - 1$, da seguinte forma:

$$v(x) = v_0 + v_1x + v_2x^2 + ... + v_{n-1}x^{n-1}.$$

Fazendo uso de propriedades de corpos finitos, prova-se que todas as palavras de um código cíclico (n, k, d) são múltiplas de um polinômio $g(x)$, de grau $n - k$, bem definido e, reciprocamente, que todo polinômio de grau igual ou menor que $n - 1$, e que é divisível por $g(x)$, é uma palavra do código. O polinômio $g(x)$ é chamado de polinômio gerador e é um fator de $x^n - 1$.

Representação Matricial

Conforme mencionado anteriormente, as palavras de um código cíclico são múltiplas do polinômio gerador $g(x)$. Dessa forma, os polinômios $g(x)$, $xg(x)$, $x^2g(x), ...,$ $x^{k-1}g(x)$ são palavras do código. Observa-se também que essas palavras, em particular, são linearmente independentes e, portanto, podem ser usadas para formar a matriz geradora de um código cíclico, com polinômio gerador $g(x)$, conforme é mostrado a seguir.

$$G = \begin{bmatrix} x^{k-1}g(x) \\ . \\ . \\ . \\ x^2g(x) \\ xg(x) \\ g(x) \end{bmatrix}$$

Para fins de codificação, a propriedade do deslocamento cíclico permite uma implementação seqüencial da matriz G, que é apresentada a seguir.

Codificador com $n-k$ Estágios de Registradores de Deslocamento

Este procedimento de codificação baseia-se na propriedade de que todas as palavras de um código cíclico são múltiplas do polinômio gerador $g(x)$ do código. Os k dígitos de informação podem ser representados por um polinômio $I(x)$, de grau menor ou igual a $k-1$. Multiplicando o polinômio $I(x)$ por x^{n-k} obtém-se $I(x)x^{n-k}$, que é um polinômio de grau menor ou igual a $n-1$ e não contém termos de grau menor que $n-k$. Dividindo $I(x)x^{n-k}$ por $g(x)$, resulta

$$I(x)x^{n-k} = Q(x)g(x) + R(x), \tag{6.5}$$

em que $Q(x)$ e $R(x)$ são, respectivamente, os polinômios quociente e resto. $R(x)$ tem grau menor que $g(x)$, isto é, $R(x)$ tem grau menor ou igual a $n-k-1$. Se $R(x)$ for subtraído de $I(x)x^{n-k}$, o resultado é um múltiplo de $g(x)$, ou seja, uma palavra-código. $R(x)$ representa os dígitos de verificação de paridade e não tem termos não-nulos superpostos com $I(x)x^{n-k}$, pelas considerações feitas anteriormente. As operações descritas podem ser realizadas com o circuito mostrado na Figura 6 2.

O circuito da Figura 6.2 utiliza $n-k$ estágios de registradores de deslocamento e pré-multiplica o polinômio de informação por x^{n-k}. As chaves $g_1, g_2, ..., g_{c-1}$ são fechadas quando o coeficiente, correspondente a cada uma delas em $g(x)$, é igual a 1. Em caso contrário, são deixadas abertas. Inicialmente, o conteúdo do registrador é zero. A chave S_1 é fechada e S_2 fica na posição 1, os dígitos de informação são então enviados simultaneamente à saída e ao circuito de divisão. Após a transmissão de k dígitos de informação, o resto (dígitos de verificação de paridade) está no registrador. Então, a chave S_1 é aberta e S_2 é movida para a posição 2. Durante os próximos $n-k$ intervalos de tempo, os dígitos de verificação de paridade são transmitidos. O procedimento é repetido com os blocos de informação subseqüentes.

Existe um outro procedimento de codificação de códigos cíclicos, baseado no polinômio $h(x) = (x^n - 1)/g(x)$, que emprega k estágios de registradores de deslocamento. Tal procedimento não é apresentado, mas pode ser encontrado na literatura, por exemplo nas referências (Lin e Jr., 1983) e (Clark e Cain, 1981). A seguir apresentam-se algumas classes de códigos, que fazem uso da estrutura cíclica das palavras.

Códigos de Hamming Cíclicos

Os códigos de Hamming vistos anteriormente possuem uma representação cíclica. Códigos de Hamming cíclicos têm como polinômio gerador um polinômio primitivo $p(x)$, de grau m, e possuem os seguintes

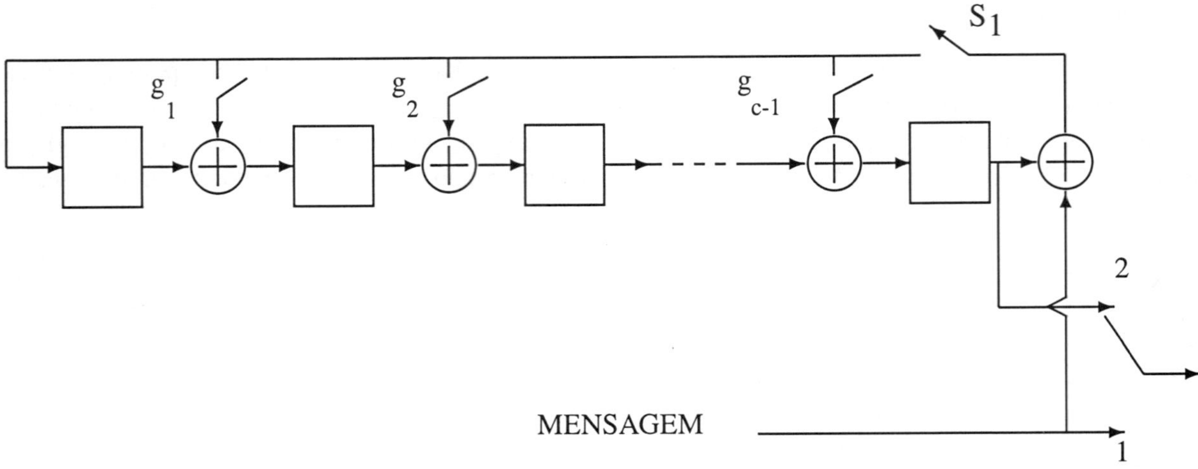

Figura 6.2: Codificador com $n - k$ estágios registradores de deslocamento.

parâmetros:

$$n = 2^m - 1,\ k = 2^m - m - 1,\ d = 3.$$

São códigos facilmente decodificáveis por um decodificador de Meggitt, ou do tipo com armadilha para erros, a serem apresentados posteriormente. Pelo fato de serem códigos perfeitos (Cap.2, pág.13) os códigos de Hamming aparecem freqüentemente na literatura em aplicações as mais variadas, como, por exemplo, na resolução de colisões em canais de acesso múltiplo (da Rocha Jr. e Massey, 1993), nos casos em que reduzir o tempo de retardo para um usuário ter acesso ao canal é mais importante do que maximizar a taxa de transmissão de informação.

Códigos Lineares de Comprimento Máximo

Estes códigos são cíclicos, duais dos códigos de Hamming e têm os seguintes parâmetros:

$$n = 2^m - 1,\ k = m,\ d = 2^{m-1},\ \text{em que } m \geq 2.$$

O polinômio gerador de um código linear de comprimento máximo é da forma $g(x) = (x^n - 1)/p(x)$, em que $p(x)$ é um polinômio primitivo do grau m. O dicionário desses códigos é constituído por uma palavra toda nula e n palavras não-nulas, resultantes de n deslocamentos cíclicos de uma palavra não-nula. Portanto, todas as palavras não-nulas têm o mesmo peso de Hamming. São códigos chamados de equidistantes ou símplex, sendo também denominados de códigos de seqüência m. Códigos de seqüência m são completamente ortogonalizáveis em um passo (Massey, 1963) e, como conseqüência, são facilmente decodificáveis por meio de lógica de maioria. As palavras não-nulas dos códigos são empregadas para medir distância, em equipamentos como radar e GPS (*global positioning system*).

6.3.1 Códigos BCH (Bose-Chaudhuri-Hocquenghem)

Estes códigos foram criados independentemente por Hocquenghem (1959) e por Bose e Chaudhuri (1960). Os códigos BCH são cíclicos e representam uma das classes mais importantes de códigos de bloco com algoritmos algébricos de decodificação. Para quaisquer inteiros positivos m, t existe um código BCH com os seguintes parâmetros:

$$n = q^m - 1,\ n - k = c \leq mt,\ d \geq 2t + 1.$$

Os códigos BCH podem ser vistos como uma generalização dos códigos de Hamming, com capacidade de corrigir erros múltiplos em uma palavra. Uma maneira convencional de defini-los é especificando as raízes do polinômio gerador. Os códigos BCH são usados no padrão AMPS de telefonia celular.

Definição – Um código BCH primitivo, corretor de t erros, sobre $GF(q)$, com comprimento de bloco $n = q^m - 1$, tem como raízes do polinômio gerador $g(x)$, α^{m_0}, α^{m_0+1}, ..., α^{m_0+2t-1}, para qualquer m_0 inteiro, em que α é um elemento primitivo de $GF(q^m)$.

Assim sendo, o polinômio gerador $g(x)$ de um código BCH pode ser escrito como o mínimo múltiplo comum (MMC) dos polinômios mínimos $m_i(x)$, da seguinte forma

$$g(x) = MMC\{m_0(x), m_1(x), ..., m_{2t-1}(x)\},$$

em que $m_i(x)$ é o polinômio mínimo de α^{m_0+i}, $0 \leq i \leq 2t - 1$. Os códigos BCH não-primitivos são aqueles em que α não é um elemento primitivo de $GF(q^m)$ e, como conseqüência, o comprimento do bloco é dado pela ordem de α. Códigos BCH com $m_0 = 1$ são chamados de códigos BCH no sentido estreito.

Uma definição alternativa para os códigos BCH é em função da transformada de Fourier de corpo finito do polinômio gerador $g(x)$ (ver o apêndice A). As raízes α^{m_0}, $0 \leq i \leq 2t - 1$ de $g(x)$, correspondem a componentes nulas, no seu espectro $G(z)$, nas posições $m_0 + i$, $0 \leq i \leq 2t - 1$.

Definição – Um código BCH primitivo, corretor de t erros, sobre $GF(q)$, com comprimento de bloco $n = q^m - 1$, é o conjunto de todas as palavras, sobre $GF(q)$, cujo espectro é zero em $2t$ componentes consecutivas $m_0 + i$, $0 \leq i \leq 2t - 1$.

As $2t$ raízes consecutivas de $g(x)$ ou, de modo equivalente, as $2t$ componentes espectrais nulas de $G(z)$ garantem uma distância mínima de $\delta = 2t + 1$, chamada de distância projetada, conforme mostra-se a seguir, no teorema conhecido como *teorema da cota BCH*.

Teorema – Se qualquer vetor não-nulo **v** tem um espectro **V** com $d - 1$ componentes nulas consecutivas, $V_j = 0$, $j = m_0, m_0 + 1, .., m_0 + d - 2$, então **v** tem pelo menos d componentes não-nulas.

Prova – Suponha, por hipótese, que **v** tem a, $a < d$, componentes não-nulas nas posições $i_1, i_2, ..., i_a$ e que a transformada de v é identicamente nula nas posições $m_0, m_0+1, ..., m_0+d-2$. Define-se então o polinômio localizador $L(z)$ a seguir

$$L(z) = \prod_{k=1}^{a}(1 - z\alpha^{i_k}) = L_a z^a + L_{a-1}z^{a-1} + ... + L_1 + L_0. \tag{6.6}$$

Dessa forma, o vetor espectral L é tal que a sua transformada inversa l tem componentes nulas para todo i tal que $v_i \neq 0$, isto é, $l_i = 0$ quando $v_i \neq 0$. Daí decorre que, no domínio do tempo, tem-se $l_i v_i = 0$ e, portanto, sua transformada também é nula, isto é:

$$\sum_{k=0}^{n-1} L_k V_{j-k} = 0 \tag{6.7}$$

Entretanto $L(z)$ é de grau não superior a $d - 1$ e $L_0 = 1$, portanto 6.7 pode ser escrita assim:

$$V_j = \sum_{k=1}^{d-1} L_k V_{j-k} \tag{6.8}$$

A Expressão 6.8 mostra como gerar os V_js a partir de um bloco de $d-1$ V_js conhecidos. Porém, por hipótese, existe um bloco de $d-1$ V_j's todos nulos, nas posições $m_0, m_0+1, ..., m_0+d-2$. Se tal bloco é usado como condição inicial, então todos os V_js são nulos e o vetor v é todo nulo. Assim, qualquer vetor não nulo tem necessariamente pelo menos d componentes não-nulas.

6.3.2 Códigos Reed-Solomon

Os códigos BCH multi-níveis, com $m = m_0 = 1$, definidos pelos parâmetros

$$n = q - 1,\ n - k = 2t \text{ e } d = 2t + 1,$$

são chamados de códigos Reed-Solomon. O polinômio gerador desses códigos tem a seguinte forma :

$$g(x) = (x - \alpha)(x - \alpha^2)(x - \alpha^3)...(x - \alpha^{2t}),$$

em que α é um elemento de ordem n de $GF(q)$. Códigos Reed-Solomon com $q = 2^r$ são usados em muitas aplicações práticas, com os dígitos multi-níveis representados por r-tuplas binárias. Como $d = n - k + 1$, estes códigos são também de distância máxima separáveis (MacWilliams e Sloane, 1977). Alguns códigos, eficientes para a correção de erros aleatórios e em surtos, resultam do uso de um código Reed-Solomon sobre $GF(2)^n$, para corrigir qualquer combinação de t r-uplas binárias errôneas, num código com rn dígitos binários por bloco. Na codificação concatenada (Clark e Cain, 1981), normalmente é empregado um código Reed-Solomon como o código mais externo.

6.3.3 Códigos de Golay

Os códigos de Golay têm parâmetros

$$n = 23,\ k = 12 \text{ e } d = 7,$$

com alfabeto binário e

$$n = 11,\ k = 6 \text{ e } d = 5,$$

com alfabeto ternário. Os códigos de Golay, juntamente com os códigos de Hamming e os códigos de repetição com comprimento ímpar, são os únicos códigos perfeitos existentes (van Lint, 1982).

O código de Golay $(23, 12, 7)$ pode ser visto como um código BCH não-primitivo, gerado da seguinte forma. Seja α um elemento primitivo sobre $GF(2^{11})$ e observe que $2^{11} - 1 = 89 \times 23$, portanto $\beta = \alpha^{89}$ é um elemento não-primitivo de ordem 23. O código é especificado pelas raízes β, β^2, β^3 e β^4 de $g(x)$. As raízes do polinômio mínimo de β são:

$$\beta, \beta^2, \beta^4, \beta^8, \beta^{16}, \beta^9, \beta^{18}, \beta^{13}, \beta 3, \beta^6, \beta^{12}$$

em que se fez uso do fato de que $\beta^{23} = 1$. A fatoração de $x^{23} + 1$ fornece:

$$x^{23} + 1 = (x - 1)(x^{11} + x^{10} + x^6 + x^5 + x^4 + x^2 + 1)(x^{11} + x^9 + x^7 + x^6 + x^5 + x + 1).$$

Dependendo da escolha do polinômio primitivo, para a geração de $GF(2^{11})$, um dos dois fatores de grau 11, mencionados, é o polinômio gerador $g(x)$. Observe que pela cota BCH o código tem uma distância projetada $\delta = 5$, enquanto o valor exato da distância mínima é 7. O código de Golay estendido $(24, 12, 8)$ é obtido do código (23, 12, 7) acrescentando a cada palavra um dígito que torne par a quantidade de 1s.

6.3.4 Códigos Reed-Muller

Estes códigos são binários e equivalem a códigos cíclicos com um dígito de paridade total anexado. Antes de definir códigos Reed-Muller, faz-se necessário definir produto de Hadamard de vetores, de mesmo comprimento, como o vetor cujas componentes são o produto das componentes dos fatores. Por exemplo, o produto de Hadamard abc dos vetores $a = (a_1, a_2, ..., a_n)$, $b = (b_1, b_2, ..., b_n)$ e $c = (c_1, c_2, ..., c_n)$ é dado por:

$$abc = (a_1b_1c_1, a_2b_2c_2, ..., a_nb_nc_n).$$

Definição – Seja v_0 um vetor com 2^m componentes, todas iguais a 1. Sejam $v_1, v_2, ..., v_m$ as linhas de uma matriz cujas 2^m colunas são todas as m-tuplas binárias. O código Reed-Muller de ordem r tem uma matriz geradora cujas linhas são os vetores $v_0, v_1, ..., v_m$ e seus produtos de Hadamard dois a dois, três a três,..., r a r. Para qualquer valor inteiro de m, o código Reed-Muller de ordem r tem os seguintes parâmetros:

$$n = 2^m, \; k = \sum_{i=0}^{r} C_m^i, \; d = 2^{m-r}.$$

Os códigos Reed-Muller constituem uma grande classe de códigos, porém com um poder de correção de erros em geral inferior ao dos códigos BCH de taxa equivalente. Dois aspectos importantes os caracterizam. O primeiro é o fato de serem facilmente decodificáveis por meio de lógica de maioria e o segundo serem uma sub-classe de códigos construídos a partir da geometria euclidiana. Finalmente, códigos Reed-Muller são equivalentes a códigos cíclicos com um dígito de paridade total anexado.

6.3.5 Códigos de Resíduos Quadráticos

Antes de introduzi-los, faz-se necessário definir o que vêm a ser resíduos quadráticos.

Definição – Um inteiro r é um resíduo quadrático de um número primo p, se e somente se existir um inteiro s tal que $s^2 \equiv r$, módulo p.

Demonstra-se que se $n = 8m \pm 1$ é um número primo, então 2 é um resíduo quadrático de n [10]. Nesse caso $x^n + 1$ pode ser fatorado como $(x + 1)G_r(x)G_{\overline{r}}(x)$, sendo:

$$G_r(x) = \prod_{r \in R_0} (x + \alpha^r) \; \text{e} \; G_{\overline{r}}(x) = \prod_{\overline{r} \in \overline{R_0}} (x + \alpha^{\overline{r}}),$$

em que α é um elemento de ordem n, em um campo de extensão de $GF(2)$, R_0 é o conjunto de resíduos quadráticos módulo n e $\overline{R_0}$ é o conjunto de resíduos não-quadráticos módulo n. Os códigos cíclicos com polinômios geradores $G_r(x)$, $(1 + x)G_r(x)$, $G_{\overline{r}}(x)$ e $(x + 1)G_{\overline{r}}(x)$ são chamados de códigos de resíduos quadráticos. Uma maneira eficiente de decodificar tais códigos é por meio de permutações. Decodificadores que empregam permutações são normalmente mais complexos do que decodificadores BCH. Entretanto, a distância mínima de alguns códigos de resíduos quadráticos, de comprimento moderado, é maior do que a distância mínima de códigos BCH de comprimentos comparáveis.

6.3.6 Códigos Alternantes

Esta classe de códigos (MacWilliams e Sloane, 1977) é de grande importância por incluir, como casos particulares, os códigos BCH, Goppa, Srivastava e Chien-Choy. A obtenção dos códigos alternantes é conseguida por meio de uma simples modificação na matriz de verificação de paridade de códigos BCH. Um código BCH de comprimento n e distância projetada δ, sobre $GF(q)$, tem uma matriz de verificação de paridade $H = [h_{ij}]$, em que $h_{ij} = \alpha^{ij}$, $1 \leq i \leq \delta - 1, 0 \leq j \leq n - 1$, e $\alpha \in GF(q^m)$ é uma raiz primitiva, enésima, da unidade [10]. Códigos alternantes são obtidos fazendo $h_{ij} = x_j^{i-1} y_j$, em que $x = (x_1, x_2, ..., x_n)$ é um vetor com componentes distintas, pertencentes a $GF(q^m)$, e $y = (y_1, y_2, .., y_n)$ é um vetor com componentes não-nulas, também pertencentes a $GF(q^m)$.

6.4 Decodificação de Códigos Cíclicos

Os procedimentos de decodificação de códigos de bloco lineares são também aplicáveis aos códigos cíclicos. Entretanto, as propriedades algébricas decorrentes da estrutura cíclica permitem algumas simplificações importantes na implementação do decodificador, tanto no cálculo da síndrome como na correção dos erros. O cálculo da síndrome consiste em dividir a palavra recebida do canal pelo polinômio gerador $g(x)$. O resto da divisão é a síndrome $s(x)$ desejada. Caso $s(x)$ seja zero, aceita-se a palavra recebida como pertencente ao código. Ao contrário, isto é, se $s(x) \neq 0$, considera-se que ocorreram erros. Dessa forma é fácil perceber a simplicidade de um circuito para detectar erros, quando são usados códigos cíclicos. A questão da localização dos erros numa palavra recebida, a fim de corrigi-los, em geral é bastante mais difícil de ser resolvida de forma prática. As técnicas de decodificação algébrica mais importantes são aquelas baseadas no algoritmo de Berlekamp-Massey (Massey, 1969) e no algoritmo de Euclides (MacWilliams e Sloane, 1977). É feita a seguir uma breve apresentação de alguns dos procedimentos de decodificação mais importantes para códigos cíclicos.

6.4.1 Decodificador de Meggitt

O algoritmo de Meggitt (Lin e Jr., 1983) consiste em empregar um circuito para identificar as síndromes que correspondem a padrões de erros com um erro na posição de ordem mais alta da palavra recebida, isto é, um erro na posição x^{n-1}. Dessa forma, quando o dígito é entregue ao destinatário, ele será alterado ou não, dependendo da decisão do circuito que identifica erros na posição. Fazendo a palavra recebida deslocar-se ciclicamente, digíto a dígito em um registrador de deslocamento, todos os dígitos da palavra necessariamente ocupam a posição x^{n-1}, após um certo número de deslocamentos, e são portanto examinados pelo circuito identificador de erros. A conveniência do uso do algoritmo de Meggitt é função da complexidade do circuito identificador de erros na posição x^{n-1} da palavra recebida. Uma maneira de implementar tal circuito, de forma relativamente simples, é por meio do emprego de memórias programáveis do tipo PROM.

6.4.2 Decodificador com Armadilha para Erros

Um outro algoritmo, conhecido como *error trapping* (Lin e Jr., 1983), consiste em deslocar ciclicamente, bit a bit, a síndrome da palavra recebida, observando sempre o seu peso de Hamming. Quando o peso de Hamming da síndrome tornar-se menor ou igual a t (número de erros corrigíveis), o segmento correspondente de comprimento $n - k$ do vetor erro, em que estão contidos os erros, coincide com a síndrome. Uma vez identificado o padrão de erros, a correção é imediata. Caso porém, após n deslocamentos, o peso da síndrome não fique menor que t, o decodificador declara a ocorrência de um padrão de erros que se espalha por um número de posições, ciclicamente consecutivas, maior que $n - k$. Esse procedimento é mais apropriado para uso com códigos de baixa eficiência, já que para sua aplicação eficiente a condição

$$n/k > t$$

deve ser satisfeita.

6.4.3 Decodificação com Conjuntos de Informação

Em um código linear (n, k, d), qualquer conjunto de k posições de uma palavra que possam ser especificados independentemente constitui um conjunto de informação (Clark e Cain, 1981). Como conseqüência, os símbolos de um conjunto de informação definem uma palavra-código. Se não houver erros nas posições do conjunto de informação, então é possível reconstituir a palavra transmitida. O algoritmo de decodificação por conjuntos de informação consiste nos seguintes passos:

1. Construir diversos conjuntos de informação para o código utilizado.
2. Formar várias estimativas da palavra transmitida, decodificando a palavra recebida de cada um dos conjuntos de informação construídos anteriormente.
3. Comparar as estimativas obtidas em 2 com a palavra recebida e decidir pela palavra que estiver mais próxima da palavra recebida.

6.4.4 Decodificação de Limiar

A decodificação de limiar (Massey, 1963) é também conhecida como decodificação por lógica de maioria. A grande maioria das aplicações deste método está voltada para códigos cíclicos. Antes de descrever o método faz-se necessário conceituar o que vêm a ser *somas de verificação de paridade* ou *somas de paridade*. Conforme visto anteriormente, a síndrome é representada por um vetor de $n - k$ coordenadas, $S = (s_0, s_1, ..., s_{n-k-1})$, em que, para um dado código (n, k, d) com matriz de verificação de paridade H e um vetor erro $(e_0, e_1, ..., e_{n-1})$, tem-se

$$S = eH^T, \tag{6.9}$$

em que cada componente s_j, $0 \leq j \leq n - k - 1$ da síndrome é dada por :

$$s_j = \sum_{i=0}^{n-1} e_i h_{ij}. \tag{6.10}$$

A combinação linear de dígitos da síndrome

$$A = \sum_{i=0}^{n-k-1} a_i s_i,$$

em que a_i é 0 ou 1, pode, com o auxílio da Equação 6.10, ser escrito como

$$A = \sum_{i=0}^{n-1} b_i e_i, \tag{6.11}$$

em que b_i é 1 ou 0. Um erro na posição e_i é dito ser verificado por A se o coeficiente b_i correspondente na Equação 6.11 for 1. A Equação 6.11 é chamada de *soma de verificação de paridade*.

Definição – Dado um conjunto de J somas de verificação de paridade $A_1, A_2, ..., A_J$, tais que uma posição e_l do vetor erro é verificada por todas elas e todas as demais posições e_i, $i \neq l$, do referido vetor, aparecem no máximo numa única soma de verificação de paridade, então diz-se que o conjunto é ortogonal na posição e_l.

Supondo a ocorrência de $t \leq \lfloor J/2 \rfloor$ erros na palavra recebida, o procedimento de decodificação baseia-se no seguinte raciocínio:

i) Ocorre $e_l = 1$. Isso significa que os demais $t-1$ erros atingem no máximo $t-1 \leq \lfloor J/2 \rfloor - 1$ das J somas de paridade deixando, portanto, pelo menos $J - \lfloor J/2 \rfloor + 1 = \lceil J/2 \rceil + 1$ das somas iguais a 1.

ii) Ocorre $e_l = 0$. Nesse caso os t erros atingem no máximo $\lfloor J/2 \rfloor$ somas de paridade, isto é, metade das somas de paridade num pior caso.

A regra de decodificação consiste em fazer $e_l = 1$, isto é, declarar a presença de erro na posição, quando a maioria das somas de paridade for igual a 1. Em caso contrário, fazer $e_l = 0$; ou seja, caso haja igual número de somas de paridade iguais a 1 ou 0, ou se a maioria for 0. Quando o código empregado é cíclico, após a decodificação de uma dada posição da palavra recebida, aplica-se um deslocamento cíclico à ela e faz-se uso do mesmo conjunto de J somas de verificação de paridade para decodificar a posição e_{l-1} e assim sucessivamente com as demais posições, até decodificar a palavra toda.

Códigos para os quais $J = d - 1$ são ditos completamente ortogonalizáveis. Nem sempre é possível obter-se diretamente J somas de paridade ortogonais numa dada posição de uma palavra-código. Para várias classes de códigos (Lin e Jr., 1983) isto é obtido em L passos, em que a cada passo são utilizadas somas de paridade ortogonais numa soma de posições.

Exemplo: Considere o código cíclico de comprimento máximo $(7,3,4)$, gerado por $g(x) = x^4 + x^2 + x + 1$. As seguintes três somas de verificação de paridade, ortogonais na posição e_6, são obtidas:

$$\begin{aligned} A_1 &= e_6 + e_5 + e_3 \\ A_2 &= e_6 + e_4 + e_0 \\ A_3 &= e_6 + e_2 + e_1. \end{aligned}$$

O código, como visto, é completamente ortogonalizável em um passo e, por meio da decodificação de limiar, corrige um erro por palavra.

Exemplo: Considere o código de Hamming cíclico $(7,4,3)$, gerado por $g(x) = x^3 + x + 1$. Este código é o dual do código $(7,3,4)$ citado e é decodificável por lógica de maioria em dois passos, conforme descrito a seguir, utilizando a sua matriz H

$$H = \begin{bmatrix} 1 & 1 & 1 & 0 & 1 & 0 & 0 \\ 0 & 1 & 1 & 1 & 0 & 1 & 0 \\ 1 & 1 & 0 & 1 & 0 & 0 & 1 \end{bmatrix}.$$

A partir da matriz H do código $(7,4,3)$ constroem-se as seguintes somas de paridade

$$\begin{aligned} A_1 &= s_2 &&= e_6 + e_5 + e_4 + e_2 \\ A_2 &= s_2 + s_1 &&= e_6 + e_3 + e_2 + e_1 \\ A_3 &= s_0 &&= e_6 + e_5 + e_3 + e_0. \end{aligned}$$

Usam-se as somas A_1 e A_2 para estimar a soma $e_6 + e_2$ enquanto se usam A_1 e A_3 para estimar $e_6 + e_5$. Este constitui o primeiro passo para a decodificação. Daí então obtém-se:

$$A_4 = e_6 + e_2$$

$$A_5 = e_6 + e_5,$$

que são ortogonais em e_6, constituindo o segundo passo e completando o processo de ortogonalização do código.

6.5 Decodificação Algébrica

Via de regra, para um dado código (n, k, d), o processo de decodificação tem sempre uma maior complexidade do que a codificação. Do ponto de vista prático, portanto, escolhe-se o melhor código dentro de um dado orçamento financeiro. Isto pode acarretar no uso de códigos subótimos, porém cuja decodificação é amena. Para algumas classes de códigos algébricos foram desenvolvidos algoritmos computacionalmente eficientes para decodificá-los (Berlekamp, 1968). O problema de decodificar códigos algébricos consiste em resolver um sistema de equações não-lineares, cuja solução direta, em geral, não é óbvia.

6.5.1 Decodificação Algébrica no Domínio da Freqüência

Este procedimento (Blahut, 1983) pode ser aplicado a qualquer código cíclico, sendo porém mais eficiente para códigos BCH. O vetor recebido $\mathbf{r}$ é suposto resultar da soma $\mathbf{v} + \mathbf{e}$, sobre $GF(q)$, de uma palavra-código $\mathbf{v}$ e de um vetor erro $\mathbf{e}$, isto é, $\mathbf{r} = \mathbf{v} + \mathbf{e}$.

Os passos necessários para a decodificação são indicados a seguir.

1. **Transformada de Fourier do vetor recebido**
   Calcula-se a transformada de Fourier R do vetor recebido $\mathbf{r}$, que pode ser expressa em função das transformadas correspondentes de $\mathbf{v}$ e de $\mathbf{e}$ como : $R = V + E$.

2. **Cálculo da síndrome**

$$S(z) = \sum_{j=0}^{2t-1} S_j z^j$$

$$S_j = R_{j+m_0} = \sum_{i=0}^{n-1} r_i \alpha^{i(j+m_0)}, j = 0, 1, ..., 2t - 1.$$

3. **Cálculo do polinômio localizador de erros**
   Este passo é também conhecido como solução da equação chave [8]. O polinômio localizador de erros, $L(z)$, é da forma

$$L(z) = \sum_{k=0}^{\nu-1} L_z z^k = \prod_{k=1}^{\nu} (1 - z\alpha^{i_k}),$$

   em que $i_1, i_2, ..., i_\nu, \nu \leq t$, correspondem às localizações dos erros. Aplica-se o algoritmo de Euclides (ver Apêndice B) com $a(z) = z^{2t}$ e $b(z) = S(z)$, parando quando o grau de $r_i(z)$ for menor que t. Toma-se $L(z) = g_i(z)$.

4. **Cálculo da transformada de Fourier do vetor erro**
   O vetor erro $\mathbf{e}$ tem uma transformada de Fourier E, cuja representação polinomial é a seguinte

$$E(z) = \sum_{j=0}^{n-1} E_j z^j.$$

Como o código tem $2t$ raízes consecutivas, resulta que são conhecidos os coeficientes $E_j, j = m_0, m_0 + 1, ..., m_0 + 2t - 1$. Os demais coeficientes são calculados por meio da seguinte fórmula de recorrência:

$$\sum_{k=0}^{n-1} L_k E_{j-k} = 0.$$

5. **Correção dos erros**
   O vetor erro é obtido pela transformada inversa do vetor E, obtido em 4. Daí, a estimativa da palavra transmitida é dada por:

$$v = r - e.$$

Exemplo: Considere o código BCH (7,4,3), cujas raízes do polinômio gerador são α, α^2 e α^4, em que α é um elemento primitivo de $GF(2^3)$. Suponha que a palavra recebida seja

$$r(x) = x^6 + x^3,$$

isto é

$$r = (1, 0, 0, 1, 0, 0, 0).$$

Sua transformada de Fourier é

$$R = (\alpha^2, \alpha^4, \alpha^2, \alpha, \alpha, \alpha^4, 0),$$

em que:

$$R_j = \sum_{i=0}^{6} r_i \alpha^{ij} = \alpha^{6j} + \alpha^{3j}.$$

Cálculo da síndrome. Para a síndrome resulta $S_j = R_{j+1}, j = 0, 1$. Ou seja:

$$S_0 = R_1 = \alpha^4$$

$$S_1 = R_2 = \alpha,$$

portanto,

$$S(z) = \alpha z + \alpha^4.$$

Cálculo de L(z) por meio do algoritmo de Euclides

i	$g_i(z)$	$r_i(z)$	$q_i(z)$
-1	0	z^2	$-$
0	1	$\alpha z + \alpha^4$	$-$
1	$\alpha^6 z + \alpha^2$	α^6	$\alpha^6 z + \alpha^2$

portanto, $L(z) = \alpha^6 z + \alpha^2$.
Cálculo da transformada do vetor erro

$$\sum_{k=0}^{\nu-1} L_k.E_{j-k} = 0$$

$$L_0.E_j + L_1.E_{j-1} = 0$$

Sabe-se que $E_j = S_{j-1}$, $j = 1, 2$. Portanto, $E_1 = \alpha^4$ e $E_2 = \alpha$. Substituindo estes valores na expressão anterior obtém-se:

$$E_j = \alpha^4 E_{j-1}.$$

Por meio dessa expressão de recorrência calculam-se os demais componentes, resultando em

$$E = (\alpha^3, \alpha^6, \alpha^2, \alpha^5, \alpha, \alpha^4, 1)$$

cuja transformada inversa é :

$$e = (0, 0, 1, 0, 0, 0, 0).$$

Portanto, $e(x) = x^4$, e a palavra corrigida é dada por:

$$v(x) = r(x) - e(x)$$

$$v(x) = x^6 + x^4 + x.$$

6.6 Decodificação com Decisão Suave

Decodificação com decisão suave é, basicamente, uma abordagem do problema de decodificação que tem por objetivo evitar a degradação no desempenho de um sistema de comunicação que utiliza quantização abrupta dos seus símbolos em dois níveis, antes da decodificação. Devido às dificuldades de implementação prática, a maioria dos detectores consiste em um demodulador analógico, operando sobre elementos de sinal individuais, seguido de um decodificador digital operando sobre blocos de dígitos, produzidos por meio de decisões abruptas do demodulador. Esta situação pode ser melhorada retendo parte da informação sobre a confiabilidade dos símbolos recebidos, que seria desperdiçada no demodulador, usando-a para auxiliar no processo de decodificação. Os sistemas resultantes são, em geral, menos complexos para implementar do que os que empregam detecção coerente com correlação, ou filtros casados.

O uso de decisão suave pode prover um ganho adicional de cerca de 2,0 dB com relação à decisão abrupta em dois níveis, operando em presença de ruído gaussiano aditivo. Um decodificador de máxima verossimilhança, empregando decisão suave, seleciona a palavra-código cuja distância euclidiana para o sinal recebido seja a menor possível. A rigor, a tensão analógica lida na saída do demodulador deveria ser o valor a ser processado pelo sistema. Devido a problemas práticos, as tensões são quantizadas e tornadas disponíveis para processamento, na forma de um grupo de números, que representam os vários níveis de quantização.

Neste capítulo não são discutidos detalhes da quantização e da escolha da métrica ótima para os símbolos. Uma métrica subótima, porém usada em engenharia, pois representa um bom compromisso para diversos valores da relação sinal-ruído, consiste em utilizar os números inteiros. Por exemplo, quando se quantiza a saída do demodulador em oito níveis, as métricas usadas são os inteiros de zero a sete.

A seguir são apresentados, de maneira sumária, vários algoritmos de decodificação, que empregam decisão suave. Os referidos algoritmos são por demais conhecidos na literatura técnica (Clark e Cain, 1981), em que são também comparados entre si, em termos de desempenho. A escolha por um dos algoritmos é ditada por particularidades da aplicação como, por exemplo, limitação na capacidade de processamento no decodificador.

6.6.1 Algoritmo de Massey

Este procedimento (Massey, 1963) é uma generalização da decodificação por lógica de maioria, que faz uso da probabilidade *a posteriori* de dígitos de paridade ortogonais. Apenas o algoritmo conhecido como tipo I é apresentado; o leitor deve consultar as referências [8] e [9] para a descrição da versão tipo II e dos detalhes de implementação prática.

No que segue, supõe-se que a seqüência de ruído é aditiva e independente dígito a dígito e que $\{A_i\}$ é um conjunto de J equações de verificação de paridade ortogonais na posição e_m. Este algoritmo tem como objetivo alocar a e_m o valor V que maximiza a probabilidade condicional $P(e_m = V|\{A_i\})$. Aplicando a regra de Bayes, fazendo uso das condições de ortogonalidade e de independência dígito a dígito e finalmente tomando logaritmos, obtém-se a regra: escolher para e_m o valor V que maximiza a expressão

$$\log P(e_m = V) + \sum_{i=1}^{J} \log P(A_i|e_m = V).$$

Para aplicação da referida regra, no caso binário, são necessárias algumas definições. A probabilidade de erro para o dígito e_m é representada por $p_0 = 1 - q_0$, isto é, $P(e_m = 1) = p_0$. Denota-se por $p_i = 1 - q_i$ a probabilidade de um número ímpar de 1s nos dígitos verificados por A_i, a i-ésima equação de verificação de paridade ortogonal em e_m, com exceção de e_m. Portanto tem-se:

$$P(A_i = 0|e_m = 1) = P(A_i = 1|e_m = 0) = p_i$$

$$P(A_i = 0|e_m = 0) = P(A_i = 1|e_m = 1) = q_i.$$

Como e_m só pode assumir dois valores, zero ou 1, a regra de decodificação torna-se : escolher $e_m = 1$ se e somente se

$$\log(p_0) + \sum_{i=1}^{J} \log P(A_i|e_m = 1) > \log(q_0) + \sum_{i=1}^{J} \log P(A_i|e_m = 0).$$

Fazendo uso das Equações 5.1 e 5.2 a expressão anterior pode ser escrita como

$$\sum_{i=1}^{J} (2A_i - 1) \log(q_i/p_i) > \log(q_0/p_0)$$

ou ainda,

$$\sum_{i=1}^{J} A_i \log(q_i/p_i) > (1/2) \sum_{i=1}^{J} \log(q_i/p_i).$$

Em aplicações práticas [8] as quantidades $w_i = \log(q_i/p_i)$ são normalizadas e aproximadas por números inteiros, o que acarreta uma pequena degradação no desempenho do algoritmo.

6.6.2 Algoritmo de Hartmann e Rudolph

Hartmann e Rudolph (Hartmann e Rudolph, 1976) desenvolveram um algoritmo para a decodificação de códigos lineares, que é ótimo no sentido de que minimiza a probabilidade de erro por símbolo, numa situação em que as palavras-código são equiprováveis e o canal é discreto e sem memória. Este algoritmo é um procedimento exaustivo, considerando que todas as palavras do código dual são usadas no processo de docodificação. Do ponto de vista prático, essa característica torna-o atrativo para ser usado com códigos de taxa elevada e relativamente longos, o que em geral não ocorre com as técnicas convencionais. O algoritmo de Hartmann e Rudolph é de natureza essencialmente estatística e é aplicável tanto a códigos de bloco como a códigos convolucionais.

A regra de decodificação para códigos de bloco binários é a seguinte: escolher $\tilde{c}_m = 0$ se

$$\sum_{j=1}^{2^{n-k}} \prod_{s=0}^{n-1} \rho_s^{(c'_{js} \oplus \delta_{ms})} > 0,$$

caso contrário, fazer $\tilde{c}_m = 1$. Na expressão anterior, n representa o comprimento do bloco, k representa o número de dígitos de informação, $\tilde{c}_m$ representa o valor estimado do símbolo transmitido c_m e c'_{js} é um elemento de uma palavra do código dual

$$\delta_{ms} = \begin{cases} 0, & m \neq s \\ 1, & m = s \end{cases}$$

$$\rho = \frac{1 - \phi_s}{1 + \phi_s}, \quad \Phi = \frac{P(r_s|1)}{P(r_s|0)},$$

$P(r_s|c_m)$ é a probabilidade condicional de receber o símbolo r_s quando c_m é transmitido.

Exemplo: Considere o código de Hamming cíclico (7,4,3), cujo código dual é dado a seguir.

$$\begin{matrix} 0 & 0 & 0 & 0 & 0 & 0 & 0 \\ 1 & 1 & 1 & 0 & 1 & 0 & 0 \\ 0 & 1 & 1 & 1 & 0 & 1 & 0 \\ 1 & 0 & 0 & 1 & 1 & 1 & 0 \\ 0 & 1 & 0 & 0 & 1 & 1 & 1 \\ 1 & 1 & 0 & 1 & 0 & 0 & 1 \\ 0 & 0 & 1 & 1 & 1 & 0 & 1 \\ 1 & 0 & 1 & 0 & 0 & 1 & 1 \end{matrix}$$

Supondo oito níveis de quantização, a regra de decodificação é a seguinte: escolher $\tilde{c}_0 = 0$ se

$$\rho_0 + \rho_1\rho_2\rho_4 + \rho_0\rho_1\rho_2\rho_3\rho_5 + \rho_3\rho_4\rho_5 + \rho_0\rho_1\rho_4\rho_5\rho_6 + \rho_1\rho_3\rho_6 + \rho_0\rho_2\rho_3\rho_4\rho_6 + \rho_2\rho_5\rho_6 > 0;$$

caso contrário, escolher $\tilde{c}_0 = 1$.

6.6.3 Algoritmo de Weldon

O algoritmo de Weldon (Jr., 1971) é subótimo, tendo como atrativo a relativa simplicidade de implementação. Alguns padrões de erros, corrigíveis por um decodificador de máxima verossimilhança, não são corrigíveis por meio do algoritmo de Weldon. Neste algoritmo são formadas várias estimativas de cada símbolo transmitido, ponderadas de acordo com as respectivas confiabilidades, e aplicadas a uma função de decisão, a fim de determinar o valor dos símbolos transmitidos. A seguir é descrita uma versão particular do algoritmo de Weldon que permite visualizar, numa forma compacta, os passos envolvidos.

1. O decodificador recebe uma palavra de n posições, ocupadas com decisões suaves do demodulador, cuja saída foi quantizada em $Q = 2^m$ regiões. A cada nível é alocada uma função de ponderação $\sigma_i, 0 \leq i \leq 2^m - 1$, em que, de forma subótima, os σ_i's são representados pelos inteiros de 0 a $2^m - 1$.

2. Cada σ_i é então representado por uma m-tupla binária, e m seqüências binárias de comprimento n são construídas da seguinte forma. A r-ésima seqüência binária de comprimento n, $0 \leq r \leq m - 1$, é composta dos bits de significância 2^r dos n σ_i's.

3. Cada uma das seqüências binárias é decodificada por meio de um decodificador de decisão abrupta.

4. As m seqüências binárias decodificadas são combinadas, posição por posição, por meio da função de decisão $f_d(i, j)$ para o j-ésimo símbolo da i-ésima n-upla decodificada.

$$f_d(i,j) = \sum_{i=0}^{m-1}(1 - 2B_{ij})w_i \begin{cases} > & 0, \quad c_j = 0 \\ < & 0, \quad c_j = 1 \end{cases}$$

em que B_{ij} representa o j-ésimo símbolo na i-ésima seqüência decodificada, c_j representa o símbolo estimado e w_i é um fator de ponderação proporcional à confiabilidade da estimativa, cujo cálculo é a seguir descrito.

$$\begin{array}{rll} w_i = & V_i R_i & , 0 \leq i \leq m-1 \\ V_i = & 2^i & , R_i = \text{máx}(0, d - 2n_i), \end{array}$$

em que d é a distância de Hamming do código e n_i é o número de posições alteradas pelo i-ésimo decodificador. Pelo algoritmo é possível corrigir padrões de erros suaves com peso suave de até $(Q - 1)d/2$. O símbolo Q representa o número de níveis de quantização.

Exemplo: Considere o código de Hamming (7,4,3) usado com um demodulador com $Q = 2^3$ níveis de quantização. Suponha que a palavra toda zero foi transmitida e que é recebida a seqüência $(0, 2, 0, 6, 0, 0, 0)$. O peso suave do erro é de 2+6=8 e é corrigível porque $8 < (Q-1)d/2 = 21/2$. As três seqüências a serem decodificadas com decisão abrupta são:

$$S_0 = (0, 0, 0, 0, 0, 0, 0)$$

$$S_1 = (0, 1, 0, 1, 0, 0, 0)$$

$$S_2 = (0, 0, 0, 1, 0, 0, 0)$$

O decodificador decodifica S_0 como uma seqüência toda nula efetuando $n_0 = 0$ correções, S_1 como uma seqüência de peso 3 com $n_1 = 1$ correção e S_2 como uma seqüência toda-nula com $n_2 = 1$ correção. Os w_i's correspondentes são:

$$w_0 = 1(3 - 0) = 3$$

$$w_1 = 2(3 - 2) = 2$$

$$w_2 = 4(3 - 2) = 4$$

Quando estes valores w_i são aplicados na expressão da função de decisão, w_0 e w_2 são sempre multiplicados por 1 enquanto w_1 algumas vezes é multiplicado por -1. No pior caso tem-se: $\min f_d(i, j) = 3 - 2 + 4 = 5 > 0$ e portanto a seqüência toda nula é recuperada corretamente. Para satisfazer a sua curiosidade, o leitor pode verificar a seguinte situação. A seqüência $(0, 0, 0, 0, 0, 0, 0)$ é transmitida e a seqüência $(1, 2, 0, 4, 4, 0, 0)$ é recebida. O peso suave do vetor erro é $1 + 2 + 4 + 4 = 11$ e dista de pelo menos 12 da palavra de peso de Hamming 3 mais próxima. Isso significa que a correção do erro é factível por meio de um decodificador de máxima verossimilhança; no entanto tal correção não é possível quando se emprega o algoritmo de Weldon.

6.6.4 Algoritmo de Chase

Este algoritmo (Chase, 1972) faz uso de decodificadores com decisão abrupta, gerando um conjunto de estimativas da palavra transmitida, numa versão aproximada de um decodificador de máxima verossimilhança. O artigo original de Chase contém três variações do algoritmo, cujos passos são:

i) A seqüência recebida é transformada no vetor Y, por meio de decisão abrupta em cada um dos seus símbolos.

ii) Vários padrões de erros T são gerados e adicionados a Y para a geração de seqüências de teste S. Cada seqüência de teste gerada é decodificada por um decodificador com decisão abrupta.

iii) Calcula-se a distância suave entre a seqüência recebida e cada uma das palavras decodificadas anteriormente. Decide-se pela palavra-código que apresentou a menor distância.

As três variações do algoritmo de Chase, mencionadas, diferem entre si quanto ao número de padrões de erros que são gerados para a formação das seqüências de teste e são descritas a seguir.

i) A lista de padrões de erros T contém a ênupla toda nula e todos os padrões de peso $\lfloor d/2 \rfloor$.

ii) Os padrões de erros T são formados assim : As $\lfloor d/2 \rfloor$ posições de mais baixa confiabilidade são preenchidas com as $2^{\lfloor d/2 \rfloor}$ possíveis combinações de 1s e 0s, e as demais posições são preenchidas com 0s.

iii) É uma versão quase idêntica à anterior, exceto pelo fato de que o número de padrões de erros é $\lfloor (d/2) + 1 \rfloor$, em vez de $2^{\lfloor d/2 \rfloor}$. Os vetores T contêm 1s nas i posições de mais baixa confiabilidade e 0s nas demais posições, em que:

$$i = \begin{cases} 0, 2, 4, ..., d - 1 & , \text{ para } d \text{ ímpar} \\ 0, 1, 3, ..., d - 1 & , \text{ para } d \text{ par.} \end{cases}$$

Exemplo: Considere o código de Hamming (7,4,3) usado com um demodulador com $Q = 2^3$ níveis de quantização. Suponha que a palavra toda zero foi transmitida e que é recebida a seqüência $r = (1, 2, 0, 4, 4, 0, 0)$. Fazendo uso da versão b do algoritmo de Chase, são geradas as seguintes seqüências de teste:

$$S_1 = (0, 0, 0, 1, 1, 0, 0)$$

$$S_2 = (0, 0, 0, 1, 0, 0, 0).$$

O decodificador com decisão abrupta para este código decodifica S_2 como a seqüência toda zero, cuja distância suave para r é de 11. Para S_1, após a decodificação, obtém-se: $(0, 1, 0, 1, 1, 0, 0)$, que dista 12 de r. Consegue-se, portanto, decodificar corretamente, numa situação em que o algoritmo de Weldon falha.

A versão c do algoritmo de Chase faz uso das seguintes seqüências de teste:

$$S_1 = (0, 0, 0, 1, 1, 0, 0)$$

$$S_2 = (0, 0, 0, 0, 0, 0, 0).$$

As seqüências decodificadas são idênticas às obtidas e a decodificação correta é conseguida.

6.7 Códigos Convolucionais

Os códigos convolucionais oferecem um enfoque para o controle de erros de forma substancialmente diferente daquele proveniente dos códigos de bloco. Um codificador convolucional converte uma seqüência inteira de dados, não importando o seu comprimento, em uma palavra-código. Os codificadores de bloco, por outro lado, segmentam uma seqüência de dados em "blocos" de comprimento fixo "k". Os blocos são então mapeados em palavras-código de comprimento fixo "n". É uma diferença fundamental que implica uma natureza diferente no projeto de códigos convolucionais. Os códigos de bloco são geralmente desenvolvidos e analisados a partir do uso de técnicas algébricas/combinatoriais, enquanto os códigos convolucionais utilizam técnicas heurísticas de construção.

Os códigos convolucionais foram inicialmente estudados por Elias em 1955 (Elias, 1955). Ele mostrou que pode ser introduzida redundância em uma seqüência de dados a partir do uso de um registrador de deslocamento linear (*linear shift register*). Ele também mostrou que os códigos resultantes são muito bons quando escolhidos aleatoriamente. Esse resultado foi muito interessante por sua correlação com o trabalho de Shannon, que mostrou que existem códigos selecionados aleatoriamente que, em média, possibilitam altos níveis de confiabilidade para uma transmissão de dados a taxas inferiores à capacidade do canal (Shannon, 1948b).

Em 1961, Wozencraft e Reiffen descreveram o primeiro algoritmo prático de decodificação para os códigos convolucionais (Wozencraft e Reiffen, 1961). Foi o primeiro algoritmo de uma classe de "algoritmos seqüenciais" que fornecem uma decodificação rápida, porém sub-ótima, dos códigos convolucionais. Fano (Fano, 1963) e Jelinek (Jelinek, 1969) descreveram modificações nos algoritmos seqüenciais em 1963 e 1969, respectivamente, que melhoravam o desempenho do algoritmo de Wozencraft-Reiffen, que continuava ainda subótimo.

Em 1967 Viterbi descobriu uma terceira aproximação para a decodificação dos códigos convolucionais que ele mostrou ser "assintoticamente ótima" (Viterbi, 1967). Dois anos mais tarde, Omura (Omura, 1969) mostrou que o algoritmo de Viterbi era uma solução para o problema de encontrar o caminho de peso mínimo num grafo orientado de pesos. Em 1973, Forney mostrou que o algoritmo de Viterbi é realmente um algoritmo de máxima verossimilhança para a decodificação de códigos convolucionais (Forney Jr., 1973). Os códigos convolucionais têm sido utilizados nas interfaces aéreas de diversos sistemas móveis celulares.

6.7.1 Codificadores Convolucionais Linerares

Um codificador convolucional linear típico com taxa $1/2$ pode ser visto na Figura 6.3. A taxa é determinada pela existência de dois bits de saída para cada bit de entrada do codificador. Em geral, um codificador com k entradas e n saídas apresenta taxa k/n. Por exemplo, o codificador da Figura 6.4 é um codificador com taxa $2/3$.

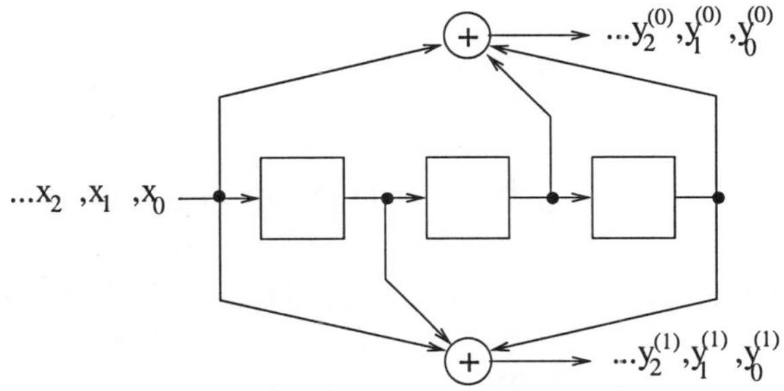

Figura 6.3: Codificador convolucional linear com taxa $1/2$.

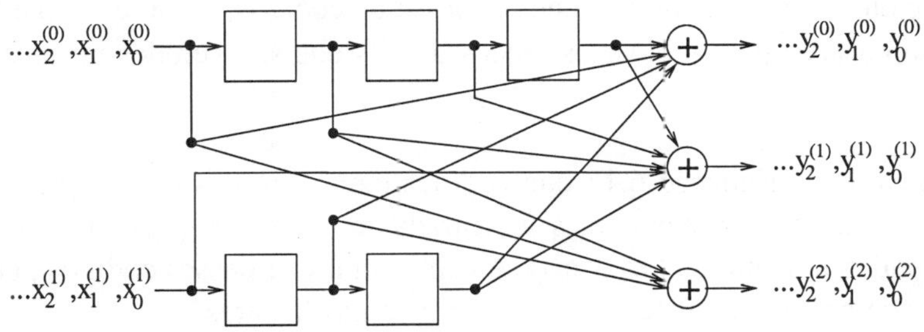

Figura 6.4: Codificador convolucional linear com taxa $2/3$.

Na Figura 6.3, a seqüência binária de dados $\boldsymbol{x} = (x_0, x_1, x_2, \ldots)$ é aplicada à entrada de um registrador de deslocamento. A partir dos bits de entrada e dos valores armazenados no registrador é criado um par de seqüências de dados codificados $\boldsymbol{y}^{(0)} = (y_0^{(0)}, y_1^{(0)}, y_2^{(0)}, \ldots)$ e $\boldsymbol{y}^{(1)} = (y_0^{(1)}, y_1^{(1)}, y_2^{(1)}, \ldots)$. Essas seqüências de saída podem ser multiplexadas para criar uma única seqüência de saída $\boldsymbol{y} = (y_0^{(0)} y_0^{(1)}, y_1^{(0)} y_1^{(1)}, y_2^{(0)} y_2^{(1)}, \ldots)$, em que $\boldsymbol{y}$ é a palavra-código convolucional.

Cada elemento da seqüência de saída é uma combinação linear dos elementos das seqüências de entrada $\boldsymbol{x}^{(0)}, \boldsymbol{x}^{(1)}, \boldsymbol{x}^{(2)}, \ldots, \boldsymbol{x}^{(k-1)}$. Por exemplo, a seqüência de saída da Figura 6.3 é calculada a partir da única seqüência de entrada x. Assumindo que o conteúdo do registrador de deslocamento seja nulo no início do processo de decodificação, tem-se

$$
\begin{aligned}
y_0^{(1)} &= \boldsymbol{x}_0^{(0)} + 0 + 0 \\
y_1^{(1)} &= \boldsymbol{x}_1^{(0)} + x_0^{(0)} + 0 \\
y_2^{(1)} &= \boldsymbol{x}_2^{(0)} + x_1^{(0)} + 0 \\
y_3^{(1)} &= \boldsymbol{x}_3^{(0)} + x_2^{(0)} + x_0^{(0)} \\
y_4^{(1)} &= \boldsymbol{x}_4^{(0)} + x_3^{(0)} + x_1^{(0)} \\
&\vdots
\end{aligned}
\tag{6.12}
$$

De um modo geral, uma coordenada arbitrária $y_j^{(1)}$ da seqüência de saída $y^{(1)}$ pode ser calculada como

$$y_i^{(1)} = x_i^{(0)} + x_{i-1}^{(0)} + x_{i-3}^{(0)}. \tag{6.13}$$

Exemplo: O codificador de taxa $1/2$ da Figura 6.3 é usado para codificar a seqüência de informação $\boldsymbol{x} = (10110)$. Obtêm-se as seguintes seqüências codificadas de saída:

$$\boldsymbol{y}^{(0)} = (10001010),$$

$$\boldsymbol{y}^{(1)} = (11111110).$$

A palavra código convolucional correspondente à entrada $\boldsymbol{x} = (10110)$ é então

$$\boldsymbol{y} = (11, 01, 01, 01, 11, 01, 11, 00).$$

Após toda a seqüência $\boldsymbol{x}$ ter entrado no codificador, introduz-se uma seqüência de zeros para que no final do processo de codificação o conteúdo do registrador seja nulo. Esta é uma condição necessária para se efetuar a decodificação dessa classe de códigos, como é visto adiante.

As vírgulas são usadas para indicar os blocos de bits que são gerados no mesmo intervalo de tempo.

Pode-se observar a partir da Equação 6.13 que codificadores como os das Figuras 6.3 e 6.4 são lineares. Se $\boldsymbol{y}_1$ e $\boldsymbol{y}_2$ são palavras-código correspondentes às entradas $\boldsymbol{x}_1$ e $\boldsymbol{x}_2$, respectivamente, então $(\boldsymbol{y}_1 + \boldsymbol{y}_2)$ é a palavra-código correspondente à entrada $(\boldsymbol{x}_1 + \boldsymbol{x}_2)$. A estrutura linear desses códigos permite o seu estudo por meio da utilização das técnicas provenientes da teoria de sistemas lineares.

Uma resposta ao impulso $\boldsymbol{g}_j^{(i)}$ é obtida a partir da i-ésima saída de um codificador aplicando um 1 seguido de zeros à j-ésima entrada. Cadeias de zeros são aplicadas a todas as outras entradas. A seqüência de dados $\boldsymbol{x}^{(j)} = \delta = (1000\ldots)$ serve como a função Delta de Dirac na análise de sistemas contínuos (ou Delta de Kronecker nos sistemas discretos). As respostas ao impulso para o codificador da Figura 6.3 são

$$\begin{aligned} \boldsymbol{g}^{(0)} &= (1011), \\ \boldsymbol{g}^{(1)} &= (1101). \end{aligned} \tag{6.14}$$

O codificador da Figura 6.4 tem as seguintes respostas ao impulso:

$$\begin{aligned} \boldsymbol{g}_0^{(0)} &= (1001) \qquad & \boldsymbol{g}_1^{(0)} &= (0110) \\ \boldsymbol{g}_0^{(1)} &= (0111) \qquad & \boldsymbol{g}_1^{(1)} &= (1010) \\ \boldsymbol{g}_0^{(2)} &= (1100) \qquad & \boldsymbol{g}_1^{(2)} &= (0100). \end{aligned} \tag{6.15}$$

As respostas ao impulso são freqüentemente referidas como seqüências geradoras, porque a sua relação com as palavras-códigos geradas é semelhante àquela entre os polinômios geradores e as palavras-código num código cíclico.

Como existem três elementos de memória no codificador da Figura 6.3, cada bit de entrada pode afetar no máximo 4 bits, que é o comprimento máximo da seqüência geradora da Equação 6.14. Em geral, uma seqüência de dados de entrada $\boldsymbol{x}^{(i)}$ para um dado codificador convolucional é colocada num registrador de deslocamento com m_i elementos de memória. A quantidade de elementos de memória determina a extensão na qual um bit de entrada afeta diretamente a seqüência de dados de saída.

A restrição de comprimento k de um código convolucional é o número máximo de bits em uma seqüência de saída que podem ser afetados por qualquer bit de entrada, ou seja,

$$k \triangleq 1 + \max_i \; m_i. \tag{6.16}$$

A memória total M de um código convolucional é definido como o número total de elementos de memória no codificador, logo

$$M = \sum_{i=0}^{k-1} m_i. \tag{6.17}$$

A memória total de um codificador tem um forte impacto na complexidade do decodificador de Viterbi, como é visto adiante.

6.7.2 Representação dos Códigos Convolucionais

Um código convolucional pode ser representado, dentre outras formas, por meio de diagramas de estados ou de diagramas em treliça.

Diagrama de Estados

O codificador convolucional pode ser visto como uma máquina de estados finitos. O conteúdo dos seus elementos de memória determina o mapeamento entre o próximo conjunto de bits de entrada e de saída. Considere o codificador da Figura 6.3. Ele contém três elementos de memória binários que podem assumir coletivamente um entre oito possíveis estados. Os estados são designados por $\{S_0, S_1, \ldots, S_7\}$ e são associados com o conteúdo dos elementos de memória como mostrado

$$\begin{aligned} S_0 &\leftrightarrow (000), & S_4 &\leftrightarrow (001) \\ S_1 &\leftrightarrow (100), & S_5 &\leftrightarrow (101) \\ S_2 &\leftrightarrow (010), & S_6 &\leftrightarrow (011) \\ S_3 &\leftrightarrow (110), & S_7 &\leftrightarrow (111). \end{aligned}$$

Como uma típica máquina de estados, o codificador somente pode se mover entre os estados de maneira limitada. Dado o corrente estado (XYZ), o próximo estado pode ser $(0XY)$(correspondendo a uma entrada zero) ou $(1XY)$(correspondendo a uma entrada um). O diagrama de estados da Figura 6.5 apresenta a restrição.

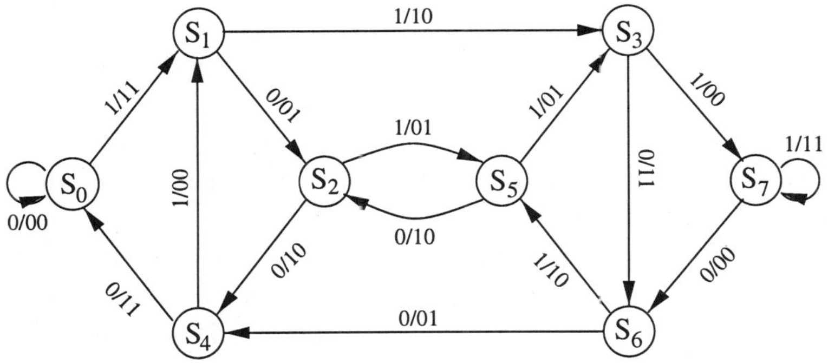

Figura 6.5: Diagrama de estados para o codificador da Figura 6.3.

Cada ramo do diagrama de estados apresenta um rótulo na forma X/YZ, sendo X o bit que provoca a transição de estados e YZ o correspondente par de bits na saída do codificador.

Diagrama de Treliça

Um diagrama de treliça é uma extensão do diagrama de estados que mostra explicitamente a passagem do tempo, isto é, representa cada instante de tempo com um diagrama de estados separado. Por exemplo, considere o codificador da Figura 6.6: com taxa $1/3$, tem duas células de memória; logo o diagrama de estados possui 4 estados, como pode ser observado na Figura 6.7. Na Figura 6.8 o diagrama é estendido no tempo na forma de diagrama de treliça. Os ramos do diagrama da treliça são rotulados com os bits de saída correspondentes às transições de estados associadas.

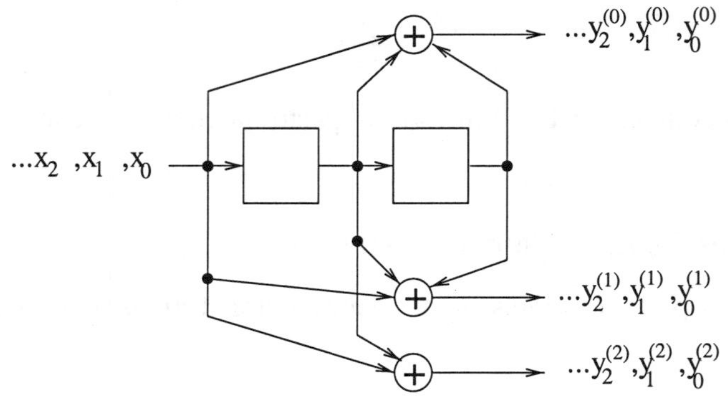

Figura 6.6: Codificador convolucional linear com taxa $1/3$.

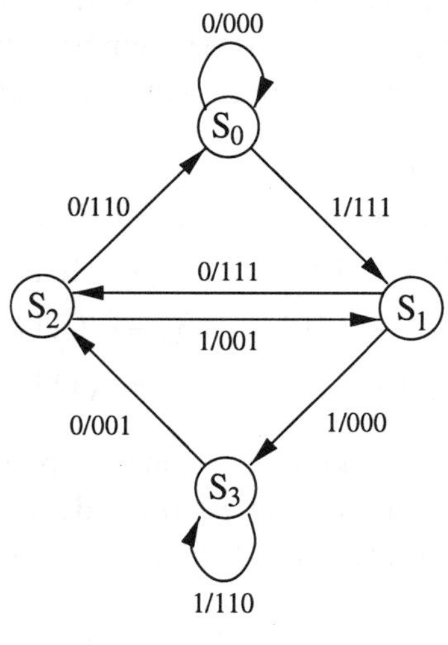

Figura 6.7: Diagrama de estados para o codificador da Figura 6.6.

Cada palavra-código convolucional é associada com um único caminho, iniciando e terminando no estado S_0, por meio do diagrama de treliça associado. A estrutura em treliça permite alguns exercícios de contagem que levam a alguns resultados úteis. Considere um codificador convolucional genérico (n, k) com memória total M e ordem máxima de memória m. O diagrama de treliça associado tem 2^M nós em cada estágio, ou incremento de tempo t. Existem 2^k ramos deixando cada nó, um ramo para cada combinação possível dos bits de entrada. Depois do intante $t = m$, existem 2^k ramos chegando a cada nó. Assume-se que após a seqüência ter entrado no decodificador sejam necessárias m transições de estados para o codificador retornar ao estado S_0. Dada uma seqüência de entrada com $k \cdot L$ bits, sendo L um número inteiro positivo qualquer, o diagrama de treliça deve ter $L+m$ estágios, o primeiro e o último estágio iniciando e terminando, respectivamente, no estado S_0. Dessa forma, vão existir 2^{kL} caminhos distintos por meio de uma treliça geral, cada um correspondendo a uma palavra-código convolucional de comprimento $n(L + m)$. Por exemplo, a seqüência de entrada, com

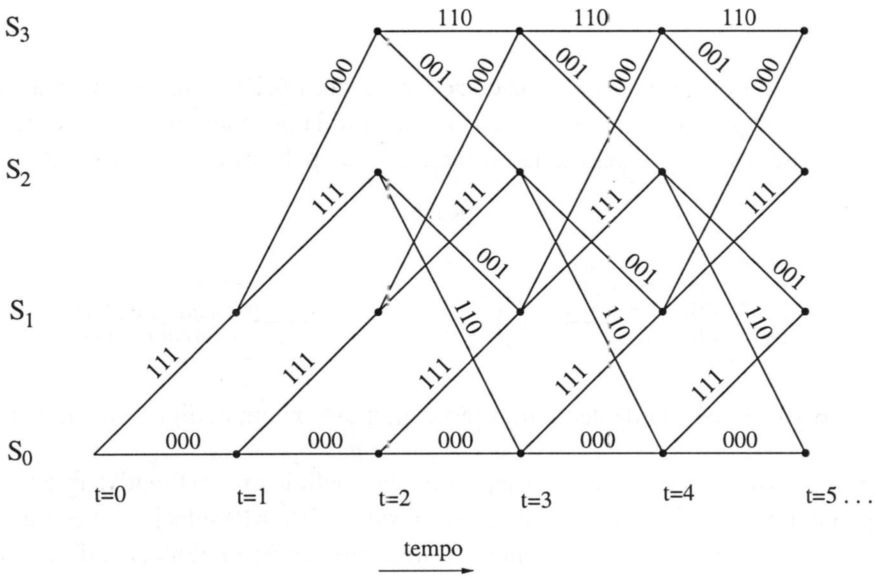

Figura 6.8: Diagrama em treliça para o codificador da Figura 6.6.

comprimento 3, $x = (011)$, é apresentada na Figura 6.9, que corresponde ao percurso associado, com 5 ramos, a palavra-código convolucional com $3(3 + 2) = 15$ bits, $y = (000, 111, 000, 001, 110)$.

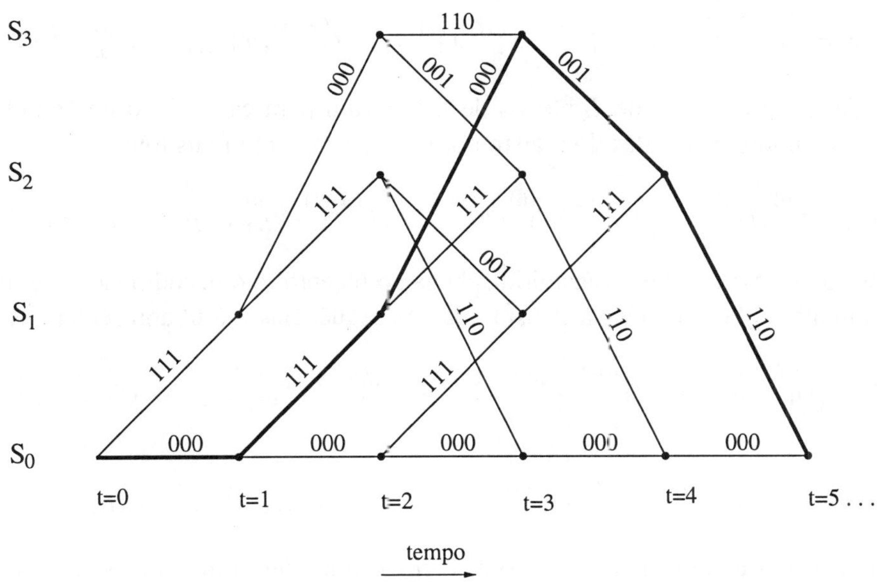

Figura 6.9: Diagrama de treliça para entradas de comprimento 3 do codificador da Figura 6.6.

6.7.3 Decodificação dos Códigos Convolucionais

Os algoritmos de decodificação dos códigos convolucionais podem ser divididos em duas classes: os algoritmos seqüenciais e o algoritmo de Viterbi. A popularidade dos algoritmos seqüenciais decresceu rapidamente depois do desenvolvimento do algoritmo de Viterbi, em 1967, que é um algoritmo de máxima verossimilhança, enquanto os algoritmos seqüenciais não o são.

Na próxima seção é apresentado detalhadamente o algoritmo de Viterbi. Os algoritmos seqüenciais são estudados em profundidade em (Wicker, 1995).

O Algoritmo de Viterbi

Considere o problema de decodificação apresentado na Figura 6.10. Uma seqüência de informação $\boldsymbol{x}$ é codificada numa palavra-código convolucional $\boldsymbol{y}$, que é transmitida por meio de um canal ruidoso. O decodificador convolucional recebe o vetor $\boldsymbol{r}$ e gera uma estimativa $\boldsymbol{y}'$ da palavra-código transmitida.

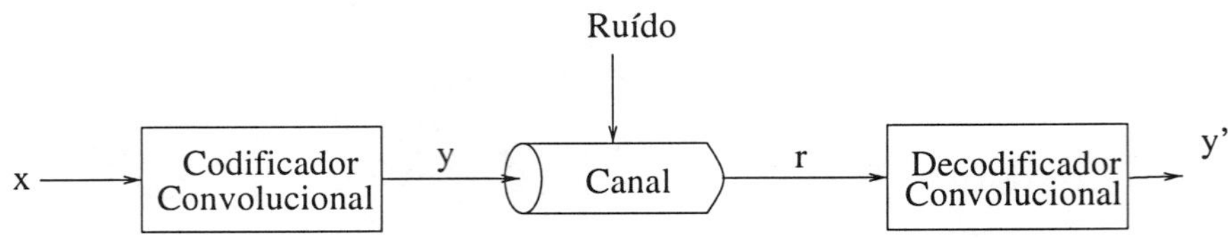

Figura 6.10: Problema da decodificação com o uso de um código convolucional.

O decodificador de máxima verossimilhança seleciona, por definição, a estimativa que maximiza a probabilidade $p(\boldsymbol{r}|\boldsymbol{y}')$, enquanto um decodificador de máximo *a posteriori* (MAP) seleciona a estimativa que maximiza a probabilidade $p(\boldsymbol{y}'|\boldsymbol{r})$. Se a distribuição da fonte for uniforme, então os dois decodificadores são idênticos; em geral, eles podem ser relacionados pela regra de Bayes (Papoulis, 1984),

$$p(\boldsymbol{r}|\boldsymbol{y}) \cdot p(\boldsymbol{y}) = p(\boldsymbol{y}|\boldsymbol{r}) \cdot p(\boldsymbol{r}).$$

Um codificador convolucional com taxa k/n recebe k bits de entrada e gera n bits de saída a cada deslocamento de seus registradores. Supondo uma seqüência de entrada $\boldsymbol{x}$ composta de L blocos de k-bits, tem-se

$$\boldsymbol{x} = \left(x_0^{(0)}, x_0^{(1)}, \ldots, x_0^{(k-1)}, x_1^{(0)}, x_1^{(1)}, \ldots, x_1^{(k-1)}, x_{L-1}^{(0)}, \ldots, x_{L-1}^{(k-1)}\right). \tag{6.18}$$

A seqüência de saída $\boldsymbol{y}$ vai consistir de L blocos de n bits (um para cada bloco de entrada) mais m blocos adicionais, sendo m o número de células do registrador de deslocamento mais longo.

$$\boldsymbol{y} = \left(y_0^{(0)}, y_0^{(1)}, \ldots, y_0^{(n-1)}, y_1^{(0)}, y_1^{(1)}, \ldots, y_1^{(n-1)}, y_{L+m-1}^{(0)}, \ldots, y_{L+m-1}^{(n-1)}\right). \tag{6.19}$$

A versão ruidosa da palavra-código transmitida chega ao receptor e o decodificador de máxima verossimilhança gera uma estimativa $\boldsymbol{y}'$ da seqüência transmitida. As seqüências $\boldsymbol{r}$ e $\boldsymbol{y}'$ apresentam as seguintes formas

$$\boldsymbol{r} = \left(r_0^{(0)}, r_0^{(1)}, \ldots, r_0^{(n-1)}, r_1^{(0)}, r_1^{(1)}, \ldots, r_1^{(n-1)}, r_{L+m-1}^{(0)}, \ldots, r_{L+m-1}^{(n-1)}\right), \tag{6.20}$$

$$\boldsymbol{y}' = \left(y_0'^{(0)}, y_0'^{(1)}, \ldots, y_0'^{(n-1)}, y_1'^{(0)}, y_1'^{(1)}, \ldots, y_1'^{(n-1)}, y_{L+m-1}'^{(0)}, \ldots, y_{L+m-1}'^{(n-1)}\right). \tag{6.21}$$

Assumindo que o canal é sem memória, isto é, o ruído que afeta um dado bit da palavra recebida $\boldsymbol{r}$ é independente do ruído que afeta os outros bits e, que a probabilidade conjunta de eventos independentes é simplesmente o produto das probabilidades dos eventos individuais, tem-se

$$\begin{aligned} p(\boldsymbol{r}|\boldsymbol{y}') &= \prod_{i=0}^{L+m-1} \left[p(r_i^{(0)}|y_i'^{(0)})p(r_i^{(1)}|y_i'^{(1)}) \cdots p(r_i^{(n-1)}|y_i'^{(n-1)})\right] \\ &= \prod_{i=0}^{L+m-1} \left(\prod_{j=0}^{n-1} p(r_i^{(j)}|y_i'^{(j)})\right). \end{aligned} \tag{6.22}$$

A Equação 6.22 é algumas vezes chamada de função de verossimilhança de $\boldsymbol{y}'$ (Viterbi, 1971). Como a função logarítmica é monotonicamente crescente, a estimativa que maximiza $p(\boldsymbol{r}|\boldsymbol{y}')$ também maximiza

$\log p(\boldsymbol{r}|\boldsymbol{y}')$. Aplicando o logaritmo em cada lado da Equação 6.22 tem-se a função logarítmica de verossimilhança

$$\log p(\boldsymbol{r}|\boldsymbol{y}') = \sum_{i=0}^{L+m-1} \left(\sum_{j=0}^{n-1} \log p(r_i^{(j)}|y_i'^{(j)}) \right) . \tag{6.23}$$

Nas implementações em *hardware* do decodificador de Viterbi, os elementos do somatório da Equação 6.23 são usualmente convertidos numa forma mais facilmente manipulável chamada de *métrica de bit* ($M(r_i^{(j)}|y_i'^{j})$) dada por

$$M(r_i^{(j)}|y_i'^{(j)}) = a \left[\log p(r_i^{(j)}|y_i'^{(j)}) + b \right] . \tag{6.24}$$

Os coeficientes a e b são escolhidos de modo que as métricas de bit sejam inteiros pequenos que possam ser rapidamente processados por circuitos lógicos digitais. A *métrica de percurso (ou métrica de caminho)* para a palavra-código $\boldsymbol{y}'$ é calculada da seguinte forma

$$M(\boldsymbol{r}|\boldsymbol{y}') = \sum_{i=0}^{L+m-1} \left(\sum_{j=0}^{n-1} M(r_i^{(j)}|y_i'^{(j)}) \right) . \tag{6.25}$$

Se o valor de a na Equação 6.24 é positivo e real e o valor de b também é real, então a palavra-código $\boldsymbol{y}'$ que maximiza $p(\boldsymbol{r}|\boldsymbol{y}')$ também maximiza $M(\boldsymbol{r}|\boldsymbol{y}')$. Um valor negativo também pode ser escolhido para a, nesse caso $\boldsymbol{y}'$ é escolhido de modo a minimizar $M(\boldsymbol{r}|\boldsymbol{y}')$.

Às vezes é útil medir a contribuição na métrica de percurso feita por um simples bloco de $\boldsymbol{r}$ e de $\boldsymbol{y}$. Um bloco corresponde a um ramo na treliça. A k-ésima métrica de ramo, $M(\boldsymbol{r}_k|\boldsymbol{y}_k')$, para uma palavra-código $\boldsymbol{y}'$, é definida como a soma das métricas de bit do k-ésimo bloco de $\boldsymbol{r}$ dado $\boldsymbol{y}'$.

$$M(\boldsymbol{r}_k|\boldsymbol{y}_k') = \sum_{j=0}^{n-1} M(r_k^{(j)}|y_k'^{(j)}). \tag{6.26}$$

A k-ésima métrica parcial de percurso, $M^k(\boldsymbol{r}|\boldsymbol{y}')$, para um percurso é obtida por meio da soma das métricas de ramo para os k-ésimos primeiros ramos pelos quais o percurso passa,

$$M^k(\boldsymbol{r}|\boldsymbol{y}') = \sum_{i=0}^{k-1} M(\boldsymbol{r}_i|\boldsymbol{y}_i') = \sum_{i=0}^{k-1} \left(\sum_{j=0}^{n-1} M(r_i^{(j)}|y_i'^{(j)}) \right) . \tag{6.27}$$

Os diagramas em treliça podem ser usados para o cálculo das métricas de percurso no algoritmo de Viterbi. Vale ressaltar que os ramos das treliças apresentadas foram rotulados com os bits de saída correspondentes a uma entrada particular no decodificador e ao seu estado corrente. Assume-se que $\boldsymbol{r}$ é a seqüência recebida, escrita na parte inferior da treliça, um bloco a cada instante de tempo, com cada bloco correspondendo a um estágio da treliça. Por exemplo, no caso do código cuja treliça é mostrada na Figura 6.8, o início da treliça deve apresentar o aspecto mostrado na Figura 6.11.

No algoritmo de Viterbi, cada nó da treliça é designado como um número. Esse número é a métrica parcial do percurso que inicia no estado S_0 no instante de tempo $t = 0$ e termina naquele nó. Por exemplo, na Figura 6.11, o rótulo Y corresponde ao percurso com dois ramos que termina no estado S_1 no instante de tempo $t = 2$. Como os bits de saída correspondentes ao percurso consistem em três "zeros" seguidos de três

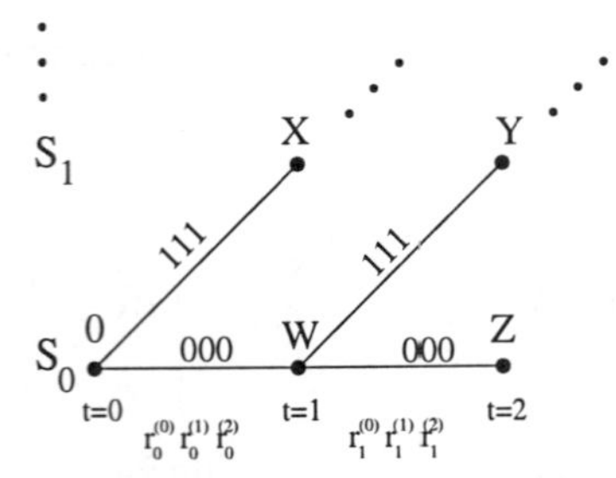

Figura 6.11: Cálculo das métricas de ramo no início da decodificação.

"uns", tem-se

$$
\begin{aligned}
Y =& M^2(\boldsymbol{r}|\boldsymbol{y}' = (000,111)) \\
=& W + M(\boldsymbol{r}_1|\boldsymbol{y}_1' = (111)) \\
=& \left(M(r_0^{(0)}|0) + M(r_0^{(1)}|0) + M(r_0^{(2)}|0)\right) + \\
&+ \left(M(r_1^{(0)}|1) + M(r_1^{(1)}|1) + M(r_1^{(2)}|1)\right).
\end{aligned}
\tag{6.28}
$$

A designação de números aos nós da treliça é feita até que se chegue a um ponto da rotina no qual mais de um percurso entre num mesmo nó. Nesse caso escolhe-se o percurso que tenha a melhor "métrica" parcial entre todos os percursos que chegam àquele nó (a melhor métrica pode ser a maior ou a menor, dependendo do valor de a e b na Equação 6.24). O percurso com a melhor métrica é o sobrevivente, enquanto os outros são não-sobreviventes. Observando a Figura 6.12 e assumindo que as métricas de percurso tenham sido escolhidas de modo que o percurso de menor métrica apresenta a palavra-código de máxima verossimilhança, o rótulo Z pode ser determinado da seguinte forma

$$
\begin{aligned}
Z = \min\Big\{ & \left[X + M(r_t^{(0)}|0) + M(r_t^{(1)}|0) + M(r_t^{(2)}|1)\right], \\
& \left[Y + M(r_t^{(0)}|1) + M(r_t^{(1)}|1) + M(r_t^{(2)}|1)\right] \Big\}.
\end{aligned}
\tag{6.29}
$$

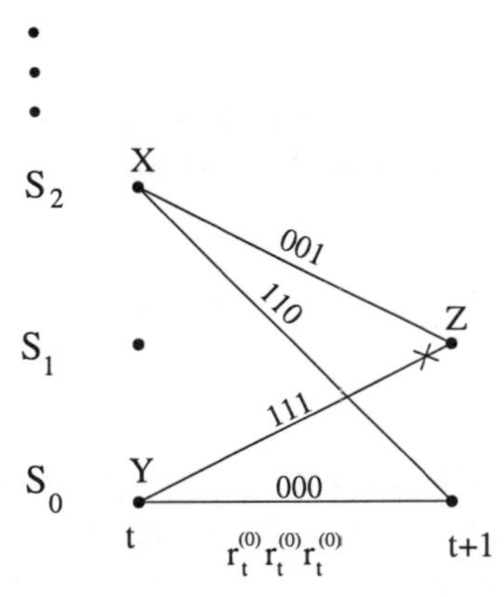

Figura 6.12: Cálculo das métricas de ramo num estado ao qual chegam dois percursos.

O algoritmo termina quando todos os nós da treliça tenham sido rotulados e os sobreviventes determinados. Percorrendo o caminho inverso a partir do último nó da treliça (estado S_0 no instante de tempo $L+m$), obtém-se um único percurso, pois apenas um percurso pode sobreviver como entrada em um dado nó. Este percurso é o percurso de máxima verossimilhança.

A seguir é apresentado um resumo do algoritmo de Viterbi.

O Algoritmo de Viterbi

Admitindo que $S_{j,t}$ seja o estado S_j no instante de tempo t, então a cada nó da treliça pode ser associada uma métrica $V(S_{j,t})$. As métricas podem ser calculadas da seguinte forma:

Passo 1. Faça $V(S_{0,0}) = 0$ e $t = 0$;

Passo 2. A cada instante de tempo t, calcule as métricas parciais para todos os percursos entrando em cada nó;

Passo 3. Faça $V(S_{k,t})$ igual à melhor métrica parcial entrando no correspondente estado S_k no instante de tempo t;

Passo 4. Se $t < L + m$, incremente t e retorne ao Passo 2.

Depois que as métricas em todos os nós tenham sido calculadas, o percurso único obtido a partir do estado S_0, no instante de tempo $t = L + m$, seguindo o caminho inverso em direção ao estado $S_{0,0}$ é o percurso de máxima verossimilhança.

> **Teorema:** O percurso selecionado pelo algoritmo de Viterbi é o percurso de máxima verossimilhança.
>
> **Prova:** Se o percurso de máxima verossimilhança (MV) $\boldsymbol{y}$ não é selecionado pelo decodificador, então, em algum instante de tempo t, o percurso parcial de MV não sobrevive quando comparado a algum outro percurso parcial $\boldsymbol{z}$. Se o complemento de $\boldsymbol{y}$ é adicionado a $\boldsymbol{z}$, então o percurso resultante apresenta uma métrica melhor que a do percurso $\boldsymbol{y}$. Isso contradiz a suposição que $\boldsymbol{y}$ é o percurso de MV.

Decodificação com Decisão Abrupta

Na decodificação com decisão abrupta cada sinal é analisado e é tomada uma decisão abrupta a respeito de o sinal transmitido representar um "0" ou um "1". Esta decisão forma a entrada do decodificador de Viterbi. Assumindo que o canal é sem memória, ele pode ser modelado como na Figura 6.13. Os ramos são rotulados com as funções de verossimilhança. O canal é comumente chamado de canal binário sem memória.

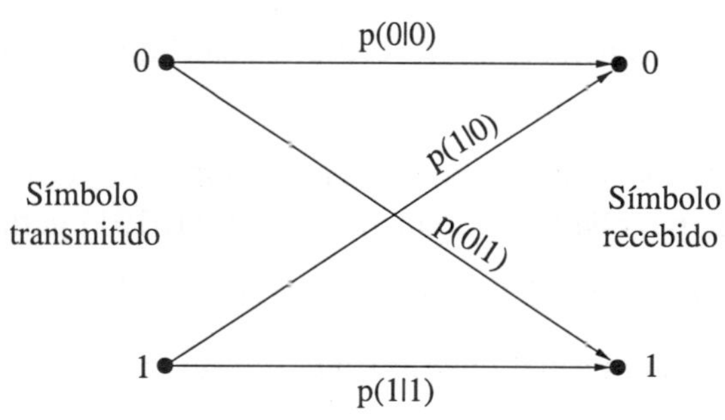

Figura 6.13: Canal binário sem memória.

Se no canal binário a probabilidade de erro de bit for independente do bit transmitido, o canal é chamado de canal binário simétrico (BSC - *Binary Symmetric Channel*), que pode ser observado na Figura 6.14.

Determinação das Métricas de Bit para os Canais Binários Simétricos sem Memória

O primeiro passo na determinação das métricas de bit para canais binários é o cálculo das funções de verossimilhança. As probabilidades condicionais são então convertidas em funções logarítmicas de verossimilhança para, finalmente, serem convertidas em métricas de bit com a Equação 6.24.

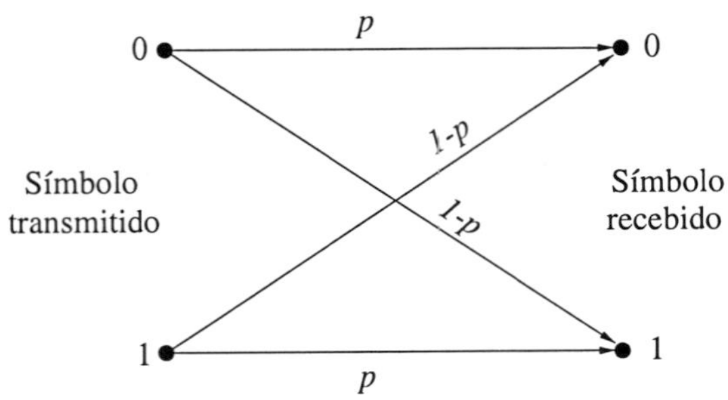

Figura 6.14: Canal binário simétrico.

Se a e b, na Equação 6.24, são selecionados para serem iguais a $[\log_2 p - \log_2(1-p)]^{-1}$ e $-\log_2(1-p)$, respectivamente, as métricas de bit são independentes da probabilidade de cruzamento p

$$M(r_i^{(j)}|y_i^{(j)}) = \frac{1}{\log_2 p - \log_2(1-p)}\left[\log_2 p(r_i^{(j)}|y_i^{(j)}) - \log_2(1-p)\right]$$

$M(r_i^{(j)}\|y_i^{(j)})$	$r_i^{(j)} = 0$	$r_i^{(j)} = 1$
$y_i^{(j)} = 0$	0	1
$y_i^{(j)} = 1$	1	0

Para o caso binário simétrico, a métrica de percurso para a palavra-código $\boldsymbol{y}$ dada uma palavra recebida $\boldsymbol{r}$ é simplesmente a distância de Hamming $d(\boldsymbol{y}, \boldsymbol{r})$. Os caminhos sobreviventes são aqueles com a menor métrica parcial em cada nó.

Por outro lado, se a for igual a $[\log_2(1-p) - \log_2 p]$ e b igual a $-\log_2 p$, as métricas seguintes podem ser obtidas

$M(r_i^{(j)}\|y_i^{(j)})$	$r_i^{(j)} = 0$	$r_i^{(j)} = 0$
$y_i^{(j)} = 0$	1	0
$y_i^{(j)} = 1$	0	1

Com este conjunto de métricas, os percursos sobreviventes são aqueles com a maior métrica parcial a cada nó.

Exemplo: Decodificação de Viterbi com decisão abrupta para o canal binário simétrico. O codificador da Figura 6.6 codifica a seqüência $\boldsymbol{x} = (110101)$ gerando a palavra-código

$$\boldsymbol{y} = (111, 000, 001, 001, 111, 001, 111, 110),$$

que é transmitida por meio de um canal binário simétrico ruidoso. A palavra recebida

$$\boldsymbol{r} = (1\bar{0}1, \bar{1}00, 001, 0\bar{1}1, 111, \bar{1}01, 111, 110)$$

sai do circuito de deteção do receptor e é enviada ao decodificador de Viterbi. Os bits decodificados erroneamente estão identificados com uma barra. As métricas usadas são aquelas do segundo conjunto de métricas calculado anteriormente. Os caminhos sobreviventes são aqueles que possuem maior métrica parcial. A operação de decodificação da palavra recebida pode ser observada na Figura 6.15. Cada nó da treliça é rotulado com o valor calculado com o algoritmo de Viterbi. O percurso de máxima verossimilhança, denotado por uma linha mais espessa, é obtido a partir do estado $S_{0,8}$ indo em direção ao estado $S_{0,0}$ pelos caminhos sobreviventes. A palavra decodificada é igual à palavra código que foi transmitida; o decodificador de Viterbi corrigiu 4 erros da palavra recebida.

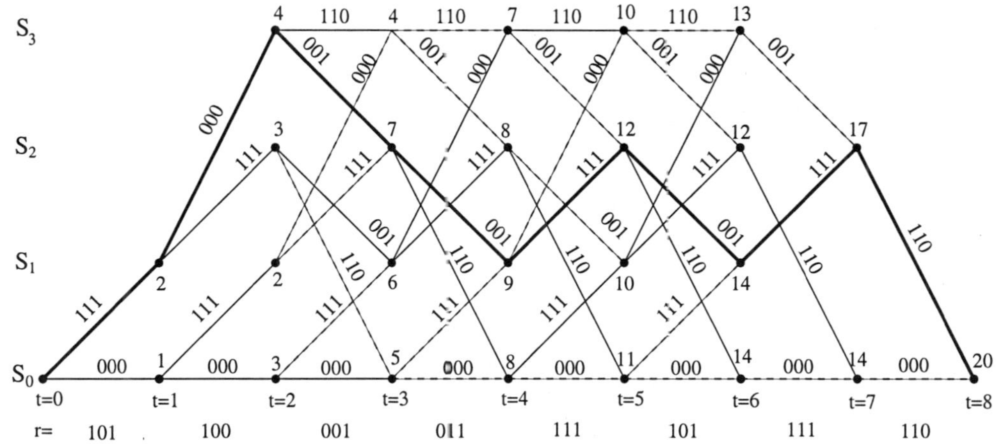

Figura 6.15: Decodificação de Viterbi com decisão abrupta.

Decodificação com Decisão Suave

Na decodificação por decisão suave o decodificador é mais flexível, pois utiliza uma quantização multibit, isto é, em vez de designar um "1" ou um "0" para cada sinal binário ruidoso recebido, são estabelecidas quatro ou mais regiões de decodificação, variando da região de decisão por um "1-forte($\underline{1}$)" até um "0-forte($\underline{0}$)". Valores intermediários são dados a sinais com níveis de decisão menos claros. Em canais com ruído gaussiano branco aditivo, a decodificação por decisão suave aumenta o ganho de decodificação de 2 a 3 dB em relação à decodificação por decisão abrupta.

Considere o caso de um sistema BPSK (*Binary Phase Shift Keying*) operando em um canal com ruído gaussiano branco aditivo (AWGN). Sendo E_b a energia do bit e N_0 W/Hz a densidade espectral de potência do ruído. Se os bits transmitidos $\{y_i^{(j)}\}$ assumem os valores ± 1, então os sinais recebidos podem ser representados por variáveis aleatórias gaussianas com média $y_i^{(j)}\sqrt{E_b}$ e variância $N_0/2$. Assim a função de verossimilhança é

$$p(r_i^{(j)}|y_i^{(j)}) = \frac{1}{\sqrt{\pi N_0}} e^{-(r_i^{(j)} - y_i^{(j)}\sqrt{E_b})^2/N_0}. \tag{6.30}$$

A função logarítmica de verossimilhança pode ser simplificada se for notado que $(y_i^{(j)})^2 = 1$, independentemente do valor de $y_i^{(j)}$. Todos os termos que não são função de $\boldsymbol{y}$ são agrupados em um par de constantes C_1 e

C_2 (Viterbi, 1971)

$$
\begin{aligned}
\log p(\boldsymbol{r}|\boldsymbol{y}) &= \sum_{i=0}^{L-1}\left(\sum_{j=0}^{n-1}\log p(r_i^{(j)}|y_i^{(j)})\right) \\
&= \sum_{i=0}^{L-1}\left\{\sum_{j=0}^{n-1}\left[-\frac{(r_i^{(j)}-y_i^{(j)}\sqrt{E_b})^2}{N_0}-\log\sqrt{\pi N_0}\right]\right\} \\
&= \frac{-1}{N_0}\sum_{i=0}^{L-1}\left\{\sum_{j=0}^{n-1}(r_i^{(j)}\sqrt{E_b})^2\right\}-\frac{Ln}{2}\log\pi N_0 \\
&= \frac{-1}{N_0}\sum_{i=0}^{L-1}\left\{\sum_{j=0}^{n-1}[r_i^{(j)2}-2r_i^{(j)}y_i^{(j)}\sqrt{E_b}+y_i^{(j)^2}E_b]\right\}-\frac{Ln}{2}\log\pi N_0 \\
&= C_1\sum_{i=0}^{L-1}\left\{\sum_{j=0}^{n-1}r_i^{(j)}y_i^{(j)}\right\}+C_2 \\
&= C_1(\boldsymbol{r}\cdot\boldsymbol{y})+C_2
\end{aligned}
\tag{6.31}
$$

As métricas de percurso podem ser então obtidas por meio do produto interno entre a palavra recebida e as palavras-código. As métricas de bit são

$$
M\left(r_i^{(j)}|y_i^{(j)}\right)=r_i^{(j)}y_i^{(j)}. \tag{6.32}
$$

A minimização da métrica de percurso da Equação 6.31 é equivalente a encontrar a palavra-código $\boldsymbol{y}$ mais próxima de $\boldsymbol{r}$ em termos de distância euclidiana.

A análise anterior assume que o receptor é capaz de processar números reais com precisão infinita. Na prática, contudo, os circuitos digitais quantizam os sinais em algum ponto sacrificando de alguma forma a eficácia do algoritmo de Viterbi.

Na Figura 6.16 é apresentado um canal simétrico discreto para o qual o receptor associa um entre quatro valores para cada sinal recebido. O "0" ou "1" sublinhado representa a recepção de um sinal forte enquanto um simples "0" ou "1" representa a recepção de um sinal fraco.

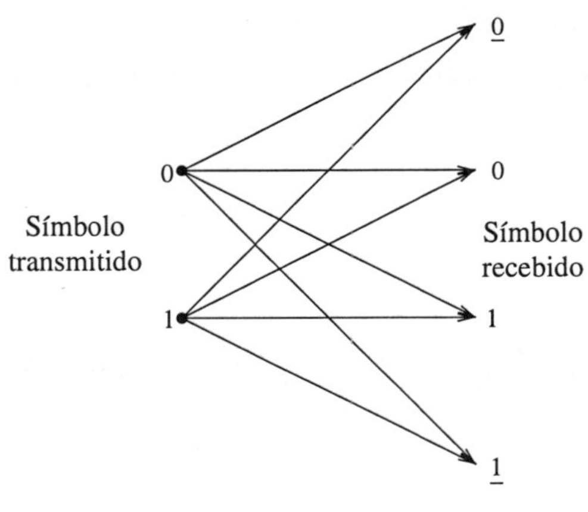

Figura 6.16: Canal discreto simétrico.

As decisões de bit em um receptor com decisão abrupta são feitas com um limitador abrupto. Nos receptores com decisão suave, esse elemento é substituído por um conversor analógico-digital (CAD) multibit. Por exemplo, o modelo da Figura 6.16 implica no uso de um CAD de 2 bits no circuito de decisão.

Exemplo: Decodificação de Viterbi com decisão suave.
Considere os seguintes valores para as probabilidades condicionais mostradas na Figura 6.16

$p(r_i^{(j)} \vert y_i^{(j)})$	$r_i^{(j)} = \underline{0}$	$r_i^{(j)} = 0$	$r_i^{(j)} = 1$	$r_i^{(j)} = \underline{1}$
$y_i^{(j)} = 0$	0.50	0.32	0.13	0.05
$y_i^{(j)} = 1$	0.05	0.13	0.32	0.50

A partir das probabilidades podem ser obtidas as seguintes funções logarítmicas de verossimilhança

$\log_2 p(r_i^{(j)} \vert y_i^{(j)})$	$r_i^{(j)} = \underline{0}$	$r_i^{(j)} = 0$	$r_i^{(j)} = 1$	$r_i^{(j)} = \underline{1}$
$y_i^{(j)} = 0$	-1.00	-1.64	-2.94	-4.32
$y_i^{(j)} = 1$	-4.32	-2.94	-1.64	-1.00

Usando a expressão $M(r_i^{(j)}|y_i^{(j)}) = 1.5[\log_2 p(r_i^{(j)}|y_i^{(j)}) - \log_2(0.05)]$, são obtidas as métricas de bit que podem ser facilmente implementadas por meio de circuitos digitais

$M(r_i^{(j)} \vert y_i^{(j)})$	$r_i^{(j)} = \underline{0}$	$r_i^{(j)} = 0$	$r_i^{(j)} = 1$	$r_i^{(j)} = \underline{1}$
$y_i^{(j)} = 0$	5	4	2	0
$y_i^{(j)} = 1$	0	2	4	5

Assuma que a palavra-código

$$\boldsymbol{y} = (111, 000, 001, 001, 111, 001, 111, 110)$$

tenha sido transmitida e corrompida por uma seqüência de erros no final da palavra-código. Contudo, existe a disponibilidade da decisão suave de dois bits no decodificador. Tem-se então a seguinte entrada para o decodificador de Viterbi

$$\boldsymbol{r} = (\underline{1}\bar{0}1, \underline{\bar{1}00}, 0\underline{01}, \underline{0}\bar{1}1, \underline{11}\bar{0}, \overline{110}, 1\underline{11}, 1\underline{1}0)$$

A decodificação da palavra recebida pode ser observada na Figura 6.17

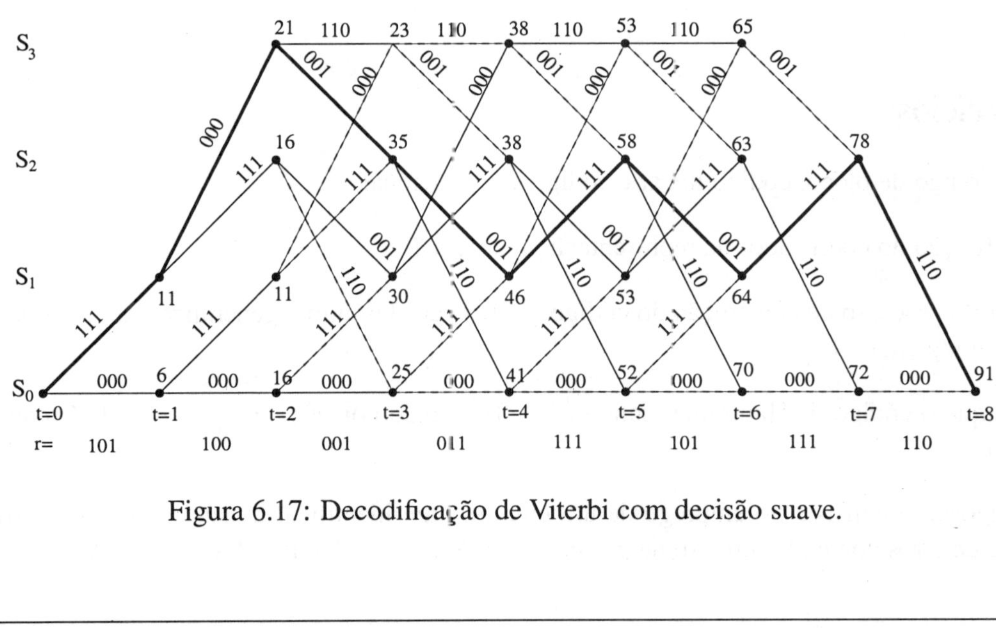

Figura 6.17: Decodificação de Viterbi com decisão suave.

Para tornar mais evidente o ganho decorrente da utilização dos códigos convolucionais, foram feitas simulações com o codificador da Figura 6.3. O sistema utiliza o esquema de modulação BPSK ortogonal operando em um canal com ruído gaussiano branco aditivo. Pode ser observado na Figura 6.18 o desempenho do código, medido em termos da probabilidade de erro em função da razão entre a energia de bit E_b e densidade espectral de potência do ruído N_0, para o caso da decodificação abrupta e para o caso da decodificação utilizando decisão suave.

O uso de decisão suave provoca um ganho de aproximadamente 2 dB em relação à decodificação abrupta. Também é apresentada na Figura 6.18 a probabilidade de erro para um sistema BPSK sem codificação, cujo desempenho é muito pior do que o do sistema codificado (da ordem de 5 dB quando a probabilidade de erro do sistema é 10^{-3}).

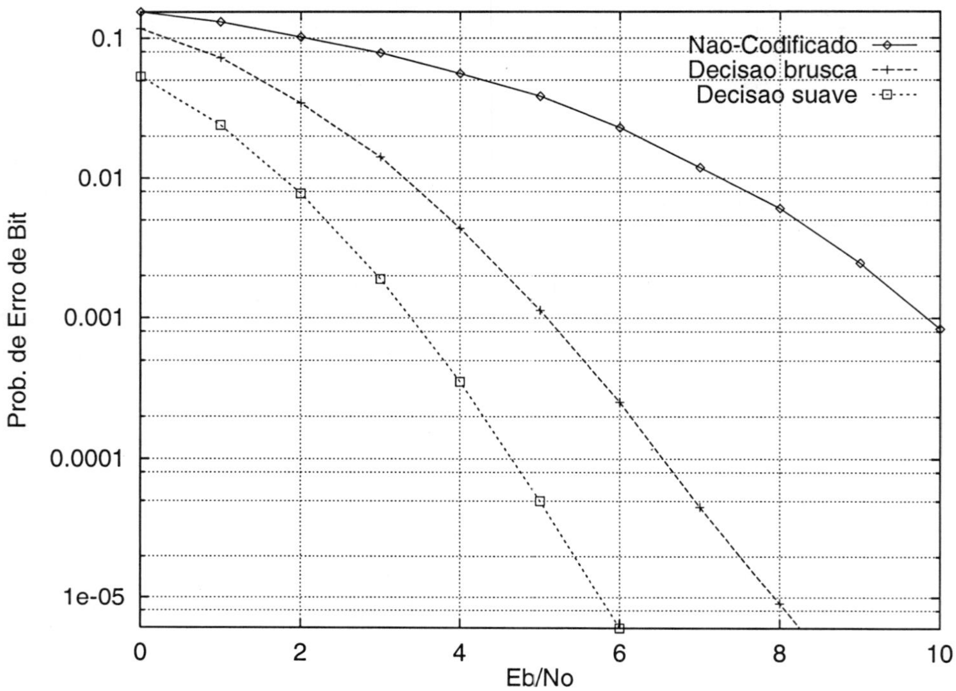

Figura 6.18: Probabilidade de erro de um sistema BPSK para três casos diferentes: sem codificação, codificado com decodificação abrupta e codificado com decodificação suave.

6.8 Exercícios

1. Defina código de bloco, código linear e código convolucional.
2. Qual a função do codificador na representação matricial?
3. A partir do processo de construção do código $(7,4,3)$ de Hamming, generalize para um código qualquer de Hamming $(n,k,3)$.
4. Mostre que o código de Hamming cíclico $(7,4,3)$, gerado por $g(x) = x^3 + x + 1$, é o dual do código $(7,3,4)$.
5. Qual algoritmo consiste no emprego de um circuito para identificar as síndromes que correspondem a padrões de erros contendo um erro na posição de ordem mais alta da palavra recebida?

6. Um sistema móvel celular utiliza o esquema de modulação BPSK ortogonal operando em um canal com ruído gaussiano branco aditivo. Qual o ganho obtido, em termos de razão sinal-ruído, quando se passa de decisão abrupta para suave, considerando uma taxa de erros no canal de 10^{-4}?

Anotações

Capítulo 7

O Canal de Comunicações Móveis

A propagação por rádio em ambientes de comunicações móveis externos ou internos (prediais) é um fenômeno complexo. A dispersão por multipercurso pelas várias estruturas que compõem os prédios resulta em uma série de ecos para cada pulso transmitido. O desempenho de sistemas de comunicações móveis é afetado por efeito de multipercursos de curta duração e por perdas de percurso de larga escala. Esses problemas tendem a introduzir erros na transmissão e reduzir a área de cobertura (Hashemi, 1991).

A caracterização do canal é um tópico importante na investigação de tais sistemas. O enfoque usual inclui: modelagem da atenuação em função da freqüência, distância e localização, medição da variação temporal da fase e amplitude, uso de correlação para avaliar melhoramentos potenciais com a técnica de diversidade e para estabelecer a resposta impulsional do canal, de forma a determinar o espalhamento de atraso (*delay spread*).

Por outro lado, uma análise probabilística do canal é necessária para prover o decodificador com informações essenciais acerca do estado do canal, de sorte a tornar mais efetiva a comunicação. Métodos típicos para combater desvanecimento e interferência em um canal incluem o uso de técnicas de correção de erros em rajadas (*burst error correcting codes*) e entrelaçamento (*interleaving*). A escolha da melhor técnica depende das características do canal.

7.1 Efeitos sobre o Sinal Transmitido

O sinal transmitido em um sistema de comunicações móveis sofre diversos efeitos ao atravessar o canal. Os principais estão relacionados a seguir:

- **Filtragem** – tende a reduzir a banda disponível da portadora modulada, visto que surte efeito na sua forma de onda, ocasionando também uma distorção de fase.

- **Doppler** – faz com que a freqüência da portadora não seja idêntica na recepção, em virtude do desvio provocado pelo movimento relativo entre o transmissor e o receptor. Afeta a recepção do sinal de sincronização.

- **Desvanecimento** – é o nome dado para caracterizar o fenômeno da existência de variações aleatórias ao longo do tempo da intensidade do sinal recebido. A variação tem como referência o valor de campo recebido em espaço livre. As causas do desvanecimento se encontram no meio de propagação, ou seja, tal fenômeno não estaria presente nas ligações caso não existisse entre as antenas um meio sujeito a mudanças nas suas características.

- **Percursos múltiplos** – o sinal resultante recebido é a soma de um raio direto entre as antenas e outros raios que seguem trajetos distintos do raio direto. Os trajetos distintos, designados como percursos múltiplos, são originados das refrações e reflexões (ainda que de pequena intensidade) resultantes de irregularidades na constante dielétrica da atmosfera com a altitude. A energia transportada por meio dos percursos múltiplos é, em geral, bem inferior àquela associada ao feixe principal. Entretanto, quando o feixe principal por um motivo qualquer (obstrução parcial, interferência por reflexão no terreno) sofre uma atenuação considerável, a energia recebida por meio dos percursos múltiplos passa a desempenhar um papel importante, dando origem a fenômenos de interferência apreciáveis.

7.2 Efeitos de Percursos Múltiplos

O desvanecimento de multipercurso, devido às reflexões nos edifícios e obstáculos naturais, para comunicações móveis, ou nas paredes, teto e piso, para o caso de comunicações móveis prediais, provoca uma série de aprofundamentos no espectro do sinal recebido. O padrão assim obtido representa a assinatura do desvanecimento seletivo, podendo ser previsto por meio de uma análise acurada do canal.

O desvanecimento também pode ser causado pelo movimento de pessoas, equipamentos ou automóveis, de forma que a interferência é o efeito combinado da interferência de múltiplo acesso (*multiple access interference – MAI*), ruído térmico e ruído impulsivo provocado por equipamentos elétricos. O desvanecimento devido ao movimento do transmissor ou receptor pode dominar, no caso de comunicações prediais, quando os objetos que estão no prédio movem-se lentamente (Rappaport, 1989).

Uma gama de experimentos foi realizada na faixa de UHF, entre 300 MHz e 3 GHz (Bultitude, 1987) (Lafortune e Lecours, 1990). Isso se deve, parcialmente, à autorização dada nos Estados Unidos, pela Federal Communications Commission (FCC), para operação com espectro espalhado nas bandas de 900 MHz, 2.400 MHz e 5.725 MHz. Também se deve ao Japão ter escolhido as faixas de 400 MHz e 2.450 MHz, para sistemas móveis prediais (Rappaport, 1989) (Newman Jr., 1986). Essas faixas de freqüência podem ser utilizadas para comunicação de voz, que apresentam requisitos mais amenos de transmissão, usualmente com sistemas de baixa capacidade. Entretanto, para prover capacidade suficiente para atender a sistemas de transmissão digital, novas pesquisas na faixa do EHF devem ser realizadas.

De fato, as faixas de microondas e ondas milimétricas são adequadas à transmissão a taxas de dados acima de 10 Mbits/s e cobertura de micro ou pico-células. São freqüências que apresentam uma série de vantagens, usualmente relacionadas com seu comportamento dualístico em termos de propagação. Elas combinam as propriedades das freqüências de UHF e luz infravermelha (*infra-red light* – IR): difusão, reflexão, refração, a ocupação de espaços e o bloqueio por grandes estruturas.

Tal característica permite ao sinal preencher quase completamente o espaço da célula, com um mínimo de vazamento para outras células, de forma a prover uma partição adequada do ambiente empresarial, com micro ou pico-células definidas pelas barreiras naturais do prédio, isto é, pisos e paredes principais. A interferência mútua com equipamento existente é normalmente mantida em nível mínimo, devido aos níveis de potência baixos utilizados, ou devido às freqüências elevadas em uso. Embora a interferência nas comunicações móveis prediais por conta de equipamento industrial seja significativa em HF e VHF, ela cai rapidamente acima de 1 GHz (Rappaport, 1989). A operação em freqüências elevadas também permite o projeto de antenas bem menores.

Hoje em dia é aceito que o canal móvel predial é variável em tempo e espaço e caracterizado por elevadas perdas de percurso e mudanças bruscas no nível médio do sinal. As variações temporais nas estatísticas do sinal são produzidas principalmente pelo movimento de pessoas e equipamento dentro do prédio.

Propagação por percursos múltiplos é um termo usado para descrever as características de propagação no canal de rádio. Em particular, um sinal se propaga por meio de diferentes caminhos no canal, com cada caminho apresentando um ganho, fase e atraso associado. Os sinais de multipercurso se recombinam no receptor, de forma que o sinal recebido é uma versão distorcida do que foi transmitido.

Existem três diferentes efeitos: reflexão, difração e espalhamento. Difração ocorre quando os raios encurvam-se ao redor de obstáculos; reflexão ocorre quando os raios colidem com superfícies duras e lisas; e espalhamento ocorre quando um raio se divide em vários, após o impacto com uma superfície dura e áspera.

A forma como os sinais de multipercurso se combinam no receptor leva ao tipo de distorção no sinal recebido. Dois tipos de recombinação podem ocorrer, isto é, caminhos que têm atrasos idênticos são atenuados ou amplificados, dependendo se as fases dos sinais estão alinhadas ou não. Esse tipo de distorção é conhecido como desvanecimento de faixa estreita e a conseqüência é a formação de erros em rajadas. Recombinações que não ocorrem simultaneamente ou caminhos que têm diferentes atrasos produzem ecos: configuram o outro tipo de distorção, chamado desvanecimento de faixa larga, que tem o espalhamento do pulso como conseqüência e pode produzir interferência intersimbólica.

Os efeitos de desvanecimento observados em um canal móvel podem ser agrupados em três categorias principais: desvanecimento espacial, temporal e seletivo em freqüência. Desvanecimento espacial é caracterizado por uma variação da intensidade do sinal em função da distância e apresenta duas versões: desvanecimento lento e rápido. Desvanecimento lento é a média do conjunto das flutuações do sinal, enquanto desvanecimento rápido é a variação do sinal em torno do valor médio.

A equação seguinte descreve, de forma simples, o desvanecimento lento como uma função da distância

$$P = Ad^{-n}, \tag{7.1}$$

em que P é a potência do sinal recebido, A é uma constante, d é a distância entre o transmissor e o receptor e n é o fator de atenuação.

Para um canal externo perfeito (espaço livre) o fator de atenuação é $n = 2$; entretanto para um canal interno (predial) uma correlação forte existe entre n e a topografia do canal. Por exemplo, em ambientes amplos e corredores $n < 2$, indicando que a intensidade do sinal é maior do que seria obtida no espaço livre. Isso ocorre devido a um fenômeno chamado canalização, que cria uma espécie de guia de onda que contém o sinal. Dentro de salas ou escritórios, observa-se que $n > 2$. A intensidade do sinal é menor que a do espaço livre. Isso se deve à absorção causada por obstáculos, tais como móveis e divisórias.

Além da canalização e absorção, foi demonstrado que o fator n depende de três outros fatores (Jean-François e Lecours, 1990): a distância entre o transmissor e a parede mais próxima, a distância entre o transmissor e quaisquer portas e se as portas estão abertas ou fechadas. Em virtude da queda gradual do sinal com a distância, as características de desvanecimento seletivo são usadas para calcular regiões de cobertura e determinar a localização de sítios para as células.

Similar ao desvanecimento lento, o desvanecimento rápido é também dependente da topografia. A análise estatística mostra que as variações do desvanecimento rápido são usualmente do tipo Rayleigh, Rice, ou log-normal, dependendo da topografia do ambiente (Rappaport, 1989). Esses resultados são consistentes com o que seria esperado. Isso é, se um sinal direto é dominante, então o desvanecimento tende a ser de Rice. Por outro lado, se não há raio direto, ou se o sinal é dominado por multipercurso aleatório, então o desvanecimento é do tipo Rayleigh.

O segundo tipo de desvanecimento é o temporal, que se caracteriza por apresentar uma variação da intensidade do sinal, medida em uma freqüência particular fixa, como função do tempo. Outros nomes normalmente utilizados são desvanecimento de faixa estreita, desvanecimento plano e desvanecimento não-seletivo em freqüência. As flutuações temporais no ambiente de escritório são geralmente em rajadas, enquanto as variações no ambiente de fábrica são mais contínuas.

Uma das causas do desvanecimento temporal é o movimento físico dentro do canal, isto é, entidades móveis podem bloquear percursos do sinal e absorver parte da energia do sinal temporariamente, de forma a criar desvanecimentos momentâneos. Em um canal externo, a chuva, o vapor de água, aerossóis e outras substâncias são os agentes absorvedores. No canal interno, as pessoas são os agentes primários de absorção.

A outra causa do desvanecimento temporal é a natureza variante no tempo do canal. Em contraste com a fonte primária de desvanecimento temporal, movimento físico de entidades no canal, a segunda fonte pode ser vista como movimento do próprio canal. Esse movimento é causado por mudanças nas características de propagação, resultante de mudanças na temperatura ambiente, mudanças na umidade relativa, fechamento e abertura de portas. O movimento dentro do canal tem um efeito dominante no desvanecimento temporal. Entretanto, o movimento do canal pode afetar as estatísticas de longo prazo da flutuação.

O terceiro tipo, desvanecimento por seletividade em freqüência, é caracterizado como uma variação da intensidade do sinal em função da freqüência, também conhecido como desvanecimento de faixa larga. Desvanecimento seletivo em freqüência é o dual do desvanecimento temporal. No desvanecimento temporal o sinal variante em tempo é medido em uma freqüência fixa. Para o desvanecimento seletivo em freqüência o sinal variante em freqüência é medido em um instante fixo de tempo.

A principal causa do desvanecimento seletivo em freqüência é a propagação em multipercurso. Em certas freqüências, a combinação dos sinais em percursos múltiplos provoca a redução do sinal recebido, para sinais defasados, ou sua elevação, no caso de sinais em fase. Um sinal recebido, que seja composto de poucas componentes, apresenta desvanecimentos profundos, enquanto um sinal composto de muitas componentes de multipercurso apresenta desvanecimentos rasos.

7.3 Modelagem Estatística do Canal Móvel

Uma descrição completa do canal de comunicações móveis é complexa. Os modelos devem incluir efeitos de desvanecimento, percursos múltiplos, assim como interferência. Diversos modelos têm sido propostos para explicar o comportamento da envoltória do sinal recebido.

Um modelo bastante aceito para modelar as estatísticas de amplitude de sinais em ambientes sujeitos a desvanecimento segue a distribuição de Rayleigh (Kennedy, 1969). Essa distribuição representa o efeito de múltiplos sinais, refletidos ou refratados, que são captados por um receptor sem que haja uma componente ou direção principal (Lecours *et al.*, 1988). A função densidade de probabilidade Rayleigh é dada por (Proakis, 1990)

$$p_X(x) = \frac{x}{\sigma^2} e^{-\frac{x^2}{2\sigma^2}} u(x), \tag{7.2}$$

com média $E[X] = \sigma\sqrt{\pi/2}$ e variância $V[X] = (2 - \pi/2)\sigma^2$.

Nesse caso, a distribuição de fases pode ser considerada uniforme no intervalo $(0, 2\pi)$. É possível obter uma distribuição equivalente à Rayleigh com apenas seis ondas com fases independentemente distribuídas (Schwartz *et al.*, 1966).

Considerando a existência de uma forte componente direta no sinal recebido, em adição às componentes de multipercurso, a distribuição de Rice pode ser utilizada para descrever as variações rápidas na envoltória do sinal. Essa componente em visada direta reduz a variância na amplitude do sinal, à medida que ela cresce em relação às componentes de multipercurso (Lecours *et al.*, 1988) (Rappaport, 1989). A distribuição de Rice é dada por

$$p_X(x) = \frac{x}{\sigma^2} e^{-\frac{x^2+A^2}{2\sigma^2}} I_o(\frac{xA}{\sigma^2}) u(x), \tag{7.3}$$

em que $I_o(\cdot)$ é a função de Bessel modificada de ordem zero e A é a amplitude do sinal. A variância, para uma média unitária, é $V[X] = A^2 + 2\sigma^2 + 1$. O valor esperado é dado por

$$E[X] = e^{-\frac{A^2}{4\sigma^2}} \sqrt{\frac{\pi}{2}} \sigma [(1 + \frac{A^2}{2\sigma^2}) I_o(\frac{A^2}{4\sigma^2}) + \frac{A^2}{2\sigma^2} I_1(\frac{A^2}{4\sigma^2})], \tag{7.4}$$

em que $I_1(\cdot)$ é a função de Bessel modificada de ordem 1.

O termo $A^2/2\sigma^2$ é uma medida das estatísticas de desvanecimento. À medida que o termo $A^2/2\sigma^2$ se torna maior, o efeito do ruído multiplicativo ou desvanecimento se torna menos importante. A fdp do sinal fica mais concentrada em torno da componente principal. As perturbações remanescentes manifestam-se como flutuações de fase.

Por outro lado, o enfraquecimento do sinal pode fazer com que a componente principal não seja percebida entre as componentes de multipercurso, dando origem ao modelo de Rayleigh. O incremento de A, em relação ao desvio padrão σ, faz as estatísticas convergirem para uma distribuição gaussiana com valor médio A (Schwartz, 1970).

Para as condições que dão origem à distribuição de Rice, não há sentido em considerar uma distribuição uniforme para a fase. A distribuição conjunta para a amplitude e fase, que dá origem ao modelo de Rice para as variações de amplitude, é dada por

$$p_{X\Theta}(x,\theta) = \frac{xe^{-A^2/2}}{2\pi\sigma^2}e^{-(x^2-2xA\cos\theta)/2\sigma^2}u(x). \tag{7.5}$$

Integrando a fórmula para todos os valores de x, obtém-se a distribuição marginal para a fase θ

$$p_{\Theta}(\theta) = \frac{e^{-s^2}}{2\pi} + \frac{1}{2}\sqrt{\frac{s^2}{\pi}}\cos\theta\, e^{-s^2\sin^2\theta}[1 + 2(1 - Q(s/\sqrt{2}))\cos\theta]. \tag{7.6}$$

Essa expressão gera uma curva com o formato de sino, para valores elevados da relação sinal-ruído. Para $A = 0$ a distribuição converge para a uniforme (Schwartz, 1970). A relação sinal-ruído é um parâmetro auxiliar dado por $s^2 = A^2/2\sigma^2$. A função $Q(x)$ é definida da forma usual

$$Q(x) = \frac{1}{\sqrt{2\pi}}\int_x^{\infty} e^{\frac{-y^2}{2}}dy. \tag{7.7}$$

Outra distribuição que tem sido útil na modelagem de desvanecimento em ambientes sujeitos a multipercurso é a fdp de Nakagami. Essa distribuição pode ser aplicada no caso de haver uma superposição aleatória de componentes vetoriais aleatórias (Neal H. Shepherd, Editor, 1988). A distribuição de Nakagami pode ser expressa por

$$p_X(x) = \frac{2m^m x^{2m-1}}{\Gamma(m)\Omega^m}e^{-\frac{mx^2}{\Omega}}u(x), \tag{7.8}$$

em que $\Omega = P_X$ é a potência média do sinal recebido e $m = \Omega^2/E[(X^2 - E^2[X])^2]$ representa a inversa da variância normalizada de X^2. O parâmetro m é conhecido como fator de modelagem da distribuição e não pode ser menor que $1/2$. Demonstra-se que a fdp de Nakagami representa uma expresão mais geral, que engloba diversas outras distribuições. Por exemplo, para $m = 1$ a distribuição de Rayleigh é obtida.

Finalmente, a distribuição log-normal é utilizada para modelar certos padrões de topografia que aparecem em virtude de o canal não ser homogêneo, ou devido à transmissão em ambientes muito congestionados e obstruídos (Hashemi, 1991) (Rappaport, 1989).

A distribuição log-normal, representada por

$$p_R(r) = \frac{1}{\sigma r\sqrt{2\pi}}e^{-\frac{(\log r - m)^2}{2\sigma^2}}u(r), \tag{7.9}$$

tem valor médio $E[X] = e^{\sigma^4/2+m}$, e variância $V[X] = e^{\sigma^4+m}(e^{\sigma^4} - 1)$. Ela pode ser obtida diretamente da distribuição gaussiana, por meio de uma transformação adequada.

A seqüência de instantes de chegada para os diversos caminhos $\{\sigma_k\}$ geralmente assume uma distribuição de Poisson, dado que as seqüências sejam totalmente aleatórias. A função distribuição de probabilidade de Poisson é dada por

$$P_k(t) = \frac{(\lambda t)^k}{k!}e^{-\lambda t}\ ,\ k = 0, 1, 2, \ldots \tag{7.10}$$

em que k representa o número de eventos contados no intervalo e λ pode ser interpretado como a taxa média de ocorrência dos eventos (Blake, 1987). O valor esperado da distribuição de Poisson e a variância são ambas iguais a λt.

Medições exaustivas feitas em ambientes de fábricas concluíram que os intervalos de chegada $\{t_i = \sigma_i - \sigma_{i-1}\}$ seguem uma distribuição de Weibull com pdf dada por (Hashemi, 1991) (Rappaport, 1989)

$$p_T(t) = \beta\alpha t^{\beta-1} e^{-\alpha t^\beta} u(t), \tag{7.11}$$

em que $\alpha, \beta > 0$ são parâmetros da distribuição. Para $\beta = 1$ a distribuição converge para a exponencial (Blake, 1987).

A distribuição de Weibull aparece quando resultados de medição de radiopropagação são desenhados em papel graduado de forma que a distribuição de Rayleigh apareça como uma linha reta, com inclinação igual a -1 (Neal H. Shepherd, Editor, 1988).

Medições de propagação em prédios de porte médio, entretanto, indicam uma tendência dos ecos de chegar em grupos (Saleh e Valenzuela, 1987). Esse efeito é atribuído à superestrutura do prédio, de sorte que componentes de multipercurso recebidos em grupos são devido à reflexão a partir de objetos no ambiente próximo ao transmissor e receptor.

A média e a variância da distribuição de Weibull são (Leon-Garcia, 1989)

$$E[T] = \alpha^{-1/\beta}\Gamma(1 + \frac{1}{\beta}) \tag{7.12}$$

$$V[T] = \alpha^{-2/\beta}\{\Gamma(1 + \frac{2}{\beta}) - [\Gamma(1 + \frac{1}{\beta})]^2\}. \tag{7.13}$$

7.4 Modelo de Dois Raios do Canal Móvel

O modelo de dois percursos para o canal móvel é baseado no diagrama da Figura 7.1, em que uma estação radiobase, com uma antena de altura h_1, transmite para o terminal móvel, que dispõe de uma antena de altura h_2. A distância entre as duas estações é d (Lee, 1989).

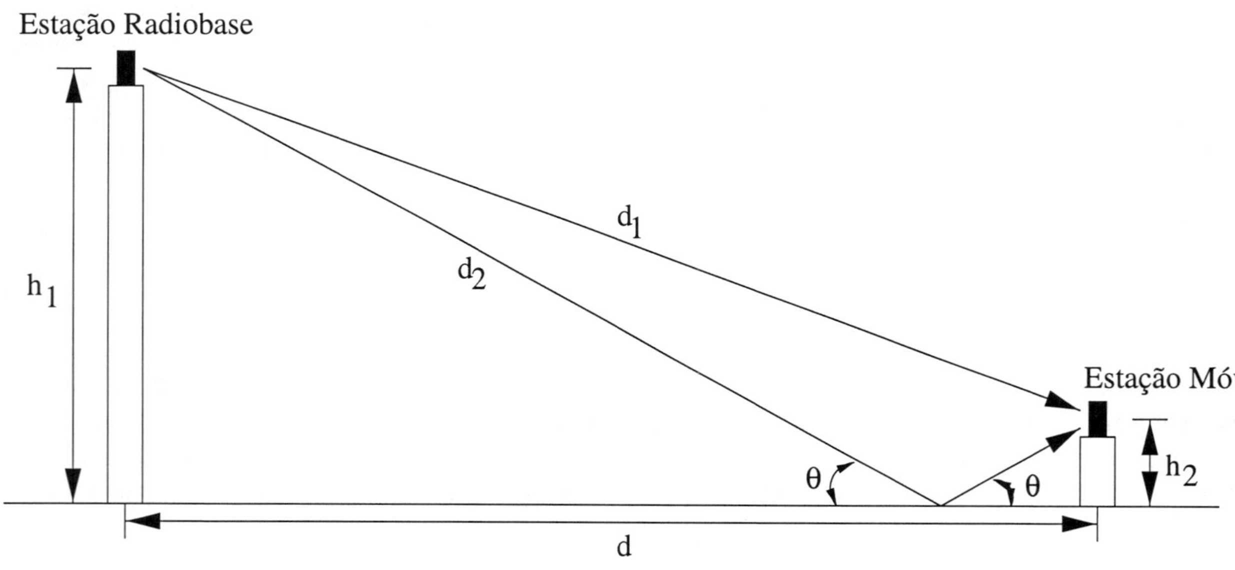

Figura 7.1: Modelo de dois percursos.

Para o diagrama referido, as distâncias percorridas pelos raios direto e refletido são, respectivamente

$$d_1 = \sqrt{(h_1 - h_2)^2 + d^2}$$

e

$$d_2 = \sqrt{(h_1 + h_2)^2 + d^2},$$

de forma que a diferença entre os percursos é dada por

$$\Delta d = d_1 - d_2 = d\left[\sqrt{1 + \left(\frac{h_1 + h_2}{d}\right)^2} - \sqrt{1 + \left(\frac{h_1 - h_2}{d}\right)^2}\right]. \tag{7.14}$$

A fórmula pode ser simplificada, considerando que o móvel esteja distante da estação radiobase, ou seja

$$\frac{h_1 + h_2}{d} \ll 1,$$

o que resulta em

$$\Delta d \approx \frac{2h_1h_2}{d}. \tag{7.15}$$

A potência recebida é dada por

$$P_r = P_0\left(\frac{\lambda}{4\pi d}\right)^2 |1 + a_\nu e^{j\Delta\phi}|^2, \tag{7.16}$$

em que P_0 representa a potência transmitida, $a_\nu = -1$ é o coeficiente de reflexão do solo e $\Delta\phi$, a diferença entre as fases, é dada por

$$\Delta\phi = \beta\Delta d = \frac{2\pi\Delta d}{\lambda} \approx \frac{4\pi h_1 h_2}{\lambda d}.$$

A fórmula para a potência fica então

$$P_r = P_0\left(\frac{\lambda}{4\pi d}\right)^2 |1 - e^{j\Delta\phi}|^2,$$

que pode ser simplifcada para $\Delta\phi \ll 1$, resultando em

$$P_r = P_0\left(\frac{\lambda}{4\pi d}\right)^2 (\Delta\phi)^2 = P_0\left(\frac{h_1h_2}{d^2}\right)^2. \tag{7.17}$$

A partir da Equação 7.17 pode-se concluir que a potência recebida, para as condições do modelo, é proporcional ao quadrado da altura das antenas – e decresce com a quarta potência da distância entre elas.

7.5 Modelo de Dois Raios com Seletividade em Freqüência

A caracterização do canal é um tópico de pesquisa importante no projeto de sistemas de comunicações. De fato, a escolha da melhor técnica de acesso múltiplo depende das características do canal. Esta seção apresenta um modelo para o ambiente com comunicações móveis, que caracteriza as propriedades do canal em termos de sua resposta em freqüência. O modelo não pretende ser completo, mas também apresenta algumas das características de espalhamento espectral que podem ser úteis no projeto de tais sistemas.

Um modelo de desvanecimento é introduzido em função da freqüência que considera o efeito da componente especular e do ruído ambiente. O modelo é apresentado na Figura 7.2.

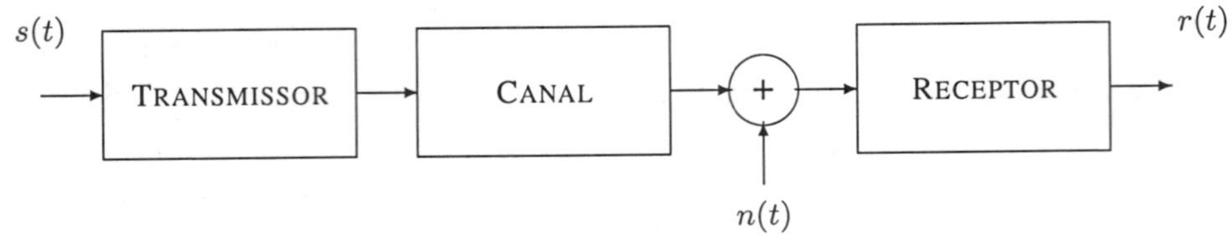

Figura 7.2: Modelo, incluindo seletividade em freqüência, para o canal.

Supõe-se que as funções de atenuação, α e β, têm um efeito multiplicativo no sinal direto e refletido, respectivamente. O efeito líquido do multipercurso é introduzir o desvanecimento seletivo em freqüência no sinal transmitido. A importância da análise deste modelo reside no fato de a seletividade em freqüência ser a causa principal de rajadas de erros em sistemas de comunicações digitais.

No modelo apresentado, $s(t)$ representa o sinal transmitido, $r(t)$ é o sinal recebido, selecionado entre M diferentes seqüências, e $n(t)$ denota o ruído ambiental. Todos os processos são considerados estacionários, pelo menos no sentido amplo. O ruído é suposto independente do sinal transmitido, sendo composto de duas partes. A primeira componente $n_A(t)$ leva em conta o ruído ambiente e de equipamento, considerado um processo AWGN de média zero. A segunda componente $n_I(t)$ representa a interferência devido aos $M-1$ sinais remanescentes.

$$n(t) = n_A(t) + n_I(t). \tag{7.18}$$

Assumindo a independência entre os processos de ruído e os sinais transmitidos, para o pior caso, obtém-se

$$S_N(w) = S_A(w) + S_I(w) \tag{7.19}$$

ou

$$S_N(w) = S_o + (M-1)S_S(w) \tag{7.20}$$

em que S_o representa a densidade espectral de potência (*power spectrum density* – PSD) do ruído AWGN, e $S_S(w)$ é a PSD do sinal transmitido. Por simplicidade, supõe-se que os espectros dos diversos sinais transmitidos sejam similares.

O atraso no tempo σ para o sinal refletido é considerado constante, mesmo que isso possa parecer uma restrição muito forte para um sistema móvel. Esta consideração se baseia no fato de que a distância percorrida pelo usuário é normalmente bem menor que a distância média entre o usuário e a antena transmissora. O resultado de um atraso variante no tempo é uma mudança na separação entre os vales de desvanecimento no espectro do sinal recebido. Isso pode ser significativo para pequenas distâncias.

O sinal recebido é dado por

$$r(t) = \alpha(t)s(t) + \beta(t)s(t-\sigma) + n(t). \tag{7.21}$$

Três casos importantes são considerados nesta seção. No primeiro caso, as funções de atenuação são consideradas independentes do tempo. No segundo caso, elas são consideradas variantes no tempo, mas determinísticas. Finalmente, considera-se que as duas funções têm natureza aleatória. A função de autocorrelação e a densidade espectral de potência do sinal recebido são calculadas de maneira a fornecer uma idéia do comportamento do canal. A autocorrelação e a densidade espectral de potência para a equação precedente são dadas por

$$R_R(\tau) = E[r(t)r(t+\tau)] \tag{7.22}$$

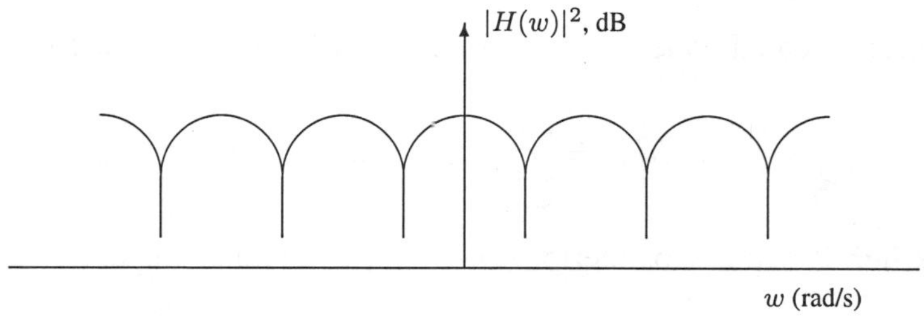

Figura 7.3: Função de transferência para o canal com multipercurso.

e

$$S_R(w) = \int_{-\infty}^{\infty} R_R(\tau)e^{jw\tau}dw. \tag{7.23}$$

Considere funções de atenuação constantes $\alpha(t) = \alpha$ e $\beta(t) = \beta$ para o primeiro caso. A substituição desses valores nas últimas equações fornece

$$R_R(\tau) = (\alpha^2 + \beta^2)R_S(\tau) + \alpha\beta R_S(\tau - \sigma) + \alpha\beta R_S(\tau + \sigma) + R_N(\tau) \tag{7.24}$$

e

$$S_R(w) = [\alpha^2 + \beta^2 + 2\alpha\beta \cos w\sigma]S_S(w) + S_N(w). \tag{7.25}$$

O módulo ao quadrado da função de transferência do canal pode ser obtido diretamente da equação precedente

$$|H(w)|^2 = [\alpha^2 + \beta^2 + 2\alpha\beta \cos w\sigma]. \tag{7.26}$$

A partir da Equação 7.26 é fácil perceber o papel dos parâmetros α, β e σ em relação ao comportamento do canal com a atenuação e seletividade em freqüência. Por exemplo, σ controla a separação entre os vales na função de transferência do canal, ao passo que α e β controlam a profundidade desses vales. A Figura 7.3 ilustra a função de transferência calculada.

7.6 Efeito de Múltiplos Raios

Um modelo mais acurado pode ser imaginado, considerando um grande número de raios para o sinal transmitido. A expressão geral para o sinal recebido por um dos usuários é

$$r(t) = \sum_{k=1}^{K} \alpha_k s(t - \sigma_k). \tag{7.27}$$

Aqui, os parâmetros de atenuação α_k são considerados dependentes apenas do caminho seguido pelo sinal, l_k, além do instante de tempo. Os atrasos, σ_k, são também função de l_k. É importante acentuar que uma distinção deve ser feita entre os modelos que descrevem a intensidade do sinal como uma função do tempo, em oposição à distância percorrida.

O primeiro é útil no cálculo da probabilidade de erro e margem de operação, enquanto o segundo é apropriado no levantamento de área de cobertura e interferência co-canal. Assumir a independência entre os efeitos de percurso e tempo, que implica em escrever a função densidade de probabilidade dos parâmetros de atenuação como $p(\alpha(t, l_k)) = p(\alpha(t))p(\alpha(l_k))$, simplifica enormemente o modelo proposto.

A função de transferência do canal pode ser obtida diretamente da equação anterior

$$h(t) = \sum_{k=1}^{K} \alpha_k \delta(t - \sigma_k). \tag{7.28}$$

A transformada de Fourier da expressão anterior leva à função de transferência do canal

$$H(w) = \sum_{k=1}^{K} A_k * e^{jw\sigma_k} \tag{7.29}$$

em que A_k representa transformada de Fourier de α_k.

Para considerar os efeitos de deslocamento de fase dos sinais refletidos, torna-se mais conveniente trabalhar com a notação complexa para representar os sinais recebidos. Isso leva ao modelo passa-baixas para a função de transferência

$$h(t) = \sum_{k=1}^{K} \alpha_k \delta(t - \sigma_k) e^{j\theta_k} \tag{7.30}$$

em que $\{\theta_k = w_c \sigma_k\}$ representa a rotação de fase e w_c é a freqüência da portadora (Schwartz *et al.*, 1966). Todos os parâmetros envolvidos são considerados variáveis aleatórias que seguem as respectivas distribuições discutidas anteriormente.

A obtenção dos parâmetros $\{ \alpha_k \}$ é de suma importância na modelagem do canal móvel. Entretanto, dois parâmetros derivados são úteis na descrição das características globais do perfil de propagação em multipercurso (Saleh e Valenzuela, 1987) (Pahlavan *et al.*, 1989). Eles são o ganho de potência de multipercurso

$$G_M = \sum_{k=1}^{K} \alpha_k^2 \tag{7.31}$$

e o espalhamento de atraso eficaz (*RMS delay spread*)

$$\sigma_{RMS} = \sqrt{E[\sigma^2] - E^2[\sigma]} \tag{7.32}$$

em que

$$E[\sigma^n] = \frac{\sum_{k=1}^{K} \alpha_k^n \sigma_k^n}{\sum_{k=1}^{K} \alpha_2^k}, \; n = 1, 2 \tag{7.33}$$

ou

$$E[\sigma^n] = \frac{1}{G_M} \sum_{k=1}^{K} \alpha_k^n \sigma_k^n. \tag{7.34}$$

O ganho em potência é útil para estimar a relação sinal-ruído do sistema. O *RMS delay spread* é uma boa medida do espalhamento de multipercurso, além de ser relacionado com a degradação no desempenho provocada pela interferência intersimbólica.

Como conseqüência, o *RMS delay spread* limita a máxima taxa de sinalização permitida para uma dada taxa de erros. Valores encontrados na literatura situam o *RMS delay spread* na faixa de 20 ns a 50 ns para prédios de escritórios pequenos ou médios, (Saleh e Valenzuela, 1987), entre 30 ns e 300 ns para ambientes de fábrica (Rappaport, 1989) (Pahlavan *et al.*, 1989), e até 250 ns para grandes edifícios de escritórios (Devasirvatham, 1984).

Baseado nos valores anteriores, estima-se que taxas de transmissão digital acima de 400 kbit/s podem não ser factíveis para uma probabilidade de erro de 10^{-3} ou menor no edifício mencionado (Devasirvatham, 1984). Deve-se observar que as medições foram feitas na faixa de 800 MHz a 1.5 GHz.

7.7 O Canal Variante no Tempo

Um modelo apropriado para o canal deve levar em conta os três efeitos de desvanecimento: espacial, temporal e seletivo em freqüência. O desvanecimento espacial depende fortemente da topografia, indicando que ele é único para cada prédio, de forma que um modelo realizado para um edifício pode não ser adequado a outro. Portanto, a dependência em relação à distância não é incluída nos modelos de canais apresentados em seguida. As variáveis utilizadas são tempo e freqüência (Thom, 1991).

A resposta em freqüência de um canal variante no tempo é denotada por $h(\tau, t)$. A resposta em freqüência variante no tempo é obtida por meio da transformada de Fourier da resposta ao impulso em relação à variável τ

$$H(\omega, t) = \int_{-\infty}^{\infty} h(\tau, t) e^{-j\omega\tau}\, d\tau. \tag{7.35}$$

Tanto $h(\tau, t)$ quanto $H(\omega, t)$ são processos aleatórios devido a variações no tempo t. A partir destas variáveis outras funções podem ser obtidas, por meio da autocorrelação ou transformada de Fourier de $h(\tau, t)$ ou $H(\omega, t)$.

A autocorrelação da resposta impulsional $h(\tau, t)$ é

$$R_H(\tau_1, \tau_2; t_1, t_2) = E\left[h^*(\tau_1, t_1) h(\tau_2, t_2)\right]. \tag{7.36}$$

Assumindo que as variáveis aleatórias são estacionárias no sentido amplo, o que é válido para variações temporais simétricas, então a autocorrelação depende apenas da diferença $\sigma = t_2 - t_1$. Este é o modelo estacionário no sentido amplo (*wide sense stationary* – WSS). A Equação 7.36 se torna então

$$R_h(\tau_1, \tau_2; \sigma) = E\left[h^*(\tau_1, t_1) h(\tau_2, t_1 + \sigma)\right]. \tag{7.37}$$

A autocorrelação da resposta em freqüência $H(\omega, t)$ é

$$R_H(\omega_1, \omega_2; t_1, t_2) = E\left[H^*(\omega_1, t_1) H(\omega_2, t_2)\right]. \tag{7.38}$$

O dual do modelo estacionário no sentido amplo é o modelo de espalhamento descorrelacionado (*uncorrelated scattering* – US) (Bello, 1963). Para o modelo WSS, a autocorrelação depende apenas da diferença em tempo $\sigma = t_2 - t_1$. O análogo disso é ter a autocorrelação na Equação 7.38 para o modelo US, dependendo apenas da diferença em freqüência $\nu = f_2 - f_1$. Assim, a Equação 7.38 se torna

$$R_H(\nu; t_1, t_2) = E\left[H^*(\omega_1, t_1) H(\omega_1 + \nu, t_2)\right]. \tag{7.39}$$

Um terceiro modelo possível, que é o mais simples de todos, é o estacionário no sentido amplo e de espalhamento descorrelacionado (*wide sense stationary uncorrelated scattering* – WSSUS). É um tipo de canal que possui as propriedades dos canais já descritos. Em outras palavras, as autocorrelações nas Equações 7.36 e 7.38 dependem tanto de σ quanto de ν. A Equação 7.38 então se torna

$$R_H(\nu; \sigma) = E\left[H^*(\omega_1, t_1) H(\omega_1 + \nu, t_1 + \sigma)\right]. \tag{7.40}$$

Nesse caso, $R_H(\nu; \sigma)$ é chamada função de correlação espaçada em tempo e freqüência. Fazendo $\sigma = 0$, pode-se obter outra função

$$R_H(\nu; \sigma)\,|_{\sigma=0} = R_H(\nu). \tag{7.41}$$

Essa é a função de correlação em freqüência. $R_H(\nu)$ mede o grau de correlação entre diferentes freqüências. Uma medida de descorrelação é obtida quando $\nu = \omega_c$ tal que $R_H(\omega_c) = 0$. Freqüências separadas por ω_c são descorrelacionadas. O parâmetro resultante ω_c é chamado banda passante de correlação (*correlation bandwidth*).

Assim, se um sinal transmitido tem uma banda passante menor que a banda passante de correlação, $W < \omega_c$, então o conteúdo de freqüência do sinal é bastante correlacionado e todo o espectro sofre variações similares de fase e amplitude. Isso é referido como desvanecimento não-seletivo.

Por outro lado, se um sinal transmitido tem uma banda passante maior que a banda passante de correlação, $W > \omega_c$, então as variações temporais para algumas freqüências são independentes das variações para outras freqüências, o que caracteriza o desvanecimento seletivo em freqüência.

Outras funções podem ser obtidas a partir do relacionamento entre $h(\tau, t)$ e $H(\omega, t)$. Como $h(\tau, t)$ e $H(\omega, t)$ são pares de transformadas de Fourier, segue que $R_h(\tau_1, \tau_2; t_1, t_2)$ e $R_H(\omega_1, \omega_2; t_1, t_2)$ são também pares de transformadas de Fourier. Isso é

$$R_H(\omega_1, \omega_2; t_1, t_2) = \int_{-\infty}^{\infty}\int_{-\infty}^{\infty} R_h(\tau_1, \tau_2; t_1, t_2) e^{j(\omega_1\tau_1 - \omega_2\tau_2)}\, d\tau_1\, d\tau_2. \tag{7.42}$$

Assim, para um canal WSSUS, a substituição de $\sigma = t_2 - t_1$ e $\nu = w_2 - w_1$ na Equação 7.42, após algumas manipulações, leva a

$$\begin{aligned} R_H(\tau_1, \tau_2; \sigma) &= \frac{1}{2\pi}\int_{-\infty}^{\infty} R_H(\nu; \sigma) e^{j\tau_1\nu}\, d\nu\, \delta(\tau_2 - \tau_1) \\ &= R(\tau_1, \sigma)\delta(\tau_2 - \tau_1), \end{aligned} \tag{7.43}$$

em que

$$R(\tau_1, \sigma) = \frac{1}{2\pi}\int_{-\infty}^{\infty} R_H(\nu; \sigma) e^{j\tau_1\nu}\, d\nu. \tag{7.44}$$

$R(\tau_1, \sigma)$ é a transformada de Fourier da autocorrelação da resposta em freqüência do canal. Essa função é chamada densidade espectral cruzada de atraso (*delay cross-power spectral density function*). Quando $\sigma = 0$

$$R(\tau, \sigma)\,|_{\sigma=0} = R(\tau) \tag{7.45}$$

e a Equação 7.43 se torna

$$R_H(\tau_1, \tau_2) = R(\tau_1)\delta(\tau_2 - \tau_1). \tag{7.46}$$

Aqui, $R(\tau)$ é a resposta impulsional de potência, que é um meio de medir as características de desvanecimento faixa larga do canal. A partir das Equações 7.41, 7.44, e 7.45, pode ser visto que $R(\tau)$ é a transformada inversa da função de correlação em freqüência $R_H(\nu)$.

$$R(\tau) = \frac{1}{2\pi}\int_{-\infty}^{\infty} R_H(\nu) e^{j\tau\nu}\, d\nu. \tag{7.47}$$

Um parâmetro importante que pode ser extraído de $R(\tau)$ é o espalhamento em atraso σ_{RMS}. Isso é obtido fazendo $\tau = \sigma_{RMS}$, de forma que $R(\sigma_{RMS}) = 0$. Tendo em vista que $R(\tau)$ e $R_H(\nu)$ são pares de transformadas de Fourier, então o *delay spread* e a *correlation bandwidth* são relacionados por

$$\sigma_{RMS} = \frac{1}{\omega_c}. \tag{7.48}$$

Duas outras funções podem ainda ser obtidas do canal WSSUS. Diversamente das funções anteriores, que focalizam nas variações em freqüência no canal, as funções seguintes concentram-se nas variações temporais do canal. A primeira função é obtida fazendo $\nu = 0$ na função de correlação espaçada em freqüência e tempo $R_H(\nu; \sigma)$. O resultado é

$$R_H(\nu; \sigma)\,|_{\nu=0} = R_H(\sigma). \tag{7.49}$$

Assim, $R_H(\sigma)$ é chamada função de correlação espaçada em tempo e descreve quão rápido o canal desvanece. Um parâmetro útil que pode ser obtido de $R_H(\sigma)$ é o tempo de coerência t_c, que é obtido fazendo $\sigma = t_c$, de sorte que $R_H(t_c) = 0$. Valores elevados de t_c indicam um canal lento nas variações temporais, enquanto valores pequenos indicam um canal com variações rápidas em relação ao tempo.

A outra função é conseguida por meio da transformada de Fourier de $R_H(\sigma)$ com respeito à variável σ

$$S(\lambda) = \int_{-\infty}^{\infty} R_H(\sigma t) e^{-j\lambda\sigma}\, d\sigma. \tag{7.50}$$

Essa função é chamada espectro Doppler de potência (*Doppler power spectrum*). Um parâmetro útil obtido a partir de $S(\lambda)$ é a banda passante Doppler (*Doppler bandwidth*) W_D, que mede a quantidade de espalhamento Doppler ou movimento dentro do canal. Como o espectro de potência de eco e a função de correlação espaçada em tempo são pares de transformadas de Fourier, então a banda passante Doppler e o tempo de coerência são relacionados por

$$W_D = \frac{1}{t_c}. \tag{7.51}$$

Dessa forma, uma banda passante Doppler grande indica um canal com variações temporais rápidas, enquanto uma banda pequena indica um canal com variações lentas.

Para completar, uma função final pode ser derivada do canal WSSUS. Essa função é obtida tomando a transformada dupla de Fourier da função de correlação espaçada em tempo e freqüência $R_H(\nu;\sigma)$

$$S(\tau;\lambda) = \int_{-\infty}^{\infty}\int_{-\infty}^{\infty} R_H(\nu;\sigma) e^{-j\lambda\sigma} e^{j\tau\nu}\, d\sigma\, d\nu. \tag{7.52}$$

No caso, $S(\tau;\lambda)$ é chamada função de espalhamento do canal.

Se a função de transferência do canal não é conhecida de antemão, alguma forma de combater seus efeitos deve ser encontrada. Equalização é o procedimento usual para a obtenção de uma resposta plana em amplitude e linear em fase, característica do canal ideal.

Um equalizador adaptativo é projetado a partir de observações da saída do canal, para determinada entrada conhecida como seqüência de treinamento. Alternativamente, a seqüência de saída pode ser a resposta do canal a uma portadora modulada por uma seqüência de dados aleatória. A primeira abordagem é usada para sistemas de comunicações ponto a ponto, enquanto a segunda é mais adequada para difusão (Blahut, 1990).

Um dos primeiros estudos acerca da convergência de equalizadores demonstrou que o uso de pulsos de teste isolados para o sinal de treinamento é subótimo se comparado com o uso de seqüências pseudo-aleatórias, ou do próprio sinal de dados (Gersho, 1969). Ensaios mais completos sobre equalização podem ser encontrados em (Macchi *et al.*, 1975) e (Qureshi, 1985).

Conforme discutido neste capítulo, a propagação em canais móveis é sujeita a severo desvanecimento em freqüência. No canal predial que apresente um espalhamento em atraso elevado, o desempenho é afetado seriamente por interferência intersimbólica (*intersymbol interference* – ISI). Equalização adaptativa é eficiente contra esse tipo de degradação. O resultado final, conseguido com a melhoria no desempenho, é um incremento na taxa de sinalização do canal (Valenzuela, 1989).

Alguns melhoramentos podem ser realizados no modelo anterior, para adaptá-lo ao canal predial. O modelo é baseado na premissa de que o canal interno pode ser modelado como um canal WSSUS (Yegani e Mcgillen, 1991). Esse modelo aborda a resposta do canal ao impulso $h(\tau, t)$, com os parâmetros do modelo relacionados aos parâmetros de propagação. Segue-se que todas as funções do canal a partir das Equações 7.40, 7.41, 7.47, 7.49, 7.50, e 7.52 podem ser derivadas do conhecimento de $h(\tau, t)$.

A resposta ao impulso do canal variante no tempo é dada por

$$h(\tau, t) = \sum_{k=0}^{K} \alpha_k(t)\delta(\tau - \sigma_k(t))e^{-j\theta_k(t)}, \tag{7.53}$$

em que t denota o instante da amostragem e $\alpha_k(t)$, $\theta_k(t)$ e $\sigma_k(t)$ são variáveis aleatórias que representam a atenuação variante no tempo, fase e atraso do k-ésimo percurso do canal, respectivamente.

As distribuições estatísticas dos parâmetros de multipercurso são dadas em seguida:

- A variável $\alpha_k(t)$ tem distribuição de Rayleigh, Rice, ou log-normal, dependendo da topografia. Para canais internos considera-se, em geral, uma distribuição de Rice. A distribuição de Rayleigh é muito usada para canais externos.
- A variável $\theta_k(t)$ é uniformemente distribuída entre 0 e 2π radianos se $\alpha_k(t)$ é Rayleigh ou Rice.

A maior parte da pesquisa recente tem se concentrado na distribuição de $\alpha_k(t)$ e pouco na de $\theta_k(t)$, em que uma distribuição uniforme é geralmente assumida. Menos atenção ainda tem sido dispensada à distribuição de $\sigma_k(t)$.

7.8 Modelos de Propagação em Área Urbana

Em sistemas de comunicações móveis via rádio a configuração irregular natural do terreno, os diversos tipos de estruturas arquitetônicas, as mudanças atmosféricas e a troca das condições de folhagens das árvores tornam a predição das perdas de propagação uma tarefa difícil (Yacoub, 1993). Dessa forma, um modelo computacional de cobertura de uma transmissão via rádio proveniente da Estação Rádio Base (ERB) é fundamental para o planejamento de todos os serviços a serem utilizados em uma determinada área.

Muitos dos resultados gerais de alguns modelos de predição diferem em função da topologia considerada: estruturas feitas pelo homem, áreas abertas, suburbanas e urbanas, terrenos sobre planícies, montanhas e lagos e por fim áreas sobre vegetação (Stuber, 1991; Macario, 1991).

Uma estrutura celular baseia-se a partir da cobertura do sinal, do tráfego telefônico ou do tráfego de automóveis, no qual o primeiro é avaliado por meio de modelos de predição e por conseguinte aplicado em sistemas iniciais. A tarefa de cobrir uma área total com um número mínimo de celulas (*cell sites*) em 100% de cobertura celular em uma região é difícil. Segundo a norma Telebrás, uma cobertura mínima de 90% de uma área em 90% do tempo deve ser obedecida.

Muitos modelos tradicionais comumente usados em projetos de sistema de macro células são empíricos e consideram a atenuação do sinal de rádio, entre a estação radiobase e a estação móvel, com curvas de perdas de propagação por percurso. Diferentemente desses modelos empíricos, os modelos analíticos explicam a perda de percurso em determinados ambientes como um resultado da redução do sinal devido à perda de propagação em espaço livre aliado a espalhamentos, difrações múltiplas em superfície dura e áspera, como em áreas de sombras.

Alguns modelos de predição empíricos, encontrados na literatura provêm geralmente de uma predição de área, que não leva em conta as particularidades do terreno. Dessa forma, se a perda de propagação é obtida a partir da cartografia de um terreno montanhoso implica em discrepância entre o valor medido e o valor correspondente à curva de predição esperada (William C. Y. Lee, 1991).

Observando 68% dos valores obtidos por meio desses modelos dentro de um desvio padrão de 6 a 8 dB dos valores medidos correspondentes, pode-se considerar que os modelos utilizados são bons. No entanto, não é recomendável a utilização de tais modelos em projetos de sistemas de comunicação celular, devido ao alto grau de incerteza de predição (William C. Y. Lee, 1992).

No modelo empírico a inclinação da curva de predição e o ponto de interseção são obtidos por medições realizadas em ambiente de propagação típico. Várias ferramentas de predição têm sido desenvolvidas com base em alguns métodos, tais como o modelo de Hata e Lee para o planejamento de sistema celular em áreas de cobertura, interferência do canal adjacente e capacidade de sistemas.

Bons resultados são encontrados nos modelos de predição em projetos de sistemas de macrocélula. No entanto, há limitações nesses métodos, pois se baseiam em resultados de medições em áreas, freqüências e altura das antenas específicas. Logo, os modelos empíricos não são aplicados a sistemas que operam em diferentes freqüências de rádio e diferentes ambientes de propagação.

Visto que a dependência sobre a freqüência, altura das antenas das Estações Rádio Base e Estações Móveis, altura de edifícios e extensão de rodovias são explicitamente analíticos, os modelos são aplicados para sistemas de comunicação celular em ambientes de macro ou microcélulas. Alguns resultados encontrados para esses modelos, por meio de numerosas medições realizadas em vários ambientes sujeitos a propagação, são considerados bons.

O modelo analítico envolve integração de dimensões múltiplas para calcular a atenuação do sinal, devido a múltiplas difrações resultantes das superfícies dos edifícios; portanto o modelo torna-se de difícil implementação dentro de um conjunto de planejamento de sistema via rádio. Isso não significa que o modelo não possa ser utilizado em determinadas situações para avaliações rápidas sobre uma determinada área de cobertura.

7.9 Tipos de Perdas de Propagação

7.9.1 Área de Propagação Próxima à Antena da ERB

Dentro de um raio de 1 km aproximadamente, as antenas omnidirecionais de ganho elevado são limitadas sobre o plano vertical. Dessa forma, o sinal recebido pela unidade móvel dentro desta área é reduzido devido ao ângulo de elevação da antena, como pode se observar na Figura 7.4.

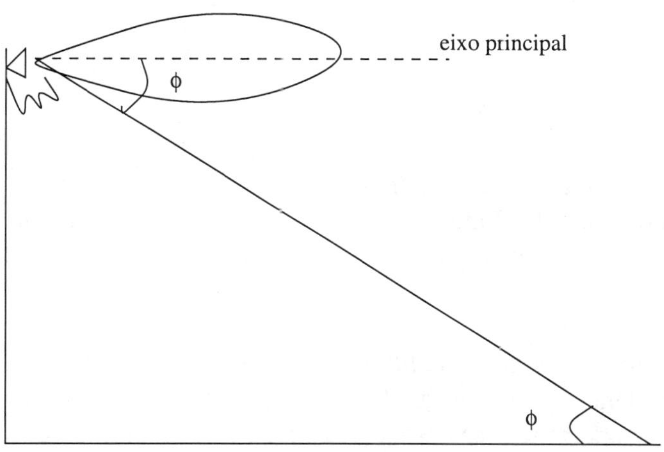

Figura 7.4: Ângulo de elevação.

Há poucas ruas ao redor do sítio da célula, em que os dados são insuficientes para criação de uma curva estatística. A influência da orientação das ruas pode causar uma grande diferença no nível do sinal recebido entre 10 e 20 dB.

A proximidade do sítio da célula pode polarizar o nível de recepção para cima ou para baixo quando o móvel se deslocar dentro do raio de 1 km. A partir do momento que se afasta da área os efeitos devido à proximidade da antena tornam-se desprezíveis. Para a propagação entre uma estação fixa e outra móvel, a altura da antena localizada no sítio da célula afeta fortemente a recepção da unidade móvel dentro do campo.

Quando se efetua a medição do campo eletromagnético gerado por uma estação radiobase ao nível do solo, deve-se usar um fator de correção para as medidas. Os modelos encontrados na literatura, geralmente, modelam o comportamento do campo ao nível da antena transmissora.

Para uma torre de estação radiobase, com altura h, considere uma reta ligando a antena a um ponto de medição no solo, a uma distância x da torre. A base da torre, a antena e o ponto de medida são os vértices de um triângulo retângulo, como na Figura 7.4.

Assuma que o ângulo no vértice da antena é θ. Logo, o complemento do ângulo ϕ, é o ângulo entre a reta horizontal passando pela antena e a hipotenusa do triângulo. Ou seja,

$$\phi = \frac{\pi}{2} - \theta.$$

Além disso, a tangente de θ é dada por

$$\tan\theta = \frac{x}{h},$$

ou seja,

$$\theta = \arctan\frac{x}{h}.$$

Considerando um dipolo curto, por exemplo, que tem a dimensão bem menor que o comprimento de onda da portadora transmitida ($l << \lambda$), a fórmula para o padrão de radiação da antena é

$$g(\phi) = g\cos^2(\phi), \tag{7.54}$$

em que g é um ganho de 1,5. A largura do feixe é 90^0. Portanto, a equação para a intensidade de campo ao nível do solo é

$$g(\theta) = g\cos^2(\frac{\pi}{2} - \theta),$$

ou seja,

$$g(x) = g\cos^2\left[\frac{\pi}{2} - \arctan\frac{x}{h}\right]. \tag{7.55}$$

Esse fator de correção deve, então, ser incorporado ao modelo de atenuação com a distância, para o cálculo do campo em qualquer ponto da célula. Para o campo distante ($x \longrightarrow \infty$), o argumento entre colchetes tende a zero e $g(x) \longrightarrow g$, como esperado, visto que o ponto de medição vai estar no ponto de máximo do lóbulo principal da antena.

A Figura 7.5 ilustra a comparação entre os modelos Hata-COST231, COST231-Walfish-Ikegami e um novo modelo, que incorpora um fator de correção simplificado (de Oliveira, 2004). Pode-se observar que o fator de correção é necessário para distâncias menores que 500 m, o que equivale ao raio de uma célula típica.

Como pode ser notado, as curvas teóricas produzidas por modelos utilizados por fabricantes e operadoras de serviço móvel celular divergem das medidas realizadas, para distâncias pequenas. As medições foram realizadas em Manaus, para três setores de uma estação radiobase. Apenas as medições e curvas teóricas para o primeiro setor são mostradas na Figura 7.5. O modelamento do campo próximo à antena de transmissão requer um equacionamento mais complexo, tendo em vista a natureza oscilatória do campo, mostrado na Figura 7.6, como proposto em (Gomes, 2001).

Curvas de propagação

Usando uma área suburbana como exemplo, tem-se a uma distância de 1 km o nível do sinal recebido de $-61,7$ dBm referente a um conjunto de parâmetros, entre eles a altura da antena de 30 m. Aumentando a altura para 60 m, um ganho de 6 dB é obtido. Entre 60 e 120 m outro ganho de 6 dB será alcançado. A partir de 120 m de altura, o sinal recebido pelo móvel é o mesmo devido à propagação em espaço livre.

O padrão da antena não é isotrópico no plano vertical. Uma típica antena omnidirecional de 6 dB é mostrada na Figura 7.7. A redução do sinal pode ser vista na Figura 7.7 e está listada na Tabela 7.1.

Para uma distância d = 100 m e altura da antena da unidade móvel igual a 3 m, o ângulo de incidência e ângulo de elevação são 11,77^o e 10,72^o, respectivamente.

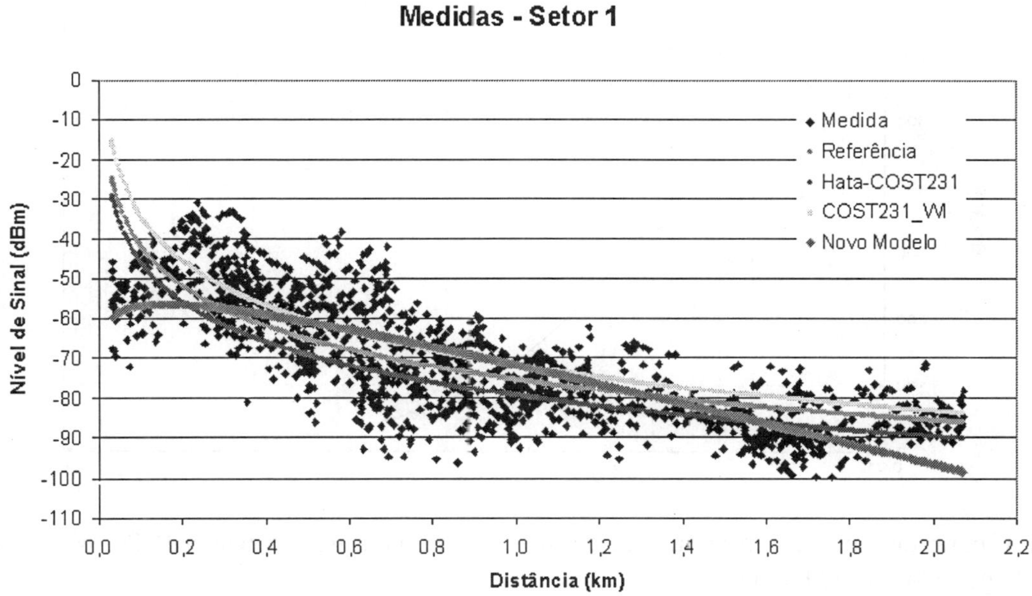

Figura 7.5: Comparação entre os modelos Hata-COST231, COST231-Walfish-Ikegami e um novo modelo, que incorpora o fator de correção.

Altura da antena h_1 (m)	Ângulo de incidência θ (graus)	Ângulo de elevação ϕ (graus)	Atenuação α (dB)
90	30,4	29,6	21
60	21,61	20,75	16
30	11,77	10,72	6

Tabela 7.1: Informações retiradas da Figura 7.7.

Sendo o ângulo de incidência grande, o decaimento de 40 dB/década não é mais válido. Se a antena está direcionada para a unidade móvel, é observada uma curva de 24 dB/década para a altura da antena de 30 m, 22 dB/década para uma altura da antena de 60 m e 20 dB/década para uma altura de 120 m ou mais. O decaimento de 20 dB/década é devido a perda de propagação em espaço livre como mostra a Figura 7.8. A potência de 11 dBm recebida em 1 m aproximadamente é obtida da fórmula da perda de espaço livre com um EIRP de 46 dBm utilizando a condição de desvio padrão da Tabela 7.4.

7.9.2 Propagação a Grandes Distâncias

A vantagem de se obterem grandes sítios de células é que a cobertura do sinal abrange grandes áreas, especialmente sistemas que possuem um ruído limitado, em que usualmente diferentes freqüências são repetidamente usadas em áreas distintas. Entretanto, é necessário ser precavido em relação ao fenômeno de propagação a grandes distâncias. Um sistema de ruído limitado gradualmente torna-se um sistema de interferência limitada como o aumento do tráfego. A interferência não é devida apenas à existência de muitos canais adjacentes incluídos no sistema, mas também aos efeitos da propagação a distância.

Dentro de uma área de raio de 80 km, o fenômeno da baixa atmosfera causa uma onda terrestre. O fenômeno é usualmente mais forte sobre a água do mar, pois a situação atmosférica sobre o oceano pode ser variada sobre diferentes altitudes. No caso, a onda pode variar para cima ou para baixo dando a sensação de um sinal forte

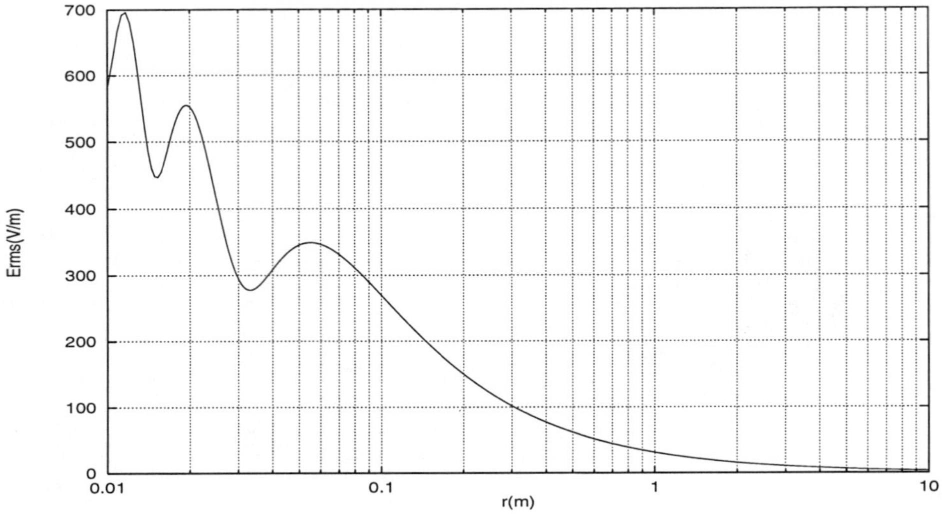

Figura 7.6: Campo elétrico nas proximidades de uma antena, para uma potência P=20 W, ganho g=2 dBi, freqüência da portadora f=900 MHz.

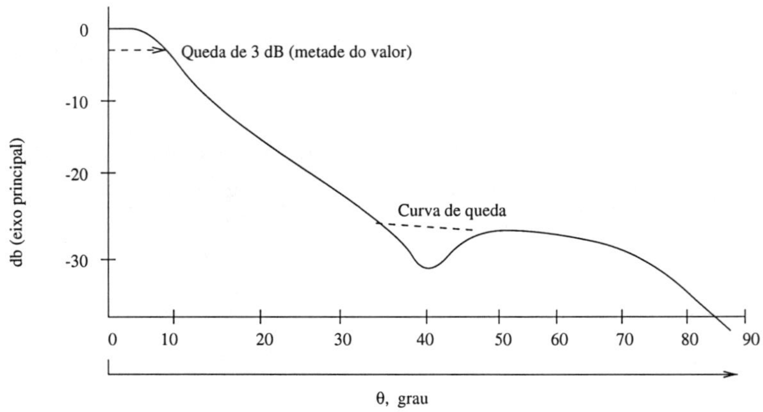

Figura 7.7: Antena omnidirecional de ganho 6 dB.

num determinado momento, mas fraco em outro.

A propagação de ondas troposféricas prevalece para freqüências de 800 MHz e, algumas vezes, o sinal alcança 320 km. Isso devido a uma troca abrupta na constante dielétrica efetiva sobre a troposfera. Essa constante varia com a temperatura, que decresce a uma razão de $6,5^o$ a 7^oC/km com a altitude, atingindo no limite superior um valor de aproximadamente -50^oC. Na troposfera estão presentes vários tipos de gases como o oxigênio, o nitrogênio e o dióxido de carbono, além de vapor d'água e precipitações eventuais como chuva e neve. Em conseqüência o comportamento físico dessa camada é em geral descrito por três parâmetros: pressão atmosférica, temperatura e pressão de vapor-d'água.

No que concerne às ondas de rádio, os principais fenômenos a serem analisados quando da propagação através da troposfera são os seguintes:

- Refração da onda;
- Absorção da energia da onda pelo oxigênio e pelo vapor-d'água, além de outros tipos de absorção;
- Influência das precipitações.

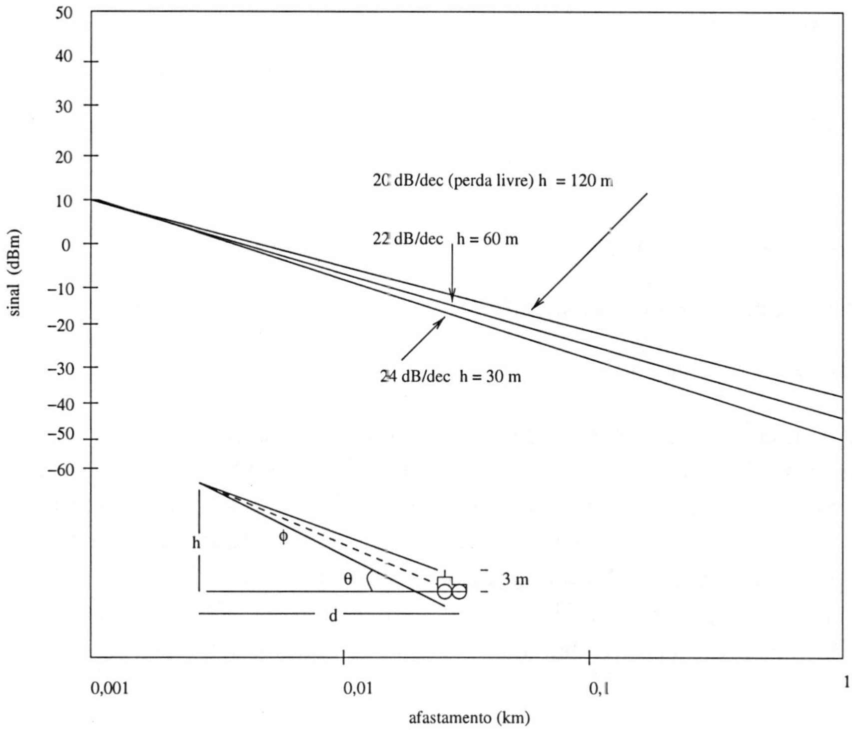

Figura 7.8: Curvas de propagação para distâncias próximas à antena.

7.9.3 Perda de Propagação por Percurso

Uma medida de grande interesse no estudo de propagação via rádio é a perda de propagação por percurso (l). A perda é definida como a razão entre a potência recebida (W_r) e a potência transmitida (W_t)

$$l \triangleq \frac{W_r}{W_t}$$

A perda em dB é dada como

$$L = -10 \log l = -10 \log W_r + 10 \log W_t. \tag{7.56}$$

7.9.4 Perda de Propagação em Espaço Livre

A razão entre a potência recebida e a transmitida em condições de propagação em espaço livre é dada pela seguinte fórmula

$$\frac{W_r}{W_t} = G_t G_r \left(\frac{\lambda}{4\pi d}\right)^2. \tag{7.57}$$

A perda em dB é

$$L = -10 \log G_t - 10 \log G_r - 20 \log \lambda + 20 \log d + 21,98. \tag{7.58}$$

Usando antenas isotrópicas $(G_t = G_r = 1)$, com a freqüência em megahertz e a distância em quilômetros, obtém-se

$$L = 20 \log f + 20 \log d + 32,44 \qquad \text{(dB)}. \tag{7.59}$$

7.9.5 Perda ao Longo da Superfície Terrestre

Considere a propagação de uma onda de rádio em um ambiente plano. O sinal transmitido pode alcançar a antena receptora por vários caminhos:

- Via direta;
- Via indireta, consistindo na reflexão da onda de rádio pela terra;
- Via indireta, consistindo em onda de superfície;
- Por outros meios secundários.

O sinal recebido é uma combinação de todas essas ondas, com uma potência resultante igual a soma das potências individuais. A potência do sinal devido ao percurso direto é dada pela fórmula de perda de propagação em espaço livre. A onda refletida tem uma potência dada pela fórmula de espaço livre mais atenuação por um fator igual ao coeficiente de refleção terrestre ρ. Além disso, o sinal refletido é deslocado de um ângulo de fase $\Delta\varphi$ devido ao percurso indireto. A onda terrestre é provocada pelo sinal que é absorvido pela terra. A proporção do sinal absorvido é dado por $(1-\rho)$, correspondendo ao sinal não refletido vezes um fator de atenuação A. Dessa forma, a razão entre a potência do sinal recebido e transmitido é:

$$\frac{W_r}{W_t} = G_t G_r \left(\frac{\lambda}{4\pi d}\right)^2 \left|1 + \rho e^{j\Delta\varphi} + (1-\rho)Ae^{j\Delta\varphi} + \ldots\right|^2. \tag{7.60}$$

Ambos ρ e A dependem de vários fatores, tais como ângulo de incidência, polarização, constantes dielétricas e freqüência. Em particular,

$$\rho = \frac{\sin\theta - K}{\sin\theta + K}, \tag{7.61}$$

em que θ é o ângulo de incidência e K varia com todos os parâmetros previamente mencionados. Para $\theta \simeq 0°$ (correspondendo ao caso em que o afastamento entre a estação radiobase e o móvel é muito maior que a altura da antena) tem-se $\rho \simeq -1$. Além disso, ρ tende a -1 para freqüências acima de 100 MHz e ângulo de incidência menor que 10°. Os efeitos das ondas terrestres são percebidas apenas poucos comprimentos de onda acima da superfície. Com isso reduz-se a equação a

$$\begin{aligned}
\frac{W_r}{W_t} &= G_t G_r \left(\frac{\lambda}{4\pi d}\right)^2 \left|1 - e^{j\Delta\varphi}\right|^2 \\
\frac{W_r}{W_t} &= G_t G_r \left(\frac{\lambda}{4\pi d}\right)^2 \left|1 - \cos\Delta\varphi - j\sin\Delta\varphi\right|^2 \\
\frac{W_r}{W_t} &= G_t G_r \frac{2}{(4\pi d/\lambda)^2}(1-\cos\Delta\varphi) = G_t G_r \frac{4}{(4\pi d/\lambda)^2}\sin^2\frac{\Delta\varphi}{2}
\end{aligned} \tag{7.62}$$

em que

$$\Delta\varphi = 2\pi\frac{\Delta d}{\lambda} \tag{7.63}$$

e Δd é a diferença, $\Delta d = d_1 - d_0$

$$d_1 = \sqrt{(h_1+h_2)^2 + d^2} \tag{7.64}$$

e

$$d_2 = \sqrt{(h_1 - h_2)^2 + d^2}. \quad (7.65)$$

A diferença da distância Δd pode ser facilmente escrita como uma função de h_1, h_2 e d. Então

$$\Delta\varphi = \frac{2\pi d}{\lambda}\left\{\left[\left(\frac{h_1 + h_2}{d}\right)^2 + 1\right]^{\frac{1}{2}} - \left[\left(\frac{h_1 - h_2}{d}\right)^2 + 1\right]^{\frac{1}{2}}\right\} \quad (7.66)$$

usando a aproximação $(1 + x)^{\frac{1}{2}} \simeq 1 + \frac{x}{2}$, para valores de x pequenos, tem-se para a equação anterior

$$\Delta\varphi = 4\pi\frac{h_1 h_2}{\lambda d} \quad (7.67)$$

Dessa forma, a razão entre a potência recebida e transmitida, pode ser escrita como:

$$\frac{W_r}{W_t} = G_t G_r \frac{4}{(4\pi d/\lambda)^2} \sin^2 \frac{2\pi h_1 h_2}{\lambda d}. \quad (7.68)$$

Para $\Delta\varphi$ pequenos, $\sin(\frac{\Delta\varphi}{2}) \simeq \frac{\Delta\varphi}{2}$, então

$$\frac{W_r}{W_t} = G_t G_r \frac{4}{(4\pi d/\lambda)^2}\left(\frac{2\pi h_1 h_2}{\lambda d}\right)^2 \quad (7.69)$$

$$\frac{W_r}{W_t} = G_t G_r \left(\frac{h_1 h_2}{d^2}\right)^2. \quad (7.70)$$

Essa é a fórmula de perda com a quarta potência desenvolvida anteriormente, levando em consideração, no caso, os ganhos das antenas de transmissão em recepção. A correspondente perda em dB é

$$L = -10\log G_t - 10\log G_r - 20\log(h_1 h_2) + 40\log d. \quad (7.71)$$

Pela equação anterior, pode-se deduzir duas relações como seguem:

$$\Delta P = 40\log\frac{d_1}{d_2} \qquad \text{(Perda de 40 dB/dec)} \quad (7.72)$$

$$\Delta G = 20\log\frac{h_1'}{h_1} \qquad \text{(Ganho da altura da antena de 6 dB/oct)} \quad (7.73)$$

em que ΔP é a diferença de potência em dB entre duas distâncias diferentes e ΔG é o ganho (perda) em dB obtida de duas alturas de antenas diferentes em uma célula. Por essas medidas, o ganho da altura da antena móvel é apenas de 3 dB/oct, diferentemente do ganho de 6 dB/oct para h_1'. Então,

$$\Delta G' = 10\log\frac{h_2'}{h_2} \qquad \text{(Ganho da altura da antena de 3 dB/oct).} \quad (7.74)$$

7.9.6 Propagação Sobre a Água

A interferência sobre outras células torna-se uma grande preocupação caso não seja feita a devida correção. No entanto, pode-se controlar os efeitos do fenômeno conhecendo as suas causas.

Em geral, a permissividade ϵ_r da água do mar e da água doce é a mesma, mas a condutividade de ambas é diferente. Calculando-se a constante dielétrica ϵ_r, em que $\epsilon_c = \epsilon_r - j60\sigma\lambda$. O comprimento de onda para uma freqüência de 800 MHz é de 0,35 m. Logo, a permissividade $\epsilon_r = 80 - j84$ (água do mar) e $\epsilon_r = 80 - j0,021$ (água doce).

Entretanto, a partir da fórmula do coeficiente de reflexão com um ângulo de incidência pequeno, ambos os coeficientes de reflexão para as ondas de polarização horizontal e vertical são, aproximadamente, iguais a 1. Ocorrendo uma troca no ângulo de fase de 180° sobre o ponto de reflexão no solo, o coeficiente passa a ser -1. Na Figura 7.9, as duas antenas estão localizadas acima do nível do mar, onde uma onda direta e dois pontos de reflexão são gerados. Usa-se a fórmula para encontrar o campo mais forte na circunstância de uma transmissão entre duas estações fixas e entre uma estação fixa e outra móvel, ambas na condição de propagação sobre a água.

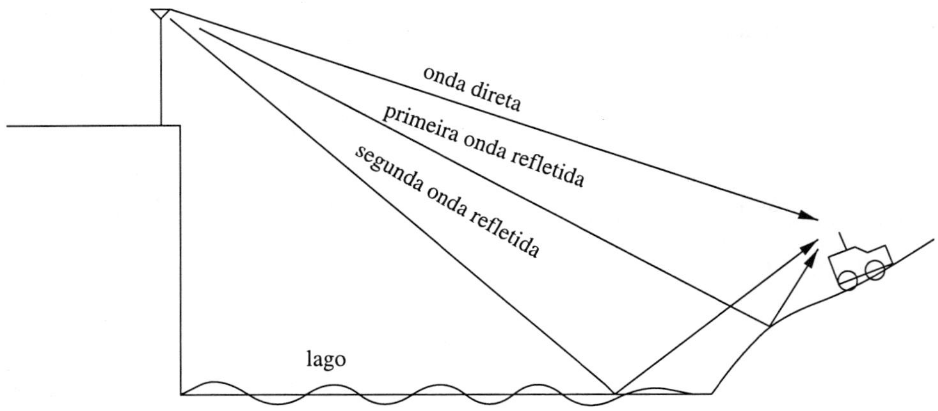

Figura 7.9: Modelo de propagação sobre a água.

Estações fixas

A transmissão entre estações fixas sobre a água pode ser estimada como segue. A potência recebida P_r pode ser expressa como (observe a Figura 7.10)

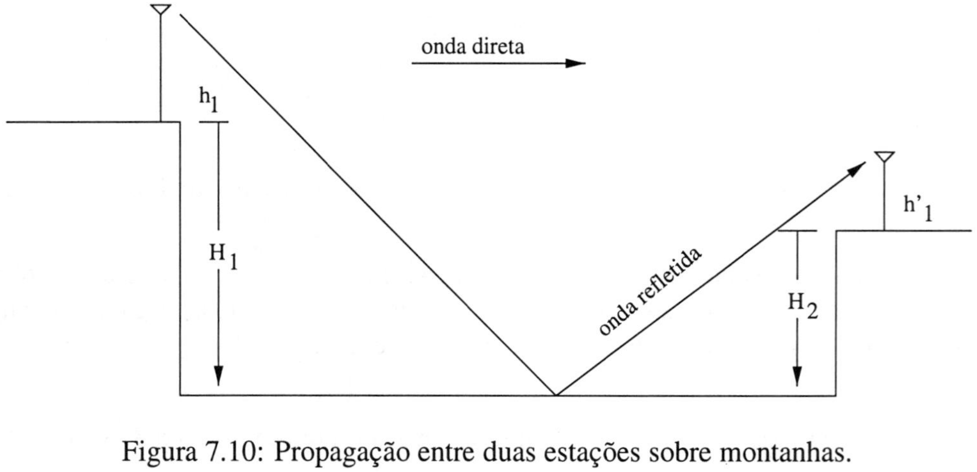

Figura 7.10: Propagação entre duas estações sobre montanhas.

$$P_r = P_t \left(\frac{1}{4\pi d/\lambda}\right)^2 \left|1 + a_v e^{-j\phi_v} e^{j\Delta\phi}\right|^2 \tag{7.75}$$

em que

P_t = potência transmitida

d = distância entre as duas estações

λ = comprimento de onda

a_v,ϕ_v = amplitude e fase do coeficiente de reflexão complexo respectivamente

$\Delta\phi$ é a diferença de fase causada pela diferença de percurso Δd entre a onda direta e a refletida, ou

$$\Delta\phi = \beta\Delta d = \frac{2\pi}{\lambda}\Delta d. \tag{7.76}$$

A primeira parte da equação 7.75 é a fórmula da perda de propagação em espaço livre, que mostra um decaimento de 20 dB/década, isto é, uma perda de 20 dB/década é vista quando a propagação apresenta uma distância de 1 até 10 km.

$$P_o = \frac{P_t}{(4\pi d/\lambda)^2}. \tag{7.77}$$

Os coeficientes de reflexão complexo $a_v e^{-j\phi_v}$ podem ser encontrados da seguinte forma

$$a_v e^{-j\phi_v} = \frac{\epsilon_r \text{sen}\theta_1 - \left(\epsilon_r - \cos^2\theta_1\right)^{\frac{1}{2}}}{\epsilon_r \text{sen}\theta_1 + \left(\epsilon_r - \cos^2\theta_1\right)^{\frac{1}{2}}} \tag{7.78}$$

quando a incidência é pequena, θ é muito pequeno e

$$a_v \approx -1 \qquad \text{e} \qquad \phi_v = 0$$

pode ser encontrado a partir da Equação 7.78.

A constante dielétrica ϵ_r é diferente para diferentes médias. Entretanto, quando $a_v e^{-j\phi_v}$ é independente de ϵ_r, o coeficiente de reflexão permanece igual a -1, indiferentemente de a onda estar se propagando sobre água, gelo, terreno seco ou úmido. A propagação da onda entre estações fixas está ilustrada na Figura 7.10. A Equação 7.75 torna-se

$$\begin{aligned} P_r &= \frac{P_t}{(4\pi d/\lambda)^2} \left|1 - \cos\Delta\phi - j\text{sen}\Delta\phi\right)|^2 \\ &= P_o\left(2 - 2\cos\Delta\phi\right), \end{aligned} \tag{7.79}$$

sendo $\Delta\phi$ uma função de Δd, que pode ser obtido a partir do cálculo seguinte.

A altura efetiva das antenas 1 e 2 acima do nível do mar são, respectivamente

$$h_1' = h_1 + H_1$$

$$h_2' = h_2 + H_2$$

como mostra a Figura 7.10, em que h_1 e h_2 são as atuais alturas e H_1 e H_2 são as alturas das montanhas.

Em geral, ambas as antenas são altas, de modo que o ponto de reflexão sobre a água é encontrado na metade do percurso da onda de rádio. A diferença Δd pode ser obtida a partir da Figura 7.10 como

$$\Delta d = \sqrt{(h_1' + h_2')^2 + d^2} - \sqrt{(h_1' - h_2')^2 + d^2} \tag{7.80}$$

em que $d \geq h_1'$ e h_2', então

$$\Delta d \approx d\left[1 + \frac{(h_1' + h_2')^2}{2d^2} - 1 - \frac{(h_1' - h_2')^2}{2d^2}\right] = \frac{2h_1'h_2'}{d} \tag{7.81}$$

então a Equação 7.76 torna-se

$$\Delta\phi = \frac{2\pi}{\lambda}\frac{2h_1'h_2'}{d} = \frac{4\pi h_1'h_2'}{\lambda d}. \tag{7.82}$$

Examinando a Equação 7.79, pode-se observar as seguintes condições:

1. $P_r < P_o$. A potência recebida é menor que a potência recebida sobre a propagação em espaço livre, isto é,

$$2 - 2\cos\Delta\phi < 1 \quad \text{ou} \quad \Delta\phi < \frac{\pi}{3} \tag{7.83}$$

2. $P_r = 0$

$$2 - 2\cos\Delta\phi = 0 \quad \text{ou} \quad \Delta\phi < \frac{\pi}{2} \tag{7.84}$$

3. $P_r = P_o$

$$2 - 2\cos\Delta\phi = 1 \quad \text{ou} \quad \Delta\phi = \pm\frac{\pi}{3} \tag{7.85}$$

4. $P_r > P_o$

$$2 - 2\cos\Delta\phi > 1 \quad \text{ou} \quad \frac{\pi}{3} < \Delta\phi < \frac{5\pi}{3} \tag{7.86}$$

5. $P_r = 4P_o$

$$2 - 2\cos\Delta\phi = \max \quad \text{ou} \quad \Delta\phi = \pi \tag{7.87}$$

Estação fixa e outra móvel

Como descrito na Figura 7.9, há duas ondas refletidas, uma sobre a água e outra próxima à unidade móvel e uma terceira relacionada à onda direta. A onda refletida cujo ponto de reflexão está sobre a água é levada em consideração, pois não há nenhum objeto próximo a este ponto. Entretanto a energia refletida é forte.

A potência refletida correspondente as duas ondas refletidas alcança a unidade móvel sem uma atenuação notável. A potência total recebida é obtida pela soma das três componentes

$$P_r = P_t \left(\frac{1}{4\pi d/\lambda}\right)^2 \left|1 - e^{j\Delta\phi_1} - e^{j\Delta\phi_2}\right|^2 \tag{7.88}$$

em que $\Delta\phi_1$ e $\Delta\phi_2$ são a diferença entre os comprimentos de trajeto da onda direta e das duas ondas refletidas, respectivamente. Sendo $\Delta\phi_1$ e $\Delta\phi_2$, usualmente, muito pequenos, então

$$P_r = P_t \left(\frac{1}{4\pi d/\lambda}\right)^2 \left|1 - \cos\Delta\phi_1 - \cos\Delta\phi_2 - j(\text{sen}\Delta\phi_1 + \text{sen}\Delta\phi_2)\right|^2. \tag{7.89}$$

Seguindo a mesma aproximação para a propagação entre uma estação fixa e outra móvel sobre a água

$$\cos\Delta\phi_1 \approx \cos\Delta\phi_2 \approx 1 \qquad \text{sen}\Delta\phi_1 \approx \Delta\phi_1 \qquad \text{sen}\Delta\phi_2 \approx \Delta\phi_2$$

então

$$\begin{aligned} P_r &= P_t \left(\frac{1}{4\pi d/\lambda}\right)^2 \left|1 - j(\Delta\phi_1 + \Delta\phi_2)\right|^2 \\ &= \frac{P_t}{(4\pi d/\lambda)^2}\left[1 - (\Delta\phi_1 + \Delta\phi_2)^2\right]. \end{aligned} \tag{7.90}$$

Em termos práticos $\Delta\phi_1 + \Delta\phi_2 < 1$, então $(\Delta\phi_1 + \Delta\phi_2)^2 \ll 1$ e a Equação 7.90 reduz-se a

$$P_r = \frac{P_t}{(4\pi d/\lambda)^2}. \tag{7.91}$$

A Equação 7.91 é a mesma que a expressão da potência recebida a partir da condição de propagação em espaço livre. Portanto, conclui-se que a perda para propagação da estação fixa para a móvel sobre a terra, 40 dB/década, é diferente da propagação sobre a água. No caso, a perda de propagação de espaço livre, 20 dB/década, é aplicada.

7.9.7 Perda por Folhagem

Este tipo de perda leva em consideração vários parâmetros e variações. O tipo de folha, galho e tronco, densidade, a distribuição em que eles se encontram e a altura das árvores relativa ao posicionamento da antena são considerados.

Em zonas tropicais, o tipo de vegetação é grande e espesso, o que torna a penetração do sinal difícil. No caso, o sinal se propaga do topo das árvores e é refletido para o receptor móvel. Experimentos com freqüência da portadora entre 50 e 800 MHz e distâncias de 40 m a 4 km, em que os terminais transmissor e receptor estão cercados por floresta. são apresentados a seguir:

1. A perda aumenta linearmente em escala logarítmica à medida que a distância cresce. Uma atenuação de 40 dB/década em freqüência de 800 MHz e 35 dB/década para 50 MHz pode ser encontrada. Portanto, se há perda por folhagem e a comunicação móvel ocorre em um freqüência de 800 MHz, então uma perda total de 60 dB/década (= 20 dB/década relacionada à perda em espaço livre + 20 dB/década causada pelo efeito de folhagem + 20 dB/década relacionada ao ambiente de comunicação móvel) é esperada. A situação é válida para o caso de folhagem ao longo da via de propagação. A perda por folhagem em área suburbana é de 58,4 dB/decáda, como mostra a Figura 7.11.

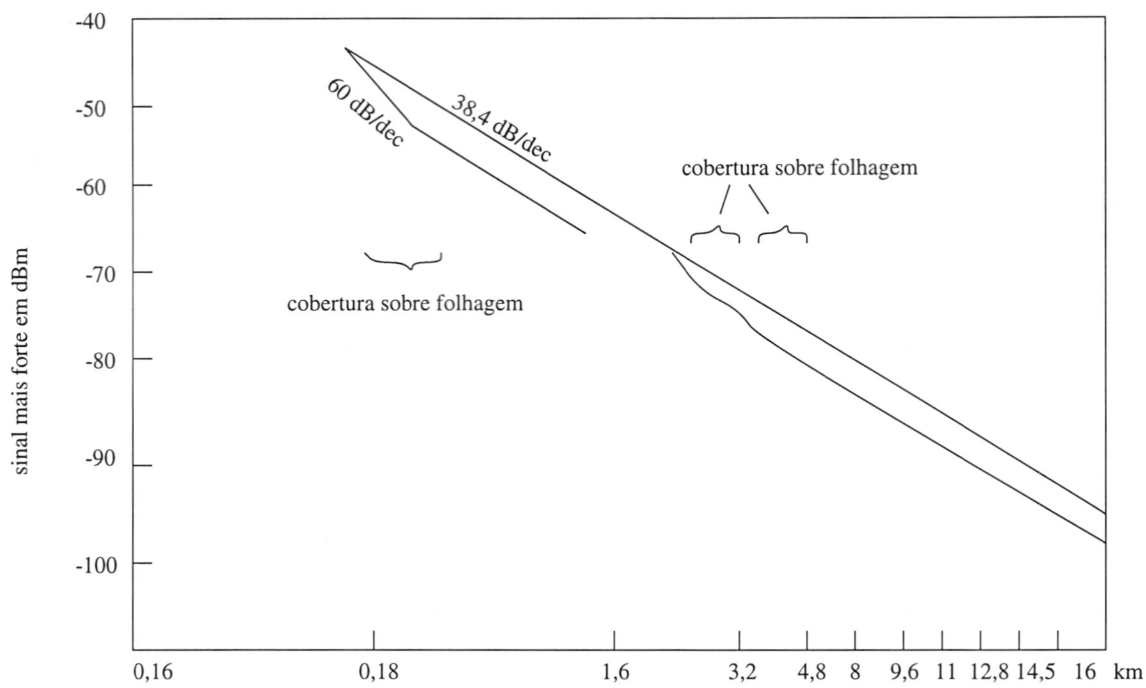

Figura 7.11: Cálculo da perda por folhagem em áreas suburbanas.

2. A perda aumenta exponencialmente com a freqüência em escala logarítmica. A uma distância de 4 km, a diferença da atenuação entre 80 e 800 MHz é de 20 dB para polarização vertical e 35 dB para polarização horizontal. A perda por folhagem em relação à freqüência elevada à quarta potência (f^4), obtida pela predição da teoria de Tamir, aumenta com a perda da polarização horizontal (Lee, 1989).

3. A diferença na perda devida às duas polarizações é de 8 a 25 dB para uma freqüência de 50 MHz e 1 a 2 dB para a freqüência de 800 MHz. Em geral, a perda provocada pela polarização horizontal apresenta-se menor do que a polarização vertical.

4. A taxa de atenuação por folhagem sobre o intervalo de freqüência de 50 a 800 MHz é:

$$0,005 \text{ dB/m} - 0,3 \text{ dB/m} \quad \text{(polarização horizontal);}$$
$$0,005 \text{ dB/m} - 0,51 \text{ dB/m} \quad \text{(polarização vertical).}$$

5. Um atraso de $0,2\mu s$ é observado a partir dos seguintes parâmetros: A antena do receptor está a 8 m acima do nível das árvores e a antena transmissora está localizada entre as árvores a uma distância de propagação de 160 m do receptor.

7.10 Modelos de Predição Padronizados

Esta seção discute os principais modelos de predição de intensidade de campo eletromagnético padronizados por comissões internacionais, como a Comissão Européia para Cooperação em Pesquisa Técnica e Científica (COST), ou utilizados por operadoras de comunicações móveis celulares.

7.10.1 Modelo de Okumura

Este modelo pode distinguir estruturas feitas pelo homem e gera um conjunto completo de dados empíricos. As informações para esse modelo são baseadas em medições efetuadas na área de Tóquio. Desta forma, alguns fatores de correção devem ser usados para adaptar melhor os resultados do método a outras condições. A estimativa inicial compreende um conjunto de curvas de atenuação $A(f,d)$ *versus* freqüência f, para uma altura da antena da estação radiobase h_t de 200 m e altura da antena da estação móvel de 3 m com a distância d como um parâmetro. As curvas de predição são relativas a perda de espaço livre. O fator de correção G_{area} (ganho) para um determinado tipo de terreno é também dado como função da freqüência. Para as diferentes alturas das antenas obtêm-se os seguintes fatores de correção (William C. Y. Lee, 1992):

- Ganho $G(h_t)$ de 6 dB por oitava para altura da estação radiobase

$$G(h_t) = 20\log(h_t/200) \qquad h_t > 10 \text{ m}$$

- Ganho $G(h_r)$ de 3 dB por oitava para altura da estação móvel

$$\begin{aligned} G(h_r) &= 10\log(h_r/3) \qquad h_t < 3 \text{ m} \\ G(h_r) &= 20\log(h_r/3) \qquad 3 \text{ m} \leq h_t \leq 10 \text{ m} \end{aligned}$$

A equação da perda de propagação proposta por Okumura é dada a seguir

$$L = L_0 + A(f,d) - G_{area} - G(h_t) - G(h_r) \ \text{(dB)}. \tag{7.92}$$

Todos esses fatores, fornecidos por meio de gráficos e condições diferentes, previsto pelo modelo, implica em ajustes dos parâmetros do sistema. O modelo de Okumura não foi projetado para uso computacional, pois ele envolve várias curvas. Dessa forma, Hata desenvolveu uma fórmula empírica para solucionar o problema (William C. Y. Lee, 1992).

7.10.2 Fórmula de Hata

Um conjunto de aproximações analíticas para a perda de propagação foi proposto por Hata utilizando a seguinte fórmula para a perda em áreas urbanas:

$$L = 69,55 + 26,16\log f - 13,82\log h_t - A(h_r) + (44,9 - 6,55\log h_t)\log d \qquad \text{(dB)} \tag{7.93}$$

em que

$$\begin{aligned} 150 \text{ MHz} &\leq f \leq 1000 \text{ MHz} \\ 30 \text{ m} &\leq h_t \leq 300 \text{ m} \\ 1 \text{ km} &\leq d \leq 20 \text{ km} \end{aligned}$$

O fator de correção $A(h_r)$ é computado da seguinte forma:

- Para cidades de porte médio

$$A(h_r) = (1.1\log f - 0,7)h_r - (1,56\log f - 0,8) \qquad \text{(dB)}$$

em que $1 \text{ m} \leq h_r \leq 10$ m.

- Para grandes cidades

$$A(h_r) = 8,29\log^2(1,54h_r) - 1,1 \qquad \text{(dB)} \qquad (f \leq 200 \text{ MHz})$$

e

$$A(h_r) = 3,2\log^2(11,75h_r) - 4,97 \qquad \text{(dB)} \qquad (f \geq 400 \text{ MHz})$$

7.10.3 Modelo de Lee

Curva de predição de perdas

As médias locais são computadas enquanto o móvel desloca-se ao longo de uma trajetória sobre um eixo x. Entretanto, cada média local é baseada sobre um eixo x' relacionado com o percurso de propagação entre a estação radiobase e o móvel naquele ponto correspondente. O cálculo da curva de perdas é realizado sobre o eixo x'. Desta forma, a média local obtida da média do sinal armazenado ao longo do eixo x é convertida para o eixo x'.

Um desvio padrão de 8 dB é encontrado devido a vários contornos topográficos onde os dados são coletados. Os pontos de dados coletados ao longo de uma via de rádio seguem uma distribuição lognormal.

Modelo de predição de área

Este método utiliza a predição de perdas sem levar em consideração as particularidades do terreno. Dessa forma, se a perda de propagação é obtida a partir da cartografia de um terreno motanhoso implicará em discrepância entre o valor medido e o valor correspondente à curva de predição esperada. A predição de área requer dois parâmetros: (1) a potência a uma distância de 1,6 km, P_{r0}, e (2) a inclinação da curva de perdas β.

A potência do sinal recebido P_r pode ser expressa como:

$$P_r = P_{ro} \left(\frac{r}{r_o}\right)^{-\beta} \left(\frac{f}{f_o}\right)^{-n} \alpha_o \tag{7.94}$$

em dB

$$P_r = P_{ro} - \beta \log\left(\frac{r}{r_o}\right) - n \log\left(\frac{f}{f_o}\right) + \alpha_o \tag{7.95}$$

em que r é dado em quilômetros e r_o é igual a 1,6 km. O parâmetro α_o é um fator de correção usado para acumular a diferença entre as alturas das antenas da estação radiobase e móvel, potência de transmissão e ganho das antenas. Os seguintes conjuntos de condições nominais são assumidos no modelo de Lee:

- Freqüência $f_o = 900$ MHz
- Altura da antena da estação radiobase (ERB) = 30,48 m
- Potência transmitida pela ERB = 10 watts
- Ganho da antena da ERB = 6 dB acima do ganho do dipolo
- Altura da antena da unidade móvel = 3 m
- Ganho da antena da unidade móvel = 0 dB acima do ganho do dipolo

Se as atuais condições são diferentes daquelas que estão listadas anteriormente, então são computados os seguintes parâmetros:

Topografia	P_{ro} (dBm)	β
Espaço Livre	-45	20
Área Aberta	-49	43,5
Área Suburbana (EUA)	-61,7	38,4
Área Urbana (Filadélfia)	-70	36,8
Área Urbana (Newark)	-64	43,1
Área Urbana (Tóquio)	-84	30,5

Tabela 7.2: Parâmetros para predição de perdas em vários ambientes de propagação.

$$\alpha_1 = \left(\frac{\text{nova altura da antena da ERB (m)}}{30,48\ \text{m}}\right)^2 \quad (7.96)$$

$$\alpha_2 = \left(\frac{\text{nova altura da antena da EM (m)}}{3\ \text{m}}\right)^\xi \quad (7.97)$$

$$\alpha_3 = \left(\frac{\text{nova potência de transmissão}}{10\ \text{watts}}\right)^2 \quad (7.98)$$

$$\alpha_4 = \frac{\text{novo ganho da antena da ERB em relação a } \lambda/2 \text{ do dipolo}}{4} \quad (7.99)$$

$$\alpha_5 = \text{fator diferente de correção do ganho da antena da unidade móvel} \quad (7.100)$$

Para esses parâmetros, o fator de correção α_o é:

$$\alpha_o = \alpha_1 \cdot \alpha_2 \cdot \alpha_3 \cdot \alpha_4 \cdot \alpha_5. \quad (7.101)$$

O valor de n é encontrado por meio de dados empíricos e está no intervalo entre 2 e 3, com o valor exato dependendo da freqüência da portadora e área geográfica. Para $f_o < 450$ MHz em áreas abertas ou suburbanas, $n = 2$ é recomendado. Em área urbana com $f_o > 450$ MHz, $n = 3$ é recomendado. O valor de ξ também é determinado por meio de dados empíricos

$$\xi = \begin{cases} 2, & \text{para uma altura da antena da EM} > 10\ \text{m} \\ 3, & \text{para uma altura da antena da EM} < 3\ \text{m} \end{cases}$$

Fórmula Geral do Modelo

$$\begin{aligned} P_r &= -61,7 - 38,4 \log r - n \log\left(\frac{f}{900}\right) + \alpha_0 \quad \text{dBm (Suburbano)} \\ &= -70 - 36,8 \log r - n \log\left(\frac{f}{900}\right) + \alpha_0 \quad \text{dBm (Filadélfia)} \\ &= 64 - 43,1 \log r - n \log\left(\frac{f}{900}\right) + \alpha_0 \quad \text{dBm (Newark)} \end{aligned} \quad (7.102)$$

$$\begin{aligned} \alpha_o &= 20 \log\left(\frac{h_1}{30,48}\right) + 10 \log\left(\frac{P_t}{10\ w}\right) + (g_1 - 6) + g_2 + 10 \log \frac{h_2}{3,048} \\ &= 20 \log h_1 + 10 \log P_t + g_1 + g_2 + 10 \log h_2 - 64 \end{aligned} \quad (7.103)$$

em que os novos valores são P_t em watts, altura da antena da estação radiobase h_1 e altura da unidade móvel h_2 em metros, ganho da antena da ERB e da EM em dBd, r em quilômetros e f em MHz. A equação anterior fornece uma linha média. O desvio padrão a partir dos dados previstos é de 8 dB acima ou abaixo da linha média.

Modelo de predição ponto-a-ponto

Em ambientes de comunicação móvel usa-se a condição de visada direta para o cálculo da altura efetiva da antena, considerando cada localização da trajetória.

Altura efetiva da antena

Caso 1

- Conecte a imagem da antena da estação para a antena do móvel. O ponto de interceptação é considerado como ponto de reflexão. Faça a conexão contrária e determine outro ponto.

Entre os dois pontos de reflexão escolhe-se o ponto que converge para a unidade móvel, pois mais energia é refletida na sua direção.

Caso 2

- Estenda o ponto de reflexão terrestre traçando uma linha tangente ao ponto de curvatura terrestre, onde se encontra o móvel, e no ponto de interseção com o solo trace uma linha até a estação radiobase.

Meça a altura efetiva da antena do ponto de reflexão no plano terrestre à localização da antena da estação. Calcule o ganho da altura efetiva da antena ΔG da seguinte forma

$$\Delta G = 20 \log \left(h_e / h_1 \right) . \tag{7.104}$$

Então o ΔG, por meio da Figura 7.12(a), vale

$$\Delta G = 20 \log \frac{40}{100} = -8 \text{ dB}.$$

O ΔG, por meio da Figura 7.12(b), é

$$\Delta G = 20 \log \frac{200}{100} = 6 \text{ dB}.$$

Observa-se que o ganho da altura da antena varia ao longo da trajetória.

Explicação Física da Altura Efetiva da Antena

Na Figura 7.13(a), o valor H é maior que h_2 e o comprimento l do piso é aproximadamente igual ao comprimento do veículo. No caso, tem-se apenas uma onda direta da estação até a unidade móvel, que representa a perda de espaço livre e conseqüentemente melhor recepção do sinal.

Na Figura 7.13(b), a situação permanece a mesma, exceto pelo fato de que o comprimento l é grande o suficiente para permitir um ponto de reflexão gerado sobre o piso. No caso, duas ondas são criadas, uma onda direta e uma onda refletida no solo. A onda refletida mais forte ocorre com um ângulo de incidência, θ, muito

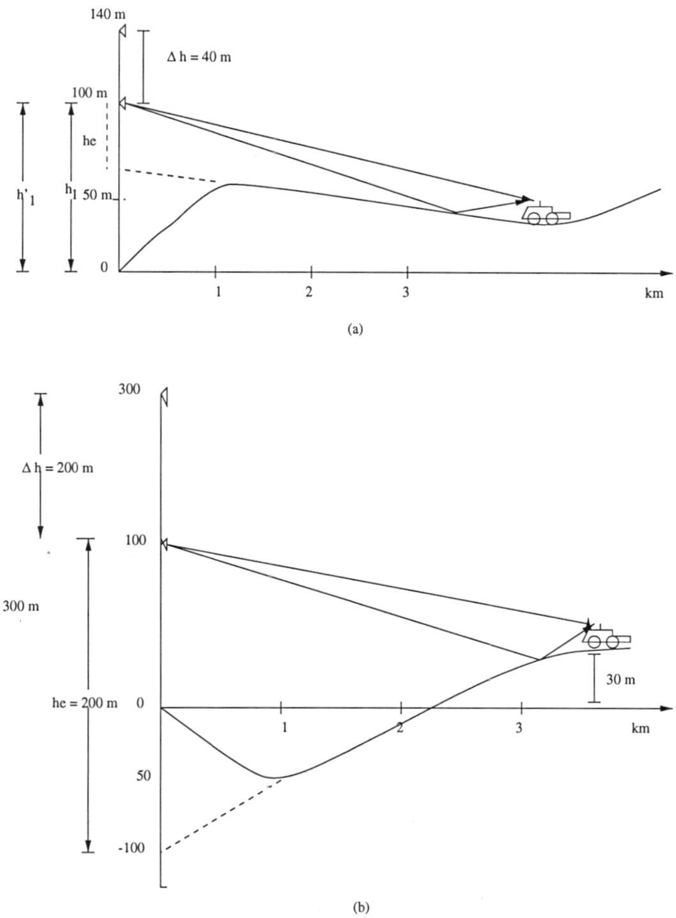

Figura 7.12: Cálculo da altura efetiva da antena: (a) caso 1; (b) caso 2.

pequeno, o que corresponde a um coeficiente de reflexão grande, ocasionando um deslocamento de fase de 180° com relação ao solo. Tal ocorrência torna o acúmulo de energia refletida sempre negativo enfraquecendo a onda direta.

Na Figura 7.13(c), o ângulo de incidência é aproximadamente zero, tornando o sinal recebido muito fraco. A condição de perda do sinal começa quando a onda direta e refletida são bloqueadas. Na situação reversa, há um aumento no ângulo de incidência implicando na diminuição do coeficiente de reflexão. Dessa forma, a energia refletida no solo torna-se menor, reduzindo a energia negativa da onda refletida. No caso extremo, em que o ângulo de incidência da onda refletida é muito grande, a recepção do sinal está sob a condição de espaço livre.

Quando o ângulo de incidência da onda refletida é muito pequeno, duas condições mostradas na Figura 7.14 podem ser consideradas:

1. Estruturas espaçadas feitas pelo homem ou árvores ao longo do trajeto de propagação;

   Nesse caso, a potência do sinal recebido é sempre maior do que numa área de grande concentração de obstáculos, isso porque o nível de recepção em áreas abertas é maior que em áreas suburbanas e urbanas.

2. Estrutura de alta densidade

   - Existe uma linha de observação entre a estação radiobase e a unidade móvel. Quando a onda refletida por obstruções ao seu redor é relativamente fraca, menos desvanecimento é observado.

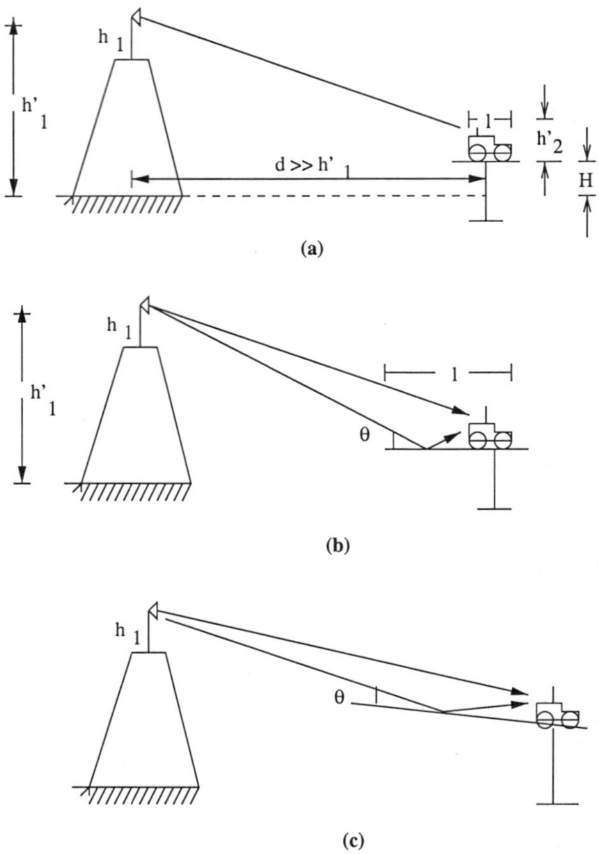

Figura 7.13: Explicação física da altura efetiva da antena.

- A unidade móvel é cercada por várias ondas difratadas. Se a recepção é bloqueada por obstrução ao seu redor, o desvanecimento de Rayleigh é observado.

Considerando-se as duas condições, a potência média recebida não é a mesma. Entretanto, se as ondas refletidas no obstáculo são muito fortes, a potência média recebida nas duas condições diferentes convergem para o mesmo valor. Isso pode ser visto por analogia com o princípio da conservação da energia, isto é, o sinal total recebido pela unidade móvel, da onda direta ou refletida, tenta permanecer constante. Em ambas as condições, a perda de propagação é de 40 dB/dec, pois estão em ambientes de comunicação móvel.

Comentários sobre a contribuição do ganho efetivo da altura da antena.

Levando-se em conta o ganho efetivo da altura da antena, um desvio padrão entre 2 a 3 dB é observado, enquanto a curva de decaimento de perda não considerando esse parâmetro tem um desvio padrão de 8 dB, apresentado pelo modelo de predição de área. Os efeitos da topografia são ilustrados na Figura 7.15 e Quadro 7.3.

Forma do modelo ponto a ponto

$$P_r = \begin{cases} \text{via obstruída} = P_{ro} - \beta \log \frac{r}{r_o} + 20 \log \frac{h'_e}{h_1} + \alpha \\ \text{via obstruída} = P_{ro} - \beta \log \frac{r}{r_o} + L + \alpha \end{cases} \tag{7.105}$$

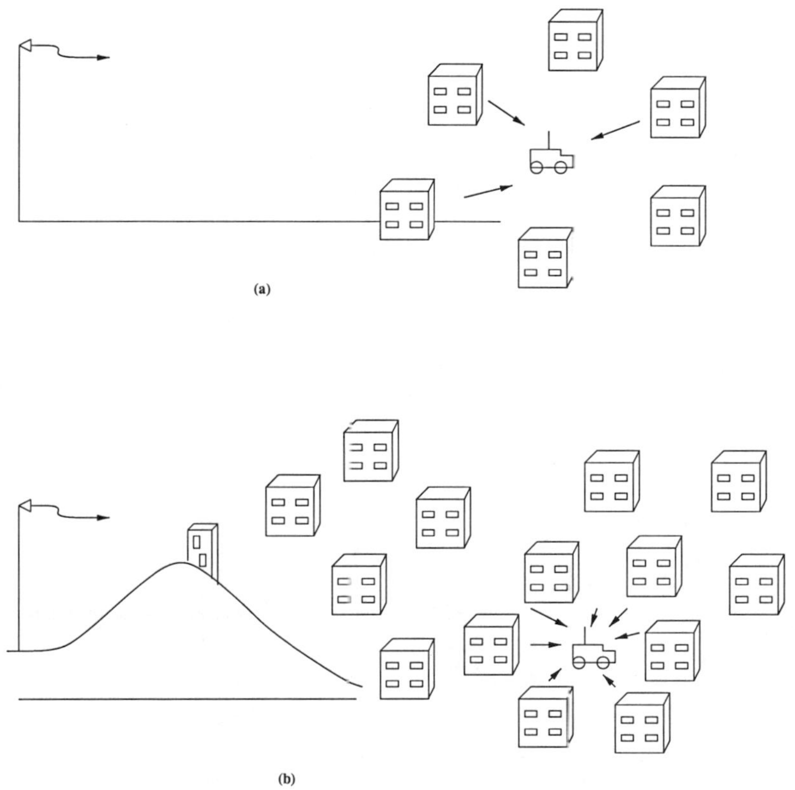

Figura 7.14: (a) Estrutura de baixa densidade; (b) Estrutura de alta densidade.

Localização	B	C	D	E	F	G	H	I
Antena Efetiva h_e (m)	100	100	200	330	620	250	40	40
Ganho (Perda) $20\log\frac{h_e}{h_1}$ (dB)	0	0	6	10,37	15,85	8	(-7,6)	(-7,6)
Distância (m)	0	1,15	3,75	5,5	6,5	7,5	9	10
Perda de área (dBm)	46	-63	-84	-90	-93	-95	-98	-100
Perda ponto-a-ponto (dBm)	46	-63	-78	-79,63	-77,15	-87	-105,6	-107,6

Tabela 7.3: Ganho ou perda devido ao efeito da altura efetiva da antena.

Observações:

1. A potência P_r não pode ser maior que a perda de propagação em espaço livre;
2. A orientação de rodovias, quando o móvel estiver dentro de um raio de 3,2 km do local da célula, afeta a potência recebida na unidade móvel. Nesse caso, quando o trajeto é uma linha reta, um nível de potência de 10 dB é maior do que ao longo de um percurso perpendicular;
3. α é um fator de correção (ganho ou perda) mostrado no Quadro 7.4;
4. A perda por folhagem é adicionada dependendo de cada situação individual.

Considerações

Este modelo é muito utilizado para desenvolvimento de projeto de sistema de comunicação móvel celular com um raio de 16 km ou menos, pois os dados seguem uma distribuição lognormal, e em 68% dos valores

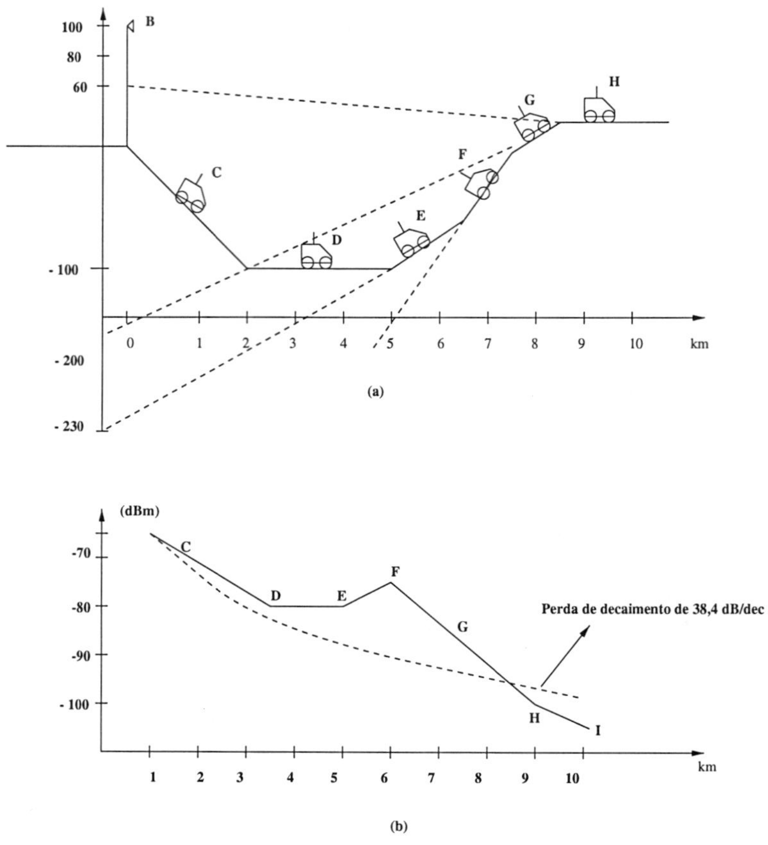

Figura 7.15: Efeito do ganho efetivo da antena em relação à topografia.

obtidos, estão dentro de um desvio padrão de 2 a 3 dB. O modelo provê também toda área de cobertura celular e evita a interferência co-canal.

7.10.4 COST231 - Modelo de Hata

Este modelo é baseado na proposta de Mogensen para a extensão do modelo de Okumura-Hata e possui os seguintes parâmetros: freqüência da portadora $1500 \leq f_c \leq 2000$ MHz, altura da antena da estação radiobase $30 \leq h_b \leq 200$ (m), altura da antena da estação móvel $1 \leq h_m \leq 10$ (m) e distância $1 \leq d \leq 20$ (km). A perda em dB é mostrada a seguir:

$$L_p = A + B\log(d) + C \tag{7.106}$$

em que

$$A = 46,3 + 33,9\log(f_c) - 13,82\log(h_b) - a(h_m) \tag{7.107}$$

$$B = 44,9 - 6,55\log(h_b) \tag{7.108}$$

$$C = \begin{cases} 0, & \text{áreas suburbanas} \\ 3, & \text{áreas urbanas} \end{cases} \tag{7.109}$$

Muito embora o modelo de Okumura-Hata e o modelo COST231-Hata sejam limitados para estações radiobase (ERB) com altura de suas antenas maiores que 30 m, pode-se utilizar os modelos para antenas abaixo desse valor, contanto que as contruções ao seu redor estejam bem abaixo do nível médio das antenas. Para distâncias menores que 1 km eles não devem ser usados, pois a perda torna-se altamente dependente da topografia local.

Condição Padrão	Fator de Correção
Estação Rádio Base	
Potência Transmitida $P_t = 10$ W (40 dBm)	$\alpha_1 = 10\log\frac{P_t'}{10}$
Altura da Antena $h_1 = 30$ m	$\alpha_2 = 20\log\frac{h_1'}{h_1}$
Ganho da Antena $g_t = 6$ dB/dipolo	$\alpha_3 = g_t' - 6$
Unidade Móvel	
Altura da Antena $h_2 = 3$ m	$\alpha_4 = 10\log\frac{h_2'}{h_2}$
Ganho da Antena $g_m = 0$ dB/dipolo	$\alpha_5 = g_m'$

Tabela 7.4: Condição padrão.

7.10.5 COST231 - Modelo de Walfish-Ikegami

Este modelo é aplicado quando a altura da antena da estação radiobase está acima ou abaixo do nível médio dos edifícios. A perda (em dB) para a propagação em linha de observação (LOS) é:

$$L_p = 42,6 + 26\log(d) + 20\log(f_c), \qquad d \geq 20 \text{ m}. \tag{7.110}$$

Os parâmetros do modelo são a distância d (km) e a freqüência da portadora f_c (MHz). A constante é determinada a uma distância de 20 m, em que a perda de propagação é em espaço livre.

A perda de propagação com a linha de observação obstruída (NLOS) é expressa em termos da altura dos prédios, h_{Roof}, extensão de ruas, w, separação entre as construções, b, e o ângulo de orientação em relação a direção de propagação, ϕ. A perda é composta de três termos:

$$L_p = \begin{cases} L_0 + L_{rts} + L_{smd} & \text{para } L_{rts} + L_{smd} \geq 0 \\ L_0 & \text{para } L_{rts} + L_{smd} < 0 \end{cases} \tag{7.111}$$

em que L_0 é a perda de propagação em espaço livre, L_{rts} é a difração de gume-de-faca e L_{smd} é devido a difrações múltiplas em superfícies duras e ásperas. A perda de propagação em espaço livre é a seguinte:

$$L_0 = 32,4 + 20\log(d) + 20\log(f_c). \tag{7.112}$$

A perda por difração de gume-de-faca é:

$$L_{rts} = -16,9 - 10\log(w) + 10\log(f_c) + 20\log(\Delta h_m) + L_{ori} \tag{7.113}$$

em que

$$L_{ori} = \begin{cases} -10 + 0,354(\phi), & 0 \leq \phi \leq 35^o \\ 2,5 + 0,075(\phi - 35), & 35 < \phi \leq 55^o \\ 4,0 - 0,114(\phi - 55), & 55 < \phi \leq 90^o \end{cases} \tag{7.114}$$

e

$$\Delta h_m = h_{Roof} - h_m.$$

A perda por difrações múltiplas é:

$$L_{msd} = L_{bsh} + k_a + k_d\log(d) + k_f\log(f_c) - 9\log(b) \tag{7.115}$$

em que

$$L_{bsh} = \begin{cases} -18\log(1+\Delta h_b) & h_b > h_{Roof} \\ 0 & h_b \leq h_{Roof} \end{cases} \tag{7.116}$$

$$k_a = \begin{cases} 54, & h_b > h_{Roof} \\ 54 - 0,8\Delta h_b, & d \geq 0,5 \text{ km } e \;\; h_b \leq h_{Roof} \\ 54 - 0,8\Delta h_b d/0,5, & d < 0,5 \text{ km } e \;\; h_b \leq h_{Roof} \end{cases} \tag{7.117}$$

$$k_d = \begin{cases} 18, & h_b > h_{Roof} \\ 18 - 15\Delta h_b/h_{Roof} & h_b \leq h_{Roof} \end{cases} \tag{7.118}$$

$$k_f = -4 + \begin{cases} 0,7(f_c/925 - 1), & \text{área suburbana} \\ 1,5(f_c/925 - 1), & \text{área urbana} \end{cases} \tag{7.119}$$

e

$$\Delta h_b = h_b - h_{Roof}.$$

O termo k_a é o incremento de perdas para antenas da estação radiobase abaixo dos prédios de construções adjacentes. Os termos k_d e k_f controlam a dependência da perda de difrações múltiplas sobre a distância e freqüência, respectivamente. O modelo é válido para os seguintes parâmetros: freqüência da portadora 800 $\leq f_c \leq$ 2000 MHz, altura da antena da estação radiobase $4 \leq h_b \leq 50$ m, altura da antena da estação móvel $1 \leq h_m \leq 3$ (m) e distância $0,02 \leq d \leq 5$ (km). Se nenhum dado sobre a estrutura das construções e rodovias está disponível, então os seguintes valores são recomendados: $b = 20...50$ (m), $w = b/2$, $\phi = 90^o$ e $h_{Roof} = 3 \times$ número de pavimentos + cobetura dos prédios (m).

O modelo COST231-Walfish-Ikegami trabalha melhor para $h_b \geq h_{Roof}$. Para $h_b \approx h_{Roof}$ grandes erros de predição são esperados e para $h_b \ll h_{Roof}$ há um resultado pobre para o modelo, pois não se consideraram alguns parâmetros nos termos da Equação 7.117

7.10.6 Modelo Analítico para Predição de Perdas de Propagação em Ambientes Urbano e Suburbano.

Para ambientes que envolvem superfícies duras e ásperas, um conhecimento básico dos mecanismos de propagação é necessário para o desenvolvimento de modelos de predição. Os três processos principais de propagação são:

1. Propagação em espaço livre;
2. Difração de gume-de-faca;
3. Difrações múltiplas em superfícies duras e ásperas.

A perda total de propagação L em decibéis pode ser expressa como o somatório de três termos independentes: a perda de espaço livre L_{fs}, a difração de gume-de-faca L_{rts} e as difrações múltiplas em superfícies duras e ásperas L_{md}

$$L = L_{fs} + L_{rts} + L_{md}. \tag{7.120}$$

A perda de espaço livre pode ser simplesmente escrita como uma função do comprimento de onda λ e da distância entre o transmissor e o receptor R,

$$L_{fs} = -10\log\left(\frac{\lambda}{4\pi R}\right)^2. \tag{7.121}$$

Usando a Teoria Geométrica de Difração (GTD), a perda devido a difração de gume-de-faca é

$$L_{rts} = -10\log\left[\frac{\lambda}{4\pi^2 r}\left(\frac{1}{\theta} - \frac{1}{2\pi+\theta}\right)^2\right] \tag{7.122}$$

com

$$\theta = \tan^{-1}\left(\frac{\Delta hm}{x}\right)$$

$$r = \sqrt{(\Delta hm)^2 + x^2}$$

em que Δhm é a diferença de altura entre o topo de um obstáculo e a antena da estação móvel e x é a distância horizontal entre a estação móvel e o obstáculo. Um fator de 2 é incluído no cálculo do sinal para representar a influência sobre o sinal médio da difração de gume-de-faca e outras difrações.

Conforme estudos realizados por Xia e Bertoni, a difração proveniente de superfícies duras e ásperas é escrita como

$$L_{md} = -10\log\left(Q_M^2\right). \tag{7.123}$$

O fator Q_M pode ser expresso em termos da função de Boersma

$$Q_M = \sqrt{M}\sum_{q=0}^{\infty}\frac{1}{q!}\left(2g\sqrt{j\pi}\right)^q I_{m-1,q} \tag{7.124}$$

para M difrações. O parâmetro de dimensionamento, g, é dado por

$$g = \Delta h_b \frac{1}{\sqrt{\lambda d}} \tag{7.125}$$

em que Δh_b é a altura da antena da estação radiobase em relação ao nível médio do obstáculo e d é a distância de separação média entre os obstáculos.

A função de Boersma satisfaz a seguinte relação recursiva,

$$I_{M-1,q} = \frac{(M-1)(q-1)}{2M} I_{M-1,q} + \frac{1}{2\sqrt{\pi}M}\sum_{n=1}^{M-2}\frac{I_{n,q-1}}{\sqrt{M-1-n}} \tag{7.126}$$

com termos iniciais

$$I_{M-1,0} = \frac{1}{M^{\frac{2}{3}}} \quad e \quad I_{M-1,1} = \frac{1}{4\sqrt{\pi}}\sum_{n=0}^{M-2}\frac{1}{n^{\frac{2}{3}(M-n)^{\frac{2}{3}}}}. \tag{7.127}$$

Com base na derivada logarítmica

$$s = -\frac{\log\left(Q_{M+1}/Q_M\right)}{\log\left[(M+1)/M\right]} \tag{7.128}$$

o índice de decaimento, γ, pode ser calculado da seguinte forma

$$\gamma = 2(1+s). \tag{7.129}$$

Simplificação de Expressão para Antena próxima ao Nível Médio do Obstáculo

Nas áreas urbanas e suburbanas compostas de construções com alturas uniformes é conveniente colocar as antenas no topo dos edifícios. Isso implica nas seguintes aproximações $\Delta h_b = 0$ e $R = Md$. Sob essas condições o campo de difrações múltiplas Q_M reduz-se simplesmente para a solução

$$Q_M = \frac{1}{M} = \frac{d}{R} \tag{7.130}$$

A perda total simplificada é

$$L = -10\log\left(\frac{\lambda}{2\sqrt{2}\pi R}\right)^2 - 10\log\left[\frac{\lambda}{2\pi^2 r}\left(\frac{1}{\theta} - \frac{1}{2\pi + \theta}\right)^2\right] - 10\log\left(\frac{d}{R}\right)^2. \tag{7.131}$$

Estando a antena da estação radiobase dentro de um conjunto de prédios, um fator de 2 é adicionado ao termo de espaço livre para acumular os raios refratados dos obstáculos ao redor da ERB que reforça o sinal na direção frontal.

Simplificação de Expressão para Antena acima do Nível Médio do Obstáculo

Para prover maior área de cobertura, a altura da antena da estação radiobase é superior ao nível médio dos obstáculos. O campo de difrações múltiplas se reduz à seguinte expressão por meio de cálculo numérico

$$Q_M = 2,35\left(\frac{g}{M}\right)^{0,9} = 2,35\left(\frac{\Delta h_b}{R}\sqrt{\frac{d}{\lambda}}\right)^{0,9}. \tag{7.132}$$

A perda total pode ser expressa por

$$L = -10\log\left(\frac{\lambda}{4\pi R}\right)^2 - 10\log\left[\frac{\lambda}{2\pi^2 r}\left(\frac{1}{\theta} - \frac{1}{2\pi + \theta}\right)^2\right] - 10\log\left[(2,35)^2\left(\frac{\Delta h_b}{R}\sqrt{\frac{d}{\lambda}}\right)^{1,8}\right]. \tag{7.133}$$

Simplificação de Expressão para Antena abaixo do Nível Médio do Obstáculo

Antenas localizadas abaixo do nível médio dos obstáculos são geralmente empregadas em aplicações para microcélulas. Quando a antena da ERB está suficientemente abaixo do nível médio das construções e a segunda coluna do obstáculo posiciona-se fora da região de transmissão da primeira coluna do obstáculo, o processo de difrações múltiplas de ondas planas pode ser separado em dois processos simples de difração de ondas cilíndricas.

A onda cilíndrica excitada por uma linha traçada abaixo da média do obstáculo é difratada, gerando várias difrações mútiplas. O primeiro caso pode ser tratado pela Teoria de Difrações Geométricas (GTD) e o processo de difrações mútiplas por Xia e Bertoni.(Howard H. Xia, 1996).

Para uma incidência no topo do primeiro obstáculo em um ângulo $\phi = -\tan^{-1}\left(\frac{\Delta h_b}{d}\right)$, o campo reduz-se devido à contribuição combinada sobre os processos de difração de ondas cilíndricas. O processo pode ser expresso da seguinte forma:

$$Q_M = \left[\frac{d}{2\pi(R-d)}\right]^2 \frac{\lambda}{\sqrt{(\Delta h_b)^2 + d^2}}\left(\frac{1}{\phi} - \frac{1}{2\pi + \phi}\right)^2. \tag{7.134}$$

A perda total é dada por

$$
\begin{aligned}
L &= -10\log\left(\frac{\lambda}{2\sqrt{2}\pi R}\right)^2 - 10\log\left[\frac{\lambda}{2\pi^2 r}\left(\frac{1}{\theta}-\frac{1}{2\pi+\theta}\right)^2\right] \\
&- 10\log\left\{\left[\frac{d}{2\pi(R-d)}\right]^2 \frac{\lambda}{\sqrt{(\Delta h_b)^2+d^2}}\left(\frac{1}{\phi}-\frac{1}{2\pi+\phi}\right)^2\right\}^2
\end{aligned} \tag{7.135}
$$

Novamente, estando a antena da estação radiobase no meio de um conjunto de prédios, o fator 2 é adicionado ao termo de espaço livre para levar em conta os raios refratados dos obstáculos ao redor da ERB, que reforça o sinal na direção frontal.

7.11 Exercícios

1. Explique como o efeito Doppler pode perturbar a recepção de um sinal transmitido no caso da modulação em freqüência e no caso da modulação em amplitude.

2. O sinal seguinte é recebido por um aparelho de radar.

$$r(t) = s(t) + n(t).$$

Assuma que o ruído $n(t)$, com densidade espectral de potência (DEP) $S_N(\omega) = S_0$, é independente do sinal $s(t) = a(t)\cos(\omega_R t + \phi)$, e $a(t)$ representa o sinal modulante apropriado para detecção pelo radar, com densidade espectral de potência $S_A(\omega)$, na faixa $-\omega_M \leq \omega \leq \omega_M$ e média zero. Calcule a autocorrelação e a DEP resultantes e explique como recuperar o sinal modulante. Trace os gráficos.

3. No modelo de dois raios (Lee) a potência transmitida é de 100 W e o ganho das antenas da estação radiobase e do terminal móvel é idêntico, $G_T = G_R = 1,4$. A antena da estação radiobase tem 100 m de altura, enquanto a do móvel tem 1,5 m. Para uma distância média de 5 km, calcule a potência recebida, em dBm.

4. Um sinal recebido tem distribuição de Rayleigh, dada em seguida, para sua envoltória. Calcule o valor mais provável do sinal.

$$p_R(r) = \frac{r}{\sigma^2} e^{-\frac{r^2}{2\sigma^2}} u(r).$$

5. O que causa o desvanecimento por multipercurso e qual seu efeito no sinal?

6. Discuta as categorias de desvanecimento no canal móvel: desvanecimento espacial, temporal e seletivo em freqüência. Indique suas características básicas e causas.

7. Analise os efeitos estatísticos presentes no canal móvel e faça uma relação com as diversas distribuições utilizadas para caracterizá-los.

8. Mostre que a distribuição de Rice converge para a de Rayleigh quando a amplitude do sinal tende a zero.

9. Mostre que a distribuição de Nakagami seguinte representa a de Rayleigh para $m = 1$.

$$p_X(x) = \frac{2m^m x^{2m-1}}{\Gamma(m)\Omega^m} e^{-\frac{mx^2}{\Omega}} u(x) \tag{7.136}$$

em que $\Omega = P_X$ é a potência média do sinal recebido e $m = \Omega^2/E[(X^2 - E^2[X])^2]$ representa a inversa da variância normalizada de X^2. O parâmetro m é o fator de modelagem da distribuição.

10. Qual transformação leva à obtenção da distribuição lognormal a partir da distribuição de Gauss?

11. Medições feitas em ambientes de fábrica concluíram que os tempos de interchegada $\{t_i = \sigma_i - \sigma_{i-1}\}$ seguem uma distribuição de Weibull com pdf dada por

$$p_T(t) = \beta\alpha t^{\beta-1}e^{-\alpha t^{\beta}}u(t) \qquad (7.137)$$

em que $\alpha, \beta > 0$ são parâmetros da distribuição. Para qual valor de β a distribuição converge para a exponencial? Mostre.

12. Qual é o efeito do atraso σ, para o modelo com seletividade em freqüência, na função de transferência do canal móvel? O que representa a assinatura do canal?

13. Por que o *RMS delay spread* limita a taxa de transmissão em um canal móvel?

14. Analise o efeito de desvanecimento de um sinal com banda passante W em relação ao parâmetro *correlation bandwidth.*

15. Classifique e analise os tipos de interferência proposital.

16. Defina *outage* para canais variantes e invariantes no tempo.

17. Um determinado enlace de comunicações móveis é analisado com o modelo de dois raios. O atraso medido para o raio secundário é de 0,3 μs. Determine se os canais alocados em torno da freqüência de 750 MHz sofrem atenuação profunda (*deep fading*). Qual o valor da atenuação causada pelo canal nesta freqüência, conhecendo os coeficientes de atenuação do raio direto ($\alpha = 0,002$) e refletido ($\beta = 0,001$)? Expresse a resposta em decibel.

18. Utilizando o método de Hata, calcule a perda total, em dB, de um enlace móvel com raio médio de 1 km, operando na freqüência de 800 MHz em área urbana. As antenas da ERB e terminal do usuário têm alturas respectivas de h_T = 40 m e h_R = 1 m. Considere ganho de 9 dB para a antena da ERB e ganho de 3 dB para a antena do móvel e assuma que a região tem características de cidade de grande porte.

19. Explique como o efeito de desvanecimento seletivo em freqüência pode perturbar a recepção de um sinal transmitido, no caso da modulação em ângulo. Mostre como combater esse efeito.

20. Um sistema de comunicações móveis tem suas células no formato circular, com raio D. Os usuários estão uniformemente distribuídos em cada célula, conforme a fórmula que segue, em que R representa a distância a partir do centro da célula. Qual a distância média dos usuários à estação radiobase (ERB)? Calcule a variância e o desvio padrão dessa distância. Qual a probabilidade de encontrar um terminal móvel a uma distância superior à média? Qual a potência média recebida por um terminal móvel com o modelo de terra plana (Lee)?

$$p_R(r) = \frac{2r}{D^2}[u(r) - u(r-D)],$$

em que r indica a distância a partir do centro da célula.

21. Um enlace de 10 km, em visibilidade, com antenas instaladas no alto de torres de 100 m, é projetado segundo o modelo de dois raios. Calcule o efeito de desvanecimento seletivo em freqüência, provocado pela ocorrência do raio refletido, a meia distância entre as torres, especificando quais freqüências não devem ser usadas para a transmissão. Esboce a assinatura do enlace. Assuma uma perda no enlace, $\alpha = 0,2$, e um coeficiente de reflexão no solo $\beta = -0,1$ e $c = 300.000$ km/s.

Capítulo 8

Antenas para Comunicações Móveis

Wamberto José Lira de Queiroz

8.1 Introdução

A difusão de informações por meio de ondas eletromagnéticas vem influenciando a comunicação entre seres humanos desde o ano em que o cientista inglês James Clerk Maxwell (1831-1879) as previu. No ano de 1864, o então professor de física experimental da Universidade de Cambridge, Inglaterra, demonstrou teoricamente a provável existência de tais fenômenos sem constatação prática e foi o primeiro a estabelecer o conceito fundamental de ondas eletromagnéticas por dedução matemática. Do seu trabalho, resultaram as famosas Equações de Maxwell, que indicavam a existência de ondas eletromagnéticas, mais tarde (1886) constatadas pelo físico alemão Heinrich Rudolph Hertz (1857-1894),

Após Maxwell, muitos outros pesquisadores despertaram para o desenvolvimento de elementos radiantes e deram início à revolução das telecomunicações que existe no século atual. No ano de 1901, o cientista Guglielmo Marconi realizou a primeira transmissão eletromagnética através do Atlântico, enviando sinais de Poldhu, em Cornwall, Inglaterra, para St. John's, Newfoundland. Por quatro décadas a tecnologia de antenas ficou restrita a elementos radiantes formados por fios e a intervalos de freqüência na faixa UHF (*Ultra high frequency*). Só após a Segunda Guerra Mundial que novos elementos, como aberturas e refletores, foram introduzidos, aumentando o desempenho das estruturas anteriores. Um fator importante para a nova era das antenas foi a invenção de fontes de microondas, como o magnetrom. Entre as décadas de sessenta e oitenta, os avanços na arquitetura dos computadores trouxeram a promessa de novo impulso para o desenvolvimento das antenas na década seguinte. Essa promessa foi cumprida com o surgimento de métodos numéricos que permitiram que estruturas complexas pudessem ser acuradamente projetadas.

À medida que os sistemas de comunicações foram evoluindo e a necessidade por novos serviços aumentou, as pesquisas começaram a ser direcionadas para a busca de novas estruturas radiantes mais eficientes. Uma nova categoria de antenas que ultimamente vem recebendo bastante atenção da comunidade científica são as antenas inteligentes. É uma categoria de antena cuja potência radiada é direcionada para locais específicos por meio de estruturas de elementos radiantes, conhecidas como arranjos de forma otimizada. Essas estruturas têm sido propostas na setorização e projeto de sistemas celulares e na melhora de desempenho de alguns sistemas de comunicações.

Vários elementos de antenas podem ser arranjados no espaço e interconectados para produzir diagramas de radiação direcional. Configurações desse tipo, com múltiplos elementos radiantes, são referidos como arranjos de antenas. Geralmente, são formadas pelo agrupamento de muitas antenas de pequenas dimensões, para que se possa obter um nível de desempenho semelhante ao obtido com uma única antena grande. Nesse caso, os problemas mecânicos com uma única antena de grandes dimensões se transformam em problemas elétricos associados ao conjunto de pequenas antenas agrupadas em arranjo. Esses problemas, entretanto, tendem a desaparecer devido ao avanço na tecnologia de dispositivos de estado sólido, minimizando os custos de implementação das antenas. Os arranjos de antenas fornecem capacidade única de direcionamento do feixe radiado por meio do ajuste da fase da corrente de excitação em cada elemento. Esses arranjos são referidos como arranjos controlados por fase e encontram muitas aplicações.

O conceito de arranjos controlados por fase foi inicialmente proposto em 1889, mas o primeiro arranjo prático só veio surgir em 1906. A introdução de equipamentos de rádio de ondas curtas em 1920 tornou possível o uso de arranjos de antenas com dimensões razoáveis, surgindo a partir daí uma maneira conveniente de se obter um padrão de radiação diretivo para sistemas de comunicações. Durante a Segunda Guerra Mundial, os arranjos de antenas operando nas faixas de VHF (*Very high frequency*) e UHF, e posteriormente em microondas, foram usados em sistemas de radar. Atualmente eles encontram aplicações em sistemas de comunicações sem fio, sistemas de múltiplo acesso como o CDMA (*Code division multiple access*), sistemas WLL (*Wireless local loop*) e de serviços pessoais e ainda podem ser utilizados como uma ferramenta para contornar alguns problemas presentes nos enlaces de TV digital. Para que se possa explorar alguns desses tópicos em mais detalhes, é interessante que se faça antes uma revisão de alguns conceitos básicos da teoria de antenas.

Os arranjos podem ser encontrados em diferentes configurações geométricas, sendo a mais comum a configuração linear em que os elementos são dispostos ao longo de uma linha reta. Existem ainda a configuração planar, em que os elementos são dispostos em uma grade quadrilátera, a configuração circular na qual os elementos são dispostos igualmente espaçados ao longo de um círculo de raio a e uma classe emergente que são os arranjos conformais. Nea última configuração, os elementos são dispostos em superfícies não-planares, como na parte externa de veículos, aviões e iates.

As estruturas em arranjo oferecem muitas vantagens em relação às configurações usuais. Nas antenas parabólicas, por exemplo, o direcionamento do feixe radiado é feito juntamente com toda a estrutura mecânica da antena, enquanto nos arranjos o direcionamento é feito em tempo real na velocidade de processamento dos dispositivos eletrônicos do arranjo, simplesmente ajustando-se os parâmetros de excitação dos elementos.

8.2 Conceitos e Definições

Segundo o padrão Std. 145 do IEEE, de 1983, uma antena é definida como um dispositivo por meio do qual se pode radiar ou captar ondas de rádio. Ou seja, uma antena é uma estrutura de transição entre o espaço livre e um dispositivo de condução da onda de rádio (Balanis, 1997). O dispositivo de condução pode ser um cabo coaxial ou um guia de onda e é usado para transportar a energia eletromagnética da fonte de emissão de sinais até a antena ou da antena para a estrutura do receptor.

Além de receber e transmitir energia, as antenas são usadas nos sistemas de comunicações modernos para otimizar ou acentuar a energia radiada. Algumas configurações podem ser usadas para direcionar o campo eletromagnético radiado em uma determinada direção enquanto outras configurações são projetadas para cancelar sinais indesejados. Dessa forma, para atender às necessidades nesses sistemas, as antenas podem ser projetadas com diferentes formas, como as grandes antenas parabólicas, as pequenas antenas impressas, as configurações em arranjo, os clássicos dipolos e monopolos e assim sucessivamente.

Nos sistemas de comunicações sem fio, a antena é um dos principais componentes. Um bom projeto de antena pode significar a redução de custos e a melhora de desempenho do sistema. Um exemplo típico do uso adequado de uma antena é no caso da transmissão de sinais de TV. A qualidade dos sinais de som e imagem depende fortemente da configuração de antena utilizada. Quanto mais sofisticada a antena, maior a qualidade dos sinais. A área de estudo das antenas é bastante dinâmica e nos últimos anos tem tido um papel indispensável no crescimento da tecnologias das telecomunicações no mundo (Balanis, 1992).

Matematicamente, uma configuração de antena é um problema eletromagnético de contorno. Dessa forma, os campos radiados pela antena devem satisfazer às Equações de Maxwell, que representam o campo elétrico $\mathbf{E}$ e o campo magnético $\mathbf{H}$, junto com suas variações no espaço e no tempo. As equações podem ser escritas como:

$$\begin{array}{ll} \text{Lei de Gauss para o campo elétrico} & \nabla \cdot \mathbf{E} = \frac{\rho}{\epsilon}; \\ \text{Lei de Henry-Faraday} & \nabla \times \mathbf{E} = -\frac{\partial \mathbf{H}}{\partial t}; \\ \text{Lei de Gauss para o campo magnético} & \nabla \cdot \mathbf{H} = 0; \\ \text{Lei de Ampère-Maxwell} & \nabla \times \mathbf{H} = \mu_0 \mathbf{J} + \mu_0 \epsilon \frac{\partial \mathbf{E}}{\partial t}; \end{array} \tag{8.1}$$

em que $\mathbf{J}$ representa a densidade de corrente elétrica, ρ representa a densidade de cargas elétricas e ϵ e μ_0 representam respectivamente duas características inerentes ao meio no qual os campos se propagam, que são a permissividade elétrica e a permeabilidade magnética. Assumindo que o meio de propagação não tem perdas e que os campos são harmônicos no tempo (podendo ser representados por $e^{j\omega t}$), as Equações de Maxwell passam a ser reescritas como:

$$\nabla \times \mathbf{E} = -\mathbf{M}_i - j\omega\mu\mathbf{H}; \tag{8.2}$$

$$\nabla \times \mathbf{H} = +\mathbf{J}_i + j\omega\epsilon\mathbf{E}; \tag{8.3}$$

$$\nabla \cdot (\epsilon\mathbf{E}) = q_{ve}; \tag{8.4}$$

$$\nabla \cdot (\mu\mathbf{B}) = q_{vm};, \tag{8.5}$$

em que $\mathbf{J}_i$ e $\mathbf{M}_i$ são as densidades de corrente elétrica e magnética, respectivamente. As grandezas q_{ve} e q_{vm} representam as densidades de carga elétrica e magnética, respectivamente. Apesar de não existir carga ou corrente magnética, essas grandezazs são usadas para facilitar a solução do problema de valor de contorno (Balanis, 1992).

8.3 Tipos de Antena

8.3.1 Antenas de Único Fio

Esse tipo de antena é bastante familiar e é geralmente visto em diferentes locais como automóveis, prédios, barcos, aviões, etc. Existem várias formas de se fabricar uma antena a partir de um único fio. Exemplos comuns são os dipolos e monopolos, as configurações em *loop*, que podem ser circular, retangular, elipsoidal ou outra forma apropriada, e as configurações helicoidais. Exemplos dessas configurações são mostrados nas Figuras 8.1(a), 8.1(b) e 8.1(c).

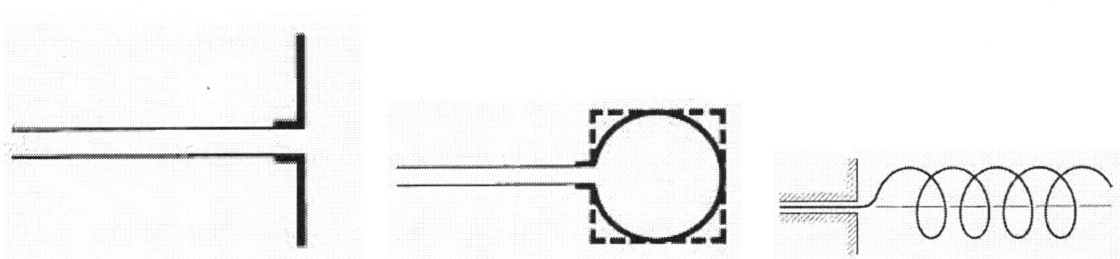

(a) Dipolo com alimentação central

(b) *Loop* circular ou retangular

(c) *Loop* helicoidal

Figura 8.1: Configurações de antenas de um fio.

Os dipolos e os monopolos são as duas formas de antena mais amplamente usadas em sistemas de comunicações móveis. Devido às suas características em banda larga e à sua simplicidade, são bastante usados em aparelhos portáveis como celulares e telefones sem fio. A eficiência de radiação e o ganho desses elementos são influenciados principalmente pelo seu comprimento elétrico, que é relacionado à freqüência de operação (Balanis, 1997).

8.3.2 Antenas de Abertura

As antenas de abertura têm se tornado mais populares devido à necessidade de configurações mais sofisticadas e da utilização em altas freqüências. Algumas formas de antenas de abertura são mostradas na Figura 8.2. Elas são muito usadas em aviões e espaçonaves por causa da versatilidade com que podem ser montadas na superfície desses veículos. Adicionalmente, elas podem ser cobertas por um material dielétrico que as protejam das condições adversas do ambiente.

(a) Corneta piramidal (b) Corneta cilíndrica (c) Guia de onda retangular

Figura 8.2: Configurações de antenas de abertura.

8.3.3 Antenas de Microfita

Esta tecnologia de antenas se tornou bastante popular na década de setenta, em aplicações aeroespaciais. Atualmente são usadas em aplicações comerciais e militares. Elas são formadas por uma pequena lâmina metálica colocada em um substrato que serve como um plano de terra. A lâmina metálica, apesar de poder tomar diferentes formas, é geralmente encontrada nas formas circular e retangular, para facilitar a análise teórica e a fabricação. Um outro motivo para essas configurações serem mais usuais é que fornecem características de radiação mais apropriadas. Um exemplo de antena de microfita é ilustrado na Figura 8.3, em que é mostrado um *patch* circular sobre um substrato retangular.

8.3.4 Arranjos de Antenas

Em muitas aplicações são necessárias características de radiação que não podem ser obtidas por meio de um único elemento radiante. Nesses casos, pode-se dispor um conjunto de elementos em alguma forma geométrica apropriada de modo que as características desejadas sejam obtidas. Existem várias configurações de arranjo e a escolha de uma determinada configuração depende da aplicação a que se destina a antena. Exemplos de configurações de arranjo de antenas são mostrados na Figura 8.4

Um exemplo de configuração prática de arranjos de antenas pode ser visto na Figura 8.5, que mostra dois modelos comerciais com abertura azimutal disponível nos valores 45°, 60°, 90° e 180°. Ambos os modelos são disponíveis em polarização horizontal e vertical.

Figura 8.3: Modelo de antena retangular em microfita.

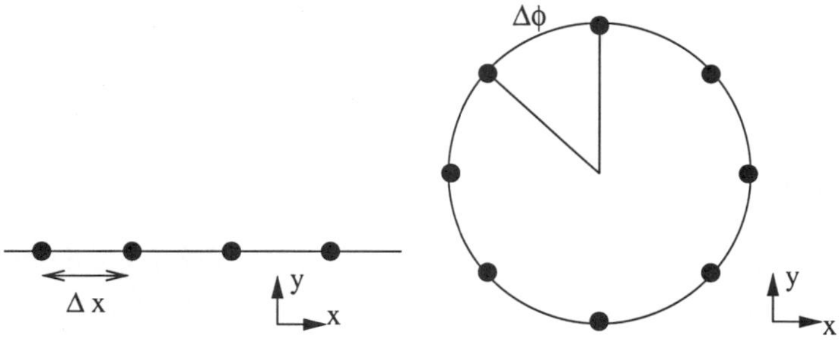

(a) Arranjo linear

(b) Arranjo circular

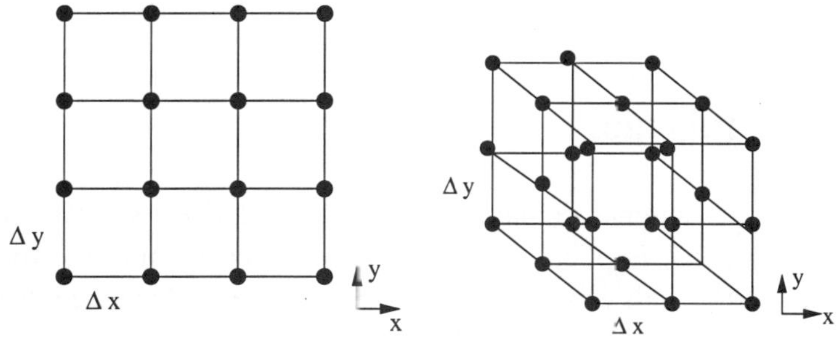

(c) Arranjo planar

(d) Arranjo espacial

Figura 8.4: Configurações de arranjos de antenas.

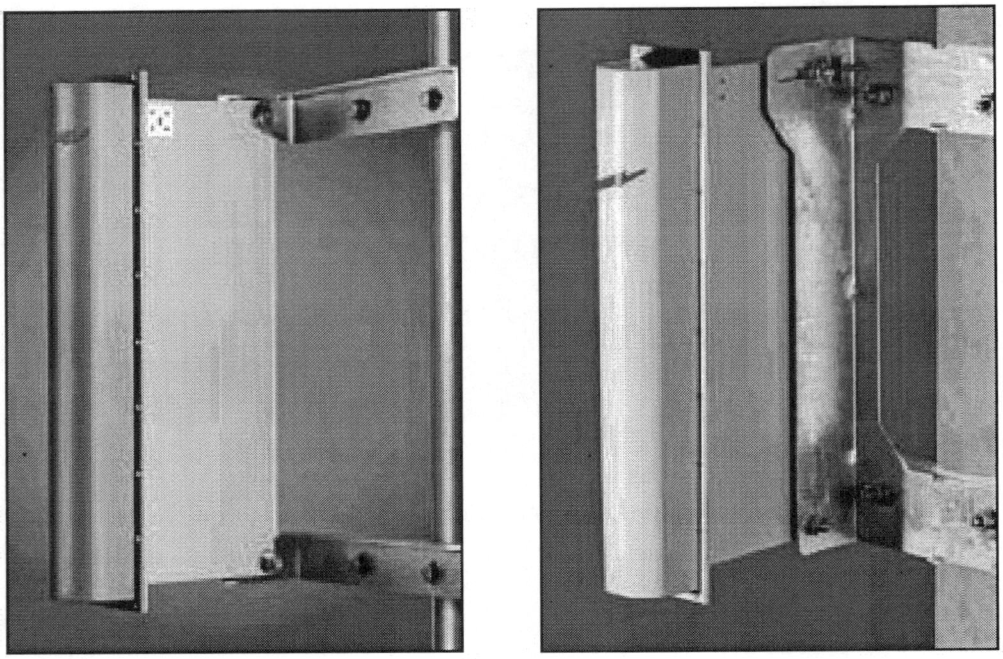

(a) Modelo BCAHxxx (b) Modelo BCAX090

Figura 8.5: Arranjos de antenas superdiretivas usadas em sistemas de comunicações móveis celulares (Cortesia da Andrew Corporation).

8.3.5 Antenas Refletoras

O principal objetivo do uso de refletores metálicos em conjunto com elementos radiantes é aumentar a intensidade do campo eletromagnético radiado pela antena. Devido à necessidade de comunicações em longas distâncias, estruturas sofisticadas de antenas têm sido desenvolvidas para transmitir e receber sinais que trafegam por milhares de quilômetros. As formas mais conhecidas de refletores metálicos são as antenas parabólicas que são bastante usadas na comunicação por satélites. Além das formas parabólicas, existem também os refletores planos, os refletores de quina e os refletores parabólico-cilíndricos.

8.4 Mecanismos de radiação

Os mecanismos pelos quais as antenas radiam energia eletromagnética são variados e de uma certa forma dependem da configuração da antena. Explicar os detalhes de tais mecanismos está fora do contexto deste livro e podem ser encontrados em textos mais especializados. Apenas uma explanação introdutória é feita a respeito dos principais casos (Stutzman e Thiele, 1998; Balanis, 1997).

8.4.1 Antena de Único Fio

Antenas de um único fio são formadas por materiais condutores cuja principal característica é a facilidade com que se pode criar movimento de carga e fluxo de corrente ao longo do condutor. Considerando um fio condutor de comprimento l muito fino, posicionado ao longo do eixo cartesiano z, com uma densidade volumétrica

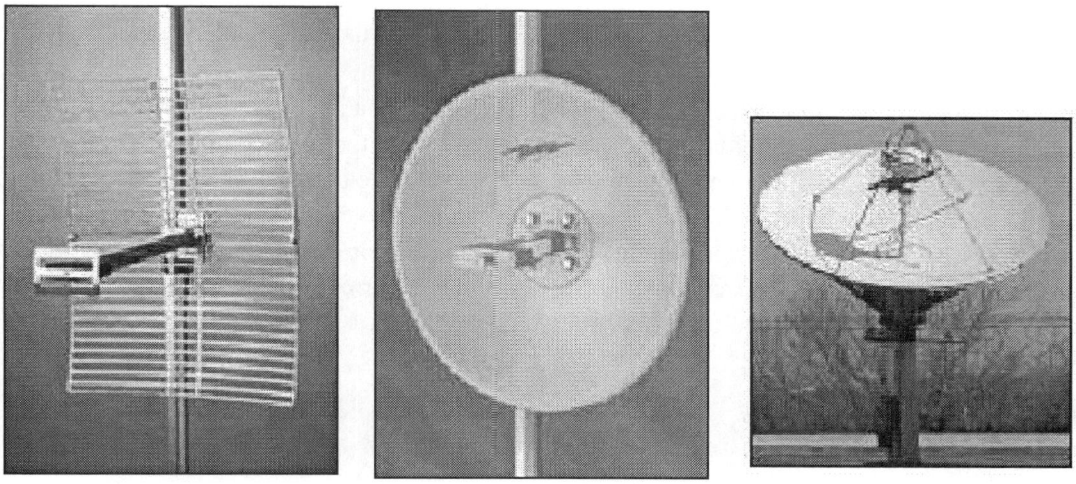

(a) Refletor parabólico cilíndrico

(b) Refletor parabólico

(c) Refletor parabólico

Figura 8.6: Configurações de antenas refletoras (Cortesia da Andrew Corporation).

de corrente q_l, pode-se mostrar que a radiação eletromagnética pode ser modelada por

$$l\frac{dI_z}{dt} = lq_l\frac{dv_z}{dt} = lq_l a_z, \tag{8.6}$$

em que v_z é a velocidade da carga elétrica em um volume V, na direção z, I_z é a corrente ao longo do condutor e $a_z = dv_z/dtm/s^2$ é a aceleração das cargas elétricas. Essa equação simplesmente estabelece que, para haver radiação, deve haver uma variação de corrente no tempo ou uma aceleração de carga. Para haver aceleração ou desaceleração de carga, o fio utilizado deve ser curvado, dobrado, descontínuo ou deve ter dimensão limitada. Variações periódicas de cargas ou variações de corrente no tempo também podem ser obtidas ao longo do condutor quando a fonte de alimentação é senoidal.

8.4.2 Antenas de Dois Fios

Neste caso, assume-se que uma fonte de tensão alternada é conectada a uma linha de transmissão formada por dois fios, os quais são conectados a uma antena de dois fios. A diferença de potencial entre os dois condutores, devido à variação da tensão alternada, cria um campo elétrico entre eles. Esse campo elétrico gera linhas de força que são tangenciais ao campo elétrico. As linhas tangenciais de força agem sobre os elétrons livres do condutor, que são fracamente ligados aos átomos da superfície, e os forçam ao deslocamento. O movimento de cargas resultante cria uma corrente elétrica, que por sua vez gera uma intensidade de campo magnético. Associado à intensidade de campo magnético, há ainda linhas de força magnética tangenciais ao campo magnético. As linhas de campo elétrico podem ter o seguinte comportamento:

- as linhas do campo elétrico começam nas cargas positivas e terminam nas cargas negativas;
- podem começar em uma carga positiva e terminar no infinito;
- podem começar no infinito e terminar em uma carga negativa;
- podem formar laços (*loops*) fechados.

As linhas de campo magnético sempre formam laços fechados em torno dos condutores de corrente porque naturalmente não existem cargas magnéticas, exceto em alguma formulação matemática onde esse tipo de consideração seja necessário.

As linhas de campo elétrico traçadas entre dois condutores ajudam a ilustrar a distribuição de cargas. Se for assumido que a fonte de tensão é senoidal, então é esperado que o campo elétrico entre os condutores também seja senoidal com período igual ao da tensão senoidal. A magnitude relativa da intensidade de campo elétrico é indicada pela densidade das linhas de força. A criação de campos elétricos e magnéticos variantes no tempo, entre os condutores, forma ondas eletromagnéticas que viajam entre os condutores, como ilustrado na Figura 8.7. Além da extremidade da antena, as ondas de espaço livre se formam pela "conexão" das extremidades das linhas de campo elétrico e formam laços fechados que se movem à velocidade da luz, se distanciando da antena.

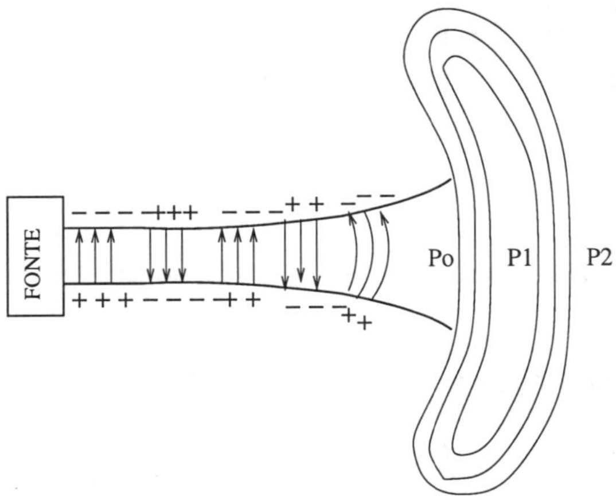

Figura 8.7: Mecanismo de radiação em uma antena formada por dois condutores acoplados a uma fonte alternada.

8.4.3 Distribuição de Corrente em Uma Antena de Um Fio

Para ilustrar a criação de corrente elétrica em um dipolo linear, e sua subseqüente radiação, considere inicialmente a geometria de uma linha de transmissão formada por dois condutores idealmente sem perdas, mas com características intrínsecas desbalanceadas, ou seja, não necessariamente iguais. O movimento de cargas elétricas ao longo dos condutores cria uma corrente alternada viajante de magnitude $I_0/2$, ao longo de cada fio. Quando as correntes alcançam a extremidade de cada condutor, elas sofrem uma reflexão completa de fase e mantêm sua magnitude. A corrente alternada refletida, quando combinada com a corrente viajante, forma em cada fio condutor um padrão ondular completamente senoidal. Essa combinação dá surgimento, em cada fio, a uma reversão de fase de 180° no final de cada semiciclo da onda senoidal. A radiação ocorre devido à natureza variante no tempo da corrente senoidal e devido à terminação brusca dos fios.

Considerando que a linha de transmissão seja simétrica e balanceada, a corrente no semiciclo de um fio passa a ter a mesma magnitude, mas a fase contrária à corrente no semiciclo do fio vizinho. Se, adicionalmente, a distância entre os fios é pequena, bem menor que um comprimento de onda, os campos radiados por cada fio passam a se cancelar. O resultado desse cancelamento é uma linha de transmissão idealmente sem radiação.

Se além de um determinado ponto da linha os dois condutores forem ligeiramente dobrados, como mostra a Figura 8.8(a), então pode-se considerar que a corrente em cada fio permanece com a forma inalterada, ou seja, permanece senoidal. Entretanto, devido ao distanciamento que surge entre as extremidades dos fios, devido à torção que sofrem, os campos radiados por esses condutores deixam de se cancelar e passa a haver uma radiação resultante.

Uma outra forma de dipolo bastante usada tem a forma mostrada na Figura 8.8, que ilustra o processo de formação do dipolo a partir de dois fios paralelos. Devido ao padrão da distribuição de corrente ser estacionário, essa configuração é também conhecida como antena de distribuição de corrente estacionária, em contraste à configuração de onda viajante. Se o comprimento de fio dobrado l em cada extremidade da configuração é menor que λ, a fase da onda em cada extremidade é a mesma. Adicionalmente, as ondas em cada ramo do fio são espacialmente orientadas na mesma direção. Desse modo, os campos radiados pelas duas extremidades dobradas se adicionam construtivamente na direção do ponto de observação do campo.

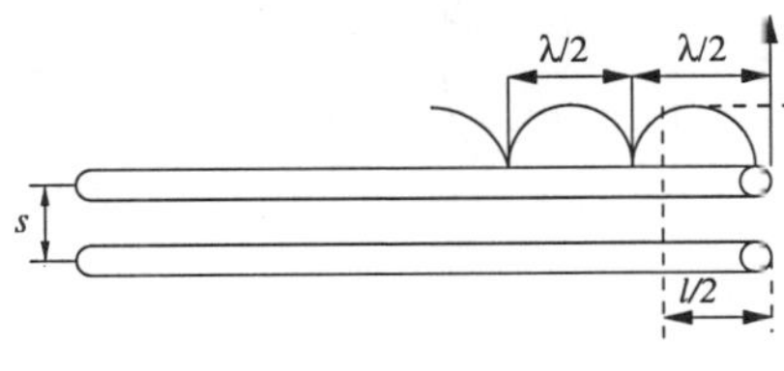

(a) Dois fios retos

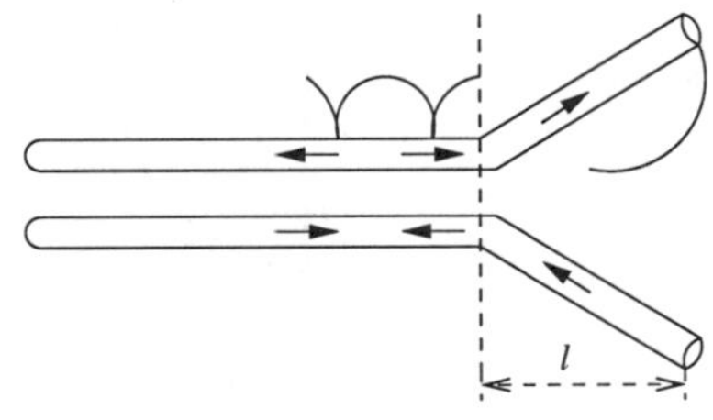

(b) Dois fios dobrados

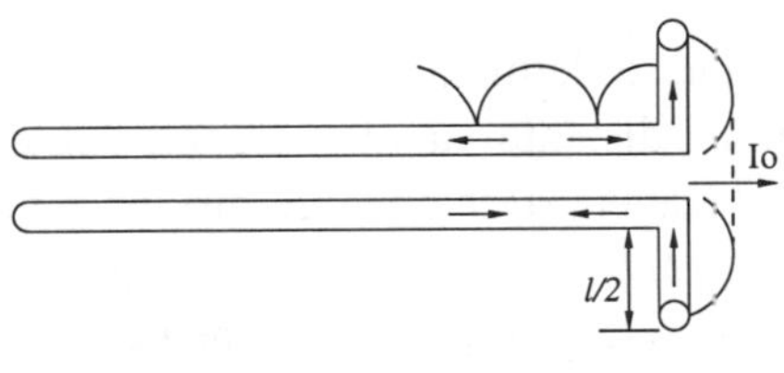

(c) Dois fios dobrados em ângulo reto

Figura 8.8: Configurações de distribuição de corrente em uma linha de transmissão de dois fios e sem perdas.

Se o diâmetro de cada fio é muito pequeno $(d \ll \lambda)$, o padrão da distribuição de corrente ao longo de cada ramo dobrado do dipolo é senoidal com um nulo nas extremidades. A forma da distribuição resultante depende do comprimento das partes dobradas. Para dipolos com alimentação central e comprimentos $l \ll \lambda$, $l = \lambda/2$, $\lambda/2 < l < \lambda$ e $\lambda < l < 3\lambda/2$, os padrões de corrente são ilustrados nas Figuras 8.9(a)-8.9(d).

Devido às variações periódicas de magnitude e fase, os padrões de distribuição de corrente de um dipolo maior que λ sofrem uma inversão de fase de 180° entre semicíclos adjuntos. Dessa forma, a corrente em todas as partes do dipolo não têm a mesma fase. Esse fato pode ser visto da Figura 8.9(d). O campo radiado por algumas partes do dipolo não reforça o campo de outras parte do mesmo dipolo. Como resultado, significantes efeitos de interferência e cancelamento são notados na formação do padrão de radiação resultante.

8.4.4 Regiões de Campo

O espaço em torno de uma antena é geralmente dividido em três regiões, que são conhecidas como região de campo próximo reativo, região de campo próximo radiante ou região de Fresnel e região de campo distante ou região de Fraunhofer. As regiões são assim classificadas para que se possa identificar a estrutura de campo em cada uma delas. Cada uma das regiões, mostradas na Figura 8.10, é definida de acordo com o IEEE, como:

- a região de campo próximo reativo é definida como a região do campo imediatamente próxima à antena, onde o campo reativo predomina. Para a maioria das antenas, o limite espacial dessa região é tomado a uma distância $R < 0,62\sqrt{D^3/\lambda}$ da antena, em que λ é o comprimento de onda e D é a maior dimensão da antena;

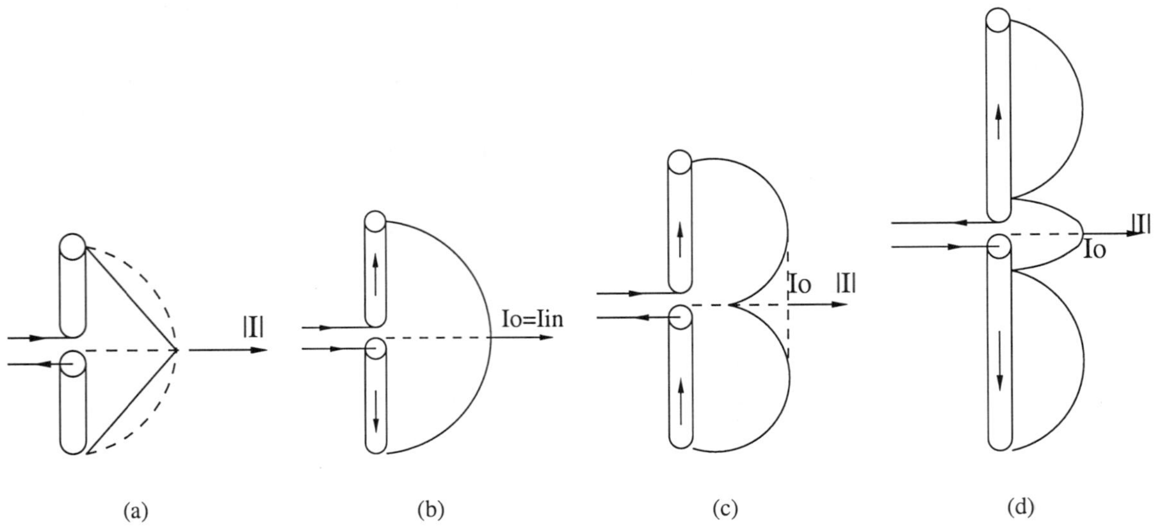

Figura 8.9: Configurações de distribuição de corrente em dipolos lineares.

- a região de campo próximo radiante é definida como a região do campo da antena, entre as regiões de campo próximo reativo e de campo distante, na qual o campo radiante predomina e onde a distribuição angular do campo depende da distância à antena. A distância radial R para a qual a região existe é definida por $0,62\sqrt{D^3/\lambda} \leq R \leq 2D^2/\lambda$. O critério leva em consideração um erro máximo de fase de $\pi/8$ radianos. Nessa região, o padrão do campo é, geralmente, uma função da distância radial;
- a região de campo distante é definida como a região do campo da antena onde a distribuição angular do campo é totalmente independente da distância à antena. Nessa região, a parte real da densidade de potência é dominante. A distância radial R sobre a qual a região existe é $R > 2D^2/\lambda$ e o limite da região é tomado no infinito. O critério também leva em consideração um erro de fase de $\pi/8$ radianos.

8.5 Especificações de Projeto e Figuras de Mérito

Algumas das figuras de mérito mais usadas no projeto de antenas estão descritas a seguir.

O *diagrama de radiação* é geralmente definido como uma representação gráfica dos parâmetros de radiação da antena. Na maioria dos casos, o diagrama de radiação é obtido para regiões de campo distante e essa consideração é usual para facilitar o desenvolvimento matemático.

Os diagramas mostrados nas Figuras 8.11(a) e 8.11(b) são de antenas usadas em difusão em banda larga, em estações radiobase. Algumas características geralmente mostradas nos catálogos de vendas dessas antenas são: o tipo de montagem, que as antenas podem ser montadas no topo ou na parte lateral da torre da estação radiobase para otimizar a cobertura e o projeto da torre, o diagrama de radiação azimutal, o diagrama de elevação, o tipo de polarização, a inclinação vertical do feixe principal e a potência de entrada da antena.

Para uma completa descrição, os parâmetros de interesse são geralmente plotados em um sistema de coordenadas esférico, em função dos ângulos θ e ϕ. Parâmetros de interesse incluem geralmente amplitude, fase, polarização e diretividade. Um padrão de amplitude é formado por uma certa quantidade de lóbulos ou feixes. O feixe principal é definido como o feixe que contém a direção da intensidade máxima radiada. Em algumas antenas pode haver mais que um lóbulo principal, como mostra a Figura 8.11(a).

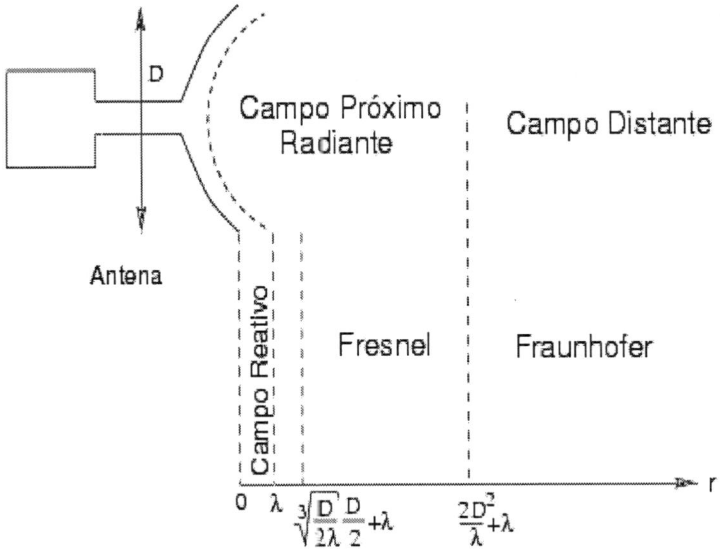

Figura 8.10: Representação gráfica das regiões de campo de uma antena (Fonte: (Gomes, 2000)).

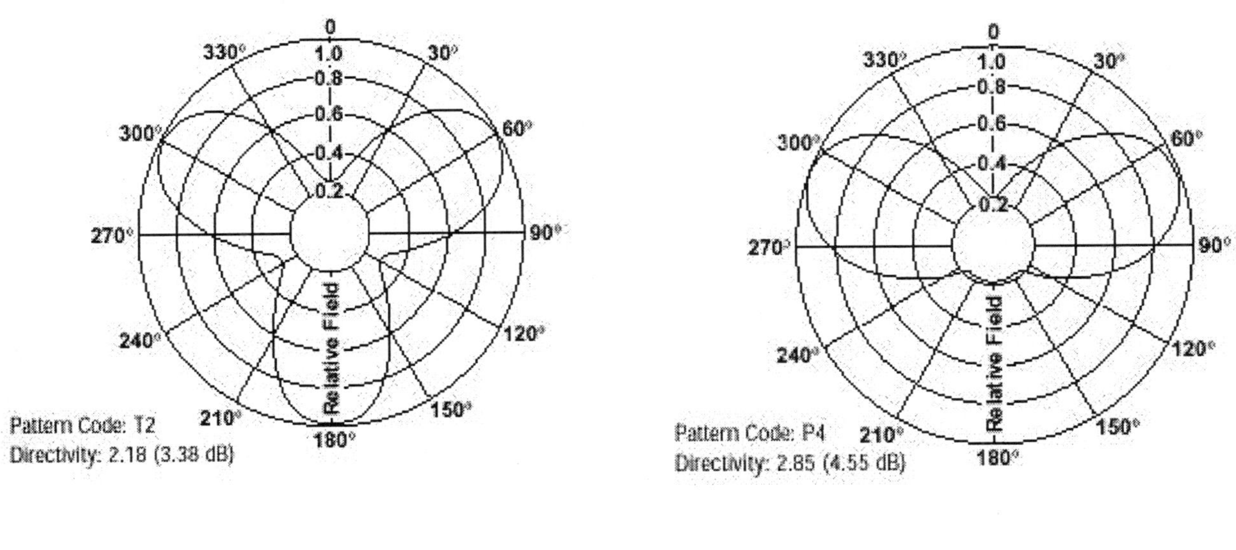

(a) Diretividade 2,18 (3,38 dB)

(b) Diretividade 2,85 (4,55 dB)

Figura 8.11: Exemplos de padrões de radiação de antenas não diretivas usados em torres de estação radiobase (Cortesia da Andrew Corporation).

Lóbulo lateral é definido como o lóbulo radiado em qualquer direção diferente da direção do lóbulo principal. O nível de amplitude do lóbulo secundário, em relação ao lóbulo principal, geralmente expresso em decibéis, é referido como nível de lóbulo secundário.

É geralmente útil usar circuitos equivalentes para analisar a operação e o desempenho de uma antena. O equivalente de Thevenin de uma antena nos modos de transmissão e recepção são ilustrados nas Figuras 8.12(a) e 8.12(b). A resistência R_r é chamada de resistência de radiação, que é a resistência que representa da

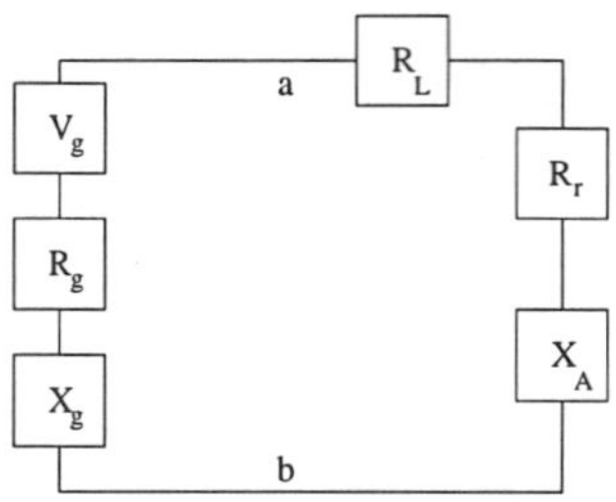

(a) Modo de transmissão

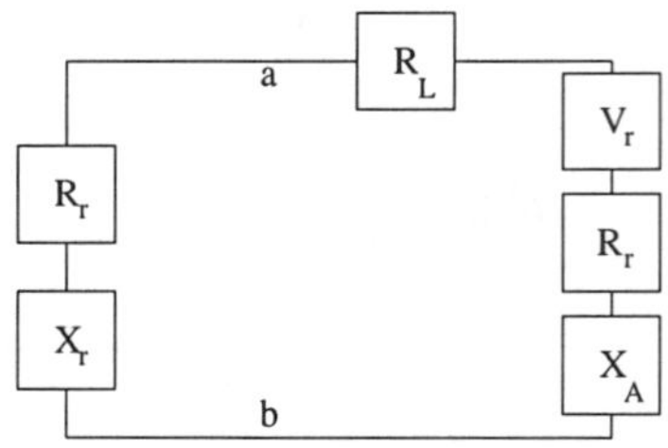

(b) Modo de recepção

Figura 8.12: Circuitos equivalentes de Thevenin de uma antena.

radiação da antena. A resistência faz parte da impedância da antena, cuja parte imaginária é referida como X_A. As perdas condutivas e dielétricas são representadas por R_L, enquanto a impedância do gerador e a do receptor são representadas respectivamente por $Z_g = R_g + jX_g$ e por $Z_T = R_T + jX_T$.

A *impedância de entrada* é definida como a impedância apresentada pela antena em seus terminais. É expressa nos terminais de entrada da antena como a razão entre a tensão e a corrente ou como a razão entre a intensidade de campo elétrico e campo magnético.

A *densidade de potência* **S** é definida como a densidade de potência dos campos radiados pela antena (W/m^2). Em geral, é uma grandeza complexa e na região de campo próximo reativo tem a parte imaginária dominante. Na região de campo distante, a parte real é dominante. Matematicamente, $\mathbf{S} = \frac{1}{2}\mathbf{E} \times \mathbf{H}^*$, em que **E** e **H** representam os campos radiados pela antena.

A *intensidade de radiação U* é definida como a potência radiada de uma antena por unidade de ângulo sólido. É uma grandeza usualmente determinada em campo distante e é relacionada à parte real da densidade de potência por $U = r^2 S_r$, em que r é uma distância radial esférica.

A *largura de feixe* é definida como a separação angular entre duas direções nas quais a intensidade de radiação é idêntica, sem ponto algum intermediário de mesma potência. Os pontos do feixe principal nos quais a intensidade de radiação atinge metade do valor principal são referidos como pontos de meia potência.

Um *radiador isotrópico* é definido como uma antena hipotética sem perdas, com a mesma intensidade de radiação em todas as direções. Apesar de ser uma idealização, é geralmente usada como uma referência apropriada para expressar as propriedades diretivas das antenas não-ideais. Sua densidade de radiação Sr_0 e intensidade S_0 são definidas respectivamente como:

$$Sr_0 = \frac{P_r}{4\pi r^2}; \tag{8.7}$$

$$U_0 = \frac{P_r}{4\pi}; \tag{8.8}$$

em que P_r representa a potência radiada pela antena.

A *diretividade* é uma das mais importantes figuras de mérito que descrevem o desempenho de uma antena. Ela é definida como a razão entre a intensidade de radiação em uma dada direção a partir da antena e a intensidade média de radiação em todas as direções. Em termos da Equação 8.8, a diretividade pode ser escrita como

$$D = \frac{U(\theta, \phi)}{U_0} = \frac{4\pi U(\theta, \phi)}{P_r}, \tag{8.9}$$

em que $U(\theta, \phi)$ é a intensidade de radiação nas direções θ e ϕ, e P_r é a potência radiada. Se a direção não é mencionada, é usada a direção de intensidade de radiação máxima.

O *ganho* é outro parâmetro importante, que é definido como a razão entre a intensidade de radiação em uma dada direção e a intensidade que seria obtida se a potência de entrada P_a, recebida pela antena, fosse radiada isotropicamente. O ganho G é escrito como

$$G = \frac{U(\theta, \phi)}{U_o} = \frac{4\pi U(\theta, \phi)}{P_a}. \tag{8.10}$$

A *polarização* da antena em uma dada direção é determinada pela polarização de seus campos radiados. Em geral, a polarização de uma antena é classificada como linear, circular ou elíptica. Apesar de os casos circular e linear serem derivados da polarização elíptica, na prática eles são geralmente vistos separadamente. As polarizações circular e elíptica também podem ser classificadas de acordo com o sentido de rotação dos vetores que representam os campos radiados pela antena. O sentido pode ser horário ou anti-horário.

A *eficiência de polarização* é definida como a razão entre a potência recebida por uma antena, a partir de uma onda plana de direção arbitrária, e a potência que seria recebida pela mesma antena, a partir de uma onda plana de mesma densidade de fluxo de potência e direção de propagação, cuja polarização tenha sido ajustada para prover uma máxima potência recebida.

8.5.1 Regra da Multiplicação de Padrões

Do ponto de vista matemático, geralmente são feitas algumas considerações que permitem modelar o campo elétrico radiado pelo arranjo como uma composição dos campos radiados por cada um dos elementos individuais que formam o arranjo. É admitido, por exemplo, que todos os elementos têm as mesmas características físicas intrínsecas e que o efeito da geometria dos elementos, na formação do campo radiado resultante, pode ser desprezível. Ou seja, as dimensões desses elementos não são levadas em consideração na obtenção do campo total. É assumido também que não há acoplamento magnético entre os elementos e que as medições de campo radiado são tomadas em pontos distantes da antena (Balanis, 1997; Stutzman e Thiele, 1998). Sob tais considerações os elementos podem ser vistos como fontes isotrópicas, ou seja, fontes hipotéticas que radiam com mesma intensidade em todas as direções. Dessa forma, pode-se mostrar que o campo elétrico radiado pelo arranjo é dado por

$$\mathbf{E}_{\text{total}} = \mathbf{E}_{\text{único elemento}} \times \text{Fator de arranjo}, \tag{8.11}$$

que é um resultado conhecido como regra da multiplicação de padrões. Esse resultado estabelece que o campo radiado pela antena pode ser modelado pelo campo de um único elemento multiplicado por um fator matemático que engloba características como distância entre os elementos do arranjo, freqüência de operação da antena e número de elementos.

8.6 Antenas Inteligentes: O Futuro das Antenas

O padrão de radiação de um único elemento radiante é geralmente largo e com baixa diretividade e em muitas aplicações são necessárias antenas com altos ganhos direcionais (diretividade). Existem várias situações nas quais antenas com essa característica diretiva são mais apropriadas. Como exemplo, tome uma área rural com relevo acidentado que dificulte bastante a instalação das configurações convencionais. Nessa situação, uma única antena diretiva instalada em um ponto geográfico apropriado, tendo seu feixe principal direcionado para a concentração dos usuários, satisfaz às necessidades locais, evitando a perda de potência radiada para as áreas impróprias à permanência de usuários. Um outro exemplo são as áreas residenciais costeiras. Nessas áreas, a redução na perda de potência pode ser significativa se o feixe radiado por uma antena diretiva for direcionado para a área povoada, evitando que as regiões despovoadas sejam favorecidas por feixes eletromagnéticos.

Enlaces terrestres com essas características são mais eficientemente projetados usando-se antenas diretivas e especificamente as configurações em arranjo, por serem mais versáteis mecanica e eletricamente. Nos arranjos, os elementos individuais são excitados por correntes elétricas cujas amplitudes ao longo do eixo do arranjo têm geralmente distribuição uniforme, polinomial ou binomial (Balanis, 1997). Nos três casos clássicos, as amplitudes das correntes associadas a cada elemento são projetadas e em seguida os elementos são igualmente espaçados a uma distância uniforme $d = \lambda/2$ uns dos outros. Se um padrão de radiação com uma outra forma, mais ou menos diretivo, é necessário, todas as amplitudes das correntes de excitação precisam ser recalculadas para que o arranjo possua os novos requisitos de projeto. Como é mostrado posteriormente, os arranjos tornam-se mais ou menos diretivos de acordo com o número de elementos excitados. Nos casos em que o padrão radiado precisa ser moldado em tempo real, de modo a atender com rapidez os requisitos do sistema no qual está inserido, é mais apropriado o uso de estruturas que permitam reconfiguração dos parâmetros de forma rápida e eficiente.

A eficiência com a qual os arranjos de antenas ajustam seu diagrama de radiação é chamada de inteligência. Assim, antenas inteligentes podem ainda ser definidas como estruturas de arranjos que fazem ajuste de seus parâmetros de modo a modelar o diagrama de radiação de forma mais eficiente possível. A "inteligência" em um arranjo de antenas é atribuída aos algoritmos e métodos de processamento de sinais que podem ser usados para controlar a fase e a amplitude da corrente elétrica nos elementos do arranjo. O tipo de algoritmo usado depende da aplicação a que se destina o projeto. Geralmente, em aplicações em que é necessário apenas o ajuste do diagrama de radiação, são usados métodos não-adaptativos, como os métodos da expansão binomial, da expansão polinomial ou algum método de síntese de arranjos, como o método de Woodward. Por serem mais utilizados no projeto de arranjo, os métodos da expansão binomial e expansão polinomial são analisados em mais detalhes na próxima seção.

8.7 Métodos de Projeto de Arranjos

8.7.1 Arranjo Simétrico com Espaçamento Uniforme

Nesta subseção é analisada uma configuração formada por um número par, $2M$, de elementos posicionados simetricamente ao longo do eixo z e com um espaçamento entre elementos igual a d, conforme ilustrado na Figura 8.13(a).

Na Figura 8.13(a) estão dispostos $2M$ elementos em torno da origem. É assumido que a amplitude dos coeficientes de excitação dos elementos a_i é simétrica em torno da origem, de modo que

$$\begin{aligned} AF(\theta)_{2M} &= a_1 e^{+j(1/2)\beta d\cos\theta} + a_2 e^{+j(3/2)\beta d\cos\theta} + \cdots \\ &+ a_M e^{+j[(2M-1)/2]\beta d\cos\theta} \\ &+ a_1 e^{-j(1/2)\beta d\cos\theta} + a_2 e^{-j(3/2)\beta d\cos\theta} + \cdots \\ &+ a_M e^{-j[(2M-1)/2]\beta d\cos\theta} \end{aligned} \tag{8.12}$$

se reduz à forma

$$AF(\theta)_{2M} = 2\sum_{n=1}^{M} a_n \cos\left[\frac{(2n-1)}{2}\beta d\cos\theta\right]. \tag{8.13}$$

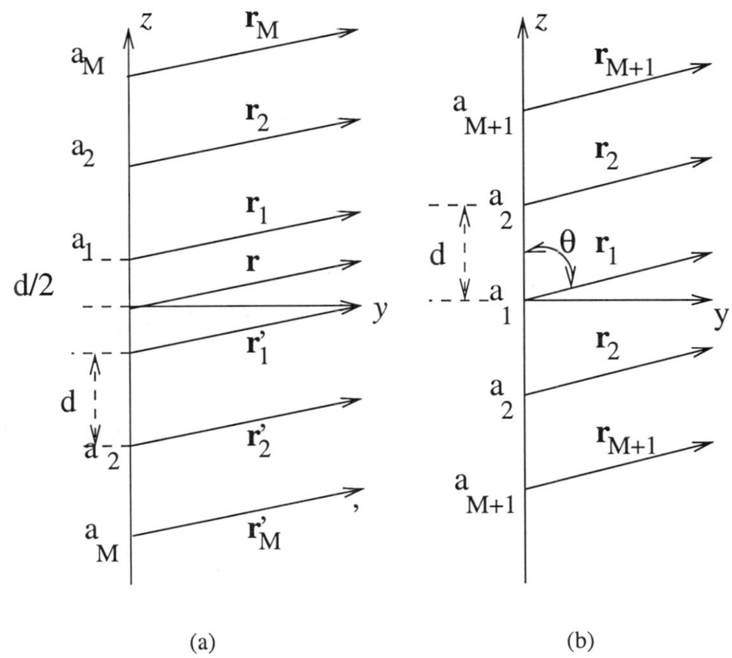

Figura 8.13: Arranjo de amplitudes não-uniformes de número (a) par e (b) ímpar de elementos.

Se o número total de elementos do arranjo é ímpar, $2M + 1$, conforme a Figura 8.13(b), o fator de arranjo passa a ser escrito como

$$\begin{aligned} AF(\theta)_{2M+1} &= a_1 + a_2 e^{+j\beta d \cos\theta} + a_3 e^{+j2\beta d \cos\theta} + \cdots + a_{M+1} e^{jM\beta d \cos\theta} \\ &+ a_2 e^{-j\beta d \cos\theta} + a_3 e^{-j2\beta d \cos\theta} + \cdots + a_{M+1} e^{-jM\beta d \cos\theta}, \end{aligned} \tag{8.14}$$

que pode ser simplificado para

$$AF(\theta)_{2M+1} = \sum_{n=1}^{M+1} a_n \cos[(n-1)\beta d \cos\theta]. \tag{8.15}$$

8.7.2 Método da Expansão Binomial

Tendo sido determinado o fator de arranjo, pode-se em seguida obter os valores dos coeficientes a_n. Uma das formas de obter os coeficientes é tomar emprestado os coeficientes binomiais da expansão da série

$$(1+x)^{m-1} = 1 + (m-1)x + \frac{(m-1)(m-2)}{2!}x^2 + \frac{(m-1)(m-2)(m-3)}{3!}x^3 + \cdots \tag{8.16}$$

que são dados por

$$
\begin{array}{ll}
m=1 & 1 \\
m=2 & 1 \quad 1 \\
m=3 & 1 \quad 2 \quad 1 \\
m=4 & 1 \quad 3 \quad 3 \quad 1 \\
m=5 & 1 \quad 4 \quad 6 \quad 4 \quad 1 \\
m=6 & 1 \quad 5 \quad 10 \quad 10 \quad 5 \quad 1 \\
m=7 & 1 \quad 6 \quad 15 \quad 20 \quad 15 \quad 6 \quad 1 \\
m=8 & 1 \quad 7 \quad 21 \quad 35 \quad 35 \quad 21 \quad 7 \quad 1 \\
m=9 & 1 \quad 8 \quad 28 \quad 56 \quad 70 \quad 56 \quad 28 \quad 8 \quad 1 \\
m=10 & 1 \quad 9 \quad 36 \quad 84 \quad 126 \quad 126 \quad 84 \quad 36 \quad 9 \quad 1\ .
\end{array} \tag{8.17}
$$

Desse modo, se os valores de m representam a quantidade de coeficientes de excitação dos elementos, a_i, então as amplitudes dos coeficientes são dadas a seguir

1. $2M = m = 2 \rightarrow a_1 = 1$
2. $2M = m = 4 \rightarrow \quad a_1 = 3 \quad a_2 = 1$
3. $2M = m = 6 \rightarrow \quad a_1 = 10 \quad a_2 = 5 \quad a_1 = 3$
4. $2M = m = 10 \rightarrow \quad a_1 = 126 \quad a_2 = 84 \quad a_3 = 36 \quad a_4 = 9 \quad a_5 = 1\ .$

Na Figura 8.14(a) é mostrado o diagrama de radiação de uma antena com 10 elementos e com coeficientes de excitação binomiais. Pode-se perceber pela figura que houve completa eliminação dos lóbulos secundários para $d = \lambda/2$ e $d = \lambda/4$. O uso de coeficientes binomiais implica lóbulos principais mais largos e, portanto, menos diretivos. Uma característica indesejável dessa configuração é a grande variação de amplitude dos diferentes coeficientes de excitação a_n, principalmente nos arranjos com grande número de elementos. Essa característica faz com que o arranjo tenha uma baixa eficiência e seja pouco usado na prática.

Quando o número de coeficientes de excitação é ímpar

1. $2M + 1 = m = 3 \rightarrow \quad 2a_1 = 2 \quad a_2 = 1$
2. $2M + 1 = m = 5 \rightarrow \quad 2a_1 = 6 \quad a_2 = 4 \quad a_3 = 1$
3. $2M + 1 = m = 11 \rightarrow \quad 2a_1 = 252 \quad a_2 = 210 \quad a_3 = 120 \quad a_4 = 45 \quad a_5 = 10 \quad a_6 = 1.$

Na Figura 8.14(b) pode-se ver o diagrama de radiação de um arranjo com 11 elementos. Percebe-se que em ambos os casos, número de elementos pares e ímpares, não há lóbulos secundários para valores apropriados de d. Percebe-se que para $d = \lambda$ há um grande lóbulo perpendicular ao lóbulo principal.

8.7.3 Método da Expansão Polinomial

Uma outra forma de obter os coeficientes de excitação das configurações ilustradas nas Figuras 8.13(a) e 8.13(b) é substituir os termos em coseno das expressões do fator de arranjo pelos coeficientes do polinômio de Dolph-Tschebysheff da seguinte maneira

$$
\begin{array}{ll}
m=0 & \cos(m \cdot u) = 1 \\
m=1 & \cos(m \cdot u) = \cos(u) \\
m=2 & \cos(m \cdot u) = 2\cos^2(u) - 1 \\
m=3 & \cos(m \cdot u) = 4\cos^3(u) - 3\cos(u) \\
m=4 & \cos(m \cdot u) = 8\cos^4(u) - 8\cos^2(u) + 1 \\
\vdots & \vdots
\end{array} \tag{8.18}
$$

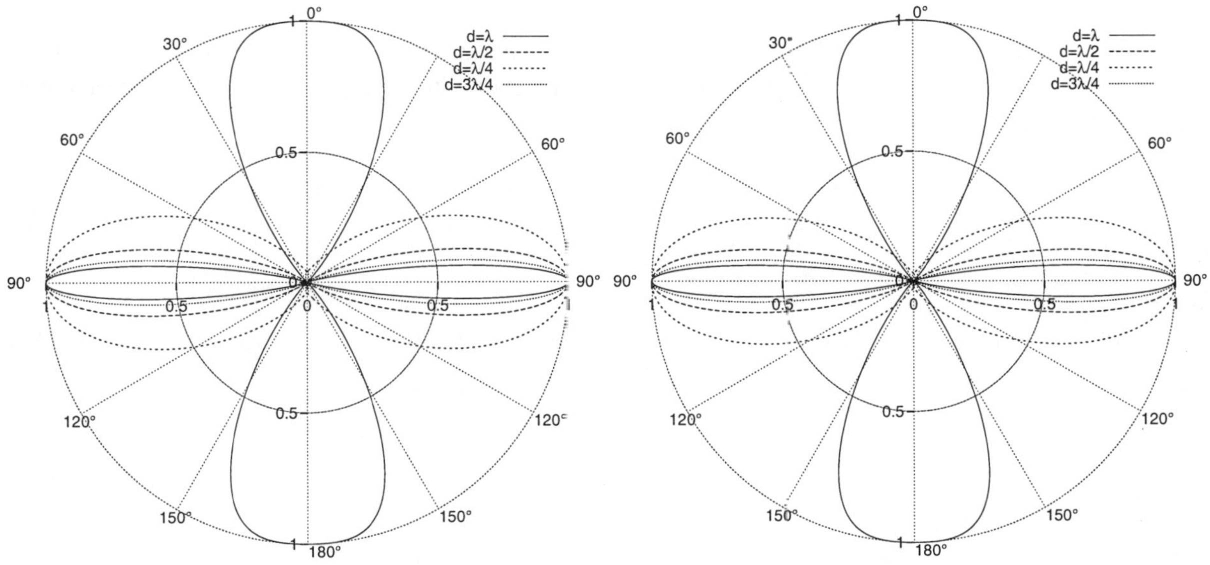

(a) Diagrama normalizado para o espaçamento $d = \lambda$, $d = \lambda/2$, $d = \lambda/4$ e $d = 3\lambda/4$ e um número par de elementos.

(b) Diagrama normalizado para o espaçamento $d = \lambda$, $d = \lambda/2$, $d = \lambda/4$ e $d = 3\lambda/4$ e um número impar de elementos.

Figura 8.14: Diagrama de radiação normalizado de um arranjo com excitação binomial.

Fazendo $z = \cos(u)$ na Equação 8.18, tem-se

$$\begin{array}{ll} m=0 & \cos(0) = 1 = T_0(z) \\ m=1 & \cos(u) = z = T_1(z) \\ m=2 & \cos(2\cdot u) = 2z^2 - 1 = T_2(z) \\ m=3 & \cos(3\cdot u) = 4z^3 - 3z = T_3(z) \\ m=4 & \cos(4\cdot u) = 16z^5 - 20z^3 + 5z = T_5(z) \\ \vdots & \vdots \\ m=9 & \cos(9\cdot u) = 256z^9 - 576z^7 + 432z^5 - 120z^3 + 9z = T_9(z), \end{array} \tag{8.19}$$

cuja forma recursiva é dada por (Balanis, 1997)

$$T_m(z) = 2zT_{m-1}(z) - T_{m-2}(z). \tag{8.20}$$

O procedimento de projeto nesse caso consiste nos seguintes passos:

1. Selecione um fator de arranjo apropriado;
2. Expanda o fator de arranjo e substitua cada função $\cos(m \cdot u)$ pela sua expansão dada na Equação 8.19;
3. Determine o ponto $z = z_0$ no qual $T_m(z_0) = R_0$, em que R_0 é a razão entre o maior e o menor valor atingido pelos lóbulos magnéticos do arranjo. O valor de z_0 pode ser calculado por $z_0 = T_m^{-1}(R_0) = \cosh\left[\frac{1}{m}\cosh^{-1}(R_0)\right]$;
4. Substitua $\cos(u) = z/z_0$ na equação do fator de arranjo;
5. Iguale o fator de arranjo do passo 2, após a substituição do passo 4, à expressão de $T_m(z)$. O polinômio $T_m(z)$ escolhido deve ser de ordem m, em que m é um inteiro uma unidade menor que o número de elementos do arranjo;

6. Escreva o fator de arranjo em termos dos coeficientes obtidos no passo 5.

Um método alternativo para o cálculo dos coeficientes polinomiais de Tschebyscheff é conhecido como método de Barbiere. De acordo com esse método os coeficientes de um arranjo com $N = 2M$ elementos são calculados a partir dos somatórios

$$a_n = \begin{cases} \sum_{l=n}^{M} (-1)^{M-l} (z_0)^{2l-1} \frac{(l+M-2)!(2M-1)}{(l-n)!(l+n-1)!(M-l)!}, & N = 2M \\ \sum_{l=n}^{M+1} (-1)^{M-l+1} (z_0)^{2(l-1)} \frac{(l+M-2)!(2M)}{\epsilon_n (l-n)!(l+n-2)!(M-l+1)!}, & N = 2M+1 \end{cases}, \tag{8.21}$$

em que $\epsilon_n = 2$ se $n = 1$ e $\epsilon_n = 1$ se $n \neq 1$.

Após a obtenção dos coeficientes pode-se traçar o diagrama da configuração, como mostra a Figura 8.15.

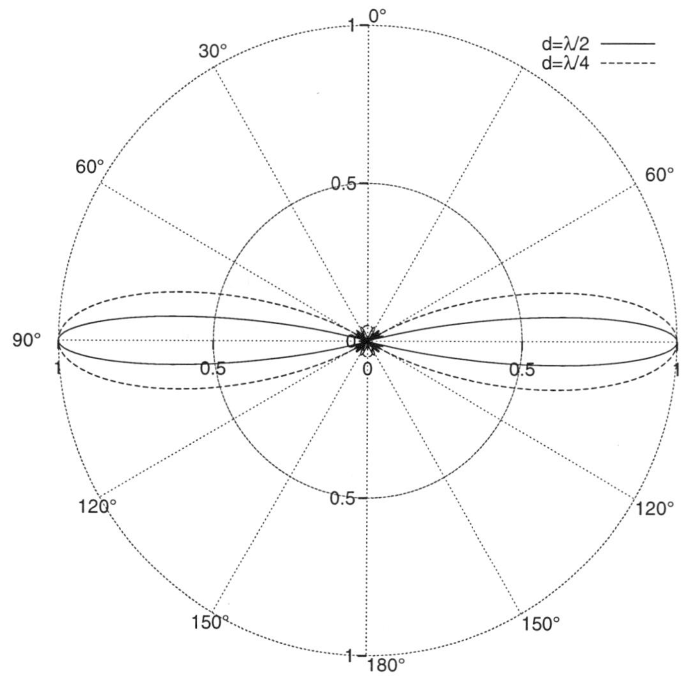

Figura 8.15: Diagrama de radiação de uma antena com coeficientes de excitação projetados a partir dos coeficientes de um polinômio de Tschebysheff de ordem 9.

Pode-se perceber que os coeficientes de Tschebysheff apresentam uma boa conformação do diagrama de radiação, a custo de algum processamento em tempo real, que consiste na resolução de um sistema de equações lineares de ordem $\frac{m+1}{2}$. Esse processamento deve ser feito à medida que a estação radiobase se comunica com a unidade móvel. Além de métodos mais clássicos como os que foram mostrados nesta seção, existem os métodos recursivos que empregam algoritmos conhecidos, como o algoritmo LMS (*Least-mean-square algorithm*) e o RLS (*Recursive least-squares algorithm*).

8.8 Uso de métodos recursivos no controle do padrão de radiação

Quando um arranjo linear é usado em conjunto com um algoritmo recursivo para controlar a amplitude e a fase da corrente de excitação dos elementos, o conjunto arranjo-algoritmo pode ser representado por um filtro adaptativo, semelhante ao da Figura 8.16. Os valores dos coeficientes associados aos elementos do arranjo são representados pelos termos w_n e o termo Z^{-1} representa o atraso que uma onda plana sofre ao se deslocar entre os elementos igualmente espaçados do arranjo linear com N elementos.

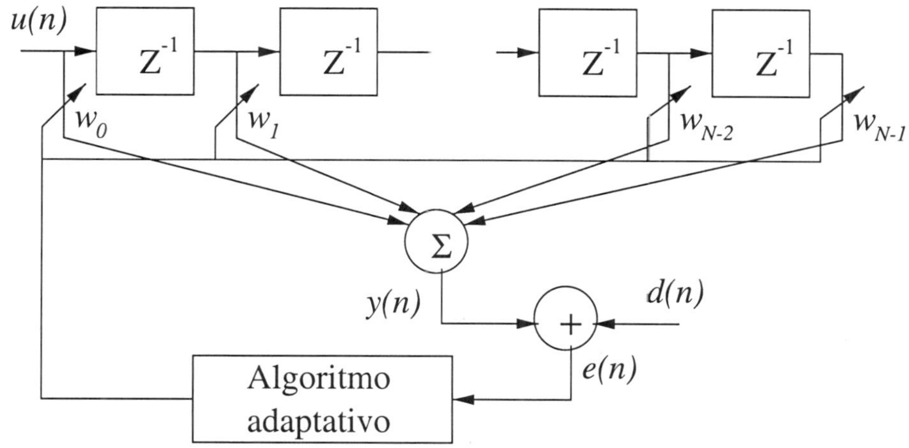

Figura 8.16: Representação de um arranjo linear de N elementos com algoritmo recursivo acoplado.

O uso do algoritmo LMS na estimação de coeficientes ótimos encontra inúmeras aplicações e seu estudo tem tido um considerável interesse. O algoritmo é referido como LMS restrito quando os seus coeficientes são sujeitos a alguma restrição em cada iteração e é referido como LMS irrestrito quando os seus coeficientes não sofrem restrições. O segundo caso é o mais usado quando os coeficientes são ajustados por meio de algum sinal de referência e quando não há conhecimento da direção do sinal utilizado.

8.8.1 Algoritmo LMS Irrestrito

O LMS calcula os seus coeficientes em cada iteração estimando o gradiente da superfície de erro médio quadrático e ajustando os novos valores na direção oposta à do gradiente, por um pequeno valor. A constante que determina o incremento dado aos coeficientes é normalmente referida como a dimensão do passo de ajuste, e, dependendo do seu valor, o processo converge para um conjunto de valores ótimos, referidos também como pesos ótimos. As equações do algoritmo LMS convencional irrestrito são dadas por

$$\begin{aligned} y(n) &= \hat{\mathbf{w}}^H(n)\mathbf{u}(n); \\ e(n) &= d(n) - y(n); \\ \hat{\mathbf{w}}(n+1) &= \hat{\mathbf{w}}(n) + \mu\mathbf{u}(n)e^*(n); \end{aligned} \tag{8.22}$$

e fornecem respectivamente a saída do filtro adaptativo mostrado na Figura 8.16, o erro de estimação e o ajuste recursivo dos pesos. O termo $d(n)$ representa uma amostra de treinamento no instante n e o parâmetro μ controla a convergência dos pesos para um valor próximo ao fornecido pela Equação 8.22. A seguir são mostradas mais duas versões do LMS irrestrito, que são o α-LMS e o LMS normalizado.

O LMS normalizado é uma variação do LMS convencional que usa um passo de dimensão variável à cada iteração e evita a estimação dos autovalores da matriz de correlação dos dados de entrada, ou do seu traço, para a seleção do valor máximo permissível para a dimensão do passo de ajuste. Essa variação do LMS geralmente tem melhor desempenho e menor sensitividade em relação ao LMS convencional. Uma outra variação do LMS, menos sensível às variações do sinal de entrada, é o α-LMS, que possui um passo de ajuste de convergência de dimensão variável, que leva em consideração o passo da iteração anterior.

8.8.2 Algoritmo RLS

Sabe-se que a convergência do LMS depende dos autovalores da matriz de correlação $\mathbf{R}$ e, portanto, se a razão entre o maior e o menor autovalor de $\mathbf{R}$ é grande, o LMS tem uma convergência muito lenta. Esse problema pode ser resolvido usando o algoritmo RLS, cujas equações são listadas a seguir (Haykin, 1996b).

Inicialização do algoritmo

$$\begin{aligned}\mathbf{P}(0) &= \delta^{-1}\mathbf{I}, \qquad \delta = \text{pequena constante positiva.}\\ \hat{\mathbf{w}}(0) &= \mathbf{0}.\end{aligned} \tag{8.23}$$

Para cada instante discreto $n = 1, 2, \cdots$, calcule:

$$\mathbf{k}(n) = \frac{\lambda^{-1}\mathbf{P}(n-1)\mathbf{u}(n)}{1 + \lambda^{-1}\mathbf{u}^H(n)\mathbf{P}(n-1)\mathbf{u}(n)} \tag{8.24}$$

$$e(n) = d(n) - \hat{\mathbf{w}}^H(n-1)\mathbf{u}(n) \tag{8.25}$$

$$\hat{\mathbf{w}}(n) = \hat{\mathbf{w}}(n-1) + \mathbf{k}(n)e^*(n) \tag{8.26}$$

$$\mathbf{P}(n) = \lambda^{-1}\mathbf{P}(n-1) - \lambda^{-1}\mathbf{k}(n)\mathbf{u}^H(n)\mathbf{P}(n-1), \tag{8.27}$$

em que λ é uma constante que literalmente representa o fator de esquecimento do algoritmo e determina basicamente a natureza da função de custo a ser minimizada. Lembrando que o objetivo do RLS é minimizar a função

$$\mathcal{E}(n) = \sum_{i=1}^{n} \lambda^{n-1} \|e(i)\|^2, \tag{8.28}$$

em que $e(i)$ é o erro de estimação do algoritmo na i-ésima iteração. O caso em que $\lambda = 1$ corresponde ao método dos mínimos quadrados e nesse caso o algoritmo tem memória infinita. A matriz $\mathbf{P}$ $N \times N$ e o vetor $\mathbf{k}$ $N \times 1$ são referidos respectivamente como matriz de correlação inversa e vetor de ganho do algoritmo.

Apesar de exigir um esforço computacional maior que o LMS, o algoritmo RLS se apresenta como uma boa alternativa para ser usado em sistemas de antenas adaptativas que fazem ajuste dos pesos de forma supervisionada, pois sua convergência mais rápida exige menos amostras de treinamento para obtenção dos pesos ótimos.

8.8.3 Outros Algoritmos

Existem ainda mais dois algoritmos que merecem ser citados entre os algoritmos adaptativos clássicos. São os algoritmos CMA (*Constant modulus algorithm*) e o método do gradiente conjugado. O CMA ajusta seus pesos minimizando a função de custo (Godard, 1980; Shynk e Chan, 1993; Chiba *et al.*, 1993)

$$J(n) = \frac{1}{2}E\left[(|y(n)|^2 - y_0^2)^2\right], \tag{8.29}$$

usando a equação

$$\mathbf{w}(n+1) = \mathbf{w}(n) - \mu\mathbf{g}(\mathbf{w}(n)), \tag{8.30}$$

em que $y(n) = \mathbf{w}^H(n)\mathbf{x}(n+1)$ é a saída do arranjo após a n-ésima iteração, y_0 é a amplitude desejada na ausência de interferência e $\mathbf{g}(\mathbf{w}(n))$ denota uma estimativa do gradiente da função de custo.

O outro método, mais utilizado na resolução de sistemas de equações da forma $\mathbf{A}\mathbf{w} = \mathbf{b}$, ajusta seus pesos com base em um vetor residual $\mathbf{r} = \mathbf{b} - \mathbf{A}\mathbf{w}$, que denota um erro entre o sinal desejado e a saída do arranjo em cada iteração. O método é inicializado com uma suposição inicial $\mathbf{w}(0)$ dos pesos para obter um erro inicial $\mathbf{r}(0)$ e um vetor direção inicial $\mathbf{g}(0)$. As equações de ajuste dos pesos são dadas por

$$\mathbf{w}(n+1) = \mathbf{w}(n) - \mu(n)\mathbf{g}(n), \tag{8.31}$$

em que o passo de ajuste $\mu(n)$ é dado por

$$\mu(n) \triangleq \frac{|\mathbf{A}^H\mathbf{r}(n)|^2}{|\mathbf{A}^H\mathbf{g}(n)|^2} \tag{8.32}$$

e os valores de $\mathbf{r}(n)$ e $\mathbf{g}(n)$ são ajustados pelas Equações

$$\mathbf{r}(n+1) = \mathbf{r}(n) + \mu(n)\mathbf{A}\mathbf{g}(n) \tag{8.33}$$

e

$$\mathbf{g}(n+1) = \mathbf{A}^H\mathbf{r}(n+1) - \alpha(n)\mathbf{g}(n), \tag{8.34}$$

com

$$\alpha(n) \triangleq \frac{|\mathbf{A}^H\mathbf{r}(n+1)|^2}{|\mathbf{A}^H\mathbf{r}(n)|^2}. \tag{8.35}$$

Os exemplos foram colocados para mostrar como esses sistemas de antenas podem, a partir de informações fornecidas pelos centros de controle, usar métodos adaptativos para ajustar os lóbulos eletromagnéticos a serem radiados. Novos algoritmos têm sido desenvolvidos com aplicações para TDMA e CDMA (Kapoor *et al.*, 1999) e existe ainda uma ampla classe de algoritmos que realizam as operações de ajuste sem seqüência de treinamento e se baseiam nas características da estrutura do sinal para ajustarem o vetor de processamento espacial.

8.9 Aplicações das Antenas Inteligentes

São considerados nesta seção alguns benefícios da aplicação de antenas inteligentes em sistemas como o IS-136, GSM-TDMA e IS-95 CDMA. O sistema IS-136 tem 3 usuários por canal, com 162 símbolos por *slot* de tempo, usando uma modulação $\pi/4$ DQPSK (*Differential Quaternary Phase Shift Keying*) a uma taxa de 48,6 kb/s. Um equalizador é necessário para lidar com os atrasos de espalhamento acima de um tempo de símbolo. Uma seqüência de sincronização de 14 símbolos, que está presente em cada *slot* de tempo, é usada para o treinamento do equalizador, mas pode ser usada também para ajuste dos pesos da antena adaptativa (Winters, 1993). Devido à rapidez do desvanecimento, o canal pode mudar severamente em um *slot* de tempo, sendo necessário o ajuste dos pesos em cada slot.

O sistema GSM, por outro lado, tem 8 usuários por canal com 156,35 bits por *slot* de tempo, usando uma modulação GMSK (*Gaussian Modulated Shift Keying*) a uma taxa de 270,833 kb/s. Devido à alta taxa de dados, o equalizador deve operar com atraso de espalhamento por vários símbolos, e desse modo a estrutura é mais complicada que no IS-136. Entretanto, nas taxas de desvanecimento dos canais de rádio móvel típicos, o canal não muda significativamente em um *slot* de tempo, de modo que o equalizador e o processador da antena adaptativa precisam reajustar os pesos somente uma vez por *frame* (uma seqüência de sincronização de 26 símbolos está presente em cada *slot* de tempo). No GSM o processamento conjunto espacial-temporal é mais complexo devido à maior complexidade do equalizador (Winters, 1998).

O sistema IS-95 (CDMA) permite múltiplos usuários simultaneamente em cada canal de 1,25 MHz, com uma taxa original de 8 kb/s por usuário e um ganho de espalhamento de 128. Um receptor RAKE, que combina versões atrasadas do sinal CDMA, contorna os problemas com espalhamento por atrasos e fornece ganho de diversidade. No caso do Cdma2000, como já foi citado antes, os códigos de espalhamento podem servir de sinais de referência para o ajuste dos pesos das antenas adaptativas.

8.9.1 Benefícios

A introdução de antenas inteligentes traz um grande impacto ao desempenho das redes de comunicações móveis e afeta aspectos do planejamento e desenvolvimento dos sistemas móveis. A seguir são comentados alguns dos impactos e benefícios.

Aumento de Capacidade – Uma das principais razões para o crescente interesse na tecnologia das antenas inteligentes é o aumento da capacidade em termos de número de usuários. Em áreas geográficas densamente populosas, os sistemas móveis são normalmente limitados pela interferência mútua dos usuários. Isso significa que a relação sinal/interferência SIR (*Signal Interference Ration*) é muito menor que a relação sinal/ruído SNR (*Signal Noise Ratio*). As antenas adaptativas nesse caso tentam, simultaneamente, aumentar o nível do sinal recebido e diminuir o nível de interferência.

Em sistemas TDMA o aumento da SIR permite geralmente uma diminuição da distância de reuso de freqüência, permitindo a diminuição do número de células por *cluster* e o aumento de capacidade. Sistemas CDMA, como o IS-95, são mais limitados pela interferência do que o sistema TDMA, porque a principal fonte de perturbação do sistema é a soma dos sinais dos outros usuários, devido aos códigos de espalhamento não serem, na prática, idealmente ortogonais.

Aumento da Área de Cobertura – Em áreas rurais e esparsamente populosas as antenas inteligentes trazem grandes benefícios para o desenvolvimento das estações radiobase por serem diretivas. Isto significa que, nessas áreas, as antenas podem ser dispostas mais distantes umas das outras, levando a uma considerável redução de custo de implantação.

Novos Serviços – Com as novas antenas, a rede de comunicações tem informações precisas a respeito da localização dos usuários, permitindo que novos serviços, como chamadas de emergência e notificações em pontos específicos, possam ser realizados. Poder-se-ia, por exemplo, receber pelo aparelho celular uma lista dos produtos em promoção de um determinado supermercado ou loja, à medida que o aparelho móvel circulasse nas proximidades desses estabelecimentos.

Segurança – É mais difícil interceptar uma conexão quando as antenas inteligentes são usadas, porque nesse caso o interceptor teria que se posicionar na mesma direção que o usuário visto pela estação radiobase.

Redução do Número de Percursos de Propagação – O uso de antenas de lóbulos magnéticos estreitos pode, alguma vezes, reduzir o número de múltiplos percursos. A redução depende do cenário em volta do meio de propagação e nem sempre é significativa.

8.9.2 Considerações em Relação ao Custo dessa Tecnologia

Apesar de os benefícios das antenas inteligentes serem muitos, existem também as desvantagens e custos que devem ser avaliados em relação aos ganhos.

Complexidade do Transceptor – Os transceptores das estações radiobase que usam antenas adaptativas são bem mais complexos que os transceptores das estações convencionais. A antena necessita de cadeias de transceptores separados para cada um dos elementos da antena e uma acurada calibração, feita em tempo real, para cada um dos elementos. Além do mais, o controle dos padrões de radiação é um processo computacionalmente intensivo, no caso de serem usadas antenas adaptativas, e exige em todas as estações base o uso de poderosos processadores numéricos.

Gerenciamento de Recursos – Embora as antenas inteligentes sejam usadas para controle de enlaces de rádio, o seu uso implica demanda por novas funções de rede como funções de gerenciamento de recursos e de mobilidade. Quando uma nova conexão está para ser estabelecida ou transferida para uma outra estação base, a nova estação deve ter informação angular para encontrar a unidade móvel. Isso pode ser feito deixando a estação base varrer a célula continuamente à procura de novas conexões para *handover* ou por meio de um sistema de posicionamento externo, como o GPS (*Global Positioning System*). Uma outra possibilidade é fazer com que a rede use informação direcional da célula atual para fazer uma estimação adequada da nova célula para a qual o *handover* deve ser realizado.

Tamanho físico – Um outro fator que deve também ser levado em consideração é a dimensão das antenas, já que tipicamente são necessários vários elementos na antena para se obter um ganho razoável. Tipicamente, têm sido usadas antenas com um número de 6 a 10 elementos espaçados horizontalmente para ambientes externos. O espaçamento entre elementos da antena varia de 0,4 a 0,5 comprimentos de onda, significando que uma antena de 8 elementos teria aproximadamente 1.2 m de largura em uma freqüência de 900 MHz e 60 cm em 2 GHz.

8.10 Principais Trabalhos Surgidos na Área

Embora o conceito de antenas inteligentes seja recente, a teoria que fundamenta as configurações em arranjo é bem mais antiga. O que há de novo é a aplicação de novos métodos de processamento de sinais que permitem o desenvolvimento de soluções que seriam impraticáveis sem os atuais processadores numéricos e sem o atual nível de desenvolvimento dos dispositivos de estado sólido.

As primeiras contribuições significativas para o projeto de estruturas em arranjo foram dadas por W. W. Hansen e J. R. Woodyard em seu artigo clássico publicado no jornal *IRE Procs.* em março de 1938 (Hansen e Woodyard, 1938). No artigo são estabelecidas, por exemplo, as condições para que um arranjo tenha ganho máximo nas direções $\theta = 0°$ ou $\theta = 180°$. As condições ficaram conhecidas como condições de Hansen-Woodyard e os arranjos projetados com essa característica são chamados de *end-fire arrays.* Mais tarde, em 1943, S. A. Schelkunoff publicou Uma Teoria Matemática dos Arranjos Lineares pelo *Bell System Journal* (Schelkunoff, 1943). No trabalho, Schelkunoff propôs analisar a expressão matemática do fator de arranjo como um polinômio no plano complexo e a partir dessa expressão fazer o posicionamento dos pontos de nulo do padrão de radiação.

Três anos mais tarde, em 1946, C. L. Dolph publicou um trabalho no *Procs. IRE and Waves* propondo uma distribuição de corrente que otimizasse a relação entre largura do lóbulo principal e o nível dos lóbulos secundários em arranjos lineares tipo *broadside.* Nesse método, a amplitude da distribuição de corrente de cada elemento do arranjo é obtida a partir da expansão do polinômio de Tschebycheff e os arranjos assim projetados ficaram conhecidos como arranjos de Dolph-Tschebycheff (Dolph, 1946).

Uma outra forma de projeto semelhante foi patenteada nos Estados Unidos por J. S. Stone e ficou conhecida como Método da Expansão Binomial, em que as amplitudes das correntes de excitação dos elementos do arranjo correspondem aos coeficientes da expansão de um binômio elevado a m. Seguindo essa linha de desenvolvimento, foi publicado em 1972 um artigo intitulado Propriedades de Radiação do Arranjo Binomial (Ricardi, 1972).

Dando continuidade ao trabalho de Dolph, foram publicados, respectivamente em 1952 e 1953, dois trabalhos no jornal *Proceedings of the IRE* mostrando métodos para o cálculo dos coeficientes de excitação e da largura de faixa dos arranjos calculados por expansão polinomial (Barbiere, 1952; Stegen, 1953) e em 1968 C. J. Drane publicou um interessante trabalho mostrando o cálculo aproximado de parâmetros como diretividade e largura de feixe para grandes estruturas excitadas pelo método de Dolph (C. J. Drane, 1968). Dois anos depois, em julho de 1970, foi publicada no jornal *Radio Science* uma contribuição para o projeto de arranjos planares. O artigo de B. J. Forman (Forman, 1970) trazia uma expressão matemática para o cálculo da diretividade de arranjos planares.

Ainda na década de 60, começaram a surgir outros trabalhos relacionando a transformada Z ao projeto de arranjos lineares. Impulsionados pelo trabalho de Schelkunoff surgiram interessantes trabalhos consolidando a transformada Z como ferramenta de projeto, como por exemplo em (Cheng e Mat, 1960). Já no começo da década de 70, 1971, surge o trabalho de Dennis J. Gausshell propondo a síntese de arranjos lineares por meio da transformada Z (Gaushell, 1971).

No ano seguinte surge um outro interessante trabalho, intitulado Comparação Entre os Níveis dos Lóbulos Secundários de Arranjos Aperiódicos Projetados Aleatoriamente e Algoritmicamente (Steinberg, 1973). Para o tipo de arranjo analisado, já conhecido à época como *Thinned Array*, foi proposta uma análise do comportamento médio da estrutura assumindo que a excitação de alguns dos elementos pudesse ser simplesmente ligada ou desligada de forma aleatória. Esse tipo de configuração voltou a ser avaliado mais tarde em 1997 em (M. J. Rossouw e McNamara, 1997), sem no entanto ter sido proposto um tratamento matemático.

Nas décadas seguintes, soluções já existentes foram reapresentadas para o mesmo problema. Começaram a ser publicados artigos propondo o uso de algoritmos adaptativos como os clássicos LMS, RLS e suas versões melhoradas para a conformação do padrão de radiação *beamforming*. Sintetizando todas as publicações anteriores foi publicado em 1997 o artigo de cinqüenta e duas páginas de Godara (Godara, 1997). Nesse extenso tutorial, pode-se encontrar uma apresentação unificada de diversos algoritmos e métodos usados para *beamforming*, estimação de ângulos de chegada e número de fontes, além de uma valiosa referência bibliográfica com mais de quinhentas citações.

Ainda no ano de 1997 é apresentado por Keen-Keong Yan e Yilong Lu o uso de algoritmos genéticos (GAS) para a redução de lóbulos laterais em padrões de radiação de estruturas lineares (Yan e Lu, 1997). Nos anos seguintes, 1998 e 1999, são propostas aplicações dos GAS para correção de falhas nos elementos do arranjo e como forma de reorganizar os elementos em subarranjos (Yeo e Lu, 1999), (J. Wang e North, 1998). No ano 2000 a décima sétima conferência de ciências do rádio, realizada no Egito, trouxe um artigo relatando pela primeira vez o uso de redes neurais com funções de base radiais no projeto de arranjos controlados por fase, embora o uso de redes neurais nesse contexto tenha sido apresentado um ano antes em um simpósio do IEEE (S. E. El-Khamy e Hijjah, 1999; El-Khamy e El-Marakby, 2000).

Tão importantes quanto as contribuições dadas no sentido de consolidar e desenvolver a teoria relacionada ao projeto de arranjos, foram as propostas de aplicações da teoria. Além do tutorial de Godara (Godara, 1997), que traz um considerável apanhado de referências nas quais são apresentadas diferentes aplicações, o tutorial (Colares *et al.*, 2001) também traz uma descrição unificada de vários algoritmos e uma extensa referência bibliográfica.

8.11 A Tecnologia SDMA

O espaço é uma das últimas fronteiras quando se pensa nas próximas gerações de sistemas de comunicações sem fio. O nível de influência desses sistemas na vida diária vai demandar significativas reduções de custo e consideráveis aumentos de capacidade, benefícios que uma exploração apropriada da dimensão espacial pode oferecer. Essa é uma das razões para o significativo número de companhias que têm surgido para fornecer produtos baseados nessa idéia. A diversidade de técnicas varia desde aquelas baseadas em sistemas de lóbulos chaveados àquelas baseadas em sistemas completamente adaptativos.

Entre as técnicas adaptativas com potencial para comunicações móveis celulares está o método de acesso por divisão em espaço (SDMA). Essa tecnologia emprega arranjos de antenas e técnicas de processamento de sinais multidimensionais para prover significativo aumento de capacidade e qualidade de muitos sistemas de comunicações móveis. É uma tecnologia especialmente apropriada para os sistemas de comunicações que fornecem os serviços de comunicações pessoais. Arranjos de antenas associados a métodos adaptativos de processamento de sinais na estação radiobase aumentam o alcance de cobertura, a capacidade e a eficiência de entroncamento do sistema, permitindo o desenvolvimento de projetos com baixos custos usando células moderadas a grandes dimensões.

Na maioria dos sistemas de telecomunicações atuais, um dos principais objetivos é vender o produto oferecido por preços razoáveis. O produto, nesse caso, é a transmissão de informações. De um ponto de vista técnico, a transmissão de informações requer recursos na forma de potência e largura espectral. Geralmente, taxas de transmissão elevadas necessitam de potência elevada ou de uma largura de faixa independente do meio. Enquanto a transmissão na parte cabeada dos enlaces pode ser feita independentemente para cada enlace, o mesmo não acontece na transmissão sem fio. Enquanto as fibras óticas, por exemplo, são excelentes no confinamento da maior parte da informação ou energia transmitida, em uma região pequena do espaço (o cabo ótico), a transmissão sem fios é bem menos eficiente. Transmissão confiável sobre distâncias relativamente curtas requer uma grande quantidade de energia transmitida, espalhada sobre uma grande região do espaço. Dessa energia transmitida, somente uma pequena porção é captada nas estruturas de recepção, a maior parte da energia é considerada interferência para outros usuários em potencial do sistema. É basicamente esse aspecto da ineficiência da comunicação sem fio que é levado em consideração pela tecnologia SDMA.

Como o nome indica, a tecnologia SDMA explora a informação coletada na dimensão espacial, em adição à dimensão temporal, para fornecer significativo aumento de desempenho na transmissão sem fio. Várias técnicas para explorar a dimensão espacial têm sido desenvolvidas, incluindo sistemas setorizados mais refinados e técnicas de microcelular. Como a eficiência de entroncamento tem sido um assunto bastante discutido, uma atenção especial tem sido dada ultimamente a técnicas mais avançadas, desde o chaveamento de lóbulos radiado a métodos totalmente adaptativos.

8.11.1 Métodos Baseados em Diversidade

Uma das primeiras tentativas de tratar as dificuldades impostas pelo canal de comunicações móveis foi por meio de duas antenas idênticas separadas por vários comprimentos de onda, cada uma equipada com receptores convencionais. A idéia básica por trás de tal projeto é que, em meios de propagação complexos, existe espalhamento suficiente das ondas eletromagnéticas radiadas para praticamente descorrelacionar os sinais captados por antenas suficientemente afastadas. A importância disso é que a probabilidade de que os sinais captados em ambas as antenas se torne extremamente fraco, ao mesmo tempo, é muito pequena e a seleção do sinal mais forte sempre vai aumentar a qualidade da recepção. Apesar das técnicas ainda estarem sendo usadas, elas não aumentam o alcance ou a capacidade dos sistemas de comunicação, fazem apenas uso do espalhamento presente no meio de transmissão para tratar o efeito do desvanecimento no enlace reverso.

8.11.2 Métodos Baseados no Chaveamento dos Lóbulos Radiados

Como uma extensão do conceito de microcélulas, a tecnologia de chaveamento de lóbulos radiados tem sido estudada como uma possível solução para as necessidades por aumento de alcance e capacidade. O projeto de sistemas baseados nessa tecnologia envolve o uso de arranjos de antenas com alto ganho, lóbulo principal estreito no ponto de queda de 3 dB, equipamentos de *hardware* para o processamento dos sinais digitais e/ou de radiofreqüência e *softwares* para selecionar qual lóbulo ou setor do espaço deve ser usado na comunicação com cada usuário. Para contornar os problemas relacionados à eficiência de entroncamento de pequenas células, um conjunto de recursos de rádio tem sido estudado pelos propositores dessa tecnologia. Adicionalmente, muitos dos tópicos relacionados aos canais de acesso e controle necessitam de atenção especial, bem como as mudanças necessárias no enlace direto. Enquanto as primeiras soluções para tratar tais problemas datam de 1970, quando sistemas setorizados em seis regiões geográficas de mesma área foram desenvolvidos, os novos métodos de processamento digital de sinais podem fornecer soluções para os desafios enfrentados pelo lóbulos radiados nos ambientes com características variantes no tempo.

8.11.3 Métodos Baseados no Uso de Antenas Inteligentes

No outro extremo da gama tecnológica está a tecnologia SDMA. Essa tecnologia emprega arranjos de antenas, componentes de *hardware* digital e de radiofreqüência e métodos de processamento multidimensional para fornecer aumento de capacidade e de desempenho em muitos sistemas de comunicações. É uma tecnologia especialmente apropriada para os sistemas celulares atuais e para os sistemas da próxima geração, conhecidos também como Redes de Comunicações Pessoais (PCN), Serviços de Comunicações Pessoais (PCS) e Sistemas de Redes sem Fio (WLL).

Os arranjos de antenas, associados com as técnicas de processamento digital de sinais, permitem o desenvolvimento de projetos com baixos custos, além dos outros benefícios mencionados anteriormente. Em adição aos benefícios imediatos, a flexibilidade dessa tecnologia também permite a criação de novos serviços de valor agregado, que podem fornecer uma significativa vantagem competitiva para as operadoras que oferecem o serviço. O SDMA não é restrito a nenhum formato particular de modulação ou protocolo de interface aérea e é compatível com a maioria dos formatos atuais de interface.

Além dos arranjos e métodos de processamento de sinais, também são usados algoritmos para fazer o uso eficiente dos recursos do sistema (algoritmos de alocação de canal). A Figura 8.17 mostra um diagrama ilustrando um sistema de antena inteligente típico, usando o processador ©IntelliCell da ArrayComm, Inc.

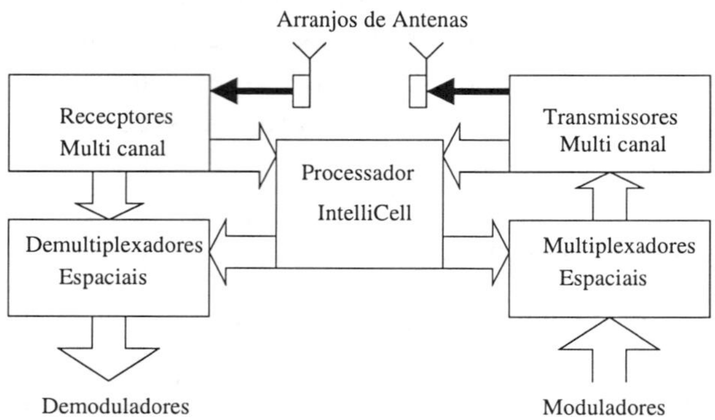

Figura 8.17: Diagrama de um sistema típico de antenas inteligentes.

8.11.4 Modelo Matemático Fundamental

Apesar de os detalhes relacionados aos algoritmos por trás dessa tecnologia estarem além do propósito deste texto, uma breve descrição do modelo dos dados e suas implicações pode ajudar na apreciação da nova tecnologia e de seus benefícios. A idéia fundamental básica é que, usando arranjos de antenas com técnicas de estimação de parâmetros e processamento de sinais, não somente contribuições para contornar os impactos do canal de transmissão podem ser obtidas, como também estratégias para recepção e transmissão de sinais no mesmo canal podem ser desenvolvidas. Por questões de simplicidade, considere um arranjo linear uniforme formado por L elementos de antena isotrópica, com espaçamento entre elementos igual a d. O ângulo de chegada de uma onda plana, em relação ao eixo do arranjo, é denotado por ϕ. Considere também que os sinais transmitidos satisfazem a condição de faixa estreita, ou seja, o inverso da banda de coerência dos sinais transmitidos é muito menor que o intervalo de tempo necessário para uma frente de onda se propagar ao longo do arranjo. Desse modo, denotando o i-ésimo componente complexo do sinal em banda base $s_i(t)$, com ângulo de chegada ϕ_i, a saída complexa em banda base do arranjo, $\mathbf{z}(t)$, pode ser escrita como

$$\mathbf{z}(t) = \sum_{i=1}^{L} \mathbf{a}(\phi_i) s_i(t) + \eta(t), \tag{8.36}$$

em que

$$\mathbf{a}(\phi) = \left[e^{j\beta d\cos(\phi)} \dots e^{j(i-1)\beta d\cos(\phi)} \right]^T \tag{8.37}$$

e $\eta(t)$ representa o ruído branco de média nula. A variável $\mathbf{z}(t)$ ainda pode ser escrita como

$$\mathbf{z}(t) = \mathbf{A}\mathbf{s}(t) + \eta(t) \quad \mathbf{A} = [\ \mathbf{a}(\phi_1) \quad \mathbf{a}(\phi_2) \quad \cdots \quad \mathbf{a}(\phi_L)\ ]. \tag{8.38}$$

Quando a matriz $\mathbf{A}$ é de *rank* completo, ambos, ângulos de chegada e os sinais $s_i(t)$ podem ser estimados a partir de $\mathbf{z}(t)$. Devido ao fato de os ângulos de chegada ϕ_i também serem dependentes do tempo, $\mathbf{z}(t)$ é geralmente processado à parte, para produzir estimativas periódicas dos ângulos de chegada que servem de entrada para os algoritmos de rastreamento dos usuários. Apesar do exemplo simples ter considerado uma estrutura de arranjo linear, o SDMA não se restringe a tal estrutura e estruturas de arranjos mais complexas podem ser empregadas. Enquanto a regularidade das estruturas de arranjos lineares leva a simplificações nos algoritmos, configurações mais complexas levam a algoritmos mais complicados e a maiores requisitos computacionais. Independente da estrutura do arranjo, é importante que o modelo matemático dos dados tenha uma forma geométrica simples que permita o uso de técnicas apropriadas de processamento não-linear.

8.11.5 Princípio de Funcionamento da SDMA

A tecnologia SDMA é um método de múltiplo acesso por meio do qual a capacidade dos sistemas de comunicações móveis existentes pode aumentar de forma econômica e eficiente. Baseado na tecnologia de arranjos adaptativos de antenas, a dimensão espacial do sistema existente passa a ser explorada por meio da formação de feixes eletromagnéticos independentes em cada um dos canais originais. O aumento de capacidade pode ser alcançado se a energia eletromagnética, em vez de ser transmitida e recebida omnidirecionamente, for direcionada individualmente para os usuários do sistema. Essa operação de direcionamento é feita na estação radiobase por meio de algoritmos adaptativos de controle e permite rastrear os usuários móveis ao longo da área de alcançe da antena. Dessa forma, um mesmo canal de rádio pode ser compartilhado por múltiplos usuários se os feixes radiados puderem ser formados sob a restrição de haver minimização da relação (potência da portadora)-(potência da interferência) (C/I) para cada um dos usuários.

Os requisitos da relação (C/I) podem ser traduzidos em duas condições. A primeira é que os usuários que compartilham o mesmo canal de rádio em paralelo devem estar localizados em posições angulares diferentes, vistos pela estação radiobase. A segunda restrição é que, sob condições reais, os arranjos de antenas usados na implementação SDMA só possam atenuar os sinais de usuários, dentro do mesmo canal e da mesma célula, que estão acima de um determinado nível de potência. As diferentes regiões do espaço cobertas pelos feixes radiados pelas antenas podem ser servidas pela mesma faixa de freqüência, no caso de se usar sistemas como o TDMA ou CDMA, ou ainda podem ser servidas por faixas diferentes de freqüência, no caso do FDMA.

O SDMA permite que os usuários compartilhem o meio de transmissão por meio de seu posicionamento espacial. Todos os usuários do sistema devem ter informações em tempo real de sua posição, e a área geográfica na qual os usuários estão localizados é dividida em áreas menores nas quais existe um mapeamento entre as divisões no espaço e as divisões na largura de faixa disponível. Além do posicionamento dos usuários, a tecnologia SDMA assume que pode haver no máximo um usuário por divisão de espaço. No caso das redes temporárias, formadas por veículos, por exemplo, há a necessidade de um acurado sistema de posicionamento dos veículos. Erros de posicionamento podem fazer com que um usuário tente acessar a faixa espectral destinada a um outro usuário. Atualmente o sistema de posicionamento global (GPS) é o mais usado por oferecer uma boa precisão. Essa precisão depende do ambiente em torno do veículo e das condições climáticas. Em áreas urbanas, os receptores GPS têm seu desempenho comprometido pelo efeito da propagação por múltiplos percursos.

Adicionalmente aos problemas de posicionamento, os efeitos da propagação por múltiplos percursos dão surgimento a uma demanda por controle dinâmico da potência transmitida por cada unidade móvel no enlace reverso, para prevenir que qualquer usuário particular eleve o nível de interferência para os outros usuários. A potência de transmissão de cada usuário é limitada pelo consumo da bateria de sua unidade móvel. Sendo portando necessários alguns limites na intensidade do controle aplicado ao enlace reverso. Se a antena da estação radiobase for projetada para filtrar espacialmente o sinal de cada usuário desejado, de forma a maximizar a sua potência recebida, então o enlace reverso de cada usuário é melhorado com a diminuição da interferência. Dessa forma, antenas adaptativas na estação radiobase diminuem alguns dos principais problemas do enlace reverso.

Na técnica SDMA, todos os usuários do sistema podem estar aptos a se comunicar simultaneamente, usando o mesmo canal de tráfego. Em adição, um sistema de antenas adaptativas bem projetado deve ser capaz de rastrear componentes de multipercurso individuais e combiná-los de forma otimizada para maximizar a potência recebida de cada usuário. No caso ideal, antenas adaptativas com feixe principal infinitesimal e capacidade de rastreamento infinita implementariam uma técnica SDMA ótima, provendo um canal de transmissão sem interferência alguma. Na prática, entretanto, antenas com características ideais não são realizáveis, mas estruturas com diretividade moderada podem ser projetadas. Dessa forma, um dos fatores limitantes do desempenho dessa técnica é a qualidade de projeto das antenas adaptativas.

8.12 Exercícios

1. Além de serem usadas como meios de transição entre espaço livre e dispositivos de condução eletromagnética, quais as outras aplicações das antenas?
2. Em quais aplicações do seu dia-a-dia as antenas estão presentes? Comente essas aplicações.
3. Explique os principais mecanismos de radiação dos dipolos.
4. Liste as principais configurações de antenas e cite as aplicações para cada uma delas.
5. Quais os principais benefícios trazidos pelas antenas inteligentes? Comente as aplicações dessas antenas e proponha uma aplicação nova.
6. Trace o diagrama de radiação, em coordenadas cartesianas, de um arranjo linear simétrico com 10 elementos, considerando distância d entre elementos igual a $\lambda/2$. Use o método da expansão binomial e considere $\beta = d/\lambda$.
7. Observe a intensidade dos lóbulos secundários de uma das antenas referidas no capítulo. O que acontece quando o número de elementos M aumenta. E quando o valor de d aumenta? Comente.
8. Projete um arranjo linear simétrico com 10 elementos, usando o método de Dolph-Tschebyscheff e o procedimento mostrado na seção 8.7.3. Considere Ro=30 dB e assuma $d = \lambda/4$, $\lambda/2$ e λ. Trace em seguida os diagramas de radiação em coordenadas cartesianas.
9. Comente as vantagens do método de Dolph-Tschebyscheff em relação ao método de expansão binomial.
10. Cite as vantagens do algoritmo RLS em relação ao LMS. Tente implementar o algoritmo LMS.
11. Um enlace de transmissão em radiovisibilidade utiliza antenas do tipo corneta retangular, com dimensão $d = 10$ cm, e freqüência da portadora de 6 GHz. Em função de efeitos atmosféricos e fadiga do material o enlace está desalinhado de 15 graus em relação à direção de ganho máximo. Calcule o ganho do enlace no estágio atual, em dB, e compare com o ganho do sistema alinhado. Em qual direção o nível do sinal recebido seria nulo?

Capítulo 9

Telefonia Móvel Celular

9.1 Introdução

Um sistema móvel é definido como uma rede de comunicações por rádio que permite mobilidade contínua por meio de muitas células. A comunicação sem fio, por outro lado, implica em comunicação por rádio sem necessariamente requerer a passagem (*handover*) de uma célula a outra durante a conversação (Nanda e Goodman, 1992).

A rede de comunicações celulares foi inicialmente proposta pelos Laboratórios Bell, nos Estados Unidos, em 1947. Entretanto, os experimentos só começaram em 1978. O primeiro país a oferecer o serviço celular foi a Suécia, em 1981, embora a Motorola tenha patenteado o telefone celular em 1973. Apesar do lançamento em 1979, em Chicago, o sistema só começou a ser instalado completamente em 1984 na América.

O oferecimento de comunicações móveis por rádio à população, com a utilização de estações radiobase (ERB), tem se tornado uma área de intensa pesquisa e desenvolvimento acelerado nos últimos anos (Hashemi, 1991; Dhir, 2004). Isso deve ser combinado com o interesse crescente em evitar os custos elevados associados à instalação e relocação em ambientes interligados por fios (Freeburg, 1991).

Diversos sistemas foram propostos e alguns já estão em operação para manusear o controle e tráfego de informação em sistemas móveis. Dentre outros, é possível citar: acesso múltiplo por divisão em código (*code division multiple access* – CDMA), acesso múltiplo por divisão em tempo (*time division multiple access* – TDMA) e acesso múltiplo por divisão em freqüência (*frequency division multiple access* – FDMA).

Um sistema de telefonia móvel convencional seleciona um ou mais canais de RF para utilização em áreas geográficas específicas. A área de cobertura é planejada para ser a mais ampla possível, o que implica em uma potência de transmissão elevada.

No sistema de telefonia móvel celular, a área de cobertura é dividida em regiões chamadas células, de modo que a potência transmitida seja baixa e as freqüências disponíveis venham a ser reutilizadas.

9.2 Sistemas Celulares Analógicos em Operação Comercial

A maioria dos sistemas analógicos de telefonia móvel celular em operação comercial é bastante semelhante. Todos, de um certo modo, baseiam-se no sistema AMPS (*Advanced Mobile Phone Service*), desenvolvido nos Estados Unidos na década de setenta, e estão sendo substituídos pelos sistemas digitais. Entretanto, os procedimentos para completamento e manutenção de chamadas são similares àqueles dos novos padrões e mais fáceis de entender; portanto, o sistema analógico é usado como exemplo neste capítulo.

No AMPS, os sinais de voz modulam em freqüência (FM) as portadoras dos canais. A sinalização, que opera a uma taxa de 10 kbit/s, utiliza modulação FSK (*Frequency Shift Keying*), que é o FM digital. Tanto os canais de voz quanto os de sinalização ocupam, individualmente, uma largura de faixa de 30 kHz.

A utilização da modulação em freqüência no padrão AMPS deve-se à natureza da portadora modulada, que tem a envoltória constante. O efeito de multipercurso, comum no canal móvel, produz um ruído multiplicativo que atua como um sinal modulante em amplitude. Para um sinal transmitido $s(t)$, o sinal recebido é dado pela Equação 9.1

$$r(t) = \alpha(t)s(t) + n(t), \tag{9.1}$$

em que $n(t)$ representa o ruído aditivo, usualmente com distribuição gaussiana, e $\alpha(t)$ é o ruído multiplicativo.

Se o sinal $s(t)$ fosse modulado em amplitude, o ruído multiplicativo seria incorporado ao sinal modulante, dificultando sobremaneira a recuperação do sinal original. A modulação em ângulo (freqüência ou fase) propicia a eliminação de parcela considerável do ruído com o ceifamento (grampeamento) da amplitude da portadora, antes da demodulação. Isso não afeta a recuperação do sinal, visto que a informação está na freqüência, ou fase, da portadora.

O método de proteção para as mensagens é uma característica importante desses sistemas. Os sistemas analógicos que ainda estão em operação no mundo são: NTT (Japão), AMPS (EUA e Brasil), TACS (Inglaterra), NMT (Escandinávia) e C-450 (Alemanha), os quais utilizam um dos seguintes métodos de proteção:

- Princípio de Decisão por Maioria (PMD), em que se transmitem diversas cópias do sinal;
- Solicitação de Repetição Automática (ARQ), no qual se verifica a ocorrência de erro para, então, solicitar a retransmissão do sinal.

Em ambientes de forte desvanecimento, o PMD é uma boa opção, enquanto para ambientes de desvanecimento lento o ARQ é a melhor opção. O sistema AMPS, adotado no Brasil, utiliza o PMD. A Tabela 9.1 resume características técnicas dos padrões analógicos.

Considerando que o sistema analógico é usado em muitos países para interligação entre diferentes padrões digitais, ele ainda constitui ainda uma base importante para a telefonia móvel celular, com a modulação em freqüência sendo utilizada em todos os sistemas implantados. Os princípios básicos da telefonia celular independem do tipo de sistema em análise.

9.3 Descrição do Sistema Celular

O projeto de um sistema celular consiste na divisão da área a ser coberta por telefonia móvel em áreas menores, permitindo a utilização de transmissores de baixa potência e um emprego eficiente do espectro por meio do reuso de freqüência. Nesse contexto, diz-se que os sistemas celulares são limitados pela interferência, em contraposição aos sistemas móveis convencionais, com potência elevada, que são limitados pelo ruído térmico produzido nos transmissores.

9.3.1 Estrutura Celular

A princípio, uma determinada região ou área de cobertura geográfica a ser atendida pelo serviço móvel celular é dividida em sub-regiões, que são chamadas *células*. A célula é a área geográfica iluminada por uma estação radiobase (ERB) dentro da qual a recepção do sinal atende às especificações do sistema.

A extensão da área de cobertura de uma ERB é dependente dos seguintes fatores:

- potência de saída do radiotransmissor;
- banda de frequências utilizada;
- altura e localização da antena;

Características	Japão	EUA	Inglaterra	Escandinávia	Alemanha
Sistema	NTT	AMPS	TACS	NMT	C-450
Faixa de Freqüência (MHz)					
ERB – EM	870 - 885	869 - 894	935 - 960	463 - 467,5	461,3 - 465,74
EM – ERB	925 - 940	824 - 849	890 - 915	463 - 457,5	451,1 - 455,74
Espaçamento de Freqüências entre Tx e Rx (MHz)	55	45	45	10	10
Espaçamento entre Canais (kHz)	25	30	25	25	20
Número de Canais	600	832 †	1000 †	180	122
Raio de Cobertura (km)	5 - 10	2 - 20	2 - 20	1,8 - 40	5 - 30
Sinal de Áudio					
Tipo de Modulação	FM	FM	FM	FM	FM
Desvio de Freqüência	± 5	± 12	$\pm 9,5$	± 5	± 4
Sinal de Controle					
Tipo de Modulação	FSK	FSK	FSK	FSK	FSK
Desvio de Freqüência	$\pm 4,5$	± 8	$\pm 6,4$	$\pm 3,5$	$\pm 2,5$
Taxa para Transmissão de Dados (kbit/s)	0,3	10	8	1,2	5,28
Proteção da Mensagem	ARQ	PMD	PMD	ARQ	ARQ

†42 canais de controle

Tabela 9.1: Características técnicas dos padrões de comunicações móveis.

- tipo da antena;
- topografia da área;
- sensibilidade do receptor.

Nos sistemas convencionais, a cobertura mais eficiente é obtida com uma grande área de cobertura e uma alta potência irradiada. Contudo, esta técnica não é propriada para os sistemas celulares, exceto em áreas nas quais é necessária uma baixa densidade de tráfego, ou a cobertura por células grandes, do tipo guarda-chuva.

As ondas de rádio propagam-se a partir da ERB em uma linha reta que é denominada de linha de visada. Isso significa que um usuário de uma estação móvel localizado atrás de um grande obstáculo como, por exemplo, uma montanha ou um túnel, estará em uma área sem cobertura denomina da *área de sombra*.

Contudo, os prédios das grandes cidades não são críticos graças a propriedades de reflexão e refração das ondas de rádio, que minimizam o efeito de *sombreamento*, isto sem contar que em áreas com alta densidade de tráfego emprega-se uma grande quantidade de pequenas células, o que permite preencher essas áreas.

Pelo ajuste da potência de saída do transmissor da ERB, a área de cobertura pode ser reduzida ou ampliada para a dimensão necessária. Atualmente, existem células com raio de cobertura menor que 500 m para ambientes abertos (*outdoor*) e micro-células, utilizadas em *shoppings*, viadutos e centros de convenções.

Em sua concepção básica, a operadora do sistema celular divide uma área em células hexagonais de igual tamanho, de tal forma que as estações radiobase estejam localizadas no centro destas (CNTr, 1992). Os tipos mais comuns de células são:

- **Célula omnidirecional** – nas células omnidirecionais, a ERB é equipada com uma antena omnidirecional que transmite a mesma potência em todas as direções, no plano azimutal, formando assim uma área de cobertura aproximadamente circular, cujo centro é a própria ERB. Para efeito gráfico, essa célula é representada por um hexágono;

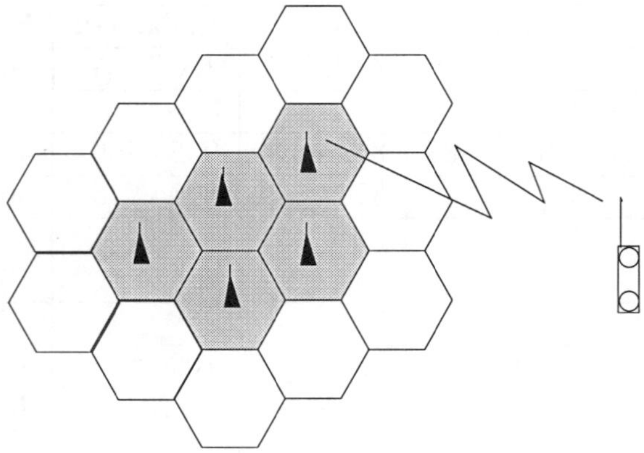

Figura 9.1: Descrição do sistema celular.

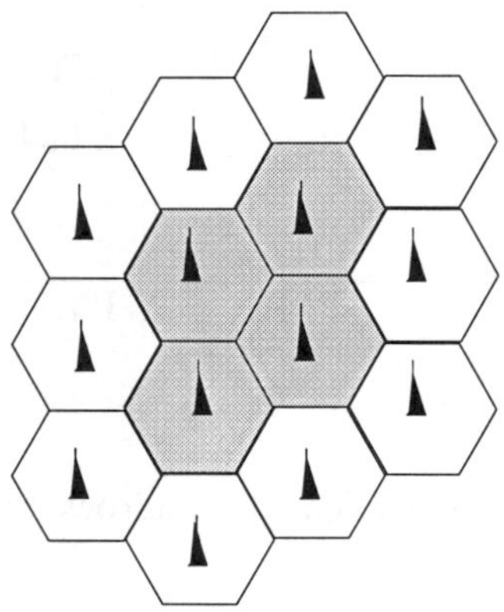

Figura 9.2: Conjuntos de células omnidirecionais – quatro células $(i = 2; j = 0)$.

- **Célula setorizada** – nas células setorizadas, a ERB é equipada com antenas diretivas, de forma que cada uma cubra determinada região.

9.3.2 Estruturas Celulares

Um grupo de células vizinhas que usa todo o grupo de 395 canais de voz e 21 canais de controle disponíveis nos sistemas AMPS (*Advanced Mobile Phone System*) é denominado de *cluster*, ou conjunto, de células. Em outras palavras, dentro de um *cluster* não existe reutilização de freqüências.

O número de células que compõem o *cluster* difere de acordo com a técnica aplicada. As estruturas mais empregadas são:

- Padrão quatro células, todas omnidirecionais, como mostrado na Figura 9.2;
- Padrão sete células, com sete células omnidirecionais, ilustrado na Figura 9.3;
- Padrão 12 células, todas omnidirecionais. A Figura 9.4 ilustra a distribuição de células;
- Padrão 21 células, com sete estações radiobase, em que cada uma contém três células setorizadas, como mostrado na Figura 9.5;
- Padrão 24 células, com quatro estações radiobase, em que cada uma contém seis células setorizadas, conforme ilustração da Figura 9.6;

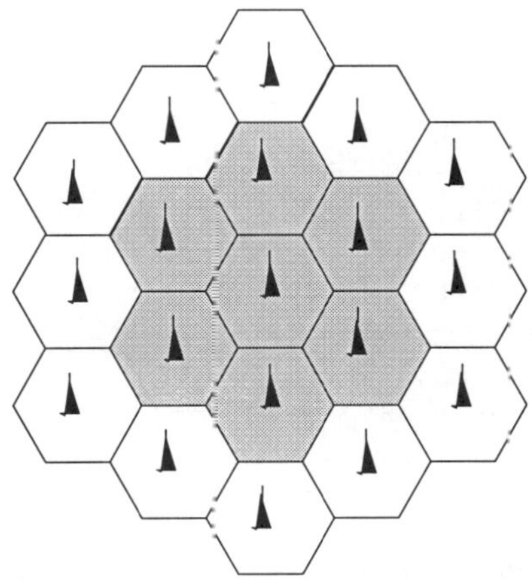

Figura 9.3: Conjuntos de células omnidirecionais – sete células $(i = 2; j = 1)$.

Em um *cluster* com sete células existem sete diferentes conjuntos de freqüências, que por exemplo podem receber as designações de A, B, C, D, E, F, G. Contudo, em um *cluster* com vinte e uma células setorizadas, estas podem ser designadas como: A1, A2, A3, B1, B2, B3, C1, C2, C3, D1, D2, D3, E1, E2, E3, F1, F2, F3, G1, G2 e G3.

Num *cluster* com 21 células, os canais utilizados na mesma célula estão sempre separados por 21 canais. Esta característica, além de facilitar a utilização do transmissor, também elimina o risco de possíveis interferências entre canais adjacentes presentes em uma mesma célula. A alocação dos canais precisa levar em consideração a densidade de tráfego entre as várias células.

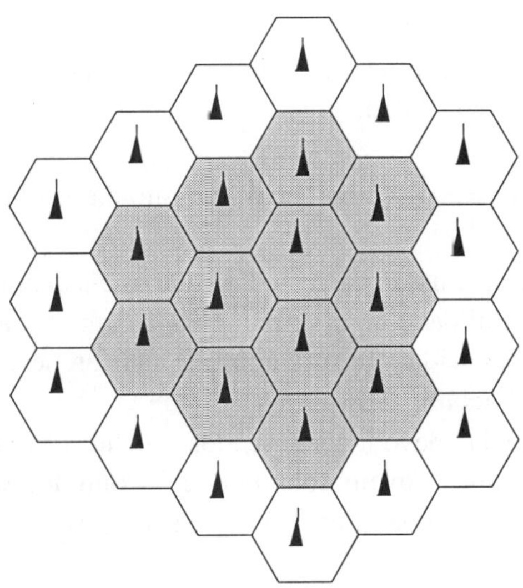

Figura 9.4: Conjuntos de células omnidirecionais – 12 células $(i = 2; j = 2)$.

9.4 Reutilização de Freqüência

O reuso de freqüência corresponde à utilização de uma mesma freqüência em dois conjuntos distintos de células. A distância de reuso é limitada pela máxima interferência co-canal permitida no sistema.

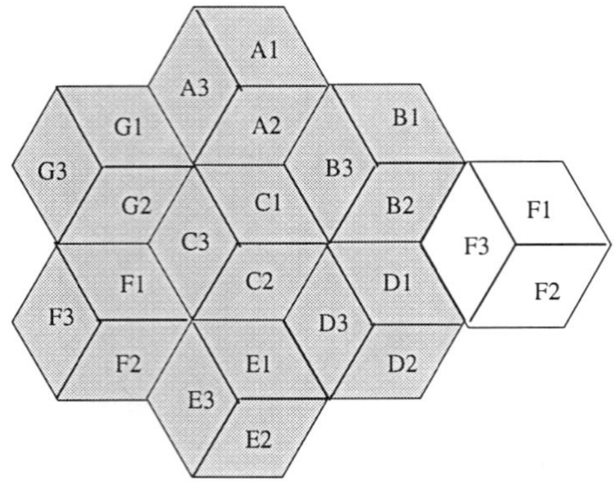

Figura 9.5: Conjuntos de células setorizadas – Conjunto de sete células com três setores.

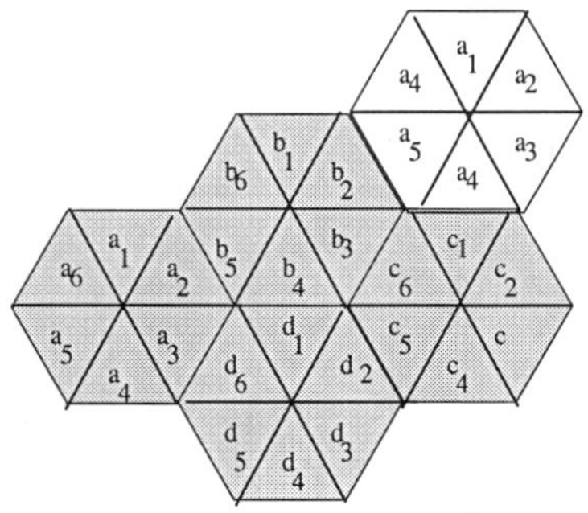

Figura 9.6: Conjuntos de células setorizadas – Conjunto de quatro células com seis setores.

No caso de um sistema homogêneo, formado por conjuntos de $N = i^2 + ij + j^2$ células (em que i e j são inteiros positivos), a distância de reuso *D* é dada por

$$\frac{D}{R} = \sqrt{3N}, \text{ em que } R \text{ é o raio da célula.}$$

Evidentemente, a qualidade de transmissão cai à medida que os *clusters* ficam menores, mas a capacidade de tráfego aumenta em virtude da possibilidade de distribuir toda a canalização em poucas células. A Tabela 9.2 mostra a relação existente entre a capacidade de tráfego e a interferência co-canal, para diversas dimensões hipotéticas do conjunto de células (Yacoub, 1993).

Diferentes conjuntos de freqüências devem ser alocados a células vizinhas, uma vez que para apresentar uma cobertura total de rádio, as células devem sobrepor-se. Contudo, se é utilizada nas células a mesma freqüência usada numa célula próxima, é criada nas áreas de sobreposição uma certa interferência, que recebe o nome de interferência co-canal.

Dimensão	D/R	Canais/célula	Capacidade de tráfego	Qualidade de transmissão
1	1,73	360	Mais alta	Mais baixa
3	3,00	120	↑	
4	3,46	90		
7	4,58	51		↓
12	6,00	30	Mais baixa	Mais alta

Tabela 9.2: Capacidade de tráfego e interferência co-canal.

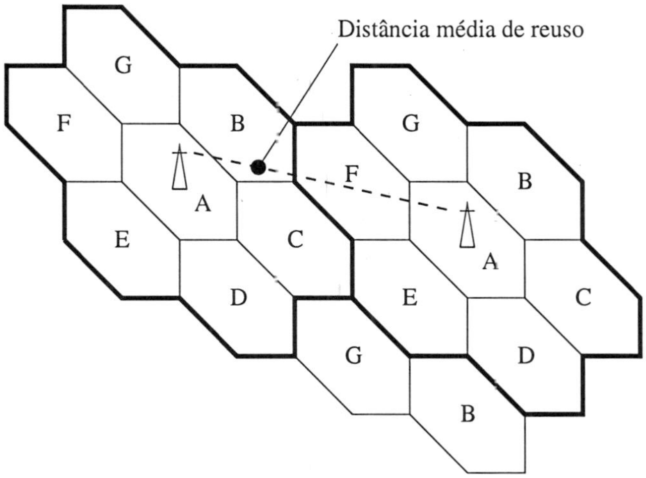

Figura 9.7: Conceito de distância média de reuso.

A interferência é o fator que leva à utilização de uma distância substancial entre duas células de mesma freqüência. A esta distância é dado o nome de distância de repetição e o fato de se utilizar a mesma freqüência em diferentes células é denominado de reutilização de freqüências. Em virtude da técnica de reutilização, pode-se concluir que o número máximo de canais de voz passa a ser um múltiplo de 395 no AMPS estendido.

9.4.1 Divisão de Células

Inicialmente, pode-se supor a introdução de um novo sistema que cubra uma grande cidade e suas áreas vizinhas. Se for possível afirmar que em um futuro próximo a densidade de assinantes vai ser baixa, não há necessidade de expandir o sistema rapidamente. Isso evitaria um excesso de capacidade a um alto custo e sem retorno imediato.

Em um primeiro passo pode ser estabelecida uma ERB com uma antena alta e uma potência de saída suficiente para cobrir uma área de 20 km, por exemplo. Considerando uma estrutura de *cluster*, a estação pode alocar um grupo de freqüências como, por exemplo, o grupo A, e consequentemente a estação estará limitada a aproximadamente 45 canais de voz e três canais de controle.

Uma maneira de aumentar a capacidade dentro da mesma cobertura é colocar mais três estações sobrepostas. As três novas células podem trabalhar temporariamente como células omnidirecionais, mas, como no futuro elas podem ser substituídas por células setorizadas, o grupo de freqüências deve ser definido de acordo com as freqüências que elas vão ser utilizadas no futuro. Por exemplo, de acordo com a designação mostrada na Seção 9.4, podem ser escolhidos os grupos C1, E1 e G1.

Com o passar do tempo torna-se necessário aumentar a capacidade da área central. Para isso, diminui-se a cobertura da estação de grupo A, por meio da redução de sua potência e sua conseqüente área de cobertura. Apesar de as células C1, E1 e G1 serem projetadas para cobrir os subúrbios, elas podem em alguns casos prover uma cobertura auxiliar à área central.

Quando a demanda de tráfego cresce dentro de uma determinada célula, existem duas soluções possíveis: adição de novas células ou setorização das células já existentes.

- Adição de novas células – A potência dos transmissores das células existentes é diminuída para cobrir aproximadamente metade da área original e novas células são adicionadas para cobrir as remanescentes. A adição de novas células implica na instalação de torres e antenas, com os custos correspondentes;

- Setorização de células – O conjunto de antenas omnidirecionais da célula é substituído por antenas direcionais (de 60° ou 120°) e a célula é dividida em setores. A setorização é mais econômica, em virtude de

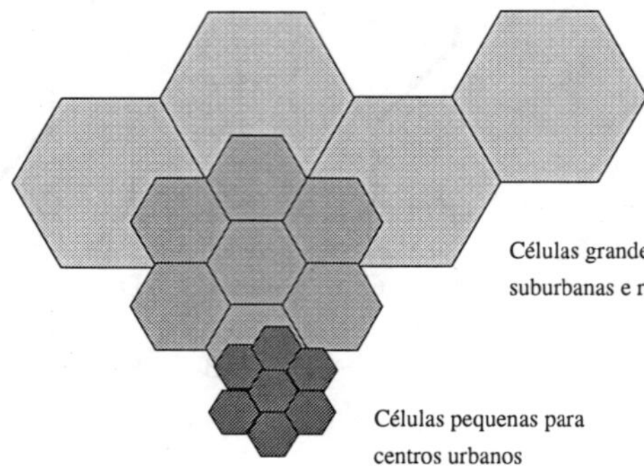

Figura 9.8: Divisão de células.

utilizar as estruturas existentes.

A dimensão da célula deve adequar-se à densidade de tráfego telefônico. Quanto maior for o tráfego, menor será a célula correspondente, uma vez que o número de canais disponíveis por célula é limitado. Isso implica, por exemplo, que em áreas centrais de uma cidade as células são menores do que as das áreas suburbanas.

A adição de novas células é a maneira mais flexível de expandir o sistema, mas também a mais dispendiosa. Ela envolve a instalação de novas estações radiobase, torres e antenas. A aquisição de terrenos para a instalação das ERBs em áreas centrais ficou proibitiva para as operadoras, que preferem alugar pequenas áreas no topo de prédios, em terrenos ou em áreas comerciais. A setorização de células tem um custo menor para a operadora, entretanto impõe restrições às expansões futuras.

A divisão de células grandes em células pequenas implica que a distância de repetição torna-se menor e o número de canais dentro da mesma área geográfica aumenta, aumentando assim a capacidade do sistema.

A técnica de sobrepor células é empregada em diferentes situações para resolver problemas específicos. A região de fronteira entre células grandes e pequenas é um exemplo típico de tal situação. Pode-se definir uma célula superposta como um grupo de canais de voz alocados na mesma região de uma célula comum, que recebe o nome de célula subposta. A célula superposta difere da subposta porque, além de apresentar um raio menor, não possui receptor de intensidade de sinal e canal de controle.

9.5 Gerenciamento da Utilização de Canais

Na alocação do espectro no padrão AMPS, o canal de rádio utiliza freqüências separadas para a transmissão da EM e para a transmissão da ERB (operação duplex). A diferença entre as duas freqüências é de 45 MHz.

O sistema AMPS utiliza a faixa de 825 a 845 MHz (824 a 849 MHz no sistema estendido) para a transmissão no sentido EM – ERB e 870 a 890 MHz (869 a 894 MHz no sistema estendido) para a transmissão no sentido inverso. A maior parte dos canais (com 30 kHz de banda) é designada para conversação telefônica. Os restantes transmitem sinalização na forma digital. Tais canais são chamados *setup* e são utilizados para a troca de mensagens necessárias para estabelecer a ligação.

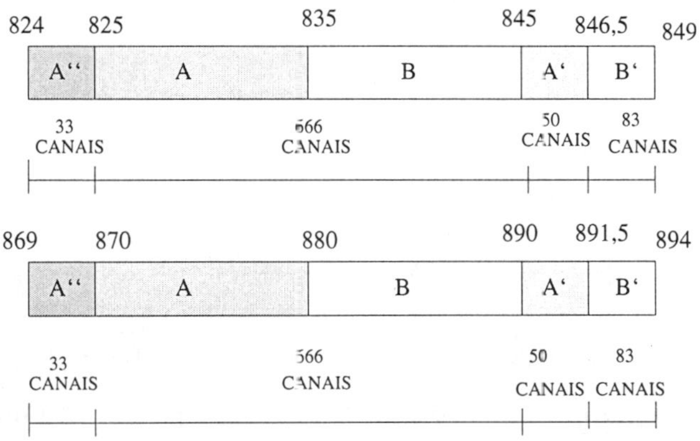

Figura 9.9: Faixas de freqüência.

9.5.1 Alocação de Canais no Sistema AMPS

No sistema AMPS, os canais são alocados em freqüência da seguinte forma (os números entre parênteses se referem ao sistema estendido):

- 825 a 845 MHz: 666 canais de 30 kHz (824 a 849 MHz: 832 canais de 30 kHz) para comunicação no sentido EM – ERB;
- 870 a 890 MHz: 666 canais de 30 kHz (869 a 894 MHz (893,99 MHz): 832 canais de 30 kHz) para comunicação no sentido ERB – EM;
- O conjunto de 666 (832) canais é dividido em dois sistemas A e B, cada qual podendo ser explorado por uma companhia operadora diferente;
- Cada operadora dispõe de 333 (416) canais e pode comercializar 312 canais de voz, porque 21 são canais de controle;
- No padrão original, os canais são numerados de 1 a 333 no sistema A e de 334 a 666 no sistema B, a partir do canal de freqüência mais baixa em cada sistema.

A freqüência central do canal pode ser obtida a partir do seu número, da seguinte forma:

- Sentido ERB-EM: F = (número do canal x 0,03) + início da faixa;
- Sentido EM-ERB: F = (número do canal x 0,03) + início da faixa.

9.6 Constituição do Sistema Celular

Um sistema celular típico é constituído de três elementos, além das conexões entre eles. Os componentes básicos do sistema celular são (CNTr, 1992):

- Terminal móvel (TM).
- Estação radiobase (ERB);
- Centro de comutação e controle (CCC);

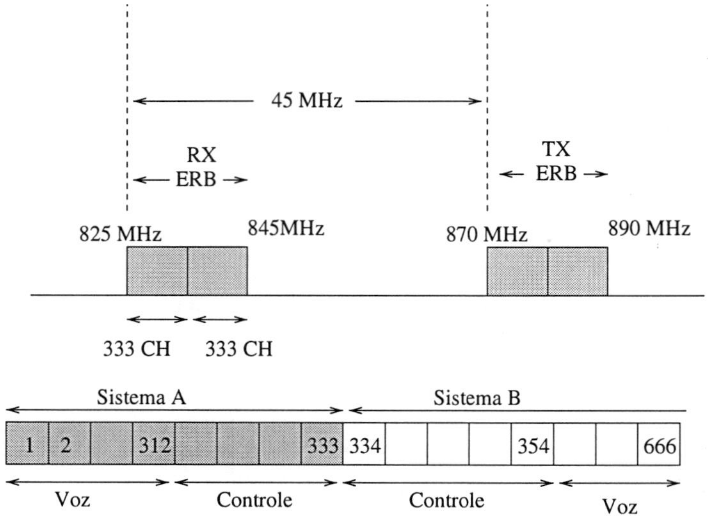

Figura 9.10: Alocação de canais no sistema AMPS.

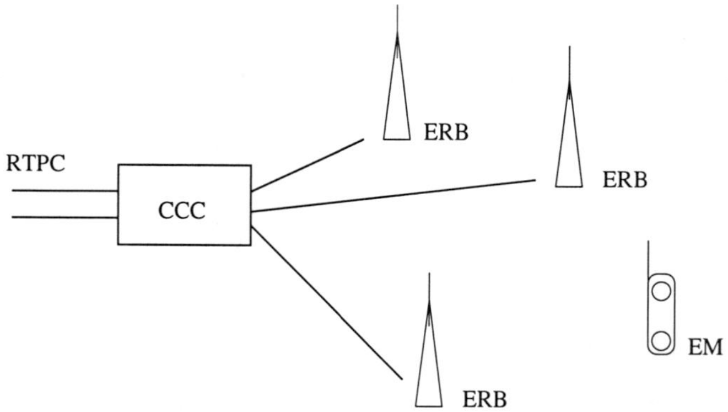

Figura 9.11: Componentes do sistema celular.

A estação ou terminal móvel (EM ou TM), que fornece a interface aérea para o usuário do sistema celular, contém uma unidade de controle, um transceptor e uma antena. Ela transmite e recebe sinais de voz, possibilitando a conversação, e transmite e recebe sinais de controle, permitindo o estabelecimento da chamada. Os terminais móveis são produzidos por um grande número de fabricantes, o que faz com que o projeto e as facilidades para assinantes variem bastante. Podem ser utilizadas em diferentes aplicações como:

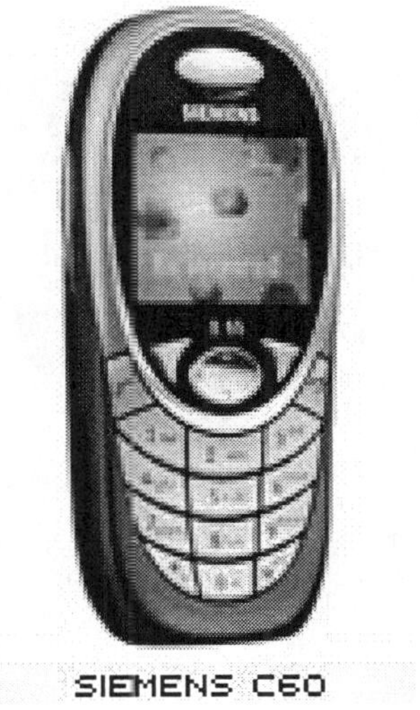

Figura 9.12: Exemplo de telefone celular, Siemens C60 (Cortesia da Siemens Ltda.).

- Instaladas em carro (telefone celular veicular);
- Transportáveis (telefone celular transportável);
- Portáteis (telefone celular portátil);
- Instaladas em área rural (telefone celular rural).

A potência máxima de saída da unidade montada em carro ou área rural é 3 watts, enquanto a potência da unidade portátil é 0,6 W, para os padrões americanos, e 1 W, para o padrão europeu. Quando a EM acessa a CCC, envia a sua classe de estação na qual está indicada a sua potência máxima de saída. A CCC mantém um arquivo com os parâmetros de todos os terminais celulares registrados, para o controle da chamada.

Para sua identificação no sistema, cada EM possui um número de identificação (MIN) e, por uma questão de segurança, cada unidade móvel possui um número eletrônico serial (ESN), que é definido de fábrica.

A supervisão da qualidade do sinal que chega aos terminais móveis é realizada pelo tom de supervisão de áudio (TAS) e pela medida do nível de intensidade dos sinais recebidos das estações móveis, no caso analógico, e pela medida da taxa de erro (*Bit Error Rate* BER) em sistemas digitais.

A estação radiobase compreende as seguintes unidades funcionais, ilustradas na Figura 9.14:

- Grupo de canais de rádio (GCR);
- Interface rádio central (IRC);
- Combinador de antenas;
- Antenas e fontes de alimentação.

Figura 9.13: Exemplo de estação radiobase, BS 240 XS (Cortesia da Siemens Ltda.).

O grupo de canais de rádio compreende canais de voz e canais de controle. A interface rádio central (IRC) trabalha como um adaptador dos sinais entre a CCC e a estação radiobase, visto que a codificação da interface aérea é diferente da codificação utilizada na comunicação entre as centrais telefônicas. Assim, o equipamento recebe dados e voz das unidades de canais e envia as informações para a CCC por meio do enlace dedicado ERB-CCC. Já na direção oposta o equipamento recebe dados e voz da CCC por meio dos enlaces de comunicação CCC-ERB e os envia para a unidade de canal ou controle correspondente. Além disso, a ERB (Alencar, 2001c):

- Fornece a interface entre a central de comutação de controle e as estações móveis;
- Contém uma unidade de controle, transceptores de rádio, antenas, plantas de alimentação e terminais de dados;
- Transmite e recebe sinais de controle para o estabelecimento e supervisão das chamadas;
- Transmite e recebe sinais de voz e de várias estações móveis dentro de sua área de cobertura.

Na conexão das ERBs com as CCCs, dois tipos de facilidades são utilizadas:

- Troncos que fornecem um caminho de comunicação de voz. O número de troncos é decidido com base no tráfego e na probabilidade de bloqueio (grau de serviço) desejado;
- Troncos que fornecem um caminho de sinalização para o estabelecimento e supervisão das chamadas.

Como a ERB transmite e recebe sinais de controle para o estabelecimento e supervisão das chamadas e sinais de voz de várias EM's dentro de sua área de cobertura, pode-se dizer que ela atua como concentrador de tráfego para a CCC.

A central de comutação de controle (CCC) é considerada o principal elemento do sistema móvel celular. Dentre suas funções, pode-se mencionar:

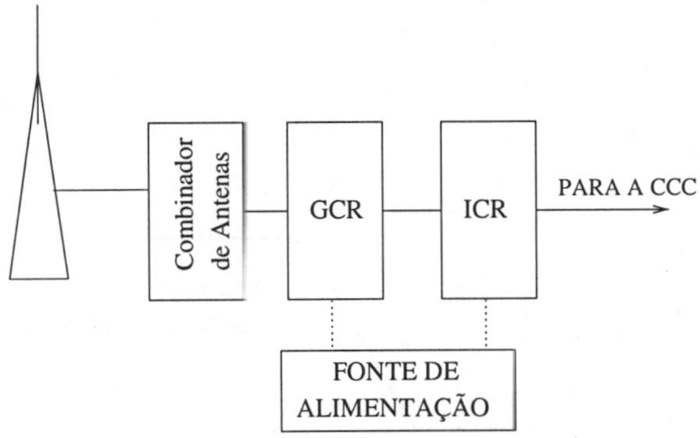

Figura 9.14: Composição da estação radiobase.

- Coordenação central de toda a rede celular, administrando todas as estações de radiobase dentro de sua área de controle, ou seja, comutando e controlando um aglomerado celular;
- Funciona como interface com a rede de comutação pública;
- Comuta chamadas originadas ou terminadas na estação móvel;
- Permite que a estação móvel tenha à sua disposição os mesmos serviços e facilidades fornecidos pela rede pública aos assinantes fixos;
- A CCC se conecta às estações radiobase via conexões do tipo quatro fios, por multiplex PCM. Usualmente, a ligação é feita por cabo óptico.

9.7 Funções Características da Rede Celular

Um sistema celular completo pode conter várias CCCs, as quais podem ser consideradas interfaces funcionais para a Rede Telefônica Pública Comutada (RTPC), e a sinalização empregada para o estabelecimento das chamadas vai depender da sinalização definida pela RTPC. Cada EM é conectada por software a uma única CCC, que normalmente é aquela na qual o assinante é residente. Essa CCC recebe o nome de central domicílio (CCC-D).

A CCC opera sobre uma base *trunk-to-trunk*, tendo três tipos de enlaces de interconexão:

- Tipo 1. Interconecta a CCC a uma central de comutação local da operadora da rede pública;
- Tipo 2A. Interconecta a CCC a uma central de comutação *Tandem* da rede pública;
- Tipo 2B. Interconecta a uma central local em conjunto com o tipo 2A sobre uma base de roteamento alternativo de alto uso.

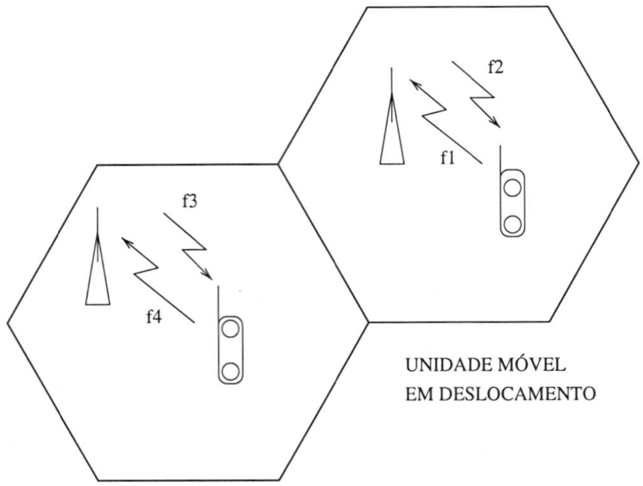

Figura 9.15: Exemplo de *handoff*.

9.7.1 *Handoff*

O *handoff* é uma função que permite manter a continuidade de uma conversação quando o usuário passa de uma célula para outra. O *handoff* está centralizado no CCC e no AMPS causa uma interrupção na comunicação inferior a 0,5 s.

9.7.2 *Roaming*

Quando a estação móvel entra na área de controle de uma CCC que não é a sua domiciliar, essa central é conhecida como central visitada (CCC-V) e o assinante, como visitante. As chamadas para tal categoria de assinante são roteadas e comutadas pelo CCC-V. Esse conceito de uma EM deslocando-se de uma área de controle para outra é conhecido por *roaming*. A sinalização entre CCCs pode ser implementada, por exemplo, de acordo com o protocolo de sinalização por canal comum número 7 (SCC-7) do ITU-T, por meio de enlace direto que una duas CCCs ou ainda por um enlace da RTPC (Alencar, 2002).

Os seguintes procedimentos são realizados quando se utiliza a função *roaming*:

1. Uma EM, ao entrar em uma nova área de controle, registra-se automaticamente na CCC que controla essa área;

2. A CCC visitada vai verificar se a EM não havia se registrado anteriormente. Caso o procedimento não tenha sido efetuado, a CCC visitada vai informar à CCC domicílio sobre sua nova posição;

3. A CCC domicílio registra a área de serviço que o assinante está visitando. Após esse procedimento, o assinante visitante estará então habilitado a fazer e receber chamadas, como se estivesse em sua própria área de atendimento.

A mudança de uma ERB ligada a uma CCC para outra ERB ligada a outra CCC, durante uma chamada em progresso, é chamada *handoff* entre centrais. Em alguns sistemas, as áreas de controle podem ainda ser subdivididas em áreas de localização. Quando a EM passa de uma área de localização para outra, ela deve

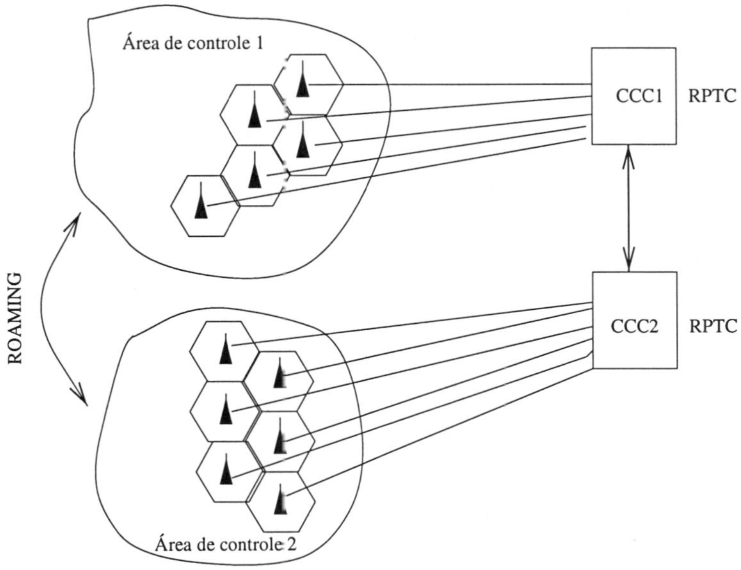

Figura 9.16: Exemplo de *roaming*.

informar a CCC sobre sua nova localização. Essa tarefa é conhecida como registro forçado ou como registro de área de localização e, no caso, a busca da EM é executada somente nas células que compõem a área de localização.

O registro forçado implica na atualização dos arquivos da CCC a cada intervalo predefinido de tempo. Os aparelhos celulares executam uma rotina de geração de um valor de tempo aleatório, a partir de uma semente enviada pela ERB, para o envio da informação de localização. O período máximo para envio dos dados é definido pelo operador da central. A atualização periódica dos registros pode sobrecarregar o processador central e elevar o grau de serviço da CCC (Alencar, 2002).

O registro por área de localização é feito toda vez que o usuário cruza um limite preestabelecido pelo operador do sistema. O limite pode ser a célula ou a área de cobertura da CCC, por exemplo. Quanto maior a área a ser coberta, para a localização do usuário, mais recursos do sistema móvel celular são alocados. Isso pode bloquear canais e também aumentar o grau de serviço do sistema. Uma combinação dos dois métodos é geralmente mais eficaz e diversos algoritmos têm sido desenvolvidos com esse objetivo.

9.7.3 Configuração do Sistema Móvel Celular

A estação radiobase é conectada com a CCC por intermédio de circuitos ponto a ponto. A estação tem como atividade principal trabalhar como repetidora da informação de voz e de dados, bem como supervisionar a qualidade de enlace de transmissão durante a conversação.

As conexões entre a ERB e a CCC são feitas normalmente por troncos de linhas físicas (PCM), sendo também possíveis conexões por rádio e fibras ópticas. As CCCs são geralmente conectadas às centrais da rede fixa (RTPC) por fibra óptica.

9.7.4 Comunicação de Dados CCC-ERB

Há troca constante de informação entre a central e a estação radiobase. A comunicação entre CCC e a ERB ocorre nos seguintes casos:

- Quando a CCC origina uma mensagem para uma estação móvel a ser enviada no canal de controle ou no canal de voz;
- Quando a CCC recebe uma mensagem da estação móvel;
- Quando a CCC recebe um pedido da ERB, como, por exemplo, um pedido de *handoff*;
- Quando a CCC envia uma mensagem para a ERB, como, por exemplo, pedidos dos resultados das medições em processo de *handoff*;
- Quando a CCC recebe uma mensagem de alarme devido a uma falha na parte de rádio, como, por exemplo, falha no transmissor ou falha de potência;
- Quando a CCC recebe uma mensagem originada de um terminal ERB;
- Quando a chamada de alarme externo é detectada, devido a intruso na estação radiobase ou incêndio, por exemplo;
- Quando outras rotinas de manutenção devem ser executadas, como, por exemplo, carga das unidades de canal a partir do banco de memória na CCC ou teste de rotinas dessas unidades.

9.8 Tipos de Canais de Rádio

No sistema AMPS existem dois tipos de canais de transmissão entre a ERB e a EM:

1. Canais de voz – (CV);
2. Canais de controle ou canais *setup* – (CC).

9.8.1 Canais de Voz

Durante o processo de estabelecimento de uma chamada, a CCC seleciona um canal de voz que vai transportar a conversação. Quando a conversação é terminada, o canal de voz fica livre e em seguida passa a fazer parte de um arquivo administrado pela CCC, sempre atualizado com os vários canais e seus estados. Quando um canal de voz é liberado, o transmissor da unidade de canal na ERB é desligado, voltando a ser ligado somente quando o canal em questão for capturado. Essas ações são todas controladas pela CCC.

Para controlar o estabelecimento de uma chamada, a CCC precisa constantemente trocar informações com a EM por meio do canal de voz e por esse motivo outros sinais, além do sinal de voz, trafegam no canal:

- Tom de supervisão de áudio (TAS ou SAT);
- Tom de sinalização (TS ou ST);
- Dados em banda larga.

Os sinais TAS, TS e dados em banda são transmitidos enquanto o canal de voz está em uso, porém fora da faixa de voz. Do ponto de vista da transmissão, o canal de voz a partir da ERB é chamado Canal de Voz Direto (FVC), enquanto o canal da EM é denominado canal de voz inverso ou reverso (RVC).

Tom de Supervisão de Áudio (TAS ou SAT)

Como já foi mencionado anteriormente, os sistemas celulares reutilizam freqüências, originando assim uma grande quantidade de *clusters*. A probabilidade de uma estação móvel sofrer uma interferência co-canal aumenta com a reutilização de freqüências, ou seja, durante uma conversação, a estação móvel recebe sinais de outras ERBs que transmitem a mesma freqüência do canal de voz por ela empregado.

De modo a evitar tais situações, foram implementados, no sistema AMPS, três diferentes tons de supervisão de áudio (TAS), que são alocados no sistema. O tom é utilizado para supervisionar a qualidade da transmissão. O TAS é enviado continuamente durante a transmissão de voz na freqüência de aproximadamente 6 kHz, no sentido ERB-EM e EM-ERB. A EM recebe o tom, reconhece e transmite de volta à ERB. Por intermédio da supervisão do retorno, a ERB pode monitorar constantemente as condições da comunicação. Existem três valores possíveis para o TAS: 5.970 Hz, 6.000 Hz e 6.030 Hz.

Todos os canais de voz de um determinado *cluster* principal utilizam, por exemplo, o tom TAS1 de 5.970 Hz, o *cluster* vizinho o tom TAS2 de 6.000 Hz e os canais de voz dos *clusters* vizinhos deste último o tom TAS3 de 6.030 Hz. Em tal situação, os canais de voz de mesma freqüência utilizariam tons TAS diferentes, o que pode ser facilmente reconhecido pela estação móvel.

Toda vez que uma estação móvel é levada a utilizar um dado canal de voz, ela também é informada de qual TAS é transmitido nesse canal. Se durante a conversação o tom TAS não é o esperado, ele não é devolvido à ERB, o que leva a um *handoff* imediato ou à liberação da chamada. A interferência co-canal também pode ser detectada pela própria ERB.

Tom de Sinalização (TS ou ST)

Este sinal, enviado a partir da EM na freqüência de 10 kHz no canal de voz, tem a finalidade de servir como sinalização de linha no estabelecimento de uma chamada ou *handoff*. O tom é transmitido durante o tempo em que a EM emite a "corrente de toque" por 1,8 segundos depois de terminada a conversação. O toque também é transmitido durante 15 a 50 ms quando a conversação é interrompida para *handoff*.

Dados em Banda Larga

Visando o completo controle sobre o andamento da chamada, em determinadas situações existe troca de mensagens entre a ERB e a EM pelo canal de voz. A transmissão de mensagens é feita pelo canal de dados em banda larga, que pode ser caracterizado como canal de voz direto ou reverso.

- Canal de Voz Direto (FVC)

  O canal de voz direto é estabelecido entre a ERB e a EM durante a conversação, com o objetivo de envio de mensagens à EM. As mensagens no canal de voz direto podem ser de dois tipos:

  - Ordens (aumento de potência, liberação de chamada);
  - Designação de canal de voz durante um *handoff*.

- Canal de Voz Reverso ou Inverso (RVC)

  O canal de voz reverso é acionado entre a EM e a ERB durante a conversação, com o objetivo de envio de mensagens à ERB. As mensagens no canal de voz reverso também podem ser de dois tipos:

  - Confirmação de ordens;
  - Endereço chamado (realização de consulta, conferência e ativação/desativação de um serviço de assinante).

9.8.2 Canal de Controle

O canal de controle é o meio para troca de sinalização na interface aérea do sistema celular. Ele é responsável pelo estabelecimento da conversação. Normalmente, existe somente um canal de controle em cada célula. De um modo geral, o canal de controle é utilizado para:

- Transmitir mensagens gerais dos parâmetros do sistema;
- Transmitir mensagens de busca e informações gerais;
- Transmitir mensagens de designação de canal de voz e informações gerais;
- Receber mensagem da EM.

A EM, quando em movimento de uma célula para outra, deixa de sintonizar o canal de controle da primeira célula para sintonizar o canal de controle da nova célula. Esse procedimento caracteriza o *handoff*, uma das funções características da rede celular.

- Canal de Controle Direto (FOCC)

  O canal de controle direto é estabelecido entre a ERB e a EM para o envio de mensagens de sinalização. Cada mensagem é transmitida em forma de palavras. No sistema AMPS cada palavra contém 28 bits, os quais, por razão de segurança, são codificados na forma de um código de correção de erros. Esse código, que recebe o nome de BCH (Bose-Chaudhuri-Hocquenghem), como discutido anteriormente, permite a correção de falhas de um único bit; erros em dois ou mais bits são apenas detectados. O código de correção adiciona 12 bits a cada palavra, assim elevando-a para 40 bits.

  As mensagens enviadas pelo canal de controle direto são caracterizadas em cinco classes:

  - Busca (*paging*) de uma EM;
  - Transmissão contínua de mensagens às EMs;
  - Designação de um canal de voz;
  - Tentativa dirigida (indica uma célula adjacente para a qual a ligação deve ser dirigida);
  - *Overhead* (permite que as EMs ajustem-se aos diferentes sistemas, incluindo diferentes fabricantes).

- Canal de Controle Reverso ou Inverso (RECC)

  A ligação entre a EM e a ERB (*upstream, uplink*) é realizada eventualmente para envio de informações. As mensagens são transmitidas quando uma EM sintonizada no canal de controle tem algo significativo a enviar, ou seja:

  - Acesso de uma EM para originar chamada;
  - Confirmação de ordens;
  - Resposta ao sinal de busca.

9.9 Sistemas digitais

Filosofias distintas orientaram o desenvolvimento dos sistemas digitais que constituem a base da segunda geração da telefonia móvel celular. Nos Estados Unidos, o objetivo era manter a compatibilidade com o sistema AMPS e permitir o *roaming* no país. Na Europa, como havia muitos sistemas distintos, a finalidade foi desenvolver um padrão compatível com a rede telefônica fixa e com os padrões ITU. Os objetivos da comunicação móvel digital são:

- Melhoria da eficiência espectral;
- Rejeição à interferência;
- Elevação da imunidade ao ambiente de propagação;
- Aumento da sensibilidade dos receptores;
- Utilização de códigos corretores de erros na parte de voz.

Tendo em vista os objetivos anteriores, as metas estabelecidas para a transição entre o padrão analógico e o sistema celular digital, como definidas pela *Federal Communications Commission* (FCC), nos Estados Unidos, foram as seguintes:

- Permitir que dentro de uma mesma faixa espectral pudessem ser acomodados mais assinantes, com as vantagens de um acesso temporal (TDMA) ou por código (CDMA);
- Assegurar capacidade adequada para expandir a cobertura para assinantes analógicos;
- Garantir a qualidade no desempenho de transmissão tanto para os assinantes analógicos como digitais;
- Minimizar o impacto de *hardware* e os custos de sistemas implantados.

Na Europa, em virtude da multiplicidade de sistemas analógicos existentes, não havia a necessidade de compatibilização. A tecnologia digital GSM veio possibilitar o *roaming* internacional, o que não era possível anteriormente em função dos diversos padrões existentes. A criação de padrões novos e mais abrangentes, como o UTMS, pode dar aos fabricantes a oportunidade de, a médio prazo, produzir aparelhos telefônicos menores, mais eficientes e mais baratos.

Os Estados Unidos e o Japão optaram por manter certa compatibilidade com os sistemas de primeira geração, de modo a permitir, com o uso de telefones duais, uma transição suave para a tecnologia digital. Entretanto, como pode ser observado na Tabela 9.3, esses sistemas possuem pontos em comum, embora com modos distintos de implantação (Falconer *et al.*, 1995). Por exemplo, todos utilizam codificadores de fonte híbridos, aproveitando a combinação da qualidade dos codificadores de forma de onda com a eficiência de compressão dos codificadores paramétricos (*vocoders*) (Steele, 1993).

De forma a operar com amplificadores de potência não-lineares de alto rendimento, são empregadas variações da modulação por desvio de fase de quatro níveis (QPSK - *Quaternary Phase Shift Keying*), as quais propiciam também uma satisfatória relação de compromisso entre a largura de faixa do canal de transmissão e a tolerância ao ruído. A técnica de acesso TDMA é usada em um dos padrões americanos e nos padrões europeu e japonês. O outro padrão americano adotou a técnica de acesso CDMA (Assis, 1994).

9.9.1 Padrões Europeus (GSM)

O desenvolvimento de um sistema móvel celular para toda a Europa, empregando tecnologia digital, começou em 1982, com a DEPT (*Conférence Européene des Administrations des Postes et Télécommunications*), em um grupo de trabalho denominado GSM (*Groupe Spéciale Mobile*).

A especificação básica do padrão digital europeu, ou padrão GSM como ficou conhecido, incluindo a técnica de acesso TDMA e a arquitetura do sistema, foi aprovada em junho de 1987. Posteriormente, o GSM passou a fazer parte do ERSI (*European Telecommunications Standards Institute*) criado em março de 1988. Os testes do campo do GSM foram iniciados em julho de 1991, e a introdução como serviço comercial na Europa foi feita em 1992. Com a conclusão do desenvolvimento do GSM, a sigla passou a significar *Global System for Mobile Communications*.

Sistema	**Europa**	**EUA**	**EUA**	**Japão**
Parâmetro	GSM	IS-54	IS-95	PDC
Faixa (MHz) Base-Móvel Móvel-Base	 935-960 890-915	 869-894 824-849	 869-894 824-849	 810-826 940-956
Acesso múltiplo	TDMA	TDMA	CDMA	TDMA
Canais por portadora	8	3	55/62	3
Codificador de voz	RPE-LTP	VSELP	CELP	VSELP
Taxa do canal não-codificado (kbit/s)	13,0	7.95	1,2/9,6	6,7
Taxa do canal codificado (kbit/s)	22,8	13,0	19,2/28,8	11,2
Modulação	GMSK	$\pi/4$-DQPSK	QPSK/DPSK	$\pi/4$-DQPSK
Taxa de transmissão (kbit/s)	270,8	48,6	1228,0	42,0
Conjunto mínimo de células	4 (pessimista) 3 (otimista)	7 (pessimista) 4 (otimista)	1 1	7 (pessimista) 4 (otimista)
Equalizador adaptativo	Obrigatório	Obrigatório	Não	Opcional
Banda passante (espaçamento em kHz)	200	30	1250	25

Tabela 9.3: Comparação entre os diversos sistemas digitais.

Atualmente, esse padrão é adotado em toda a Europa, na Austrália, no Brasil, na América e em diversos países asiáticos e africanos. O GSM é o padrão mundial de fato e já conta com quase um bilhão de usuários em todo o mundo. No Brasil, o GSM opera na faixa de 1,8 GHz, com as operadoras Oi, da Telemar, e TIM, da Telecom Italia.

Verifica-se na Tabela 9.3 que a largura de faixa por portadora é de 200 kHz. Na técnica de acesso TDMA, cada usuário dispõe de toda essa faixa durante 577 μs, ou seja, o período de tempo de uma janela (*slot*). A reunião de oito usuários distintos corresponde ao quadro (*frame*), cuja duração é de 4,615 ms (8 x 0,577 ms). Essa estrutura simplifica a parte de RF das ERBs e dos terminais móveis, uma vez que não é necessário um receptor independente para cada canal, como no caso dos sistemas analógicos com técnica de acesso FDMA.

O processo de *handoff* também possui uma característica distinta dos sistemas analógicos. Deve-se notar que o terminal móvel utiliza apenas 1,18 ms do total de 4,615 ms de duração do quadro para transmitir e receber mensagens da ERB. O tempo (480 ms no caso do GSM) e os seis níveis de maior intensidade são enviados por um canal de controle à ERB, que está conectada ao terminal móvel. Esse procedimento é conhecido como *handoff* com a ajuda do terminal móvel (MAHO – *Mobile Assisted Handoff*).

A modulação GMSK (*Gaussian Minimum Shift Keying*) é derivada da MSK, na qual o sinal a ser transmitido, antes de entrar no modulador, passa por um filtro gaussiano. A vantagem dessa técnica de modulação é o fato de apresentar uma envoltória constante, que permite operar com amplificadores de potência e atuar na região não-linear, de modo a elevar a eficiência destes.

A taxa de transmissão na saída do codificador de fonte é de 13 kbit/s (RPE-LTP – *Regular Pulse Excitation-Long Term Prediction*). Acrescentando 9,8 kbit/s do circuito corretor de erro (código convolucional de razão 1/2) e 11,05 kbit/s relativos ao canal de controle e sincronismo, têm-se 33,85 kbit/s por usuário e uma taxa total de 270,8 kbit/s com a formação do quadro.

Para compensar o efeito do desvanecimento por multipercurso, o padrão GSM utiliza equalizadores de canal. O código convolucional citado anteriormente, o entrelaçamento de bits (*interleaving*) e o salto em freqüência (*frequency hopping*), em que cada janela é transmitida em diferentes freqüências portadoras, são as técnicas utilizadas para aumentar o desempenho do GSM. O salto em freqüência é uma função opcional na ERB e obrigatória no terminal móvel.

O padrão GSM foi projetado de modo a ser compatível com a RDSI (Rede Digital de Serviços Integrados). Assim, o GSM oferece uma série de opções de chamadas, tais como: espera, desvio de chamada, chamada com restrição e uma variedade de serviços de dados até 9.600 kbit/s, em que é dispensável o emprego de *modems* específicos (Assis, 1994).

GPRS

O serviço de rádio para pacotes em geral (*General Packet Radio Service – GPRS*) foi desenvolvido para transmissão de dados no sistema GSM. Ele utiliza a rede apenas quando há pacotes prontos para transmissão, a uma taxa de até 115 kbps.

UMTS

O padrão de telefonia móvel universal (*Universal Mobile Telephone Standard – UMTS*) propõe uma taxa de transmissão de dados até 2 Mbps, por meio de uma combinação de TDMA e W-CDMA (*Wide-Band CDMA*), operando na faixa de 2 GHz. UMTS é o membro europeu da família IMT-2000 de terceira geração celular (3G). As taxas oferecidas para os usuários são: 144 kbps, para veículos, 384 kbps, para pedestres, e 2 Mbps para usuários estacionários (Dhir, 2004).

9.9.2 Padrões Americanos

A necessidade de desenvolver um sistema com maior capacidade que a obtida com o padrão AMPS tornou-se evidente nos Estados Unidos, em 1988, com o congestionamento do serviço móvel celular nos grandes centros, em cidades como Nova York, Los Angeles e Chicago. Uma solução denominada AMPS de faixa estreita (NAMPS – Narrow AMPS) foi proposta como alternativa para a duplicação do número de usuários por meio de uma utilização eficiente da faixa ocupada pelo canal de voz.

Porém, o esforço dispendido nessa solução foi anulado pelo aumento de interferência e pela perda da qualidade do sinal. Por outro lado, a adoção de um padrão inteiramente novo traria problemas aos milhões de usuários do sistema AMPS, além de importar um custo elevado de infra-estrutura para sua implantação. Assim, a TIA (*Telecomunications Industry Association*) optou por um sistema que possibilitasse uma ampliação da capacidade do serviço e fosse compatível com o AMPS.

O Padrão TDMA (IS-54/136)

Tendo como requisito a compatibilidade com o sistema existente, foi aprovado pela TIA um padrão TDMA com 30 kHz por freqüência portadora, designado originalmente por IS-54 (*Interim Standard*). Posteriormente, passou a ser conhecido por D-AMPS, ou seja, AMPS digital. Esse padrão utiliza um TDMA com três usuários por portadora. O quadro tem a duração de 20 ms, correspondendo cada janela a 6,67 ms.

A taxa de transmissão na saída do codificador (VSELP – *Vector Sum Excited Linear Predictive Coding*) é de 7,95 kbit/s. O circuito corretor de erro (código convolucional de taxa 1/2) contribuiu com 5,05 kbit/s. Têm-se ainda mais 3,2 kbit/s do canal de controle e dos bits do sincronismo. Dessa forma, a taxa por usuário é de 16,2 kbit/s, o que leva a uma taxa de transmissão total de 48,6 kbit/s. A essa taxa, o uso de equalizadores poderia ser opcional, sendo recomendável apenas nas situações em que o retardo fosse superior a 2 μs. Entretanto, o emprego de equalização é previsto no padrão D-AMPS.

Na modulação $\pi/4$-QPSK, a transição de fase da portadora é limitada a $\pm\pi/4$ e $\pm 3\pi/4$. Uma vez que não há transições de $\pm\pi$ como no modulador QPSK convencional, a flutuação da envoltória é substancialmente reduzida, permitindo o uso de amplificadores de potência não-lineares. É utilizada codificação diferencial e um filtro de *roll-off* igual a 0,35.

O processo de *handoff* é similar ao descrito no caso do GSM. A diferença é que no D-AMPS as medidas são feitas em um máximo de 12 ERBs, sendo a média das medidas feita em um período de 1 s. O resultado de todas as medidas é encaminhado para a ERB em uso.

Em relação à capacidade do sistema TDMA, é possível obter um ganho de três a seis vezes a capacidade do AMPS analógico, dependendo da utilização de um plano otimista (conjunto de 4 células) ou pessimista (7 células) (Raith e Uddenfeldt, 1991). Em termos práticos, no entanto, admite-se para o TDMA um fator de ganho entre 3 e 4.

O emprego da técnica de alocação dinâmica dos canais pode elevar essa capacidade por um fator entre 2 e 3. Para aumentar a capacidade, há também uma proposta denominada E-TDMA (*Extended* TDMA) que utiliza um canal de voz de 4 kHz (metade da taxa mostrada na Tabela 9.3) e incorpora um multiplex estatístico para aproveitar as pausas na conversação. Teoricamente, pode-se chegar a um ganho da ordem de duas vezes o obtido com a tecnologia atual, que não deve ultrapassar um fator de 8. A título de informação, os sistemas GSM apresentam um ganho de capacidade em relação ao AMPS analógico na faixa de 2,5 a 3,5 (conjuntos de 3 a 4 células).

O Padrão CDMA (IS-95)

A tecnologia de espalhamento do espectro manteve-se durante muito tempo restrita a aplicações militares, aproveitando suas características de privacidade (dificuldade da interceptação) e resistência a sinais interferentes (intencionais ou não). Apenas na década de 80, o potencial dessa tecnologia passou a ser explorado também em aplicações comerciais.

No caso dos sistemas móveis celulares, o emprego como técnica de acesso na versão CDMA tem base na alta rejeição a sinais interferentes, tanto no que diz respeito às interferências inerentes ao próprio sistema (co-canal e canal adjacente) como às interferências externas. Nesse contexto, o uso de códigos ortogonais e um cuidadoso controle do nível da potência transmitida das ERBs são procedimentos fundamentais. Como decorrência da propriedade, as seguintes características podem ser destacadas (Lee, 1991):

1. Reuso de todas as freqüências disponíveis – uma vez que todas as células compartilham o mesmo canal de RF, a coordenação de freqüências é desnecessária. Ainda de acordo com essa característica, vale ressaltar que apenas um único equipamento de rádio é utilizado em cada ERB;

2. Aproveitamento de forma construtiva da interferência multipercurso, não sendo necessário o emprego de equalizadores de canal – no receptor multicanal (denominado RAKE) usado no sistema CDMA, a demodulação dos sinais que chegam por trajetos diferentes (multipercursos) é feita separadamente, obtendo-se um eficiente efeito de diversidade;

3. Procedimento de *handoff* suave (*soft handoff*) – os diversos canais do receptor RAKE substituem gradativamente o código da ERB em operação para o correspondente código da nova ERB. Assim, o *handoff* não se processa de forma brusca como nos sistemas que utilizam as técnicas FDMA e TDMA;

4. Permite utilizar naturalmente o fator de atividade vocal para aumentar a capacidade do sistema – considerando que, em média, em uma conversação o canal é ativado em apenas 35% do tempo, tendo em vista que a ausência de atividade vocal implica na inexistência de sinal no sistema. Essa característica é aproveitada na ampliação da capacidade do sistema;

5. Facilidade de compartilhamento de freqüência com outros sistemas – quando interferido, conforme comentado anteriormente, o sistema CDMA oferece alta rejeição a sinais interferentes. Como fonte de interferência, dentro de certos limites, a perturbação introduzida pelo CDMA pode ser controlada, uma

vez que o espalhamento do espectro produz uma densidade de potência relativamente baixa na faixa ocupada.

Entretanto, além da tecnologia mais complexa, existem dois pontos usualmente criticados pelos opositores do sistema CDMA:

1. Interferência perto-distante (*near-far interference*) – como todos os terminais móveis compartilham o mesmo canal, o sinal forte de um usuário próximo da ERB pode mascarar o sinal fraco de um usuário distante. Há necessidade de um efetivo controle do nível de potência do terminal móvel. Na prática, o controle cobre uma faixa de 100 dB;

2. Necessidade de sincronismo – uma falha no sincronismo pode prejudicar todo o sistema. De forma a evitar tal situação, as ERBs são sicronizadas por meio de sinais provenientes de satélite GPS (*Global Positioning System*), enquanto os terminais móveis recebem sincronimo das próprias ERBs.

Em termos de capacidade, estudos teóricos mostram que o fator de ganho relativamente aos sistemas analógicos é da ordem de 20 (Lee, 1991; Gilhousen *et al.*, 1991). Entretanto, com base nas experiências realizadas em San Diego, Califórnia (Gilhousen *et al.*, 1991), pode-se dizer que, no momento, o fator situa-se entre 8 e 10 (Cox, 1992).

O sistema CDMA tem qualidades reconhecidas pela TIA em julho de 1992, que lhe atribuiu a designação IS-95, passando a constituir o segundo padrão digital americano. O nome de fantasia do sistema é *cdmaOne*.

cdmaOne

O *cdmaOne* é considerado da segunda geração (2G) de tecnologia móvel sem fio. O sistema é apoiado pelo Grupo de Desenvolvimento do CDMA (CDG) e é compatível com a interface aérea IS-95 e com o padrão de rede para interconexão de centrais ANSI-41. O protocolo, na versão IS-95A, opera nas faixas de 800 MHz e 1,9 GHz, e utiliza taxa de transmissão de dados até 14,4 kbps. Na versão IS-95B há suporte para 115 kbps, com a utilização de oito canais.

cdma2000

O padrão *cdma2000* objetiva oferecer aos usuários do IS-95 uma transição suave para a terceira geração (3G) celular. O padrão é também conhecido pelo seu nome ITU, IMT-CDMA Multi-Carrier (1X/3X). Na primeira fase (1X), o padrão cdma2000 opera a 144 kbps. A segunda fase (3X) incorpora o padrão 1X e acrescenta suporte para todas as bandas, incluindo 5 MHz e 10 MHz, transmissão em modo circuito e pacote até 2 Mbps, multimídia avançada e novos codificadores de voz.

9.9.3 Padrão Japonês

Esse padrão (*Personal Digital Celullar – PDC*) é similar ao sistema TDMA americano descrito anteriormente, mas opera nas faixas de 800 MHz e 1.500 MHz. Algumas diferenças, tais como: faixas de freqüência e taxa de transmissão do canal de voz, podem ser observadas na Tabela 9.3. Um ponto a ser destacado é que nesse padrão o uso de equalizador é opcional (Assis, 1994).

A Figura 9.17 ilustra uma comparação, em nível de domínio da freqüência e do tempo, entre as diversas técnicas de múltiplo acesso.

9.10 Exercícios

1. Defina um sistema de comunicações móveis e compare com o sistema de comunicações sem fio.

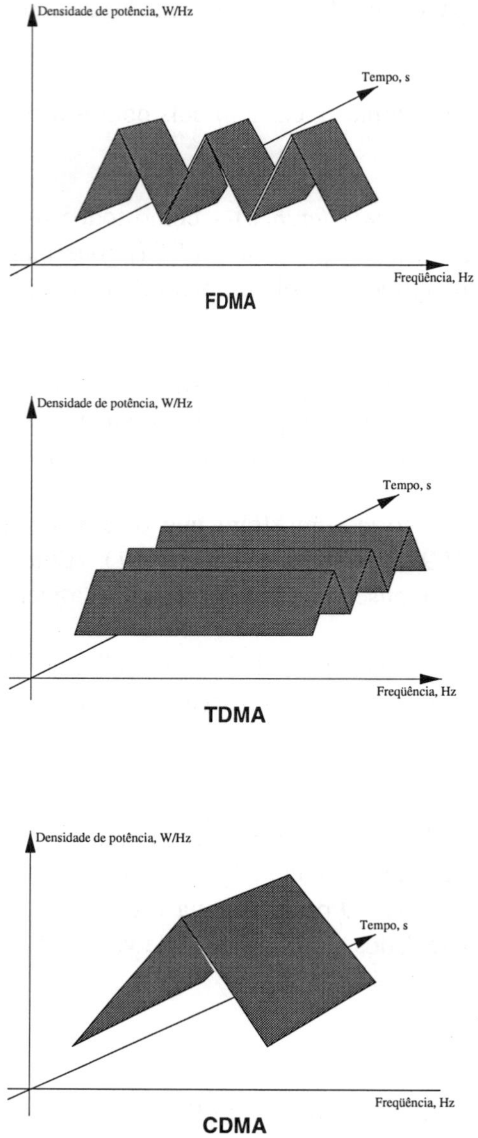

Figura 9.17: Técnicas de múltiplo acesso.

2. Descreva os principais sistemas de acesso múltiplo e suas características. Quais são as vantagens e desvantagens de cada sistema?

3. Discuta a razão para haver um nível elevado de interferência nos sistemas móveis convencionais, que levou ao desenvolvimento do conceito de célula.

4. Quais são os principais serviços móveis existentes? Cite alguns exemplos.

5. Qual é o sistema móvel celular de primeira geração adotado como padrão nos Estados Unidos e quais sistemas são derivados dele? Comente as principais diferenças entre eles.

6. Descreva os componentes básicos de um sistema móvel celular e suas principais características.

7. A relação D/R é utilizada na avaliação de desempenho de sistemas móveis. Para uma relação $D/R = 6$, calcule o número de células por *cluster* e faça um exemplo de distribuição de freqüências $(f_1, \cdots, f_N)$ com dois *clusters*. A freqüência f_1 deve estar em uma célula na interface entre os *clusters*.

8. Explique por que a capacidade de tráfego diminui com o aumento na dimensão do *cluster*, ao mesmo tempo que a qualidade de transmissão se eleva.

9. Explique a diferença entre *handoff* e *roaming* em um sistema de comunicações móveis celulares.

10. No modelo de dois raios (Lee) a potência transmitida é de 10 W, o ganho das antenas da estação radiobase é $G_T = 1,6$ e o do terminal móvel é $G_R = 1,4$. A antena da estação radiobase tem 30 m de altura, enquanto a móvel tem 1,8 m. Para uma distância média de 2 km, calcule a potência recebida, em dBm.

11. Explique a troca de sinalização para o *handoff* em um sistema de comunicações móveis celulares AMPS. Quais canais são utilizados?

12. Compare o resultado anterior com o resultado obtido utilizando o método de Hata.

13. Explique a troca de sinalização para o *roaming* em um sistema de comunicações móveis celulares AMPS. Quais subsistemas são utilizados?

14. Utilizando o modelo hexagonal, calcule a intensidade da potência recebida na interface entre duas células de raio R, usando o modelo de Lee.

15. Na instalação de um sistema IS-136 o primeiro canal digital requer a retirada de três canais analógicos, para haver uma separação de 30 kHz entre os sistemas. Calcule quantos canais digitais podem ser instalados em um sistema com sete estações radiobase.

16. Uma determinada cidade tem sua área de cobertura formada por um *cluster* de sete células com ERB's de 10 W e 30 canais. A célula central está congestionada. Usando a fórmula de Lee, determine a nova potência da ERB central para aliviar o congestionamento.

17. Analise a conveniência de fazer o registro forçado, ou por área de localização, levando em conta o tempo de processamento da CCC e a ocupação dos circuitos de busca de um sistema móvel que tem 6 mil usuários e faz registro forçado a cada 8 minutos.

18. Quais são os enfoques utilizados na caracterização de canais para comunicações móveis e as técnicas usuais para combater as restrições encontradas nesses canais?

19. A partir do modelo de dois raios para o canal móvel, pode-se concluir que a potência recebida, para as condições do modelo, é proporcional ao quadrado da altura das antenas – e decresce com a quarta potência da distância entre elas. Qual é a potência recebida pelo móvel, com antena de 1 m, situado a uma distância de 2 km da estação radiobase, que acopla 10 W a uma antena transmissora de 15 m?

20. Quais são os tipos de antena utilizados em sistemas de comunicações móveis e quais as suas características?

21. Por que os sistemas de comunicações móveis celulares analógicos utilizam a modulação em freqüência para o sinal de áudio?

22. O que é uma célula e por que se utiliza a estrutura com células hexagonais para dividir uma área de cobertura? Quais são os tipos básicos de células?

23. Por que a capacidade de tráfego decresce e a qualidade de transmissão aumenta à medida que a relação entre a distância de reuso e o raio da célula cresce?

24. Explique as soluções usuais para compensar o incremento de tráfego em determinada célula.

25. Quais são os elementos que constituem um sistema celular típico? Discorra sobre suas funções.

26. O que é *handoff*? O que caracteriza o *roaming* automático?

27. Descreva as funções dos sinais seguintes:

    - Tom de supervisão de áudio;
    - Tom de sinalização;
    - Dados em banda larga.

28. Explique as funções dos canais de controle em um sistema de comunicações móveis celulares.

29. Quais são os sistemas digitais adotados na Europa e Estados Unidos e quais as características básicas de cada um?

30. O que são seqüências pseudo-aleatórias? Como elas podem ser produzidas? Qual é a sua utilização? Quais são suas propriedades?

31. Defina *outage* para canais variantes e invariantes no tempo.

32. Um sinal FM é demodulado por um sistema que apresenta uma portadora local com erro em freqüência $\Delta\omega$ em relação à portadora transmitida. Mostre o efeito sobre o sinal demodulado. Qual a forma de contornar o efeito?

33. Um sinal com modulação FSK binária, usado em comunicações móveis e transmitido em faixa estreita, tem potência do sinal modulante $P_\Theta = \frac{V^2}{2}$. Desenhe a densidade espectral de potência do sinal modulado. Qual o valor aproximando de V para que o sinal seja transmitido sem portadora?

34. A probabilidade de erro para o esquema de modulação FSK usado para sinalização no sistema AMPS é dada por $P_e = \frac{1}{2}e^{-\frac{1}{2}\eta}$, em que η representa a relação sinal ruído. Sabendo que o sistema é afetado por desvanecimento do tipo Rayleigh, calcule o seu efeito na probabilidade de erro.

35. O sistema de comunicações móveis celular AMPS utiliza a modulação em freqüência em sua interface aérea. Explique a razão para isso. Sabendo que o sinal de voz em telefonia ocupa a faixa de 300 Hz a 3.400 Hz e que a banda reservada para cada canal é de 30 kHz, qual o índice de modulação do AMPS, devido exclusivamente ao sinal de voz? Para uma potência do sinal modulante de 0 dBm, qual o índice de desvio em freqüência do equipamento?

Capítulo 10

O Padrão TDMA (IS-54/136)

O sistema AMPS estava saturado no final da década de 1980 e novas alternativas eram necessárias para prover a canalização necessária para a expansão do contingente de usuários. Tendo como requisito a compatibilidade com o sistema existente, foi aprovado pela EIA/TIA um padrão TDMA com 30 kHz por freqüência de portadora, designado originalmente como IS-54 (*Interim Standard*), também conhecido por DAMPS. Este padrão utiliza um múltiplo acesso com 3 usuários por portadora.

10.1 Padrão IS-54 – TDMA

O IS-54 foi proposto inicialmente com os seguintes objetivos:

- Aumento de capacidade de 10 vezes em relação ao sistema analógico;
- Compatibilidade com o sistema analógico;
- Evolução suave entre os sistemas analógico e digital.

Apenas a primeira meta não foi alcançada, pois a capacidade do sistema é apenas três vezes superior ao analógico na implementação atual. A segunda fase do padrão IS-54, que previa a utilização de seis usuários por quadro, nunca foi implantada. Por outro lado, o padrão IS-54 evoluiu para o IS-136, que utiliza um novo protocolo para o canal de controle.

10.1.1 Parâmetros de Freqüência

Entre os princípios do padrão DAMPS, estavam a manutenção da banda de 30 kHz utilizada pelo AMPS, a fim de facilitar a evolução do sistema analógico para o digital. A taxa de transmissão é de 48,6 kbits/s, usando modulação $\pi/4 - DQPSK$ a 24,3 kbauds.

10.1.2 Estrutura do Tráfego do Canal Digital

A interface aérea IS-54 tem o diagrama da estrutura de quadro mostrado nas Figuras 10.1 e 10.2.

Um quadro = 1944 bits (972 símbolos) = 40ms. (25 quadros por segundo)					
SLOT 1	SLOT2	SLOT 3	SLOT 4	SLOT 5	SLOT 6
				←Um slot→	

Figura 10.1: Estrutura do canal digital para o padrão IS-54/136.

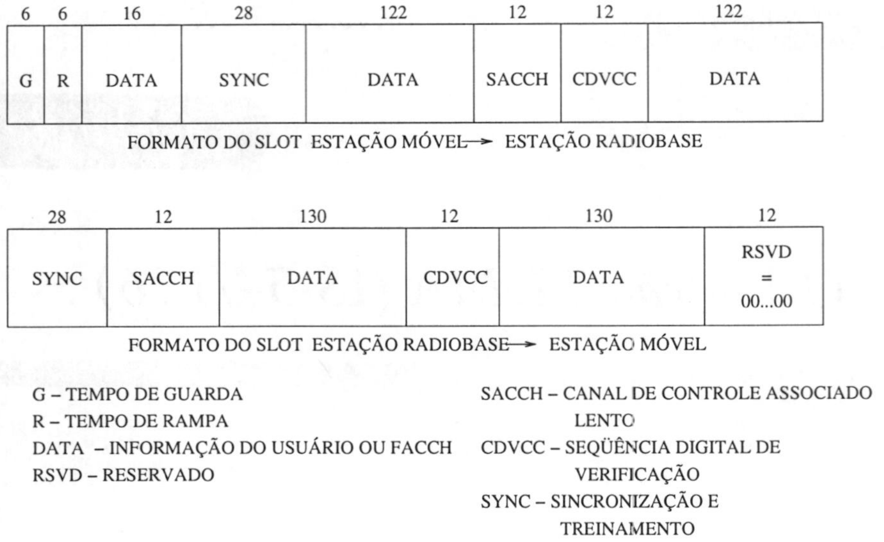

Figura 10.2: Formato dos quadros da interface aérea IS-54/136.

Comprimento do quadro

O comprimento do quadro em cada canal RF TDMA digital tem duração de 40 ms. Cada quadro é constituído de 6 *slots* por *frame*, e na implementação atual (*full rate*) cada usuário utiliza 2 *slots* por *frame*, obtendo assim uma taxa de 7,95 kbits/s com a utilização de *vocoder Vector Sum Excited Linear Prediction* (VSELP), com uma taxa total de 13 kbits/s, incluindo proteção de erro. O tempo de guarda e o de rampa possuem 3 símbolos de duração.

Identificação do *slot* de sincronização palavra/tempo

A sincronização e identificação da janela de tempo possuem um campo de 14 símbolos, que é usado para sincronização, treinamento de equalização e identificação da janela de tempo. A sincronização de palavras tem uma boa propriedade de autocorrelação para facilitar a sincronização e treinamento.

CDVCC - *Coded digital verification color code*

Este é um campo de 12 bits, que permite 255 valores distintos de CDVCC, com 8 bits do DVCC (*Digital Verification Color Code*) e 4 bits de proteção, usados para distinguir entre o tráfego do canal usado e do tráfego dos canais adjacentes. Cada *slot* contém um campo de CDVCC, tanto no sentido EM $\rightarrow$ ERB, quanto no sentido ERB $\rightarrow$ EM. Um DVCC de 8 bits é codificado com um código de Hamming (15,8) retirado de (12,8) resultando em um CDVCC de 12 bits. O bit $d7$ é o mais significativo do DVCC e é recebido antes da mensagem de controle da estação móvel.

DVCC - *Digital verification color code*

DVCC (8-bits) = $(d7, d6, d5, d4, d3, d2, d1, d0)$

1. Polinômio de Informação a(x)

$$d7X^7 + d6X^6 + d5X^5 + d4X^4 + d3X^3 + d2X^2 + d1X^1 + d0X^0$$

2. Multiplicando a(x) por X^4, obtém-se

$$d7X^{11} + d6X^{10} + d5X^9 + d4X^8 + d3X^7 + d2X^6 + d1X^5 + d0X^4$$

3. Obtém-se o resto b(x) dividindo $X^4a(x)$ por $X^4 + X + 1$, em que

$$\frac{X^4a(x)}{X^4+X+1} = q(x) + \frac{b(x)}{X^4+X+1}$$

4. O CDVCC (12 bits) é definido como

$$(d7, d6, d5, d4, d3, d2, d1, d0, b3, b2, b1, b0)$$

em que o bit d7 é transmitido primeiro.

10.1.3 Controle de Potência

- A potência média efetiva irradiada (EIRP), em relação a qualquer classe de ERB, não deve exceder 8 dBW (6,3 W);
- A EIRP nominal para cada classe de transmissor da EM é:
  - Classe I → +6 dBW;
  - Classe II → +2 dBW;
  - Classe III → -2 dBW;
  - Classe IV → -2 dBW;
  - Classes V, VI e VII estão reservadas.
- Todos os transmissores das EMs devem ser capazes de reduzir e aumentar a potência sob o comando da ERB;
- Os níveis de potência compreendidos entre 0 e 7 devem ser mantidos na faixa de +2 dB/-4 dB do seu nível nominal, dentro da faixa de temperatura de $-30^0/+60^0$ C e de variação de tensão de ± 10 % do valor nominal;
- Os incrementos são efetuados em múltiplos de 4 dB.

10.1.4 Característica da Modulação

Sinais analógicos

O modulador é precedido pelos seguintes estágios de processamento de voz:

- **Compressor** – Este estágio é a porção do compressor de um compansor silábico 2:1, no qual para cada 2 dB de mudança no sinal de entrada há um nível de saída de 1 dB. O compressor deve ter um tempo de ataque (*time attack*) nominal de 3 ms e um tempo de recuperação (*recovery time*) nominal de 13,5 ms. A referência nominal do nível de entrada para o compressor é aquela correspondente a 1 kHz de tom acústico pela expectativa nominal do nível do volume da fala. Este nível deve produzir um desvio da freqüência nominal de pico de $\pm 2,9$ kHz da transmissão da portadora.
- **Pré-ênfase** – O circuito de pré-ênfase é usado para compensar o ruído quadrático obtido na demodulação. A característica de pré-ênfase deve ter um ganho nominal de 6 dB/oitava entre 300 e 3 kHz.
- **Limitador de desvio** – É aplicado no estágio de processamento de voz do transmissor e uma Estação Móvel (EM) operando no modo analógico; deve limitar os desvios de freqüência em ± 12 kHz. Este requisito exclui sinais de supervisão e sinais de banda larga. A limitação no desvio em freqüência assegura uma banda passante definida.

Banda de Freqüência	Atenuação Relativa
3.000 – 5.900	$\leq \log(f/3.000)$
5.900 – 6.100	≥ 35 dB
6.100 – 15.000	$\leq 40(f/3.000)$
acima de 15.000	≥ 28 dB

Tabela 10.1: Especificações para o filtro que minimiza os lóbulos secundários.

- **Filtro após o limitador de desvio** – O limitador de desvio deve ser seguido por um filtro passa-faixa, cuja característica é dada na Tabela 10.1. O filtro minimiza o vazamento de energia, que ocorre em lóbulos secundários, para canais adjacentes.

Sinais Digitais

O esquema de modulação utilizado é o $\frac{\pi}{4}$– *Differential Quaternary Phase Shift Keying* – (DQPSK), conhecido como $\frac{\pi}{4}$– *Shifted.* Esse esquema usa a constelação de fase mostrada na Figura 10.3.

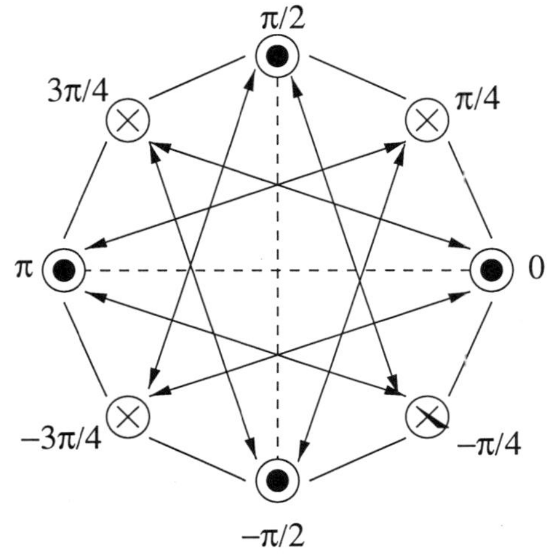

Figura 10.3: Constelação do esquema $\frac{\pi}{4}$-DQPSK.

O código Gray é usado no mapeamento; dois bits de símbolos correspondendo a sinais de fases adjacentes diferindo apenas de um simples bit. Pode-se notar a rotação da envoltória de $\frac{\pi}{4}$ da constelação básica do QPSK, que garante uma menor variação na envoltória da portadora (*ripple*).

A informação é diferencialmente codificada, isto é, os símbolos são transmitidos com mudanças de fases ao invés de suas fases absolutas. Um diagrama de bloco do codificador diferencial é mostrado na Figura 10.4. A seqüência binária que entra no modulador, b_m, passa por conversor serial-paralelo, sendo dividido em duas seqüências distintas:

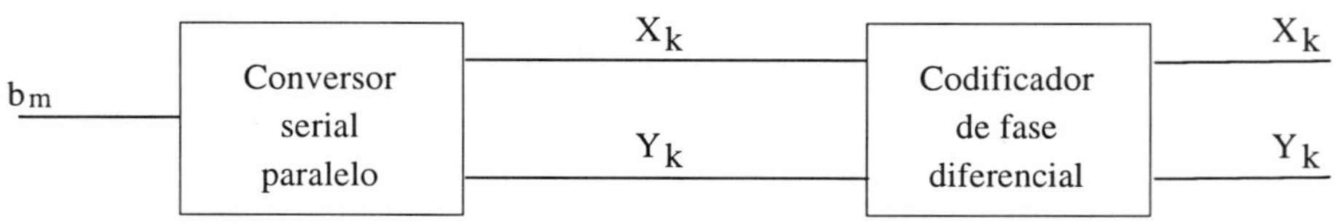

Figura 10.4: Conversor serial-paralelo.

- (X_k) – bits ímpares da seqüência b_m;
- (Y_k) – bits pares da seqüência b_m.

As seqüências digitais (X_k) e (Y_k) são codificadas em (I_k) e (Q_k), resultando em

$$\begin{aligned} I_k &= I_{k-1}\cos\left[\Delta\Phi\left(X_k, Y_k\right)\right] - Q_{k-1}\sin\left[\Delta\Phi\left(X_k, Y_k\right)\right], \\ Q_k &= I_{k-1}\sin\left[\Delta\Phi\left(X_k, Y_k\right)\right] - Q_{k-1}\cos\left[\Delta\Phi\left(X_k, Y_k\right)\right], \end{aligned} \quad (10.1)$$

em que I_{k-1} e Q_{k-1} são as amplitudes no instante de tempo imediatamente anterior. A mudança de fase, $\Delta\Phi$, é determinada de acordo com a seguinte tabela.

X_k	Y_k	$\Delta\Phi$
1	1	$-\frac{3\pi}{4}$
0	1	$\frac{3\pi}{4}$
0	0	$\frac{\pi}{4}$
1	0	$-\frac{\pi}{4}$

Os sinais I_k e Q_k podem assumir na saída do bloco codificador de fase um dos cinco valores $0, \pm 1, \pm\frac{1}{\sqrt{2}}$ resultando na constelação da Figura 10.3. Essas saídas são aplicadas às entradas dos filtros de banda básica, que apresentam fase linear e resposta em freqüência com característica cosseno levantado ao quadrado, no qual T é o período do símbolo. O fator de *roll-off*, α, determina a largura da banda de transição e $\alpha = 0,35$.

O sinal transmitido resultante s(t) é dado por:

$$s(t) = \sum_n g\left(t - nT\right)\cos\Phi_n \cos w_c t - \sum_n g\left(t - nT\right)\operatorname{sen}\Phi_n \operatorname{sen} w_c t, \quad (10.2)$$

em que:

$g(t)$– função de conformação do pulso;

w_c– freqüência da portadora em radianos;

T– tempo de símbolo;

Φ_n– fase absoluta correspondente ao n-ésimo intervalo.

A fase, Φ_n, que resulta da codificação diferencial é dada por

$$\Phi_n = \Phi_{n-1} + \Delta\Phi_n. \quad (10.3)$$

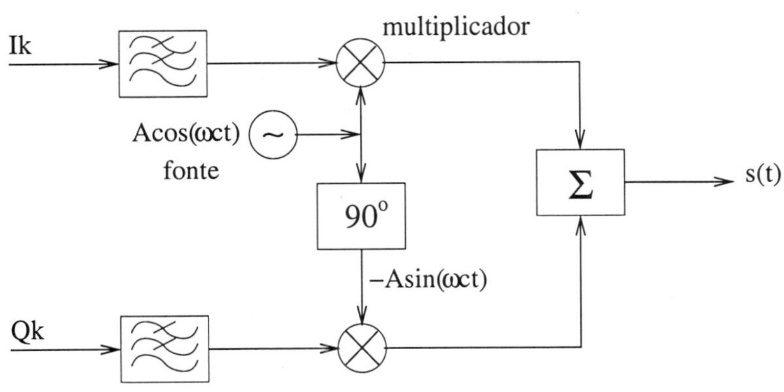

Figura 10.5: Modulador em quadratura.

10.2 Codificação de Voz com Excitação Linear Preditiva por Soma de Vetores (V-SELP)

O codificador V-SELP (*Vector Sum Excited Linear Prediction*) pertence à classe dos codificadores híbridos, constituindo-se em uma variação dos codificadores CELP (*Codificação por Excitação Linear Preditiva*) (Neto, 1995).

No codificador V-SELP, como mostra a Figura 10.6, a excitação é obtida a partir de três fontes. Uma delas é formada por um dicionário adaptativo com 128 vetores obtido por análise de correlação de longo prazo, isto é, predição de *pitch*, em que cada vetor do dicionário corresponde a um dado período de *pitch*. As outras duas fontes são formadas por dicionários fixos e estruturados obtidos a partir de um conjunto de M vetores básicos gerados por uma fonte gaussiana com média zero, os quais são linearmente combinados de forma a produzirem 2^M vetores cada um, no qual $M = 7$ é um valor típico desses codificadores.

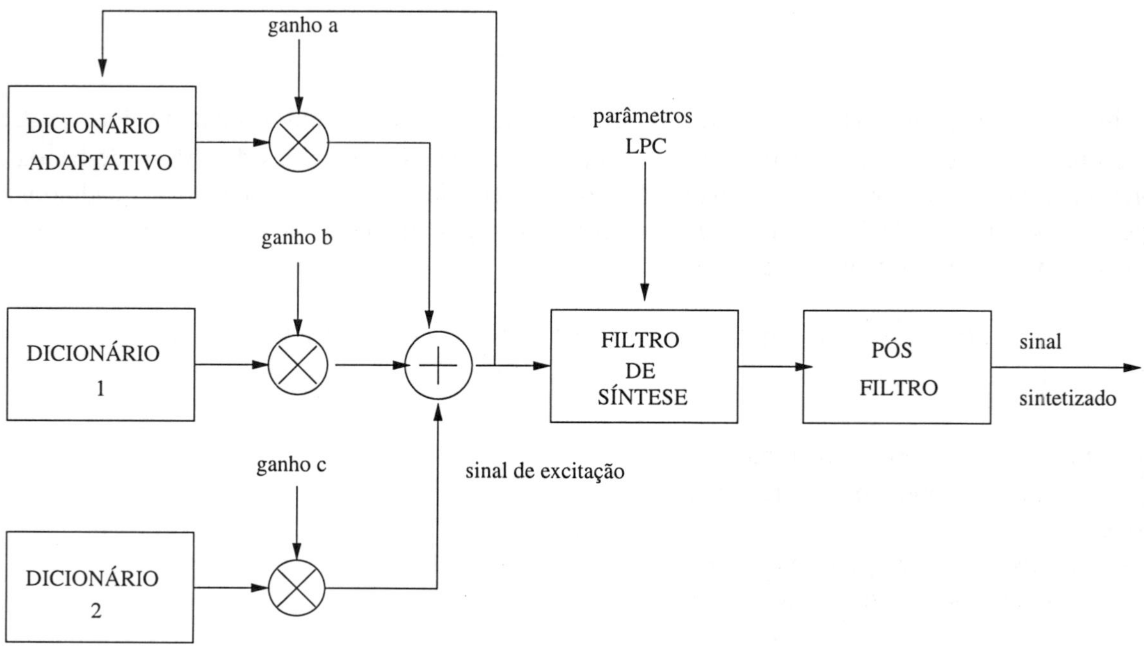

Figura 10.6: Codificador 8-SELP.

As três seqüências de excitação são selecionadas consecutivamente de cada um dos dicionários, de forma a fornecerem o menor valor total de energia do erro no processo de comparação do sinal de voz de entrada com o sinal sintetizado no codificador. O dicionário adaptativo é atualizado com o sinal de excitação obtido como resultado da soma das três seqüências de excitação.

Uma vez selecionadas as três seqüências (que fornecem o menor valor de energia do erro), são transmitidos os índices e os respectivos ganhos de cada uma delas, os quais são otimizados conjuntamente e quantizados com um quantizador vetorial de 256 níveis.

O codificador V-SELP foi padronizado nos EUA pela TIA para o sistema digital de telefonia móvel celular americano para a taxa de 8 kbits/s. O *codec* conhecido como IS-54 apresenta uma alta complexidade de 24 MIPS e utiliza uma taxa de bits total de 13 kbits/s, em que 5 kbits/s são utilizados para controle de erro. A Tabela 10.2 apresenta a alocação de bits do codificador V-SELP para o padrão IS-54.

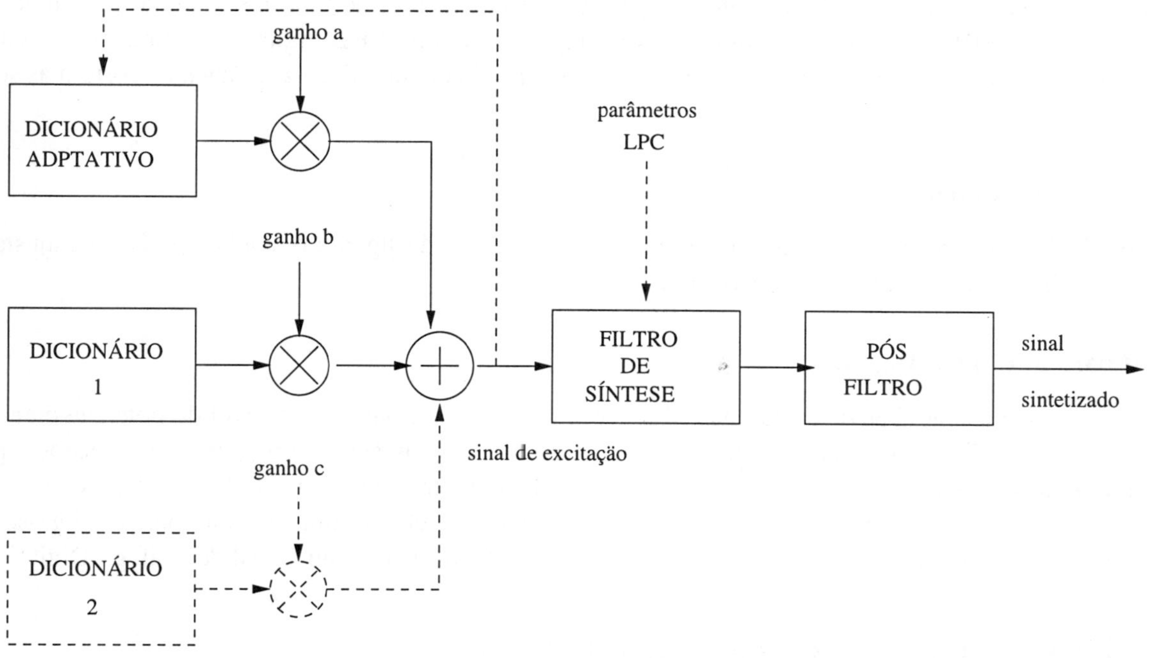

Figura 10.7: Decodificador V-SELP.

PARÂMETROS	Bits/5 ms	Bits/20 ms
Coeficientes LPC (10)	-	38
Energia Média da Voz	-	5
Vetores do Dicionário 1	7	28
Vetores do Dicionário 2	7	28
Vetores do Dicionário de *Pitch*	7	28
Parâmetros do Ganho	8	32
TOTAL	29	159

Tabela 10.2: Alocação de bits do codificador V-SELP para o padrão IS-54.

10.3 *Handoff*

Uma vez que a Estação Móvel é um aparelho dual (analógico-digital), podem existir quatro possibilidades de movimentação de uma EM do domínio de uma ERB para outra ERB.

Pode-se ter *handoff* de uma ERB-analógica para uma ERB-digital, de uma ERB-digital para uma ERB-analógica, de uma ERB-analógica para uma ERB-analógica e de uma ERB-digital para uma ERB-digital. A título de exemplo, considere que a unidade móvel está no domínio de uma ERB-analógica e ocorrem as seguintes condições:

Handoff para um Canal Analógico

O Tom de Sinalização é enviado durante 50 ms, o transmissor é desligado; o nível de potência é ajustado; o novo canal é sintonizado e ajustado o novo valor do SAT.

Handoff para um Canal Digital

O Tom de Sinalização é enviado durante 50 ms, o transmissor é desligado; o nível de potência é ajustado, ajusta-se o valor do DVCCs [1] para o valor enviado na mensagem; ajusta-se o transmissor e receptor para o modo digital; ajusta-se a taxa de operação; o valor da janela de tempo; ajuste de alinhamento (TA); configura-se a taxa do *codec* para aqueles valores indicados na mensagem recebida; uma vez sincronizado liga-se o Tx; zera-se o contador de desvanecimento e executa-se a tarefa de Conversação no Canal de Tráfego Digital.

10.4 Protocolo de Segurança e Identificação

O padrão IS-54/136 tem um protocolo de segurança e identificação de terminais móveis para garantir a integridade dos dados durante a transmissão.

Número de identificação do móvel

Um número de identificação do móvel binário de 34 bits (MIN) é derivado de uma estação móvel dual com um número de telefone com 10 dígitos, no qual se efetua o procedimento seguinte (Figura 10.8).

	MIN2 P	MIN1 P		
	NPA	NXX	X	XXX
bits	10	10	4	10

Figura 10.8: Número de identificação do móvel.

Os primeiros três dígitos são mapeados em 10 bits (correspondendo a $\{MIN2_P\}$) pelo seguinte algoritmo de codificação:

1. Representa-se um campo de 3 dígitos como $D_1D_2D_3$ com o dígito 0 tendo o valor 10;

[1] Os seguintes subscritos são usados para indicar:
"s" – valor armazenado na memória temporária da EM.
"r" – valor recebido pela EM por meio do Canal de Controle Analógico Direto.
"p" – valor armazenado na memória permanente de identificação e segurança.
"s-p" – valor armazenado na memória semi-permanente de identificação e segurança.

2. Computa-se $100D_1 + 10D_2 + D_3 - 111$;

3. Converte-se o resultado do passo anterior em binário por meio de uma regra de conversão decimal-para-binário.

Os três dígitos consecutivos são mapeados em 10 bits mais significativos de MIN1_P pelo algoritmo de codificação descrito.

Os últimos quatro dígitos são mapeados dentro dos 14 bits menos significativos de MIN1_P, como segue:

1. Os mil dígitos devem ser mapeados dentro de quatro bits por conversão BCD (*Binary-Coded-Decimal*);

2. Os últimos três dígitos são mapeados dentro de 10 bits pelo algoritmo em 1.

Número de série eletrônico (*Electronic Serial Number* - ESN)

O ESN é um número binário de 32 bits que identifica univocamente a estação móvel para algum sistema celular (Figura 10.9). Modificação do ESN requer uma facilidade especial normalmente não-disponível para o assinante. Os circuitos que fornecem o ESN devem ser isolados de contatos fraudulentos e adulterados. Os dispositivos eletrônicos mantidos em *sockets* ou conectados com um cabo podem não responder a esse requisito. Tentativas para trocar o circuito ESN devem interpretar estação móvel inoperante.

O MFR é o código que identifica o fabricante e o número serial identifica o móvel. Uma vez esgotadas as possibilidades nos 18 bits, o fabricante requisita ao FCC (EUA) a próxima seqüência reservada (18 a 23).

31 — 24	23 — 18	17 — 0
código MFR	reservado	número serial

ESN

Figura 10.9: Número de série do terminal móvel.

Classe da estação (SCM)

Número que identifica a potência, banda e classe de transmissão da estação móvel.

Memória de localização de área

Um campo de 16 bits (LOCAIDs-p) armazenado na EM e usado para identificar mudanças na localização de área.

Primeiro canal de *paging*

Contém dois dos primeiros 11 bits do canal de *paging* (FIRSTCHIP_{p-pri} e $\text{FIRSTCHIP}_{p-\text{sec}}$), que devem ser armazenados dentro da estação móvel e usados para identificar o número do primeiro canal de *paging* quando a estação móvel está local.

Identificação de sistema local

Um indicador de 15 bits (SIDp) deve ser armazenado na Estação Móvel (EM), indicando qual o sistema local da EM, tendo a seguinte distribuição (Figura 10.10):

14 13	12 0
INTL CODE	SYSTEM NUMBER

Figura 10.10: Indicador de sistema local.

- **Opção de controle local –** Um significado deve ser providenciado dentro da estação móvel para habilitar ou desabilitar a opção de controle local.
- **Seleção de sistema preferencial –** Um significado deve ser providenciado dentro da estação móvel para identificar o sistema preferencial entre a banda A e a banda B.

10.4.1 Transmissão Descontínua

Refere-se à habilidade de as estações móveis chavearem de maneira autônoma entre dois níveis de potência de transmissão (DTX-*high* e DTX-*low*).

Canal de voz analógico

No estado DTX-*high*, o transmissor do móvel irradia o nível de potência mais recente, especificado na *Ordem de Controle de Potência* (designação inicial de canal de voz, *handoff* ou ordem de mudança de nível de potência). Neste estado a Estação Móvel (EM) sempre responde ao SAT (Tom de Supervisão de Áudio), exceto em suspensões normais do SAT.

No estado DTX-*low*, o transmissor irradia a potência especificada pelo DTX-*high* e o indicador DTXs, que é copiado por meio do campo do DTX em 2 palavras provenientes da mensagem de overhead do parâmetro do sistema. Se o identificador de DTXs é o conjunto 10, o nível do DTX-*low* irradia uma potência igual ou superior a um nível que é de -8 dB abaixo do nível DTX-*high*. Se o indicador do DTXs é o conjunto 11, o transmissor deve ser desligado, ou se ligado, que seja num nível nunca superior a DTX-*high*. No estado DTX-*low*, a estação móvel não deve transportar o SAT. Se o DTXs é igual a 00, apenas o nível DTX-*high* é permitido. Se o DTXs é igual a 01, o estado é reservado.

Quando a estação muda do estado DTX-*high* para o estado DTX-*low*, ele deve passar por meio de um estado de transição em que a potência transmitida é levada ao nível de DTX-*high* mas o SAT não é transportado. A seqüência deve ser a seguinte: começa no estado DTX-*high*; entra no estado de transição; retém-se no estado de transição até 300 ms; entra no estado DTX-*low*.

Quando a estação muda do estado DTX-*low* para o estado DTX-*high*, ele deve começar transportando o SAT imediatamente após trocar o nível de potência, exceto para a suspensão normal do SAT. Cada tempo em que a estação móvel entra no estado DTX-*high*, ele deve permanecer nesse estado por pelo menos 1,5 segundos a menos que ele entre no estado DTX-*high* em resposta a uma ordem, no qual ele deve permanecer por pelo menos 5 segundos. (Note que algum requerimento para a estação móvel permanecer no estado DTX-*high* para um certo intervalo de tempo mínimo não proíbe a estação móvel de sair do estado de conversação antes do intervalo final).

Canal de tráfego digital

No estado DTX-*high*, o transmissor irradia um nível de potência indicado pela mais recente ordem de controle de potência (designação de canal de tráfego, *handoff*, camada física da mensagem de controle) recebida pela EM. Neste estado a estação móvel envia a CDCC todo tempo.

No estado DTX-*low*, o transmissor permanece desligado e o CDVCC não é enviado exceto para a transmissão de mensagens FACCH. Todas as mensagens SACCH são transmitidas pela estação móvel, enquanto no estado DTX-*low* são enviados após uma mensagem FACCH, com o transmissor retornando ao estado desligado, exceto na transmissão descontínua.

Quando uma estação móvel muda do estado DTX-*high* para o estado DTX-*low*, ela deve passar por um estado de transição em que a potência transmitida é o nível DTX-*high* até que toda mensagens FACCH e SACCH pendentes na estação móvel tenham sido transmitidas.

10.4.2 Autenticação

Número de identificação pessoal

Para identificação pessoal, um número secreto é administrado pela operação do sistema para cada assinante. Esse número é verificado a cada conexão com o sistema.

Memória de sinalização aleatória (RANDs)

Um valor codificado em 16 bits é gravado na estação móvel que representa o último RAND recebido em uma Mensagem de Ação Global Aleatória (*Random Challenge Global Action Message*) e adicionado a uma seqüência de *overhead* na mensagem. O RANDs é usado como entrada para autenticação do algoritmo de AUTH1.

Parâmetro da História da Chamada (COUNTs)

Um contador de módulo 64 é mantido pela estação móvel. O COUNTs é atualizado pela estação móvel na recepção de uma Ordem de Atualização de Parâmetro (*Parameter Update Order*) dentro do FVC ou da Mensagem de Atualização de Parâmetro (*Parameter Update Messsage*) no FDTC.

10.4.3 Supervisão

O seguinte procedimento é executado para supervisão da conexão do tráfego de canal.

- Se a EM está no modo analógico o SAT (*Tom de Supervisão de Áudio*) e o ST (*Tom de Sinalização*) são usados.
- Se a EM está no modo digital o DVCC é usado.

Tom de Supervisão de Áudio (SAT)

O Tom de Supervisão de Áudio (SAT) é enviado em três freqüências distintas: 5.970, 6.000 ou 6.030 Hz. O SAT é adicionado à transmissão de voz pela estação rádio base. Uma estação móvel deve detectar, filtrar e modular a portadora do canal de voz transmitido com esse tom. A transmissão do SAT pela estação móvel deve ser suspensa durante a transmissão de dados em banda larga no canal de voz reverso, mas não deve ser suspensa quando o tom de sinalização é enviado.

Tom de sinalização (ST)

O Tom de Sinalização deve ser de 10 kHz com ± 1 Hz e produz um desvio na freqüência nominal de ± 8 kHz.

Detecção do DVCC

Na Estação Móvel o CDVCC recebido é decodificado (DVCCr) e comparado ao DVCCs que havia sido recebido quando da Designação do Canal de Tráfego ou Mensagem de *Handoff*.

Quando a Designação do Canal de Tráfego é recebida o *status* do DVCC é desativado. A detecção e possível habilitação do *status* do DVCC envolvem os seguintes passos:

- Para cada *slot*, retirar os bits que correspondem ao CDVCC;
- Decodificar o campo referente aos 8 bits do DVCC, colocar o resultado em DVCCr;
- Se nos dois últimos *slots* DVCCr = DVCCs, então o *status* do DVCC é ativado;
- Se nos cinco últimos *slots* DVCCr $\neq$ DVCCs o *status* do DVCC é desativado.

Transmissão do DVCC

Uma estação móvel quando está transmitindo tráfego no canal digital deve em cada conjunto de *burst* (surto) do CDVCC enviar o *status* do DVCC, se este está habilitado ou desabilitado.

Status do período de desvanecimento

Uma Estação Móvel num canal de tráfego digital deve comportar-se da seguinte forma:

- Se o *status* do DVCC está desativado, o *status* do período de desvanecimento deve ser ativado; um contador é então ativado e em 5 segundos o transmissor do móvel é desativado;
- Do contrário o *status* do período de desvanecimento é desativado e o contador reinicializado.

Canal de Controle Associado Rápido (FACCH)

É um canal de sinalização para transmissão de controle e mensagens de supervisão, entre a ERB e a EM. Veja Figura 10.11.

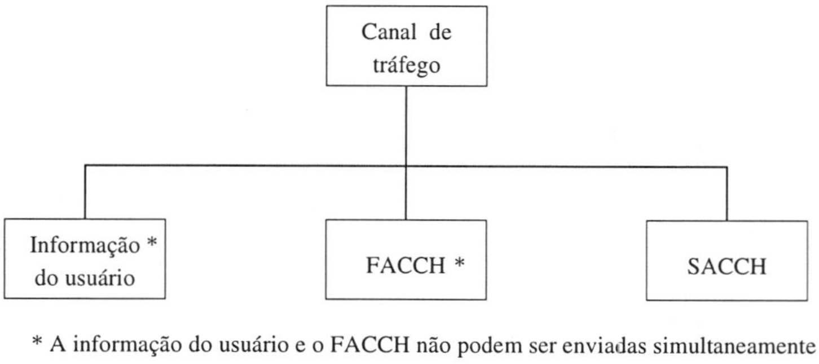

Figura 10.11: Canal digital de tráfego.

O FACCH substitui o bloco de informação do usuário sempre que o sistema acha necessário, enquanto o CRC se encarrega de fazer a distinção entre o FACCH e o bloco de informação.

Canal de controle associado lento (SACCH)

É um canal de sinalização em paralelo com os dados de voz, usado para transmissão de controle e mensagens de supervisão entre a Estação Rádio Base e a Estação Móvel.

Certas mensagens podem ser enviadas pelo SACCH ou FACCH. A estrutura do campo de informação é idêntica, entretanto os métodos de correção de erros são diferentes.

O SACCH está presente em todos os *slots* transmitidos no canal que contém voz ou informação de FACCH.

***Mobile Assisted Handoff Messages (MAHO) – Handoff* Assistido**

É uma função na qual o móvel no modo digital supre a ERB com informação sobre a qualidade do sinal recebido dos canais de RF da rede celular.

Há dois tipos de canais nos quais se mede o desempenho do sinal: o Canal de Tráfego Direto (FTC – *Forward Traffic Channel*) e qualquer outro canal de RF direto.

- O Canal de Tráfego Direto é usado para transmitir informação por meio da estação radiobase para a estação móvel durante uma chamada. A medida da qualidade do canal consiste na densidade de potência do sinal (RSSI) e na taxa de erro de bit de informação (BER);
- O canal de RF direto pode ser qualquer canal de RF. A medida da qualidade do canal de RF consiste na medida do nível de RSSI.

A ERB identifica a Mensagem de Ordem de Medida, cujos canais de RF o móvel deve medir, sendo possível um total de 12 canais.

O MAHO consiste nas seguintes mensagens:

- Mensagem de Ordem de Medição (ERB $\rightarrow$ EM);
- Mensagem de Recebimento da Ordem de Medida (EM $\rightarrow$ ERB);
- Ordem de Interrupção de Medidas (EM $\leftrightarrow$ ERB);
- Mensagem de Qualidade do Canal (EM $\rightarrow$ ERB).

10.4.4 Inicialização

Ao ser ligada, a Estação Móvel (EM) executa a tarefa de Busca de Parâmetros do Sistema, na qual verifica se o sistema escolhido é A ou B; se A é o *status* do sistema está ativado, do contrário está desativado.

> **Exemplo:** BANDA A
> Se o *status* do sistema está habilitado, então a estação móvel deve:
>
> 1. Alocar para FISRTCHDs o primeiro canal de controle do sistema A (834.990 MHz / 879.990 MHz);
> 2. Alocar para LASTCHDs = FIRSTCHD - 21 + 1.
>
> Se o *status* do sistema está desabilitado, então a estação móvel deve:
>
> 1. Alocar para FISRTCHDs o primeiro canal de controle do sistema B (835.020 MHz / 880.020 MHz);
> 2. Alocar para LASTCHDs = FIRSTCHD + 21 - 1.

- A Estação Móvel então examina a densidade de potência de cada canal compreendido entre FIRSTCHDs e LASTCHDs, logo após o móvel executar a tarefa *Update Digital Overhead Information* - UDOI.
- A Estação Móvel sintoniza no canal de controle mais forte e em 3 segundos recebe a mensagem de *Overhead* que contém os parâmetros do sistema e renova as seguintes informações:
  - SIDs (identificação do sistema);
  - PCIs (indicador de capacidade de protocolo);
  - Ns (número de canais de busca);
  - FIRSTCHPs (primeiro canal de busca);
  - LASTCHPs (último canal de busca).
- Se o PCIs indicar apenas capacidade analógica a EM deve executar a tarefa de *Busca do Segundo Conjunto de Canais de Controle Dedicados.*
- Se o PCIs indicar capacidade digital a estação móvel deve executar a tarefa *Seleção do Canal de Busca Primária.* Nesta tarefa a EM examina a densidade de potência de cada um dos canais entre FIRSTCHDs e LASTCHDs.

10.5 Comparação com Outros Sistemas

Comparando com outros sistemas observa-se que o padrão IS-54 apresenta algumas vantagens e desvantagens.

Vantagens

1. O controle de potência é menos rigoroso, uma vez que a interferência entre usuários é controlada pela janela de tempo e alocação de freqüência, em vez do ganho de processamento resultante da seqüência espalhada.
2. A estrutura da janela de tempo possibilita a medição de possíveis *slots*, freqüências e portas de modo a suportar o MAHO ou *Handoff* controlado (MCH).
3. Sistemas TDMA podem ser combinados com esquemas de múltiplos acesso que utilizem pacotes em ambientes de integração de voz e dados, envolvendo diferentes taxas de bits.

Desvantagens

1. Uma vez que os usuários dispõem de $1/N$ do ciclo de carga, o sinal apresenta uma envoltória de potência pulsante.
2. A alocação e gerenciamento do conjunto freqüências e janelas de tempo (*slots*) é uma dificuldade encontrada no sistema TDMA.
3. A taxa de bits N vezes maior significa que os sistemas TDMA eventualmente necessitam de equalização, a fim de combater os multipercusos.

10.6 Exercícios

1. Por que se adotou a faixa de 30 kHz para o padrão IS-54 nos Estados Unidos?

2. Qual é o ganho estimado para o sistema TDMA em relacção ao AMPS? Compare com o ganho previsto para o sistema CDMA.

3. Por conta da interferência IS-136/AMPS, uma distância de reuso equivalente a duas células é necessária. Qual a configuração do *cluster* a ser utilizado?

4. Na instalação de um sistema IS-136 o primeiro canal digital requer a retirada de três canais analógicos, para haver uma separação de 30 kHz entre os sistemas. Calcule quantos canais digitais podem ser instalados em um sistema com 7 estações radiobase.

5. Quando o nível de SNR cai abaixo de 13 dB em um sistema IS-54/136 o decodificador rejeita os bits do *frame* ruim e deixa de decodificá-lo, o que implica supressão de trechos equivalentes a 20 ms na conversação. Usando a fórmula de Lee, determine a distância mínima de reuso de freqüências, para evitar esse problema. O que acontece com o sistema AMPS quando ocorre interferência co-canal?

6. A banda B de um sistema IS-136 de uma cidade é total e uniformemente distribuída em um *cluster* de 9 células, com um grau de serviço de 2 %. Quantos usuários por canal podem ser acomodados, usando a fórmula de Erlang B? Caso o número de usuários aumente em 10 %, qual a nova probabilidade de bloqueio? O que pode ser feito para manter o grau de serviço nominal?

Anotações

Capítulo 11

O Padrão CDMA (IS-95)

11.1 Introdução

Em setembro de 1988, em função da crescente demanda por serviços de comunicações móveis celules, a *Cellular Telecommunications Industry Association* (CTIA), dos Estados Unidos, publicou o documento *User's Performance Requirements* (UPR) especificando os requisitos básicos da tecnologia digital, para as operadoras de sistemas celulares. Os requisitos forneciam as diretrizes para os novos sistemas propostos:

- um incremento de dez vezes em relação à capacidade dos sistemas analógicos;
- longa vida e um crescimento adequado da tecnologia de segunda geração;
- capacidade para permitir a introdução de novas facilidades;
- melhoria na qualidade;
- privacidade;
- facilidade de transição e compatibilidade com o sistema analógico existente;
- disponibilidade, a baixos custos, de rádios e células que operem nos dois sistemas;
- arquitetura de rede celular aberta (*Cellular Open Network Architecture* – CONA).

Em 1989, o subcomitê para sistemas celulares digitais da Telecommunications Industry Association (TIA), dos Estados Unidos, formulou a especificação EIA/TIA/IS-54 (*Dual-Mode Subscriber Equipment – Network Equipment Compatibility Specification*), que adotou o TDMA como técnica de múltiplo acesso.

Em dezembro de 1991, durante a apresentação dos resultados de testes de campo para os sistemas de próxima geração, a Qualcomm, em conjunto com diversos fabricantes e operadoras, apresentou os resultados de seus testes de campo com um sistema CDMA.

As empresas fabricantes de equipamentos de infra-estrutura que participaram das atividades de desenvolvimento do sistema CDMA foram: a AT&T, Motorola e Northern Telecom. Os produtores de equipamento de assinante incluiram a Motorola, OKI Telecom, Clarion, Sony, Alps Electric, Nokia e Matsushita-Panasonic. As operadoras que tomaram parte nos esforços de validação do sistema CDMA celular foram a PacTel Cellular, Ameritech Mobile, Nynex Mobile, GTE Mobile Communications, Bell Atlantic Mobile Systems, US West New Vector Group e Bell Cellular of Canada (Qualcomm, 1992).

No dia 6 de janeiro de 1992, a direção da CTIA adotou, por unanimidade, uma resolução para aceitar contribuições em termos de sistemas celulares de banda larga. Em fevereiro do mesmo ano, a TIA também adotou uma moção recomendando a padronização de sistemas de banda larga com tecnologias de espalhamento espectral. Os esforços da Qualcomm e associados resultaram na adoção do padrão IS-95, para CDMA celular. Algumas vantagens do CDMA são relacionadas a seguir:

1. aumenta a capacidade do tráfego telefônico;
2. aumenta a qualidade de voz;
3. elimina os efeitos audíveis do multipercurso;
4. diminui o número de chamadas derrubadas devido à falhas de *handoff*;
5. proporciona transporte seguro de dados;
6. reduz os custos de operação porque poucas células são necessárias;
7. reduz a potência média transmitida;
8. reduz a interferência em outros dispositivos eletrônicos;
9. apresenta maior privacidade e segurança.

11.2 Espalhamento Espectral

Os primeiros desenvolvimentos usando os conceitos relacionados com as técnicas atuais de espalhamento espectral ocorreram na década de 40, envolvendo aplicações a problemas militares (Scholtz, 1982). Desde as primeiras aplicações, até o presente momento, tem havido um processo de evolução devido principalmente ao aprimoramento de componentes e circuitos.

As técnicas adquiriram grande popularidade na comunidade de comunicações, nos últimos 20 anos, desde que os artigos acerca do assunto começaram a aparecer na literatura especializada, depois de quase duas décadas de sigilo em função de interesses militares. Diversas aplicações comerciais de espalhamento espectral encontram-se hoje em regulamentação em alguns países (Newman Jr., 1986).

A principal característica dos sistemas de espectro espalhado está relacionada a sua banda passante, que é bem superior aquela dos sinais de banda básica, ou modulados por meio de técnicas convencionais. A maneira como espectro é espalhado é essencial, normalmente realizado por um código independente do dado transmitido. O receptor precisa de uma réplica do código, sincronizado em tempo, para recuperar os dados.

O processo de espalhamento introduz uma grande quantidade de redundância no sinal transmitido. Isso permite ao receptor a supressão de boa parte da interferência introduzida pelo canal no sinal transmitido, o que vem a ser uma das grandes vantagens do processo. Entretanto, é possível imaginar outras vantagens dos sistemas de espectro espalhado (Pickholtz *et al.*, 1982; Scholtz, 1982):

- Baixa probabilidade de interceptação (*jamming*) do sinal, devido à aleatoriedade do código de espalhamento;
- Permite o endereçamento de um grupo seleto de usuários no mesmo canal, isto é, acesso múltiplo por divisão em código (CDMA);
- Utilização do sinal para medir o atraso de propagação, que se torna importante em sistemas de radar para determinar a posição e direção de alvos;
- É possível esconder o sinal no ruído de fundo, de forma a dificultar a sua recepção por aqueles que não conhecem o código de espalhamento.
- Útil como um meio de atingir diversidade em canais com percursos múltiplos.

Uma das estratégias em uso para espalhar o espectro é o método de modulação por seqüência direta (*direct sequence* – DS), em que uma seqüência pseudo-aleatória (*pseudo-noise* – PN) rápida provoca o chaveamento em amplitude no sinal de dados. A Figura 11.1 ilustra o sistema.

Outra técnica utilizada é chamada de saltos em freqüência (*frequency hopping* – FH), em que o sinal está sujeito a chaveamento em freqüência, de acordo com uma seqüência pseudo-aleatória pre-determinada. Isto está mostrado na Figura 11.2.

Ainda é possível produzir espalhamento espectral por meio da transmissão de rajadas (*bursts*) do sinal em instantes de tempo aleatórios. A técnica é conhecida como saltos em tempo (*time hopping* – TH) e está mostrada na Figura 11.3.

Outros sistemas podem combinar as técnicas apresentadas. De certa forma, o sistema de espectro espalhado é uma antítese do sistema de comunicações usual. Porque, em contraste com as premissas usuais para os sistemas, ele requer uma banda passante bastante ampla e uma densidade espectral de potência muito baixa para o sinal transmitido.

Esse aparente paradoxo acabou levando cientistas de renome a rejeitar o espalhamento espectral no início, como é possível notar pelo texto abaixo (Viterbi, 1985):

> "The mystique of spread spectrum communications is such that commercial enterprises, as well as academics, are often attracted by the novelty and cleverness of the technique. Also, in small artificially aided markets, there may be temporary economic advantages. In the long run, though, it's the author's opinion that we must stand back and question the wisdom of squandering a precious resource such as bandwidth for reasons of expediency".

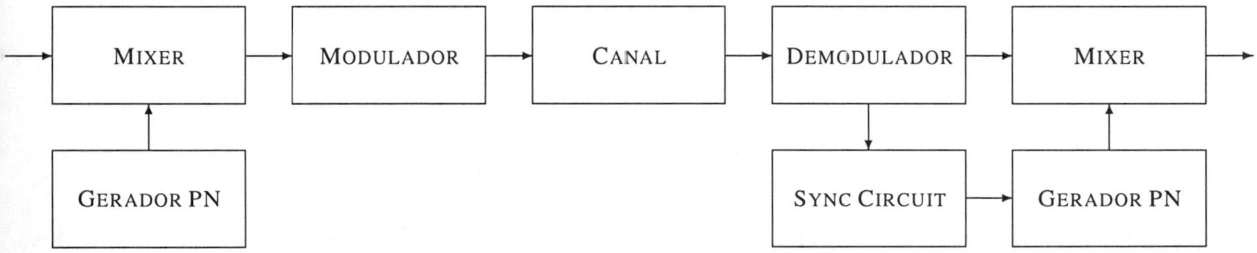

Figura 11.1: Sistema de espalhamento espectral por seqüência direta.

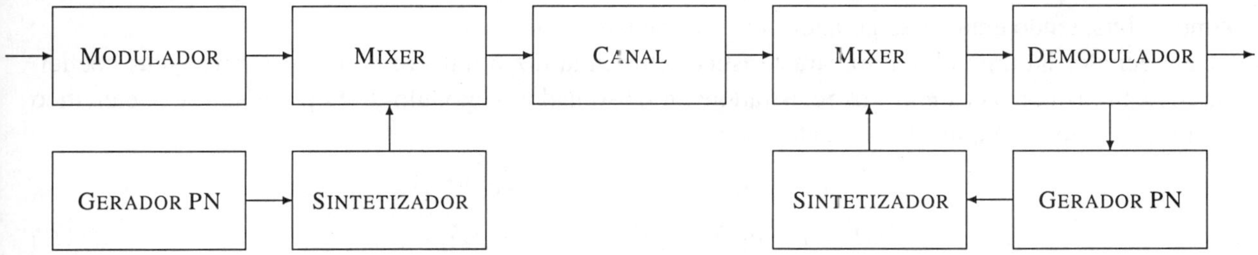

Figura 11.2: Sistema de espalhamento espectral por saltos em freqüência.

O processo de transmissão do sinal espalhado é realizado por meio de modulação digital de uma portadora. O modulador digital é referido como *mixer* nas figuras. Diversas técnicas podem ser utilizadas, como BPSK e QPSK.

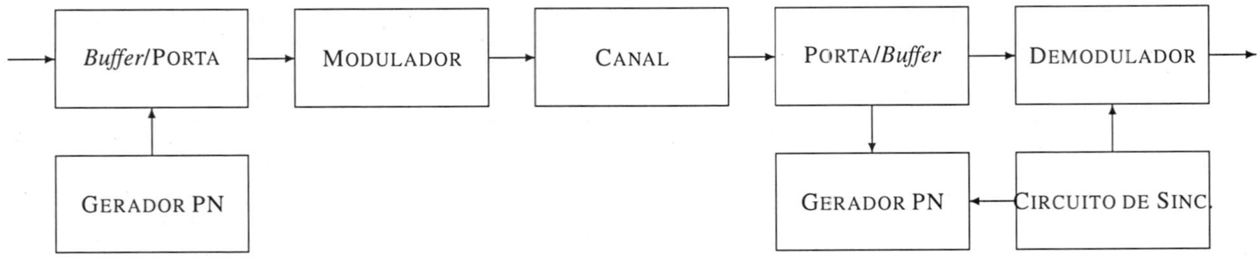

Figura 11.3: Espalhamento espectral usando janelas aleatórias de tempo.

11.2.1 Geração das Seqüências Pseudo-aleatórias

Essas seqüências poderiam ser armazenadas em alguma memória e um algoritmo de busca poderia ser usado para utilizá-las. Entretanto foram desenvolvidas técnicas que diminuem em muito os custos e a dificuldade de implementação para aquisição dessas seqüências.

Utilizando a teoria dos corpos de Galois na álgebra abstrata é possível gerar as seqüências, eliminando assim o armazenamento.

Daqui em diante são usadas seqüências unipolares $\{0,1\}$. A Figura 11.4 mostra um gerador de seqüências pseudo-aleatórias genérico.

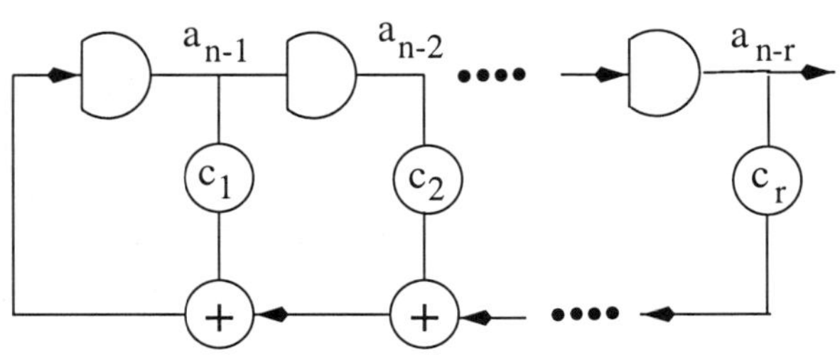

Figura 11.4: Gerador de Seqüências Pseudo-aleatórias.

Os registradores são iniciados com algum conjunto de bits. A cada período do relógio o conteúdo a_j dos registradores é deslocado para a direita. Tem-se no total r registradores, cujas saídas podem estar ligadas a um somador módulo-2. Os somadores módulo-2 fazem parte de uma linha de realimentação do gerador. Essa ligação depende do valor de c_j; no caso $c_j = 1$ há ligação, no caso $c_j = 0$ não há ligação. A cada pulso do relógio obtém-se um bit da seqüência pseudo-aleatória na saída do gerador por meio de a_{n-r}.

Note que todos os processos utilizados são lineares e que cada bit que entra no primeiro registrador contribui nos próximos r bits, tendo então esse gerador uma propriedade de memória.

Para cada gerador há um polinômio característico, cujo grau diz o número de registradores, seus coeficientes, que indicam as conexões entre os registradores e os somadores módulo-2. O polinômio característico genérico para o gerador da Figura 11.4 é dado por

$$f(D) = 1 + c_1D + c_2D^2 + \ldots + c_rD^r, \tag{11.1}$$

em que D^2 é concernente ao segundo registrador e c_2 à ligação deste com o somador módulo-2. Um exemplo de um gerador com 42 registradores é dado na simulação; veja a Figura 11.8.

Como há r registradores, tem-se no máximo 2^r combinações de 0's e 1's, mas o conjunto de r bits todos zero não faz sentido, pois a seqüência pseudo-aleatória teria todos os bits zero. Tem-se então no máximo $2^r - 1$ combinações de bits considerando os r bits contidos nos registradores.

Suponha então que se obtenha um polinômio característico ótimo tal que todas as $2^r - 1$ combinações apareçam nos registradores. Nesse caso haveria uma seqüência pseudo-aleatória de período $2^r - 1$. Um fato importante é que o único dado realmente aleatório nessa seqüência é devido aos valores iniciais dos registadores. Obtidos os valores precisa-se apenas do polinômio característico para obter toda a seqüência.

O polinômio denominado ótimo é tratado na álgebra abstrata como polinômio primitivo. Uma condição necessária para que um dado polinômio seja primitivo é que o mesmo seja irredutível. Entretanto, essa condição não identifica totalmente os polinômios primitivos por ser uma condição necessária e não suficiente.

Por outro lado, há um teorema que afirma que qualquer polinômio $p(x)$ irredutível de grau r (cujos coeficientes e domínio estão no conjunto binário $\{0,1\}$) divide um polinômio da forma:

$$f(x) = x^{2^r-1}. \tag{11.2}$$

Sendo então $p(x)$ irredutível e de grau r, este é dito ser primitivo se o menor polinômio da forma $x^n + 1$ que $p(x)$ divide é dado por x^{2^r-1}. Não é fácil reconhecer um polinômio primitivo, ou mesmo encontrar um, mas existem tabelas de polinômios primitivos nos quais é possível obter um polinômio primitivo com um grau desejado.

A equação abaixo informa quantos polinômios primitivos N_p há com um determinado grau r:

$$N_p(r) = \frac{2^r - 1}{r} \prod_{i=1}^{J} \frac{P_i - 1}{P_i}, \tag{11.3}$$

em que $P_i, i = 1, 2, \ldots, J$ são os números naturais que dividem $2^r - 1$.

11.3 Codificação Convolucional

Um codificador convolucional aumenta a taxa da transmissão inserindo redundância antes do processo de espalhamento espectral.

Trata-se de uma maneira de introduzir correção de erros. Há outros tipos de códigos para correção de erro, como os códigos em bloco, em que cada palavra de k bits é codificada em uma palavra de n bits por meio de algum algoritmo de codificação predefinido, sendo $n > k$.

Códigos convolucionais foram primeiramente estudados por Elias em 1955. Com o esforço de vários pesquisadores eles foram bastantemente desenvolvidos, tendo um grande marco em 1967, quando Viterbi desenvolveu o decodificador convolucional. Posteriormente Forney mostrou que era um decodificador de máxima verosimilhança.

11.3.1 Estrutura dos Códigos Convolucionais

A implementação de um codificador convolucional é simples, pois utiliza-se de procedimentos similares à geração de seqüências pseudo-aleatórias, Seção 11.2.1. Entretanto a decodificação é um pouco complicada e apenas é discutida na segunda etapa do projeto.

Na geração das seqüências pseudo-aleatórias, ver Figura 11.4, a saída do último registrador é a única saída do conjunto, e não há entradas. Já no codificador convolucional, veja a Figura 11.5 como exemplo, o codificador tem pelo menos uma entrada e mais que uma saída.

O número de entradas é menor que o número de saídas, o que é intuitivo pois o codificador insere redundância nos dados.

Os registradores são iniciados (geralmente põe-se o bit 1 no primeiro registrador e 0 nos demais) e no primeiro pulso do relógio há um deslocamento do conteúdo dos registradores para a direita e o primeiro bit

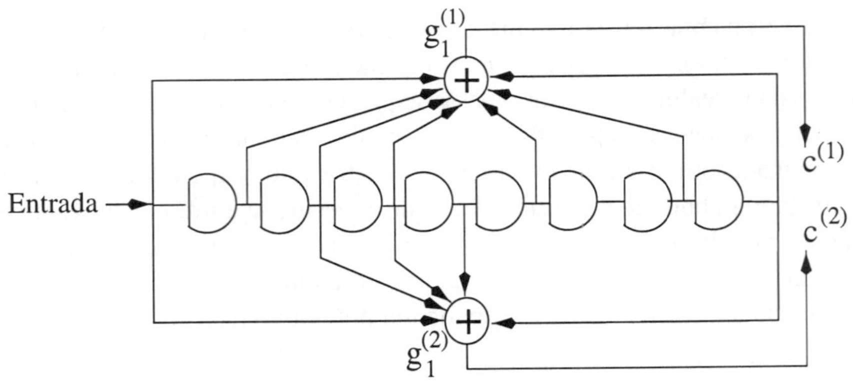

Figura 11.5: Diagrama de um codificador convolucional.

de informação é posto no primeiro registrador. Nesse momento as primeiras saídas são obtidas por meio dos somadores módulo-2; veja a Figura 11.5 como exemplo.

A taxa do código R é a divisão do número de entradas n pelo número de saídas k. E o comprimento do código K é o número de registradores mais um.

Para completar a identificação do codificador, falta especificar as ligações dos registradores com os somadores módulo-2, ou seja, especificar a saída. Cada saída é obtida por meio da soma módulo-2 do conteúdo de alguns registradores predeterminados, referentes a uma determinada entrada; veja a Figura 11.5.

As ligações podem ser especificadas por um conjunto de seqüências dadas por

$$g_i^{(j)} = (g_{i,0}^{(j)}, g_{i,1}^{(j)}, \dots, g_{i,r}^{(j)})$$

em que $i = 1, \dots, n$ é devido às entradas, e $j = 0, \dots, r$ é devido às saídas. Caso o elemento $g_{i,m}^{(j)}, m = 0, \dots, r\ 1$, há conexão da saída do registrador m com o somador módulo-2 para obter um bit da saída $c^{(j)}$, caso seja 0 não há conexão. Para $m = 0$ tem-se uma conexão da entrada e não de um dos registradores.

No exemplo mostrado na Figura 11.5 tem-se:

$$g_1^{(1)} = (1, 1, 1, 1, 0, 1, 0, 1, 1)$$

$$g_1^{(2)} = (1, 0, 1, 1, 1, 0, 0, 0, 1)$$

o que caracteriza as saídas $c^{(1)}$ e $c^{(2)}$.

A estrutura do codificador convolucional usada no *link* reverso no padrão IS-95 é mostrada na Figura 11.13.

11.4 CDMA e o Padrão IS-95

O aparecimento da tecnologia de espalhamento espectral deu-se em aplicações militares e apenas nos anos 80 passou a ser usada em aplicações comerciais.

O sistema foi utilizado em aplicações militares principalmente devido a privacidade, pois o sinal espalhado se parece com ruído e sua detecção é dependente da seqüência utilizada no espalhamento. A resistência à interferência é outra vantagem, pois mesmo que se transmita um sinal na freqüência do sinal espalhado, dependendo da relação entre as potências, ainda se pode recuperar o sinal por meio da seqüência de espalhamento.

Nas comunicações sem fio há para cada sistema uma faixa de freqüência dentro da qual os dispositivos têm direito de transmitir. Como há a necessidade de vários usuários enviarem sinais nessa faixa, deve haver uma metodologia para diferenciar os usuários de forma às transmissões serem terminadas com um grau de qualidade desejado. Isso caracteriza o termo múltiplo acesso.

Vários sistemas digitais de múltiplo acesso foram propostos e usados comercialmente, como o sistema GSM na Europa, o TDMA na América do Norte, PDC no Japão. O CDMA foi usado comercialmente primeiro nos Estados Unidos e padronizado como IS-95.

11.4.1 Ganho de Processamento e Capacidade do CDMA

A partir da análise do sistema de acesso múltiplo por divisão em código, pode-se chegar a uma equação para o número de chamadas por célula em termos da taxa de dados, da banda passante final, da relação sinal-ruído, do fator de atividade de voz, reuso de freqüência e ganho de setorização.

Para desenvolver a equação da capacidade, nota-se que a relação entre a potência do sinal recebido, $C = R \cdot E_b$, e a interferência, $I = W \cdot N_0$, é dada por

$$\frac{C}{I} = \frac{RE_b}{WN_0}, \tag{11.4}$$

em que R = taxa de dados em kbit/s, W = banda espalhada em freqüência e E_B/N_0 = razão entre a energia do bit e densidade de potência do ruído.

Para um sistema que utiliza CDMA, a potência interferente é dada por $I = C \cdot (N - 1)$, em que N é o número de usuários transmitindo na banda W. De forma que $C/I = 1/(N - 1)$. Assume-se que todos os sinais são transmitidos com um nível de potência controlado, como ocorre com os sistema da Qualcomm.

Dessa forma, a capacidade de um sistema CDMA, num ambiente não-celular, é dada por

$$N = 1 + \frac{W}{R}\frac{1}{E_b/N_0}, \tag{11.5}$$

em que $G_P = \frac{W}{R}$ é o ganho de capacidade do esquema CDMA.

O fator de atividade de voz, V, reflete o fato de que, numa conversação *full-duplex*, a fração de tempo em que existe sinal de voz é usualmente inferior a 0,35. Com CDMA é possível reduzir a taxa de transmissão quando não há sinal e, dessa maneira, minimizar a interferência para os outros usuários. A inclusão do fator de atividade de voz, portanto, praticamente dobra a capacidade, visto que a potência interferente é dada por $N \cdot V$. A equação da capacidade fica então

$$N = 1 + \frac{W}{R}\frac{1}{E_b/N_0}\frac{1}{V}. \tag{11.6}$$

Em um sistema celular, em virtude da interferência das células adjacentes, a relação sinal interferência é modificada para

$$\frac{C}{I} = \frac{1}{N + 6Nk_1 + 12Nk_2 + 18Nk_3 + \cdots} \tag{11.7}$$

em que N é o número de estações móveis por célula e $k_1,\ k_2,\ k_3, \ldots$ representam as contribuições de células individuais nas camadas em torno da célula considerada. A última expressão pode ser fatorada e reduzida a

$$\frac{C}{I} = \frac{F}{N}, \tag{11.8}$$

em que F representa a eficiência de reutilização de freqüência, dada por

$$F = \frac{1}{1 + 6k_1 + 12k_2 + 18k_3 + \cdots}. \tag{11.9}$$

Por último, a capacidade pode ainda ser ampliada em função do ganho de setorização, G, fornecendo a equação completa da capacidade

$$N = 1 + \frac{W}{R} \frac{1}{E_b/N_0} \frac{1}{V} FG, \tag{11.10}$$

em que N = chamadas por célula (desvanecimento Rayleigh), W = banda espalhada em freqüência (1,25 MHz), R = taxa de dados em kbp/s (valor assumido: 9,6 kbps), E_B/N_0 = razão entre a energia do bit e densidade de potência do ruído (valor assumido: 7,0 dB), V = fator de atividade de voz (valor assumido: 40 %), F = eficiência de reuso de freqüência (valor assumido: 60 %), G_S = ganho de setorização (valor assumido para 3 setores: 2.55).

Para aumentar a capacidade costuma-se diminuir a taxa e a potência da transmissão, sempre quando não há atividade de voz ou essa é reduzida. A capacidade é então incrementada proporcionalmente com a redução da taxa. O fator de proporcionalidade é o ganho de atividade de voz, V.

Outra forma de aumentar a capacidade é setorizar a área, reduzindo assim a interferência por um fator de ganho devido à antena. Outros fatores como interferências de outras células e o próprio ruído existente no canal ainda podem ser considerados na equação da capacidade, objetivando a simulação desses fatores no sistema.

11.4.2 *Layout* dos Canais no IS-95

Em cada célula há dois *links* de dados, um para os canais diretos (quando a transmissão é feita da ERB para a EM) e outro para os canais reversos (quando a transmissão é feita da EM para a ERB).

O *link* direto consiste em um canal piloto, um canal de sincronismo, sete canais *paging* e um máximo de sessenta e quatro canais de tráfego direto. O *link* reverso consiste em canais de acesso e canais de tráfego.

Há então seis tipos de canais diferentes no padrão IS-95. As funções dos canais são enunciadas nas próximas seções. Em (Rhee, 1998), pode-se ter uma descrição quantitativa dos canais com todos os procedimentos referentes a transmissão. As Figuras 11.6 e 11.7 mostram as estruturas desses canais.

Canal Piloto

Este canal consiste em um sinal espalhado espectralmente, não-modulado, que é transmitido todo o tempo pela ERB de uma dada célula. A estrutura desse canal é mostrada na Figura 11.7

A EM monitora o canal piloto praticamente todo o tempo e usa-o como uma referência de fase para demodulação.

Canal de Sincronismo

A comunicação da ERB para a EM é síncrona e o sincronismo é feito pelo canal piloto e pelo canal de sincronismo.

A EM usa o canal de sincronismo apenas quando está ingressando no sistema, no início de sua ligação com a ERB. Feito isso, dificilmente a EM usa novamente o canal.

Recebido o canal de sincronismo, a EM ajusta sua temporização e inicia a monitoração dos canais *paging*. A Figura 11.7 mostra a estrutura do *link* de dados para os canais reversos, que apenas é discutida na próxima etapa do projeto.

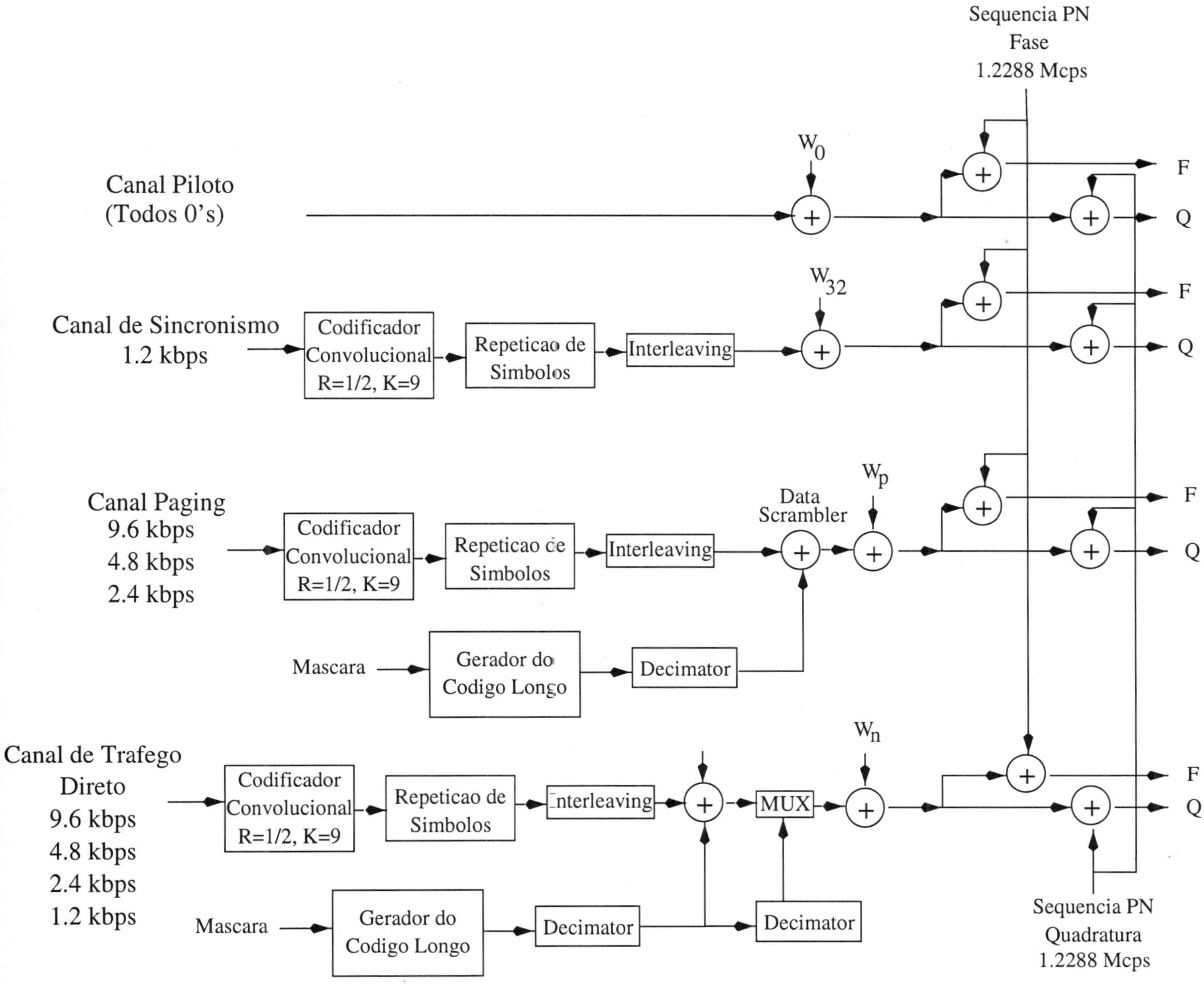

Figura 11.6: Diagrama do canal de código direto do CDMA.

Canal *Paging*

A ERB usa este canal para transmitir informações do sistema e informações específicas para uma dada EM. Informações como início ou término de uma chamada e registro de uma EM trafegam nesse canal.

Cada EM monitora apenas um canal *paging*. A Figura 11.6 também mostra a estrutura do canal de *paging*.

Canal de Tráfego Direto e Reverso

Ambos os canais, de tráfego direto e reverso, usam estruturas de controle compostas de *frames* de 20 ms. A transmissão pode ser feita a taxas de 9.600, 4.800, 2.400 e 1.200 bps. Nestes canais trafegam as conversações e cinco tipos de mensagens:

- Mensagem de controle de chamadas;
- Mensagem de controle de *handoff*;
- Mensagem de controle de potência;

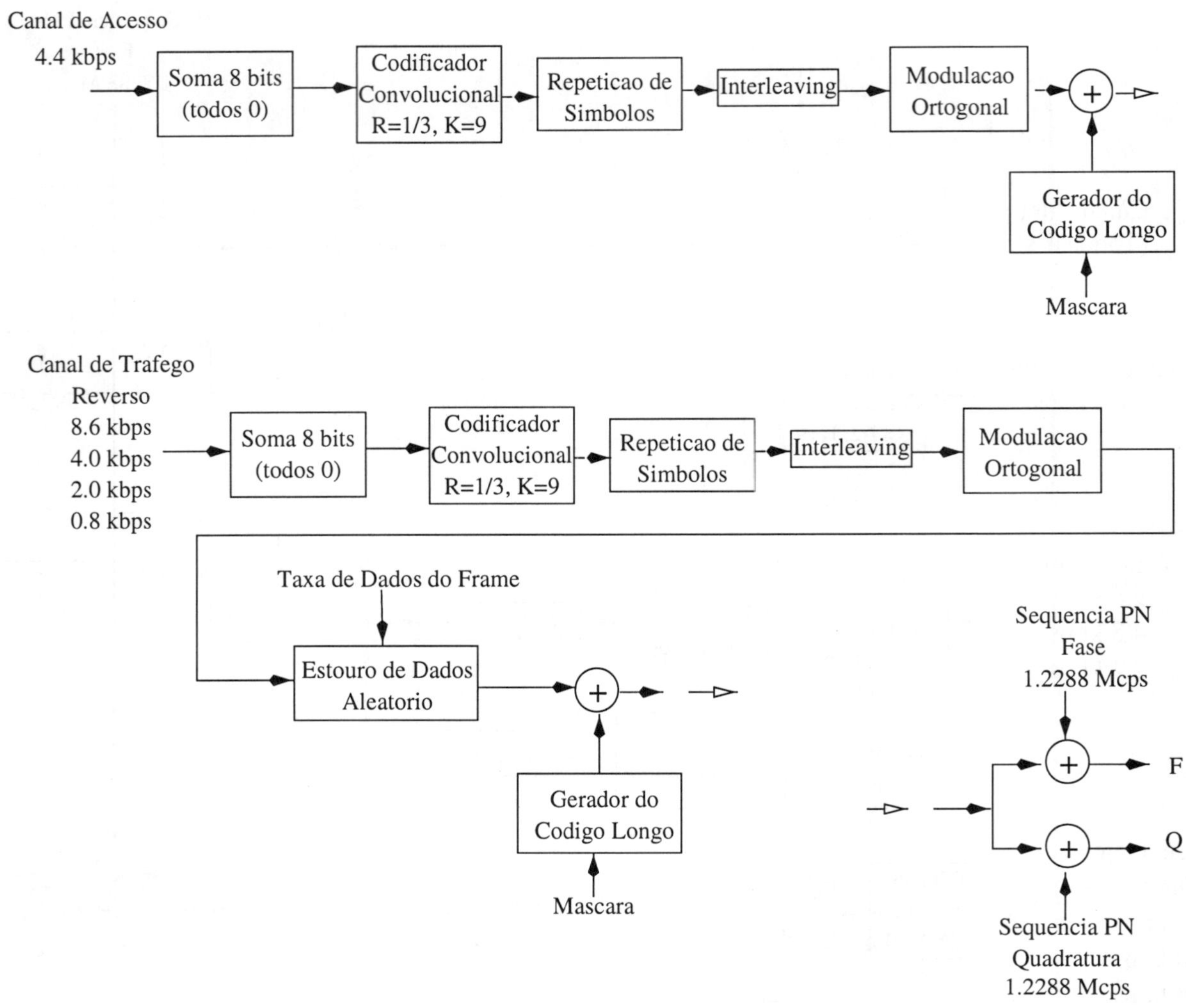

Figura 11.7: Diagrama do canal de código reverso do CDMA.

- Mensagens de segurança e autenticação;
- Mensagens para obter ou fornecer informações especiais à EM.

As estruturas dos canais de tráfego direto e reverso são mostradas nas Figuras 11.6 e 11.7, respectivamente.

Canal de acesso

Esse canal provê comunicação entre a EM e a ERB quando a EM não está usando um canal de tráfego. A EM escolhe aleatoriamente um canal de acesso, que é distinguido dos outros pela seqüência de código longo, PN.

Utiliza-se esse canal para pequenas mensagens de sinalização da EM para a ERB, mensagens como originação de chamadas, respostas aos canais, estado da EM e registro.

Cada *frame* pertencente a um canal de acesso tem 96 bits e 20 ms de duração, tendo então uma taxa de transmissão de $\frac{96 \text{ bits}}{20 \text{ ms}} = 4,8$ kbps.

Dos 96 bits apenas 88 bits são de dados, pois os últimos 8 bits (todos zero) são utilizados para sincronismo com o codificador convolucional. A Figura 11.7 mostra a estrutura do canal de acesso.

MSI	Seqüências de Walsh
0	0000000000000000000000000000000000000000000000000000000000000000
1	0101010101010101010101010101010101010101010101010101010101010101
2	0011001100110011001100110011001100110011001100110011001100110011
3	0110011001100110011001100110011001100110011001100110011001100110
4	0000111100001111000011110000111100001111000011110000111100001111
5	0101101001011010010110100101101001011010010110100101101001011010
6	0011110000111100001111000011110000111100001111000011110000111100
7	0110100101101001011010010110100101101001011010010110100101101001
8	0000000011111111000000001111111100000000111111110000000011111111
9	0101010110101010010101011010101001010101101010100101010110101010
10	0011001111001100001100111100110000110011110011000011001111001100
11	0110011010011001011001101001100101100110100110010110011010011001
12	0000111111110000000011111111000000001111111100000000111111110000
13	0101101010100101010110101010010101011010101001010101101010100101
14	0011110011000011001111001100001100111100110000110011110011000011
15	0110100110010110011010011001011001101001100101100110100110010110
16	0000000000000000111111111111111100000000000000001111111111111111
17	0101010101010101101010101010101001010101010101011010101010101010
18	0011001100110011110011001100110000110011001100111100110011001100
19	0110011001100110100110011001100101100110011001101001100110011001
20	0000111100001111111100001111000000001111000011111111000011110000
21	0101101001011010101001011010010101011010010110101010010110100101
22	0011110000111100110000111100001100111100001111001100001111000011
23	0110100101101001100101101001011001101001011010011001011010010110
24	0000000011111111111111110000000000000000111111111111111100000000
25	0101010110101010101010100101010101010101101010101010101001010101
26	0011001111001100110011000011001100110011110011001100110000110011
27	0110011010011001100110010110011001100110100110011001100101100110
28	0000111111110000111100000000111100001111111100001111000000001111
29	0101101010100101101001010101101001011010101001011010010101011010
30	0011110011000011110000110011110000111100110000111100001100111100
31	0110100110010110100101100110100101101001100101101001011001101001
32	0000000000000000000000000000000011111111111111111111111111111111

Tabela 11.1: As 64 seqüências de Walsh (Primeira parte).

Transmissão no Canal de Acesso

É feita aqui uma descrição dos processos na geração dos bits transmitidos pelo canal de acesso. Segundo a estrutura desse canal, mostrada na Figura 11.7, há 88 bits de informação na entrada e 24.576 bits na saída, dos quais 12.288 modulam a portadora em fase e 12.288 modulam a portadora em quadratura.

As próximas seções descrevem os principais blocos mostrados na Figura 11.7.

11.4.3 Modulação Ortogonal

Há um conjunto de 64 seqüências ortogonais, cada uma com 64 bits, chamadas seqüências de Walsh, que garantem ortogonalidade entre os dados transmitidos. Cada seqüência tem um número MSI (*modulation symbol index*).

Essas seqüências podem ser geradas de uma forma recursiva utilizando a matriz de Hadamard

$$H_{2n} = \begin{bmatrix} H_n & H_n \\ H_n & \overline{H_n} \end{bmatrix}, \tag{11.11}$$

com $n = 1, 2, 4, 8, 16, 32$ e $H_1 = 0$. A matriz H_{64} é mostrada nas Tabelas 11.1 e 11.2.

Na modulação ortogonal, utilizam-se 6 bits da entrada para calcular um valor MSI. Calculado o valor, a saída tem os 64 bits da seqüência de Walsh correspondente ao valor MSI. Este valor é calculado segundo a equação

MSI	Seqüências de Walsh
33	0101010101010101010101010101010110101010101010101010101010101010
34	0011001100110011001100110011001111001100110011001100110011001100
35	0110011001100110011001100110011010011001100110011001100110011001
36	0000111100001111000011110000111111110000111100001111000011110000
37	0101101001011010010110100101101010100101101001011010010110100101
38	0011110000111100001111000011110011000011110000111100001111000011
39	0110100101101001011010010110100110010110100101101001011010010110
40	0000000011111111000000001111111111111111000000001111111100000000
41	0101010110101010010101011010101010101010010101011010101001010101
42	0011001111001100001100111100110011001100001100111100110000110011
43	0110011010011001011001101001100110011001011001101001100101100110
44	0000111111110000000011111111000011110000000011111111000000001111
45	0101101010100101010110101010010110100101010110101010010101011010
46	0011110011000011001111001100001111000011001111001100001100111100
47	0110100110010110011010011001011010010110011010011001011001101001
48	0000000000000000111111111111111111111111111111110000000000000000
49	0101010101010101101010101010101010101010101010100101010101010101
50	0011001100110011110011001100110011001100110011000011001100110011
51	0110011001100110100110011001100110011001100110010110011001100110
52	0000111100001111111100001111000011110000111100000000111100001111
53	0101101001011010101001011010010110100101101001010101101001011010
54	0011110000111100110000111100001111000011110000110011110000111100
55	0110100101101001100101101001011010010110100101100110100101101001
56	0000000011111111111111110000000011111111000000000000000011111111
57	0101010110101010101010100101010110101010010101010101010110101010
58	0011001111001100110011000011001111001100001100110011001111001100
59	0110011010011001100110010110011010011001011001100110011010011001
60	0000111111110000111100000000111111110000000011110000111111110000
61	0101101010100101101001010101101010100101010110100101101010100101
62	0011110011000011110000110011110011000011001111000011110011000011
63	0110100110010110100101100110100110010110011010010110100110010110

Tabela 11.2: As 64 seqüências de Walsh (Continuação).

$$MSI = C_0 + 2C_1 + 4C_2 + 8C_3 + 16C_4 + 32C_5. \tag{11.12}$$

11.4.4 Espalhamento por Seqüência Direta

Como mostra a Figura 11.7, o espalhamento é feito por meio da soma módulo-2 de seqüência de saída do bloco de modulação com a seqüência de saída do gerador de código PN; Figura 11.8.

A seqüência PN tem período $2^{42} - 1$. O gerador é caracterizado pelo polinômio

$$p(x) = 1 + x + x^2 + x^3 + x^5 + x^6 + x^7 + x^{10} + x^{16} + x^{17} + x^{18} + x^{19}$$

$$+x^{21} + x^{22} + x^{25} + x^{26} + x^{27} + x^{31} + x^{33} + x^{35} + x^{42}.$$

No início o conteúdo dos registradores é 10000000000000000000000000000 0000000000000. A cada pulso de *clock* há um deslocamento do conteúdo dos registradores para a direita e aqueles que têm uma conexão com o somador módulo-2 em sua entrada recebem o resultado da soma do conteúdo do registrador anterior com o conteúdo do último registrador.

A cada instante há 42 bits nos registradores. Cada um dos bits passa por uma porta AND de duas entradas, e na outra entrada é colocado um bit de uma outra seqüência de 42 bits chamada de máscara. A máscara é formada a partir de dados pertinentes à estação móvel em particular. A descrição da máscara é dada na Figura 11.9.

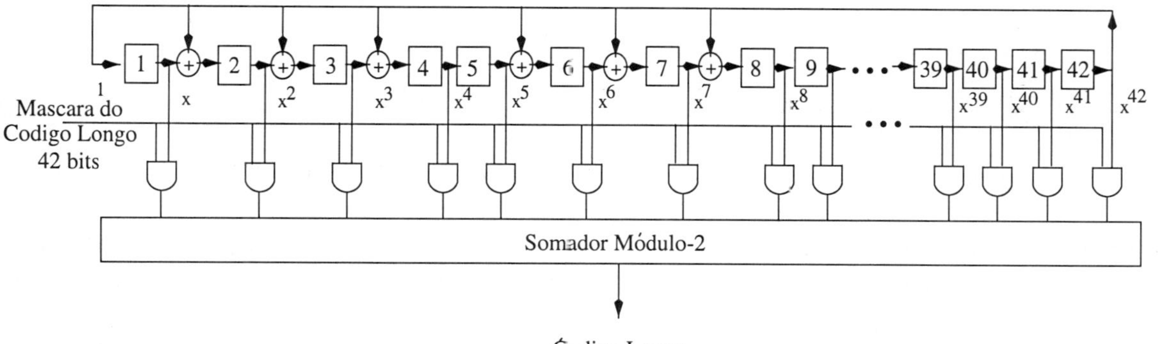

Figura 11.8: Gerador da seqüência de código longo.

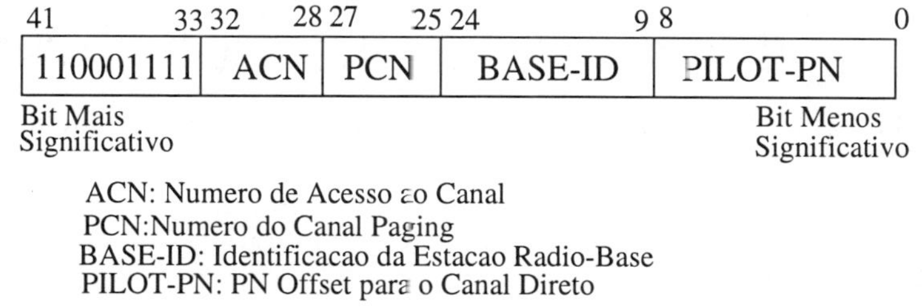

Figura 11.9: Código de máscara para o canal de acesso.

A saída de cada porta AND é ligada a um somador módulo-2, cuja saída é um bit do código longo.

No canal de acesso, a seqüência do código longo é quatro vezes maior que a freqüência da seqüência modulada ortogonalmente. Cada bit de entrada é somado (módulo-2) sucessivamente com quatro bits do código longo, resultando assim em quatro bits na saída do espalhamento por seqüência direta.

11.4.5 Espalhamento em Quadratura

O espalhamento em quadratura, Figura 11.10, é similar ao espalhamento por seqüência direta. Os bits recebidos do bloco de espalhamento são divididos em duas seqüências, uma para o espalhamento em fase (bits pares) e outra em quadratura (bits ímpares).

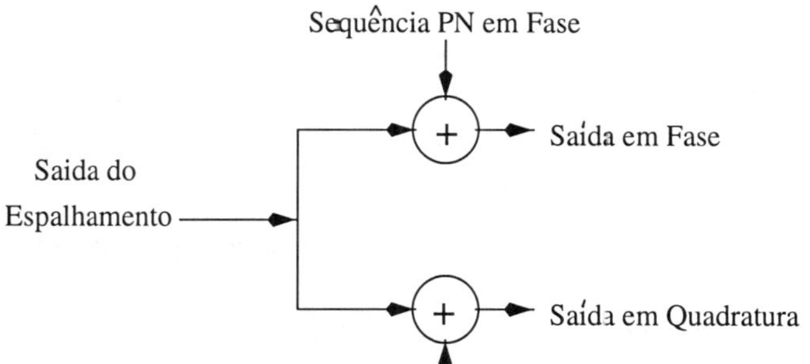

Figura 11.10: Espalhamento em quadratura.

A seqüência em fase é somada bit a bit com a seqüência de espalhamento PN de fase. A seqüência de espalhamento é obtida pelo gerador mostrado pela Figura 11.11. Seu polinômio característico é $P_I = 1 + x^5 + x^7 + x^8 + x^9 + x^{13} + x^{15}$.

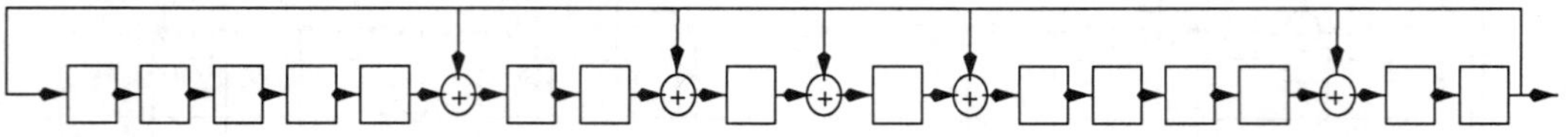

Figura 11.11: Gerador das seqüências de espalhamento PN de fase.

A seqüência em quadratura é somada bit a bit com a seqüência de espalhamento PN de quadratura. A seqüência de espalhamento é obtida pelo gerador mostrado pela Figura 11.12. Seu polinômio característico é $P_Q = 1 + x^3 + x^4 + x^5 + x^6 + x^{10} + x^{11} + x^{12} + x^{15}$.

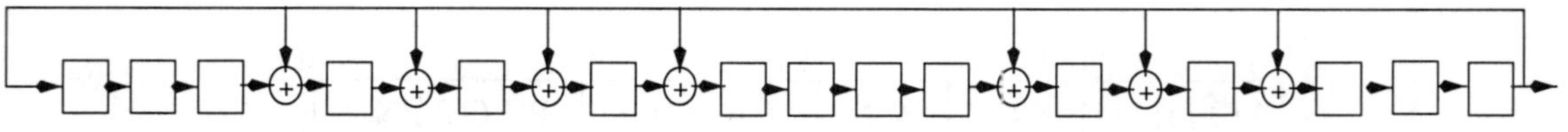

Figura 11.12: Gerador das seqüências de espalhamento PN de quadratura.

11.4.6 Codificador Convolucional

Este codificador tem 96 bits na entrada a uma taxa de de transmissão de 4,8 kbps, resultando na saída de 288 bits a 14,4 kbps. Sua taxa de codificação é $R = 1/3$ e o comprimento de código igual a 9. A Figura 11.13 mostra a estrutura do codificador (Rhee, 1998).

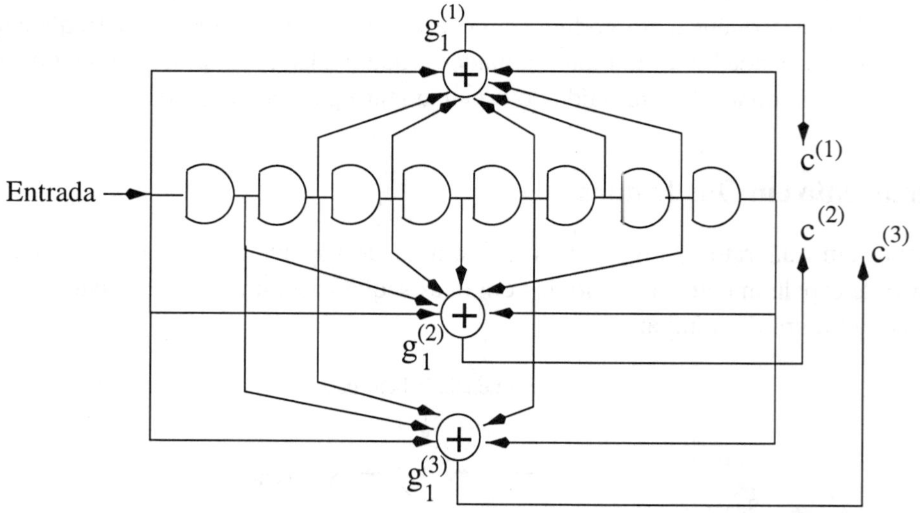

Figura 11.13: Diagrama do codificador convolucional para o canal de acesso.

Para cada bit b_k, $k = 0, 1, \ldots, 95$ na entrada do codificador, são gerados três símbolos C_0^k, C_1^k, C_2^k na saída. Inicialmente os registradores de deslocamento $D_i, i = 1, 2, \ldots, 8$ são todos colocados no nível zero.

A cada pulso do relógio o conteúdo dos registradores é movido para seu vizinho à direita. E no registrador D_1 é posto o bit de entrada, seguindo a ordem do bit b_0 ao b_{95}.

As saídas são então calculadas da seguinte forma:

$$C_0^k = d_8 + d_6 + d_5 + d_3 + d_2 + d_1 + b_k,$$

$$C_1^k = d_8 + d_7 + d_5 + d_4 + d_1 + b_k,$$

$$C_2^k = d_8 + d_7 + d_6 + d_3 + +b_k,$$

em que $k = 0, \ldots, 95$ e d_i é a saída do registrador D_i. O procedimento se repete até que b_{95} seja codificado. A saída é posta em série na seguinte ordem, do primeiro ao último bit:

$$C_0^0, C_1^0, C_2^0, C_0^1, C_1^1, C_2^1, \ldots, C_0^{95}, C_1^{95}, C_2^{95}.$$

Bloco de Repetição de Símbolo

Na entrada do bloco de repetição de símbolo há 288 bits e na saída 576. Não há qualquer tipo de codificação, os bits são apenas repetidos e postos na seguinte ordem:

$$C_0^0, C_0^0, C_1^0, C_1^0, C_2^0, C_2^0, \ldots$$

Bloco de *Interleaving*

O propósito do bloco de *interleaving* é corrigir erros em rajadas, na transmissão de dados em um canal com desvanecimento por multipercurso. Outro motivo é diminuir o excesso de redundância, aumentando assim o desempenho do sistema.

O bloco de *interleaving* recebe 576 bits e muda a ordem deles. Suponha que os bits sejam ordenados em uma matriz 32x18, coluna por coluna. A saída é então obtida lendo linha por linha da matriz. A leitura é feita alternadamente, primeiro a linha 1, em seguida a linha 17 e assim sucessivamente na seguinte ordem:

1 17 9 25 5 21 13 29 3 19 11 27 7 23 15 31
2 18 10 26 6 22 14 30 4 20 12 28 8 24 16 32

11.5 Exercícios

1. Quais os tipos de diversidade apresentados pelo sistema CDMA, padrão IS-95?

2. O que pode ser destacado no padrão CDMA (IS-95), que o distingue dos outros sistemas adotados? Quais são seus pontos fracos?

3. Quais os requisitos básicos, estabelecidos pela CTIA (*Cellular Telecommunications Industry Association*), para os sistemas de comunicações móveis de segunda geração.

4. Qual é a técnica usada pela Qualcomm para combater o *near-far problem*? Explique.

5. O que é ganho de processamento? Qual é o ganho de processamento do sistema CDMA adotado nos Estados Unidos?

6. Por que se utiliza o receptor RAKE no sistema *cdmaOne*?

7. Calcule a capacidade, em termos de chamadas por célula, do sistema CDMA, usando os dados seguintes: banda espalhada em freqüência (1,25 MHz); taxa de dados em kbp/s (valor assumido: 9,6 kbps); razão entre a energia do bit e densidade de potência do ruído (valor assumido: 7,0 dB); fator de atividade de voz (valor assumido: 40 %); eficiência de reuso de freqüência (valor assumido: 60 %); ganho de setorização (valor assumido para 3 setores: 2.55).

Capítulo 12

O Padrão GSM

Sérgio Gonçalves Donato Barbosa

12.1 Introdução

No início da década de 1980, as administrações ligadas à *Conference of European Postal and Telecommunications (CEPT)* criaram o *Groupe Spéciale Mobile* com o objetivo de desenvolver um sistema pan-europeu que substituísse os múltiplos sistemas até então usados na Europa (Yacoub, 2002). O GSM foi pensado, inicialmente, como um padrão para a Europa. Após alguns anos de sua introdução, verificou-se que o seu alcance seria realmente global, por isso os serviços inicialmente oferecidos pelo sistema tiveram de sofrer modificações ao longo de sua implantação.

No lançamento do sistema em 1991, ficou claro que o processo de padronização não poderia ser finalizado antes do lançamento dos seus serviços, principalmente por questões econômicas. Por isso foram adotadas fases (*phases*) para a introdução de novos serviços de tempos em tempos. O primeiro conjunto de serviços oferecidos pelo GSM foi chamado de *GSM Phase* 1. Os suplementos adicionais que não puderam ser disponibilizados inicialmente ficaram conhecidos como *GSM Phase 2*. Atualmente, existem novos serviços que só foram idealizados depois de o sistema ter entrado em operação. Essas implementações ficaram conhecidas como *Phase* 2+.

O sistema GSM tem um conjunto de objetivos ambicioso, que inclui (Yacoub, 2002):

- *roaming* internacional;
- arquitetura aberta;
- alto grau de flexibilidade;
- fácil instalação;
- operação integrada com RDSI (Rede digital de serviços integrados), CSPDN (Rede de dados pública com comutação de circuitos), PSPDN (Rede de dados pública com comutação de pacotes) e PSTN (Rede telefônica pública comutada);
- oferecimento de sinais de alta qualidade e garantia de integridade do enlace;
- eficiência espectral elevada;
- infra-estrutura de baixo custo;
- terminais pequenos, de baixo custo;
- características de segurança.

12.2 Arquitetura do Sistema

A arquitetura do GSM consiste em três subsistemas interconectados que interagem entre si e com os usuários pelas interfaces de rede. Os subsistemas são (Yacoub, 2002): o subsistema da estação radiobase (BSS – *Base Station Subsystem*), o subsistema de comutação e de rede (NSS – *Network and Switching Subsystem*) e o subsistema de suporte e operação (OSS – *Operation Support Subsystem*). A estação móvel também é um subsistema, mas é considerada normalmente parte do subsistema da estação radiobase, por propósitos de arquitetura. No GSM, equipamentos e serviços são projetados para apoiar um ou mais subsistemas. A Figura 12.1 ilustra a arquitetura do sistema GSM (Barbosa, 2002).

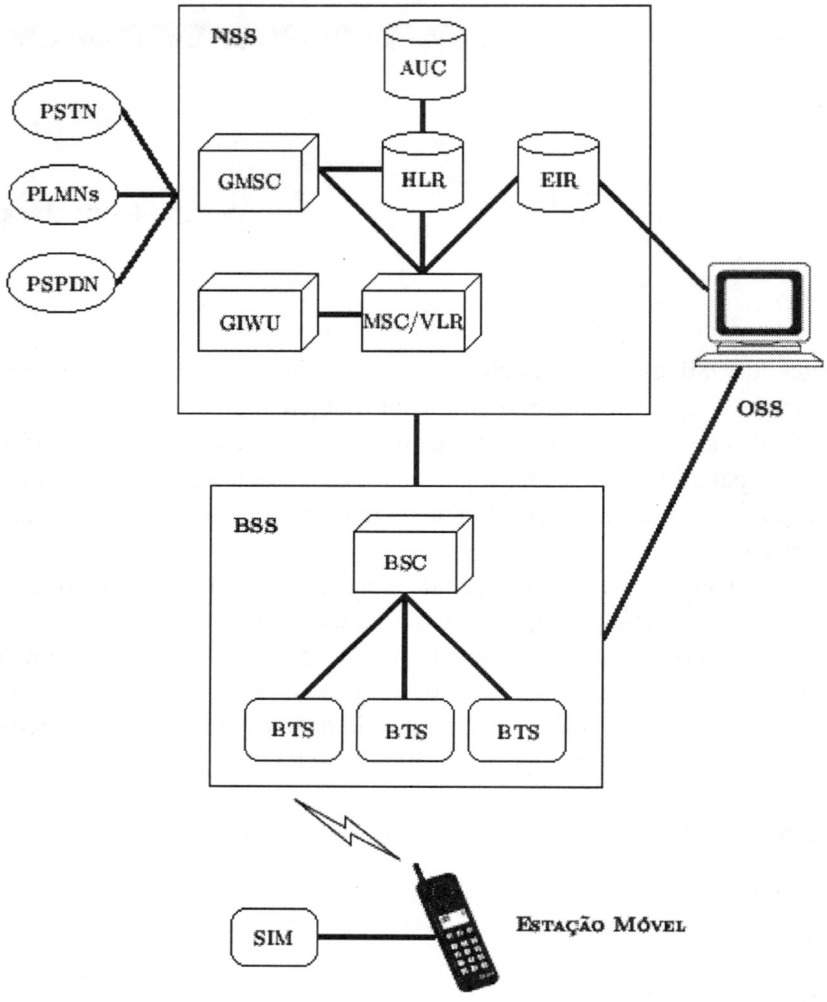

Figura 12.1: Arquitetura do sistema GSM.

12.2.1 A Estação Móvel (MS)

A parte mais conhecida de uma rede celular é certamente a estação móvel, composta por dois elementos:

- O equipamento móvel ou terminal;
- O Módulo de Identificação do Assinante (SIM).

Diferentes tipos de terminais distinguem-se por sua potência e aplicação. Estações móveis permanentemente instaladas em carros podem ter uma potência máxima de saída de até 20 W. As unidades portáteis GSM que também podem ser instaladas em veículos podem emitir até 8 W. Os terminais de bolso têm o seu sucesso garantido devido ao seu peso e volume reduzidos e podem emitir até 1 W de potência de saída. Evidentemente, a potência média transmitida é bem inferior a esse valor.

O SIM - Módulo de Identificação do Assinante

O Módulo de Identificação do Assinante (SIM) fornece uma identificação ao equipamento móvel. Sem o SIM, o móvel fica inoperante (exceto para chamadas de emergência). O SIM é um cartão inteligente que tem um processador e um *chip* de memória permanentemente instalados em um cartão de plástico do tamanho de um cartão de crédito. Ele tem de ser inserido em um leitor de uma estação móvel antes de ser usado para os seus propósitos de rotina. Para os terminais de bolso, que são muito pequenos, o SIM do tamanho de um cartão de crédito seria grande demais. Por isso, existe uma versão menor do SIM, chamada de *plug in SIM* para esse tipo de terminal.

Certos parâmetros do assinante ficam armazenados no cartão SIM com os dados pessoais usados por ele, tais como números de telefones pessoais. O cartão SIM identifica o assinante para a rede. Como apenas o SIM pode personalizar um terminal, é possível viajar levando apenas o cartão SIM, podendo-se alugar um terminal móvel no destino, e então usar o terminal (com o cartão SIM inserido) como se fosse um terminal móvel próprio.

Mensagens curtas recebidas da rede podem também ser armazenadas no cartão. A introdução de maiores memórias e melhores microprocessadores vão tornar o cartão SIM mais flexível e poderoso no futuro.

Para proteger o cartão SIM de uso impróprio foi inserido um recurso de segurança. Antes de usar o móvel, os usuários têm de fornecer um Número de Identificação Pessoal (PIN) de 4 dígitos. O PIN é armazenado no cartão. Se um PIN errado for fornecido três vezes seguidas, o cartão fica bloqueado e só pode ser desbloqueado com uma Chave de Desbloqueamento Pessoal (PUK) de oito dígitos, que também é armazenada no cartão.

Essas são as principais características do cartão SIM, porém como o GSM é um padrão em contínua evolução, futuramente vão surgir novos serviços relacionados com esse cartão, como, por exemplo, prioridade de acesso para bons consumidores ou até uso restrito em certas áreas.

12.2.2 O Subsistema da Estação Radiobase (BSS)

O subsistema da estação radiobase (BSS) provê e gerencia as transmissões entre as estações móveis e a central de comutação de serviços móveis, CCC (MSC). O BSS também gerencia a interface de radiotransmissão entre as estações móveis e todos os subsistemas do GSM. Cada BSS consiste em um conjunto de controladores de estações radiobase (BSCs - *Base Station Controlers*) que conectam o terminal móvel ao NSS, via MSCs. O BSS é subdividido em dois elementos:

- A estação radiobase ou estação transceptora (BTS);
- O controlador de estações radiobase (BSC).

A Estação Radiobase ou Estação Transceptora (BTS)

A contraparte de uma estação móvel dentro de uma rede celular é a estação transceptora (BTS), que é a interface do móvel com a rede. A BTS corresponde aos transceptores e antenas usados em cada célula da rede. Ela é geralmente localizada no centro de uma célula. Sua potência de transmissão determina o tamanho absoluto da célula. Uma estação radiobase tem entre um e dezesseis transceptores, cada um dos quais representando um canal RF separado. Alguns dos recursos inteligentes, que foram incorporados em estações radiobase analógicas, tais como medidas nos canais de radiotransmissão como critério para o *handoff*, foram recentemente repassados para as estações móveis. Essa mudança de funções para a estação móvel fez a estrutura GSM menos onerosa que as estruturas de alguns sistemas analógicos. O resultado é que, em alguns países menos ricos, os sistemas celulares digitais foram implantados, em vez dos analógicos (AMPS, NMT ou TACS, por exemplo).

O Controlador de Estações Radiobase (BSC)

O controlador de estações radiobase (BSC) monitora e controla várias estações radiobase. Esse número depende do fabricante e pode ser entre várias dezenas e centenas de estações. As principais tarefas do BSC são: *handover*, salto em freqüência, funções de troca e controle dos níveis de potência das freqüências das BTSs. O *hardware* do BSC pode ser instalado no mesmo local das BTSs, em um lugar próprio ou no mesmo local da MSC.

12.2.3 O Subsistema de Comutação e Rede (NSS)

O NSS desempenha o papel central em toda rede móvel. Enquanto o BSS provê o acesso para a estação móvel, os vários elementos de rede dentro do NSS assumem a responsabilidade pelo conjunto completo das funções de controle e banco de dados requeridas para o estabelecimento de conexões de chamadas usando um ou mais dos seguintes recursos: criptografia, autenticação e *roaming*. Para desempenhar essas tarefas, o NSS consiste nos seguintes elementos:

- Central de comutação de serviços móveis (MSC);
- Registro local (HLR);
- Centro de autenticação (AuC);
- Registro de visitante (VLR);
- Registro de identidade do equipamento (EIR).

A Central de Comutação de Serviços Móveis (MSC)

É o componente central do NSS, também conhecida como central de comunicação e controle (CCC). A MSC realiza todas as funções de comutação da rede. De uma perspectiva técnica, a MSC faz simplesmente o que uma central telefônica de uma Rede Digital de Serviços Integrados (ISDN) faz com algumas modificações requeridas especificamente para gerenciar a aplicação móvel. Essas modificações para os serviços móveis afetam, em particular, a atribuição de canais de usuários junto ao BSS, pela qual a MSC é responsável, e a funcionalidade de executar e controlar o *handover*. Essas são as duas principais funções da MSC. Além delas existe a função de *interworking* (IWF), que é necessária para conexões com voz ou dados com redes externas. Existe uma unidade específica para a IWF no mesmo local da MSC, é a unidade de cooperação do GSM (GIWU).

A Central de Comutação de Serviços Móveis *gateway* (GMSC)

Uma MSC com uma interface para outras redes é chamada de GMSC ou MSC *gateway*. A GMSC tem algumas tarefas adicionais durante o estabelecimento de uma chamada para um móvel com origem em uma rede externa. A chamada tem de entrar na rede via uma GMSC, que examina o HLR e então repassa a chamada para a MSC onde o móvel chamado se encontra localizado. A GMSC é geralmente implementada juntamente com a MSC.

Registro Local (HLR)

O HLR é um banco de dados que armazena a identidade e os dados de usuário de todos os assinantes pertencentes à área de sua GMSC.

O HLR é considerado o mais importante banco de dados, pois armazena permanentemente dados dos assinantes, incluindo um perfil de serviços do usuário, informação de localização e a situação de suas atividades. Quando alguém adquire o acesso à rede móvel de uma operadora de telefonia celular, ele ou ela são registrados no HLR da operadora.

Para reduzir o número de tarefas realizadas pelo HLR, o registro de visitante (VLR) foi criado para auxiliar em vários requisitos relacionados aos assinantes.

O Centro de Autenticação (AuC)

O centro de autenticação (AuC) é sempre implementado como parte integral do HLR. Seu uso é por razões de segurança. Ele tem como função calcular e fornecer os três parâmetros para a autenticação, que são a resposta sinalizada (SRES), o número aleatório (RAND) e o parâmetro K_c. Para cada assinante, até cinco triplas de parâmetros podem ser calculadas simultaneamente e enviadas ao HLR, que reenvia as triplas para o VLR, que as usa como parâmetros de entrada para a autenticação e criptografia.

Registro de Visitante (VLR)

O VLR é um banco de dados que contém informações temporárias sobre os assinantes. Essas informações são necessárias para a MSC poder servir os assinantes visitantes. O VLR é sempre integrado com a MSC. Quando uma estação móvel visita (*roaming*) uma nova área (com nova MSC), o VLR conectado à nova MSC requisita do HLR dados sobre a estação móvel. Mais tarde, se a estação móvel faz uma chamada, o VLR tem a informação necessária para o *setup* da chamada sem ter de interrogar o HLR novamente.

O Registro de Identidade do Equipamento (EIR)

A separação da identidade do assinante do identificador da estação móvel é um potencial causador de problemas para os usuários do GSM. Devido a isso, é possível operar qualquer estação móvel GSM com qualquer SIM válido. Neste caso, existe uma oportunidade para um mercado negro de equipamentos roubados. Para combater essa prática ilegal, o registro de identidade do equipamento (EIR) localiza e barra o equipamento para não ser usado na rede.

Cada terminal GSM tem um identificador único, que representa sua identidade de equipamento móvel internacional (IMEI), que não pode ser alterada sem destruir o terminal. O IMEI contém um número serial e um identificador de tipo.

Assim como o HLR e o VLR, o EIR consiste basicamente em um banco de dados, que mantém três listas: (1) a "lista branca" que contém todos os tipos de estações móveis aprovadas; (2) a "lista negra" que contém os IMEIs dos terminais roubados ou que devem ser barrados por razões técnicas; e (3) a "lista cinza" que permite a localização de determinadas estações móveis.

12.2.4 O Subsistema de Suporte e Operação (OSS)

O OSS suporta a operação e manutenção do sistema GSM, permitindo aos engenheiros monitorar, diagnosticar e resolver problemas de falhas de quaisquer tipos no sistema. Esse subsistema interage com os outros subsistemas.

O OSS suporta uma ou várias centrais de manutenção e operação (OMCs - *Operations Maintenance Centers*), que são utilizadas para monitorar e manter o desempenho de cada estação móvel (MS), estação radiobase

(BTS), controlador de estações radiobase (BSC) e central de comutação de serviços móveis (MSC) no sistema GSM. Ele possui três funções principais: 1) manter a operação de todo o *hardware* e de toda a rede de telecomunicações de uma determinada área; 2) gerenciar todo o processo de tarifação e 3) gerenciar todos os terminais móveis no sistema. Dentro de cada sistema GSM, um OMC é dedicado às funções anteriormente citadas e ainda pode ajustar todos os parâmetros de uma estação radiobase e os procedimentos de tarifação, bem como fornecer aos operadores do sistema a habilidade de determinar o desempenho e a integridade de cada parte do equipamento do usuário em todo o sistema.

12.3 Procedimento de Registro da Estação Móvel

Após a estação móvel ser ligada, ela examina minuciosamente toda a faixa de freqüência do GSM com um algoritmo que tem o objetivo de detectar a presença de uma rede nesse intervalo de tempo. Quando a rede é detectada, a estação móvel lê a informação do sistema no canal de base. Com a informação, a estação móvel é capaz de determinar sua posição atual dentro da rede. Se a localização atual não for a mesma da última vez que a estação móvel foi desligada, um procedimento de registro é iniciado.

Primeiro, a estação móvel solicita um canal da rede, que é designado pela estação radiobase. Antes que o canal seja prontamente atribuído, o BSC tem de ativar o canal na BTS, a qual tem de validar a ativação em retorno. Após ser conectada à infra-estrutura da rede, a estação móvel informa ao sistema que quer executar uma atualização da sua localização. Esse pedido é repassado à (G)MSC pelo BSC, porém a (G)MSC sendo bastante ocupada requer uma autenticação da estação móvel antes de efetuar qualquer ação. Uma vez recebidos os parâmetros corretos, a (G)MSC aceita o móvel em sua nova localização. Caso a opção seja usada na rede, é atribuída uma identidade temporária (TMSI) ao móvel, cuja validação deve ser retornada pela estação móvel. Quando o procedimento é finalizado, o canal é liberado pelo BSC por meio da BTS.

O registro da estação móvel poderia muito bem ser realizado pela rede. Este é o caso sempre se o sistema quiser saber exatamente quais móveis estão atualmente disponíveis no sistema. O procedimento de registro é um meio de limitar o fluxo de mensagens dentro da rede e ainda de dar à rede um controle virtual. A rede sempre sabe o conteúdo do HLR. Tudo que o HLR sabe a GMSC também sabe, e se um móvel está ligado ou desligado é um conhecimento comum dentro da rede. Se alguém liga para uma estação móvel desligada, a GMSC sinaliza imediatamente uma mensagem à pessoa que efetuou a ligação, indicando que o móvel específico não está disponível, melhor que tentar despachar a chamada para a área onde a estação móvel foi "ouvida" pela última vez.

12.4 Estabelecimento de uma Chamada

Antes que uma chamada possa ser estabelecida, a estação móvel deve ser ligada e registrada no sistema. Existem dois procedimentos diferentes. O primeiro é para o móvel que originou a chamada (MOC) e o segundo é para o móvel que recebe a chamada (MTC). Os dois procedimentos são parecidos, por isso é descrito apenas o primeiro caso.

De uma maneira similar ao procedimento de atualização de localização, o móvel começa com uma solicitação de canal, que é respondida pelo sistema com uma atribuição de canal. A estação móvel informa ao sistema o motivo de querer um canal, que no caso é estabelecer uma chamada. Antes que o procedimento continue, o móvel outra vez tem de se autenticar. Para proteger qualquer mensagem de sinalização subseqüente de espiões com escutas, a rede pode dizer à estação móvel para iniciar a criptografia dos seus dados na próxima mensagem. Criptografar significa que as mensagens são transmitidas de uma forma codificada que só a estação móvel e a estação radiobase entendem. Na mensagem de *setup*, o móvel transmite o número para o qual quer ligar. Enquanto a chamada está sendo processada, o BSC (via BTS) designa um canal de tráfego pelo qual a troca de dados de usuários é realizada. Se a estação móvel destino não estiver ocupada, o terminal alerta e a conexão é estabelecida quando o telefone é "retirado do gancho".

12.5 *Handoff* ou *Handover*

O procedimento de *handoff* ou *handover* é uma forma de continuar uma ligação mesmo quando uma estação móvel cruza a fronteira entre uma célula e outra. Antes de a técnica ser implementada, uma chamada era simplesmente abandonada quando uma estação móvel cruzava a fronteira entre células.

Numa rede celular uma célula tem um conjunto de células vizinhas. O sistema precisa saber qual das células vizinhas deve ser adotada em um procedimento de *handoff*. O método usado para determinar a próxima célula nos sistemas analógicos é diferente do método usado nos sistemas digitais. A diferença também existe nos nomes; enquanto o termo *handoff* surgiu no mundo analógico, o termo *handover* foi apresentado pelo GSM.

Nos sistemas analógicos, a estação radiobase monitora a qualidade do enlace (*link*) entre a estação móvel e ela mesma. Quando a estação radiobase percebe que a qualidade está degradada (a distância para a estação móvel se tornou muito grande) ela solicita que as células adjacentes informem o nível de potência que estão recebendo da estação móvel. Possivelmente o nível mais alto é da célula mais próxima à estação móvel. A rede então decide o canal que a estação radiobase deve usar na nova célula e em que freqüência correspondente a estação móvel deve sintonizar. Geralmente a estação móvel recebe o comando para executar uma troca de canal.

A estação móvel é o participante passivo no processo de *handoff*. Todas as medidas e trabalhos subseqüentes são feitos nas estações radiobase e na rede. Os locais onde ficam as estações radiobase (*cell sites*) são equipados com medidores de nível de potência das diferentes estações móveis nas várias freqüências dos canais em uso.

A situação no sistema GSM é diferente. A estação móvel deve continuamente monitorar os níveis de potência recebida das células vizinhas. Para isso, a estação radiobase fornece ao móvel uma lista de estações radiobase (com os canais) cujas potências devem ser medidas. A lista é transmitida no canal base, que é o primeiro canal em que um móvel sintoniza no momento em que é ligado. A estação móvel executa continuamente medidas do nível de qualidade e potência do sinal recebido da célula que o serve e também dos níveis de potência das células adjacentes. O resultado das medições é colocado em uma espécie de relatório de medições (*measurement report*), que é periodicamente enviado à estação radiobase. A própria estação radiobase pode também realizar as medidas de qualidade e potência do enlace com a estação móvel. Se as medições indicarem a necessidade de um *handover*, este poderá ser realizado imediatamente sem a necessidade de esperar pelas medidas feitas pela estação móvel, pois a estação radiobase apropriada para receber o móvel já é conhecida.

O GSM distingue dois tipos de *handovers*, dependendo do tipo de fronteiras de células que a estação móvel esteja cruzando. Se um *handover* tem de ser realizado dentro da área de um BSC, este pode gerenciar a operação sem consultar a MSC, que, em qualquer caso, tem de ser pelo menos notificada. Esse tipo de *handover* é chamado de *handover* simples entre BTSs. Por outro lado, se uma estação móvel estiver cruzando a fronteira de um BSC, então a MSC tem de controlar o procedimento de forma a assegurar uma transição suave da conversação. A conversação pode continuar mesmo com a troca de MSCs. A única diferença é que apesar de o móvel passar a ser controlado pela nova MSC, o gerenciamento da chamada ainda continua sendo feito pela primeira MSC. A Figura 12.2 mostra os dois tipos de *handovers*.

12.6 Parâmetros de Segurança

O sistema GSM provê meios para autenticar os assinantes, para evitar a falsificação de aparelhos ou a utilização indevida do sistema por pessoas não-autorizadas.

12.6.1 Autenticação

O procedimento de autenticação checa a validade do cartão SIM dos assinantes e se eles têm permissão para usar uma rede em particular. A autenticação é baseada no algoritmo de autenticação $A3$, que é armazenado no cartão SIM e no centro de autenticação.

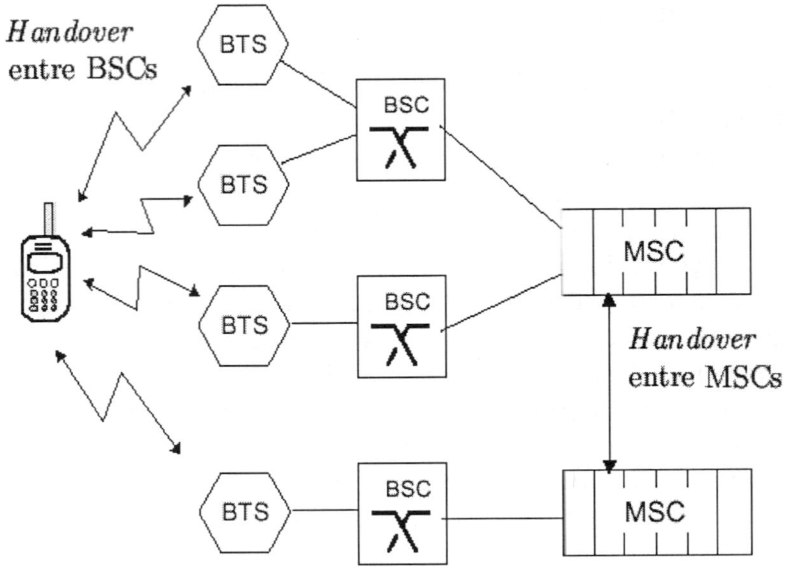

Figura 12.2: Hierarquia de *handovers*.

O algoritmo $A3$ usa dois parâmetros de entrada: um é a chave de autenticação, K_i, que é armazenada apenas no cartão SIM e na rede. O segundo valor, o número gerado aleatoriamente (RAND), é transmitido para a estação móvel. A estação móvel passa o RAND para o cartão SIM, no qual é usado como um valor de entrada para o algoritmo $A3$. O resultado, o SRES, é retornado da estação móvel para a rede onde o seu valor é comparado com o valor calculado pelo centro de autenticação. Um conjunto de parâmetros de autenticação (RAND e SRES) é armazenado no HLR e VLR para uso pelo centro de autenticação. Geralmente, esses parâmetros são armazenados porque um conjunto distinto é usado para cada *setup* de chamada ou registro e é descartado após cada uso. Se o HLR ou o VLR ficarem com poucos conjuntos de parâmetros, alguns novos devem ser solicitados ao centro de autenticação.

12.6.2 Identidade Temporária do Assinante Móvel

Para evitar que um possível invasor se identifique como usuário GSM por meio da identidade internacional do assinante móvel (IMSI), que é um número permanentemente atribuído, uma identidade temporária (TMSI) é atribuída a todos os assinantes enquanto eles estão usando a rede. Essa identidade é armazenada com a verdadeira identidade, na rede. A identidade temporária é atribuída durante o procedimento de atualização da localização e é usada pelo tempo que os assinantes permanecerem ativos na rede. A estação móvel usa o número temporário quando se comunica com a rede ou origina uma chamada. Similarmente, a rede usa o número temporário para procurar (*paging*) a estação móvel. A atribuição, administração e atualização do TMSI é realizada pelo VLR. Quando é desligada, a estação móvel armazena a TMSI no cartão SIM para ter certeza de que vai estar disponível quando for ligada novamente.

12.7 A Interface de Radiotransmissão do GSM

A interface de radiotransmissão é a interface entre as estações móveis e a infra-estrutura fixa. É uma das mais importantes interfaces do sistema GSM.

Um dos principais objetivos do GSM é o *roaming*. Portanto, para se obter uma compatibilidade completa entre as estações móveis e as redes de diferentes fabricantes e operadoras, a interface de radiotransmissão deve ser completamente definida.

A eficiência espectral depende da interface de radiotransmissão e da transmissão, mais particularmente em aspectos como a capacidade do sistema e as técnicas usadas para diminuir a interferência e intensificar o esquema de reuso de freqüências. A especificação da interface de radiotransmissão tem então uma influência importante na eficiência espectral.

12.7.1 O GSM Primário

O sistema GSM primário refere-se à primeira geração dos sistemas GSM, que foram instalados na Europa. Foram alocadas duas faixas de freqüências de 25 MHz em torno de 900 MHz. A estação móvel transmite na faixa entre 890 e 915 MHz, e a estação radiobase transmite na faixa entre 935 e 960 MHz. Os pontos finais dentro da camada física são a estação móvel e a BTS. A direção EM-para-ERBé referida como *uplink* e a direção ERB-para-EM como *downlink*. Assim como nos sistemas analógicos, um espaçamento duplex de 45 MHz é usado. A estação radiobase sempre transmite na faixa mais alta do par de freqüências duplex.

12.7.2 O Esquema de Acesso Múltiplo

O esquema de acesso múltiplo define como comunicações simultâneas diferentes, entre diferentes estações móveis situadas em células distintas, compartilham o espectro de freqüências do GSM. Um misto de FDMA (*Frequency Division Multiple Access*) e TDMA (*Time Division Multiple Access*), combinado com saltos em freqüência (*frequency hopping*), foram adotados como os esquemas de acesso múltiplo para o GSM.

FDMA e TDMA

Usando FDMA, uma freqüência é atribuída a cada usuário. A faixa de freqüência disponível é dividida em subfaixas separadas por bandas de guarda. Uma característica importante do FDMA é que, quando um canal é atribuído a um usuário, a faixa de freqüências desse canal é usada exclusivamente pelo usuário até que a ligação não seja mais necessária. O TDMA permite que vários usuários compartilhem o mesmo canal. Cada um dos usuários, compartilhando o canal comum, é associado ao seu próprio *burst* (*time slot*, janela de tempo) dentro de um grupo (de *bursts*) chamado de quadro (*frame*). Geralmente o TDMA é usado com uma estrutura FDMA.

Considerando que o espaçamento dos canais no GSM é de 200 kHz, seria uma perda para o sistema não subdividir esse recurso ainda mais. Para consegui-lo, o GSM faz uso de técnicas TDMA, com as quais cada canal é subdividido em oito diferentes janelas de tempo (*bursts*) numeradas de 0 a 7. Cada uma das oito janelas de tempo é atribuída a um único usuário. Um conjunto de oito janelas de tempo é denominado de quadro (*frame*) TDMA e todos os usuários de uma freqüência comum dividem um quadro em comum. Se um móvel, por exemplo, é designado para a janela de tempo número 1, ele transmite apenas nessa janela de tempo e fica ocioso pelo tempo das outras sete janelas com seu transmissor desligado. Essa mudança periódica e regular do transmissor (ligado e desligado) é chamada de *bursting*. A duração de uma janela de tempo, que é equivalente a um pulso de um móvel, é 577 μs, e a duração de um quadro TDMA é 4,615 ms.

Nos sistemas celulares analógicos típicos, a alocação de canais ocupa um espectro entre $12,5$ e 30 kHz. O uso de técnicas TDMA no GSM fez com que efetivamente a alocação para canal de tráfego fosse de 200 kHz/8 = 25 kHz, que é equivalente aos sistemas celulares analógicos típicos. Esse fato demonstra que as especificações do GSM foram selecionadas pelas suas qualidades adicionais e características e não pela possibilidade de aumentar a capacidade.

Duplexação por Divisão no Tempo

Quando se usa a técnica TDMA, não é necessário transmitir e receber sinais ao mesmo tempo no modo *full-duplex*. A duplexação por divisão no tempo (TDD) é usada no GSM. O TDD apresenta algumas vantagens para a estação móvel:

- Requer metade do espectro, pois apenas uma freqüência é usada;
- Não há necessidade de um estágio duplex dedicado (duplexador);
- O tempo de vida da bateria é aumentado ou então o peso da bateria é reduzido;
- Melhor qualidade (mais robusto) e terminais de menor custo.

12.7.3 Estruturas dos Quadros

A sincronização dos *bursts* no GSM é de extrema importância. As informações transportadas são de diferentes tipos, e precisam ser entregues ao destino seguindo todo o planejamento de tráfego e sinalização da rede, ou então o sistema entra em colapso. Para assegurar que tudo ocorra nos instantes marcados e que os pacotes de dados sejam enviados para os locais corretos, os *bursts* são ordenados em quadros. É uma forma de auxiliar no andamento do tráfego e dos sinais de controle.

As informações, tanto de tráfego como de sinalização, são ordenadas em quadros antes de serem mapeadas em janelas de tempo. Os quadros são cuidadosamente organizados em estruturas formadas por combinações de canais, um após o outro, de tal forma que os receptores podem reconhecer que tipos de dados devem estar presentes a qualquer instante com o mínimo de atraso e erro.

Combinações dos Canais

Os canais são sempre combinados nos canais físicos. De acordo com as especificações do GSM, existem sete tipos de combinações de canais, mostradas na Tabela 12.1 (a parcela CCCH representa os três tipos de canais de controle comuns: RACH, PCH e AGCH).

Cada combinação de canal requer um único canal físico. A técnica TDMA usada cria oito canais físicos em uma portadora. É possível, portanto, colocar diferentes combinações de canais em uma portadora. Uma para cada janela de tempo designada.

De uma maneira similar à estrutura de quadros TDMA, que permite às janelas de tempo serem ordenadas em uma portadora, existem também algumas estruturas multiquadros, feitas de um número fixo de quadros TDMA, que permitem que canais lógicos sejam ordenados em janelas de tempo. Há uma grande diferença entre os canais lógicos que transportam dados de voz e os que transportam dados de sinalização. Uma estrutura 26-multiquadro é usada para as combinações de canais de tráfego e uma estrutura 51-multiquadro para combinações de canais de sinalização (Jeszensky, 2004).

I	TCH/FS + FACCH/FS + SACCH/FS;
II	TCH/HS(0,1) + FACCH/HS(0,1) + SACCH/HS(0,1);
III	TCH/HS(0) + FACCH/HS(0) + SACCH/HS(0) + TCH/HS(1) + FACCH/HS(1) + SACCH/HS(1);
IV	FCCH + SCH + CCCH + BCCH;
V	FCCH + SCH + CCCH + BCCH + SDCCH/4 + SACCH/4;
VI	CCCH + BCCH;
VII	SDCCH/8 + SACCH/8.

Tabela 12.1: Combinações de canais no GSM.

Estrutura 26-multiquadro

TCH/FS (Combinação I)

Os primeiros 12 quadros (Figura 12.3) são usados para transmitir dados de tráfego. Eles também podem ser usados para transmissão de dados a $9,6$, $4,8$ ou $2,4$ kbps. Um quadro para o SACCH vem em seguida, e então outros 12 quadros para mais dados de tráfego. O último quadro fica ocioso (O), e nada é transmitido nele. O quadro ocioso dá à estação móvel o tempo para executar outras tarefas como medir a potência do sinal em células vizinhas ou na sua própria célula. O comprimento total de uma estrutura 26-multiquadro é $26 \times 4{,}615$ ms $= 120$ ms.

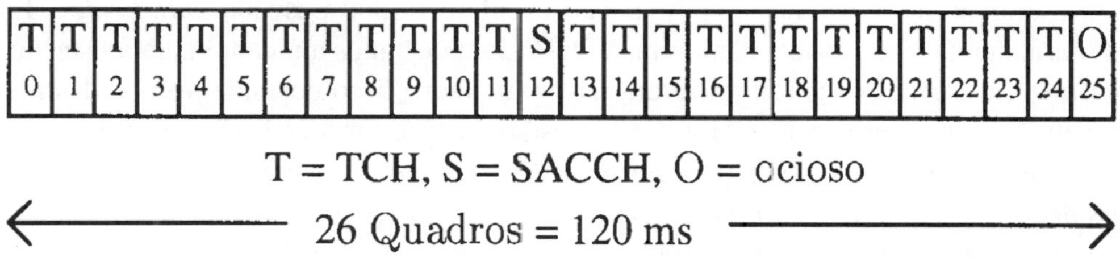

Figura 12.3: Estrutura de quadro para o TCH/FS.

TCH/HS (Combinação II e III)

Para a transmissão dos canais de voz de meia taxa, é possível juntar dois deles em uma estrutura 26-multiquadro (Figura 12.4). Dentro dos quadros simples, os dois canais são transmitidos de uma forma alternada. O quadro número 25, nesse caso, é reservado para o SACCH do segundo canal de meia taxa; cada canal de meia taxa tem o seu próprio SACCH. Essa estrutura é usada se dois canais de meia taxa forem atribuídos ao mesmo tempo, de acordo com a combinação III. Se apenas um canal de meia taxa for necessário, então a combinação II se aplica. Na combinação II, o segundo quadro sempre é ocioso e durante esse tempo a estação móvel pode executar outras tarefas.

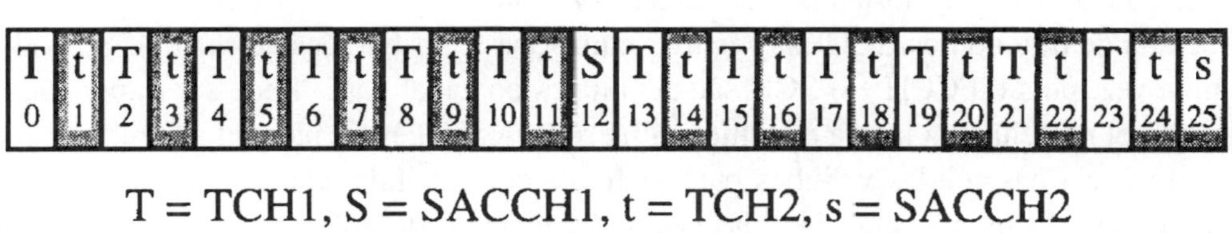

Figura 12.4: Estrutura de quadro para o TCH/HS.

O FACCH é um canal de sinalização que tem maior prioridade que os canais de tráfego de rotina. Quando a rede necessita, ela substitui parte de um canal de tráfego por um FACCH. Isso significa que o FACCH toma o lugar de um canal de tráfego pelo tempo que for necessário para a transmissão dos dados de sinalização. Quanto mais dados de sinalização, maior é o tempo de duração do FACCH. O decodificador do receptor percebe que um FACCH está sendo usado simplesmente observando as *stealing flags*.

Estrutura 51-multiquadro

Os quadros de sinalização não transportam dados de usuário. A estrutura 51-multiquadro é um pouco mais complexa que a variedade 26-multiquadro, pois incorpora quatro combinações de canais distintas, cada uma das quais requer uma estrutura diferente.

FCCH + SCH + CCCH + BCCH (Combinação IV)

Todos os tipos de canais usados nesta combinação ocorrem na direção da ERB (BTS) para a estação móvel ou da estação móvel para a BTS. Existem estruturas diferentes para os dois casos, uma para o *downlink* e outra para o *uplink*. Na direção de *downlink*, a combinação IV oferece muito espaço para o CCCH, que pode ser tanto um PCH (para chamar um móvel) como um AGCH (para designar um canal para a estação móvel). Não importa o lugar que cada canal ocupa na estrutura 51-multiquadro, isso depende apenas das necessidades de sinalização da célula. Entretanto, o FCCH e o SCH estão sempre em quadros consecutivos. A construção simples facilita a sincronização em freqüência entre a estação móvel e o canal base antes da sincronização no tempo e com os dados. O caminho de *uplink* é usado apenas por estações móveis para a transmissão do RACH em *bursts* de acesso aleatório. Isso requer outros canais de sinalização da estação radiobase.

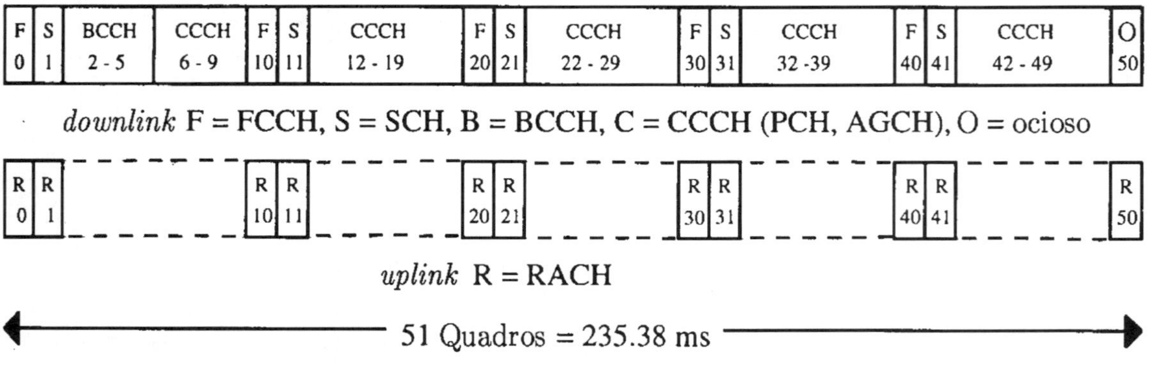

Figura 12.5: Estrutura de quadro para a combinação de canal IV.

Esta combinação de canal é normalmente usada por células com várias portadoras e com uma grande quantidade esperada de tráfego nos CCCHs (*paging*, requisições e atribuições de canais). Só pode ser atribuída a uma célula uma vez, pois o FCCH e o SCH são peculiares ao canal base. Pode ser transmitida em qualquer freqüência disponível na célula na janela de tempo número 0. A freqüência na qual a combinação é transmitida é usada como referência nas células vizinhas para marcá-la como célula adjacente, isto é, móveis em células vizinhas executam periodicamente suas medidas nessas freqüências durante a janela de tempo de número 0.

FCCH + SCH + CCCH + BCCH + SDCCH/4 + SACCH/4 (Combinação V)

É a combinação mínima para células pequenas com apenas um ou dois transceptores. O uso desta combinação segue as mesmas regras do uso da combinação IV (ou seja, apenas uma vez em uma célula e sempre na janela de tempo número 0). As combinações IV e V são mutuamente exclusivas. A expressão SDCCH/4 + SACCH/4 significa que é possível atribuir até quatro DCCHs com os seus canais associados requeridos. Estes são chamados de subcanais; isto é, SDCCH(2) se chama "subcanal dois do SDCCH". A Figura 12.6 mostra a combinação.

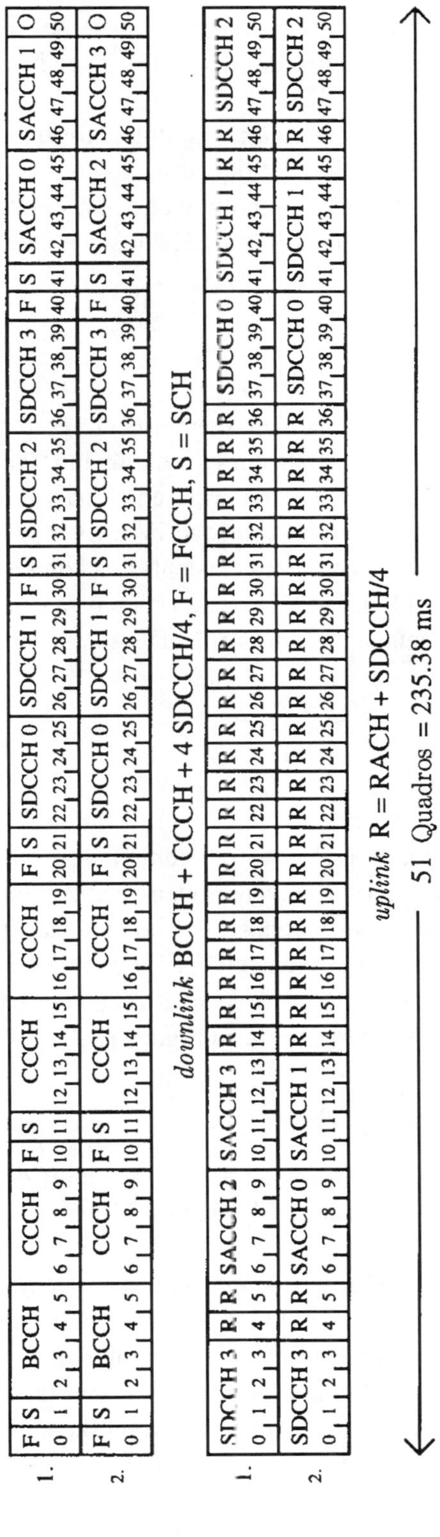

Figura 12.6: Estrutura de quadro para a combinação de canal V.

Existem duas coisas importantes no gráfico. Uma é que as posições para os subcanais correspondentes no SDCCH estão a uma certa distância umas das outras: para o *uplink* são 15 quadros e para o *downlink* são 36 quadros. O objetivo é reduzir o ciclo de resposta de comando para um multiquadro. Se, por exemplo, a estação radiobase comandar a estação móvel a se autenticar, a resposta pode ser enviada apenas 15 quadros mais tarde. O mesmo se aplica para a outra direção, com a única diferença de que a rede tem mais tempo para uma resposta. Essa necessidade ocorre devido às distâncias dentro da rede para os sinais serem bem maiores. O mesmo se aplica para a combinação de canal VII, com oito SDCCHs.

O outro fato importante é que existem duas estruturas multiquadro juntas na Figura 12.6. A razão é que um SACCH só é transmitido a cada nova versão do multiquadro. Pode-se pensar que existe uma possibilidade de transmitir apenas dois quadros do SACCH a cada multiquadro, mas a informação é espalhada por quatro quadros, e eles pertencem uns aos outros. O tempo do SACCH é metade do tempo do SDCCH.

CCCH + BCCH (Combinação VI)

Se uma estação radiobase gerencia um grande número de transceptores, é provável que o número de CCCHs fornecidos pela combinação IV não seja suficiente para cumprir o trabalho. Para servir um número muito grande de estações radiobase, é possível designar canais de controle adicionais na combinação VI. Essa atribuição pela combinação VI faz sentido apenas quando a combinação IV estiver presente, pois a combinação apenas acrescenta capacidade de controle adicional aos recursos existentes da combinação IV. Enquanto a combinação IV sempre ocupa a janela de tempo 0, a combinação VI é designada para a janela de tempo 2, 4 ou 6. A estrutura multiquadro da combinação VI é similar àquela da combinação IV. A única diferença é que não existem FCCHs e SCHs na combinação VI.

SDCCH/8 + SACCH/8 (Combinação VII)

Se uma célula usa a sinalização da combinação IV (em conjunto com a combinação VI), esta ainda não provê nenhuma sinalização de canal na qual os móveis podem realizar tarefas básicas como um *setup* de chamada ou registro. A combinação VII provê a capacidade de sinalização de rotina para a célula. A expressão SDCCH/8 + SACCH/8 indica que oito diferentes DCCHs podem ser usados com oito SACCHs nessa combinação e, portanto, podem servir para oito enlaces de sinalização em paralelo em um único canal físico. A estrutura de quadro para a combinação VII é mostrada na Figura 12.7.

Combinações das Estruturas 26 e 51-multiquadros

São necessários 26 quadros TDMA para transmitir todas as 26 partes de um 26-multiquadro, uma janela de tempo de cada vez. Similarmente, são necessários 51 quadros TDMA para enviar todas as 51 partes de um 51-multiquadro, uma janela de tempo por vez.

Até agora as duas estruturas foram tratadas independentemente, porém é necessário explicar como elas podem ser combinadas nos mesmos quadros TDMA. Por exemplo, como é feita a combinação de um 51-multiquadro designado para a janela de tempo número 0 e um 26-multiquadro designado para a janela de tempo 5. É uma situação complicada, pois 26 não divide 51 e não seria bom ter espaços vazios (janelas de tempo vazias). Para essa combinação um novo formato de quadro foi apresentado: o superquadro. O superquadro tem um comprimento de $51 \times 26 = 1.326$ quadros, que é o mínimo denominador comum dos dois números, sendo também o menor número de quadros TDMA (oito janelas de tempo cada um) que pode absorver todo o conteúdo de todos os 26 e 51-multiquadros e ainda terminar sem janelas de tempo vazias. Um superquadro pode acomodar tanto 26, 51-multiquadros como 51, 26-multiquadros. Observe na Figura 12.8 como os multiquadros ficam organizados.

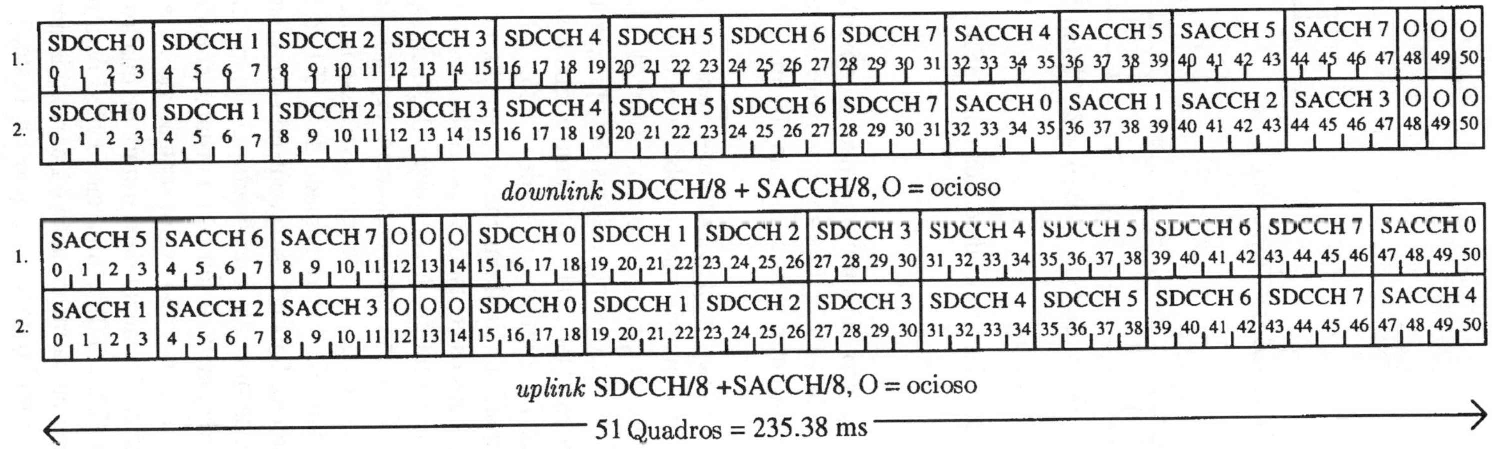

Figura 12.7: Estrutura de quadro para a combinação de canal VII.

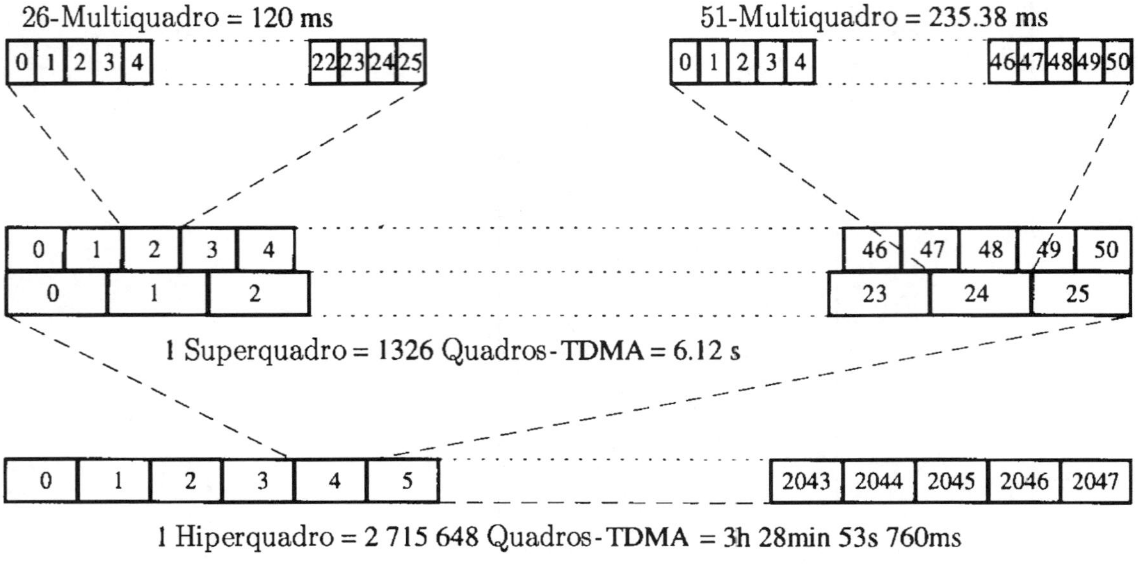

Figura 12.8: Estruturas de quadros no GSM.

Existe também o chamado hiperquadro. Não há nada em particular com relação ao hiperquadro. Ele apenas consiste em 2.048 superquadros. O sistema às vezes refere-se ao número de quadros dentro de um contexto de hiperquadro. O hiperquadro representa a estrutura mais ampla no sistema e dura aproximadamente 3,5 horas antes de ser repetida.

Quando se descreve a estrutura de quadro de sinalização, torna-se importante saber exatamente qual quadro está sendo transmitido atualmente, pois do contrário não se saberia se esté sendo recebendo um SDCCH(0) ou SDCCH(2). Para evitar a ambigüidade, os quadros são numerados de uma forma especial: existem três contadores, chamados de $T1$, $T2$ e $T3$. $T1$ conta os superquadros. Sempre que um superquadro for completado, $T1$ é incrementado de um. $T1$ tem valores entre 0 e 2.047. $T2$ conta os quadros de voz, os quais ocorrem apenas em estruturas 26-multiquadro. O valor de $T2$, portanto, varia de 0 a 25. $T3$ conta os quadros de sinalização, os quais ocorrem em estruturas 51-multiquadro. Similarmente ao contador de tráfego, o conteúdo de $T3$ pode variar de 0 a 50. Em algum ponto inicial, todos os contadores são colccados em 0, e então os quadros começam a ser transmitidos. Sempre que uma estrutura multiquadro de voz ou de sinalização é finalizada, seus respectivos contadores ($T2$ e $T3$) são recolocados em 0 e reiniciam a contagem. Após 1.326 quadros TDMA, $T2$ e $T3$ são finalmente reiniciados juntos e começam a contagem a partir do zero. Isso marca a duração de um superquadro. Quando o primeiro superquadro é finalizado, $T1$ é incrementado de 1. $T1$ só reinicia a contagem após 2.047, que acontece mais de 3 horas depois do início. Sabendo-se o conteúdo dos contadores $T1$, $T2$ e $T3$ e que tipos de multiquadros foram designados em cada uma das oito janelas de tempo disponíveis no quadro TDMA, é possível saber exatamente o que há em cada janela de tempo no instante considerado.

Um número de identificação de quadro consiste nos valores atuais de $T2$ e $T3$ sendo transmitido no SCH. Esse número dá à estação móvel uma indicação inicial da estrutura de quadro que prevalece naquele instante de tempo. Apenas com os dois números ($T2$ e $T3$), é uma tarefa fácil para o móvel procurar pelo BCCH e pela informação do sistema. O móvel sabe que a informação é transmitida quando o contador $T3$ estiver, por exemplo, entre 2 e 5 (veja a Figura 12.5). É muito importante para uma estação móvel ter a informação sobre o instante exato nas estruturas dos quadros. Com esse conhecimento, a estação móvel sabe quando deve esperar por alguma coisa e quando deve fazer transmissões apropriadas.

Geralmente é difícil entender como a transição de um canal de sinalização para um canal de tráfego se processa quando eles estão localizados em estruturas de quadros diferentes. É necessário lembrar que as estruturas

26-multiquadro ou 51-multiquadro se aplicam a uma simples janela de tempo dentro de um quadro TDMA. Se uma estação móvel for comandada a parar de receber uma estrutura de sinalização em uma janela de tempo x e, em vez disso, retornar ao canal de tráfego da janela de tempo y, é necessário levar em consideração as diferentes estruturas de quadros nas janelas de tempo. Os contadores sempre estão contando. Dessa forma, é fácil se mover de uma estrutura para outra. A Figura 12.9 mostra um exemplo do mapeamento das diferentes estruturas. Nesse exemplo, três janelas de tempo foram atribuídas ao móvel: 0 para o BCCH (combinação IV), 2 para o canal de tráfego (combinação I) e 5 para o SDCCH/8 (combinação VII). As janelas de tempo 0 e 5 estão com a estrutura 51-multiquadro, enquanto a janela de tempo 2 está com a estrutura 26-multiquadro. Essas duas estruturas são mapeadas juntas em uma estrutura superquadro, na qual as diferentes janelas de tempo ainda permanecem com as suas identidades originais.

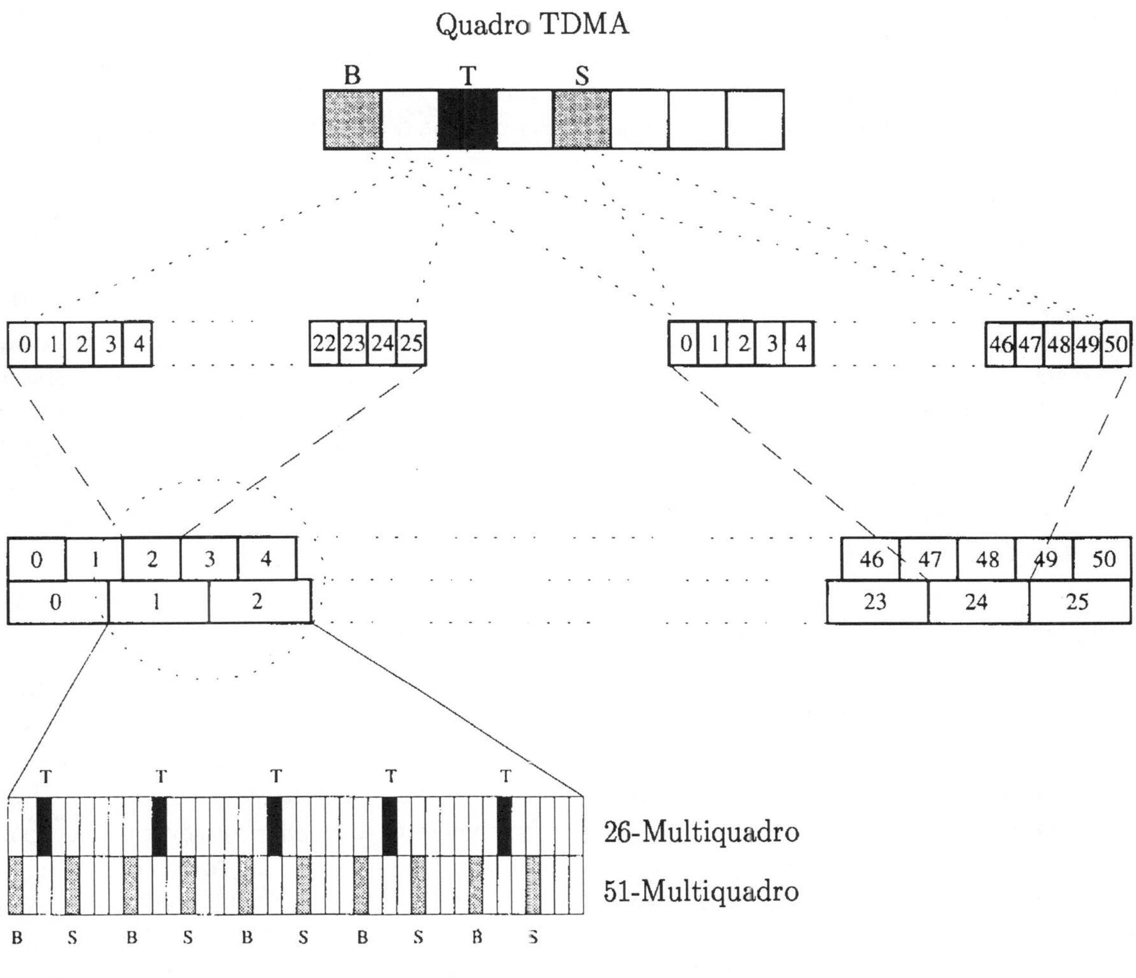

Figura 12.9: Alocação de janela de tempo com mapeamento em diferentes estruturas de quadros.

12.7.4 Codificação de Voz no GSM

O serviço mais importante oferecido ao usuário de uma rede móvel celular é a transmissão de voz. Este é o serviço que justifica os enormes esforços e investimentos que são necessários para instalar e manter tais redes.

O requisito técnico geral é simples: transmitir sinais de voz com um nível de qualidade aceitável. Nos sistemas analógicos convencionais, o sinal de voz de baixa freqüência contínuo, também referido como sinal em banda básica, modula uma portadora. A informação (sinal de voz) pode ser encontrada nas variações de amplitude, fase ou freqüência do sinal transmitido. As técnicas relevantes usadas para modular a portadora são chamadas de: modulação em amplitude (AM), modulação em fase (PM) ou modulação em freqüência (FM). No receptor, o processo de modulação é revertido de tal forma que o sinal em banda básica contínuo original é recuperado. Perturbações no canal de radiotransmissão adicionam suas próprias influências às variações da portadora. Essa modulação adicional causada pelo canal acarreta efeitos audíveis que podem perturbar a conversação.

No caso do GSM, que é um sistema de transmissão digital, não há transmissão contínua de sinal por um canal selecionado. Devido ao uso do TDMA, a informação é transmitida em pulsos, de tal forma que o conteúdo (a representação do sinal de áudio contínuo original) está codificado no domínio do tempo durante sua transmissão pelo canal. No receptor, a informação é decodificada para que o sinal de áudio contínuo (em banda básica) seja obtido.

Devido à capacidade de transmissão restrita do canal, é preciso minimizar o número de bits que devem ser transmitidos. O dispositivo que transforma a voz humana em um fluxo digital de dados e regenera a representação analógica audível (voz) dos dados recebidos é chamado de *codec* de voz (transcodificador de voz ou codificador/decodificador de voz). O *codec* de voz é parte de toda estação móvel designada para transmissão de voz. A BTS também pode realizar a função de transcodificação da voz, como, por exemplo, quando há a necessidade de um enlace entre um móvel e um terminal de telefonia fixa.

O *codec* de voz de taxa integral, usado no GSM, é um tipo de codificador híbrido chamado de *RPE-LTP* (*regular pulse excitation and long-term prediction*). A saída do *codec* de voz ocorre em blocos de 260 bits a cada 20 ms (260 bits/20 ms = 13 kbps). Os dados de voz são passados para o processo de codificação de canal, que prepara os bits de voz codificados para transmissão. A reversão do processo é feita no receptor. O decodificador de voz recebe os blocos de 260 bits do decodificador de canal e os transforma em sons de voz.

Dois outros *codecs* foram especificados no GSM. Um é o *codec* de meia taxa. Nos canais de tráfego de meia taxa do GSM, metade das janelas de tempo é livre. Com isso a capacidade do sistema é duplicada. Para esses canais é usado o *codec* de meia taxa. O outro *codec* é o chamado *codec* de taxa integral *enhanced*, uma espécie de *codec* de taxa integral melhorado.

Requisitos para Transcodificação de Voz no GSM

A conversão direta e simples de um sinal analógico em uma representação digital como uma seqüência de símbolos (bits), e o processo reverso, é uma tarefa rotineira atualmente. Existem diversos conversores A/D (analógico para digital) e D/A (digital para analógico) disponíveis a baixo custo. Mas essas tarefas simples de digitalização não são as únicas necessárias para transformar sinais em banda básica analógicos em digitais e vice-versa. No GSM, a transcodificação de voz é uma função chave e deve atender aos seguintes requisitos:

- A redundância inerente ao sinal em banda básica da voz humana deve ser reduzida significativamente. Há uma grande redundância nos sons da língua, e se a maior parte é removida, há muito tempo remanescente para outros usos do canal. O resultante do processo de codificação da voz deixa o conteúdo de informação mínimo necessário para reconstruir o sinal em um receptor. A redução é essencial, pois a capacidade de transmitir dados (informação) em um canal de um sistema celular é restrito;

- A qualidade da transmissão de voz no GSM sob boas condições (isto é, condições durante as quais não há perturbações suficientes para provocar erros nos bits de transmissão e recepção) deve ser pelo menos igual à qualidade esperada nos sistemas celulares convencionais nas mesmas condições;

- As pausas no fluxo normal de conversações devem ser detectadas, para que se possa suspender (opcional) as transmissões durante esses períodos. Tal característica reduz o tráfego na interface aérea, reduz a interferência entre as células e prolonga o tempo de vida da bateria nos terminais portáteis. Essa função é chamada de transmissão descontínua (DTX).

Conversão A/D no GSM

No GSM, o som (voz humana) é convertido em um sinal elétrico pelo microfone. Para digitalizar este sinal analógico, ele tem de ser amostrado. Inicialmente o sinal é filtrado, de tal forma que só fiquem as componentes de freqüência abaixo de 4 kHz. Sinais de voz em banda básica na telefonia são limitados ao mínimo suficiente de largura de faixa (300 Hz a $3,4$ kHz) para o reconhecimento não-ambíguo e distinto da voz. O sinal é amostrado após a filtragem. A cada 125 μs, um valor é amostrado do sinal analógico e quantizado para formar uma palavra de 13 bits/amostra. O intervalo de amostragem de 125 μs é derivado da freqüência de amostragem de 8 mil amostras por segundo.

O sinal quantizado em 13 bits é representado por $2^{13} = 8.192$ níveis de quantização. Uma taxa de 8.000 amostras por segundo significa que a saída do conversor A/D fornece uma taxa de dados de 8.000×13 bps $= 104$ kbps. Esta interface no processo de codificação de voz também é chamada de Interface de Áudio Digital (DAI).

A taxa de 104 kbps é determinada para ser economicamente transmitida pela interface de radiotransmissão. O codificador de voz deve, então, reduzir significativamente a taxa, extraindo componentes irrelevantes no fluxo de dados da DAI. O codificador de voz busca a informação que pode ser seguramente removida do fluxo de bits planejado para o transporte.

Os *Codecs* de Voz Especificados no GSM

A codificação de voz de taxa integral no GSM, como já mencionado anteriormente, usa o RPE/LTP. Ele combina LPC (*linear predictive coding*), que explora a correlação de curta duração no sinal de voz, com a correlação de longa duração pelo LTP (*long-term prediction*). O sinal residual, que excita o modelo do trato vocal no receptor, consiste em um conjunto de pulsos regulares.

O codificador de voz de meia taxa faz uso de uma combinação de *codecs* CELP/VSELP a uma taxa de $5,6$ kbps. A motivação para o uso desse *codec* é a possibilidade de se usar uma janela de tempo a cada dois quadros TDMA, ou seja, para dobrar a capacidade de tráfego do canal. Mas existem desvantagens, como, por exemplo, a qualidade de voz ser inferior à oferecida pelos canais de taxa integral.

O codificador de taxa integral melhorada é o chamado ACELP (*algebraic code excited linear prediction coder*). Possui a mesma taxa do *codec* RPE/LTP, porém tem qualidade de voz superior. A desvantagem é sua maior complexidade em relação ao RPE/LTP.

Transmissão Descontínua

A detecção de pausas na voz é uma função requerida no GSM para o *codec* de voz. Quando uma pausa na conversação é detectada, a transmissão é suspensa durante o período da pausa. O uso dessa função é uma opção da rede. A opção DTX tende a reduzir a interferência nas células adjacentes, pois o tempo de transmissão do sinal para conversação é bastante reduzido. Além disso, o consumo de energia dos terminais portáteis é reduzido, proporcionando o uso de baterias menores. A pausa em conversações normais ocorre a uma taxa de 50 % do tempo total utilizado. Isso significa que um canal de telefonia é usado apenas metade do tempo fornecido para transmissão de voz. A função DTX inclui duas características adicionais:

- Detecção da atividade da voz (VAD). Para determinar a presença ou ausência de voz no microfone. Na verdade, tem de determinar se o som representa voz ou ruído, mesmo se o ruído de fundo for bastante significativo. Não é uma tarefa simples, pois se o sinal de voz é considerado ruído, o transmissor é desligado, provocando um efeito indesejado chamado de *clipping* (que é o som de um clique);

- A ausência total de som pode perturbar a conversação, pois a chamada vai parecer estar perdida. Além disso, os usuários tendem a falar com maior intensidade quando há total silêncio de fundo. Por isso há a necessidade de um ruído de fundo mínimo durante as pausas nas conversações. O ruído de fundo é chamado de "presença" ou ruído de conforto. Isso é conseguido pela transmissão de quadros descritores de silêncio (SID) a cada 480 ms. Uma vez recebido um quadro SID, o decodificador de voz do receptor tem de simular a existência de uma conexão com fio pela geração de algum ruído de fundo. Esse ruído é o ruído de conforto e é responsável por dar "presença" ao sistema.

12.7.5 Codificação de Canal

O canal RF é bastante destrutivo aos dados, por isso é importante usar formas de proteger o sinal durante a transmissão. As proteções são chamadas de codificações de canal.

A codificação de canal compreende um vasto campo que absorve a carreira de muitos cientistas e engenheiros talentosos. Existem diversas técnicas desenvolvidas para a proteção dos dados durante a transmissão. As codificações adicionam bits redundantes ao conjunto de bits inicial para proteger a informação original. Esse processo dá maior segurança, pois possibilita a identificação (dentro de determinados limites) e até mesmo a correção de dados corrompidos no caminho RF. Um esquema de codificação de canal bastante simples é quebrar o fluxo de dados a ser transmitido em pequenos blocos ou palavras, e adicionar um simples bit a cada bloco, que informa ao receptor se a palavra (bloco) está correta. Esse método simples é chamado de método da paridade. Os mecanismos de codificação de canal usados no GSM são bem mais elaborados que o simples método da paridade.

Codificação dos Canais de Voz

O *codec* de voz do GSM é usado em blocos de 20 ms do sinal de voz. Após a passagem pelo *codec*, são obtidos blocos de 260 bits a uma taxa de 13 kbps. Cada bloco de 260 bits (representando 20 ms) é subdividido em três classes chamadas de Ia, Ib e II. A classe mais importante é a classe Ia que contém 50 bits. Logo após, em importância, vem a classe Ib, que contém 132 bits. A menos importante é a classe II, que contém os 78 bits restantes.

Os dados de voz são codificados em duas etapas. Primeiro os bits da classe Ia são codificados em blocos. Esse é um código cíclico e é usado simplesmente para detecção de erros. São adicionados três bits de paridade aos 50 bits da classe Ia, que dão ao decodificador uma indicação da ocorrência ou não de erros que não foram detectados nem corrigidos. É a primeira etapa da codificação e sua reversão é realizada no segundo estágio da decodificação, que ocorre no receptor. O segundo estágio da decodificação é responsável pela detecção de erros que não foram detectados e corrigidos no estágio precedente. Se a codificação de blocos detectar pelo menos um erro nos bits da classe Ia, então o bloco inteiro de 260 bits é abandonado. Quando um bloco é descartado dessa forma, o *codec* de voz é informado de que um bloco de voz foi abandonado e que é necessário interpolar os dados de voz subseqüentes. Isso proporciona melhor qualidade de voz do que se o *codec* de voz reproduzisse um som a partir dos dados corrompidos.

A segunda etapa da codificação de canal dos dados de voz consiste na codificação convolucional. Essa codificação adiciona bits redundantes de uma forma que o decodificador pode, dentro de determinados limites, detectar erros e corrigi-los. O código é aplicado tanto aos bits da classe Ib como da classe Ia (incluindo os bits de paridade gerados pela codificação de blocos). Um código convolucional pode ser definido por três variáveis: n, k e K. O valor n corresponde ao número de bits na saída do codificador, k ao número de bits na entrada do bloco e K (atraso) à memória do codificador. A taxa R do código é definida como $R = k/n$. O código convolucional empregado na segunda etapa usa uma taxa de $R = 1/2$ e um atraso de $K = 5$. Isso significa que cinco bits consecutivos são usados para o cálculo dos bits de redundância e que, para cada bit de dados, um bit de redundância é adicionado. Antes que os bits de informação sejam codificados, quatro bits são adicionados. Os bits são todos nulos e são usados para inicializar o codificador convolucional. No Capítulo 7, há uma descrição do funcionamento do codificador convolucional. No caso do sistema GSM, cada bit na entrada do codificador gera dois bits na saída. Quando a codificação inicia, todas as memórias têm valores zero.

A Figura 12.10 mostra o esquema de codificação de canal completa para todos os bits de voz. Os bits da classe II não são protegidos por nenhum código, devido à sua pouca importância. Os 189 bits de entrada tornam-se 378 bits na saída e são adicionados aos 78 bits da classe II, formando um bloco final de 456 bits. 456 são exatamente 4 vezes 114, que é o número de bits que um *burst* normal pode transportar, separados em dois sub-blocos de 57 bits.

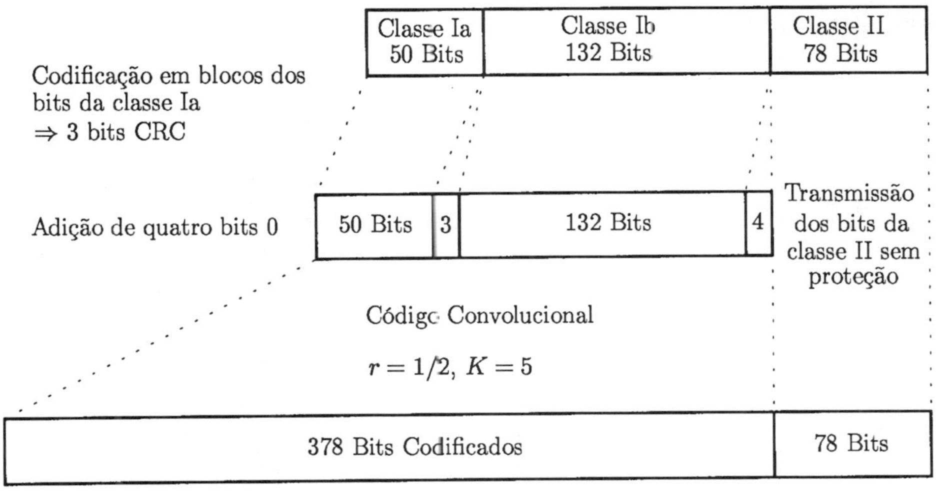

Figura 12.10: Codificação de blocos e convolucional dos dados de voz de taxa integral.

Entrelaçamento dos Canais de Voz

Como já foi dito, os 456 bits cabem perfeitamente em quatro janelas de tempo (*bursts*), porém se esses dados fossem inseridos em quatro *bursts* consecutivos estariam muito suscetíveis a perdas em rajadas. *Bursts* inteiros são perdidos regularmente em canais de rádio. Isso acontece quando, por exemplo, o móvel passa através de um túnel ou quando ocorre alguma interferência. Para evitar o grande risco de perder bits de dados consecutivos, eles são espalhados por mais de quatro *bursts*. O bloco de 456 bits é espalhado por oito *bursts* em sub-blocos de 57 bits cada um. Um sub-bloco é definido como os bits numerados com índices apenas pares ou apenas ímpares dos dados codificados em um *burst*.

Os dados não são colocados na forma original nos sub-blocos; eles são reordenados antes de serem mapeados nas janelas de tempo. A reordenação é reversível, de forma que a ordem original dos bits é obtida no receptor. Essa operação diminui bastante a possibilidade da perda de um grupo de bits consecutivos por erros em rajadas. A distribuição dos erros em grupos pequenos facilita o trabalho do código convolucional, pois este é mais eficaz na correção de erros com distribuição uniforme na seqüência de dados.

Os 456 bits são subdivididos em oito sub-blocos da seguinte maneira. O bit de índice 0 fica no sub-bloco 1, o bit de índice 1 vai para o sub-bloco 2, e assim por diante, até que todos os oito sub-blocos estejam preenchidos. O bit de índice 8 vai para o sub-bloco 1 de acordo com a Tabela 12.2. Os quatro primeiros sub-blocos são colocados nos bits de índices ímpares dos próximos quatro *bursts* consecutivos (como na Figura 12.11). Todo esse processo de colocar os bits em sub-blocos é chamado de reordenamento ou reestruturação, enquanto o mapeamento dos sub-blocos em oito *bursts* é chamado de entrelaçamento diagonal.

Se um canal de tráfego é sacrificado ("roubado") por um FACCH, o processo é indicado pelas *stealing flags* no *burst*, em que a primeira *stealing flag*, quando em 1, indica que os bits de índices pares estão ocupados pelo FACCH, e a segunda *stealing flag*, também quando em 1, indica que os bits de índices ímpares estão sendo usados pelo FACCH. O esquema de codificação para o FACCH é o mesmo dos outros dados de sinalização, ou

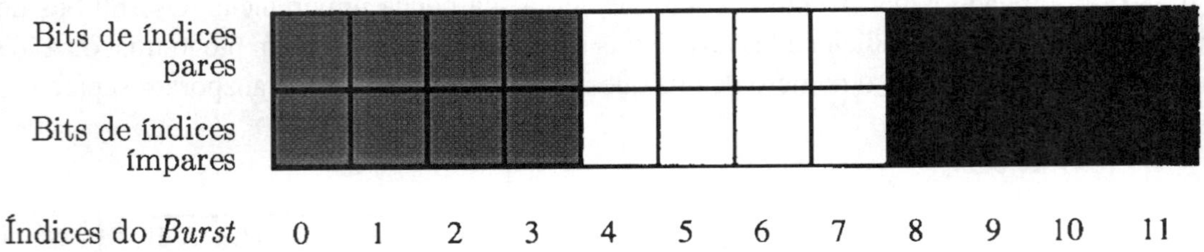

Figura 12.11: Esquema de entrelaçamento para dados de voz.

Índice dos bits codificados		*Posição dentro da estrutura 26-multiquadro*	
0	8 448	Bits pares do *burst* N	(No. 0, 4, 8, 13, 17, 21)
1	9 449	Bits pares do *burst* $N+1$	(No. 1, 5, 9, 14, 18, 22)
2	10 450	Bits pares do *burst* $N+2$	(No. 2, 6, 10, 15, 19, 23)
3	11 451	Bits pares do *burst* $N+3$	(No. 3, 7, 11, 16, 20, 24)
4	12 452	Bits ímpares do *burst* $N+4$	(No. 4, 8, 13, 17, 21, 0)
5	13 453	Bits ímpares do *burst* $N+5$	(No. 5, 9, 14, 18, 22, 1)
6	14 454	Bits ímpares do *burst* $N+6$	(No. 6, 10, 15, 19, 23, 2)
7	15 455	Bits ímpares do *burst* $N+7$	(No. 7, 11, 16, 20, 24, 3)

Tabela 12.2: Esquema de reordenamento para um canal de tráfego TCH.

seja, diferente da codificação de canal usada nos canais de tráfego. Portanto, essa é a razão da necessidade do uso das *stealing flags* para informar ao decodificador que um FACCH está sendo usado.

Codificação e Entrelaçamento dos Canais de Dados

O esquema de codificação para os canais de dados é muito complexo. A razão é que os bits devem ser mais bem protegidos que os dados dos canais de tráfego usados para voz.

Cada taxa de dados tem um esquema de entrelaçamento próprio e diferentes parâmetros usados pelo código convolucional. Como existem cinco tipos de canais de dados, apenas o mais importante (TCH/F9,6) é explicado.

Apesar de a taxa indicada ser de $9,6$ kbps para o TCH/F9,6, o valor é aumentado para 12 kbps por meio de uma codificação de canal realizada no terminal móvel. A codificação no terminal móvel é independente do GSM, portanto não será explicada. Esse código é usado para detecção de erros em um ambiente com conexões por fios.

No canal de taxa de $9,6$ kbps, o fluxo de bits é dividido em quatro blocos de 60 bits cada um, para um total de 240 bits, que são codificados juntos em um código convolucional. Ao contrário da codificação dos dados de voz, o código de blocos não é aplicado antes do código convolucional, porque a detecção dos erros já é realizada no terminal. Para o início da codificação convolucional, quatro bits zero são anexados aos 240 bits. Os parâmetros para o código convolucional são os mesmos usados para os dados de voz ($r = 1/2$, $K = 5$). O código convolucional aceita, portanto, os 244 bits e fornece 488 bits codificados. Mas 488 é maior que os 456 bits necessários para preencher quatro *bursts*, por isso $488 - 456 = 32$ bits são retirados.

Os bits dos arquivos de dados de usuários são mais importantes que os bits dos dados de voz do usuário. Portanto, o esquema de entrelaçamento para aplicações de dados deve ser mais profundo e mais complexo que o entrelaçamento usado nos blocos de voz codificados. Os blocos são espalhados por 22 *bursts*, sendo quase um completo quadro de canal de tráfego (Figura 12.3) com seu SACCH e seu quadro ocioso. Os 456 bits são divididos em 16 partes de 24 bits cada uma ($16 \times 24 = 384$), 2 partes de 18 bits ($2 \times 18 = 36$), 2 partes de 12 bits ($2 \times 12 = 24$) e 2 partes de 6 bits ($2 \times 6 = 12$). Um *burst* vai conter 5 ou 6 blocos de dados consecutivos, ou seja, 4 partes de 24 bits cada uma (96 bits) somadas com 1 parte de 18 bits ($96 + 18 = 114$), ou então somadas com 1 parte de 12 bits e 1 parte de 6 bits ($96 + 12 + 6 = 114$). Os blocos são espalhados em 22 *bursts* da seguinte forma:

- O primeiro e o vigésimo segundo *bursts* transportam um bloco de 6 bits cada um;
- O segundo e o vigésimo primeiro *bursts* transportam um bloco de 12 bits cada um;
- O terceiro e o vigésimo *bursts* transportam um bloco de 18 bits cada um;
- Do quarto ao décimo nono *burst*, um bloco de 24 bits é colocado em cada *burst*.

Todos os 456 bits são acomodados nos 22 quadros do canal de tráfego. A estrutura se repete a cada quatro *bursts* de tal forma que os bits ficam distribuídos diagonalmente, similar ao plano usado para os quadros de voz. O esquema é mostrado na Figura 12.12. Existem k *bursts* ilustrados, cada um com n contribuições de dados de usuários. Cada *burst* transporta cinco ou seis contribuições de dados diferentes. Portanto os 22 quadros podem transportar $5,5$ blocos de informação. À extrema direita dos *bursts*, como mostra a Figura 12.12, o SACCH (quadro TDMA número 12) e o quadro ocioso (quadro TDMA número 25) retêm suas funções tradicionais e não transportam nenhum dado de usuário. A Figura 12.13 mostra o esquema completo da codificação de canal para o TCH/F9,6.

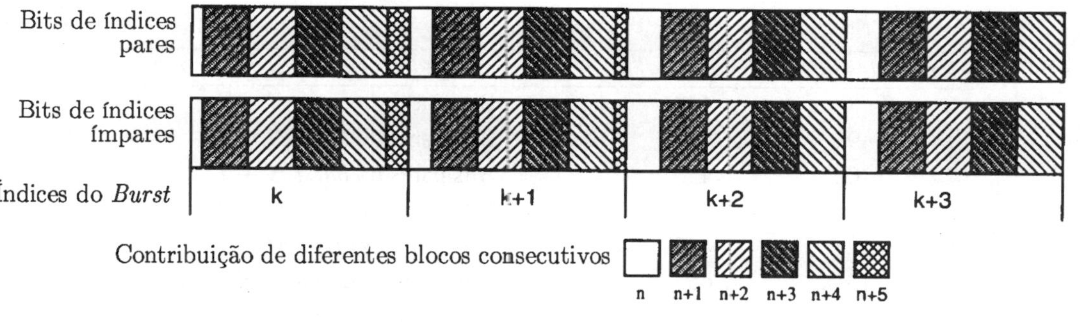

Figura 12.12: Esquema de entrelaçamento para o TCH/F9,6.

Se durante a sessão de transmissão de dados alguma sinalização é necessária, o FACCH entra em ação substituindo a informação de tráfego. A informação do FACCH é muito importante e não pode esperar pelo lento e complicado entrelaçamento de profundidade 22 dos dados. O FACCH tem um entrelaçamento de profundidade 8. Quando o FACCH substitui os dados de usuário, estes ficam perdidos. Devido à pequena profundidade do FACCH e ao tamanho reduzido da sua mensagem, é provável que o código convolucional recupere os dados de usuário perdidos.

Codificação dos Canais de Sinalização

Dados de sinalização são mais importantes que quaisquer dados de usuário que possam aparecer na rede. Isso é devido à sua função de gerenciar o enlace estabelecido entre as estações envolvidas.

A informação de sinalização contém um máximo de 184 bits, que precisam ser codificados. Não faz diferença se o tipo de informação de sinalização a ser transmitida é mapeada em um BCCH, PCH, SDCCH ou SACCH. O formato sempre é o mesmo. Formatos especiais são reservados para o SCH e o RACH, e o FCCH não requer nenhum tipo de codificação.

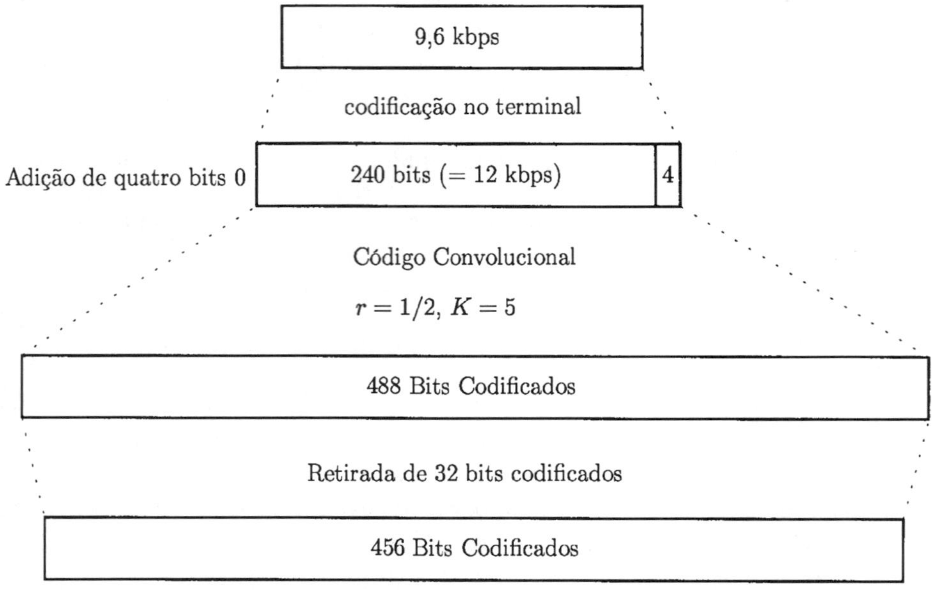

Figura 12.13: Esquema de codificação para o TCH/F9,6.

Índice dos bits codificados		*Posição dentro da estrutura quadro*
0	8 448	Bits pares do *burst* N
1	9 449	Bits pares do *burst* $N+1$
2	10 450	Bits pares do *burst* $N+2$
3	11 451	Bits pares do *burst* $N+3$
4	12 452	Bits ímpares do *burst* N
5	13 453	Bits ímpares do *burst* $N+1$
6	14 454	Bits ímpares do *burst* $N+2$
7	15 455	Bits ímpares do *burst* $N+3$

Tabela 12.3: Esquema de reordenamento para um canal de sinalização.

O significado de cada um dos 184 bits é o mesmo. Portanto, nenhuma distinção é feita entre eles, como a que foi feita com as três classes de bits de voz. O esquema de codificação é dividido em duas etapas, mostradas na Figura 12.14. O primeiro passo é um código de blocos, que é dedicado à detecção e correção de erros nos *bursts*. Esses são erros que ocorrem quando boa parte de um *burst*, ou até mesmo um *burst* completo, é perdida ou corrompida durante a passagem pelo canal. O código de blocos pertence à família dos códigos de *Fire*. São adicionados 40 bits de paridade aos 184 bits, resultando em 224 bits.

O segundo passo é o código convolucional, que usa os mesmos parâmetros dos outros casos ($r = 1/2$, $K = 5$), e 4 bits zero são anexados aos 224 bits. O código convolucional dobra o número de bits, $228 \times 2 = 456$ bits. Os 456 bits se acomodam perfeitamente em quatro *bursts*, sendo oito sub-blocos de 57 bits cada um. Os dados codificados são entrelaçados nos quatro *bursts*. Os primeiros quatro sub-blocos são colocados no local dos bits de índices pares de quatro *bursts* consecutivos, e os quatro sub-blocos seguintes são colocados no local dos bits de índices ímpares dos mesmos quatro *bursts* consecutivos, de acordo com a Tabela 12.3. A Figura 12.15 mostra como os *bursts* ficam organizados.

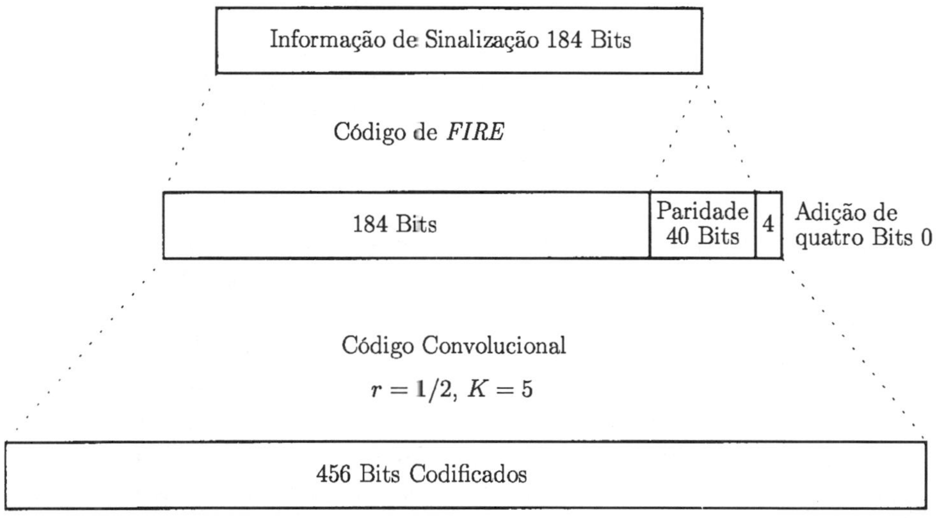

Figura 12.14: Esquema de codificação para os canais de sinalização.

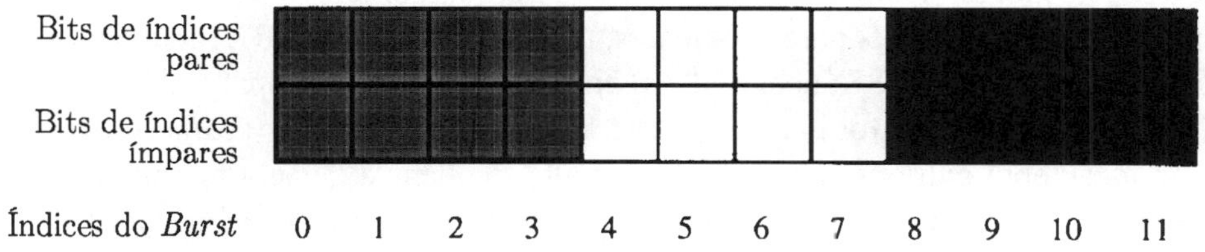

Figura 12.15: Esquema de entrelaçamento para dados de sinalização.

Entrada Digital		*Saída MSK*	
Valor do Bit		*Freqüência*	*Sentido*
Bit Ímpar	*Bit Par*	*Alta ou Baixa*	*+ ou -*
1	1	Alta	+
-1	1	Baixa	-
1	-1	Baixa	+
-1	-1	Alta	-

Tabela 12.4: Tabela da Verdade MSK.

12.8 Criptografia

A criptografia é usada para proteger dados de sinalização e informação do usuário. Ela é realizada após a codificação dos diferentes canais lógicos, independentemente de o canal ser de sinalização ou de tráfego. A criptografia só é aplicada nos *bursts* normais.

A proteção da mensagem é realizada em duas etapas. Primeiro, uma chave criptografada é computada usando o algoritmo A8 armazenado no cartão SIM junto com a chave do assinante e um número aleatório providos pela rede (o número aleatório é o mesmo usado no procedimento de autenticação). Segundo, uma seqüência de 114 bits é produzida com a chave criptografada, um algoritmo chamado A5 e o número do quadro TDMA. É feita uma operação do tipo XOR entre essa seqüência de bits e dois blocos de dados de 57 bits incluídos em um *burst* normal.

Para decifrar corretamente, o receptor tem de usar o mesmo algoritmo A5.

12.9 Modulação

A modulação especificada para o GSM é o GMSK (*Gaussian Minimum Shift Keying*) com o produto banda por intervalo de transmissão, BT = 0,3, e taxa de 270 $5/6$ kbauds. O GMSK é um tipo de FSK em que a modulação em freqüência é o resultado de uma modulação em fase com sinais adequados. A amplitude constante do GMSK torna-o apropriado para o uso com amplificadores de alta eficiência.

A modulação GMSK é uma modulação MSK (*Minimum Shift Keying*) com um filtro gaussiano. A Figuras 12.16 mostra como dados digitais são modulados em MSK. As formas de onda estão alinhadas em fase. Os dados são mostrados na parte superior da figura. Logo abaixo, os dados são divididos em bits pares e ímpares, com a diferença que os bits têm suas durações dobradas e há um deslocamento de duração de meio bit entre eles. Isso nada mais é que uma modulação OQPSK (*offset quadrature phase-shift keying*), garantindo que as transições de fase sejam suaves, de no máximo 90 graus. Além disso, em vez de zeros e uns, foram usados os valores -1 e 1 para representar os bits pares e ímpares, ou seja, um código NRZ (*non-return to zero*).

Como o MSK é uma forma de FSK, abaixo das representações pares e ímpares dos bits estão as formas de onda de alta e baixa freqüência que formam a portadora final. O sinal MSK (último gráfico da Figura 12.16) é formado pelo deslocamento entre os sinais de baixa e alta freqüência de acordo com a Tabela 12.4. A cada instante são observados os valores dos bits pares e ímpares e depois verifica-se a saída MSK de acordo com a tabela; o sentido positivo ou negativo indica se a forma de onda tem o mesmo sentido do gráfico ou o sentido invertido, respectivamente. A Figura 12.17 mostra a trajetória da freqüência do sinal MSK e a Figura 12.18 mostra a trajetória de fase.

Para se fazer um sinal GMSK a partir de um MSK, como obtido anteriormente, é necessário apenas filtrar as seqüências pares e ímpares dos bits de entrada. O filtro utilizado deve ser um filtro gaussiano com comprimento de banda definido pelo produto BT. No caso do sistema GSM, $BT = 0,3$, para $B = 81,3$ kHz e $T = 3,7$ μs ($T = 1/270,833$).

Com o uso do filtro gaussiano, o GMSK suaviza ainda mais as transições de fase em relação ao MSK. Por isso o GMSK pode até ser chamado de MSK suavizado. Isso faz sentido pois o deslocamento de freqüência

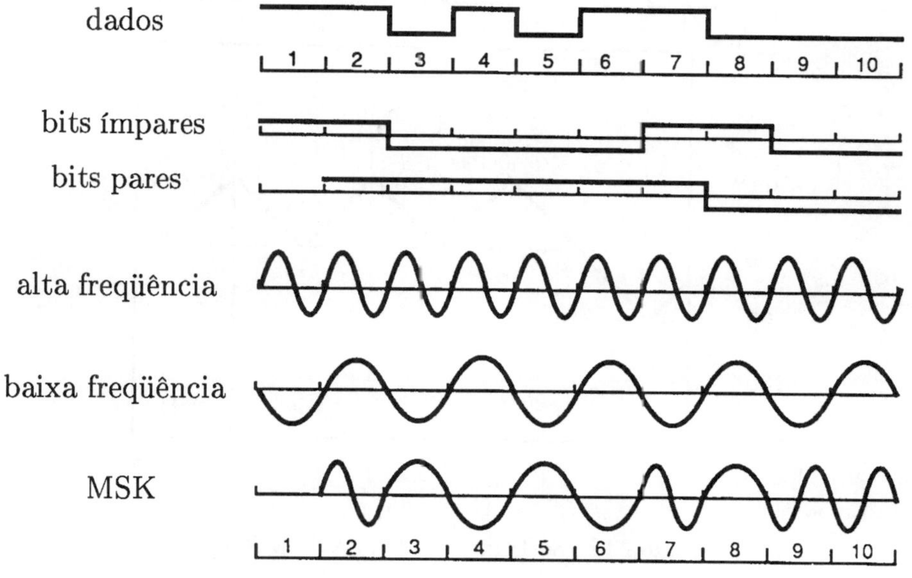

Figura 12.16: Geração do sinal MSK.

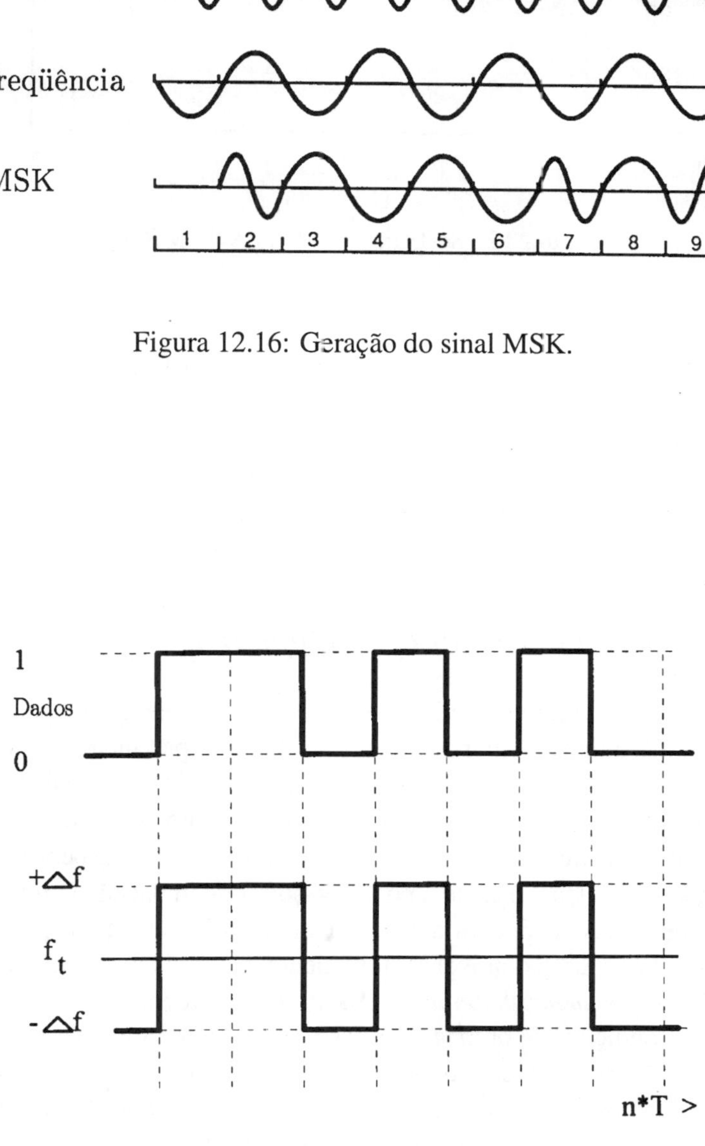

Figura 12.17: Trajetória de freqüência do MSK.

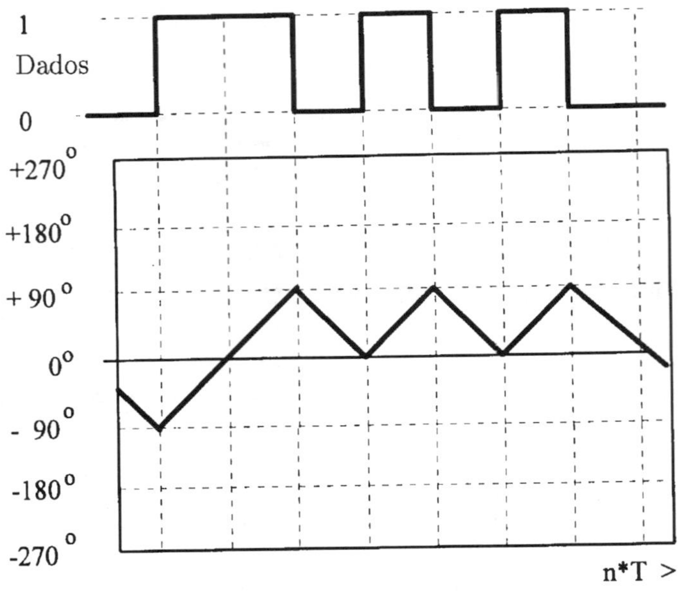

Figura 12.18: Trajetória de fase do MSK.

no GMSK ocorre com uma cuidadosa mudança de fase, como pode ser visto na Figura 12.19. Porém há uma desvantagem importante em relação ao MSK: a interferência intersimbólica é maior que no MSK, contribuindo para um aumento da taxa de erros de bits (BER).

A implementação de um modulador GMSK pode ser feita de acordo com a Figura 12.20. O codificador diferencial transforma os bits 0 e 1 em -1 e 1 de acordo com a tabela-verdade mostrada na Figura 12.21. A codificação diferencial faz todo o processo de modulação OQPSK explicado anteriormente.

12.10 Salto em Freqüência (*Frequency Hopping*)

A propagação de um sinal de radiotransmissão e a correspondente qualidade da voz são influenciadas pelo ambiente. A transmissão digital melhora a qualidade do sinal por meio de técnicas de proteção contra erros. Um melhoramento mais profundo pode ser feito além das técnicas de codificação de canal. O canal de radiotransmissão possui desvanecimento seletivo em freqüência, significando que as condições de propagação são diferentes para cada canal. Isso quer dizer que se, por exemplo, o canal 2 experimenta problemas quando um móvel passa por uma grande construção, o canal 5 pode não sofrer degradação alguma na qualidade do sinal que transporta. Assim como alguns canais podem apresentar momentâneas degradações, outros podem melhorar sua SNR (relação sinal-ruído) enquanto o móvel se movimenta dentro da célula. Para compensar as diferenças, surgiu o salto em freqüência (*frequency hopping*). O salto em freqüência tem o objetivo de proporcionar a todos os móveis as mesmas condições de propagação. Isso é conseguido mudando-se as freqüências em que os canais operam de forma periódica; com isso todos os móveis experimentam, na média, as mesmas condições de transmissão. Existem dois tipos de salto em freqüência, o lento e o rápido. O salto em freqüência lento, SFH (*slow frequency hopping*), muda a freqüência de operação de um canal a cada quadro TDMA, enquanto o salto em freqüência rápido, FFH (*fast frequency hopping*), muda a freqüência de operação muitas vezes por símbolo transmitido. No GSM é usado apenas o SFH; portanto as freqüências de operação dos canais são trocadas a cada $4,615$ ms (duração de um quadro TDMA).

O salto em freqüência é uma opção individual de cada célula. Não é requerido que uma estação radiobase tenha suporte para essa função. Porém, uma estação móvel deve entrar em modo de salto em freqüência sempre

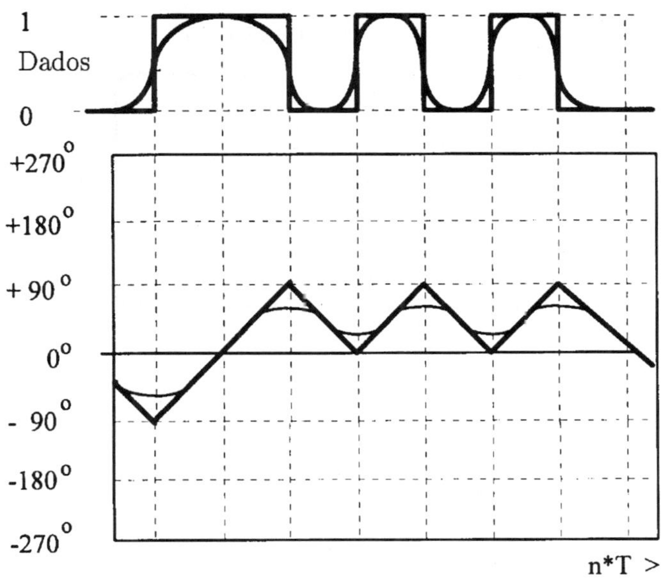

Figura 12.19: Trajetória de fase, MSK *versus* GMSK.

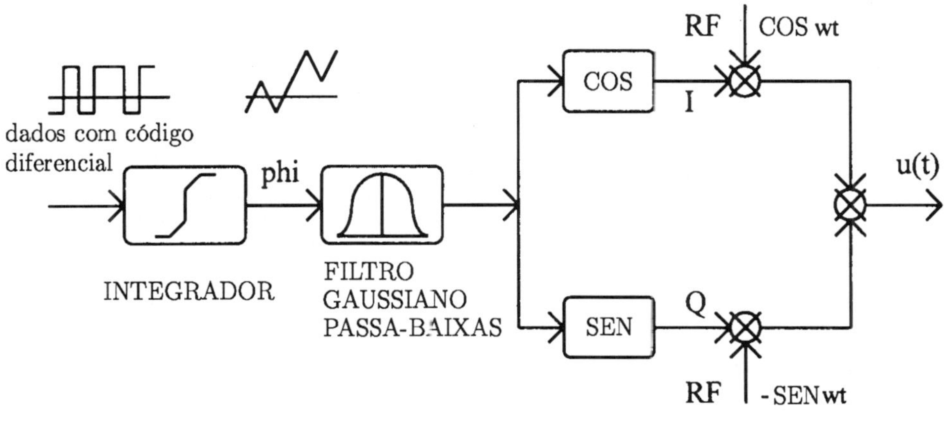

Figura 12.20: Modulador GMSK.

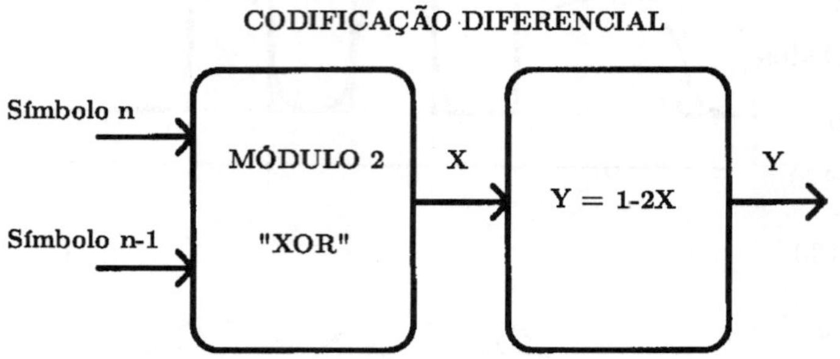

n	n-1	X	Y
0	0	0	+1
0	1	1	-1
1	0	1	-1
1	1	0	+1

TABELA DA VERDADE PARA A CODIFICAÇÃO DIFERENCIAL

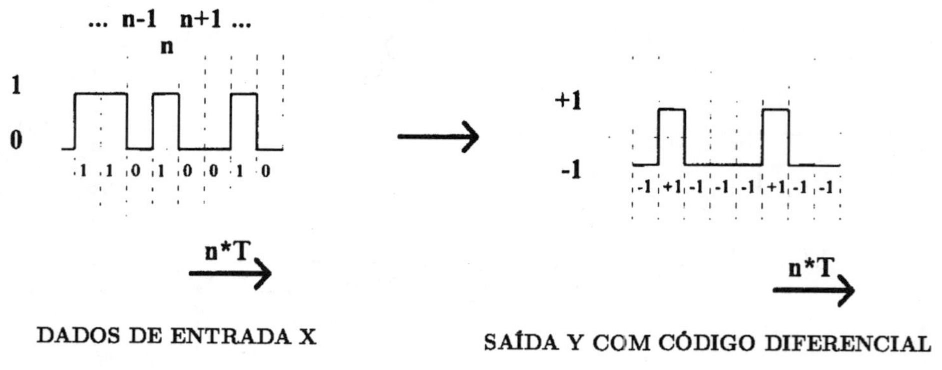

Figura 12.21: Codificação diferencial.

que a estação radiobase ou o BSC requisitarem. O salto em freqüência adiciona diversidade em freqüência. Quando a estação móvel se aproxima dos limites da célula, a interferência com células adjacentes se eleva; nesse caso o BSC pode decidir que a estação móvel entre em modo de salto em freqüência. O BSC simplesmente designa um conjunto completo de canais RF para os quais o móvel pode saltar. Para realizar o salto em freqüência, a estação móvel deve seguir um algoritmo. Existem vários algoritmos para o salto em freqüência, um dos quais é o *cyclic hopping*, em que os saltos são realizados de acordo com uma lista de freqüências, repetindo-se o processo quando a última freqüência da lista é utilizada. Outro algoritmo é o (pseudo) *random hopping*, em que os saltos são realizados de forma aleatória a partir de uma lista de freqüências.

12.11 Os Serviços do GSM

Durante o surgimento do GSM foram definidos vários serviços que deveriam ser oferecidos aos assinantes. É importante notar que nem todos os serviços do GSM foram inseridos desde a aparição do sistema, tendo sido introduzidos regularmente. O Memorandum inicial de conhecimento (MoU) do GSM definiu quatro classes para a introdução dos diferentes serviços:

- E1: introduzido no início do serviço;
- E2: introduzido no final de 1991;
- Eh: introduzido em canais de meia taxa;
- A: serviços opcionais.

Existem basicamente dois tipos de serviços oferecidos pelo GSM: telefonia (conhecido também como telesserviço) e dados (conhecido também como serviço de suporte). Os serviços de telefonia são principalmente serviços de voz que fornecem aos assinantes a capacidade (incluindo equipamentos de terminal necessários) de se comunicar com outros assinantes. Os serviços de dados fornecem a capacidade necessária para transmitir sinais de dados apropriados entre dois pontos de acesso criando uma interface para a rede. Em termos de categorias de serviços, podem ser distinguidos três:

- Telesserviços (*teleservices*);
- Serviços de suporte (*bearer services*);
- Serviços suplementares (*supplementary services*).

12.11.1 Telesserviços

Além da telefonia (E1, Eh) normal e das chamadas de emergência (E1, Eh), os seguintes telesserviços são fornecidos pelo GSM:

- Tom dual multifreqüencial (*dual-tone multifrequency*, DTMF) – DTMF é um esquema de sinalização de tom freqüentemente usado para vários propósitos via rede telefônica, tal como o controle de uma máquina remota;
- *Fac-símile* do grupo III (E1) – O GSM suporta *facsimile* do grupo III do CCITT. Padronizadas, as máquinas de fax são projetadas para serem conectadas a um telefone usando sinais analógicos. Um conversor de fax especial é usado no sistema GSM para permitir a comunicação entre máquinas de fax analógicas na rede;

- Serviços de mensagens curtas (*short message services*, E1, E2, A) – Uma facilidade conveniente da rede GSM é o serviço de mensagem curta. Uma mensagem com um máximo de 160 caracteres alfanuméricos pode ser enviada para ou de uma estação móvel. Este serviço pode ser visto como uma forma avançada de *paging* alfanumérico com algumas vantagens. Se a unidade móvel do assinante é desligada ou deixou a área de cobertura, a mensagem é armazenada e enviada novamente ao assinante quando o móvel é ligado ou reentra na área de cobertura da rede. Essa função assegura que a mensagem é recebida;
- *Cell broadcast* (E1, E2, A) – Uma variação do serviço de mensagem curta é o *cell broadcast*. Uma mensagem de no máximo 93 caracteres pode ser enviada para todos os assinantes móveis em uma certa área geográfica. Aplicações típicas incluem avisos de congestionamentos de tráfego e relatos de acidentes;
- Correio eletrônico por voz – Este serviço é na verdade um servidor dentro da rede controlado pelo assinante. As chamadas podem ser enviadas para a caixa de correio eletrônico do assinante e este pode checá-las usando um código de segurança pessoal;
- *Fax mail* – Com este serviço, o assinante pode receber mensagens de fax em qualquer máquina de fax. As mensagens são armazenadas em um centro de serviços do qual podem ser recuperadas pelo assinante usando um código de segurança pessoal para o número de fax desejado.

12.11.2 Serviços de suporte

Serviço de suporte são usados para transportar dados de usuário. Alguns dos serviços de suporte são listados a seguir:

- Dados síncronos e assíncronos, 300 – 9.600 bps (E1);
- Voz e dados alternados, 300 – 9.600 bps (E1);
- Acesso de PAD (*packet-switched, packet assembler/disassembler*) assíncrono, 300 – 9.600 bps (E1);
- Acesso a dados de pacote dedicados síncrono, 2.400 – 9.600 bps (E2).

12.11.3 Serviços suplementares

O GSM suporta um conjunto de serviços suplementares que podem complementar tanto a telefonia como os serviços de dados. A seguir uma lista dos serviços suplementares é apresentada:

- *Call forwarding* (E1). O assinante pode redirecionar chamadas recebidas para um outro número se o móvel chamado estiver ocupado (CFB), não for encontrado (CFNRc) ou se não houver resposta (CFNRy). *Call forwarding* pode também ser aplicado incondicionalmente (CFU);
- Impedimento de chamadas (*Call barring*). Existem diferentes tipos de serviços *call barring*:
  - Impedimento da realização de todas as chamadas (*barring of all outgoing calls*, BAOC) (E1);
  - Impedimento da realização de chamadas internacionais (*barring of outgoing international calls*, BOIC) (E1);
  - Impedimento da realização de chamadas internacionais exceto aquelas direcionadas à Rede de Telefonia Pública (PSTN) do país de origem (BOIC-exHC) (E1);
  - Impedimento de todas as chamadas recebidas (*barring of all incoming calls*, BAIC) (E1);
  - Impedimento de chamadas recebidas quando estiver em *roaming* (A).
- *Call hold* (E2). Este serviço permite que o assinante interrompa uma chamada (própria) e subseqüentemente restabeleça a chamada. O serviço de *call hold* é aplicado apenas à telefonia normal;

- *Call waiting*, CW (E2). Este serviço permite que o assinante móvel seja notificado de uma outra chamada durante uma conversação. O assinante pode responder, rejeitar, ou ignorar essa chamada. *Call waiting* é aplicado a todos os serviços de telecomunicações do GSM usando uma conexão de circuito chaveado;

- *Advice of charge*, AoC (E2). Fornece ao usuário informações *online* sobre o nível de carregamento da bateria;

- *Multiparty service* (E2). Este serviço permite que um assinante móvel estabeleça uma conversação em grupo, isto é, uma conversação simultânea entre três e seis assinantes. É um serviço aplicado apenas à telefonia normal;

- Grupos de usuários fechados (*closed user groups*, CUG) (A). CUGs são geralmente comparados a um PBX. São grupos de assinantes que são capazes de só ligarem para eles mesmos e para certos números;

- *Calling line identification presentation/restriction* (A). Estes serviços suprem o grupo chamado com o número da rede digital de serviços integrados (RDSI ou ISDN) do grupo que ligou. O serviço de restrição permite que o grupo que ligou restrinja a apresentação;

- Impedimento determinado pelo operador (*operator determined barring*) (A). Restrição de diferentes serviços e tipos de chamadas pelo operador.

12.11.4 Canais Lógicos

Como já foi dito, os dados no GSM são transmitidos em janelas de tempo definidas, das quais um grupo de oito é chamado de quadro. As janelas de tempo constituem os canais físicos. Os dados transmitidos podem ser de tráfego ou de sinalização, por isso é necessário organizá-los de forma apropriada. Os tipos de organização dos dados a serem transmitidos são chamados de canais lógicos.

Com o conceito de canal lógico, afasta-se um pouco da natureza física do sinal e aproxima-se mais da natureza da informação a ser transmitida. A forma de transmitir informação depende do tipo de informação que se quer transmitir. Tipos diferentes de informação podem existir no sistema em diferentes canais lógicos. Os conteúdos dos canais lógicos podem aparecer em qualquer canal físico (freqüência e janela de tempo), mas uma vez que um canal físico é designado para carregar o conteúdo de um canal lógico, essa atribuição deve permanecer inalterada.

Um canal lógico transporta dados de sinalização ou de usuário. Os dados, de qualquer um dos tipos, são mapeados em um canal físico. A maneira como os dados são mapeados no canal físico depende do conteúdo dos dados. Dados importantes têm maior prioridade que dados de rotina. Os esquemas de mapeamento produzem algumas estruturas de canal, que são consideradas combinações de estruturas. Existem sete combinações de canais lógicos que podem ser mapeadas nos canais físicos.

O sistema GSM distingue canais de tráfego, usados para dados de usuário, e canais de controle, usados para mensagens de gerenciamento da rede e para algumas tarefas de manutenção dos enlaces. Uma analogia pode ser feita considerando os passageiros e a tripulação de um avião. Os passageiros são os dados de usuário enquanto os pilotos e atendentes são os dados de controle. Também pode-se distinguir na mesma analogia a diferença entre canal lógico e canal físico. A maneira como são organizados a tripulação e os passageiros constitui dois canais lógicos (canal de controle e canal de tráfego, respectivamente) e o avião constitui o canal físico. A menos que seja especificado de outra forma, a palavra canal de agora em diante se refere a canal lógico. Os canais lógicos usados no GSM estão ilustrados na Figura 12.22.

Canais de Tráfego

Os canais de tráfego permitem ao usuário transmitir voz ou dados. Dependendo do tipo, voz ou dados, diferentes canais podem ser usados:

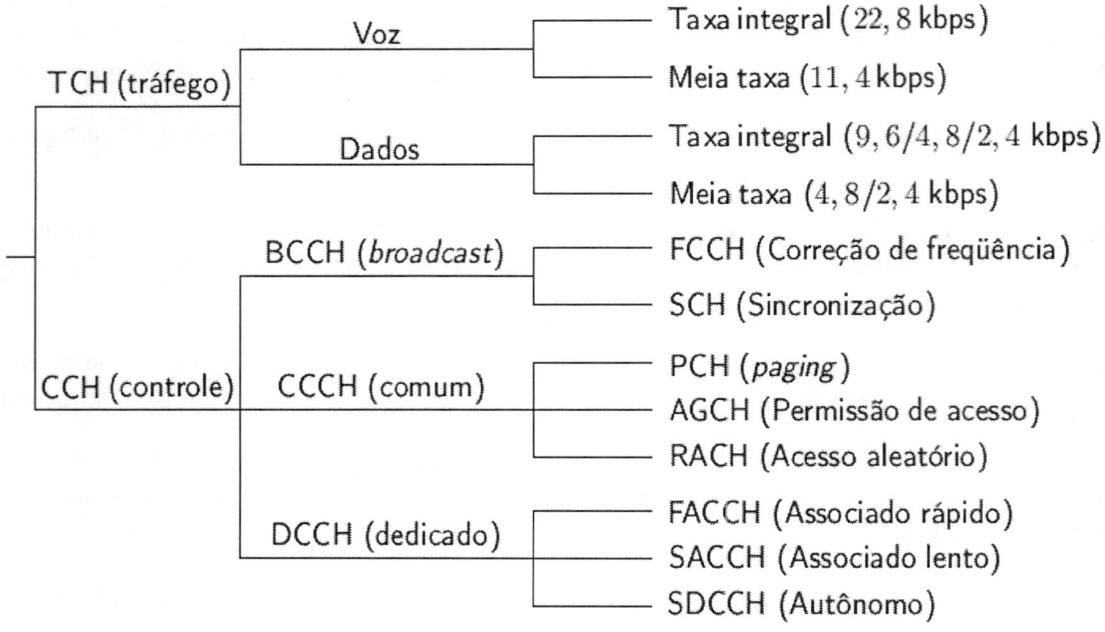

Figura 12.22: Canais lógicos.

- Os canais de tráfego de taxa integral (TCH/FS) são os canais que foram usados no início do GSM para transmitir voz. A taxa de transmissão é de 13 kbps;
- Os canais de tráfego de meia taxa (TCH/H) foram concebidos inicialmente apenas como uma opção para uso futuro. A idéia era dobrar a capacidade do sistema pela compressão dos dados por um fator de dois. Mas esse ganho na capacidade não deveria comprometer a qualidade da voz conseguida com os canais de tráfego de taxa integral, por isso outro tipo de codificação de voz teve que ser adotado para os canais de tráfego de meia taxa;
- TCH/F9.6/4.8/2.4. São usados para transmissão de dados a taxas de 9.6/4.8/2.4 kbps. Dependendo do equipamento usado em ambos os lados do enlace, pode-se ter tanto dados de fax como de computadores. A taxa de dados usada no sistema depende da capacidade da estação móvel. Para cada taxa de dados, um esquema de codificação diferente é usado, o que requer capacidades de *software* apropriadas dentro das estações móveis. Já existem transceptores que podem ser conectados à porta PCMCIA de computadores *laptops* para serem usados na transmissão de dados ou fax;
- TCH/H4.8/2.4. São usados para transmissão em um canal de tráfego de meia taxa. A implementação desse serviço depende da disponibilidade do canal de tráfego de meia taxa.

Canais de Controle

Os canais de controle não transportam dados de voz de usuários, dados de fax ou mesmo dados de computador. Eles levam os dados que a rede e as estações necessitam para assegurar que todo o tráfego se mantenha confiável e eficiente. Dependendo de suas tarefas, existem quatro classes diferentes de canais de controle: os canais de *broadcast*, os canais de controle comuns, os canais de controle dedicados e os canais de controle associados.

Os canais de *broadcast* (BCH) são transmitidos apenas pela estação radiobase e são incumbidos de fornecer informação suficiente para a estação móvel sincronizar com a rede. Os móveis nunca transmitem um BCH.

Existem três tipos de BCH:

- Canal de controle de *broadcast* (BCCH). Informa à estação móvel sobre parâmetros de sistema específicos que são necessários para identificar a rede ou para ganhar o seu acesso. Os parâmetros são, entre outros, o código de área de localização (LAC), o MNC (para identificar o operador), a informação de quais freqüências podem ser encontradas em células vizinhas, opções de células diferentes e parâmetros de acesso;
- Canal de correção de freqüência (FCCH). Fornece a referência de freqüência do sistema para a estação móvel. É um canal lógico mapeado apenas no *burst* de correção de freqüência, que contém apenas o FCCH;
- Canal de sincronização (SCH). Fornece a chave (seqüência de treino) para a estação móvel. A chave é necessária para demodular a informação transmitida pela estação radiobase. O SCH é mapeado no *burst* de sincronização.

Os canais de controle comuns (CCCH) auxiliam no estabelecimento de um enlace dedicado entre o móvel e a estação radiobase. São canais que fornecem as ferramentas para realizar as chamadas e podem ser originados tanto na rede como na estação móvel. Existem três tipos de CCCH:

- Canal de acesso aleatório (RACH). Usado pela estação móvel para requerer um canal dedicado da rede. A estação radiobase nunca usa o RACH. O RACH é mapeado no *burst* de acesso aleatório e contém a primeira mensagem enviada para a estação radiobase. Uma medida do atraso da estação móvel ainda tem de ser realizada antes que o enlace seja permanentemente estabelecido;
- Canal de *paging* (PCH). Usado pela estação radiobase para alertar uma estação móvel (dentro da célula) sobre uma chamada recebida;
- Canal de permissão de acesso (AGCH). Usado pela estação radiobase para informar à estação móvel qual canal dedicado deve ser usado. Além disso, também é informado o avanço no tempo que deve ser usado. A mensagem no AGCH é uma resposta da estação radiobase a uma mensagem RACH da estação móvel.

Os canais de controle dedicados (DCCH) são usados para as transferências de mensagens entre a rede e a estação móvel, mas não são usados para tráfego. Eles também são usados para mensagens de sinalização de baixo nível entre as próprias estações. As mensagens da rede são necessárias para o procedimento de registro ou para um *setup* de chamada. As mensagens de sinalização de baixo nível são usadas para manutenção da ligação. A rede, às vezes, tem que estar envolvida com as tarefas de manutenção da ligação.

- Canal de controle dedicado autônomo (SDCCH). Usado para a transferência de informação de sinalização entre um móvel e uma estação radiobase.

Na direção de *downlink*, a estação radiobase transmite um conjunto reduzido de parâmetros de informação do sistema para manter o móvel atualizado sobre as últimas mudanças. Esses dados são similares aos transmitidos no BCCH, com alguns parâmetros de controle adicionais para comandar a estação móvel a usar um valor de avanço no tempo específico ou um outro nível de potência.

No *uplink*, a estação móvel informa os resultados das medições realizadas nas células vizinhas. As medições são enviadas para a rede com o objetivo de auxiliar nas decisões de *handover*. A estação móvel também diz à rede quais as configurações do avanço no tempo e do nível de potência está usando nesse instante.

Os canais de controle associados têm funções parecidas com as dos canais de controle dedicados. São usados tanto para transportar informações importantes para manutenção da ligação como em situações de urgência na troca de sinalização:

- Canal de controle associado lento (SACCH). É sempre usado em associação com um canal de tráfego ou um SDCCH. Se uma estação radiobase designa um canal de tráfego, sempre há um SACCH associado com esse canal. O mesmo é verdadeiro caso seja designado um SDCCH. O propósito do SACCH é a manutenção da ligação. O SACCH transporta parâmetros de controle e medição ou dados de rotina necessários para manter o enlace entre a estação móvel e a estação radiobase;
- Canal de controle associado rápido (FACCH). Pode transportar a mesma informação do SDCCH. A diferença é que o SDCCH tem seu canal específico, enquanto o FACCH substitui total ou parcialmente um canal de tráfego. Se durante uma chamada houver necessidade de alguma sinalização com urgência, então o FACCH aparece no lugar do canal de tráfego. Isso pode acontecer no caso de um *handover*, no qual é preciso bastante troca de sinalização entre a estação móvel e a estação radiobase. O FACCH é usado para transmitir as sinalizações mais longas. Isso é feito substituindo os canais de tráfego e indicando a sua presença com o uso das *stealing flags*.

12.12 Exercícios

1. Qual é a principal razão para utilizar a modulação GMSK no sistema GSM europeu?
2. Explique o funcionamento dos sistemas de modulação QPSK e MSK, apresentando suas características básicas. Apresente as variações dos sistemas utilizadas em comunicações móveis celulares.
3. Quais as principais características da modulação GMSK?
4. Um sistema celular GSM opera com probabilidade de erro de bit $P_b = 10^{-4}$, na ausência de desvanecimento. Qual a SNR necessária?
5. Considere o sistema GSM da questão anterior. Um usuário está andando de bicicleta, a uma velocidade média de 4,8 km/h, e realizando uma chamada telefônica.
    (a) Qual a probabilidade de erro associada?
    (b) De quantos decibéis a potência do sinal deve ser elevada para manter a mesma taxa de erro anterior?
6. Em dado momento o usuário da questão anterior acelera para 14,4 km/h. O que acontece com a probabilidade de erro?
7. O usuário está se aproximando, em visada direta, de uma ERB, que tem uma torre de 20 m e está localizada a 1 km de distância. O telefone fica a aproximadamente 1,8 m do solo. Assuma a existência de desvanecimento Rayleigh seletivo e uma frequência média de 900 MHz para o sistema.
    (a) Se o sinal recebido tem potência igual a -80 dBm, qual a potência transmitida pela ERB?
    (b) Qual a potência do sinal interferente?

Capítulo 13

Redes de Comunicações sem Fio

13.1 Introdução

A partir da década de 80 ocorreu um incremento apreciável na demanda por comunicações móveis. O número de assinantes destes sistemas continua a crescer e pesquisas de mercado indicam que o número de terminais móveis está superando o de terminais fixos.

Os sistemas móveis de terceira geração veêm uma convergência das tecnologias celular e de telefonia sem fio (*cordless*) em um sistema de comunicações pessoais único, no qual o terminal poderá ser usado em diversos ambientes. Entende-se aqui por terceira geração os sistemas que visam a uma integração em nível mundial das comunicações pessoais.

13.2 Sistemas de Telefonia Sem Fio – CT2, CT3 e *Telepoint*

Telefones sem fio apareceram em 1970 e foram projetados para funcionar em casa. O princípio de operação era usar um enlace de rádio duplex de baixa potência para se conectar a uma estação base, a qual por sua vez se conectava ao telefone. À medida que esses telefones se tornaram populares, os recursos de freqüência tornaram-se um problema. Mais tarde novas freqüências foram alocadas e os tefones passaram a ser fabricados com códigos de segurança, para evitar o uso indevido. Porém, os recursos de espectro ainda são um fator limitante para a capacidade dos sistemas de rádio de uma maneira geral.

13.2.1 Telefones Sem Fio CT2

Os telefones sem fio foram uma das primeiras manifestações de comunicações móveis e o CT2, que significa Telefone Sem fio de Segunda Geração (*Cordless Telephone Second Generation*), foi o primeiro sistema de telefone sem fio digital. É, porém, um sistema FDMA. Devido à falta da facilidade de recebimento de chamadas e às limitações de mobilidade, somados aos atrativos de uma rede celular, este conceito não teve muita penetração de mercado, apesar do baixo custo do seu terminal.

Como o próprio nome diz, o telefone sem fio troca o fio condutor pelo enlace de rádio, oferecendo com isso um certo grau de mobilidade a seus usuários. A distância do móvel para a estação base pode ser de algumas dezenas de metros, dependendo do local.

Os primeiros telefones sem fio da Inglaterra tinham apenas oito canais disponíveis. A cada telefone alocava-se um dos oitos canais. Portanto, possivelmente, alguns usuários vizinhos tinham telefones com o mesmo canal, de modo que o uso simultâneo dos telefones devia causar interferência. Para superar essa deficiência foi proposto o CT2 (*Cordless Telephone Generation 2*), que usa uma alocação dinâmica de canais para evitar o problema de interferência. O CT2 também utiliza a digitalização da voz, permitindo o uso de criptografia.

Os transmissores usam potências muito baixas (10 mW) na banda de 860 MHz, que dá uma faixa máxima sob boas condições, de aproximadamente 100 m. A mesma freqüência é utilizada para a transmissão e recepção, ou seja, a fala é empacotada e comprimida em *time slots* de 1 ms, de maneira que os *time slots* enviados e recebidos se alternam. Isso elimina a necessidade de um canal duplex e faz com que o processo de alocação de freqüências seja mais simples e possua algumas vantagens de diversidade.

A alocação dinâmica de canais garante um bom uso do espectro disponível a qualquer tempo. E, portanto, a densidade de assinantes pode ser relativamente alta, tornando o sistema também adequado para comunicações sem fio em ambientes de escritório.

Certamente, como o número de usuários cresce a todo tempo, também cresce a interferência entre usuários, porque mais de um telefone tenta utilizar a mesma freqüência. Dessa forma, uma solução é mover-se para um local mais próximo da estação base.

Além das limitações de falta de *roaming*, de um padrão comum e de recebimento de chamadas, as duas maiores limitações do conceito CT2 estão na impossibilidade prática de cobertura de áreas grandes e no fato de não permitir a realização de *handoff*, o que restringe sua característica de mobilidade, requisito básico para as comunicações do futuro.

Para permitir que as estações móveis de sistemas diferentes sejam compatíveis entre si, foi elaborada uma interface aérea comum, conhecida por CAI (*Commom Air Interface*).

13.2.2 Telefones Sem Fio CT3

O CT3, também conhecido como DECT 900, foi introduzido pela Ericsson com um dispositivo proprietário, fortemente baseado nos padrões DECT, só que utilizando a banda entre 800 e 1.000 MHz.

O conceito CT3 remove algumas limitações do CT2 e, em particular, permite recebimento de chamada e *roaming* entre estações base. É possível que o CT3 possa estabelecer algum nível de competição com as demais redes celulares particularmente em áreas de alta densidade, onde a saturação de freqüências leva a uma degradação significante no desempenho dos sistemas.

13.2.3 Sistemas de *Telepoint*

Com o desenvolvimento da tecnologia do CT2, o *phonepoint* ou *telepoint* foi introduzido, apresentando apenas uma modificação no seu conceito básico, de tal forma que o usuário com o aparelho telefônico pode se comunicar com a rede pública tanto quanto com a estação fixa em casa.

O aparelho tem uma identificação única, permitindo ao provedor do serviço público tarifá-lo ou barrar o acesso de um usuário não-autorizado que tenta ter acesso ao serviço.

O *telepoint* é essencialmente um sistema parcial de rádio celular. As principais diferenças estão no fato de que o aparelho móvel não pode receber chamadas, porque a rede não tem conhecimento da localização de cada aparelho, e de que os usuários precisam ficar parados, porque a facilidade de *handoff* não é provida. Não fornecer as duas características resultou em uma considerável economia de custos, possibilitando que o custo desse tipo de serviço para o usuário seja similar ao das chamadas a partir de telefones fixos.

13.3 Acesso Sem Fio – WLL

O Acesso Sem Fio, mais conhecido por WLL (*Wireless Local Loop*), é a denominação dada nos EUA à técnica de acesso via rádio a um terminal fixo. Portanto, não representa um serviço em si, e sim uma alternativa tecnológica para a rede de acesso.

As principais vantagens que essa técnica de acesso oferece são, sem dúvida, relevantes para as operadoras em termos de custos e agilidade de implantação, principalmente quando os custos e dificuldades para a implantação de cabos da central até a casa do assinante são bastante desanimadores. E, para os usuários, a vantagem principal está no preço final do serviço.

O WLL é largamente baseado na arquitetura da telefonia celular móvel. Emprega estações radiobase conectadas a centrais comuns de comutação pública, ou seja, possui interface semelhante aos terminais fixos, evitando a necessidade de *gateways*, como ocorre com a rede celular. Utiliza transmissão via rádio para alcançar o terminal fixo do assinante, em sua residência ou no seu escritório, que também é composto por um rádio transceptor. Porém, não oferece a facilidade de *handoff*.

Com o barateamento dos rádios em geral, alcançar o terminal fixo do assinante via rádio deixou de se limitar ao meio rural, ganhando mercado também em ambientes urbanos e suburbanos. O DECT e o PHS surgiram como padronizações para o acesso WLL nos mercados europeu e japonês, respectivamente.

Geralmente, as grandes empresas fornecedoras de equipamentos para o serviço móvel celular possuem algum tipo de solução para o acesso WLL. Apesar das diferenças, podem ser distinguidas três linhas de produtos:

- Aderentes a algum padrão usado nas comunicações móveis e operando na faixa de 800 MHz;
- Os que operam na banda PCS (1,85-1,99 GHz), aderentes ou não a algum padrão tomado da faixa de 800 MHz;
- Os que utilizam interfaces aéreas especificamente projetadas para WLL, operando na faixa de 3,4-3,6 GHz.

A primeira linha de produtos destina-se às grandes áreas (50 km de raio ou mais) e de baixa densidade de usuários, adequando-se perfeitamente às regiões de periferia ou rurais. Devido ao fato de ter sido projetada para aplicação móvel, há vários limites na qualidade e capacidade de comunicação, principalmente na transmissão de dados, usando fax ou *modem*.

É o caso do Ruralcell, que utiliza o sistema móvel celular para prover telefonia fixa. Tem a vantagem de que não é preciso desenvolver um outro sistema apenas para a telefonia rural. Porém, sua desvantagem está no fato de que é uma adaptação, e por isso paga por um sistema de grande complexidade e alto custo, como o sistema móvel celular, sem utilizar as facilidades que justificam seu preço, como, por exemplo, mobilidade.

A segunda linha opera na banda do PCS, encontrando as mesmas limitações da anterior quando comparada aos acessos convencionais por fio. Entretanto, ao contrário da banda de 800 MHz, que é prioritariamente usada para a comunicação móvel, a banda do PCS tem capacidade para acomodar sistemas móveis e fixos. Assim, o WLL operando nessa banda apresenta-se como a tecnologia adequada para áreas suburbanas, em regiões onde a banda de 800 MHz esteja congestionada, atendendo a usuários que não demandem serviços mais sofisticados de telefonia. Alguns produtos, tais como os que utilizam o padrão DECT ou o PHS, operam na faixa de 1,8 GHz e possuem um padrão que contorna os problemas apresentados anteriormente.

Os produtos que operam na faixa de 3,4 GHz a 3,6 GHz, por utilizar uma parte mais alta do espectro, têm mais banda disponível. São, do ponto de vista técnico, substitutos em igualdade de condições da rede de fios de cobre, oferecendo a mesma qualidade e o mesmo grau de serviço, seja para voz seja para dados. Em resumo, as soluções WLL na faixa de 3,4-3,6 GHz são mais adequadas para o atendimento a áreas metropolitanas (suburbanas ou urbanas) onde há usuários com maior grau de exigência. Essa é a faixa que permite maior variedade e evolução de serviços, aproximando-se das possibilidades oferecidas pelas soluções com fio.

Durante as útimas décadas, as redes de acesso têm sido construídas fundamentalmente com cabos metálicos. Atualmente, novas alternativas têm sido utilizadas, tais como as redes de acesso ópticas e as redes de acesso com comutação digital distribuída. As redes de acesso sem fio, ou WLL *(Wireless Local Loop)*, como são mais conhecidas, constituem uma nova alternativa para o acesso, alternativa esta que reduz significativamente a necessidade de implantação de novos cabos.

13.3.1 DECT (*Digital European Cordless Telephone*)

O padrão europeu para telefonia digital sem fio (DECT) foi desenvolvido para interface aérea, ou seja, o modo como o terminal do usuário se comunica com a estação radiobase por meio de ondas de rádio. Inicialmente foi criado para telefones sem fio, para os quais há diversos padrões. Embora baseado no sistema celular digital TDMA, o DECT é, em muitos aspectos, exatamente o oposto do celular, que é projetado para ampla cobertura, baixa densidade, baixo tráfego por assinante e mobilidade irrestrita. O DECT pressupõe cobertura pequena, alta densidade de assinantes, alto tráfego, mobilidade restrita ou, no caso de WLL, pouca mobilidade.

Os padrões DECT estão de acordo com a Comunidade Européia quanto ao padrão futuro para os telefones sem fio. Foram especificados para serem capazes de prover as seguintes características:

- Telefone Sem Fio – O DECT deve ser mais barato até mesmo que as unidades analógicas existentes e permitir acessos mais baratos a rede pública de telefonia fixa em ambientes residenciais;
- PABX Sem Fio – Deve ser capaz de suportar vinte extensões de uma única estação base;
- CLAN (*Cordless Local Area Network*) Sem fio – O DECT deve ser compatível com a RDSI e pode ser usado como interface sem fio para as LANs;
- *Telepoint* – Similar ao CT2, porém com um nível mais elevado de segurança e um sistema de tarifação mais sofisticado. Dever permitir *roaming* e recebimento de chamadas depois de um *login* local.

13.3.2 PHS *(Personal Handheld System)*

O PHS é um sistema portátil que trabalha na faixa de 1.900 MHz. Seu método de acesso é o TDMA/TDD. O codificador de voz utilizado é o 32 kbits/s ADPCM. Apresenta um baixo consumo de potência pois trabalha na ordem de 10 mW. Devido à baixa potência utilizada pelo PHS, o modelo de microcélulas é mais adequado.

O PHS foi desenvolvido com o objetivo de padronizar a interface aérea para o acesso sem fio no Japão, apresentando também algumas tecnologias que foram importadas do PDC. É um sistema que pode ser usado em casa como telefone sem fio, mas também pode ser transportado para outros lugares ou então substituir o telefone público.

13.3.3 Sistemas *Trunking*

Os sistemas de rádio convencionais hoje são mais conhecidos por sistemas *trunking*. E como as demais tecnologias de telecomunicações dos tempos atuais, vêm se desenvolvendo bastante e ganhando mercado de consumo. Tanto o *trunking* como os demais sistemas móveis alternativos apresentam-se como soluções cuja relação custo × benefício se ajusta melhor a uma certa parcela de mercado que não está disposta a pagar por todas as facilidades de um sistem móvel celular. Além disso, o custo inicial elevado de implantação de um sistema celular torna-o de certa forma inviável em regiões cujo retorno de investimento não seja imediato, como por exemplo em regiões rurais ou de baixo poder aquisitivo. O *trunking* é uma evolução dos sistemas de rádio simples, que consistiam em unidades móveis e um repetidor.

Nos sistemas de rádio simples, as unidades móveis transmitem em uma freqüência F_1 para o repetidor, que retransmite o sinal numa freqüência F_2 em *broadcast* para todos os outros móveis. Um sistema *trunking* opera de maneira semelhante, exceto pelo fato de que utiliza um grupo de freqüências, e não um par delas, e alguma lógica de controle para garantir que um canal livre seja selecionado. A princípio, os serviços móveis celulares eram definidos como sistemas de rádio que possuíam as facilidades de *handoff* e reuso de freqüências. Hoje em dia, devido à robustez dos serviços de rádio alternativos emergentes, a definição tornou-se inadequada. Os sistemas *trunking*, por exemplo, evoluíram em sofisticação seu *hardware* e *software*, de forma que não só o reuso de freqüências e o *handoff* são realizados, como também o acesso automático e chamadas restritas a móveis individuais.

Portanto, a principal diferença entre um sistema *trunking* sofisticado e um sistema celular é que um utiliza o modo *simplex* com dois canais, e o outro o modo *full duplex*. Outra distinção importante está no fato de que os sistemas celulares foram projetados para operar em ambientes com interferência, onde o reuso de freqüências foi visto como fator limitante. O mesmo não aconteceu com os sistemas *trunking*. Dentre outras diferenças temos ainda que os sistemas *trunking* permitem a formação de grupos de usuários e o celular não, o que não é uma limitação técnica mas sim uma imposição do FCC e outras comissões de regulamentação, no sentido de limitar a competição entre os sistemas. Além disso, sistemas celulares são projetados para lidar com tráfego telefônico convencional, e os sistemas *trunking* são designados para lidar prioritariamente com tráfego móvel.

13.4 Sistemas de Terceira Geração

O Grupo de Estudos 1, do Setor de Padronização de Telecomunicações da União Internacional de Telecomunicações (UIT-R), produziu a *Draft Recomendation F.115* estabelecendo os objetivos e princípios gerais para os Futuros Sistemas Públicos de Telecomunicações Móveis Terrestres (*Future Public Land Mobile Telecommunications Systems* – FPLMTS), cuja sigla foi mudada para 3G, de terceira geração, na literatura mais recente.

O sistema 3G deve prover acesso, por meio de um ou mais enlaces de rádio, a uma gama de serviços de telecomunicações específicos para usuários móveis ou usuários de redes fixas.

O sistema 3G visa unificar os diversos sistemas existentes em uma estrutura capaz de oferecer, sujeita a considerações de mercado, uma ampla gama de serviços em ambientes diversos. Entre outros, os seguintes objetivos dos sistemas de terceira geração podem ser destacados (Sector, 1994a):

1. Uso de terminais portáteis, de pequenas dimensões, a nível mundial;

2. Sistemas com alto grau de aspectos comuns de projeto;

3. Incorporação de uma variedade de sistemas com disponibilidade de serviços de telefonia e dados, assim como qualidade e confiabilidade comparáveis à rede fixa;

4. Compatibilidade de serviços com a rede fixa, com as redes móveis aeronáutica e marítima;

5. Interligaçao de usuários móveis a outros usuários móveis ou fixos com as redes de telecomunicações existentes;

6. Estrutura modular para possibilitar um crescimento ordenado e otimizado;

7. Arquitetura aberta facilitando a introdução dos avanços da tecnologia e novas aplicações.

A Conferência Adiministrativa Mundial de Radiocomunicações de 1992 (*World Admnistrative Radio Conference* – WARC-92) atribuiu uma faixa de 130 MHz aos sistemas 3G (1.885-2.025 e 2.110-2.200 MHz). Uma parte da faixa (1.980-2.010 e 2.170-2.200 MHz) está prevista para uso da componente satélite do 3G (Rosenblatt, 1992). Essas faixas de freqüências foram adotadas nas Recomendações 687-1 e 816 do ITU-R, que fornecem descrições do sistema 3G e do quadro de serviços, respectivamente (Sector, 1994a).

É importante destacar que o uso de terminais portáteis em nível mundial define uma característica fundamental da terceira geração de comunicações móveis, que é a mobilidade do terminal. Essa característica complementa a mobilidade pessoal, objetivo das Telecomunicações Pessoais Universais (*Universal Personal Telecommunications – UPT*) em estudo no Setor de Padronização das Telecomunicações da União Internacional de Telecomunicações (UIT-T). O UPT é um sistema avançado de comunicações pessoais, no qual o usuário pode utilizar serviços de telecomunicações em qualquer terminal por meio de um número que o identifica.

A Comunidade Européia, por meio do programa RACE (*Research into Advanced Communications in Europe*), está desenvolvendo um projeto similar ao FPLMTS, denominado UMTS (*Universal Mobile Telecommunications System*). O objetivo do sistema UMTS é prover uma multiplicidade de serviços para abranger desde comunicações de voz, passando por telefonia de vídeo, até transferência de dados a alta velocidade, por volta de 2 Mbits/s, com qualidade equivalente à da rede fixa (Cheung *et al.*, 1994).

Nos Estados Unidos, a Comissão Federal de Comunicações (*Federal Communications Commission – FCC*) começou a leiloar, em dezembro de 1994, as licenças para construir e operar a próxima geração de sistemas

Serviço	Taxa de Transmissão (kbits/s)	Taxa de erro
Telefonia	8 – 32	10^{-3}
Teleconferência	32	10^{-3}
Correio de voz	32	10^{-3}
Programa de som	128	10^{-6}
Telefonia de vídeo	64	10^{-7}
Videoconferência	384 - 768	10^{-7}
Terminal remoto	1,2 – 9,6	10^{-6}
Edição	1,2 – 9,6	10^{-6}
Telefax	64	10^{-6}
Dados na faixa de voz	64	10^{-6}
Acesso a bancos de dados	2,4 – 768	10^{-6}
Difusão de mensagens	2,4	10^{-6}
Informação digital irrestrita	64 - 1920	10^{-6}
Navegação	2,4 – 64	10^{-6}
Localização	2,4 – 64	10^{-6}

Tabela 13.1: Parte dos serviços de telecomunicações para o UMTS de terceira geração.

de telefonia celular. Por volta de 70 companhias haviam anunciado sua intenção de concorrer às 100 licenças disponíveis (Cahur, 1994).

13.4.1 Oferecimento de Serviços de Terceira Geração

Os sistemas de comunicações móveis digitais de primeira e segunda geração são projetados para trafegar comunicação de voz com limitadas possibilidades em relação à taxa de transmissão. Sistemas de terceira geração, como o UMTS, têm como objetivo o oferecimento de uma grande gama de serviços de comunicações, conforme ilustrado na Tabela 13.1 (Cheung *et al.*, 1994).

A maior parte dos tele-serviços listados são extensões, para comunicações móveis, da Rede Digital de Serviços Integrados (*Integrated Services Digital Network* – ISDN), ou RDSI, enquanto os serviços de navegação e localização são específicos para comunicações móveis.

Os usuários de redes de comunicações móveis vão esperar uma qualidade de serviço (*quality of service* – QoS) similar àquela da RDSI. Portanto, os provedores de serviço deverão utilizar protocolos de camadas mais elevadas, como códigos corretores de erro mais eficientes e técnicas de interpolação de voz, de forma que a QOS percebida pelo usuário seja equivalente à da rede fixa.

13.5 Comunicações Pessoais

As comunicações pessoais constituem uma extensão natural da telefonia móvel celular. Na literatura técnica são freqüentemente designadas por duas siglas: PCN (*Personal Communications Network*) e PCS (*Personal Communications Services*). Embora os termos PCN e PCS sejam eventualmente usados como sinônimos, na realidade o PCN é uma forma de PCS que opera competitivamente com a telefonia pública e a telefonia celular convencional (Assis, 1994).

13.5.1 A Rede e o Serviço de Comunicações Pessoais

O termo PCN foi introduzido no Reino Unido para definir um novo sistema de telefonia que tem a portabilidade e a mobilidade como características básicas. Por meio de terminais portáteis, o usuário tem acesso ao sistema em qualquer ponto de sua área de cobertura, incluindo ambientes interiores, tais como escritórios, fábricas e residências (Assis, 1994).

Para atender áreas com elevada densidade de tráfego, como é o caso de áreas metropolitanas, o PCN pode ser estruturado na forma de uma arquitetura celular mista, onde microcélulas e pico-células são definidas no interior de uma célula convencional. Nessa situação o procedimento de *handoff* constitui uma operação delicada, podendo tornar o sistema vulnerável em pontos onde o sinal sofre descontinuidade como, por exemplo, quando o terminal móvel dobra a esquina de uma rua. Para contornar o problema, o *handoff* é feito com o auxílio da célula convencional, que assume a ligação quando a qualidade deteriora em uma determinada microcélula.

O padrão usado na Europa é denominado DCS-1800 (Digital Communication System). Esse sistema possui essencialmente as características do GSM, operando com uma potência de transmissão mais baixa na faixa de 1,8 GHz, ou seja, 1.805-1.880 MHz no sentido base-móvel e 1.710-1.785 MHz no sentido móvel-base. O primeiro sistema PCN na Europa foi instalado em setembro de 1993, na área de Londres, pela Mercury One-2-One. Outro sistema a cobrir desde a costa sul da Inglaterra até a Escócia foi implantado pela Hutchison-Microtel no primeiro semestre de 1994.

O termo PCS foi utilizado pela FCC na Consulta Pública (*Notice of Inquiry*) de 14 de julho de 1990, em referência ao desenvolvimento e implantação de serviços de comunicações pessoais, englobando sistemas avançados de telefone sem fio e rádios portáteis para uso pessoal.

Posteriormente, em 19 de agosto de 1992, a FCC estendeu a definição de PCS que passou a designar uma família de serviços e comunicações móveis a serem usados por indivíduos ou organizações, operando de forma integrada com redes concorrentes. Essa família abrange o PCN, o telefone sem fio, inclusive o *Telepoint*, as redes locais sem fio (WLANs) e serviços relacionados. As seguintes faixas de freqüência foram realocadas pela FCC para atender o novo serviço: 1.850-1.990 MHz; 2.110-2.150 MHz e 2.160-2.200 MHz (Kobb, 1993).

Embora a faixa de 2 GHz represente o principal espaço para a operação de sistemas PCS, nos Estados Unidos e no Canadá alguns serviços de banda estreita usam a faixa de 900 MHz. Esses serviços incluem o *paging*, o correio eletrônico e o CT-2. No Canadá o PCS de banda estreita entrou em serviço em 1995, utilizando a faixa de 944-948,5 MHz. Nos Estados Unidos a FCC propôs para esses serviços as seguintes faixas: 901-902, 930-931, e 940-941 MHz (Rosenblatt, 1992).

O custo por usuário para implantação de um sistema PCS é de US$ 540.00, assumindo que o usuário compre seu próprio terminal. O custo operacional anual por usuário fica em torno de US$ 550.00 (Reed, 1993).

13.5.2 Telecomunicações Pessoais Universais

Em janeiro de 1994, o Setor de Padronização de Telecomunicações da União Internacional de Telecomunicações, por meio do Grupo de Estudo 1, estabeleceu na *Draft Recommendation F.851* a descrição do serviço e provisão operacional para Telecomunicação Pessoal Universal (*Universal Personal Telecommunication – UPT*).

A Recomendação se baseia nos conceitos anteriormente discutidos de PCN e PCS, para introduzir o conceito de número UPT. No ambiente UPT, a associação fixa entre terminal e identificação de usuário é removida. A identificação de usuários UPT é tratada separadamente do endereçamento de terminais e pontos de acesso à rede, de forma que o usuário adquire a capacidade de estabelecer ou receber chamadas em qualquer, terminal de qualquer lugar.

O usuário UPT está associado pessoalmente a seu próprio número UPT, que é usado como base para estabelecer ligações. O número UPT é utilizável em nível mundial e roteável, a partir de terminais fixos ou móveis, através de múltiplas redes, sem levar em conta a localização geográfica, e limitado apenas pela capacidade das redes ou quaisquer restrições impostas pela companhia operadora da rede. O usuário UPT pode ter um ou mais números UPT.

A UPT também permite que o usuário participe de um conjunto de serviços definido pelo usuário. Os requisitos pessoais de cada usuário UPT formam o perfil de serviço UPT (*UPU service profile*). Os objetivos de curto e longo prazo para a UPT são os seguintes (Sector, 1994b):

- Perfil de serviço UPT – Um arquivo de serviço UPT personalizado contendo uma lista de serviços e facilidades solicitadas pelo assinante UPT e uma faixa de opções.
- Numeração pessoal – Um número UPT, que identifica cada usuário UPT e é utilizado pelo assinante chamador para atingir um usuário UPT.
- Cobrança pessoal – A conta telefônica é relacionada com o número UPT, em vez do terminal.
- Conta simplificada – O usuário UPT deve receber, de preferência, sua conta telefônica de apenas um provedor de serviço UPT, mesmo que as facilidades UPT tenham sido usadas em diferentes redes ou diversos países.
- Independência do terminal – Os serviços de telecomunicações são providos ao usuário UPT, independentemente do terminal utilizado. A disponibilidade do serviço depende apenas da capacidade do terminal.
- Segurança e privacidade – O usuário UPT tem a garantia de risco mínimo, quando da utilização do serviço, em caso de violação de privacidade ou cobrança errônea por uso fraudulento.
- Automação da interação do usuário com o serviço UPT.
- Acesso a partir de múltiplas redes – O serviço UPT pode ser usado por meio de diversas redes, incluindo a Rede de Telefonia Pública, a Rede Digital de Serviços Integrados (RDSI) e a Rede Móvel Celular.
- Disponibilidade universal de serviço – Em princípio, qualquer serviço básico de telecomunicações pode ser usado com o serviço UPT, limitado apenas pelas redes e terminais utilizados.
- Registro dinâmico do endereço do terminal – O assinante UPT pode, de forma dinâmica e independente, fazer seu registro com o endereço do terminal que vai utilizar. O endereço do terminal registrado pode variar de um serviço a outro.
- Assinatura envolvendo múltiplos usuários UPT – Um assinante UPT pode ser responsável por mais de um usuário UPT, cada um com seu número UPT pessoal e um perfil de serviço associado.
- Privacidade de terceiros – Os donos de terminais não podem sofrer, em termos de privacidade ou liberdade de ação, com o resultado da atividade de usuários UPT.

As primeiras implementações da UPT podem não atender a todos os objetivos. A provisão de serviços UPT deve começar com um conjunto simplificado de serviços essenciais, que vai evoluir para cenários mais avançados.

13.5.3 Serviço Móvel Pessoal no Brasil

Em 2001 houve a disputa no País pelas bandas C, D e E da telefonia móvel na faixa de 1,8 GHz, também conhecida como serviço móvel pessoal (SMP). As operadoras que conseguiram adquirir as licenças do SMP obtiveram o direito de atuar nas mesmas áreas do serviço fixo comutado (telefonia fixa). São três regiões, correspondendo às áreas de concessão da Telemar e Vésper (Região 1), Brasil Telecom e Global Village (Região 2), Telefônica e Vésper (Região 3).

Além da maior área de cobertura prevista no novo modelo, as empresas que lograram obter as licenças para o SMP receberam também autorização para operar a longa distância nacional e internacional a partir de janeiro de 2002.

As empresas que operam o serviço móvel celular (SMC) correspondente às bandas A e B precisam optar por manter as bandas de freqüências que já dispõem, ou migrar para o SMP, abrindo mão dessas bandas e assumindo a obrigação de oferecer aos clientes a possibilidade de selecionar a prestadora de longa distância.

Segundo as diretrizes da licitação para o SMP, as atuais operadoras de telefonia fixa e suas controladoras, controladas e coligadas não poderiam concorrer à banda C, mas apenas nos leilões para as bandas D e E.

Em relação ao mercado de terminais portáteis, a Nokia, Motorola e NEC concentram 65 % da produção mundial. Nesse mercado predominam as tecnologias GSM, com 56 % do total de celulares, IS-95, com 12 %, PDC, com 11 %, e IS-136, com 10 % (Alencar, 2000a).

13.6 Communicações Móveis por Satélite

Os sistemas via satélite têm como objetivo operar como uma solução complementar aos sistemas terrestres, cobrindo áreas ainda não atendidas ou com atendimento precário, tais como áreas rurais, desertos, florestas, oceanos, etc. Porém, há também os sistemas de satélites que usam *handsets* para ter acesso direto aos satélites. Nesse caso, não apenas o terminal do usuário é móvel, mas também a própria estação radiobase.

Os sistemas de telecomunicações convencionais utilizam os sistemas geoestacionários para fins de comunicação internacional. Esses sistemas trabalham com satélites cujas órbitas estão a uma altura de aproximadamente 36 mil quilômetros. Dentre os sistemas geoestacionários existentes podemos citar o Inmarsat, que vem prestando serviços principalmente no segmento de mercado aeronáutico (civil) e marinha mercante, tendo como principais características altas tarifas e terminais com dimensões muito grandes, características estas que marcam os sistemas geoestacionários de um maneira geral.

Com a proposta de oferecer serviços de comunicações móveis via satélite com tarifas acessíveis, com terminais portáteis, cobertura global, compatíveis com os sistemas terrestres e diversidade de serviços, ao custo de um maior número de satélites para a cobertura, foram desenvolvidos os sistemas de satélites utilizando órbitas abaixo da geoestacionária, chamadas de órbitas intermediárias e baixas.

Apesar de os satélites em órbita geoestacionária (GEO) apresentarem a capacidade de prover serviços de comunicações pessoais (Ananasso e Carosi, 1994), as seguintes desvantagens estão levando à busca de soluções alternativas (Assis, 1994):

1. Existe um considerável atraso na propagação (da ordem de 250 ms);

2. O ângulo de elevação é pequeno na cobertura de regiões de alta latitude, implicando em maior bloqueio do sinal nas áreas urbanas;

3. A operação de terminais portáteis exige uma antena no satélite de grande dimensão (da ordem ou mesmo superior a 20 metros) (Maral, 1994).

13.6.1 Satélites de Órbita Baixa ou Intermediária

Em vista de tais problemas, as soluções propostas atualmente têm por base a tecnologia de satélites de pequena dimensão e a operação em órbitas baixas. A desvantagem de uma solução dessa natureza é a necessidade de utilizar uma constelação com um maior número de satélites para cobrir uma determinada área. Entretanto, a desvantagem é atenuada pela redução na dimensão e na complexidade dos satélites, menor atenuação de propagação e possibilidade de operar com terminais portáteis. As seguintes órbitas estão sendo consideradas:

- **Órbita baixa (Low Earth Orbit-LEO)** – Entre 500 e 2.000 km, seguinte à órbita do cinturão de radiação de Van Allen e suficientemente alta para evitar o efeito de arrasto da atmosfera terrestre. Dependendo da altitude da órbita e do ângulo mínimo de elevação, as constelações podem ter entre 20 e 70 satélites (Rush, 1992). O retardo da propagação é da ordem de 5 a 35 ms. Essa solução apresenta dois inconvenientes: a) O efeito Doppler associado à velocidade do satélite ocasiona um desvio da ordem de 0,002 % da freqüência portadora; b) Os satélites são visíveis por um período muito curto (menos de 10 minutos), implicando em procedimentos freqüentes de *handoff*;

- **Órbita média ou intermediária (Medium Earth Orbit-MEO/Intermediate Circular Orbit-ICO)** – Órbitas circulares em altitudes da ordem de 10.000 km, situadas entre os dois cinturões de radiação de Van Allen, possibilitando uma cobertura com constelações de 10 a 15 satélites (Rush, 1992). Devido à altitude, os satélites movem-se lentamente em relação ao usuário na Terra e permanecem no arco de visibilidade por períodos de 1 a 2 horas. O retardo de propagação situa-se entre 25 e 100 ms e o ângulo de elevação é superior a 40 graus na maior parte do tempo;

- **Órbita altamente elíptica (Highly Elliptical Orbit - HEO)** – Órbitas elípticas com inclinação de 63,4 graus para assegurar a estabilidade da trajetória. O retardo de propagação depende da altitude de apogeu do satélite. Um inconveniente dessa solução é o fato de a órbita atravessar os cinturões de radiação, trazendo implicações no que diz respeito ao tempo de vida do satélite.

Quanto à configuração dos sistemas, pode-se dizer que existem os segmentos espaciais formados por constelação de satélites, que permitem melhor cobertura do globo, à medida que o número de satélites aumenta. Em Terra, tem-se uma infra-estrutura de estação terrena, que são as *gateways*, fazendo a interface dos sistemas de satélite com a rede local, ou melhor, são estações onde o terminal acessa o satélite. Os sistemas mais sofisticados utilizam satélites inteligentes, com processadores a bordo, que se comunicam entre si usando *inter-links*, tornando possível a execução do processo de comutação no próprio satélite. Nesses casos, não são necessárias as *gateways*, a não ser para a coleta de informações do usuário. Nos casos dos sistemas onde os satélites não são inteligentes, as tarifas são mais baratas. Porém, se a área de cobertura do satélite não cobre a *gateway* que encaminha a chamada ao seu destino, o usuário que ganha no preço da tarifa espacial, pelo fato de o sistema ser mais simples, paga a parte do sistema convencional terrestre, que faz a interligação das *gateways*.

Diversos projetos de órbitas que não são geoestacionárias, visando a prestação de serviços de telefonia, transmissão de dados e *paging* foram desenvolvidos ou encontram-se em desenvolvimento. A seguir, estão relacionados os projetos em questão, sendo também indicadas as empresas proponentes de cada projeto (Rush, 1992):

- **Sistema Iridium** – Desenvolvido pela Motorola, presta serviços de voz, dados, *paging* e rádio-localização. Utiliza uma constelação de 66 satélites, que são colocados em 6 órbitas, cada órbita cobrindo o mundo inteiro. Inicialmente, o projeto contemplava 77 satélites, porém os custos finais tornaram-se proibitivos fazendo com que os projetistas diminuíssem a constelação para baratear o segmento espacial. Como conseqüência, suas órbitas ficaram mais altas. Contudo, continuaram sendo LEOS. Financiado pela Mitsui, Kyocera, DDI, Great Wall, Khrunichev, Mawarid, Lockheed e Raytheon. O consórcio Iridium foi à falência há alguns anos, tendo sido adquirido por um investidor privado, mas ainda está em funcionamento.

- **Sistema Globalstar** – O Sistema Globalstar é um sistema similar ao Iridium, com exceção de não ter comutação a bordo, pois não tem *interlink*. É um sistema global de 48 satélites, numa altitude um pouco mais elevada. O Globalstar não tem a mesma proposta que o Iridium, pois considera que o mercado está muito mais ligado regionalmente do que globalmente, ao contrário da premissa do Iridium. Seguindo esse raciocínio, os usuários não teriam de pagar a tarifa complementar de interligação e, assim, os sistemas seriam mais atrativos para a maioria dos usuários. Conta com financiamento da Loral, Qualcomm, Finmeccanica, Daimler-Benz, Aerospace, Alenia, France Telecom, Alcatel, AirTouch, Hyundai, Dacom e Vodafone. O sistema está em operação e assumiu os usuários do Iridium em diversos países.

- **CCI** – A CCI é uma empresa formada pela Bel Atlantic e a AIR-Systems. Seu projeto inicial baseava-se em algo semelhante ao Globalstar, porém optou por um sistema mais compacto, que está sendo chamado de sistema Equatorial. Tendo iniciado com 10 satélites, em vez de 40 ou 50, em um único anel em torno do Equador, objetiva atender aos países nessa faixa, onde há uma maior deficiência de telecomunicações. Não foi lançado ainda ao espaço.

Sistema/Parâmetro	Áries	Ellipso	Globalstar	Iridium	Odissey
Órbita	circular	elíptica	circular	circular	circular
Altitude (km)	1018	520/7800	1389	780	10373
Planos	4	3+1 (eq)	8	6	3
Inclinação (^{o})	90	116,5	52	90	55
Satélites/plano	12	5/9 (eq)	6	11	4
Satélites (total)	48	15 + 9 (eq)	48	66	12
Acesso	CDMA	CDMA	CDMA	TDMA	CDMA
Custo do Sistema (US$)	500	280	1700	3370	1300
Terminal	V/T	V/T	V/T/P	V/T/P	V/T/P
Custo do terminal (US$)	1500 (T)	N/D	700 (P)	1000 (P)	300 (P)
Custo associado à voz/minuto (US$)	N/D	0,40/0,50	0,30	3,00	0,65
Início da operação	1996	N/D	1997	1998	1997

Tabela 13.2: Dados sobre alguns sistemas de comunicações móveis via satélite (V = veicular, T = transportável, P = portátil).

- **Inmarsat** – O Inmarsat é a única empresa que hoje tem sistemas de comunicações móveis globais. Os demais são regionais. Porém, resolveu partir para o projeto 21, porque seus terminais custam algo em torno de US$ 10 a 30 mil com uma tarifa de 3 a 7 dólares por minuto e os novos sistemas estão previstos oferecer um terminal entre US$ 500 e US$ 1.500 com uma tarifa de 1 a 3 dólares por minuto. O sistema envolve o uso de 10 satélites em órbitas de médias altitudes. Tem como principal investidor a Deutsche Telekom, porém conta com a participação de outros investidores importantes, tais como Korea TeleKom, Singapore Telecom, Telmex e Embratel.

- **Odyssey** – O sistema Odyssey foi desenvolvido pela TRW e planejado para utilizar três planos orbitais de média altitude (10.354 km), cada plano contendo 4 satélites, com o tempo de visibilidade de cada um superior a 1 hora. Concebido para possuir feixe manobrável, de forma que enquanto o satélite passa, as células da Terra permanecem "iluminadas", como se o satélite fosse geoestacionário. Utiliza tecnologia CDMA e *vocoder* a 4,8 kbps. O projeto ainda não saiu do papel.

- **Teledesic** – O sistema é um projeto conjunto de Bill Gates e da Craig McCaw, planejado inicialmente para operar com 840 satélites em órbita baixa, numa altitude de 696 km, utilizando enlaces entre satélites. Está orçado em US$ 9 bilhões. O Teledesic tem como objetivo prover serviços de faixa larga para dados e vídeo e teleconferência desde 16 kbps até 2.048 Mbps, utilizando a tecnologia FDMA/TDMA. Estava previsto para entrar em operação em 2001, mas sucessivas revisões do projeto já reduziram o quantitativo de satélites a um quinto do número original e o projeto ainda não decolou.

À exceção do sistema proposto pelo Inmarsat, que ainda não recebeu aprovação final do Conselho de Administração dessa organização, a Tabela 13.2 apresenta dados técnicos e econômicos dos demais projetos anteriormente relacionados. A título de comparação, vale assinalar que na telefonia móvel celular terrestre o preço do terminal portátil é da ordem de US$ 500.00 e o custo do canal por minuto situa-se entre 0,3 e 0,45 centavos de dólar. A Calling Communicatins Inc. apresentou um projeto com 840 satélites do tipo LEO (21 planos com 40 satélites cada), a 700 km de altitude e custo global de US$ 6,5 bilhões, para prover serviços de telefonia e dados (fixo e móvel) a países ou regiões com deficiência na infra-estrutura de telecomunicações (Assis, 1994).

Estes sistemas ficaram também conhecidos por *big*-LEOs, para diferenciar dos sistemas *little*-LEOs que operam abaixo de 1GHz com serviços não-voz (incluindo dados, correio eletrônico e *paging*). Uma vez que os sistemas *little*-LEOs não concorrem com a telefonia móvel celular terrestre, suas características não são aqui apresentadas. Detalhes sobre esses sistemas podem ser encontrados na referência (Ananasso e Carosi, 1994).

Em seguida encontra-se uma lista de outros sistemas em desenvolvimento, inclusive alguns que não conseguiram se firmar no mercado e também consórcios propostos para os próximos anos:

- ICO Global Communication System;
- AMSC Communication System;
- ECCO-8 Satellite Communication System;
- Celestri Satellite Communication System;
- Orbcomm Satellite System;
- N-STAR Mobile Communication System;
- Garuda Mobile Satellite System;
- Hughes Network Systems.

13.7 IEEE 802.11 (*Wireless Networks*)

A sigla Wi-Fi, designa os equipamentos de conexão com as redes locais sem fio (WLAN), que utilizam o padrão da série IEEE 802.11. O padrão IEEE 802.11b opera na faixa de 2,45 GHz, uma faixa aberta, designada pela sigla ISM e geralmente usada por fornos de microondas, aplicações médicas e experimentais, telefones sem fio, Bluetooth, ou instrumentação. O IEEE 802.11a opera na faixa de 5 GHz, também aberta, mas menos congestionada.

Uma faixa aberta pode ser usada por qualquer pessoa ou serviço, como operadores de faixa do cidadão, por exemplo, sem que seja necessária a aquisição de uma licença junto à Anatel. Evidentemente, não se pode garantir a mesma qualidade das bandas licenciadas, mas há regras definidas para a prestação de serviços, incluindo a potência máxima transmitida e o tempo de ocupação do canal, de forma a garantir um mínimo de interferência entre os serviços.

Nos Estados Unidos existem provedores de serviço, como o Cometa e Verizon, que instalam estações Wi-Fi em pontos determinados das cidades, a partir dos quais os usuários têm acesso a suas respectivas redes sem fio. No Brasil, a Telemar tem instalado pontos de acesso em aeroportos.

O padrão Wi-Fi tem feito um sucesso enorme desde que foi lançado, há cinco anos, e também domina o Canadá, onde é possível encontrar o sinal Wi-Fi em quase todo lugar. Os usuários estão adquirindo as estações para instalar redes sem fio em casa, assim como as empresas estão fazendo o mesmo.

O mercado mundial para redes locais sem fio em 2002 foi de US$ 1,6 bilhões. O custo de instalação de um ponto quente (*hot spot*) é, segundo a americana Verizon, de US$ 5 mil dólares. Os usuários de uma empresa, que estiverem próximos do ponto quente podem ter acesso à rede.

A Texas Instruments já desenvolveu um circuito integrado (CI), chamado Wanda (*Wireless Any Network Digital Assistant*), que permite a fabricação de telefones com acesso ao padrão Wi-Fi, além de acesso aos padrões GSM e Bluetooth.

Para elaborar um padrão para redes locais, o *Institute of Electrical and Electronics Engineers* (IEEE) constituiu o *Wireless Local Area Networks Standard Working Group*, IEEE Project 802.11. O projeto tem como objetivo definir um nível físico para redes no qual as transmissões sejam realizadas na freqüência de rádio ou infravermelho, e um protocolo de controle e acesso ao meio. A seção seguinte apresenta um resumo das principais características desse padrão.

13.7.1 Arquitetura da Rede

A arquitetura adotada pelo projeto IEEE 802.11 baseia-se na divisão da área coberta pela rede em células. As células são chamadas de BSA (*Basic Service Area*). Um grupo de estações que se comunicam por radiodifusão ou infravermelho em uma BSA constitui um BSS (*Basic Service Set*). O tamanho de cada célula depende do ambiente e dos transceptores utilizados. Para permitir a construção de redes cobrindo áreas maiores do que uma célula, múltiplas BSAs são interligadas por meio de um sistema de distribuição (que pode ser outra rede baseada em outro meio de transmissão, por exemplo, fios metálicos, ou fibras óticas) via pontos de acesso (*Access Points* AP). Os pontos são estações especiais responsáveis pela captura das transmissões realizadas pelas estações de sua BSA, destinadas a estações localizadas em outras BSAs, retransmitindo-as, usando o sistema de distribuição. Os BSAs interligados por um sistema de distribuição, por meio de APs, definem uma ESA (*Extended Service Area*).

O conjunto de estações formado pela união de vários BSSs conectados por um sistema de distribuição define um ESS (*Extended Service Set*). Cada ESS é identificado com um ESS-ID. Dentro de um ESS, cada BSS é identificado com um BSS-ID. Esses dois identificadores formam o Network-ID de uma rede sem fio IEEE 802.11. Um ESS formado pela conexão de múltiplos BSSs constitui uma rede local sem fio com infra-estrutura. A infra-estrutura consiste nas estações especiais denominadas pontos de acesso. O sistema de distribuição, além de interligar vários APs, pode fornecer os recursos necessários para interligar a rede sem fio a outras redes. As funções básicas dos pontos de acesso são:

1. Autenticação, Associação e Reassociação;

2. Gerenciamento de Potência;

3. Sincronização.

13.7.2 Técnicas de Acesso ao Meio de Transmissão

Neste caso a interface entre a camada física e o meio de transmissão pode ser feita a partir de uma das três técnicas a seguir, que caracterizam meios físicos especificados no padrão 802.11:

1. Infravermelho: Pode operar numa banda de 850 a 950 nm com potência máxima de 2 W. Emprega-se a modulação por posicionamento de pulso de 4 ou 16 níveis, suportando taxas de transmissão de 1 e 2 Mbps.

2. Espalhamento espectral por seqüência direta: Deve utilizar uma seqüência pseudo-aleatória de 11 bits para fazer o espalhamento dos dados. Opera na freqüência de 2,4 GHz ocupando uma faixa de passagem típica de 83 MHz, o que lhe dá um ganho de processamento de 10,4 dB. O ganho é definido como a taxa de espalhamento de dados. Utiliza-se em sua modulação os esquemas DBPSK e DQPSK e suporta taxas de transmissão de 1 ou 2 Mbps.

3. Espalhamento espectral por saltos em freqüência: Utiliza a mesma freqüência de operação e faixa espectral da técnica anterior, usando modulação FSK gaussiana de 2 e 4 níveis, com taxa de transmissão de 1 Mbps.

Para os dois últimos meios, limita-se o ganho da antena ao máximo de 6 dBi. A potência de radiação bem como a freqüência de operação não foram globalmente estabelecidas variando entre os diversos países. Cada um desses meios utiliza seu próprio cabeçalho para sincronizar o receptor e determinar o formato de modulação usado e o tamanho do empacotamento.

13.7.3 Especificação do Controle de Acesso ao Meio

Esta especificação é similar à 802.3, que define o padrão Ethernet para redes tradicionais. O protocolo para a 802.11 usa um esquema de acesso múltiplo (CSMA/CA), que evita colisões ao invés de detectá-las, com o algoritmo usado na 802.3. É difícil detectar colisões em redes com transmissão por radiofreqüência e por essa razão deve-se evitá-las. O controle de acesso ao meio opera juntamente ao meio físico amostrando a energia sobre o meio de transmissão.

A camada física usa um algoritmo para determinar se o canal está limpo (CCA), medindo a energia de RF junto à antena e determinando o comprimento do sinal recebido. O sinal medido é denominado RSSI. Se o sinal recebido tem comprimento maior que um certo limiar, a transmissão dos dados é feita de acordo com as regras de cada protocolo. O padrão provê outra opção, que é a de usar apenas o CCA; nesse modo, a detecção da portadora pode ser usada para determinar se o canal está disponível. Essa técnica é mais seletiva pois ela verifica se a portadora é compatível com as usadas pelos transmissores baseados na 802.11. O melhor método depende dos níveis de interferência no meio de operação do sistema.

O protocolo CSMA/CA permite opções que podem minimizar as colisões usando as sinalizações seguintes: permissão para enviar (RTS), limpo para enviar (CTS) e reconhecimento (ACK). A comunicação é estabelecida quando um dos nós sem fio envia uma curta mensagem de RTS. O RTS inclui o destino e o tamanho da mensagem. A duração da mensagem é conhecida como o vetor de alocação da rede (NAV). O NAV alerta todos os outros no meio, para não transmitirem durante um certo intervalo de tempo. A estação receptora envia um CTS para todos os transmissores. Se o CTS não for recebido, assume-se que ouve uma colisão e reenvia-se um RTS. Depois que os dados forem recebidos, um ACK é enviado de volta para garantir o sucesso da transmissão.

O padrão também especifica modos para proteção dos dados, por intermédio de uma complexa técnica de criptografia conhecida como WEP, que consiste em proteger o sinal transmitido usando uma semente chave de 64 bits juntamente com o algoritmo de codificação RC4. Isso impossibilita que outras estações consigam extrair da seqüência as informações enviadas. Também são estabelecidas funções que permitem o gerenciamento da energia, de modo que as estações possam ficar durante um certo período definido pela estação base em *stand-by*.

13.8 Interfaces de Comunicação sem Fio

13.8.1 WAP *Versus* i-mode

O serviço baseado no Wireless Applications Protocol (WAP) chegou com ares, e propaganda, de que tomaria o mercado de comunicações móveis, recebeu grandes investimentos das operadoras - e acabou com um volume de vendas reduzido.

Por outro lado, o serviço i-mode, lançado apenas em 1999, pela NTT DoCoMo, no Japão, já conta com mais de 20 milhões de usuários e não pára de crescer a cada dia. Nos últimos dois anos, o serviço passou do tradicional e-mail, para *homepages* coloridas, uso de Java, intranets, jogos, agentes, funções de segurança até música e vídeo, com o IMT-2000.

Ao contrário do WAP, que modifica o tráfego de HTTP (protocolo de transmissão de páginas na Internet), o i-mode é transparente à transmissão de páginas HTML (linguagem de hipertexto usada na Internet), apesar de usar um subconjunto dessa linguagem. Os níveis de HTTP e HTTPS (nível de segurança de transmissão) estão mantidos, enquanto o TCP/IP (protocolos de controle e transmissão na rede) são processados em um *gateway* para o modo pacote no enlace de rádio.

As páginas podem ter até 5 kbytes de conteúdo, embora se recomendem 2 kbytes, com gifs (arquivos de figuras usadas nas páginas) de 94 por 72 pixels (pontos). As mensagens podem ter até 500 bytes. O nível de enlace, Link Access Procedure for Digital Mobile (LAPD-M), utiliza a repetição automática de dados (ARQ) para garantir uma taxa de erros menor que um erro em um milhão de bits transmitidos. Já existem mais de 40 mil sítios ligados ao i-mode, dos quais 1.500 são oficiais.

Entretanto, o que possivelmente mais motivou os usuários pode ter sido a forma de tarifação, baseada em volume de dados transmitidos e não em tempo de uso do telefone celular, formato usado no WAP. Isso permitiu o oferecimento do serviço a um custo mais baixo. A NTT DoCoMo cobra uma assinatura mensal de R$ 2,50 e aproximadamente R$ 0,10 pela transmissão de um arquivo com 250 caracteres. A reserva de passagens aéreas, por exemplo, sai por menos de R$ 0,20. Os sítios de lazer são os serviços mais populares (Alencar, 2001b).

13.8.2 Bluetooth

A interface de comunicações sem fio Bluetooth foi desenvolvida como uma especificação aberta para comunicação de voz e dados e originalmente projetada para comunicação em uma direção entre um dispositivo de rádio e um computador. Ela funciona como alternativa à interface de comunicação unidirecional com radiação infravermelha, oferecida pela Infrared Data Association (IrDA). A utilização do infravermelho na transmissão limita o raio de ação do dispositivo a 1 m, na ausência de qualquer obstrução.

A interface incorpora alguma inteligência, permitindo a troca de dados automaticamente, sem intervenção do usuário, e sua operação na freqüência de rádio dispensa o contato visual entre os equipamentos. A interface transmite na faixa de freqüência em torno de 2,45 GHz, conhecida como ISM, específica para uso industrial, científico ou médico. Nessa faixa é realizada a maior parte das medições relativas a efeitos biológicos da radiação.

Bluetooth usa uma forma lenta da técnica de espalhamento espectral (saltos em freqüência), com um total de 79 faixas de freqüências disponíveis e 1.600 saltos em freqüência a cada segundo, de acordo com um padrão de codificação pseudo-aleatório. Caso haja colisão, um salto para uma faixa já ocupada, o pacote relevante é retransmitido na próxima freqüência. A modulação é FM digital (FSK), a transmissão é *full-duplex* com duplexação por divisão no tempo (TDD) e o sistema inclui criptografia e verificação de privacidade.

A taxa de dados utilizável é de 456 kbit/s em cada direção, com a operação simétrica, e até 751 kbit/s para transmissão assimétrica, com 56 kbit/s na outra direção. A potência de transmissão típica é 1 mW (0 dBm), para um raio de 10 m, mas a potência pode ser elevada, se necessário, a 100 mW (20 dBm), para estender o raio de ação a 100 m. É possível formar pico-redes (piconets) com um máximo de oito dispositivos, em que um deles é o mestre e os outros escravos. Pico-redes podem se comunicar, formando uma rede maior (*scatternet*).

O Grupo de Interesse Especial (*Special Interest Group* – SIG), com mais de dois mil membros, entre empresas de computação e telecomunicações, está convencido de que a tecnologia Bluetooth é prática para ser usada como alternativa às ligações com fio em casas e pequenos escritórios. O mercado mundial de circuitos integrados (CI) Bluetooth é estimado em 500 milhões de unidades para os próximos cinco anos.

A idéia é incorporar o CI Bluetooth a produtos já disponíveis no mercado, incluindo computadores (*laptops* e *notebooks*), periféricos de computadores (impressoras e teclados), telefones celulares, assistentes digitais pessoais e aparelhos de projeção. Atualmente, apenas a Ericsson fabrica um equipamento com o CI - um fone de ouvido para telefone celular. Isso, claro, vai depender do custo final do CI: que pode chegar a um ou dois dólares no mercado americano (Alencar, 2001a).

13.9 Exercícios

1. Cite alguns dos objetivos de curto e longo prazo para o serviço universal de telecomunicações pessoais (UPT).

2. Relacione os objetivos originais dos FPLMTS.

3. Quais são as principais desvantagens dos satélites em órbita geoestacionária, para o provimento de serviços de comunicações móveis?

4. Apresente as vantagens dos sistemas que utilizam satélites em órbita baixa ou intermediária.

5. Descreva as características dos sistemas que utilizam satélites em órbita baixa, intermediária ou elíptica.

6. Explique a diferença entre os termos PCN e PCS. Quais são os sistemas de comunicações pessoais padronizados?

7. Um sistema de satélites de baixa altitude (800 km) é usado para prover comunicações móveis a terminais terrestres, na freqüência de 900 MHz. Os satélites dispõem de antenas parabólicas com diâmetro $d = 1$ m e os terminais contam com dipolos de comprimento $l = 15$ cm.

   (a) Calcule o ganho da antena do satélite e seu campo de visão.

   (b) Determine o ganho da antena do terminal e o ângulo de abertura de meia potência.

   (c) Qual a área de cobertura do satélite?

8. O sistema de comunicações móveis Globalstar tem um *gateway* em Petrolina e um conjunto de 48 satélites em órbita circular, situados a 1.389 km de altitude. Um dos satélites de órbita baixa (LEO) do consórcio ilumina uma determinada região do Brasil a partir de uma antena parabólica. O sistema opera na banda **L** (1,0 a 2,0 GHz). Assuma que os *transponders* operam na freqüência inferior da banda com uma antena de diâmetro 50 cm. O raio da Terra é de 6.357 km. Calcule o ganho da antena, seu ângulo de abertura de meia potência e a área iluminada por ela. Calcule o desvio provocado na freqüência da portadora pelo efeito Doppler, tendo em conta que cada assinante recebe o sinal de um satélite por quinze minutos de cada vez.

9. Um dos 66 satélites de órbita baixa (LEO) do consórcio Iridium, situado a 780 km de altitude, ilumina uma determinada região do Brasil a partir de uma antena parabólica. O sistema opera na banda **L** (1,0 a 2,0 GHz). Assuma que os *transponders* operam na freqüência superior da banda com uma antena de diâmetro 40 cm. Determine o ganho da antena, seu ângulo de abertura de meia potência e a área iluminada por ela. Calcule o desvio provocado na freqüência da portadora pelo efeito Doppler, tendo em vista que cada assinante recebe o sinal de um satélite por dez minutos.

Capítulo 14

Planejamento Celular

14.1 Introdução

Este capítulo tem o objetivo de apresentar os fundamentos de projeto e planejamento de sistemas móveis celulares, tema pouco encontrado na literatura específica, embora constitua parte das atividades do engenheiro que trabalha nas operadoras de telefonia celular. As seções seguintes apresentam os conceitos de *cell planning*.

14.2 Planejamento de Redes

Uma *rede* consiste numa coleção de enlaces e nós de comunicações por meio dos quais é feito o transporte da informação. Os enlaces vão desde as redes telefônicas fixas, passando pelas redes de comunicações celulares chegando até as redes por satélite.

Qualquer organização que utilize tais recursos deve ser capaz de gerenciá-los, atendendo satisfatoriamente seus usuários. Neste ponto se insere o planejamento, cuja função principal é prover um meio eficaz no qual a organização possa atender suas necessidades futuras de conectividade, usando as redes existentes como ponto de partida.

Naturalmente, à medida que o tempo passa, ocorrem novos desenvolvimentos. Desse modo, o planejamento é um processo ativo que faz uso contínuo das últimas inovações, fazendo regularmente um ajuste de planos. A propriedade temporal é um aspecto chave do planejamento de redes.

A necessidade de planejamento consiste numa necessidade tanto para as grandes companhias de telecomunicações como para companhias privadas, instituições acadêmicas e agências governamentais.

Pode-se resumir o planejamento de redes a um problema de otimização para o qual custo, confiabilidade, imagem pública, capacidade e potencial de crescimento são todos critérios importantes. Sendo assim, o peso de cada um deles influencia no resultado final, resultando assim em um problema não-trivial (Robertazzi, Thomas G., 1998).

Neste capítulo, trata-se especificamente do planejamento celular, uma das sub-áreas mais promissoras e interessantes dentro do planejamento de redes.

14.3 Introdução ao Planejamento Celular

Com o crescimento na demanda por serviços de comunicações móveis, os problemas de otimização do projeto de sistemas e planejamento da rede estão se tornando cada vez mais importantes.

Na prática, muitos fatores são envolvidos no projeto de sistemas de comunicações móveis, tais como desempenho, capacidade, cobertura da célula, tráfego requerido, topografia e características de propagação.

Decisões com relação ao número e localização das células, parâmetros de projeto relacionados às estações rádio-base (ERBs) e estações móveis (EMs) e designação de canais devem ser tomadas de modo integrado.

A localização das células pode ser determinada com base em um tipo específico de *cluster*, na cobertura, distribuição do tráfego e ambiente de propagação. Parâmetros de projeto relacionados às ERBs e EMs não podem ser especificados até que a alocação da célula esteja completa. Finalmente, a designação dos canais pode aumentar o desempenho do sistema em termos do serviço de tráfego e controle da interferência, porém só podem ser determinados depois que a arquitetura da rede móvel celular tenha sido especificada.

Custo é o elemento chave na determinação da adequabilidade econômica de qualquer sistema de comunicações. Um bom método de projeto deve ser capaz de otimizar custos, e considerar fatores tais como critério de desempenho da rede, tráfego e atualização da tecnologia. A partir disso, existem vários pacotes de *softwares* comerciais que têm sido usados com sucesso para o planejamento de redes de sistemas móveis celulares. Contudo, eles não incluem o planejamento financeiro ou fatores de custo diretamente no seu planejamento. Por outro lado, alguns *softwares*, como o sistema de modelamento STEM, constituem ferramentas de decisão por suporte para desenvolver modelos financeiros e prover análise de custos de sistemas móveis celulares. Contudo, eles não consideram o planejamento de redes em seus modelos de custo. Para preencher a lacuna deve-se considerar custo e fatores de planejamento da rede. Essa combinação é de grande interesse para provedores de serviços de redes móveis, para desenvolver um método ótimo de planejamento de um projeto de sistemas que minimize o custo total do sistema enquanto garante um bom desempenho do sistema (Hao, Q. e Soong, B.-H. e Gunawan, E. e Ong, J.-T. e Soh, C.-B. e Li, Z., 1997).

A estratégia de pesquisa operacional, que consiste no planejamento baseado na otimização hierárquica, tem sido usada com sucesso para o planejamento da produção de sistemas de manufatura em grande escala. Nesses casos, o planejamento agregado não é usualmente adequado, pois em sistemas complexos não pode ser formulado ou resolvido. Desse modo, devido à natureza hierárquica do planejamento de redes para o projeto de sistemas de comunicação móvel celular, apresenta-se na Seção 14.6 um método para planejamento hierárquico otimizado (PHO), para determinar a arquitetura da rede de rádio, isto é, o número e tamanho das células, sua alocação, parâmetros do ganho e altura da antena e potência transmitida para a ERB e as EMs.

Antes disso, na seqüência, faz-se a descrição dos principais parâmetros que influenciam na especificação da rede móvel, bem como as etapas a serem seguidas no projeto, desenvolvimento e expansão do sistema celular.

14.4 Processo de Planejamento Celular

Os tópicos seguintes vão mostrar os passos requeridos a fim de se planejar e desenvolver o sistema celular.

14.4.1 Processo de Planejamento

O processo de planejamento consiste em agrupar os dados. Os dados incluem estatísticas, mapas, necessidades de serviço e outras informações que são obtidas por meio de entrevistas e cálculos. Os tópicos seguintes vão definir alguns dos dados necessários para se planejar um sítio.

Necessidades de Expansão

As necessidades de expansão ocorrem em um período de anos e devem ser implementadas em fases. Isso significa que a expansão da área geográfica é coberta dentro de um tempo predeterminado. Há vários fatores que devem ser considerados ao se definirem essas necessidades, tais como:

- Área de serviço ou de negócios;
- Tipo de serviço;
- População;
- Projeção do crescimento da área.

Densidade Demográfica

Tais informações são consideradas fundamentais para a operação do celular: saber onde se localiza o tráfego, saber quem constitui o tráfego, quais as horas de maior tráfego e quais os tipos de telefones celulares usados.

A densidade demográfica fornece a base para se projetar a exigência inicial dos assinantes, incluindo o provável número de assinantes em áreas diferentes. Ao se calcular o número de usuários potenciais em qualquer célula e suas taxas de serviços, o número de canais necessários pode ser estimado.

Taxa de Uso do Assinante

Esta informação é tipicamente obtida por meio um cálculo baseado na previsão de tráfego dos assinantes dos serviços, para se determinar quantos assinantes são necessários para o planejamento e onde eles estão localizados para calcular a taxa de uso e de expansão.

Pode-se fornecer o número de assinantes para cada área classificada (área urbana densa, urbana, suburbana, rural e outras). O número de assinantes por área classificada é armazenado, pois ele é usado para análise do tráfego e canalização da rede de rádio.

Demanda de Tráfego

Usando o número de assinantes determinados, o tráfego é medido em Erlangs (nome de um matemático dinamarquês). Um Erlang pode ser definido como um circuito ou um caminho de voz ocupado por uma hora. Ele é também a quantidade de tempo em que um assinante mantém um circuito ocupado ou com voz ou com dados. A metade desse tempo é usada para predizer a demanda de tráfego. O tráfego por assinante é determinado pela média de ligações e pela média da duração de uma chamada. Erlang por assinante é tipicamente medido durante a hora de maior movimento. Uma tabela, denominada Erlang B, é usada para determinar o número de órgãos necessários para suportar o tráfego com um grau de serviço estipulado.

A fórmula para se calcular a quantidade de tráfego oferecida por um assinante é

$$A = \frac{N.T}{3600}, \tag{14.1}$$

em que T é o tempo médio da chamada em segundos, N é a média do número de vezes por hora em que um assinante realiza uma chamada e A é o tráfego oferecido por um usuário ao sistema.

Dada a quantidade de tráfego oferecido por um assinante, o tráfego total para um sistema pode ser calculado multiplicando o tráfego de um único usuário pelo total do número de usuários esperados.

Grau de Serviço

Grau de serviço (GOS) é um dado usado para expressar a probabilidade de uma chamada ser perdida por falha de transmissão ou congestionamento de troncos. O GOS pode ser expresso em porcentagem de chamadas perdidas (2 % de chamadas perdidas) ou em porcentagem de confiabilidade da rede (98 % de confiabilidade).

Métodos de Acesso

O engenheiro precisa determinar o tipo de serviço que vai ser fornecido: analógico, digital ou uma combinação de ambos. Esta informação é usada no processo de planejamento ao determinar o tipo de cobertura fornecida e o equipamento necessário.

Alocação de Espectro

A largura da banda e a banda de freqüência necessitam ser definidas. As restrições de freqüência também devem ser definidas para a área. O planejamento dos canais é um dado usado em conjunto com as freqüências de operação e a largura da banda para se determinar o melhor projeto.

Necessidades de Cobertura

Antes de entrar no estágio de desenvolvimento, alguns cálculos necessitam ser realizados para possibilitar que se determine a área e a confiabilidade da cobertura. Algumas das informações podem ser fornecidas ou estimadas por informações já colhidas.

Devido às restrições de construções ou de preferência operacional, pode haver um limite estabelecido na altura da antena. Pode também haver requerimentos do órgão regulamentador para o tipo de área coberta. A altura da antena é outro dado que tem impacto no raio da célula.

14.4.2 Desenvolvimento do Processo

Uma vez que os materiais e os dados foram extraídos do processo de planejamento, torna-se possível iniciar o processo de desenvolvimento.

O projeto celular é constituído de três fases básicas: planejamento da célula, planejamento de freqüências e projeto total do sistema. Os principais componentes das fases são:

- Planejamento da célula;
- Áreas de alcance do sítio;
- Planejamento das antenas;
- Planejamento de freqüências;
- Análise da cobertura e da interferência.

Os componentes são descritos a seguir.

14.4.3 Planejamento Celular

Ferramentas de Propagação

A maior parte dos engenheiros usa uma ferramenta de propagação para modelar um sistema. A ferramenta de propagação fornece a base de dados que contém informações tais como: característica da terra, morfologia, demografia, limites de terra, prédios, atenuação, rodovias e dados do sítio.

Cada ferramenta calcula a perda de propagação de um sinal de um sítio usando um modelo de propagação. Há vários modelos de propagação usados na indústria hoje em dia: Okumura, Lee, Hata, Bullington, COST 231, *Terrain Integrated Rough Earth Model* (TIREM); ou um modelo habitual baseado em outros dependendo do fornecedor da ferramenta.

Os resultados da introdução de dados em uma ferramenta de propagação fornecem ao usuário a informação necessária para analisar um sistema celular existente ou proposto. Essas ferramentas permitem ao engenheiro propor mudanças em um sistema antes de se gastar muito tempo e dinheiro.

Equilíbrio do Sistema

A cobertura em um sistema de comunicação de rádio bidirecional é decidida pela direção de transmissão mais fraca. As expressões *uplink* e *downlink* são usadas para significar as duas direções do enlace.

As direções de transmissão devem ser balanceadas uma com a outra para evitar interferência, acesso de sistema reduzido e custos extras. Os cálculos do equilíbrio do sistema podem ser realizados para garantir que a intensidade dos sinais *uplink* e *downlink* seja aproximadamente a mesma. Além disso, os cálculos do equilíbrio do sistema podem também indicar se o projeto está razoável em relação ao nível de saída de potência disponível nas estações móveis. Este equilíbrio é em relação ao limite da célula.

Para calcular o equilíbrio do sistema entre a ERB e o móvel são necessárias algumas informações como: potência do receptor e transmissor da ERB; potência do receptor e transmissor da EM; ganho das antenas da ERB e das EMs; perda de propagação e perdas relativas ao *hardware* da ERB.

Cálculos de Sítios Necessários para a Área Geográfica

A área geográfica é dividida em várias regiões para se designar propósitos tais como: desenhos de regiões: densa urbana/urbana, suburbana e rural. Cada região é selecionada a partir de uma avaliação do terreno, do tráfego e das características do mercado.

Planejamento Celular Nominal

Mapas e informações de uso da terra são utilizados como base para o planejamento celular. Este planejamento é apresentado como um padrão de células hexagonais de diferentes tamanhos com tipos de células calculadas como as descritas no item anterior. Talvez não seja possível utilizar a posição deste sítio para as ERB's. Outros aspectos devem ser considerados antes de as posições dos sítios serem estabelecidas, incluindo o ambiente de rádio na área da localização do sítio. Obstáculos posicionados na direção dos feixes radiados pela antena, como montanhas ou prédios, podem causar áreas de sombreamento e dispersão temporal. O planejamento celular nominal deve ser usado para orientação quando a localização do sítio é selecionada.

Áreas de Alcance do Sítio

Os estudos de propagação e as necessidades de cobertura provavelmente vão estipular a localização do sítio. Já que é quase impossível escolher a localização exata do sítio de início, um alcance geral da área do sítio é definido. A área de alcance deve consistir em uma área circular rodeando a localização mais adequada para o sítio. O raio da área de alcance deve ser de 20 % a 25 % do raio da célula. O raio da célula pretendido deve iniciar a partir da área de cobertura pretendida da célula. Além disso, a elevação do terreno e o gradiente da área de alcance devem ser coerentes.

Planejamento das Antenas

Há vários fabricantes que fornecem antenas. Antenas são fabricadas para operar em condições e áreas de cobertura específicas. O engenheiro deve identificar o tipo de antena a ser usada para o desenvolvimento do sistema.

Nesse ponto, algumas especificações são necessárias, como: estrutura física, freqüência de operação, diagrama de radiação da antena, banda de freqüência, ganho da antena e outras informações técnicas.

14.4.4 Planejamento de Freqüências

Um importante objetivo a ser alcançado no planejamento de um sistema celular é o aumento da capacidade de tráfego. Um grande número de assinantes por quilômetro quadrado pode usar o sistema enquanto se mantém um nível aceitável de grau de serviço e qualidade de conversação. Um planejamento celular apropriado pode garantir esses objetivos. Planejamento celular, seja bom ou ruim, é o fundamento no qual um sistema celular é constituído. Além do mais, o planejamento deve levar em consideração não somente o custo da capacidade do tráfego inicial como também o custo do crescimento do tráfego ao longo do tempo.

Visto que a interferência co-canal pode ser um grande problema, um esforço para minimizar tal interferência deve ser feito. Uma forma de se lidar com essa interferência é por meio da reutilização de freqüência, de acordo com a distância mínima de reutilização. A reutilização da freqüência, em uma célula de determinado tamanho, depende do número de grupos de freqüências usados no modelo de reuso do canal. Quanto maior o número, maior a distância.

Os *clusters* de células (por exemplo, um grupo de sete células por *cluster* para um plano 7/21) podem ter freqüências estabelecidas em um modelo que diminui a razão portadora interferência (C/I). A técnica de estabelecimento da freqüência denominada *Knight's Move*, é usada para determinar a localização de um grupo de freqüências ou canais e a localização dos próximos hexágonos mais perto contendo os mesmos canais.

Crescimento do Sistema

É importante ter-se planejado o crescimento do sistema celular desde o lançamento. Nos planos de crescimento pode ser necessário incluir alguns dos itens seguintes:

- Mudança de sítios de omnidirecional para setorizado;
- Métodos de divisão de célula;
- Disponibilidade de aumento do espectro;
- Mudanças de tecnologia.

Transição Omnidirecional para Setorizado

A transição de sítios omni para setorizado torna-se necessária quando o aumento de congestionamento indica ser necessário melhor controle da interferência e aumento do número de canais. Embora sítios omnidirecionais tenham uma capacidade de tráfego maior que os sítios setorizados, a mudança de omnidirecional para setorizado torna-se necessária a fim de reconfigurá-lo. Devido à interrupção do serviço no momento em que ocorre a transição, torna-se melhor implementar tal transição o quanto antes, para não perturbar a prestação do serviço.

O problema da interferência co-canal em um sistema omni é mais evidente quando a estação móvel está na borda da célula, movendo-se na direção daquele que interfere. A setorização oferece uma redução na interferência por meio do ganho adicional de 6 a 15 dB na relação frente/costas da antena.

Análise da Interferência e Cobertura

Dentre as atribuições do engenheiro de rádio incluem-se alguns testes, como o de criar um sistema com cobertura otimizada, porém com uma quantidade mínima de interferência. Usando uma ferramenta de cálculo de propagação, o engenheiro modela o sistema e a visão da cobertura e das áreas de interferência.

A cobertura é baseada nos valores de nível de sinal requerido para um sítio. Por exemplo:

Intensidade do sinal	Descrição
-85 dBm	Cobertura excelente
-95 dBm	Cobertura boa
-105 dBm	Cobertura ruim

As margens de interferência de RF típicas que afetam a implementação e realização de um sistema são:

- razão sinal-ruído (SNR) (relacionada à sensibilidade do receptor e ruído do solo);
- interferência co-canal (C/I);
- interferência do canal adjacente (C/A);
- taxa de erro de bit (BER).

A seção seguinte apresenta algumas considerações relacionadas à expansão do sistema celular.

14.5 Expansão do Sistema Celular

Como todo serviço de comunicações móveis nos últimos anos, os sistemas celulares experimentam uma crescente demanda de novos assinantes. Ao contrário da implantação inicial, que é bastante rápida e modular, sua expansão necessita de um estudo minucioso sobre o comportamento da rede e de seus usuários.

Pode-se expandir o sistema de várias maneiras. A escolha do método é feita mediante uma análise sobre alguns fatores, tais como: estágio de crescimento e amadurecimento do serviço, disponibilidade de recursos e principalmente a demanda pelo serviço.

Já o crescimento pode ser feito em termos de cobertura e tráfego, capacidade de processamento e eficiência espectral.

14.5.1 Área de Cobertura e Tráfego

A capacidade de um sistema celular está basicamente relacionada com a sua possibilidade de gerenciar um grande número de assinantes, mantendo a qualidade da conversação. A capacidade do sistema celular é diretamente proporcional à capacidade da CCC. Um aumento do número de assinantes móveis implica em aumento na carga do processador central. O aumento no número de assinantes implica em reduzir a dimensão das células, o que deve elevar o número de *handoffs* por célula, gerando assim a necessidade de maior capacidade de processamento.

Tráfego

A capacidade de escoamento de tráfego do sistema celular é dado em $\mathrm{Erlang/km^2}$ e depende do número de canais disponíveis, do tamanho da célula e do modelo de reutilização de freqüências empregado. Quanto menor é a célula, maior é a capacidade de escoamento de tráfego do sistema. Existe, entretanto, um espaçamento mínimo para as células, cujo limite é estabelecido pelas condições de interferência co-canal.

Alocação de Canal de Tráfego

A densidade de tráfego de veículos ou pedestres de uma área de cobertura é um parâmetro crítico e por esse motivo deve ser determinado antes do projeto do sistema. O levantamento de tráfego em horas de grandes movimentos pode ser confinado a diferentes zonas dentro da área de serviços. A escolha dos locais das ERBs iniciais deve ser baseada na cobertura de sinal em zonas de alto tráfego de veículos ou pedestres. Isto significa que o melhor local para situar as ERB é o centro dessas zonas.

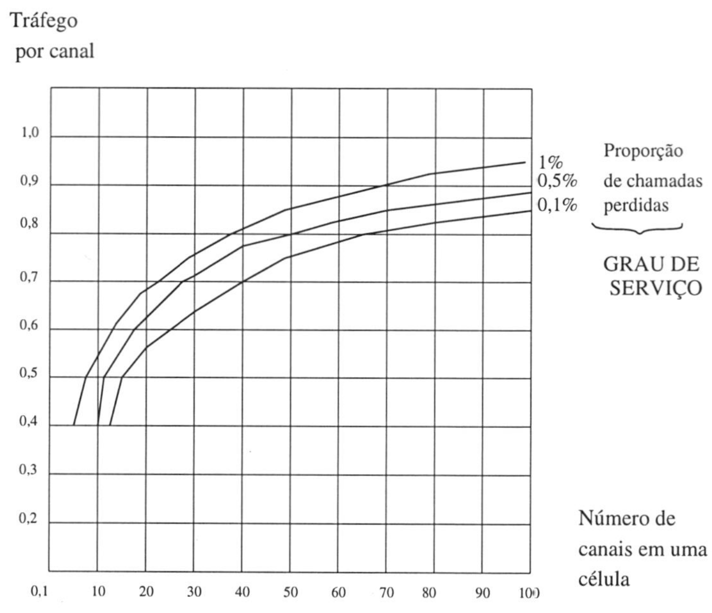

Figura 14.1: Diagrama de Erlang.

Cálculo da Capacidade de Tráfego

O número de EMs que podem ser atendidas e o número de canais de voz são parâmetros importantes no planejamento de uma célula. Tal planejamento deve observar o grau de serviço desejado, isto é, a porcentagem admitida de chamadas não completadas por congestionamento.

Para um determinado grau de serviço, a relação entre o número de canais e a máxima densidade de tráfego por canal segue o gráfico de Erlang, como mostrado na Figura 14.1.

A Unidade de Tráfego

Define-se a unidade de tráfego *Erlang*, abreviada para Erl, como o número médio de ocupações simultâneas durante um período definido. A unidade é uma homenagem a A. K. Erlang, um dos pioneiros da Teoria de Tráfego Telefônico. Para órgãos portadores de conversação comuns, o período é normalmente de uma hora (Rouault, 1976). O tráfego A, em *Erlangs*, é freqüentemente calculado da seguinte forma (Alencar, 2000b)

$$A = \lambda t_m, \tag{14.2}$$

em que λ = número de chamadas por unidade de tempo, ou de novas ocupações por unidade de tempo e t_m = duração média das ocupações expressas na mesma unidade de tempo.

Pode-se utilizar outros métodos de medida de tráfego. Suponha que durante um tempo T aconteceram N ocupações. A ocupação de um número n de órgãos teve a duração t_n. A duração das ocupações que já estavam em progresso no início do intervalo T é computada desde $t = 0$. Da mesma forma, a duração das ocupações que estão ainda em progresso no instante $t = T$ é computada até esse instante (Siemens, 1975).

O tráfego é dado então pela fórmula

$$A = \frac{1}{T} \sum_{n=1}^{N} t_n. \tag{14.3}$$

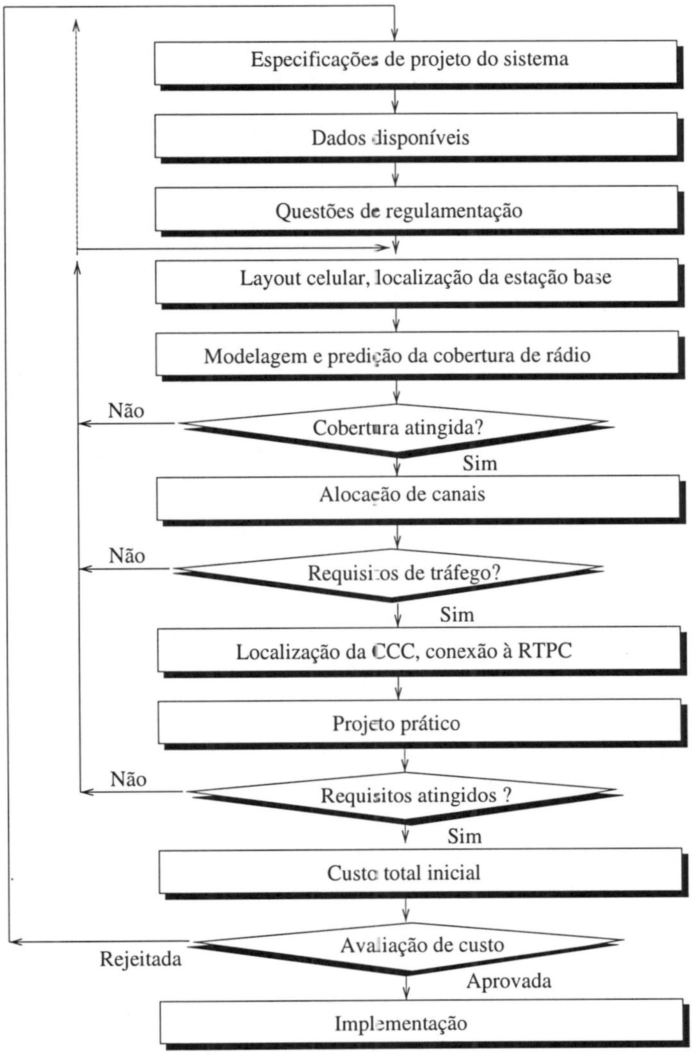

Figura 14.2: Projeto de um sistema celular.

A Figura 14.2 apresenta as diversas fases a serem seguidas para o projeto de um sistema de comunicações móveis celulares (Yacoub, 1993).

Cobertura dos Sinais de Rádio

O sistema deve servir uma área tão grande quanto possível. Porém, utilizando sinais de rádio, usualmente, não é possível cobrir 100 % da região de interesse. Isso se deve às irregularidades do contorno do terreno. A tentativa de se alcançar uma cobertura total certamente vai esbarrar em dois sérios limitantes: o custo e a interferência.

Ou seja, pode-se tentar aumentar a potência transmitida para iluminar melhor os pontos de intensidade fraca do sinal, que apresentam recepção insuficiente, porém vai implicar em um custo adicional significativo. Além disso, quanto maior a potência transmitida mais difícil se torna controlar as interferências.

Quando o alcance e a qualidade dos sinais de rádio se tornam um limitante à capacidade de atendimento do sistema, medidas do tipo inclusão de novas ERBs, aumento da potência irradiada pelas antenas das ERBs com o devido controle de interferência, eliminação das áreas de sombra e superposição de células, podem ser utilizadas como soluções alternativas para o problema de cobertura do sistema.

Alguns procedimentos devem ser tomados sempre quehouver alteração na configuração da cobertura das células, tais como, reavaliação dos planos de freqüências e de controle de potência, para que os níveis de interferência co-canal e canal adjacente permaneçam em valores aceitáveis. Deve ser feita também a reestruturação do plano de designação de células vizinhas e adjacentes que dá suporte aos mecanismos de *handoff* e redirecionamento de chamadas.

De uma forma geral, a escolha do tipo de célula utilizada pode ser feita analisando cada uma das situações encontradas, procurando adaptar os parâmetros do sistema às características peculiares de cada região; por exemplo, em áreas urbanas onde um adicional de capacidade é necessário para acomodar visitantes, a cobertura pode ser feita por meio de micro ou pico-células cujos raios são da ordem de centenas ou dezenas de metros, respectivamente.

Capacidade de Tráfego

Atualmente o interesse maior das empresas provedoras está em aumentar a capacidade de escoamento de tráfego e aliviar o congestionamento de células em regiões de grande concentração de usuários, como, por exemplo, centros urbanos. Sistemas com baixa capacidade de manuseio de tráfego e alto índice de congestionamento geram baixa receita, o que não é, com certeza, o interesse dos provedores de serviços.

O espectro de freqüências é um recurso limitado. Portanto, para se oferecer uma maior quantidade de tráfego escoado, a saída é melhorar a eficiência de utilização das freqüências disponíveis. Nesse caso, o aumento do tráfego é acompanhado pela redução da potência emitida pelas ERBs, pelo uso de antenas situadas em pontos baixos e/ou internos e pelo não desejado, mas conseqüente, aumento das áreas de sombreamento. A eliminação das áreas de sombreamento é feita por intermédio de uma cobertura complementar provida por uma célula hierarquicamente superior cujas características são antenas externas instaladas em lugares elevados e utilização de altas potências. Esse tipo de configuração é conhecido como *modelo guarda-chuva.*

14.5.2 Eficiência Espectral

Uma maneira encontrada para aumentar a capacidade dos sistemas de rádio foi melhorar sua técnica de acesso. Com isso foram desenvolvidos os sistemas digitais, que passaram a utilizar as técnicas de múltiplo acesso TDMA e CDMA, no lugar da FDMA usada nos sistemas analógicos. Alguns sistemas digitais operam na mesma faixa dos sistemas analógicos, como no caso dos sistemas celulares, que portanto são encarados como tecnologias substitutas das tecnologias analógicas. Porém, não se pode desperdiçar todo o investimento que já foi feito com os sistemas já implantados, de forma que a transição analógico-digital deve ser feita da maneira mais suave possível.

Atualmente, a concessão das faixas de freqüências para o uso em serviços de telecomunicações encontra-se como pauta de discussão nos diversos encontros que envolvem os sistemas de radiocomunicação. Neste ponto, os sistemas que chegaram primeiro tiveram vantagem. Hoje em dia, porém, a alocação de freqüências para um determinado serviço é previamente estabelecida por organizações de padronização, tais como o ITU (*International Telecommunications Union*). Em termos técnicos, dividir o espectro em várias faixas pequenas, reduz sua eficiência, porém há dois fatores que devem ser considerados. Um deles é a diversidade de serviços, que deve ser garantida para gerar competitividade entre operadores e incentivar o desenvolvimento de sistemas com maior capacidade e qualidade de atendimento; o outro fator está relacionado ao compromisso de evitar um número elevado de sistemas operando em diferentes faixas de freqüências nos diversos países, inviabilizando a intenção de globalização dos serviços.

As técnicas de acesso digitais trouxeram um ganho para as comunicações sem fio. Porém, a transição feita dos sistemas analógicos para os digitais deve ser acompanhada dos seguintes fatores: aumento de capacidade por meio das técnicas de múltiplo acesso, acréscimo na qualidade e diversidade dos serviços, minimização dos custos da transição e garantia de transparência para o usuário final.

Quanto à qualidade dos serviços, uma atenção especial deve ser dada aos usuários analógicos, para que não haja degradação do grau de serviço a esses assinantes quando for retirada parte da faixa reservada aos sistemas celulares para a implantação dos sistemas celulares digitais. Muito provavelmente, os usuários que já possuem um terminal analógico não vão estar dispostos a jogar fora seu investimento e adquirir um terminal digital, a não ser que estejam interessados em algum serviço não provido pelo analógico. Por parte da empresa operadora, também não deve haver interesse em trocar os terminais de seus assinantes analógicos para poder implantar sua plataforma digital.

14.5.3 Capacidade de Processamento

O aumento do número de usuários e o seu perfil de mobilidade refletem-se diretamente na carga de processamento da Central de Comutação e Controle (CCC), que ao alcançar valores críticos sinaliza a necessidade de inclusão de novos processadores, ou novas centrais de controle, para absorver o aumento de tráfego sentido pelo sistema. Neste panorama de múltiplos centros de processamento é preciso distribuir com racionalidade não apenas as áreas de cobertura e seus sítios de acesso, mas também o tráfego associado a cada sítio. Caso contrário, pode-se levar o serviço a um caos de sinalização intersistemas ou gerar um desequilíbrio de carga de processamento, sobrecarregando um sistema e subutilizando outro. O excesso de sinalização além de prejudicar a qualidade dos serviços também reduz a capacidade de processamento de chamadas; pois parte de sua capacidade está comprometida com a sinalização. Em alguns casos a porcentagem de processamento comprometida chega a ser de 30%. A sinalização entre sistemas, apesar de ter vários agentes causadores tais como atualização de registros, *roaming* e *handoff*, tem como principal ofensor os *handoffs* executados entre ERBs de diferentes áreas de controle. O *handoff* ocorre quando uma Estação Móvel (EM) sai da área de cobertura de uma ERB para a área de cobertura de outra ERB trocando seu canal de voz durante a conversação. Se as ERBs pertencem a CCCs diferentes o *handoff* é dito ser entre sistemas, ou entre centrais.

Particionamento do Sistema Celular

A facilidade de *handoff* é oferecida para prover mobilidade aos usuários do sistema celular, porém o preço pago pela facilidade incide na complexidade e, conseqüentemente, no custo do serviço. Como o *handoff* está diretamente relacionado com a mobilidade dos usuários, esta define como deve ser feita a partição das áreas de controle entre CCCs, a fim de minimizar os *handoffs* executados entre sistemas, deixando sob o controle da mesma CCC apenas as ERB's que tenham tráfego elevado de usuários entre elas.

Para se realizar uma partição da rede celular de maneira eficiente é preciso o desenvolvimento de um modelo que possa ser utilizado para estimar os custos para as possíveis partições do sistema. Um modelo com essas características é descrito na seção seguinte.

14.6 Modelo para Estimação de Custos

O planejamento de sistemas móveis pode ser visto, matematicamente, como um problema complexo de otimização combinatória. Algoritmos de otimização como *branch-and-bound* ou programação dinâmica não podem ser usados nesta situação, pois não conseguem obter a solução ótima em tempo razoável. Deste modo, descreve-se a seguir o modelo proposto por Hao (Hao, Q. e Soong, B.-H. e Gunawan, E. e Ong, J.-T. e Soh, C.-B. e Li, Z., 1997) com base na estimação dos custos, do qual deriva um método de otimização alternativo para determinar o número adequado de células e a melhor localização das ERBs.

14.6.1 Caracterização do Problema

Suponha o desenvolvimento de um sistema de comunicação móvel para servir a uma determinada área em estudo. A área total é dividida de acordo com a classificação da região, como: urbana, suburbuna ou rural. Considera-se inicialmente uma distribuição de tráfego uniforme no qual o pico do tráfego ocorre usualmente no centro da cidade e os picos locais estão nos centros suburbanos. A probabilidade de área atingida relativa à cobertura especificada, P_a, é fornecida. A probabilidade de localização da EM junto ao limite da célula P_l e o nível limiar do sinal recebido na região limite P_{cell} podem ser derivadas da probabilidade de cobertura P_a e da qualidade de sinal requerida, isto é, da razão sinal-ruído SNR. O grau de serviço é especificado pela probabilidade de bloqueio P_{block} para realizar chamadas durante a Hora de Maior Movimento (HMM).

O problema é como projetar uma arquitetura ótima, isto é, determinar o número e tamanho das células, a localização de cada ERB e os parâmetros, para as ERBs e EMs, que possam garantir o desempenho requerido e minimizar o custo total do sistema. O custo da ERB é determinado pelo custo de *hardware* e instalação, antenas, prédios e torres, além dos transmissores e receptores.

Para projetar tal sistema, muitos fatores precisam ser levados em conta e muitas decisões em diferentes camadas precisam ser feitas. Os maiores fatores envolvidos são os seguintes: especificação do desempenho do sistema, cobertura de células, distribuição de tráfego, topografia, dados de propagação, complexidade do sistema. Por sua natureza, as várias decisões caracterizam o processo de planejamento da rede como sendo hierárquico.

14.6.2 Projeto e Planejamento da Rede

A seguir, apresenta-se um método de planejamento hierárquico otimizado (PHO) de três níveis para o projeto de redes de comunicações móveis. A estrutura de três níveis para o planejamento da rede é mostrado na Figura 14.3.

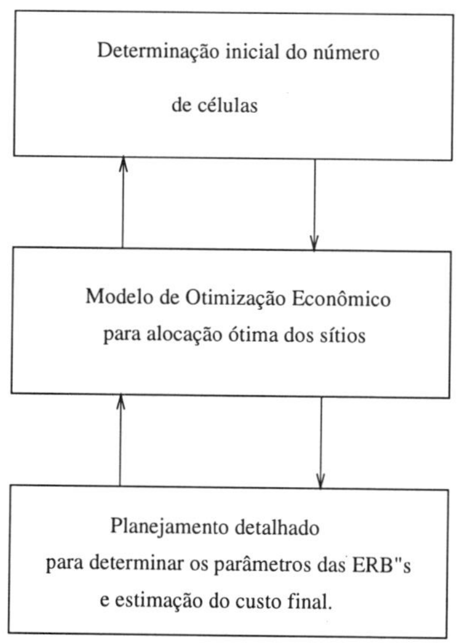

Figura 14.3: Estrutura hierárquica do planejamento de redes proposto por Hao.

No primeiro nível, o limite superior do número de células e as correspondentes áreas de atuação são determinadas. Os parâmetros de entrada para o PHO são os seguintes: tráfego requerido na HMM, requisitos de cobertura e características do terreno na área de serviço em estudo. Parâmetros de propagação são selecionados para as condições típicas. A tarefa é cobrir a área em estudo e satisfazer a demanda de tráfego média com um número mínimo de sítios.

No segundo nível, o número de células e a melhor localização das ERBs são determinadas por um modelo de otimização combinatório. O objetivo da programação do modelo é minimizar o custo total do sistema, enquanto satisfaz a qualidade de cobertura e tenta manter a demanda de tráfego não-uniforme. Diferentes densidades de tráfego de assinantes e características de terreno em diferentes regiões da área de serviço são consideradas. Como dito anteriormente, a área é dividida em rural, urbana e suburbana. Estas áreas são em seguida divididas em pequenos lotes. A informação da estrutura ambiental, densidade de assinantes e elevação média para cada lote pode ser obtida do banco de dados de um sistema de informações geográficas.

O planejamento detalhado é feito no terceiro nível. Parâmetros específicos de cada célula, como padrão e ganho da antena, potência de transmissão, altura da antena e utilização do canal, são configurados nesse nível. Finalmente, o custo é estimado.

O desempenho global do sistema do ponto de vista do planejamento depende diretamente de como as várias atividades e decisões em diferentes níveis são integradas. Como mostra a Figura 14.3, as decisões precisam ser mutuamente ajustadas e recalculadas em ambas às direções.

Para desenvolver este PHO e o modelo de custos, várias relações complexas precisam ser consideradas: a relação entre cobertura e demanda, alcance da célula e nível do sinal nos pontos de transição entre células; a relação entre perda de propagação, estruturas físicas e características do terreno; e as relações entre os equipamentos e o custo.

Nas operadoras do serviço móvel celular a perda de transmissão é estimada pelo modelo de propagação de Hata. Esse modelo caracteriza a propagação via rádio para vários tipos de ambiente, tais como área urbana, suburbana, e rural, com terrenos suaves ou irregulares. Ele tem sido usado extensivamente para predizer a perda em vários ambientes no projeto de sistemas celulares.

A fórmula de Hata para a perda por transmissão em áreas urbanas é mostrada na Equação 14.4

$$L_u(dB) = 69,55 + 26,66 \cdot log(f) - 13,82 \cdot log(h_b) - a(h_m) + [44,9 - 6,55 \cdot log(h_b)] \cdot log(d) \tag{14.4}$$

em que o fator de correção para a altura da antena das EMs $a(h_m)$ é

$$a(h_m) = [1,1 \cdot log(f) - 0,7] \cdot h_m - [1,56 \cdot log(f) - 0,8] \tag{14.5}$$

para cidades de médio e pequeno porte, e

$$a(h_m) = 3,2 \cdot [log(11,75 \cdot h_m)]^2 - 4,97 \tag{14.6}$$

para grandes cidades, mas para freqüências $f \leq 400$ MHz.

As perdas por propagação para áreas suburbanas e rurais L_{su} e L_{rur} são mostradas nas Equações 14.7 e 14.8

$$L_{su} = L_u - 2 \cdot [log(f/28)]^2 - 5,4, \tag{14.7}$$

$$L_{rur} = L_u - 4,78 \cdot [log(f)]^2 + 18,33 \cdot log(f) - 35,94. \tag{14.8}$$

As fórmulas de Hata são restritas para freqüências de 150 até 1.000 MHz, altura da antena da ERB entre 30 e 200 m, altura da antena da EM entre 1 e 10 m e distância d de 1 até 20 km.

A seguir, são descritos em detalhes cada nível do PHO apresentado por Hao (Hao, Q. e Soong, B.-H. e Gunawan, E. e Ong, J.-T. e Soh, C.-B. e Li, Z., 1997).

14.6.3 Determinação Inicial do Número e Dimensão das Células

Inicialmente, o número mínimo de sítios é determinado com base na cobertura e na demanda de tráfego da área em estudo. O número mínimo é calculado para as condições de pior caso, de modo a prover um limite superior no número de células necessário para o projeto do sistema. Para esse caso, um fator de reuso de células

$k = 7$ é usado. A probabilidade de área coberta P_a e a taxa de bloqueio necessária por assinantes P_{block} são especificadas.

A demanda de tráfego móvel de uma área coberta pode ser considerada como o número total de chamadas originadas pela EM nessa área na HMM. A predição é feita com base na densidade de tráfego veicular da área coberta. Dada uma taxa de chamadas originadas atendida, a quantidade de tráfego em uma área é convertida para o número de assinantes na HMM nesta área.

Para isso são definidos os seguintes parâmetros:

C_{pt}	Tráfego que cada célula pode suportar (número de assinantes/hora), baseado no número de canais em cada célula e dada a taxa de bloqueamento P_{block}.	
C_{tt}	Tráfego total na área de serviço em estudo (número de assinantes/hora).	
P_{cell}	Nível limiar da intensidade de sinal recebido junto a região limite da célula.	
P_{pp}	Potência de pico da saída RF (dBW).	
P_t	Potência na entrada da antena transmissora (dBW).	(14.9)
P_r	Potência recebida junto à antena receptora (dBW).	
g_b, g_m	Ganhos da antena para a ERB e EM, respectivamente (dB).	
h_b, h_m	Alturas da antena para a ERB e EM, respectivamente (dB).	
d	Raio médio de uma célula (km).	
S	Área total do sistema de serviço(km^2).	

O desempenho de cobertura é inicialmente considerado. A perda no enlace do transmissor para o receptor é dado pelas Equações 14.10 e 14.11

$$P_r = P_t + g_b - L(d) + g_m, \tag{14.10}$$

$$P_t = P_{pp} - l, \tag{14.11}$$

em que $L(d)$ é a perda na transmissão (dB) e l é a perda conjunta do isolador, combinador e cabos RF.

Um limite superior para o número de células para a região total é determinado pelo modelo de propagação de Hata para área urbana. Os modelos para a área suburbana e rural são considerados no próximo nível de planejamento. As condições seguintes são assumidas, como exemplo: P_{pp} =10 W, h_b =30 m, h_m =3 m, g_b =12 dBi, g_m =2 dBi, l =4 dB, e f =900 MHz. A Equação 14.4 para perda por propagação L torna-se

$$L(d) = 123,73 + 35,22 \cdot log(d). \tag{14.12}$$

Para garantir a demanda de cobertura, tem-se

$$P_r = -73,73 - 35,22 \cdot log(d) \geq P_{cell} \tag{14.13}$$

isto é,

$$log(d) \leq log(d_{max}) = (-P_{cell} - 73,73)/35,22 \tag{14.14}$$

em que d_{max} é o raio máximo da célula no ambiente da área urbana em uma grande cidade.

Então, o número mínimo de células é

$$n_1 = S/\pi d_{max}^2. \tag{14.15}$$

Se o padrão de tráfego predomina sobre o padrão de cobertura, o número de células é determinado pelo tráfego. Para o caso, o número mínimo de células é dado pela Equação 14.16

$$n_2 = C_{tt}/C_{pt}. \tag{14.16}$$

Desse modo, o número mínimo de células é

$$n = \max(n_1, n_2). \tag{14.17}$$

No projeto do sistema inicial, configura-se n como o limite superior do número de células de modo que se tenha um projeto de custo efetivo. Dado o número de células, o raio médio da célula é determinado por $d = \sqrt{(\frac{S}{n\pi})}$.

14.6.4 Alocação Ótima e Determinação do Número e Dimensão das Células

Neste nível, a distribuição não-uniforme do tráfego na área em estudo é considerada. Os dados com relação a estrutura do terreno e meio ambiente, densidade de tráfego e elevações do terreno são armazenados para cada lote. Uma vez que o limite superior do número de células é conhecido, o próximo passo é determinar que lote pertence a qual célula. Conseqüentemente, o número e tamanho das células, bem como as alocações das diferentes células, são determinados. Em geral, uma célula é constituída de vários lotes que são adjacentes uns aos outros e pertencem à mesma região. Desse modo, um modelo de otimização combinatório é estabelecido para determinar que lotes pertencem à célula e os valores ótimos dos parâmetros para as ERBs. São atribuídos pesos para o critério de cobertura e para a demanda de tráfego não-uniforme a partir de uma função custo. O objetivo do modelo é minimizar o custo total do sistema. Sob a luz da condição de tráfego, o número de células pode ser extremamente reduzido.

Formulação Matemática do Modelo de Otimização Econômico

Para formular o problema, introduzem-se as seguintes variáveis de decisão:

$$\begin{aligned} x_{ik} &= \begin{cases} 1, & \text{se o lote } i \text{ pertence à célula } k; \\ 0, & \text{se o lote } i \text{ não pertence à célula } k. \end{cases} \\ Y_k &= \begin{cases} 1, & \text{se a célula } k \text{ é ocupada por algum lote;} \\ 0, & \text{se a célula } k \text{ está vazia, ou seja sem nenhum lote.} \end{cases} \end{aligned} \tag{14.18}$$

A seguir, definem-se os parâmetros:

$$G_{i1} = \begin{cases} 1, & \text{lote } i \text{ pertence à área urbana;} \\ 2, & \text{lote } i \text{ pertence à área suburbana;} \\ 3, & \text{lote } i \text{ pertence à área rural.} \end{cases}$$

- G_{i2} Densidade de tráfego no lote i(número de assinantes/hora);
- n Número total de células;
- m Número total de lotes;
- C_{so} Custo fixo para as operações de chaveamento, *hardware* e instalação;
- C_{cell} Custo para *hardware* e instalação de uma ERB;
- C_a Coeficiente de custo para a antena com relação ao seu ganho;
- C_t Coeficiente de custo para o transmissor e receptor com relação a sua potência transmitida;
- P_{tk} Potência transmitida pela ERB na célula k, sendo $P_{LB} \leq P_{tk} \leq P_{UB}$; em que P_{LB} e P_{UB} são os limiares inferior e superior, respectivamente.

g_{bk}, g_{mk}	Ganhos da antena da ERB e EMs na célula k, sendo $g_{LB} \leq g_{bk} \leq g_{UB}$ em que g_{LB} e g_{UB} são os limiares inferior e superior, respectivamente.
h_{bk}, h_{mk}	Altura das antenas da ERB e EMs na célula k, respectivamente.
d_k	Raio da célula k.
S_g	Área de um lote.

O modelo de otimização econômico (MOE) para a rede de comunicação móvel celular é formulado como segue.

MOE:

$$\min f_c(s) = C_{so} + \sum_k Y_k \cdot (C_{cell} + C_a \cdot g_{bk} + C_t \cdot P_{tk}) \tag{14.19}$$

sujeita às seguintes condições

$$P_{tk} + g_{bk} + g_{mk} - L_k(d_k) \geq P_{cell}, \quad \text{k=1,2,...,n} \tag{14.20}$$

$$\textstyle\sum_i x_{ik} \cdot G_{i2} \leq C_{pt}, \quad k = 1, 2, ..., n \tag{14.21}$$

$$x_{ik} \cdot x_{i'k} \cdot (G_{i1} - G_{i'1}) = 0, \quad k = 1, 2, ..., n, i, i' = 1, 2, ..., m, \ i \neq i' \tag{14.22}$$

$$\textstyle\sum_k x_{ik} = 1, \quad \text{i=1,2,...,m} \tag{14.23}$$

$$\pi d_k^2 = \textstyle\sum_i (x_{ik} \cdot S_g), \quad \text{k=1,2,...,n} \tag{14.24}$$

$$d_k(Y_k - 1) \geq 0, \quad \text{k=1,2,...,n} \tag{14.25}$$

$$d_k > Y_k - 1, \quad \text{k=1,2,...,n} \tag{14.26}$$

$$x_{ik}, Y_k \text{ assume valores 1 ou 0 para todo } i \text{ e } k. \tag{14.27}$$

No modelo MOE, a função custo $f_c(s)$ objetiva minimizar o custo total do sistema. A Condição 14.20 garante o desempenho da cobertura. A Condição 14.21 admite que o projeto satisfaz o requerimento de tráfego não-uniforme. As Condições 14.22-14.24 admitem que uma célula é formada por lotes de uma mesma região (urbana, suburbana e rural) e que são adjacentes uns aos outros. As relações entre d_k e Y_k, isto é, Y_k =0 quando d_k =0 e Y_k =1 quando $d_k > 0$, é dada pelas Condições 14.25-14.27.

A perda por propagação do sinal $L_k(d_k)$ é calculada sobre o modelo de predição de Hata. A partir das Equações 14.4 e 14.15, considerando as condições P_{pp} =10 W, h_b =30 m, h_m =3 m, g_b =12 dBi, g_m =2 dBi, l =4 dB, e f =900 MHz, tem-se

$$L_k(d_k) = \alpha + 35,22 \cdot log(d_k) \tag{14.28}$$

em que α = 123,73, 113,79 e 102,22 quando a célula k cobre áreas urbanas, suburbanas e rurais (quase abertas), respectivamente.

Algoritmo Baseado em *Simulated Annealing* para Resolução do Modelo MOE

O modelo MOE é um problema de otimização combinatório complexo porque envolve muitas variáveis e complicadas condições. Deste modo, nenhum algoritmo clássico de otimização pode ser adotado para obter a solução ótima em tempo razoável. Sendo assim, Hao (Hao, Q. e Soong, B.-H. e Gunawan, E. e Ong, J.-T. e Soh, C.-B. e Li, Z., 1997) desenvolveu um algoritmo baseado em *simulated annealing* (SA) para resolver o problema, tendo obtido resultados próximos ao ótimo com baixo esforço computacional.

Simulated annealing é um método para a solução aproximada de problemas combinatórios. Ele tem sido aplicado com sucesso em diversas áreas tais como: projeto de computadores, processamento de imagens e designação de canais. O algoritmo é um esquema iterativo, que simula o processo físico de aquecimento de um sólido até que se obtenha sua fusão, seguida por um resfriamento, de modo que ele se cristalize no seu estado de mínima energia.

Para desenvolver o algoritmo de *simulated annealing* para resolver o problema de MOE, os seguintes aspectos precisam ser considerados: espaço de configuração, função custo e estrutura de vizinhança; descritos a seguir.

a) *Espaço de configuração:* Para o modelo MOE, o espaço de configuração S é o conjunto de todas as soluções possíveis x_{ik}, Yk que satisfazem a condição de cobertura dada pela Equação 14.20 e às condições 14.22-14.27.

b) *Função custo:* No projeto de sistemas, o desempenho de cobertura é inicialmente considerado. Para um dado número de células, poucas soluções possíveis podem ser encontradas se ambos os requerimentos de cobertura e tráfego são satisfeitos, devido à distribuição de tráfego não-uniforme. Então, introduzindo a condição de tráfego 14.21 na função custo, de modo a minimizar o custo total do equipamento para as ERBs, tem-se,

$$f_c(s) = \sum_k Y_k \cdot \{C_{cell} + C_a \cdot g_{bk} + C_t \cdot P_{tk} + C_{traj} \cdot [\sum_i x_{ik} \cdot G_{i2} - C_{pt}]^+\} \quad (14.29)$$

em que a função $[x]^+ = \max(0, x)$.

c) *Estrutura da vizinhança:* A vizinhança de uma solução s, denotada por $N(s)$, é produzida fazendo a transição do lote k da célula presente i para a célula vizinha j, desde que satisfaça às Condições 14.22-14.24.

Na utilização do *simulated annealing* define-se uma variável denominada *temperatura*, que para o problema em questão representa a razão entre as transições aceitas em relação as transições propostas. A partir disso, deriva-se uma regra de decréscimo da temperatura com base no desvio padrão da função custo, definida como

$$t_{k+1} = t_k \cdot exp(t_k \cdot \Delta_c/\sigma_k^2) = t_k \cdot exp(-\lambda \cdot t_k/\sigma_k) \quad (14.30)$$

em que σ_k é o desvio padrão da função custo na temperatura t_k e Δ_c é o decréscimo médio do custo em duas temperaturas subseqüentes t_k e t_{k+1}.

A *temperatura final* é atingida quando a diferença entre o custo máximo e mínimo numa dada temperatura é igual à máxima diferença de custo de uma transição aceita nesta temperatura.

14.6.5 Planejamento de Estruturas Celulares

No projeto e planejamento de sistemas celulares, a fase inicial do planejamento de uma nova rede ou conversão de uma rede analógica existente para digital envolve as seguintes investigações: capacidade, cobertura, custo, qualidade de voz, qualidade de serviço e crescimento futuro.

Tipo de célula	Cobertura (m)	Potência (W)	Altura de antena
Macrocélula	> 1.000	1 – 10	> 30
Microcélula	< 1.000	0.1 – 1	< 10
Pico-célula	5 – 30	0.01 – 0.1	Teto
Célula guarda-chuva	> 1.000	1 – 10	> 30
Célula de rodovia	100 – 1.000	< 1	< 10

Tabela 14.1: Estruturas celulares para suportar o UMTS.

O planejamento da rede celular representa um guia para a instalação das estações radiobase (ERB), ou modificação das estações em uso. A engenharia de redes celulares envolve o trabalho necessário para projetar a rede de estações radiobase, incluindo o estudo topográfico, pesquisa de campo, utilização do espectro, planejamento da rede de transmissão, predição do desempenho do sistema e ajuste final do sistema (Qualcomm, 1992).

A demanda de tráfego fornece a base para definir os parâmetros acima. A quantidade de tráfego gerada pode ser calculada utilizando os dados da hora de maior movimento (HMM), distribuição populacional, distribuição espacial de automóveis e distribuição de renda.

Após a implantação, a capacidade de um sistema móvel celular, em termos de Erlangs por quilômetro quadrado ou *equivalent telephone Erlangs* (ETE) por quilômetro quadrado, pode ser aumentada por meio do uso de células menores e reutilização de freqüência.

O planejamento eficiente para implementação do conceito de comunicações pessoais universais envolve a utilização de diferentes estruturas de células, de acordo com o ambiente operacional. Dessa forma, as estruturas celulares para suportar a rede UMTS vão desde macrocélulas convencionais até pico-células prediais. Isso é ilustrado na Tabela 14.1.

As macrocélulas são usadas em sistemas rádio célulares convencionais. A cobertura é maximizada para reduzir o custo de infra-estrutura do sistema. No UMTS as macrocélulas são utilizadas para prover cobertura para áreas com baixa densidade de terminais. As macrocélulas têm um *RMS delay spread* de 0,1 a 10 μs, o que permite uma taxa máxima de transmissão de 0,3 Mbits/s. A distribuição do desvanecimento tende a ser Rayleigh.

As microcélulas vão ser largamente disseminadas no UMTS para prover cobertura completa, principalmente em áreas urbanas. Estações radiobase compactas vão ser montadas em postes de iluminação e prédios nos arredores. As microcélulas têm um *RMS delay spread* de 10 a 100 ns, o que leva a uma taxa máxima de transmissão de 1 Mbits/s. A distribuição que caracteriza o desvanecimento tende a ser Nakagami-Rice (Andersen *et al.*, 1995).

Pico-células são usadas para prover serviços para áreas com alta densidade de terminais e também para sistemas de comunicações móveis prediais.

Células guarda-chuva são utilizadas para manter uma cobertura contínua e para assistir o *handover* de terminais que passam por pico-células em alta velocidade.

Finalmente, as células de rodovias são usadas para prover cobertura a seções de estrada que usam estações radiobase compactas. As antenas utilizadas têm seu padrão de transmissão projetado para o ambiente de rodovia (Cheung *et al.*, 1994).

14.6.6 Planejamento Detalhado e Estimação do Custo Final

Neste nível, a localização da ERB para cada célula é determinada e os parâmetros como altura da torre da antena, ganho da antena e potência transmitida são ajustados com base nas características específicas do meio ambiente, como irregularidade do terreno e superfície coberta em cada célula. Os resultados dos níveis anteriores satisfazem o desempenho de cobertura e tentam atingir os requisitos de tráfego. Contudo, pode existir sobrecarga de tráfego em algumas células. Para se obter um número inferior de canais pode-se utilizar estratégias de designação de canais, que possam ser aplicadas para o planejamento de redes de sistemas celulares de modo a prover capacidades adequadas para servir o tráfego esperado, mantendo a interferência de rádio em um nível mínimo.

Se o desempenho do sistema é atingido depois do ajuste, o projeto do sistema final é determinado, podendo-se estimar o custo final. De outro modo, os resultados neste nível são realimentados para os níveis anteriores. De modo que o processo é repetido. Nesse caso, o número de células é aumentado para satisfazer a qualidade de serviço especificada.

14.7 Exercícios

1. Por que ocorre congestionamento nas centrais de comutação e controle? Relacione os elementos do sistema móvel celular que podem congestionar.

2. Quais os fatores que afetam o dimensionamento do sistema móvel celular?

3. Qual a influência da mobilidade do usuário no planejamento celular?

4. Explique o que é necessário para se planejar a instalação de um sítio celular.

5. O que ocorre com um sistema móvel celular já instalado se a Anatel mudar o grau de serviço requerido para 1%?

Anotações

Apêndice A

Séries de Fourier e a Transformada de Fourier

Esta seção resume algumas propriedades da série e da transformada de Fourier desenvolvidas no texto e algumas formas do teorema de Parseval (Hsu, 1973; Lathi, 1989).

Série trigonométrica

$$f(t) = a_0 + \sum_{n=1}^{\infty}(a_n \cos n\omega_o t + b_n \text{sen}\, n\omega_0 t)$$

Série de cossenos

$$f(t) = C_0 + \sum_{n=1}^{\infty} C_n \cos(n\omega_0 t - \theta_n)$$

Série exponencial complexa

$$f(t) = \sum_{n=-\infty}^{\infty} F_n e^{jn\omega_0 t}$$

Em todas as séries mostradas anteriormente, deve-se considerar

$$f(t+T) = f(t) \qquad \omega_0 = \frac{2\pi}{T}$$

Fórmulas de conversão:

$$F_0 = a_0, \qquad F_n = \frac{1}{2}(a_n - jb_n), \qquad F_{-n} = \frac{1}{2}(a_n + jb_n);$$

$$F_n = |F_n|e^{j\phi_n}, \qquad |F_n| = \frac{1}{2}\sqrt{a_n^2 + b_n^2};$$

$$a_0 = F_0, \qquad a_n = F_n + F_{-n}, \qquad b_n = j(F_n - F_{-n}),$$

$$C_0 = a_0, \qquad C_n = 2|F_n| = \sqrt{a_n^2 + b_n^2}, \qquad \theta_n = -\arctan\left(\frac{b_n}{a_n}\right).$$

Condições de simetria para as formas de onda periódica e suas séries de Fourier.

Tipo de simetria	Condições	Forma da Série de Fourier, $f(t) =$	Fórmula para os coeficientes de Fourier
Par	$f(t) = f(-t)$	$a_0 + \sum_{n=1}^{\infty} a_n \cos n\omega_0 t$	$a_n = \frac{4}{T}\int_0^{T/2} f(t)\cos(n\omega_0 t)dt$
Ímpar	$f(t) = -f(-t)$	$\sum_{n=1}^{\infty} b_n \text{sen}\, n\omega_0 t$	$b_n = \frac{4}{T}\int_0^{T/2} f(t)\text{sen}\,(n\omega_0 t)dt$
Meiaonda	$f(t) = -f(t+\frac{T}{2})$	$\sum_{n=1}^{\infty}[a_{2n-1}\cos(2n-1)\omega_0 t$ $+b_{2n-1}\text{sen}\,(2n-1)\omega_0 t]$	$a_{2n-1} = \frac{4}{T}\int_0^{T/2} f(t)\cos[(2n-1)\omega_0 t]dt$ $b_{2n-1} = \frac{4}{T}\int_0^{T/2} f(t)\text{sen}\,[(2n-1)\omega_0 t]dt$
Quarto de onda par	$f(t) = f(-t)$ e $f(t) = -f(t+\frac{T}{2})$	$\sum_{n=1}^{\infty} a_{2n-1}\cos(2n-1)\omega_0 t$	$a_{2n-1} = \frac{8}{T}\int_0^{T/4} f(t)\cos[(2n-1)\omega_0 t]dt$
Quarto de onda ímpar	$f(t) = -f(-t)$ e $f(t) = -f(t+\frac{T}{2})$	$\sum_{n=1}^{\infty} b_{2n-1}\text{sen}\,(2n-1)\omega_0 t$	$b_{2n-1} = \frac{8}{T}\int_0^{T/4} f(t)\text{sen}\,[(2n-1)\omega_0 t]dt$

Definição da transformada de Fourier e algumas propriedades:

- Definição: $F(\omega) = \int_{-\infty}^{\infty} f(t)e^{-j\omega t}dt$
- Inversa: $f(t) = \frac{1}{2\pi}\int_{-\infty}^{\infty} F(\omega)e^{j\omega t}d\omega$
- Magnitude e fase: $F(\omega) = |F(\omega)|e^{j\theta(\omega)}$
- Função $f(t)$ par: $F(\omega) = 2\int_0^{\infty} f(t)\cos\omega t dt$
- Função $f(t)$ ímpar: $F(\omega) = -2j\int_0^{\infty} f(t)\text{sen}\,\omega t dt$
- Área sob a função no tempo: $F(0) = \int_{-\infty}^{\infty} f(t)dt$
- Área sob a transformada: $f(0) = \frac{1}{2\pi}\int_{-\infty}^{\infty} F(\omega)d\omega$
- Linearidade: $\alpha f(t) + \beta g(t) \leftrightarrow \alpha F(\omega) + \beta G(\omega)$

Formas do teorema de Parseval:

$$\int_{-\infty}^{\infty} f(t)g(t)dt = \frac{1}{2\pi}\int_{-\infty}^{\infty} F(\omega)G^*(\omega)d\omega,$$

$$\int_{-\infty}^{\infty} |f(t)|^2 dt = \frac{1}{2\pi}\int_{-\infty}^{\infty} |F(\omega)|^2 d\omega,$$

$$\int_{-\infty}^{\infty} f(\omega)G(\omega)d\omega = \int_{-\infty}^{\infty} F(\omega)g(\omega)d\omega.$$

A.1 Transformadas de Fourier mais Utilizadas

Esta seção contém um conjunto das transformadas de Fourier mais utilizadas, juntamente com propriedades úteis no cálculo das transformadas (Hsu, 1973; Spiegel, 1976; Lathi, 1989; Gradshteyn e Ryzhik, 1990; Oberhettinger, 1990).

$f(t)$	$F(\omega)$
$f(at)$	$\frac{1}{\|a\|}F(\frac{\omega}{a})$
$f(-t)$	$F(-\omega)$
$f^*(t)$	$F^*(-\omega)$
$f(t-\tau)$	$F(\omega)e^{-j\omega\tau}$
$f(t)e^{j\omega_0 t}$	$F(\omega-\omega_0)$
$f(t)\cos\omega_0 t$	$\frac{1}{2}F(\omega-\omega_0)+\frac{1}{2}F(\omega+\omega_0)$
$f(t)\text{sen}\,\omega_0 t$	$\frac{1}{2_j}F(\omega-\omega_o)-\frac{1}{2_j}F(\omega+\omega_0)$
$F(t)$	$2\pi f(-\omega)$
$f'(t)$	$j\omega F(\omega)$
$f^{(n)}(t)$	$(j\omega)^n F(\omega)$
$\int_{-\infty}^{t} f(x)dx$	$\frac{1}{j\omega}F(\omega)+\pi F(0)\delta(\omega)$
$-jtf(t)$	$F'(\omega)$
$(-jt)^n f(t)$	$F^{(n)}(\omega)$
$f(t)*g(t)=\int_{-\infty}^{\infty} f(\tau)g(t-\tau)dx$	$F(\omega)G(\omega)$
$\delta(t)$	1
$\delta(t-\tau)$	$e^{-j\omega\tau}$
$\delta'(t)$	$j\omega$
$\delta^{(n)}(t)$	$(j\omega)^n$

$f(t)$	$F(\omega)$
$f(t)g(t)$	$\frac{1}{2\pi}F(\omega)*G(\omega)=\frac{1}{2\pi}\int_{-\infty}^{\infty}F(\phi)G(\omega-\phi)d\phi$
$e^{-at}u(t)$	$\frac{1}{a+j\omega}$
$e^{-a\|t\|}$	$\frac{2a}{a^2+\omega^2}$
e^{-at^2}	$\sqrt{\frac{\pi}{a}}e^{-\omega^2/(4a)}$
te^{-at^2}	$j\sqrt{\frac{\pi}{4a^3}}\omega e^{-\omega^2/(4a)}$
$p_T(t)=\begin{cases}0 & \text{para}\|t\|>T/2\\ 1 & \text{para}\|t\|\geq T/2\end{cases}$	$a\frac{\text{sen}\left(\frac{\omega a}{2}\right)}{\left(\frac{\omega a}{2}\right)}$
$\frac{\text{sen}\,at}{\pi t}$	$p_{2a}(\omega)$
$te^{-at}u(t)$	$\frac{1}{(a+j\omega)^2}$
$\frac{t^{n-1}}{(n-1)!}e^{-at}u(t)$	$\frac{1}{(a+j\omega)^n}$
$e^{-at}\text{sen}\,btu(t)$	$\frac{b}{(a+j\omega)^2+b^2}$
$e^{-at}\cos btu(t)$	$\frac{a+j\omega}{(a+j\omega)^2+b^2}$
$\frac{1}{a^2+t^2}$	$\frac{\pi}{a}e^{-a\|\omega\|}$
$\frac{t}{a^2+t^2}$	$j\pi e^{-a\|\omega\|}[u(-\omega)-u(\omega)]$
$\frac{\cos bt}{a^2+t^2}$	$\frac{\pi}{2a}[e^{-a\|\omega-b\|}+e^{-a\|\omega+b\|}]$
$\frac{\text{sen}\,bt}{a^2+t^2}$	$\frac{\pi}{2aj}[e^{-a\|\omega-b\|}-e^{-a\|\omega+b\|}]$
$\text{sen}\,bt^2$	$\frac{\pi}{2b}\left[\cos\frac{\omega^2}{4b}-\text{sen}\,\frac{\omega^2}{4b}\right]$
$\cos bt^2$	$\frac{\pi}{2b}\left[\cos\frac{\omega^2}{4b}+\text{sen}\,\frac{\omega^2}{4b}\right]$
$\text{sech}\,bt$	$\frac{\pi}{b}\text{sech}\,\frac{\pi\omega}{2b}$
$\ln\left[\frac{x^2+a^2}{x^2+b^2}\right]$	$\frac{2e^{-b\omega}-2e^{-a\omega}}{\pi\omega}$

$f(t)$	$F(\omega)$
$f_P(t) = \frac{1}{2}[f(t) + f(-t)]$	$\mathrm{Re}\,(\omega)$
$f_I(t) = \frac{1}{2}[f(t) - f(-t)]$	$j\mathrm{Im}\,(\omega)$
$f(t) = f_P(t) + f_I(t)$	$F(\omega) = \mathrm{Re}\,(\omega) + j\mathrm{Im}(\omega)$
$e^{j\omega_0 t}$	$2\pi\delta(\omega - \omega_0)$
$\cos\omega_0 t$	$\pi[\delta(\omega - \omega_0) + \delta(\omega + \omega_0)]$
$\mathrm{sen}\,\omega_0 t$	$-j\pi[\delta(\omega - \omega_0) - \delta(\omega + \omega_0)]$
$\mathrm{sen}\,\omega_0 t u(t)$	$\frac{\omega_0}{\omega_0^2 - \omega^2} + \frac{\pi}{2j}[\delta(\omega - \omega_0) - \delta(\omega + \omega_0)]$
$\cos\omega_0 t u(t)$	$\frac{j\omega}{\omega_0^2 - \omega^2} + \frac{\pi}{2}[\delta(\omega - \omega_0) + \delta(\omega + \omega_0)]$
$u(t)$	$\pi\delta(\omega) + \frac{1}{j\omega}$
$u(t - \tau)$	$\pi\delta(\omega) + \frac{1}{j\omega}e^{-j\omega\tau}$
$tu(t)$	$j\pi\delta'(\omega) - \frac{1}{\omega^2}$
1	$2\pi\delta(\omega)$
t	$2\tau j\delta'(\omega)$
t^n	$2\pi j^n\delta^{(n)}(\omega)$
$\|t\|$	$\frac{-2}{\omega^2}$
$\frac{1}{t}$	$\pi j - 2\pi j u(\omega)$
$\frac{1}{t^n}$	$\frac{(-j\omega)^{n-1}}{(n-1)!}[\pi j - 2\pi j u(\omega)]$
$u(t) - u(-t)$	$\frac{2}{j\omega}$
$\frac{1}{e^{2t} - 1}$	$\frac{-j\pi}{2}\coth\frac{\pi\omega}{2} + \frac{j}{\omega}$
$\delta_T(t) = \sum_{n=-\infty}^{\infty}\delta(t - nT)$	$\omega_0\delta_{\omega_0}(\omega) = \omega_0\sum_{n=-\infty}^{\infty}\delta(\omega - n\omega_0)$

$f(t)$	$F(\omega)$
$\cos\left(\frac{t^2}{4a} - \frac{1}{4}\pi\right)$	$2\sqrt{\pi a}\cos(a\omega^2)$
$\operatorname{sen}\left(\frac{t^2}{4a} + \frac{1}{4}\pi\right)$	$2\sqrt{\pi a}\operatorname{sen}(a\omega^2)$
$\frac{\Gamma(1-s)\operatorname{sen}\left(\frac{1}{2}s\pi\right)}{\lvert t\rvert^{1-s}}$	$\pi\lvert\omega\rvert^{-s}\; 0 < \operatorname{Re}(s) < 1$
$\frac{1}{\lvert t\rvert}$	$\frac{\sqrt{2\pi}}{\lvert\omega\rvert}$
$\frac{\sqrt{\sqrt{\alpha^2+t^2}+\alpha}}{\sqrt{\alpha^2+t^2}}$	$\sqrt{\frac{2\pi}{\lvert\omega\rvert}}e^{-\alpha\lvert\omega\rvert}$
$\frac{\cos(\frac{1}{2}\alpha)\cosh(\frac{1}{2}t)}{\cosh(t)+\cos(\alpha)}$	$\frac{\pi\cosh(\alpha\omega)}{\cosh(\pi\omega)}\quad -\pi < \alpha < \pi$
$\frac{\operatorname{sen}(\alpha)}{\cosh(t)+\cos(\alpha)}$	$\frac{\pi\operatorname{senh}(\alpha\omega)}{\operatorname{senh}(\pi\omega)}\quad -\pi < \alpha < \pi$
$J_0(\alpha t)$	$\frac{2}{\sqrt{\alpha^2-\omega^2}}\quad \lvert\omega\rvert < \alpha$
	$0 \quad \lvert\omega\rvert > \alpha$
$J_0(\alpha\sqrt{b^2-t^2})\lvert t\rvert < b$	$2\frac{\operatorname{sen}[b(\alpha^2+\omega^2)^{\frac{1}{2}}]}{\sqrt{\alpha^2+\omega^2}}$
$0 \quad \lvert t\rvert > b$	
$j^n J_{n+\frac{1}{2}}(t)$	$\sqrt{2}P_n(\omega)\lvert\omega\rvert < 1$
	$0 \quad \lvert\omega\rvert > 1$
$J_0(\alpha\sqrt{t^2+b^2})$	$\frac{2\cos(b\sqrt{\alpha^2-\omega^2})}{\sqrt{\alpha^2-\omega^2}}\quad \lvert\omega\rvert < \alpha$
	$0 \quad \lvert\omega\rvert > \alpha$
$J_0(\alpha\sqrt{t^2-b^2})$	$\frac{2\cosh(b\sqrt{\alpha^2-\omega^2})}{\sqrt{\alpha^2-\omega^2}}\quad \lvert\omega\rvert < \alpha$
	$0 \quad \lvert\omega\rvert > a$

$f(t)$	$F(\omega)$
$\frac{1}{(\alpha-jt)^{\nu}}$	$2\pi\omega^{\nu-1}e^{-\alpha\omega}/\Gamma(\nu), \quad \omega>0$
$\mathrm{Re}\,\alpha>0, \quad \mathrm{Re}\,\nu>0$	$0, \qquad \omega<0$
$\frac{1}{(\alpha+jt)^{\nu}}$	$0, \qquad \omega>0$
$\mathrm{Re}\,\nu>0, \quad \mathrm{Re}\,\alpha>0$	$-2\pi(-\omega)^{\nu-1}e^{\alpha\omega}/\Gamma(\nu), \quad \omega<0$
$\frac{1}{(t^2+\alpha^2)(jt)^{\nu}}$	
$\lvert\nu\rvert<1, \quad \mathrm{Re}\,\alpha>0$	$\pi\alpha^{-\nu-1}e^{-\lvert\omega\rvert\alpha}$
$\arg(jt)=1/2\pi, (t>0)$	
$\arg(jt)=-1/2\pi, (t<0)$	
$\frac{1}{(t^2+\alpha^2)(\beta+jt)^{\nu}} \quad \mathrm{Re}\,\nu>-1$	$\frac{\pi e^{-\alpha\omega}}{\alpha(\alpha+\beta)^{\nu}}, \quad \omega>0$
$\mathrm{Re}\,\alpha>0, \quad \mathrm{Re}\,\beta>0$	
$\frac{1}{(x^2+\alpha^2)(\beta-jt)^{\nu}}$	$\frac{\pi(\beta-\alpha)^{\nu}e^{\alpha\omega}}{\alpha}, \quad \omega>0$
$\mathrm{Re}\,\nu>-1, \quad \mathrm{Re}\,\alpha>0$	
$\mathrm{Re}\,\beta>0, \quad \alpha\neq\beta$	
$\frac{1}{(\alpha-e^{-t})e^{\lambda t}}$	$\pi\alpha^{\lambda-1+j\omega}\cot(\pi\lambda+j\pi\omega)$
$0<\mathrm{Re}\,\lambda<1, \quad \alpha>0$	
$\frac{1}{(\alpha+e^{-t})e^{\lambda t}}$	$\pi\alpha^{\lambda-1+j\omega}\mathrm{cossec}(\pi\lambda+j\pi\omega)$
$0<\mathrm{Re}\,\lambda<1, \quad -\pi<\arg\alpha<\pi$	

$f(t)$	$F(\omega)$
$\frac{t}{(\alpha+e^{-t})e^{\lambda t}}$	$\pi\alpha^{\lambda-1+j\omega}\text{cossec}(\pi\lambda + j\pi\omega)$
$0 < \text{Re}\,\lambda < 1, \quad -\pi < \arg\alpha < \pi$	$\times[\log\alpha - \pi\cot(\pi\lambda + j\pi\omega)]$
$\frac{t^2}{(1+e^{-t})e^{\lambda t}}$	$\pi^3\text{cossec}^3(\pi\lambda + j\omega\pi)[2 - \text{sen}^2(\pi\lambda + j\omega\pi)]$
$0 < \text{Re}\,\lambda < 1$	
$\frac{1}{(\alpha+e^{-t})(\beta+e^{-t})e^{\lambda t}}$	$\pi(\beta-\alpha)^{-1}(\alpha^{\lambda-1+j\omega} - \beta^{\lambda-1+j\omega})$
$0 < \text{Re}\,\lambda < 2, \quad \beta \neq \alpha$	$\times\text{cossec}(\pi\lambda + j\omega\pi)$
$\lvert\arg\alpha\rvert < \pi, \quad \lvert\arg\beta\rvert < \pi$	
$\frac{t}{(\alpha+e^{-t})(\beta+e^{-t})e^{\lambda t}}$	$\frac{\pi(\alpha^{\lambda-1+j\omega}\log\alpha-\beta^{\lambda-1+j\omega}\log\beta)}{(\alpha-\beta)\text{sen}(\lambda\pi+j\omega\pi)}$
$0 < \text{Re}\,\lambda < 2, \quad \alpha \neq \beta$	$+\frac{\pi^2(\alpha^{\lambda-1+j\omega}-\beta^{\lambda-1+j\omega})\cos(\lambda\pi+j\omega\pi)}{(\beta-\alpha)\text{sen}^2(\lambda\pi+j\omega\pi)}$
$\lvert\arg\alpha\rvert < \pi, \quad \lvert\arg\beta\rvert < \pi$	
$\frac{1}{(1+e^{-t})^n e^{\lambda t}}$	$\pi\text{cossec}(\pi\lambda + j\omega\pi)\prod_{j=1}^{n-1}(j-\lambda-j\omega)/(n-1)!$
$n = 1, 2, 3, \cdots, \quad 0 < \text{Re}\,\alpha < n$	
$e^{-\lambda t}\log\lvert 1-e^{-t}\rvert$ $-1 < \text{Re}\,\lambda < 0$	$\pi(\lambda + j\omega)^{-1}\cot(\pi\lambda + j\omega\pi)$
$e^{-\lambda t}\log(1+e^{-t})$	$\pi(\lambda + j\omega)^{-1}\text{cossec}(\pi\lambda + j\omega\pi)$
$-1 < \text{Re}\,\lambda < 0$	

A.2 Algumas Transformadas de Hilbert

Esta seção contém algumas transformadas de Hilbert mais utilizadas. Assume-se, para a terceira e a quarta propriedades, que o sinal é passa-faixa (Haykin, 1987; Baskakov, 1986).

$m(t)$	$\hat{m}(t)$
$m(t)$	$\hat{m}(t) = \frac{1}{\pi t} * m(t)$
$\alpha m(t) + \beta n(t)$	$\alpha \hat{m}(t) + \beta \hat{n}(t)$
$m(t) \cos \omega_c t$	$m(t) \text{sen}\, \omega_c t$
$m(t) \text{sen}\, \omega_c t$	$-m(t) \cos \omega_c t$
1	0
$\cos \omega_c t$	$\text{sen}\, \omega_c t[u(\omega) - u(-\omega)]$
$\text{sen}\, \omega_c t$	$\cos \omega_c t[u(\omega) - u(-\omega)]$
$\frac{\text{sen}\, t}{t}$	$\frac{1-\cos t}{t}$
$\delta(t)$	$\frac{1}{\pi t}$
$\frac{1}{t}$	$-\pi \delta(t)$
$\frac{1}{1+t^2}$	$\frac{1}{1+t^2}$
$u(t+1/2) - u(t-1/2)$	$-\frac{1}{\pi} \ln \left\| \frac{t-1/2}{t+1/2} \right\|$

Anotações

Apêndice B

Fórmulas e Desigualdades Importantes

Este apêndice contém algumas fórmulas e desigualdades utilizadas com freqüência em cálculos e problemas de comunicações (Gagliardi, 1988).

Desigualdade de Schwartz

$$\left|\text{Re}\int_{-\infty}^{\infty} x(t)y^*(t)dt\right| \leq \left[\int_{-\infty}^{\infty} |x^2(t)|dt \int_{-\infty}^{\infty} |y^2(t)|dt\right]^{1/2}$$

a igualdade se verifica para $x(t) = ky(t)$, onde k é uma constante.

Desigualdade de Holder

$$\left|\sum_{i=0}^{\infty} a_i b_i\right| \leq \left[\sum_{i=0}^{\infty} |a_i^2| \sum_{i=0}^{\infty} |b_i^2|\right]^{1/2}$$

igualdade se $a_i = kb_i$.

Outras desigualdades

1. Se $\sum_{i=1}^{k} p_i \leq \sum_{i=1}^{k} q_i$, então

$$\log\frac{1}{\sum_{i=1}^{k} p_i} \geq \log\frac{1}{\sum_{i=1}^{k} q_i},$$

a igualdade acima é verificada por conta da monotonicidade da função $x\log x$. A igualdade acontece para $k = N$ (Aczél e Daróczy, 1975).

2. Considere $w_1, w_2, \ldots, w_N$ números positivos arbitrários e sejam $q_1, q_2, \ldots, q_N$ números positivos, tais que $\sum_{i=1}^{N} p_i = 1$. Então,

$$\sum_{i=1}^{k} q_i w_i \log \sum_{i=1}^{k} q_i w_i \leq \sum_{i=1}^{k} q_i w_i \log q_i,$$

a igualdade acima é verificada por conta da continuidade e convexidade da função $x\log x$ no intervalo fechado $(0, 1)$. A igualdade ocorre se $q_i = q$, para todo $i = 1, \ldots, N$ (Nedoma, 1957).

3. Sejam $p_1, p_2, \ldots, p_N$ números positivos arbitrários e sejam $q_1, q_2, \ldots, q_N$ números positivos, tais que $\sum_{i=1}^{N} p_i = 1$. Então,

$$q_1^{p_1} \cdots q_k^{p_k} \leq \sum_{i=1}^{k} p_i q_i, \ \sum_{i=1}^{N} q_i = 1, \ q_i \geq 0,$$

a igualdade ocorre para $k = N$ and $q_i = q$ (Ash, 1990).

4. Se $p_1 \geq p_2 \geq \cdots \geq p_k$ e $q_1 \geq q_2 \geq \cdots \geq q_k$, então (Desigualdade de Chebyshev)

$$\left(\frac{p_1 + p_2 \cdots p_k}{k}\right)\left(\frac{q_1 + q_2 \cdots q_k}{k}\right) \leq \frac{1}{k}\sum_{i=1}^{k} p_i q_i,$$

ou

$$\sum_{i=1}^{k} q_i \sum_{j=1}^{k} p_j \leq k \sum_{i=1}^{k} p_i q_i,$$

a igualdade ocorre se e somente se $p_i = p$ or $q_i = q$, for $1 \leq i \leq k$ (Gradshteyn e Ryzhik, 1990).

5. Considere $w_1, w_2, \ldots, w_N$ números positivos arbitrários e sejam $p_1, p_2, \ldots, p_N$ números positivos, tais que $\sum_{i=1}^{N} p_i = 1$. Então,

$$w_1^{p_1} \cdots w_k^{p_k} \leq \sum_{i=1}^{k} p_i w_i, \ \sum_{i=1}^{N} p_i = 1, \ p_i \geq 0,$$

a igualdade se verifica para $k = N$ and $w_i = w$. A desigualdade ainda funciona se algum p_i toma o valor de zero desde que $\sum_{i=1}^{N} p_i = 1$ (Ash, 1990).

Teorema do Valor Final

$$\lim_{t \to \infty} x(t) = \lim_{\omega \to 0} [j\omega X(\omega)]$$

Identidades de Bessel

$$J_n(x) = \left(\frac{x}{2}\right)^n \sum_{k=0}^{\infty} \frac{(-x^2/4)^k}{k!(n+k)!}$$

$$= \frac{j^{-n}}{\pi} \int_0^{\pi} e^{jx\cos\theta} \cos(n\theta) d\theta$$

$$J_n(xe^{jm\pi}) = e^{jnm\pi} J_n(x)$$

$$I_n(x) = j^n J_n(x/j)$$

$$= \frac{1}{\pi} \int_0^{\pi} e^{x\cos\theta} \cos(n\theta) d\theta$$

Identidades Trigonométricas

$$\text{sen}\,(\alpha \pm \beta) = \text{sen}\,\alpha \cos\beta \pm \cos\alpha \text{sen}\,\beta$$

$$\cos(\alpha \pm \beta) = \cos\alpha \cos\beta \mp \text{sen}\,\alpha \cos\beta$$

$$\tan(\alpha \pm \beta) = \frac{\tan\alpha \pm \tan\beta}{1 \mp \tan\alpha \tan\beta}$$

$$\text{sen}\,\alpha \text{sen}\,\beta = \frac{1}{2}\cos(\alpha - \beta) - \frac{1}{2}\cos(\alpha + \beta)$$

$$\cos\alpha \cos\beta = \frac{1}{2}\cos(\alpha - \beta) + \frac{1}{2}\text{sen}\,(\alpha + \beta)$$

$$\text{sen}\,\alpha \cos\beta = \frac{1}{2}\text{sen}\,(\alpha - \beta) + \frac{1}{2}\text{sen}\,(\alpha + \beta)$$

$$e^{\pm j\theta} = \cos\theta \pm j\text{sen}\,\theta$$

$$\cos\theta = \frac{1}{2}(e^{j\theta} + e^{-j\theta})$$

$$\text{sen}\,\theta = (e^{j\theta} - e^{-j\theta})/2j$$

$$\text{sen}^2\,\theta + \cos^2\theta = 1$$

$$\cos^2\theta - \text{sen}^2\,\theta = \cos 2\theta$$

$$\cos^2\theta = \frac{1}{2}(1 + \cos 2\theta)$$

$$\cos^3\theta = \frac{1}{4}(3\cos\theta + \cos 3\theta)$$

$$\text{sen}^2\,\theta = \frac{1}{2}(1 - \cos 2\theta)$$

$$\text{sen}^3\,\theta = \frac{1}{4}(3\text{sen}\,\theta - \text{sen}\,3\theta)$$

Expansões

$$(1+x)^n = 1 + nx + \frac{n(n-1)}{2!}x^2 + \cdots |nx| < 1$$

$$e^x = 1 + x + \frac{1}{2!}x^2 + \cdots$$

$$a^x = 1 + x\ln a + \frac{1}{2!}(x\ln a)^2 + \cdots$$

$$\ln(1+x) = x - \frac{1}{2}x^2 + \frac{1}{3}x^3 + \cdots$$

$$\operatorname{sen} x = x - \frac{1}{3}!x^3 + \frac{1}{5}!x^5 - \cdots$$

$$\cos x = 1 - \frac{1}{2!}x^2 + \frac{1}{4!}x^4 - \cdots$$

$$\tan x = x + \frac{1}{3}x^3 + \frac{1}{5}x^5 + \cdots$$

$$\sum_{m=0}^{M} x^m = \frac{(x^M - 1)}{(x-1)}$$

$$e^{a\cos b} = \sum_{i=0}^{\infty} \epsilon_i I_i(a)\cos(ib), \quad \epsilon_0 = 1,\ \epsilon_i = 2,\ i \geq 1$$

$$\cos(x\operatorname{sen}\theta) = J_0(x) + 2\sum_{k=1}^{\infty} J_{2k}(x)\cos(2k\theta)$$

$$\operatorname{sen}(x\operatorname{sen}\theta) = 2\sum_{k=0}^{\infty} J_{2k+1}(x)\operatorname{sen}[(2k+1)\theta]$$

$$\cos(x\cos\theta) = J_0(x) + 2\sum_{k=0}^{\infty}(-1)^k J_{2k}(x)\cos(2k\theta)$$

$$\operatorname{sen}(x\cos\theta) = 2\sum_{k=0}^{\infty}(-1)^k J_{2k+1}(x)\cos[(2k+1)\theta]$$

$$\int_0^{\infty} \frac{dx}{1+x^n} = \frac{(\pi/n)}{\operatorname{sen}(\pi/n)}, \quad n > 1 \qquad \int_0^{\infty} \frac{dx}{(a^2+x^2)^2} = \frac{\pi}{4a^3}$$

$$\int_0^{\infty} \frac{x^u dx}{1+x^n} = \left(\frac{\pi}{n}\right) \operatorname{cossec}\left[\frac{(u+1)\pi)}{n}\right] \qquad \int_0^{\infty} \frac{dx}{1+x^2} = \tan^{-1}(b)$$

Apêndice C

Evolução das Comunicações Móveis

C.1 Introdução

A aplicação do estudo de teoria de comunicações ao ambiente móvel é um assunto muito vasto, que demanda pesquisa contínua e envolve muitos aspectos diversos de importância prática e teórica. Na realidade, comunicações móveis e comunicações sem fio têm significados levemente distintos.

Um sistema móvel é definido como uma rede de comunicações por rádio que permite mobilidade contínua por muitas células. A comunicação sem fio, por outro lado, implica em comunicação por rádio sem necessariamente requerer a passagem (*handover*) de uma célula a outra durante a conversação (Nanda e Goodman, 1992).

O oferecimento de comunicações móveis por rádio à população tem se tornado uma área de intensa pesquisa e desenvolvimento acelerado nos últimos anos (Hashemi, 1991). Isto deve ser combinado com o interesse crescente em evitar os custos elevados associados à instalação e relocação em ambientes interligados por fios (Freeburg, 1991).

Diversos sistemas foram propostos e estão em operação, para manusear o controle e tráfego de informação em sistemas móveis. Dentre outros, é possível citar: acesso múltiplo por divisão em código (*code division multiple access* – CDMA), acesso múltiplo por divisão em tempo (*time division multiple access* – TDMA) e acesso múltiplo por divisão em espaço (*space division multiple access* – SDMA).

O sistema CDMA, cujas vantagens são apresentadas em capítulos precedentes, se apresenta como promissor para a terceira geração de comunicações móveis. As técnicas de espalhamento espectral (*spread spectrum*) oferecem melhor desempenho que os sistemas de comunicações tradicionais, quando utilizadas em sistemas móveis celulares ou comunicações prediais (*indoor wireless communications*). Algumas das vantagens associadas são: incremento em capacidade, redução na interferência multiusuário e reduzida sensibilidade à propagação em multi-percurso (Viterbi, 1991).

C.2 Antecedentes das Comunicações Móveis

A comunicação sem fio começou com os experimentos do padre Roberto Landell de Moura. O padre Landell, nascido em 1862, em Porto Alegre, construiu o primeiro transmissor sem fio para a transmissão de mensagens, em 1892 (Carneiro, 1999). Em 1894, ele realizou a primeira transmissão por meio de ondas *hertzianas*, com uma irradiação entre o alto da Avenida Paulista e o alto de Sant'Anna, em São Paulo, cobrindo uma distância de oito quilômetros (Oakenfull, 1912).

Entre 1903 e 1904, Landell de Moura conseguiu, nos Estados Unidos, as patentes de três inventos: o transmissor de ondas (*hertzianas* ou *landellianas*), o telefone sem fio e o telégrafo sem fio. A patente brasileira do aparelho do padre Landell recebeu o número 3.279, em 1900 (Alcides, 1997).

Os sistemas de comunicações usados em automóveis tiveram seu início nos Estados Unidos em 1921. O Departamento de Polícia de Detroit (USA) implantou naquele ano um sistema móvel unidirecional em 2 MHz, utilizando modulação em amplitude (AM), com a finalidade de prover a transmissão de mensagens para suas viaturas. Este sistema, que foi precursor do serviço de rádio busca (*paging*), representa o marco inicial da telefonia móvel. Entretanto, a instabilidade dos receptores e a cobertura limitada foram entraves para a expansão desse serviço (Assis, 1994).

O desenvolvimento de um novo receptor (super-heterodino) em 1928 propiciou a instalação de sistema bidirecional, ainda em AM, no início da década de 30. Adicionalmente, a *Federal Communication Commission* (FCC) autorizou a utilização de 4 canais na faixa de 30-40 MHz. No entanto, com a utilização da modulação em amplitude, a qualidade do sinal recebido não era satisfatória. O problema somente foi resolvido em 1935 com a invenção da modulação em freqüência (FM).

Devido à sua importância estratégica, os sistemas móveis tiveram considerável impulso durante a Segunda Guerra Mundial. Aplicações militares desenvolvidas pelo Bell Labs, e pela Western Electric foram responsáveis pelos avanços tecnológicos nesse campo no período 1940-45, o qual registrou também uma significativa ampliação da capacidade de produção industrial. Como resultado desse esforço foi implantado em 1946 o primeiro serviço móvel de telefonia pública (manual) nos Estados Unidos (150 MHz).

Entre os anos de 1946 e 1959 o crescimento do rádio móvel nos Estados Unidos se deu a uma taxa de 20% ao ano, decrescendo um pouco a partir de 1959. Antes de 1958 praticamente todos os equipamentos de rádio móvel usavam válvulas no transmissor e receptor. A tensão da placa era obtida a partir da conversão de tensão contínua a 6 ou 12V com alternadores ou geradores (Hamsher, 1980).

Em 1947 começou a funcionar o sistema móvel para auto-estrada (35 MHz) nos Estados Unidos. Dez anos depois, foram introduzidas as fontes de alimentação transistorizadas. O serviço móvel em 450 MHz (manual) começou a funcionar em 1958. Em 1963 o número total de transmissores móveis em veículos ultrapassou um milhão. O serviço automático em 150 MHz, designado IMTS (*Improved Mobile Telephone System*), também conhecido por MJ, iniciou em 1962. Ele foi substituído pelo serviço automático (IMTS) em 450 MHz (MK), em 1969.

A potência elevada desses sistemas para obter máxima área de cobertura acarretava problemas de interferência e não permitiu o uso otimizado do espectro de freqüências. Para corrigir tais deficiências, o Bell Laboratory introduziu em 1947 o conceito da célula (Macdonald, 1979). A FCC dividiu os serviços móveis em cinco categorias:

1. **Serviço móvel marítimo** – proporciona comunicações navio-porto em vias marítimas costeiras, interiores e lagos.

2. **Serviço de rádio para segurança pública** – usado para despacho e coordenação dos carros da polícia, coservação de florestas, manutenção de rodovias, comunicação com hospitais e equipes de socorro, bombeiros, guarda-costeira e prefeituras.

3. **Serviço de rádio da indústria** – coordenação de equipes para diversas indústrias, companhias de eletricidades, petróleo, cinema, imprensa, comércio, fábricas e manutenção telefônica.

4. **Serviço de rádio para transporte terrestre** – despacho de caminhões de entrega, ferrovias, táxis, socorro de automóveis.

5. **Serviço público de rádio doméstico** – uso do público em geral e rádio rural, para atendimento a áreas remotas.

Somente em 1975 a FCC alocou a faixa de 800 MHz para o serviço de telefonia móvel celular. Assim, o padrão desenvolvido pelo Bell Labs., denominado AMPS (*Advanced Mobile Phone System*), foi instalado experimentalmente em Chicago em 1978, embora, devido a problemas de regulamentação, a exploração comercial do AMPS tenha sido iniciada apenas em outubro de 1983.

Com base no AMPS diversos outros padrões foram desenvolvidos e implantados durante a primeira metade da década de 80 (Assis, 1994). Em 1979 o Japão implanta o sistema MCS (*Mobile Communication System*), seguido pelos Países Nórdicos, que adotam o sistema NMT (*Nordiska Mobil Telefongruppen*) em 1980. Em 1982 o Reino Unido implanta o sistema TACS (*Total Access Communication System*) e a Alemanha começa a utilizar o sistema C-450 em 1985.

A telefonia móvel celular, continua em processo de expansão. Em 1985, o total de usuários era da ordem de 700.000. Esse número chegou próximo de 4 milhões em 1988, atingindo cerca de 26 milhões em 1993. As previsões da época, que estimavam algo entre 60 e 100 milhões de usuários na virada do século, foram completamente ultrapassadas e hoje há algo em torno de 1,3 bilhões de celulares no mundo, um bilhão apenas na tecnologia GSM.

O sistema de telefonia móvel celular é uma extensão da rede telefônica fixa, cujo objetivo é permitir que um assinante móvel acesse qualquer telefone da rede fixa e móvel, com a utilização de transmissão via rádio e comutação automática controlada por computador, ou seja, comunicação por meio das centrais de programa armazenado.

Em ordem cronológica, segue um histórico das comunicações móveis:

- **1894** – O padre Roberto Landell de Moura realiza a primeira transmissão pública de informação sem fio, em São Paulo;
- **1921** – Departamento de Polícia de Detroit (2 MHz – *One Way*). O receptor é instável e a cobertura limitada;
- **1928** – Novo receptor é projetado, utilizando a técnica de realimentação;
- **1933** – Quatro canais são alocados na faixa de 30-40 MHz pela FCC;
- **1934** – Mais de 5.000 carros equipados com sistema de comunicações móveis nos Estados Unidos;
- **1935** – Invenção da modulação em freqüência;
- **1940/1945** – Impacto da Segunda Guerra Mundial, com as aplicações militares do laboratório Bell e da Western. Ampliação da capacidade de produção de equipamentos de comunicações;
- **1946** – Primeiro serviço móvel a 150 MHz (manual);
- **1947** – Móvel em auto-estrada (35 MHz);
- **1947** – Desenvolvimento do conceito de telefonia móvel celular (Bell);
- **1956** – Primeiro serviço móvel a 450 MHz (manual);
- **1964** – Primeiro serviço automático a 150 MHz, o *Improved Mobile Telephone System* (IMTS ou MJ);
- **1969** – Primeiro serviço automático a 450 MHz (MK);
- **1972** – Brasília implanta um serviço IMTS de baixa capacidade;
- **1975** – Alocação da faixa de 800 MHz (FCC);
- **1978** – Sistema Experimental (EUA) de comunicações móveis celulares: *Advanced Mobile System* (AMPS);
- **1979** – Implantação do sistema AMPS em Chicago;
- **1979** – O Japão implanta um sistema similar ao AMPS;

- **1980** – Os Países Nórdicos criam seu sistema de comunicações móveis (NMT);
- **1982** – O Reino Unido implanta o TACS;
- **1985** – A Alemanha implanta o C-450;
- **1990** – Os sistemas digitais celulares começam a ser implantados;
- **1990** – A Telerj implanta o primeiro sistema de telefonia móvel celular do Brasil, no Rio de Janeiro (AMPS);
- **1995** – Início da implantação dos sistemas celulares digitais no País, com os sistemas IS-54 (TDMA) e IS-95 (CDMA);
- **1997** – Promulgada a Lei Geral das Telecomunicações, que cria a Anatel e elimina o monopólio público das comunicações no Brasil;
- **1998** – As empresas estatais de telecomunicações são privatizadas;
- **1999** – As últimas licenças para empresas espelho são vendidas;
- **2002** – Início da crise no setor, por conta de problemas com empresas de Internet e balanços financeiros de empresas de comunicações nos Estados Unidos. A Telemar, por meio de sua subsidiária Oi, começa a instalar o sistema GSM no País;
- **2003** – A Telecom Italia inicia a instalação do sistema GSM;
- **2004** – As empresas de telecomunicações retomam os grandes investimentos. A Embratel é vendida pela americana MCI.

Índice Remissivo

D

K

L

M

N

O

P

Q

R

S

T

Bibliografia

ABUT, H.; GRAY, R.M.; REBOLLEDO, G., **Vector quantization of speech and speech-like waveforms**. *IEEE Transactions on Acoustics, Speech, and Signal Processing*, 30(3):423-435, 1982.

ACZÉL, J.; DARÓCZY, Z. **On Measures of Information and their Caracterizations**. New York: Academic Press, 1975.

AGHAMOHAMMADI, A. E MEYR, H., **On the error probability of linearly modulated signals on Rayleigh frequency-flat fading channels**. *IEEE Transactions on Communications*, 38(11):1966-1970, 1990.

AGUIAR NETO, B. G. **Processamento e Transmissão Digital de Voz (Apostila)**. Curso de Pós-Graduação em Engenharia Elétrica, Universidade Federal da Paraíba, Campina Grande - PB, 1995.

ALCAIM, A.; SOLEWICZ, J.A.; MORAES, J.A. **Freqüência de ocorrência dos fones e listas de frases foneticamente balanceadas no português falado no Rio de Janeiro**. *Revista da Sociedade Brasileira de Telecomunicações*, 7(1):23-41, 1992.

ALCIDES, J. **PRA-8:** *O Rádio no Brasil*. Brasília, Brasil: Fatorama, 1997.

ALENCAR, M.S. **Análise Estocastica do Sistema FDM-FM da EMBRATEL**. In *Anais do III Simpósio Brasileiro de Microondas*, pp. 113-119, Natal, Brasil, 1988a.

______. **Estimação da Densidade Espectral de Potência do Sistema FDM-FM da EMBRATEL**. In *Anais do Simpósio Brasileiro de Telecomunicações*, pp. 297-300, Campina Grande, Brasil,1988b.

______. **Measurement of the Probability Density Function of Communication Signals**. In *Proceedings of the IEEE Instrumentation and Measurement Technology Conference - IMTC'89*, pp. 513-516, Washington, D. C., 1989.

______. **Telefonia Digital**. São Paulo: Érica, 1998.

______. **O Serviço Móvel Pessoal no País em 2001**. Artigo para jornal eletrônico na Internet, Jornal do Commercio On Line, Recife, Brasil, 2000a.

______. **Telefonia Digital** . 3. ed. São Paulo: Érica, 2002b.

______. **A Interface de Comunicações sem Fio**. Artigo para jornal eletrônico na Internet, Jornal do Commercio On Line, Recife, Brasil, 2001a.

______. **A Moda do i-mode**. Artigo para jornal eletrônico na Internet, Jornal do Commercio On Line, Recife, Brasil, 2001b.

______. **Sistemas de Comunicações**. São Paulo: Érica, 2001c.

______. **Telefonia Digital**. 4. ed. São Paulo: Érica, 2002.

ALENCAR, M.S.; NETO, B.G.A. **Estimação da Função Densidade de Probabilidade Através da Análise Espectral**. In *Anais do IX Simpósio Brasileiro de Telecomunicações*, pp. 10.3.1-10.3.5, São Paulo, Brasil, 1991a.

______. **Estimation of the Probability Density Function by Spectral Analysis:** *A Comparative Study*. In *Proceedings of the Treizi`eme Colloque sur le Traitement du Signal et des Images - GRETSI,*, pp. 377-380, Juan-Les-Pins, France, 1991b).

ALENCAR, M.S.; TONG, T.Y. **Quantization Noise for Two-Level Quantizers**. In *Anais do XI Simpósio Brasileiro de Telecomunicações*, pp. 24-26, Natal, Brasil, 1993.

ANANASSO, F.; CAROSI, M. **Architecture and Networking Issues in Satellite Systems for Personal Communications**. *International Journal of Satellite Communications*, 12(1):33-44, 1994.

ANDERSEN, J.B.; RAPPAPORT, T.S.; YOSHIDA, S. **Propagation Measurements and Models for Wireless Communications Channels**. *IEEE Communications Magazine*, 33(1):42-49, 1995.

ASH, R.B. **Information Theory**. New York: Dover Publications, 1990.

ASSIS, M.S. **Telefonia Móvel Celular:** *Situação Atual e Perspectivas Futuras*. Relatório técnico, Ministério das Comunicações, Secretaria de Serviços de Comunicações, 1994.

ATAL, B.S.; CUPERMAN, V.; GERSHO, A. editors. **Speech and Audio Coding for Wireless and Network Applications**. Kluwer Academic Publishers, 1993.

BALANIS, C.A. **Antenna Theory:** *A Review*. *Proceedings of the IEEE*, 80(1), 1992.

______. **Antenna Theory:** *Analysis and Design*. John Wiley & Sons, 1997.

BARBIERE, D. **A Method for Calculating the Current Distributiong of Tschebyscheff Arrays**. *Proc. IRE*, pp. 78-82, 1952.

BARBOSA, S.G.D. **Plataforma de Simulação para um Sistema de Comunicações Móveis GSM**. Dissertação de Mestrado, Universidade Federal da Paraíba, 2002.

BASKAKOV, S.I. **Signals and Circuits**. Moscow, USSR: Mir Publishers, 1986.

BAYLESS, J.W.; CAMPANELLA, S.J.; GOLDBERG, A.J. **Voice Signals:** Bit by Bit. *IEEE Spectrum*, pp. 28-34, 1973.

BELLAMY, J. **Digital Telephony**. New York, USA: John Wiley & Sons, 1991.

BELLO, P.A. **Characterization of Randomly Time-Variant Linear Channels**. *IEEE Transactions on Communications Systems*, pp. 360-393, 1963.

BENNETT, W.R. **Spectra of Quantized Signals**. *The Bell System Technical Journal*, 27:446-472, 1948.

BERLEKAMP, E. **Algebraic Coding Theory**. McGraw-Hill, 1968.

BLACHMAN, N.M.; MCALPINE, G.A. **The Spectrum of a High-Index FM Waveform: Woodward's Theorem Revisited**. *IEEE Transactions on Communications Technology*, 17(2), 1969.

BLAHUT, R. **Theory and Practice of Error Control Codes**. Addison Wesley, 1983.

______. **Digital Transmission of Information**. Addison Wesley, 1990.

BLAKE, I.F. **An Introduction to Applied Probability**. Malabar, Florida: Robert E. Krieger Publishing, 1987.

BOUTROS, J.; VITERBO, E. **Signal space diversity: A power-and bandwidth-efficient diversity technique for the Rayleigh fading channel**. *IEEE Transactions on Information Theory*, 44(4):1453-1467 , 1998.

BULTITUDE, R.J.C. **Measurement, Characterization and Modeling of Indoor 800/900 MHz Radio Channels for Digital Communications**. *IEEE Communications Magazine*, 25(6):5-12, 1987.

BUZO, A.; GRAY, A.H.; GRAY, R.M.; MARKEL, J.D. **Speech coding based upon vector quantization**. *IEEE Transactions on Acoustics, Speech and Signal Processing*, 28:562-574, 1980.

C.J. DRANE, J., **Useful Approxamations for the Directivity and Beamwidth of Large Scanning Dolph-Chebyshev Arrays**. *Proc. IEEE*, pp. 1779-1787, 1968.

CAHUR, S. **Spectrum Newslog**. *IEEE Spectrum*, 31(12):1, 1994.

CARLSON, B.A. **Communication Systems**. Tokyo, Japan: McGraw-Hill, 1975.

CARNEIRO, G. **Brasil, Primeiro:** *História dos Diários Associados*. Brasília, Brasil: Fundação Assis Chateabriand, 1999.

CHASE, D. **A Class of Algorithms for Decoding Block Codes with Channel Measurement Information**. *IEEE Trans. Info. Theory*, 18:170-182, 1972.

CHEN, C.L.; HSIAO, M. Y., **Error-Correcting Codes for Semiconductor Memory Applications: A State of the Art Review**. *IBM Jour. Res. e Dev.*, 28:124-134, 1984.

CHEN, O.T.C.; SHEU, B.J.; FANG, W.C. **Image compression using self-organization networks**. *IEEE Transactions on Circuits and Systems for Video Technology*, 4(5):480-489, 1994.

CHENG, D.K.; MAT, M.T. **A New Mathematical Approach for Linear Array Analysis**. *IRE Trans. on Antennas and Propagations*, pp. 255-259, 1960.

CHEUNG, J.C.S.; BEACH, M.A.; MCGEEHAN, J.P. **Network Planning for the Third-Generation Mobile Radio Systems**. *IEEE Communications Magazine*, pp. 54-59, 1994.

CHIBA, I.; CHUJO, W.; FUJISE, M., **Beamspace constant modulus algorithm adaptive array antennas**. *in Proc. Inst. Elect. Eng. 8ht Int. Conf. Antennas and Propagation*, pp. 975-978, 1993.

CHO, K.; YOON, D. **On the general BER expression of one- and two-dimensional amplitude modulations**. *IEEE Transactions on Communications*, 50(7):1074-1080, 2002.

CHOU, W.; GRAY, R.M. **Dithering and Its Effect on Sigma-Delta and Multistage Sigma-Delta Modulation**. *IEEE Transactions on Information Theory*, 37(3):500-512, 1991.

CLARK, G.; CAIN, J. **Error-Correction Coding for Digital Communications**. Plenum Press, 1981.

CNTR. **Básico de Telefonia Móvel Celular**. Apostila, Centro Nacional de Treinamento da Telebrás, Brasília, Brasil, 1992.

COLARES, R.F.; ALVES, C.A.; LOPES, A. **Descrição Unificada dos Métodos Modernos para Estimação DOA em Arranjos de Sensores**. *Revista da Sociedade Brasileira de Telecomunicações*, 16(2):101-121, 2001.

COX, D.C. **Wireless Network Access for Personal Communications**. *IEEE Communications Magazine*, 30(12):96-115, 1992.

COX, R.V. **Speech coding standards**. In KLEIJN, W.B.; PALIWAL, K.K., editors, *Speech Coding and Synthesis*, pp. 49-78. Elsevier, 1995.

CRAIG, J.W. **A new, simple and exact result for calculating the probability of error for two-dimensional signal constellations**. In *Proceedings of Military Communications Conference (MILCOM'91)*, pp. 571-575, 1991.

DA ROCHA JR., V.; MASSEY, J. **A New Approach to the Design of Codes for the Binary Adder Channel**. *Cryptography and Coding III (Editor M.J. Ganley), IMA Conf. Series, New Series.*, (No. 45):179-185, 1993.

DA ROCHA JR., V.C.; JR., R.P. **Códigos Corretores de Erros**. International Symposium on Information and Coding Theory, ISICT'87, Campinas, São Paulo, 1987.

DASILVA, V.M.; SOUSA, E.S. **Fading-resistant modulation using several transmitter antennas**. *IEEE Transactions on Communications*, 45(10):1236-1244, 1997.

DE OLIVEIRA, J.N.C. **Estudo de Modelos de Predição para Telefonia Móvel Celular**. Dissertação de Mestrado, Universidade Federal de Pernambuco, 2004.

DELLER JR., J.R.; PROAKIS, J.G.; HANSEN J.H.L. **Discrete-time Processing of Speech Signals**. Macmillan Publishing, 1993.

DEVASIRVATHAM, D.M.J. **Time Delay Measurements ofWideband Radio SignalsWithin a Building**. *Electronic Letters*, 20(23):950-951, 1984.

DHIR, A. **The Digital Consumer Technology Handbook**. Burlington, USA: Elsevier, 2004.

DIMOLITSAS, S. **Subjective quality quantification of digital voice communication systems**. *IEE Proceedings-I*, 138(6):585-595, 1991.

DIVSALAR, D.; SIMON, M.K. **The design of trellis coded MPSK for fading channels: Performance criteria**. *IEEE Transactions on Communications*, 36(9):1004-1012, 1988.

DOLPH, C.L. **A Current Distribution for Broadside Arrays Wich Optimizes the Relationship Between Beamwidth and Side-Lobe Level**. *Proc. IRE and Waves and Electrons,* 1946.

DONG, X.; BEAULIEU, N.C.; WITTKE, P.H. **Error probabilities of two-dimensional *M*-ary signaling in fading**. *IEEE Transactions on Communications*, 47(3):352-355, 1999.

DUDLEY, H. **Remaking Speech**. *Journal of the Acoustic Society of America*, pp. 169-177, 1993.

EL-KHAMY, S.E.; EL-MARAKBY, A.M. **Using Radial-Basis Function Neural Networks to Shape the Array Factors and Reduce the Side-Lobe Levels of Phased Antenna Arrays**. *Proceedings of the Seventeenth National Radio Science Conference, Minufiya University, Egipt.,* 2000.

ELECTRONIC INDUSTRIES ASSOCIATION, EIA), **Celular systems.**. *Report IS-54,* 1989.

ELIAS, P, **Coding for noisy channels**. *IRE Conv. Record*, 4:37-44, 1955.

ERIKSSON, T.; LINDÉN, J.; SKOGLUND, J. **Interframe LSF quantization for noisy channels**. *IEEE Transactions on Speech and Audio Processing*, 7(5):495-509, 1999.

ESKICIOGLU, A.M.; FISCHER, P.S. **Image quality measures e their performance**. *IEEE Transactions on Communications*, 43(12):2959-2965, 1995.

FALCONER, D.D.; ADACHI, F.; GUDMUNDSON, B. **Time Division Multiple Access Methods for Wireless Personal Communications**. *IEEE Communications Magazine*, 33(1):50-57, 1995.

FANO, R.M. **A heuristic discussion of probabilistic decoding**. *IEEE Transactions on Information Theory*, pp. 64-74, 1963.

FECHINE, J.M. **Reconhecimento da identidade vocal utilizando modelagem híbrida: Paramétrica e estatística**. *Tese de Doutorado, Universidade Federal da Paraíba, Departamento de Engenharia Elétrica,* 2000.

FLANAGAN, J.; SCHROEDER, M.; ATAL, B.; CROCHIERE, R.; JAYANT, N.; TRIBOLET, J. **Speech Coding**. *IEE Transactions on Communications*, pp. 710-737, 1979.

FORMAN, B.J. **A Novel Directivity Expression for Planar Antenna Arrays**. *Radio Science*, 5(7):1077-1083, 1970.

FORNEY JR., G.D. **The viterbi algorithm**. *Proceedings of the IEEE*, 61:268-278, 1973.

FORTUNE, P.M.; HANZO, L.; STEELE, R. **On the computation of 16-QAMand 64-QAMperformance in Rayleigh-fading channels**. *IEICE Transactions on Communications*, E75-B(6):466-475, 1992.

FOSCHINI, G.J.; GANS, M.J. **On limits of wireless communications in a fading environment when using multiple antennas**. *Wireless Personal Communications*, 6(3):311-335, 1998.

FREEBURG, T.A. **Enabling Technologies for Wireless In-Building Network Communications - Four Technical Challenges, Four Solutions**. *IEEE Communications Magazine*, 29(4):58-64, 1991.

GAGLIARDI, R. **Introduction to Communication Engineering**. New York: John Wiley & Sons, 1978.

______. **Introduction to Communications Engineering**. New York: John Wiley & Sons, 1988.

GALTON, I. **Granular Quantization Noise in the First-Order Delta-Sigma Modulator**. *IEEE Transactions on Information Theory*, 39(6):1944-1956, 1993.

GAUSHELL, D.J. **Synthesis of Linear Antenna Arrays Using Z Transforms**. *IEEE Trans. on Antennas] and Propagation*, 19(1):75-80, 1971.

GERSHO, A. **Adaptive Equalization of Highly Dispersive Channels for Data Transmission**. *The Bell System Technical Journal*, (1):55-71, 1969.

______. **Advances in speech and audio compression**. *Proceedings of the IEEE*, 82(6):900-918, 1994.

GERSHO, A.; GRAY, R.M. **Vector Quantization and Signal Compression**. Boston, MA: Kluwer Academic Publishers, 1992.

GILHOUSEN, K.S. et al. **On the Capacity of a Cellular CDMA System**. *IEEE Transactions on Vehicular Technology*, 40(2):303-312, 1991.

GODARA, L.C. **Application of Antenna Arrays to Mobile Communications, Part II: Beam-forming and Direction-of-arrival Considerations**. *Proceedings of the IEEE*, 85(8), 1997.

GODARD, D.N. **Self-recovering equalization and carrier tracking in two-dimensional data communication systems**. *IEEE Transaction on communications*, 28:1867-1875, 1980.

GOMES, A.M.N. **Análise do Comportamento em Campo Próximo para Antenas de Comunicações Móveis**. PhD thesis, Universidade Federal da Paraíba, Campina Grande - PB, 2000.

______. **Análise do Comportamento em Campo Próximo para Antenas de Comunicações Móveis**. Dissertação de Mestrado, Universidade Federal da Paraíba, 2001.

GRADSHTEYN, I.S.; RYZHIK, I.M. **Table of Integrals, Series and Products**. San Diego, California: Academic Press, 1979.

______. **Table of Integrals, Series, and Products**. San Diego, California: Academic Press, 1990.

GRASS, J.; KABAL, P. **Methods of improving vector-scalar quantization of LPC coefficients**. *Proceedings of the IEEE International Conference on Acoustics, Speech, and Signal Processing (ICASSP'91)*, pp. 657-660, 1991.

GRAY, R. M. **Vector quantization**. *IEEE ASSP Magazine*, pp. 4-29, 1984.

______. **Oversampled Sigma-Delta Modulation**. *IEEE Transactions on Communications*, 35(5):481-489, 1987.

______. **Spectral Analysis of Quantization Noise in a Single-Loop Sigma-Delta Modulator with dc Input**. *IEEE Transactions on Communications*, 37(6):588-599, 1989.

HAMSHER, D.H. **Sistemas de Telecomunicações**. Rio de Janeiro, Brasil; Guanabara Dois, 1980.

HANSEN, W.W.; WOODYARD, J.R. **A New Principle in Directional Antenna Design**. *Proc. IRE*, 26(3):333-345, 1938.

HANZO, L.; STEELE, R.; FORTUNE, P.M. **A subband coding, BCH coding, and 16-QAM system for mobile radio speech communications**. *IEEE Transactions on Vehicular Technology*, 39(4):327-339, 1990.

HAO, Q.; SOONG, B.H.; GUNAWAN, E.; ONG, J.T.; SOH, C.B.; LI, Z. **A low-cost cellular mobile communication system: A hierarchical optimization network resource planning approach**. *IEEE Journal on Selected Areas in Communications*, 15(7):1315-1326, 1997.

HARTMANN, C.; RUDOLPH, L. **An Optimum Symbol-by-Symbol Decoding Rule for Linear Codes**. *IEEE Trans. Info. Theory*, 22:514-517, 1976.

HASHEMI, H. **Principles of Digital Indoor Radio Propagation**. In *IASTED International Symposium on Computers, Electronics, Communication and Control*, pp. 271-273, Calgary, Canada, 1991.

HAYKIN, S. **Communication Systems**. New Delhi, India: Wiley Eastern, 1987.

______. **Digital Communications**. New York: John Wiley and Sons, 1988.

______. **Adaptive Filter Theory**. Prentice Hall, 1996a.

______. **Adaptive Filter Theory**. Prentice Hall, 1996b.

______. **An Introduction to Analog and Digital Communications**. New York: John Wiley, 1989.

HERSENT, O.; GUIDE, D.; PETIT, J.P. **Telefonia IP:** *Comunicação Multimídia Baseada em Pacotes.* Addison Wesley, 2002.

HOWARD, H. XIA. **An Analytical Model for Prediction Path Loss in Urban and Suburban Environments**. *PIMRC96*, 2(3):99. quatro, 1996.

HSU, H.P. **Análise de Fourier**. Rio de Janeiro, Brasil: Livros Técnicos e Científicos, 1973.

J. WANG, H.I.; NORTH, R.G. **Optimum Subarray Configuration Using Genetic Algorithms**. *Procs. of ICASSP,98*, 4:2129-2132, 1998.

JAYANT, N. **Signal compression: Technology targets and research directions**. *IEEE Journal on Selected Areas in Communications*, 10(5):796-818, 1992.

JAYANT, N.; JOHNSTON, J.; SAFRANEK, R. **Signal compression based onmodels of human perception**. *Proceedings of the IEEE*, 81(10):1385-1422, 1993.

JAYANT, N.S.; NOLL, P. **Digital Coding of Waveforms**. Englewood Cliffs, NJ: Prentice-Hall, 1984.

JEAN-FRANÇOIS; LECOURS, M. **Measurement and Modeling of Propagation Losses in a Building at 900 MHz**. *IEEE Transactions on Vehicular Technology*, 39(2), 1990.

JELIČIĆ, B.D.; ROY, S., **Design of trellis coded QAM for flat fading and AWGN channels**. *IEEE Transactions on Vehicular Technology*, 44(1):192-201, 1995.

JELINEK, F. **A fast sequential decoding algorithm using a stack**. *IBM Journal of Research and Development*, 13:675-685, 1969.

JESZENSKY, P.J.E. **Sistemas Telefônicos**. Editora Manole Ltda., Saão Paulo, Brasil, 2004.

JR., E. J.W. **Decoding Binary Block Codes on Q-ary Output Channels**. *IEEE Trans. Info. Theory*, 17:713-718, 1971.

KAPOOR, S. GOLLAMUDI, S.; NAGARAJ, S.; HUANG, Y.F. **Adaptive Multiuser Detection and Beamforming fo Interference Suppression in CDMA Mobile Radio Systems**. *IEEE Transactions on Vehicular Technology*, 48(5):1341-1355, 1999.

KARAYIANNIS, N.B.; PAI, P.I. **Fuzzy vector quantization algorithms and their applications in image compression**. *IEEE Transactions on Image Processing*, 4(9): 1193-1201, 1995.

KEISER, B.E.; STRANGE, E. **Digital Telephony and Network Integration**. New York, USA: Van Nostrand Reinhold, 1995.

KENNEDY, R.S. **Fading Dispersive Communication Channels**. New York: Wiley-Interscience, 1969.

KERPEZ, K. J., **Constellations for good diversity performance**. *IEEE Transactions on Communications*, 41(9):1412-1421, 1993.

KIM, S.J.; OH, Y.H. **Split vector quantization of LSF parameters with minimumof dLSF constraint**. *IEEE Signal Processing Letters*, 6(9):227-229, 1999.

KLEIJN, W.B.; PALIWAL, K.K., editors, **Speech Coding and Synthesis**. Elsevier, 1995.

KNOPP, K. **Theory and Application of Infinite Series**. New York: Dover Publications, 1990.

KOBB, B.Z. **Personal Communications**. *IEEE Spectrum*, 30(6):20-25, 1993.

KOHONEN, T. **The self-organizing map**. *Proceedings of the IEEE*, 78(9):1464-1480, 1990.

KONHEIM, A. **Cryptography a Primer**. John Wiley & Sons, 1981.

KOSKO, B. **Neural Networks and Fuzzy Systems**. Englewood Cliffs, NJ: Prentice-Hall, 1992.

KOUFALAS, P. **State variable approach to carrier phase recovery and fine automatic gain control on flat fading channels**. University of South Australia, Master's thesis, 1996.

KRISHNAMURTHY, A.K.; AHALT, S.C.; MELTON, D.E.; CHEN, P. **Neural networks for vector quantization of speech and images**. *IEEE Journal on Selected Areas in Communications*, 8(8):1449-1457, 1990.

KUBRICK, A.; ELLIS, T. **Classified vector quantisation of images: Codebook design algorithm**. *IEE Proceedings*, 137(6):379-386, 1990.

LAFORTUNE, J.F.; LECOURS, M. **Measurement and Modeling of Propagation Losses in a Building at 900 MHz**. *IEEE Transactions on Vehicular Technology*, 39(2):101-108, 1990.

LAROIA, R.; PHAMDO, N.; FARVARDIN, N. **Robust and efficient quantization of speech LSP parameters using structured vector quantizers**. *Proceedings of the IEEE International Conference on Acoustics, Speech, and Signal Processing (ICASSP'91)*, pp. 641-644, 1991.

LATHI, B.P. **Modern Digital and Analog Communications Systems**. Oxford University Press, 1988.

LATHI, B.P. **Modern Digital and Analog Communication Systems**. Philadelphia, USA: Holt, Rinehart e Winston, 1989.

LEBLANC, W.P.; BHATTACHARYA, B.; MAHMOUD, S.A.; CUPERMAN, V. **Efficient search and design procedures for robust multi-stage VQ of LPC parameters for 4 kb/s speech coding**. *IEEE Transactions on Speech and Audio Processing*, 1(4):373-385, 1993.

LECOURS, M.; CHOUINARD, J.Y.; DELISLE, G.Y.; ROY, J. **Statistical Modeling of the Received Signal Envelope in aMobile Radio Channel**. *IEEE Transactions on Vehicular Technology*, 37(4):204-212, 1988.

LEE, P.J. **Computation of the bit error rate of coherent *M*-ary PSK with gray code bit mapping**. *IEEE Transactions on Communications*, 34(5):488-491, 1986.

LEE, W.C.Y. **Mobile Cellular Telecommunications Systems**. New York, USA: McGraw-Hill Book, 1989.

______. **Overview of Cellular CDMA**. *IEEE Transactions on Vehicular Technology*, 40(2):291-302, 1991.

LEON-GARCIA, A. **Probability and Random Processes for Electrical Engineering**. Massachusetts: Addison-Wesley Publishing, 1989.

LIN, S.; JR., D.J.C. **Error Control Coding: Fundamentals and Applications**. Prentice-Hall, 1983.

LINDE, Y.; BUZO, A.; GRAY, R.M. **An algorithm for vector quantizer design**. *IEEE Transactions on Communications*, 28(1):84-95, 1980.

LOPES, W.T.A.; ALENCAR, M.S. **Space-Time coding performance improvement using a rotated constellation**. In *Anais do XVIII Simpósio Brasileiro de Telecomunicações (SBrT'2000)*, Gramado, RS, Brasil, 2000.

______. . **Performance of a rotated QPSK based system in a fading channel subject to estimation errors**. In *Proceedings of The IEEE International Microwave and Optoelectronics Conference (IMOC'2001)*, pp. 27-30, Belém, PA, Brasil, 2001

______. **QPSK detection schemes for Rayleigh fading channels**. In *Proceedings of the IEEE International Telecommunications Symposium (ITS'02)*, Natal, RN, Brazil, 2002.

LOPES, W.T.A.; MADEIRO, F.; ALENCAR, M.S. **Um novo método para o cálculo da probabilidade de erro de bit de esquemas de modulação sujeitos ao desvanecimento Rayleigh**. In *Anais do XX Simpósio Brasileiro de Telecomunicações (SBT'03)*, Rio de Janeiro, RJ, Brasil, 2003.

______. **Um nov ométodo para o cálculo da probabilidade de erro de bit de esquemas de modulação qam sujeitos ao desvanecimento Rayleigh**. *Revista da Sociedade Brasileira de Telecomunicações*. Aceito para publicação, 2004.

LU, J.; LETAIEF, K.B.; CHUANG, J.C.I.; LIOU, M.L. ***M*-PSK and *M*-QAM BER computation using signal-space concepts**. *IEEE Transactions on Communications*, 47(2):181-184, 1999.

M.J. ROSSOUW, J.J.; MCNAMARA, D.A. **Thinned Arrays Using a Modified Minimum Redundancy Synthesis Technique**. *Eletronics Letters*, 33(10), 1997.

MACARIO, R. **Modern Personal Radio Systems**. The Institution of Electrical Engineers, London, 1991.

MACCHI, C.; JOUANNAUD, J.P.; MACCHI, O. **Récepteurs Adaptatifs pour Transmission de Données a Grande Vitesse**. *Annales des Télécommunications*, 30(9-10):311-330, 1975.

MACDONALD, V.H. **The Cellular Concept**. *The Bell System Technical Journal*, 51(56):119-128, 1979.

MACWILLIAMS, F.; SLOANE, N. **The Theory of Error-Correcting Codes**. North-Holland, 1977.

MADEIRO, F. **Quantização vetorial aplicada à compressão de sinais de voz e imagem**. *Dissertação de Mestrado, Universidade Federal da Paraíba, Departamento de Engenharia Elétrica, 1998.*

MARAL, G. **The Way to Personal Communications Via Satellite**. *International Journal of Satellite Communications*, 12(1):3-12, 1994.

MARKEL, J.D.; GRAY, A.H. **Linear Prediction of Speech**. Berlin, Germany: Springer-Verlag, 1976.

MARKMAN, I. **Introdução à Codificação Corretora de Erros**. Grupo de Comunicações por Satélite, TELEBRÁS, Campinas, São Paulo, 1987.

MASSEY, J. **Threshold Decoding**. MIT Press, 1963.

______. **Shift Register Synthesis and BCH Decoding**. *IEEE Trans. Info. Theory*, 15:122-127, 1969.

MCMAHON, E.L. **An Extension of Price's Theorem**. *IEEE, PGIT*, 10, 1964.

NANDA, S.; GOODMAN, D.J. **Third Generation Wireless Information Networks**. Boston: Kluver Academic Publishers, 1992.

NEAL H.; SHEPHERD, editor. **Received Signal Fading Distribution**. *IEEE Transactions on Vehicular Technology*, 37(1):57-60, 1988.

NEDOMA, J. **The Capacity of a Discrete Channel**. In *Transactions of the First Prague Conference on Information Theory, Statistical Decision Functions, Random Processes*, pp. 143-181, Prague, Czechoslovakia. Academia, Publishing House of the Czechoslovak Academy of Science, 1957.

NETO, B.A.G. **Processamento e transmissão digital de voz**. Notas de aula, 1995.

NEWMAN JR., D.B. **FCC Authorizes Spread Spectrum**. *IEEE Communications Magazine*, 24(7):46-47, 1986.

OAKENFULL, J.C. **Brazil in 1911**. Great Britain: Butler & Tanner, Frome and London, x1912.

OBERHETTINGER, F. **Tables of Fourier Transforms and Fourier Transforms of Distributions**. Berlin: Springer-Verlag, 1990.

OMURA, J.K. **On the viterbi decoding algorithm**. *IEEE Transactions on Information Theory*, 15:6-12, 1969.

PAEZ, M.D.; GLISSON, T.H. **Minimum Mean-Squared-Error Quantization in Speech PCM and DPCMSystems**. *IEEE Transactions on Communications*, pp. 225-230, 1972.

PAHLAVAN, K.; GANESH, R.; HOTALING, T. **Multipath Propagation Measurements on Manufacturing Floors at 910 MHz**. *Electronic Letters*, 25(3):225-227, 1989.

PALIWAL, K.K.; ATAL, B.S. **Efficient vector quantization of LPC parameters at 24 bits/frame**. *IEEE Transactions on Speech and Audio Processing*, 1(1):3-14, 1993.

PAN, J.S.; MCINNES, F.R.; JACK, M.A. **VQ codebook design using genetic algorithms**. *Electronics Letters*, 31(17):1418-1419, 1995.

PAPOULIS, A. **Random Modularion: a Review**. *IEEE Transactions on Accoustics, Speech and Signal Processing*, 31(1):96-105, 1983a.

______. **Signal Analysis**. McGraw-Hill, Tokyo, 1983b.

______. **Probability, Random Variables, and Stochastic Processes**. New York: McGraw-Hill, 1984.

PARSONS, J.D. **The Mobile Radio Propagation Channel**. John Wiley, 1992.

PICKHOLTZ, R.L.; SCHILLING, D.L.; MILSTEIN, L.B. **Theory of Spread-Spectrum Communications - A Tutorial**. *IEEE Transactions on Communications*, COM. 30(5):855-884, 1982.

PLESS, V. **An Introduction to the Theory of Error-Correcting Codes**. John Wiley & Sons, 1982.

POULARIKAS, A.D., editor, **The Transforms and Applications Handbook**. IEEE Press, 1996.

PRICE, R. **A Useful Theorem for Non-Linear Devices Having Gaussian Inputs**. *IRE, PGIT*, 46(4), 1958.

PROAKIS, J.G. **Digital Communications**. New York: McGraw-Hill, 1989.

______. **Digital Communications**. New York: McGraw-Hill, 1990.

______. **Digital Communications**. 3. ed. New York: McGraw-Hill, 1995.

QUALCOMM. **The CDMA Network Engineering Handbook**. V. 1. Qualcomm Incorporated, 10555 Sorrento Valley Road, San Diego, California, USA, 1992.

QURESHI, S.U.H. **Adaptive Equalization**. *Proceedings of the IEEE*, 73(9):1349-1387, 1985.

RABINER, L.R.; SCHAFER, R.W. **Digital Processing of Speech Signals**. Prentice-Hall, Upper Saddle River, New Jersey, 1978.

RAITH, K.; UDDENFELDT, J. **Capacity of Digital Cellular TDMA System**. *IEEE Transactions on Vehicular Technology*, 40(2):323-332, 1991.

RAMACHANDRAN, R.P.; SONDHI, M.M.; SESHADRI, N.; ATAL, B.S. **A two codebook format for robust quantization of line spectral frequencies**. *IEEE Transactions on Speech and Audio Processing*, 3(3):157-168, 1995.

RAMAMURTHI, B.; GERSHO, A. **Classified vector quantization of images**. *IEEE Transactions on Communications*, 34(11):1105-1115, 1986.

RAO, K.K.; BOJKOVIC, Z.S.; MILOVANOVIC, D.A. **Multimedia Communication Systems: Techniques, Standards and Networks**. New Jersey: Prentice Hall, 2002.

RAPPAPORT, T.S; **Indoor Radio Communications for Factories of the Future**. *IEEE Communications Magazine*, pp. 15-24, 1989.

REED, D.P. **The Cost Structure of Personal Communications Services**. *IEEE Communications Magazine*, 31(4), 1993.

RHEE, M.Y. **CDMA:** *Celular Mobile Comunication & Network Security*. Korea: Prentice Hall PTR, 1998.

RICARDI, L.J. **Radiation Properties of the Binomial Array**. *Microwave Journal*, 15(12):20-21, 1972.

ROBERTAZZI, T.G. **Planning Telecommunication Networks**. IEEE Press, 1998.

ROSENBLATT, A. **New Frequencies are Allocated byWARC-92**. *Institute*, 16(3):1-4, 1992.

ROUAULT, J.M. **Télétrafic**. Paris, France: Éditions Eyrolles, 1976.

RUSH, C.M. **How WARC'92 Will Affect Mobile Services**. *IEEE Communications Magazine*, 30(10):90-96, 1992.

S.E. EL-KHAMY, M.A.A.D.; HIJJAH, K.A. **Sidelobes Reduction and Steerable Nulling of Antenna Arrays Using Neural Networks**. *IEEE Int. Symposium on Antennas & Propag., Orlando, Florida, 1999*.

SALEH, A.A.M.; VALENZUELA, R.A. **A StatisticalModel for IndoorMultipath Propagation**. *IEEE Journal on Selected Areas in Communications*, 5(2):128-137, 1987.

SCHELKUNOFF, S.A. **A Mathematical Theory of Linear Arrays**. *Bell System Tech Journal*, 22:80-87, 1943.

SCHOLTZ, R.A. **The Origins of Spread-Spectrum Communications**. *IEEE Transactions on Communications*, COM. 30(5):822-854, 1982.

SCHOROEDER, M.R.; ATAL, B.S. **Code-excited linear prediction (CELP): High-quality speech at low bit rates**. In *Proceedings of the International Conference on Acoustics, Speech and Signal Processing*, pp. 937-940, Tampa, USA, 1985.

SCHWARTZ, M. **Information Transmission, Modulation, and Noise**. New York: McGraw-Hill, 1970.

SCHWARTZ, M.; BENNETT, W.; STEIN, S. **Communication Systems and Techniques**. New York: McGraw-Hill, 1966.

SECTOR, I.T.S. **Service Objectives and Principles for Future Public Land Mobile Telecommunication Systems**. Draft recommendation f.115, International Telecommunications Union - ITU, 1994a.

______. **Universal Personal Telecommunication (UPT) Service Description**. Draft recommendation f.851, International Telecommunications Union - ITU, 1994b.

SESHADRI, N.; SUNDBERG, C.W. **Multilevel trellis coded modulations for the Rayleigh fading channel**. *IEEE Transactions on Communications*, 41(9):1300-1310, 1993.

SHAMAI, S. **Information Rates by Oversampling the Sign of a Bandlimited Process**. *IEEE Transactions on Information Theory*, 40(4):1230-1236, 1994.

SHANNON, C.E. **A Mathematical Theory of Communication**. *The Bell System Technical Journal*, 27:379-423, 1948a.

______. **A mathematical theory of communication**. *Bell System Technical*, 28:379-423, 1948b.

______. **The Philosophy of PCM**. *Proceedings of the IRE*, 36:1324-1331, 1948c.

SHAYESTEH, M.G.; AGHAMOHAMMADI, A. **On the error probability of linearly modulated signals on frequency-flat Ricean, Rayleigh and AWGN channels**. *IEEE Transactions on Communications*, 43(2/3/4):1454-1466, 1995.

SHOHAM, Y. **Vector predictive quantization of spectral parameters for low rate speech coding**. In *Proceedings of the International Conference on Acoustics, Speech and Signal Processing*, pp. 2181-2184, Dallas, TX, 1987.

SHYNK, J.J.; CHAN, C.K., **Performance surfaces of the constant modulus algorithm based on a conditional gaussian model**. *IEEE Transaction on Signal Processingy*, 41:1965-1969, 1993.

SIEMENS. **Teoria do Tráfego Telefônico:** *Tabelas e Gráficos*. Rio de Janeiro: Edgard Blucher, 1975.

SLIMANE, S.B. **An improved PSK scheme for fading channels**. *IEEE Transactions on Vehicular Technology*, 47(2):703-710, 1998.

SOONG, F.K.; JUANG, B.H. **Optimal quantization of LSP parameters**. *IEEE Transactions on Speech and Audio Processing*, 1(1):15-24, 1993.

SOONG, F.K.; ROSENBERG, A.E.; JUANG, B.H.; RABINER, L.R. **A vector quantization approach to speaker recognition**. *AT&T Technical Journal*, 66(2):14-26, 1987.

SPANIAS, A.S. **Speech coding: A tutorial review**. *Proceedings of the IEEE*, 82(10):1541-1582, 1994.

SPIEGEL, M.R. **Análise de Fourier**. São Paulo: McGraw-Hill do Brasil, , 1976.

SRIPAD, A.B.; SNYDER, D.L. **A Necessary and Sufficient Condition for Quantization Errors to be Uniform and White**. *IEEE Transactions on Accoustics, Speech and Signal Processing*, 25(5), 1977.

STEELE, R. **Speech Codecs for Personal Communications**. *IEEE Communications Magazine*, 31(11):76-83, 1993.

STEGEN, R.J. **Excitation Coefficients and Beamwidths of Large Scanning Tschebyscheff Arrays**. *Proc. IRE*, pp. 1671-1674, 1953.

STEINBERG, B.D. **Comparison Between the Peak Sidelobe of Random Array and Algorithmically Designed Aperiodic Arrays**. *IEEE Trans. on Antennas and Propagation*, pp. 366-369, 1973.

STUBER, G.L. **Principles of Mobile Communication**. Boston: Kluwer Academic Publishers, 1991.

STUTZMAN, W.L.; THIELE, G.A. **Antenna Theory and Design**. John Wiley & Sons, 1998.

SUGAMURA, N.; FARVARDIN, N. **Quantizer design in LSP speech analysis-synthesis**. *IEEE Journal on Selected Areas in Communications*, 6(2):432-440, 1988.

TANG, X.; ALOUINI, M.S.; GOLDSMITH, A.J. **Effect of channel estimation error on M-QAM BER performance in Rayleigh fading**. *IEEE Transactions on Communications*, 47(12):1856-1864, 1999.

TAROKH, V.; NAGUIB, A.; SESHADRI, N.; CALDERBANK, A.R. **Space-time codes for high data rate wireless communication: Performance criteria in the presence of channel estimation errors, mobility and multiple paths**. *IEEE Transactions on Communications*, 47(2):199-207, 1999.

TAROKH, V.; SESHADRI, N.; CALDERBANK, A.R. **Space-time codes for high data rate wireless communication: Performance criterion and code construction**. *IEEE Transactions on Information Theory*, 44(2):744-765, 1998.

THOM, D. **Characterization of Indoor Wireless Channel in the Presence of Multipath Fading**. Report 1, Department of Electrical and Computer Engineering, University ofWaterloo,Waterloo, Canada, 1991.

TZANNES, M.A.; TZANNES, M.C. **Bit-by-bit channel coding using wavelets**. *Proceedings of the IEEE GLOBECOM'92*, pp. 684-688, 1992.

VALENZUELA, R.A. **Performance of Adaptive Equalization for Indoor Radio Communications**. *IEEE Transactions on Communications*, 37(3):291-293, 1989.

VAN LINT, J. **Introduction to Coding Theory**. Springer Verlag, 1982.

VITERBI, A.J. **Errors bounds for convolutional codes and asymptotically optimum decoding algorithm**. *IEEE Transactions on Communications Technology*, 19:260-269, 1967.

______. **Convolutional codes and their performance in communication systems**. *IEEE Transactions on Communication Technology*, 19(5):751-772, 1971.

______.**When Not to Spread Spectrum - A Sequel**. *IEEE Communications Magazine*, 23(4):12- 17, 1985.

______.**Wireless Digital Communication: A View Based on Three Lessons Learned**. *IEEE Communications Magazine*, 29(9):33-36, 1991.

VITERBI, A.J.; OMURA, J.K. **Principles of Digital Communications and Coding**. Kogashua, Tokyo: McGraw-Hill 1979.

VITTHALADEVUNI, P.K.; ALOUINI, M.S. **BER computation of 4/*M*-QAM hierarchical constellations**. *IEEE Transactions on Broadcasting*, 47(3):228-239, 2001.

VORAN, S. **Objective estimation of perceived speech quality - part I: Development of the measuring normalizing block technique**. *IEEE Transactions on Speech and Audio Processing*, 7(4):371-382, 1999.

WICKER, S.B. **Error Control Systems for Digital Communication e Storage**. New Jersey: Prentice Hall, 1995.

WILLIAM C.Y.L. **Mobile Communications Design Fundamentals**. New York: John Wiley & Sons, 1991.

______. **Mobile Cellular Telecomunications**. New York: McGraw-Hill Book, 1992.

WINTERS, J.H. **Signal Acquisition and Tracking with Adaptive Arrays in the Digital Mobile Radio System 1s-54 with Flat Fading**. *IEEE Trans. Vehic. Tech., 1*993.

______. **Smart Antennas for Wireless Systems**. *IEEE Personal Communications*, 5(1):23-27, 1998.

WINTERS, J.H.; GITLIN, R.D. **The impact of antenna diversity on the capacity of wireless communications systems**. *IEEE Transactions on Communications*, 42(2/3/4):1740-1751 (February/March/April 1994.

WITTNEBEN, A. **A new bandwidth efficient transmit antenna modulation diversity scheme for linear digital communications**. *Proceedings of IEEE International Conference on Communications (ICC'93)*, pp. 1630-1634, 1993.

WOLF, J. **Efficient Maximum Likelihood Decoding of Linear Block Codes Using a Trellis**. *IEEE Trans. Info. Theory*, 24:76-80, 1978.

WOODWARD, P.M. **The Spectrum of Random Frequency Modulation**. Memo. 666, Telecommunications Research Establishment, Great Malvern, England, 1952.

WOZENCRAFT, J.M.; JACOBS, I.M. **Principles of Communication Engineering**. John Wiley & Sons, New York, 1965a.

______. **Principles of Communication Engineering**. John Wiley & Sons, 1965b.

WOZENCRAFT, J.M.; REIFFEN, B. **Sequential Decoding**. Cambridge, MA: MIT Press, 1961.

WU, J.; LIN, S. **Multilevel trellis MPSK modulation codes for the Rayleigh fading channel**. *IEEE Transactions on Communications*, 41(9):1311-1318, 1993.

YACOUB, M.D. **Foundations of Mobile Radio Engineering**, 2. ed. c. 3, pp. 156-181. CRC Press, 1993.

______. **Wireless Technology - Protocols, Standards, and Techniques**. Boca Raton, USA: CRC Press, 2002.

YAN, K.K.; LU, Y. **Sidelob Reduction in Array-Pattern Synthesis Using Genetic Algorithm**. *IEEE Transactions on Antennas and Propagation*, 45(7):1117-1122, 1997.

YANG, L.L.; HANZO, L. **A recursive algorithm for the error probability evaluation of*M*-QAM**. *IEEE Communications Letters*, 4(10):304-306, 2000.

YEGANI, P.; MCGILLEN, C.D. **A Statistical Model for the Factory Radio Channel**. *IEEE Transactions on Communications*, 29(10):1445-1454, 1991.

YEO, B.K.; LU, Y. **Array Failure Correction With a Genetic Algorithm**. *IEEE Trans. on Antennas and Propagation*, 47(5):823-828, 1999.

YOON, D.; CHO, K. **General bit error probability of rectangular quadrature amplitude modulation**. *Electronics Letters*, 38(3):131-133, 2002.

ZAMIR, R.; FEDER, M. **Rate-Distortion Performance in Coding Bandlimited Sources by Sampling and Dithered Quantization**. *IEEE Transactions on Information Theory*, 41(1):141-154, 1995.

ZEGER, K.; VAISEY, J.; GERSHO, A. **Globally optimal vector quantizer design by stochastic relaxation**. *IEEE Transactions on Signal Processing*, 40(2):310-322, 1992.

Marcas Registradas

CADASTRO PARA MALA DIRETA

Preenchendo este formulário e enviando para Editora Érica, por fax (11) 6197-4060 ou pelo correio, você receberá informações periódicas sobre os nossos lançamentos.

Desejo cadastrar-me para receber informações sobre os lançamentos

Livro: Telefonia Celular Digital
Autor: Marcelo Sampaio de Alencar **Código:** 0174

Nome:

Endereço para correspondência:

Bairro:

Cidade:

Estado: **CEP:** -

Telefone: 0 X X -

Fax: 0 X X -

E-mail:

Onde este livro foi comprado?
( ) Banca
( ) Livraria
( ) Loja
( ) Outro ____________

Onde você tomou conhecimento do livro?
( ) Anúncio ( ) Internet
( ) Catálogo ( ) Mala Direta
( ) Escola ( ) Revista
( ) Outro ____________

PRT/SPM-4707/94
UP AC ÁGUA RASA
DR/SÃO PAULO

CARTÃO RESPOSTA

NÃO É NECESSÁRIO SELAR

o selo será pago por
EDITORA ÉRICA LTDA.

03399-999 SÃO PAULO - SP

recortar

GRÁFICA PAYM
Tel. (011) 4392-3344 · paym@terra.com.br